LEONHARDI EULERI OPERA OMNIA

sub auspiciis

SOCIETATIS SCIENTIARUM NATURALIUM HELVETICAE

et

INSTITUTI HISTORIAE SCIENTIARUM NATURALIUM TECHNICAEQUE ACADEMIAE SCIENTIARUM URSS

edenda curaverunt

Charles Blanc, Emil A. Fellmann, François Fricker,
Ašot T. Grigorijan, Walter Habicht, Adolf P. Juškevič,
Galina P. Matvievskaja, Gleb K. Mikhailov

Series quarta A

COMMERCIUM EPISTOLICUM

Volumen sextum

Impensis

FUNDATIONIS NATIONALIS CONFOEDERATIONIS HELVETICAE

et

SOCIETATIS SCIENTIARUM NATURALIUM HELVETICAE

BASILEAE MCMLXXXVI

Venditioni exponunt

BIRKHÄUSER BASILEAE

LEONHARDI EULERI COMMERCIUM EPISTOLICUM

COMMERCIUM CUM P.-L. M. DE MAUPERTUIS ET FRÉDÉRIC II

Ediderunt

Pierre Costabel, Eduard Winter†, Ašot T. Grigorijan
et Adolf P. Juškevič

auxilio

Emil A. Fellmann

Impensis

FUNDATIONIS NATIONALIS CONFOEDERATIONIS HELVETICAE

et

SOCIETATIS SCIENTIARUM NATURALIUM HELVETICAE

Venditioni exponunt

BIRKHÄUSER BASILEAE
MCMLXXXVI

CORRESPONDANCE DE LEONHARD EULER

AVEC P.-L.M. DE MAUPERTUIS ET FRÉDÉRIC II

publiée par

Pierre Costabel, Eduard Winter†, Ašot T. Grigorijan
et Adolf P. Juškevič

en collaboration avec

Emil A. Fellmann

1986
BIRKHÄUSER VERLAG BASEL

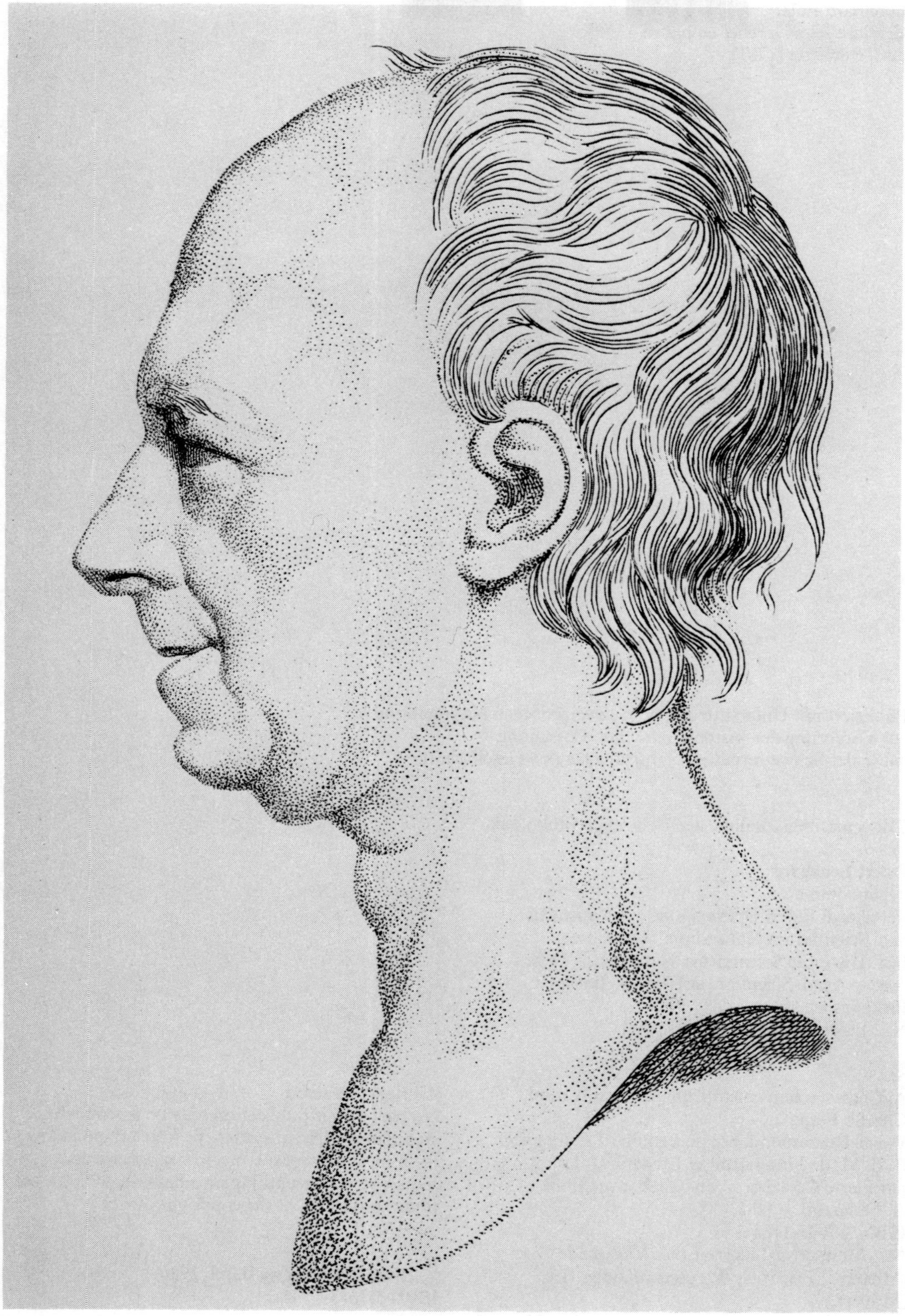

Leonhard Euler
Gravure selon le relief en plâtre
de J. Rachette (1781).

Publiziert mit Unterstützung des Schweizerischen Nationalfonds
zur Förderung der wissenschaftlichen Forschung
sowie der Schweizerischen Naturforschenden Gesellschaft.

CIP-Kurztitelaufnahme der Deutschen Bibliothek

Euler, Leonhard:
[Opera omnia]
Leonhardi Euleri Opera omnia / sub auspiciis
Soc. Scientiarum Naturalium Helveticae et
Inst. Historiae Scientiarum Naturalium Techni-
caeque Acad. Scientiarum URSS. – Basileae :
Birkhäuser
NE: Euler, Leonhard [Sammlung]

Ser. 4.
A, Commercium epistolicum / ed. curaverunt
Charles Blanc ...
Vol. 6. Correspondance de Leonhard Euler avec
P.-L. M. de Maupertuis et Frédéric II. / publ.
par Pierre Costabel ... en collab. avec Emil
A. Fellmann. – 1986.
ISBN 3-7643-1184-3
NE: Maupertuis, Pierre-Louis Moreau de
[Mitverf.]; Friedrich ‹Preussen, König, II.›
[Mitverf.]

ISBN 3-7643-1184-3

TABLE DES MATIÈRES

PRÉFACE

Après avoir assuré la publication du cinquième volume de la série IV A des *Opera omnia* de Leonhard Euler, contenant sa correspondance avec les géomètres français A. Clairaut, J. d'Alembert et J. L. Lagrange, le Comité de rédaction de cette série présente le sixième volume qui comprend encore deux importants groupes de la correspondance du *princeps mathematicorum* du XVIIIe siècle.

C'est, en premier lieu, sa correspondance avec un autre célèbre savant français, Pierre-Louis Moreau de Maupertuis, membre de l'Académie des sciences de Paris devenu en 1746 Président de l'Académie des sciences et belles-lettres de Berlin. Cette correspondance commencée sur l'initiative de Maupertuis en 1738, alors qu'Euler résidait à Pétersbourg, et trois ans avant son départ pour Berlin, s'est prolongée jusqu'à la mort de Maupertuis survenue en 1759 à Bâle. Motivée au départ par des problèmes scientifiques et d'ordre personnel, la correspondance entre Euler et Maupertuis s'est rapidement orientée sur l'activité de l'Académie de Berlin. Cela s'explique par le fait qu'Euler, directeur de la Classe des mathématiques de l'Académie Berlinoise, fut appelé à être le collaborateur le plus proche de Maupertuis dans la direction scientifique de l'Académie, tandis que celui-ci s'absentait souvent, parfois pour une longue durée, de Berlin. Tantôt à Potsdam, résidence du roi de Prusse Frédéric, son ami et bienfaiteur, mais aussi en France en raison de sa santé toujours précaire.

Maupertuis n'était pas un savant de tout premier rang, il était même un mathématicien médiocre. Cependant sa correspondance est importante pour le développement des sciences. Maints problèmes de l'époque y sont discutés, surtout le vaste domaine des questions qui sont en rapport avec le principe de la moindre action, un des sujets préférés de Maupertuis et développé avec plus de succès par Euler. On ne peut pas étudier l'histoire de ce principe au XVIIIe siècle sans recourir à cette correspondance où l'on trouve des renseignements précieux. D'autres questions y sont au moins évoquées: la figure de la Terre, le problème des cordes vibrantes, etc.; dans certains cas, les lettres d'Euler contiennent des suppléments à ses mémoires publiés – c'est le cas, par exemple, du problème de la détermination du plus petit crépuscule. Les problèmes philosophiques sont aussi évoqués dans cette correspondance, et, notamment, les disputes sur la monadologie avec les adeptes de Leibniz s'y reflètent. Mais la position officielle (ou semi-officielle) des deux correspondants les amène aussi à discuter sur presque tous les aspects du fonctionnement de l'Académie de Berlin: choix et attribution des prix des concours scientifiques, nomination de nouveaux membres ordinaires ou honoraires, etc.

Il ne reste de la correspondance Euler–Maupertuis que 134 lettres, dont 5 seulement de Maupertuis; l'histoire de ces documents, en provenance de Maupertuis, assez curieuse elle-même, est décrite dans l'introduction qui précède le texte des lettres. Celles-ci avaient été en partie utilisées et citées par Pierre Brunet dans son *Etude historique sur le principe de la moindre action* (Paris 1938).

Mais le texte complet est publié ici pour la première fois.

Le second groupe de documents de ce volume est composé de la correspondance d'Euler avec le roi Frédéric II et de quelques annexes. C'est sur l'invitation du roi qu'Euler s'est rendu à Berlin. La correspondance embrasse une période de trente-sept ans. Elle débute en 1741 et finit en 1777. Mais la plus grande partie des lettres appartient à la période 1741–1766: en juillet 1766, Euler, comme on le sait, quitta Berlin pour revenir à Pétersbourg, où il décéda dix-sept ans plus tard, et, après son départ de Berlin, il n'échangea avec le roi de Prusse que six lettres de politesse.

La correspondance Euler–Frédéric II est un complément nécessaire à la correspondance Euler–Maupertuis: le roi suivait de près ou de loin, même depuis les champs de bataille, la vie de son Académie qu'il appréciait soit comme un signe de prestige – c'était tout de même le Siècle des Lumières –, soit comme un utile instrument pour résoudre quelques problèmes techniques importants pour l'industrie, le commerce, les finances, etc. N'ayant pas réussi à trouver un successeur de Maupertuis à son goût, Frédéric commença à diriger l'Académie Berlinoise à son propre gré, tout en se servant de l'habileté et des connaissances d'Euler jusqu'à leur brouille ouverte en 1766. Evidement, il s'agit dans cette correspondance en majeure partie de l'organisation de divers travaux académiques et des problèmes de la vie quotidienne de l'Institution. Il y est aussi question de l'enseignement dans les universités de Prusse. Mais la correspondance n'est pas dénuée d'intérêts scientifiques. Loin de là, elle contient des documents très importants, à savoir des réponses d'Euler aux questions pratiques posées par le roi, par exemple: le canal de Finow, le fonctionnement d'une machine hydraulique, l'amélioration des moulins, le plan d'une loterie à cinq classes. Certes, ces réponses ne se trouvent pas dans les lettres d'Euler elles-mêmes, mais dans les documents annexes qui suivent dans ce volume immédiatement les lettres correspondantes (sauf ceux qui ont été déjà publiés dans les séries précédentes des *Opera omnia*).

La correspondance entre Euler et Frédéric II fut éditée autrefois dans les *Œuvres de Frédéric le Grand* (tome 20, Berlin 1852); pour la présente édition tous les textes ont été vérifiés à nouveau et dûment corrigés et il y a 4 lettres nouvelles. Soit au total 87 lettres et 17 documents annexes, ceux-ci auparavant inédits.

Pour l'ensemble du volume, toutes les lettres sont reproduites dans leur langue originale, français, allemand ou latin, et avec la graphie qu'elles présentent[1]. Seules les lettres en latin sont accompagnées d'une traduction en français par Robert Halleux. La langue française – qui s'imposait pour la première partie concernant la correspondance avec Maupertuis et qui est très largement majoritaire dans les documents – a été adoptée comme langue de base du volume et notamment pour les introductions et les notes et commentaires qui accompagnent les lettres, et celles-ci sont éditées dans les

1 a) La graphie de certains noms de personne est variable et nous avons laissé subsister ces variations à l'intérieur des lettres. Nous avons simplement rétabli dans les notes et dans les index l'orthographe aujourd'hui couramment admise.
b) Conformément à l'usage, et dans les cas très rares, nous figurons entre crochets des rectifications ou mentions qui s'imposent.
c) Nous avons respecté autant que possible la ponctuation par points et virgules, chaque fois qu'elle était nette, et nous avons seulement apporté des modifications mineures dans les cas où la ponctuation originale prêtait à confusion quant au sens. Cas également rares.
d) Nous avons conservé les notations mathématiques, sauf en ce qui concerne le signe de la racine qu'Euler écrit, $\surd$ et que nous transcrivons avec le *vinculum* $\sqrt{}$ de manière à lever toute ambiguïté. Nous avons redessiné les figures qui sont toujours schématiques et négligées sur les originaux.

deux parties d'après les règles exposées dans la Préface du volume O.IV A, 1. Le lecteur trouvera à la fin du volume les différents «index» indiqués dans la table des matières.

La correspondance Euler–Maupertuis est éditée par Pierre Costabel. Celle d'Euler–Frédéric II est l'œuvre d'Eduard Winter (†), qui fut assisté par son épouse Maria Winter (†), et dont les contributions rédigées en allemand ont été traduites en français par Frédéric de Buzon, avec quelques précisions apportées par K.-R. Biermann. L'ensemble du manuscrit a été pris en charge par Pierre Costabel et préparé au Centre Alexandre Koyré, grâce à la collaboration de son personnel technique et principalement de Mme Bénédicte Bilodeau qui a assuré la préparation des «index».

Adolf P. Juškevič a effectué la révision des notes, introductions et de toutes les épreuves et, assisté par Achot T. Grigorian, a assuré la responsabilité rédactionnelle de ce volume.

Enfin la mise au point rédactionnelle, notamment en ce qui concerne la transposition typographique moderne et la correction de nombreux détails, a été réalisée par Emile A. Fellmann, rédacteur en chef de la Série IV des *Opera omnia* de Léonard Euler.

Les éditeurs de ce volume expriment leur profonde reconnaissance à toutes les institutions qui ont mis à leur disposition les documents publiés, au moyen de photographies, photocopies ou copies. La publication eût été impossible sans la bienveillance des Académies des Sciences de Paris, de l'URSS et de la RDA, de leurs diverses institutions, surtout de leurs Archives, et de la Bibliothèque de l'Université de Bâle. – La Commission Euler exprime également sa reconnaissance à Frank Vischer de l'Université de Bâle pour des renseignements juridiques concernants la publication de quelques documents.

Au nom des éditeurs
Moscou/Paris, 20 septembre 1979/26 septembre 1980

P. Costabel
A. P. Juškevič

I
CORRESPONDANCE D'EULER AVEC P.-L. M. DE MAUPERTUIS

(20 mai 1738 – 21 août 1759)

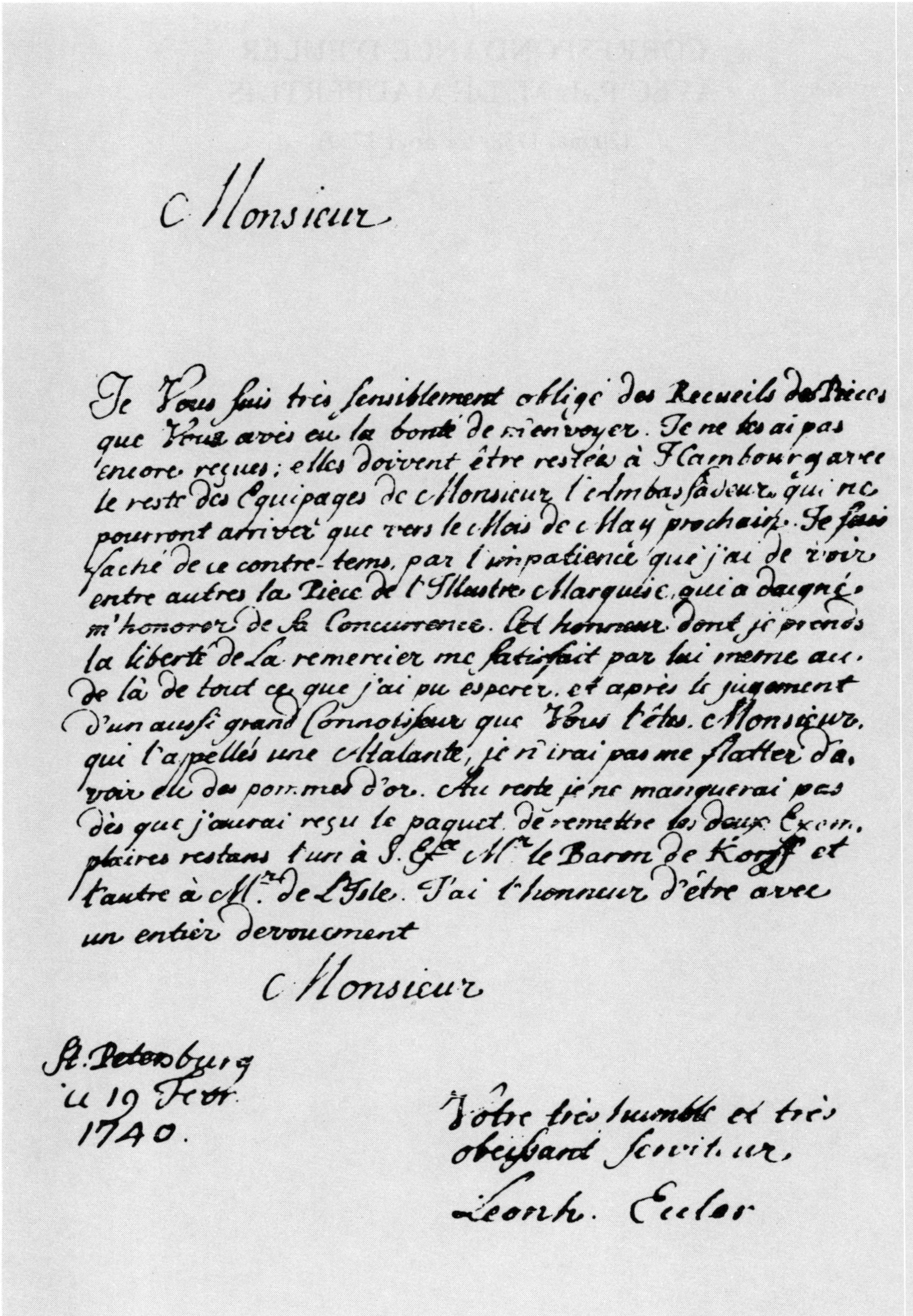

Monsieur

Je Vous suis très sensiblement obligé des Recueils des Pieces que Vous avés eu la bonté de m'envoyer. Je ne les ai pas encore reçues; elles doivent être restées à Hambourg avec le reste des Equipages de Monsieur l'Ambassadeur, qui ne pourront arriver que vers le Mois de May prochain. Je suis faché de ce contre-tems, par l'impatience que j'ai de voir entre autres la Piece de l'Illustre Marquise, qui a daigné m'honorer de sa Concurrence. Cet honneur dont je prends la liberté de La remercier me satisfait par lui meme au de là de tout ce que j'ai pu esperer, et après le jugement d'un aussi grand Connoisseur que Vous l'êtes, Monsieur, qui l'appellés une Atalante, je n'irai pas me flatter d'avoir eu des pommes d'or. Au reste je ne manquerai pas dès que j'aurai reçu le paquet de remettre les deux Exemplaires restans l'un à S. Exc. Mr. le Baron de Korff et l'autre à Mr. de L'Isle. J'ai l'honneur d'être avec un entier devouement

Monsieur

St. Petersburg le 19 Fevr. 1740.

Votre très humble et très obeissant serviteur,
Leonh. Euler

Lettre autographe d'Euler à Maupertuis du 19 février 1740
(n° 3, R 1497).

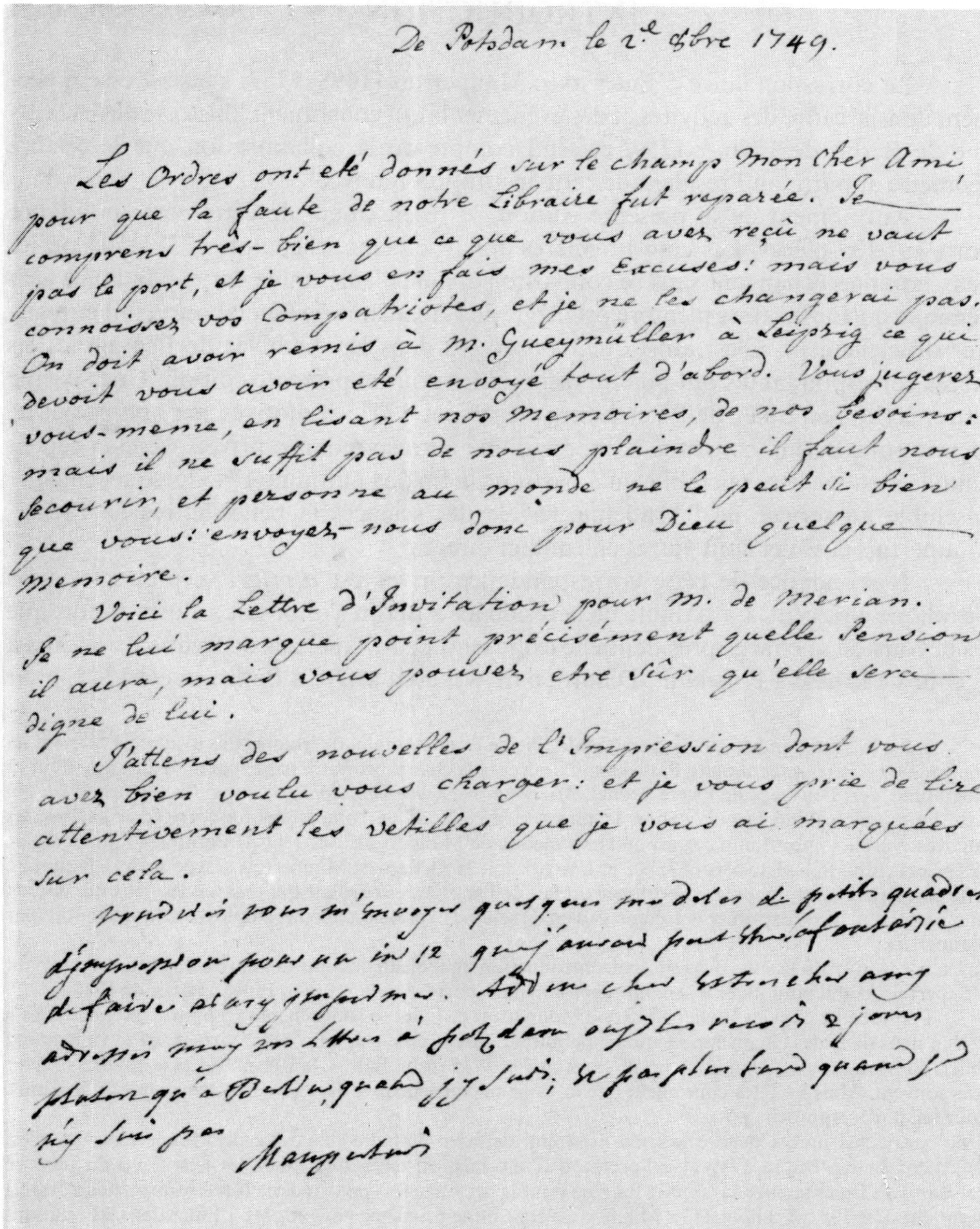

De Potsdam le 2.d 8bre 1749.

Les Ordres ont eté donnés sur le champs Mon Cher Ami pour que la faute de notre Libraire fut reparée. Je comprens très-bien que ce que vous avés reçû ne vaut pas le port, et je vous en fais mes Excuses: mais vous connoissez vos Compatriotes, et je ne les changerai pas. On doit avoir remis à M. Gueymüller à Leipzig ce qui devoit vous avoir eté envoyé tout d'abord. Vous jugerez vous-meme, en lisant nos Memoires, de nos besoins: mais il ne suffit pas de nous plaindre il faut nous secourir, et personne au monde ne le peut si bien que vous: envoyez-nous donc pour Dieu quelque memoire.

Voici la Lettre d'Invitation pour M. de Merian. Je ne lui marque point précisément quelle Pension il aura, mais vous pouvez etre sûr qu'elle sera digne de lui.

J'attens des nouvelles de l'Impression dont vous avez bien voulu vous charger: et je vous prie de lire attentivement les vetilles que je vous ai marquées sur cela.

voudriés vous m'envoyer quelques modeles de petits quadres d'impression pour un in 12 qu'j'aurois peut être fantaisie de faire ici imprimer. Adieu cher et tres cher amy adressés moy vos lettres à Potsdam ou je les recois 2 jours plustost qu'a Berlin, quand j'y suis; et pas plus tard quand je n'y suis pas

Maupertuis

Lettre autographe de Maupertuis à Jean II Bernoulli du 2 octobre 1749
(UBB, Ms. L I a 708, f. 124).

INTRODUCTION

La correspondance d'Euler avec Maupertuis (1698–1759) s'inscrit essentiellement dans le cadre des activités et des événements qui constituent l'histoire de l'Académie de Berlin de 1746 à 1759, et rend compte de la collaboration que le célèbre géomètre apporta au Président de cette institution rénovée[1].

Au moment de la présente édition, le recensement de cette correspondance porte sur 137 pièces. Les cinq premières appartiennent à l'époque 1738–1741 où les deux hommes échangent sans se connaître personnellement une correspondance académique qu'Euler, alors membre privilégié de l'Académie de Pétersbourg, fait enregistrer officiellement. C'est ainsi que, conservées dans les Archives de Léningrad, les pièces correspondantes ont pu être disponibles pour la présente édition. Une sixième lettre, écrite par Euler de Pétersbourg en janvier 1741, et motivée par son projet de départ pour Berlin, constitue l'amorce d'une correspondance privée. Celle-ci cependant ne s'est réellement établie qu'à partir de la fin de l'automne 1745 lorsque, engagés ensemble au service de l'Académie royale des sciences et belles-lettres de Prusse, Maupertuis et Euler sont entrés en contact direct[2].

L'abondance de cette correspondance privée est *a priori* surprenante, mais s'explique aisément. La stabilité de la résidence à Berlin s'imposait à Euler, tandis que les devoirs de sa charge présidentielle exigeaient de Maupertuis de fréquents séjours à la cour de Prusse à Potsdam[3]. D'autre part, s'il était arrivé à Berlin en été 1745, pour

1 Né le 28 septembre 1698 à Saint-Malo, Pierre Louis Moreau de Maupertuis avait déjà derrière lui une longue carrière académique à Paris lorsqu'il accepta la charge proposée par Frédéric II à Berlin. Pour sa biographie, voir l'ouvrage de Pierre Brunet, *Maupertuis – Étude biographique*, Paris, Blanchard, 1929, qui reste jusqu'aujourd'hui la publication la plus sérieuse. Nous en complétons, et corrigeons parfois, les données grâce à l'importante correspondance inédite de Maupertuis avec Jean II Bernoulli. Composée de 178 pièces (Bibl. Bâle, L Ia 676, 662, 708 et L Ib 90), soit 169 lettres de Maupertuis et 9 de Jean II Bernoulli, cette correspondance tient son importance du fait de l'amitié très cordiale qui unissait les deux hommes et leur permettait de s'exprimer «à cœur ouvert», selon l'expression même employée plusieurs fois par Maupertuis.
Le lecteur trouvera à la suite de la présente introduction un tableau des données chronologiques concernant Maupertuis, établi pour aider à la compréhension de la correspondance avec Euler à partir de 1738.

2 En réalité c'est en janvier 1745 que Maupertuis et Euler se sont rencontrés pour la première fois à Berlin, mais dans des circonstances qui ne permirent pas, semble-t-il, un contact sérieux. «J'ai vu le grand Euler, dit Maupertuis à Jean II Bernoulli le 19 janvier 1745 (Bibl. Bâle, L Ia 708, n° 93), et je voudrais le voir plus souvent. Mais les fêtes continuelles de la Cour m'empêchent de lui donner le temps que je voudrais. Pour lui, il n'en approche pas ...»
Il ne paraît pas inutile de préciser ici, à l'appui de cette dernière remarque de Maupertuis, que c'est seulement en septembre 1749 et à l'occasion d'une mission technique (pour les jets d'eau du parc de Potsdam) qu'Euler revint à la Cour et fut reçu pour la première fois par Frédéric II (cf. Maupertuis à Jean II Bernoulli, L Ia 708, n°s 112 et 113). Maupertuis était donc privilégié par rapport à Euler dans les relations avec le roi puisque celui-ci avait reçu le savant français à Wesel dès septembre 1740 (L Ia 708, n° 54). Après une longue interruption, qui sera évoquée plus loin, Maupertuis retrouva une occasion de voir Frédéric II à la fin de 1744. Ayant assisté à la prise de Fribourg par l'armée française, Maupertuis fut chargé de porter à Berlin la nouvelle de cette victoire sur l'Autriche et se présenta vraisemblablement à Frédéric avec une mission diplomatique. Son séjour à Berlin couvrit les mois de décembre 1744 et de janvier 1745. Et c'est alors que prit corps son projet de mariage avec Eleonor de Borck.

3 Les lettres de Maupertuis à Jean II Bernoulli sont l'écho de la peine que suscitent les navettes continuelles imposées au président de l'Académie entre Potsdam et Berlin (21 juin 1746, L Ia 708, n° 99; 12 juin 1747, L Ia 708, n° 101).

épouser Eleonor de Borck et trouver la sécurité d'un foyer qui résista jusqu'au bout aux traverses[4], Maupertuis n'avait pas tardé à souffrir de la rigueur du climat hivernal. Le mal qu'il avait contracté près de dix ans plus tôt au cours de l'expédition de Laponie pour la mesure du degré de méridien au Cercle polaire, se révéla dans toute sa gravité par des crachements de sang[5]. Se refaire à l'air de Saint-Malo devint peu à peu pour lui une hantise, d'où plusieurs voyages en France dont le dernier fut sans retour. Enfin, lorsqu'il était présent à Berlin, Maupertuis était souvent retenu à la chambre par son état de santé. Comment s'étonner dès lors que l'exercice de ses activités se soit réalisé en grande partie pour lui par le canal du courrier?

C'est la notoriété flatteuse que lui avait value le succès de l'expédition qu'il avait suscitée et dirigée, qui avait attiré sur lui l'attention de Frédéric II dès 1740, mais le projet correspondant mit cinq années à se réaliser. En prenant en charge à Berlin la nouvelle Académie, à la fin de 1745, Pierre Moreau de Maupertuis avait déjà derrière lui son activité créatrice en matière scientifique, dans des domaines où il avait pu produire sans entrer dans la spécialisation mathématique avancée[6]. Face à Euler, son

4 Fille de Gaspard Guillaume de Borck, l'un des quatre curateurs de l'Académie désignés par Frédéric II en 1743, Eleonor Katharina fit certainement avec Maupertuis un mariage d'amour. Maupertuis n'hésitait pas à déclarer de son côté à son ami Jean II Bernoulli, qu'au milieu de ses peines et déceptions dans son établissement à Berlin il avait au moins la satisfaction d'avoir trouvé la femme qui faisait le bonheur de sa vie (9 avril 1746, L Ia 708, n° 97). Le ménage eut cependant l'épreuve de ne pas avoir d'enfant. En félicitant Jean II Bernoulli le 11 octobre 1749 pour une heureuse naissance dans son foyer, Maupertuis avouait à son ami qu'il regrettait de ne pouvoir en faire autant à son Eleonor. Il ajoutait avoir passionnément souhaité un fils, et révélait en avoir eu un, autrefois à Saint-Malo, «fils qui serait digne d'une meilleure naissance».
Ce fils naturel reconnu, Philippe Moreau de Maupertuis, ne revint en France, après seize ans d'absence aux Indes, qu'en 1766 et réclama alors une révision de la succession de son père pour les droits de sa mère Anne Magdeleine Mouton (L Ia 708, n°s 283 et 284). Il est possible que des discussions pénibles aient eu lieu alors avec la famille de Borck. Dans sa chronique mondaine intitulée *Souvenirs de 20 ans de séjour à Berlin,* 4 vol., Dieudonné Thiébault (1733–1807), ancien jésuite devenu professeur de «grammaire générale» à l'Ecole militaire de Berlin en 1765, s'est fait en effet l'écho de médisances: «Beaucoup plus aimé qu'il n'avait aimé lui-même, Maupertuis eut quelques maîtresses, chose que sa femme et ses alliés ne lui pardonnèrent pas» (Dieudonné Thiébault, *Mes souvenirs de 20 ans de séjour à Berlin,* 1re éd., Paris 1804, 2e éd., Paris 1805, 5 vol., t. 5, p. 316). Mais les lettres qu'Eleonor écrivit à Jean II Bernoulli après la mort de son mari ne contiennent rien d'autre que l'expression touchante d'une immense douleur (Bibl. Bâle, L Ia 708, n°s 270–280) et la dernière lettre de Maupertuis à sa femme, datée de Bâle le 7 juillet 1759, témoigne d'une profonde tendresse (L Ia 708, n° 251).

5 Dès son retour à Paris, après l'expédition en Laponie, Maupertuis avait eu de sérieuses inquiétudes pour sa santé (cf. lettres à Jean II Bernoulli, 14 octobre 1737, Bibl. Bâle, L Ia 708, n° 21). Mais le 28 mai 1745 il écrivait à son ami avoir constamment de la fièvre (L Ia 708, n° 94) et, le 12 juin 1747, il déclarait craindre l'hiver à venir, car «j'ai l'expérience, disait-il, de deux hivers où j'ai été à deux doigts de la mort» (L Ia 708, n° 101). Et le 12 mars 1748 il devait avouer avoir «des attaques de toux et des crachements de sang» (L Ia 708, n°s 112 et 113) qui entraînaient la nécessité d'un retour en France l'hiver suivant. Sur le quart de cercle utilisé pour les mesures géodésiques au cours de l'expédition et que Maupertuis avait légué à l'Académie de Berlin, figurait d'après Dieudonné Thiébault (*op. cit.,* note 4 *supra,* p. 318) une inscription du donateur qui faisait allusion «dans une simplicité très convenable» aux invalidités contractées.

6 Elu à l'Académie des sciences de Paris en qualité d'adjoint mécanicien le 11 décembre 1723, puis associé géomètre le 1er août 1725, et enfin pensionnaire géomètre le 24 juillet 1731, Maupertuis s'était d'abord signalé par une aptitude réelle à généraliser diverses solutions de géométrie différentielle et quelques applications de celle-ci à des problèmes de mécanique, mais il s'était assez rapidement dirigé vers des travaux de géodésie et d'astronomie pour lesquels il n'avait nul besoin de dépasser la bonne formation mathématique qu'il avait acquise. La liste de ses mémoires et ouvrages que Pierre Brunet a donnée (*Maupertuis –*

cadet de neuf ans et mathématicien de grande classe en plein essor, il n'était pas à même de suivre positivement les travaux de pointe. A quarante-huit ans tout l'inclinait à mettre son autorité et son expérience de l'organisation au service de tâches administratives. Tout, y compris sa philosophie, teintée de pessimisme à l'égard des hommes et de leurs intrigues, mais confiante dans la vertu de la science institutionnalisée. Confiante aussi dans un certain spiritualisme et dans une métaphysique nouveau style, comme condition à la fois de la santé de l'esprit et du progrès de la connaissance. A cet égard il y avait entre Maupertuis et Euler une certaine affinité[7]. Malgré la différence de leurs caractères et de leurs dons qui provoqua plusieurs fois des ombres sur leurs relations, il y eut entre eux, à défaut d'une amitié, une collaboration continue, celle-là même qui s'exprima à travers une correspondance de quatorze années[8].

A quelques exceptions près, aisément repérables dans la liste que nous adjoignons, tous les documents qui nous restent de cette correspondance sont cependant des lettres d'Euler et c'est encore là une situation *a priori* étrange. Mais elle s'explique aussi aisément. Ces documents proviennent tous de la donation que Maupertuis avait faite de ses papiers à son ami La Condamine, avec mission de détruire après sa mort tous ses manuscrits autographes[9]. La Condamine, on le sait, se conforma – non sans

L'œuvre et sa place dans la pensée scientifique et philosophique du XVIIIe siècle, Paris, Blanchard, 1929, p. 461–465) met en évidence qu'à partir de 1732, année de la publication du *Discours sur les différentes figures des astres avec une exposition des systèmes de MM. Descartes et Newton,* Maupertuis a cessé de produire dans le domaine de la recherche mathématique proprement dite, tandis qu'il multipliait ses interventions «sur la figure de la terre», la «figure des corps célestes» et la mesure «de la déclinaison des étoiles». Publications qui firent sa notoriété et le désignèrent tout naturellement pour la direction de l'expédition au cercle polaire.

7 Dans sa lettre du 18 septembre 1747 à Jean II Bernoulli (Bibl. Bâle, L Ia 708, n°s 102 et 103), Maupertuis s'exprime à cœur ouvert. Il est bien aise de l'existence d'une classe de métaphysique à l'Académie, il n'aurait peut-être pas osé l'introduire de lui-même, mais il voudrait qu'elle joue son rôle comme il faut. «La métaphysique d'Allemagne est une étrange science, mais ce n'est pas la faute de la métaphysique, c'est la faute des Allemands ... Les Français sont trop dégoûtés de la métaphysique, les Allemands enfoncés dans le margouillis, les Suisses pourraient peut-être tenir le juste milieu.» La phrase accompagne la demande instante que Maupertuis fait à son ami pour l'aider à trouver «quelqu'homme d'esprit, ayant des connaissances mathématiques et capable de soutenir la Classe de Métaphysique».

8 Rien n'exprime mieux les nuances que nous mettons ici, que cette déclaration que Maupertuis fit à Jean II Bernoulli dans une lettre du 24 novembre 1750 (Bibl. Bâle, L Ia 708, n° 139): «Euler ... est en général un personnage fort singulier, fort tracassier et qui aime à se mêler de tout quoique la forme de notre Académie et les ordres du Roi ne permettent à personne de se mêler de rien ... C'est encore un de ces secrets de ménage qu'il ne faut pas divulguer.»

9 C'est à Bâle où il s'était arrêté en essayant de regagner Berlin, et auprès de son cher ami Jean II Bernoulli, que Maupertuis s'est éteint le 27 juillet 1759. D'après la correspondance de Jean Bernoulli avec La Condamine (Bibl. ducale de Gotha, cod. B 685–686 – Copie BN Paris, Fds Fr. n. a. 21015) confirmée par une lettre de Bernoulli à La Beaumelle du 3 août 1759 (publiée dans la *Vie de Maupertuis* par L. Angliviel de La Beaumelle, Paris 1856, p. 219), Maupertuis avait eu le temps avant de mourir de trier ses papiers – qu'il transportait donc avec lui – et de commencer une destruction systématique. C'est Jean Bernoulli qui «l'empêcha de tout sacrifier» et le ramena au respect de la convention passée avec La Condamine. C'est aussi Bernoulli qui envoya à La Condamine, par le «carrosse de Strasbourg» à Paris, une «boîte cachetée» contenant tout ce qui restait et comprenait encore une quantité de lettres avec quelques «manuscrits et mémoires». Avant même de la recevoir, La Condamine exprimait à Bernoulli le 27 août qu'il n'aurait pas «de scrupule à conserver» tout ce qui ne serait pas susceptible d'«être mal interprété», mais, le 5 septembre, Bernoulli le rappela vivement à «une exécution plus ponctuelle» de volontés considérées comme «sacrées». L'envoi de Bernoulli arriva à Paris le 19 septembre. Il fut complété fin février 1760 par un paquet envoyé de

quelques hésitations et aménagements – aux dernières volontés de son ami, de sorte que toutes les minutes de la correspondance de Maupertuis avec Euler ont en particulier disparu. De son côté Euler n'a rien laissé, ni les originaux des lettres de Maupertuis, ni les minutes de ses propres lettres. Et c'est ainsi que les documents qui nous intéressent pour la période 1745–1759, et qui sont des originaux des lettres d'Euler, n'ont – à une exception près – qu'une seule source: la succession de La Condamine et la transmission de ce qui restait du legs de Maupertuis.

Jusqu'à une date récente (1974), la très grande majorité de ces documents se trouvait encore entre les mains de lointains héritiers, mais n'étaient pas tous inédits. Le chanoine Le Sueur en 1896, puis Pierre Brunet en 1938 en avaient publié un certain nombre[10] et, en 1936–1937, le professeur Otto Spiess avait pu en faire, avec l'accord du possesseur d'alors, une copie manuscrite *in extenso.* Enfin, en 1960, l'Académie des sciences de Paris avait obtenu de la veuve du même possesseur l'autorisation de photographier les lettres et de conserver cette reproduction dans ses Archives, l'utilisation n'étant subordonnée qu'à une nouvelle autorisation de la même personne. Celle-ci ayant brusquement vendu ses documents, sans tenir compte de l'existence de copies et de reproductions, et dans des conditions rendant impossible la connaissance de l'identité des acquéreurs définitifs, la situation juridique s'est trouvée suffisamment modifiée pour que les dites copies et reproductions puissent être utilisées afin d'en livrer le contenu à la connaissance de la communauté scientifique internationale. Par la suite nous désignerons constamment par le sigle AAS (Archives de l'Academie des Sciences) la référence aux reproductions photographiques de Paris.

Comme nous l'avons laissé entendre il y a un instant, le fonds correspondant n'est pas exhaustif. Grâce au Fichier Charavay nous avons pu recenser six lettres n'appartenant pas à ce fonds et qui ont passé en vente à des époques et dans des conditions impossibles à préciser. Nous les avons signalées à leur place chronologique avec un indice *a,* significatif de leur caractère de supplément, en ajoutant les renseignements que nous possédons à leur sujet. Enfin une lettre d'Euler à Maupertuis a été retrouvée à Londres et trois lettres de Maupertuis à Euler l'ont été dans les documents administratifs de l'Académie de Berlin.

Après ces explications indispensables, il est temps d'en venir à ce qui doit être l'objet même d'une introduction: fournir au lecteur un guide, en dégageant les leçons essentielles et en signalant les questions et les faits à propos desquels le recours aux textes et aux notes est ainsi facilité.

On l'a déjà mentionné plus haut, cinq lettres, connues par les Archives de l'Académie des sciences de l'URSS, constituent pour les années 1738–1741 la première section de la correspondance entre Euler et Maupertuis. L'initiative des relations

Saint-Malo par M. de La Primeraie (neveu de Maupertuis), et sur les instances de Mme de Maupertuis qui savait que la majorité de la correspondance avec Frédéric II et Voltaire se trouvait là.

10 Cf. A. Le Sueur, *Maupertuis et ses correspondants,* Montreuil-sur-Mer 1896 (pour le Chanoine Le Sueur, curé d'Erondelle (Somme), voir la notice publiée dans le tome III du *Dictionnaire Biographique des Ecrivains,* E. Carnoy, édit., Paris, s. d., p. 66–68); Pierre Brunet, *Etude historique sur le principe de la moindre action,* Paris, Hermann, édit., 1938, et notamment la note des pages 82–83 où P. Brunet fait l'historique des documents.

épistolaires revient à Maupertuis, la lettre n° 1 (non autographe) le prouve, et ce fait mérite l'attention. L'occasion que saisit Maupertuis le 20 mai 1738 est l'envoi à l'Académie de Pétersbourg de deux exemplaires de son ouvrage tout récemment sorti de presse sur la *Figure de la Terre déterminée par les observations de MM. de Maupertuis, Clairaut, Camus, Le Monnier, Gauthier, accompagné de M. Celcius au Cercle polaire* (1 vol., in-8°, Paris 1738), ouvrage livrant les résultats de l'expédition en Laponie. *A priori,* l'envoi correspond à un service de presse bien compris. Le fait de destiner l'un des exemplaires à Euler, en l'accompagnant d'une lettre personnelle d'une extrême courtoisie, révèle cependant chez Maupertuis une intention spéciale.

Sans doute faut-il faire la part du beau langage. Sans doute aussi ne faut-il pas prendre absolument Maupertuis au pied de la lettre lorsqu'il parle des fruits qu'il a retirés de la lecture du traité de Mécanique d'Euler *(Mechanica sive motus scientia analytice exposita),* publié à Pétersbourg en 1736. Cette lecture n'a pu être pour Maupertuis que toute récente, au cours d'un hiver où il était absorbé à Paris par la mise en ordre des résultats de l'expédition de Laponie et par la publication de l'ouvrage correspondant. Mais il reste manifeste que Maupertuis recherche l'amitié d'Euler et que ses civilités sont animées par une singulière estime.

Lorsque Euler reçoit, au milieu d'octobre – avec beaucoup de retard – l'envoi qui lui était adressé au printemps, il est évident que le témoignage d'attention dont il est l'objet ne le laisse pas indifférent. Entre-temps d'ailleurs, le (8 septembre) 28 août 1738, l'Académie de Pétersbourg a admis Maupertuis parmi ses membres, puisque, aussi bien, il s'agit d'un homme désormais célèbre et placé au centre de l'actualité[11]. Tout porte Euler à majorer quelque peu les civilités qu'il doit témoigner en retour le (4 décembre) 23 novembre 1738 à celui qui s'est présenté comme un fervent lecteur de sa «Mécanique». Croit-il vraiment, comme il le dit, que Maupertuis a accompagné sa lecture d'annotations susceptibles de lui être utiles? La politesse l'entraîne certainement à faire grand cas de ce nouveau correspondant, et il faut reconnaître en tout cas – toute l'affaire du principe de la moindre action en sera plus tard la preuve – qu'Euler sera fidèle à la promesse qu'il formule relativement à sa collaboration dans le domaine de la Mécanique.

L'ouvrage de Maupertuis sur la «Figure de la Terre» fournit d'ailleurs immédiatement une excellente occasion de concrétiser une telle collaboration. Le sujet de la forme du sphéroïde terrestre occupe précisément Euler depuis quelques mois et dans la dernière des notes qu'il publiera à cet égard il fera passer la remarque qu'il est heureux de signaler d'emblée à Maupertuis (voir les notes de la lettre n° 2): l'aplatissement de la Terre, tel que les «observations françaises» permettent de l'apprécier à partir de la mesure des arcs de méridien, est double de l'évaluation théorique approchée que Newton a calculée dans l'hypothèse de l'homogénéité de la masse terrestre. Tandis que Maupertuis se contentait dans son ouvrage d'énoncer une appréciation qualitative, Euler a donc aussitôt situé l'ordre de grandeur de la comparaison entre les résultats

11 Maupertuis reçut même l'offre d'une pension de 200 roubles, mais il la «déclina poliment» ne voulant pas être accusé de cumul de pensions (lettre à Jean II Bernoulli, 27 mai 1740, Bibl. Bâle, L Ia 708, n° 46).

expérimentaux et ceux de la spéculation théorique de Newton et il peut féliciter Maupertuis d'avoir «tranché la question»: l'augmentation de l'ordre de grandeur de la différence entre les distances du centre de la Terre au pôle d'une part, à l'équateur de l'autre, rend impossible de douter de l'aplatissement au pôle.

Mais Euler a encore mieux à dire. A savoir que là où Newton se contentait de calculs approchés non développés, il a pris la plume pour développer effectivement en série l'expression du rapport d'aplatissement en fonction du coefficient $1/K$ qui exprime la fraction dont la force centrifuge à l'équateur diminue la pesanteur à laquelle il faudrait s'attendre d'après la seule attraction newtonienne. La lettre n° 2 que nous considérons ici est, à notre connaissance, le seul document où Euler ait fait connaître ce résultat d'une laborieuse étude des divers passages correspondants de la 3e édition (1726) des «Principia» (1re éd. 1687). En conservant pour K la valeur indiquée par Newton ($K = 289$), Euler peut ainsi annoncer à Maupertuis quelle est la valeur plus exacte – très voisine en définitive de la précédente – qu'il convient de prendre pour l'aplatissement théorique dans l'hypothèse de l'homogénéité terrestre où s'est placé Newton. Tout est à reprendre, dit-il, si l'on suppose la composition de la Terre «difforme», c'est-à-dire plus dense au fur et à mesure que l'on se rapproche du centre. Encore qu'il s'exprime quelque peu à la hâte, il est clair qu'il pense à la possibilité d'un calcul théorique aboutissant à une valeur plus grande de l'aplatissement en fonction de la variation de densité interne de la matière terrestre. En se rapprochant ainsi de la valeur déduite des observations de Laponie, on aurait le moyen d'apprécier la non-homogénéité de la Terre et l'on pourrait mettre en œuvre à cet égard des «expériences définies» *(experimenta definita)*.

Cet ambitieux programme de recherche – bien digne du génie mathématique d'Euler – a probablement pris Maupertuis au dépourvu. D'autant plus que, dans sa hâte d'écrire, Euler commet des négligences. Il omet en particulier de prêter la moindre attention aux tables que Maupertuis a données dans son ouvrage concernant la variation des périodes du pendule depuis l'équateur jusqu'au pôle, tables où figure tout de même le résultat d'expériences effectuées à Pello[12] par plus de 66° de latitude Nord. Si ces expériences ne sont pas assez «définies», au gré d'Euler, pour entrer en ligne de compte dans la nouvelle recherche théorique qu'il suggère, il semble qu'il devrait au moins dire pourquoi.

En définitive, ces deux premières lettres de la correspondance sont importantes et situent déjà bien les personnalités en présence. Il était opportun de s'y arrêter un instant. Plus d'une année s'écoule ensuite avant que Maupertuis ne se manifeste à nouveau, et à une occasion ou ni la science, ni les sollicitations de la lettre n° 2, n'ont aucune part. La lettre de Maupertuis est perdue, mais la réponse d'Euler (lettre n° 3) datée du (1er mars) 19 février 1740 ne permet pas de douter. Maupertuis a profité d'une valise diplomatique pour faire parvenir rapidement l'annonce de l'envoi de trois exemplaires du Recueil de pièces du concours pour le Prix de l'Académie de Paris de 1738 (sur la nature du feu et sa propagation) et il a probablement fait ses envois vers la

12 La bourgade et le district de ce nom se trouvent actuellement sur le territoire de Finlande, golfe de Botnie.

fin de 1739, ou même au début de janvier 1740. Rien d'autre à retenir, d'un côté comme de l'autre, que des civilités académiques. Et il en est de même un peu plus tard, lorsque, à la date du 14 avril (lettre n° 4), Maupertuis annonce à Euler son succès, il est vrai partagé, au Prix de l'Académie de Paris pour 1740 (sur le flux et le reflux de la mer). Seul un post-scriptum indique que Maupertuis n'oublie pas l'intérêt manifesté par Euler pour la «Figure de la Terre»: mais il se borne à signaler la rétractation que Cassini a bien voulu faire par rapport à sa thèse d'un allongement dans le sens de l'axe polaire[13]. C'est intéressant sur le plan de l'information historique, mais c'est peu par rapport aux problèmes sur lesquels Euler avait porté le débat dans la lettre n° 2 – et qui sont à joindre à ceux que l'on relève dans la correspondance avec Clairaut, O. IV A, 5, Introduction, p. 5–6.

Les vérifications que permettent les procès-verbaux de l'Académie de Pétersbourg[14] sont ici particulièrement intéressantes. Comme en 1738, la lettre de Maupertuis a mis plusieurs mois pour parvenir avec un envoi, daté également du 14 avril, de quatre exemplaires dédicacés du second ouvrage de Maupertuis sur la *Mesure du Méridien entre Paris et Amiens, déterminée par Picard avec les observations de MM. de Maupertuis, Clairaut, Camus et Le Monnier* (1 vol., in-8°, Paris 1740), récemment sorti de presse. Les procès-verbaux indiquent qu'entre-temps la nouvelle d'une nomination de Maupertuis à Berlin a été connue; en réponse à la réception des livres, une lettre officielle de remerciements est adressée en France le 24 octobre avec les félicitations de l'Académie pour le nouvel honneur fait à l'auteur. La réponse d'Euler (lettre n° 5), datée du (1er novembre) 21 octobre, est évidemment distincte de cette lettre officielle et pose un problème. Rédigée en latin, elle avait probablement été prévue par son auteur pour passer avec le courrier académique et c'est peut-être la voie qu'elle a suivie puisqu'il y a eu copie et conservation de la minute dans les Archives, grâce à quoi nous la connaissons aujourd'hui. Mais il n'y a pas eu dépôt officiel de la part d'Euler, puisque contrairement aux cas précédents les procès-verbaux sont muets à cet égard. Euler devait nécessairement se sentir tenu à des précautions pour une lettre dans laquelle il exprime en termes particulièrement forts sa joie à la perspective de quitter lui-même Pétersbourg sur une invitation qui lui a été transmise de la part de roi de Prusse. S'il est au «comble de bonheur» *(ad summum felicitatis fastigium)* et s'il pense que l'Académie de Berlin rénovée sera pour toujours l'honneur de la nation allemande *(toti germanicae nationi decori)*, il use de termes dont il semble qu'il était peu opportun de laisser une trace écrite. Il est donc étrange que cette trace existe cependant dans les Archives de l'Académie de Pétersbourg, sous la forme de la copie que nous utilisons. L'état de cette copie, qui comporte des fautes assez nombreuses, semble indiquer que le copiste entendait mal le latin, d'une part, et qu'elle a sans doute été faite sans vérification de la part de l'auteur, d'autre part.

La lettre suivante (lettre n° 6) qu'Euler écrit à Maupertuis quelques mois après, en janvier 1741, postule de sa part des précautions évidentes. Elle est encore en latin mais il n'y a pas eu copie à Pétersbourg et le texte ne nous est connu que par le fonds

13 Voir pour les détails relatifs à cette rétractation les notes que nous donnons pour cette lettre n° 4.

14 *Protokoly* ... (*Procès-verbaux des séances de l'Académie Impériale des sciences de Pétersbourg de 1725 à 1803*, t. 1, 1725–1743, 1897).

AAS dont c'est le premier document. Nous sommes donc sûrs, d'une part, que – la source étant les papiers de Maupertuis – la lettre est bien parvenue à son destinataire; d'autre part, qu'Euler a veillé à ce qu'il n'en reste pas trace sur place. Cette précaution s'imposait d'ailleurs davantage que dans le cas précédent. Passe encore d'exprimer l'espérance de jouir bientôt de la société de Maupertuis, de se mettre à son service et de flatter le futur président, mais renchérir sur les mérites de Frédéric, révéler les voies par lesquelles son invitation est parvenue (l'ambassadeur de Prusse à Pétersbourg), déclarer que d'autres «amis», actuellement près d'Euler à Pétersbourg, brûlent de recevoir la même faveur, c'est aller assez loin dans l'aveu des opérations de couloir.

Sans doute convient-il ici, pour une appréciation plus juste, de rappeler que l'interrègne entre les impératrices Anna et Elizabeth fut à Pétersbourg, en 1740–1741, une période particulièrement fertile en intrigues de toutes sortes et que le désir de fuite d'un certain nombre de savants s'explique trop bien pour qu'il soit impossible de faire porter à Euler une quelconque responsabilité. Pour lui comme pour ses collègues, le souci de la carrière et des charges de famille avait de réels motifs.

Nous ne nous excuserons pas d'avoir accordé quelque examen attentif à des problèmes de critique historique qui n'ont pas d'intérêt pour l'œuvre scientifique d'aucun des deux correspondants. L'examen jette quelques lueurs sur les hommes et les institutions avec lesquells ils doivent compter, et le temps n'est plus, heureusement, où l'on avait tendance à négliger ces réalités psychologiques et sociales. Et sans nous attarder davantage, remarquons simplement qu'à l'époque considérée l'institution académique est non moins fragile à Berlin qu'à Pétersbourg. Ici, comme là, la volonté des souverains, davantage mue par le souci du prestige de leur règne que par l'idéal de la promotion de la culture, compose aisément les offres alléchantes, de nature à attirer les beaux esprits de toutes nationalités, avec une politique d'économie. Euler ne tardera pas à en faire l'expérience.

Contrairement à ce qu'il espère dans la lettre n° 6, il ne trouvera pas Maupertuis à Berlin lorsqu'il y arrivera en juillet 1741. Nous en évoquons les raisons dans nos notes. Il aura donc à s'accommoder d'une installation au sein d'une Société des sciences mal organisée, et deux ans plus tard, à la veille d'une première réorganisation tant attendue, il en sera encore à réclamer à Frédéric II les frais de son voyage depuis Pétersbourg, frais qui ne lui ont pas été réglés malgré les promesses formelles préalables (cf. lettre n° 9 d'Euler à Frédéric, 19 octobre 1743).

Durant ces années 1741–1743 où Maupertuis, déçu, a regagné Paris et retrouve dans son pays quelques compensations (après diverses publications, toutes relatives à l'exploitation des observations astronomiques pour les déplacements à la surface de la Terre, il est reçu à l'Académie française en juin 1743)[15], c'est le silence entre lui et Euler. Mais c'est encore à lui que revient l'initiative d'une relance au cours de l'hiver 1744. Une fois de plus à l'occasion de l'envoi d'un ouvrage: le dernier paru, vers la fin de

15 En rentrant à Paris au début août 1741, après ses aventures sur le front des combats entre les armées prussienne et autrichienne (il fut fait prisonnier par les Autrichiens), Maupertuis déclarait à Jean II Bernoulli avoir été fort bien reçu dans sa patrie et être décidé à y rester (Bibl. Bâle, L Ia 708, n° 64). C'est à partir de juillet 1744 que la même correspondance fait état d'une dégradation du climat parisien: «Il pleut ici des libelles contre tous ceux dont le nom est un peu connu» (L Ia 708, n° 85), et on comprend aisément

1743. Il s'agit de l'*Astronomie nautique,* ouvrage dans lequel Maupertuis vise à fournir aux usagers de la navigation des procédés de calcul n'exigeant que des connaissances mathématiques élémentaires. Dans la mesure cependant où la mathématique y est davantage en cause que dans les autres publications ci-dessus évoquées, il n'est pas étonnant que Maupertuis l'ait jugée propice à une relance de la correspondance.

Comme en 1738 pour la *Figure de la Terre,* Euler apporte dans sa réponse du 4 juillet 1744 (lettre n° 7) la preuve qu'on ne sollicite pas en vain ses avis sur des questions mathématiques, et que, de plus, les applications à l'astronomie sont pour lui constantes. Retenons simplement ici la pertinence avec laquelle il relève le défaut de la méthode analytique élémentaire utilisée par Maupertuis: cette méthode conduit à des équations contenant des racines «factices», c'est-à-dire qui ne correspondent pas aux conditions du problème. Inconvénient que l'emploi de la trigonométrie sphérique élimine aisément. Retenons aussi que, selon sa propre déclaration explicite, c'est en recopiant dans la lettre, à l'usage de Maupertuis, un de ses anciens calculs, relatif au plus petit crépuscule, qu'Euler découvre une propriété concernant la durée de ce plus petit crépuscule. La correspondance a ainsi sauvé de l'oubli un résultat dont on n'a par ailleurs aucune autre mention. Mais on doit retenir aussi l'aveu qui l'accompagne. Et cet aveu – qu'il n'y a aucune raison de mettre en doute – est d'un grand intérêt quant à la psychologie du mathématicien: le seul fait de récrire des calculs anciens les fait retrouver dans une lumière nouvelle, et ces calculs deviennent éloquents alors qu'ils étaient restés autrefois muets. Ils parlent même si bien et la propriété qu'ils découvrent est si géométriquement simple qu'Euler n'hésite pas à proposer à nouveau à Maupertuis une collaboration: il doit exister une démonstration directe et simple, et Maupertuis devrait la chercher. Mais une fois de plus sans doute, Euler se trompe sur l'état d'esprit et les capacités de Maupertuis, car cette lettre, qui témoigne avec tant de saveur du dialogue qui s'établit entre le mathématicien et le papier qu'il a devant lui, est restée sans écho.

Lorsque la correspondance reprend dix-huit mois plus tard, le 10 décembre 1745, c'est parce que Maupertuis est enfin à Berlin en train de préparer l'organisation de l'Académie des sciences et belles lettres de Prusse, et que les deux hommes commencent entre eux des échanges radicalement nouveaux.

Il ne peut être désormais question de suivre pas à pas leur correspondance comme nous l'avons fait jusqu'ici. Ni la nature des échanges, ni leur contenu ne l'exigent d'ailleurs. En ce qui concerne toutes les affaires ou questions qui, à propos de la vie de l'Académie ou des grands débats scientifiques, mettent en cause des personnes, les index que nous donnons permettent au lecteur, sans difficulté, de remonter aux textes. Il s'agit davantage pour nous de fixer les grands traits de la leçon de ces textes par rapport à des thèmes importants.

pourquoi Maupertuis finit par répondre aux sollicitations de Frédéric II. Le 28 mai 1745 (L Ia 708, n° 94) il indique avoir obtenu, non sans peine, son congé de France: «Je n'ai ici que des reproches et combats à essuyer.» La pension de 8000 livres qu'il fut obligé d'abandonner lui fut rendue à moitié (cf. P.-S. de la lettre du 22 octobre 1746, L Ia 708, n° 100) et, lors de son dernier séjour dans sa patrie, ce fut sa seule ressource (L Ia 708, n° 197).

Et le premier de ces thèmes est évidemment le principe de la moindre action. C'est le premier parce que c'est celui de la seule véritable affaire scientifique dans laquelle Euler et Maupertuis ont combattu ensemble, mais c'est aussi le premier dans l'ordre chronologique parce qu'il a été soulevé dès le contact direct entre Euler et Maupertuis.

Et à ce point de vue, la lettre du 10 décembre 1745 (lettre n° 8) qui inaugure la nouvelle série, doit être lue avec la plus grande attention. Motivée par une maladie qui retient Euler à la chambre à la suite de la première visite qu'il a rendue au président désigné, cette lettre est très significative autant par son contenu que par ce qu'elle fait entendre au sujet de la rencontre des deux hommes.

Rencontre depuis longtemps désirée sans doute, après le contact fugitif de janvier 1745 (cf. *supra*, p. 4, note 2), mais qui se produit après la longue histoire retracée ci-dessus; et cela ne va pas sans conséquences. Euler sait que les possibilités de Maupertuis sont plus limitées qu'il ne l'avait cru d'abord, au point de vue de la mathématique proprement dite et des applications à la mécanique. Et s'il doit surtout compter avec lui en raison de la présidence de l'Académie qui est en train de devenir effective, il est certainement sensible à l'avertissement reçu de Daniel Bernoulli le 7 juillet 1745 (R 160): Maupertuis a une très haute idée des mérites d'Euler et il est généreux, ce qui aura peut-être d'heureux effets pour Bernoulli si Euler veut bien s'y appliquer, mais Maupertuis n'est pas homme à se donner la peine de pousser les enquêtes lui-même et il se laisse aisément circonvenir par beaucoup de gens qui ne sont pas dignes d'être favorisés. Autrement dit, même sur le plan de l'œuvre académique, Maupertuis n'est peut-être pas une valeur aussi sûre que l'on imagine. Mais à l'inverse, si Maupertuis a pour Euler la très haute estime que déclare Bernoulli, il n'est pas de son côté sans une certaine réserve. Il a eu l'occasion de constater ses propres limites face au mathématicien et le problème pour lui, en prenant ses fonctions auprès d'une personnalité aussi forte, est certainement de savoir s'il pourra soutenir un dialogue scientifique.

Les données de la lettre n° 8 sont à cet égard significatives. Lors de leur première rencontre, Maupertuis et Euler ont certes discuté de l'organisation à promouvoir pour l'Académie et des articles du règlement à rédiger, mais Maupertuis a tenu à informer Euler de son principal intérêt: son idée d'une loi de minimum qui présiderait à toute la mécanique et dont il a donné une première ébauche en 1740 à propos de la statique. Et c'est à ce propos que Maupertuis va découvrir un terrain sur lequel il peut entrer en collaboration avec Euler.

Manifestement, Euler s'est comporté au cours de cette rencontre comme s'il ne connaissait pas le mémoire de Maupertuis ici évoqué et que nous désignerons par (A): *Loi du repos des corps*, lu le 20 février 1740 à l'Assemblée de l'Académie royale des sciences de Paris. Le texte n'en a été publié qu'avec l'*Histoire et les Mémoires ... de Paris pour 1740* (p. 170–176), c'est-à-dire en 1742. Soit que Maupertuis ait confié à Euler cette édition, relativement récente, soit qu'il se soit contenté d'en donner la référence, il est certain qu'en écrivant le 10 décembre 1745 Euler déclare qu'il vient seulement de lire le mémoire. Et il en trouve l'inspiration conforme à sa propre philosophie: il faut «déterrer» la véritable métaphysique de la science de la mécanique (voir nos notes à ce sujet). Nul doute que la question de cette métaphysique ait été l'objet d'une partie de l'entretien précédent et qu'à cette occasion ait été évoquée oralement la contribution de Leibniz à travers les publications de Wolff. Euler profite en effet de l'occasion de la lettre pour exprimer ses réticences à l'égard de Leibniz et de Wolff, et révèle – ce qu'il n'avait pas manifestement fait de vive voix – qu'il a lui-même publié à Lausanne en 1744, avec un traité du calcul des isopérimètres, *Methodus inveniendi lineas curvas maximi minimive proprietate gaudentes* (E. 65; O. I, 24), deux appendices où la solution du mouvement d'un système de points matériels sous l'action de forces centrales fait apparaître une règle de maximum *ou* de minimum[16]. Il ne cache pas qu'il a été inspiré par une correspondance avec Daniel Bernoulli (28 janvier 1741, R 140; 12 décembre 1742, R 148; 23 avril 1743, R 150), que nous désignerons par (A'), tandis que nous appellerons (B') les textes eulériens de 1744. (A') rend parfaitement compte de la position prise par Euler sous l'influence de Bernoulli: les félicitations que celui-ci adresse à Euler pour sa manière de trouver la courbe élastique par la méthode des isopérimètres s'accompagnent d'un encouragement à pousser les principes de maximum ou de minimum, et les trajectoires sous forces centrales avec un ou plusieurs centres sont déclarées (12 décembre 1742, R 148) relever d'un traitement de *maximis et minimis,* bien qu'on ne voie pas [exactement] quel maximum ou quel minimum la nature recherche[17]. L'*Additamentum II* dans (B') marque l'application mise par Euler à remplir le programme suggéré.

«Puisque tous les effets de la nature découlent d'une certaine loi de maximum ou minimum, dit-il, il n'y a aucun doute qu'une certaine propriété de ce type ait lieu pour les trajectoires des corps sollicités par des forces quelconques. Il n'est pas facile de déterminer *a priori* cette propriété à partir de principes métaphysiques, mais comme on peut trouver ces courbes par une méthode directe, on peut espérer par une attention aux résultats trouver la propriété» (cf. O. I, 24, p. 298, texte latin traduit).

En indiquant à Maupertuis que les sommes des quantités $\int m\,V\,ds$ sont, dans les problèmes de dynamique sous l'action de forces centrales, maximales ou minimales,

16 D'après les précisions données par Euler dans la lettre n° 9 suivante, le texte de l'ouvrage proprement dit fut emporté par l'éditeur Bousquet à la suite d'une visite à Berlin en mai 1743, et ce n'est que fin 1743 que le manuscrit des appendices lui fut envoyé. Aussi, lorsque commença l'impression en février–mars 1744 (cf. lettre de Daniel Bernoulli à Euler, 4 février 1744, R 153), l'éditeur possédait l'ensemble des textes. L'ouvrage sortit de presse fin octobre–novembre 1744 puisque Euler déclare dans la lettre n° 9 avoir reçu les premiers exemplaires en novembre. Or Maupertuis en avait déjà eu l'occasion d'une consultation par l'intermédiaire de Daniel Bernoulli: c'est ce qu'il déclare à Jean II dans une lettre datée du 4 octobre, lettre dans laquelle il demandait d'ailleurs que son ami lui achète un exemplaire dès que possible (cf. Bibl. Bâle, L Ia 708, n° 90). Les circonstances de cette consultation sont assez claires: Maupertuis avait quitté Paris pour Bâle vers le 15 septembre (L Ia 708, n° 87) et y reçut vers le 29–30 l'avis de la marche des armées françaises sur Fribourg, avis qui l'amena à rejoindre aussitôt ces armées (il écrit à Jean II Bernoulli le 4 octobre, se trouvant déjà au camp sous Fribourg en compagnie du maréchal de Coigny). C'est donc par un contact direct, mais bref, avec Daniel Bernoulli que Maupertuis eut connaissance de l'ouvrage d'Euler. Et vraisemblablement sur épreuves. Il est peu probable qu'il ait eu le temps de s'apercevoir de l'existence des appendices et de leur importance. En fait, l'insistance avec laquelle il va se préoccuper des dates de rédaction et de publication de ces appendices prouve que son entretien avec Euler, fin 1745, a été pour lui révélateur quant à l'existence des textes qu'il ne connaissait pas.

17 «Obschon man das maximum vel minimum quod natura affectat, nicht einsiehet»: P. H. Fuss, *Correspondance mathématique et physique de quelques célèbres géomètres du XVIIIeme siècle,* Pétersbourg 1843, t. II, p. 513.

Euler ne fait donc que transcrire (B′). Il n'y a aucun doute que cette fois Maupertuis réagit à la sollicitation qui lui est faite. Au cours de l'hiver 1746 il lit (B′) et prépare un mémoire concernant la loi de minimum qu'on peut observer dans les problèmes de choc. C'est la partie maîtresse du mémoire que nous désignerons par (C), *Les lois du mouvement et du repos déduites d'un principe de méthaphysique*, paru en 1748 dans les *Mémoires de l'Académie de Berlin pour 1746*.

Il est très difficile de dire si ce mémoire a effectivement donné lieu à une lecture de la part de Maupertuis devant son Académie. Euler n'en a eu le manuscrit sous les yeux que fin mai 1746, avec mission de l'annoter, et il est clair que le mémoire publié a tenu compte d'un certain nombre de corrections (voir la lettre n° 11, du 24 mai 1746, et les notes). Maupertuis n'a dû se mettre au travail de rédaction qu'en mars (voir la lettre n° 9, du 14 mars 1746) – après s'être assuré auprès d'Euler de quelques précisions chronologiques concernant la constitution de (B′) – et le 3 mai il en était encore à avoir besoin d'une information sur les différentielles totales exactes (voir la lettre n° 10).

L'attitude de Maupertuis durant cette période relève manifestement d'un mélange de franchise et de réserve calculée. Il ne craint pas de signaler les lacunes de son information, mais il ne dit pas tout de ce qui le concerne. Il laisse ignorer à Euler qu'il a donné à Paris, le 15 avril 1744, un mémoire (B) sur l'*Accord de différentes lois de la nature qui avaient jusqu'ici parues incompatibles*. Sans doute avait-il mis ce mémoire en réserve lors du premier échange oral de l'automne précédent, parce que ce mémoire n'était pas près d'être publié (ce n'est qu'en 1748 que paraîtront les *Mémoires ... de Paris pour 1744*). Les précisions de date relatives à (B′), demandées à Euler, prouvent que Maupertuis a été préoccupé de la situation de son mémoire (B)[18]. A peu près convaincu de l'inopportunité d'engager un débat de priorité à propos de (B′), il s'est décidé à passer l'éponge et à écrire un nouveau texte.

Que ce soit sincèrement ou par simple courtoisie, Euler acceptait, après tout, avec (A), de reconnaître à Maupertuis une priorité dans la conception d'un principe. D'autre part, (B) traitait du problème particulier du mouvement de la lumière, tandis que (A) traitait de statique et (B′) de dynamique de points matériels soumis à des forces centrales. Il y avait donc avec la mécanique du choc un terrain intermédiaire vierge qui s'offrait à Maupertuis pour une expérimentation originale de la méthode *a posteriori* suggérée par Euler: à savoir, connaissant par ailleurs les lois du choc (élastique et non élastique), les réexprimer en terme de quantité d'action stationnaire. C'est là l'essentiel de ce que Maupertuis produit avec (C).

Dans la mesure même où il ignore (B), la définition de la quantité d'action qu'Euler lit sur le manuscrit soumis à son jugement fin mai 1746 (voir la lettre n° 11) soulève pour lui une difficulté. Et à juste titre. Nous pouvons en juger puisque la critique est restée sans effet et que le texte imprimé de (C) comporte la formulation même dont Euler souligne l'insuffisance. Le fait que Maupertuis ne soit pas revenu à la définition qu'il avait donnée dans (B) et qui était susceptible d'une amélioration

18 La lettre de Maupertuis à Jean II Bernoulli du 12 juin 1747 (Bibl. Bâle, L Ia 708, n° 101) montre que Maupertuis a été attentif à vérifier les affirmations d'Euler. Il demande en effet encore à cette date que Bousquet (l'éditeur de l'ouvrage d'Euler à Lausanne) veuille bien préciser à quel moment il a reçu les *Additamenta I* et *II*. Il veut une date très sûre.

immédiate, indique combien sa sensibilité aux conditions de l'élaboration rationnelle est différente de celle d'Euler. Mais celui-ci aura en revanche si bien gain de cause à propos d'un point délicat du raisonnement mis en œuvre pour la démonstration de la propriété recherchée, que le texte imprimé de (C), expurgé, permet malaisément de comprendre ce qu'il en était à l'origine. Le seul élément clair, d'après la critique d'Euler, est que Maupertuis se croyait tenu d'introduire la considération de forces là où ce n'était pas nécessaire.

La question étant importante au point de vue de l'appréciation profonde du débat, il est nécéssaire d'entrer ici dans quelques détails. Le secours que les lettres d'Euler apportent, sera ainsi mieux perçu.

Maupertuis veut montrer que les lois du choc – telles qu'elles sont connues par ailleurs – s'expriment aussi comme conséquence d'une «quantité d'action» dont la différentielle est nulle. Dans le premier cas qu'il envisage, et qui suffit ici pour notre commentaire, le choc est inélastique: un corps A de vitesse a rejoint un corps B de vitesse b qui fuit devant lui, et après le choc les deux corps vont de compagnie avec une vitesse intermédiaire x. A a perdu de la vitesse tandis que B en a gagné. Tous les mouvements étant supposés uniformes, la quantité d'action globale après le choc est, d'après la définition même donnée de cette quantité, la somme des forces vives dues aux vitesses perdues et gagnées: $A\,(a-x)^2 + B\,(x-b)^2$. Si on annule la différentielle par rapport à x, on trouve effectivement pour valeur de x la valeur reconnue par la voie communément suivie jusque là et qui consiste à écrire que la quantité de mouvement globale est la même avant et après le choc: $(A + B)\,x = A \cdot a + B \cdot b$. Mais il est évident qu'il y a pour le raisonnement une difficulté: $Q = A\,(a-x)^2 + B\,(x-b)^2$ est la quantité d'action après le choc, et il y a au moins disparité apparente entre le nouveau code de calcul proposé et l'ancien, où une comparaison entre l'avant et l'après du choc était essentielle.

Nul doute que Maupertuis ait été sensible à cet aspect des choses dès sa première rédaction. Et ce qu'il a laissé subsister dans le texte imprimé de (C) après correction est significatif à cet égard. D'une part, en effet, il déclare que la somme, que nous avons désignée ci-dessus par Q, est le *changement* d'action survenu dans l'«Univers»; d'autre part, il continue, pour justifier ce changement, de faire appel à une machinerie subtile et artificielle qui a provoqué la critique d'Euler.

Le texte imprimé de (C) comporte la considération de plans «immatériels» animés des vitesses a et b et sur lesquels les corps A et B sont d'abord posés, de telle sorte que la situation avant le choc est représentée par les deux plans qui «entraînent» A et B. Ces deux plans poursuivant leurs mouvements après le choc, le changement consiste en ce que, après le choc, chacun des corps A et B passe d'une vitesse relative nulle à une vitesse relative effective: $(a - x)$ en arrière pour A, $(x - b)$ en avant pour B.

Sur le manuscrit premier soumis à l'examen d'Euler, cette considération s'accompagnait certainement d'un appel aux forces supposées en jeu pour les mouvements puisque la réaction d'Euler le 24 mai 1746 (lettre n° 11), le suggère. Mais, heureusement pour notre propre compréhension aujourd'hui, la résistance opposée par Maupertuis à la critique a obligé Euler, dans la lettre suivante (n° 14, 28 décembre 1746), à formuler une objection précise très éclairante. Il est faux, dit Euler dans cette seconde intervention, que chaque plan immatériel puisse être conçu comme entraînant le corps qui y est posé sans que la même «force» ne s'applique pas aussi bien au corps qu'au plan. Maupertuis faisait donc certainement jouer aux plans immatériels le rôle d'un support dynamique, immuable à travers le choc, et assumant entièrement par lui-même le mouvement des corps A et B avant le choc de telle sorte que les mouvements relatifs après le choc définissent alors le «changement d'action dans l'Univers».

Il ne semble pas qu'Euler ait compris ce souci de justification dynamique de la part de Maupertuis. A deux reprises, dans la lettre n° 11 et dans la suivante, n° 14, il insiste pour convaincre son correspondant: les vitesses relatives $(a - x)$ et $(x - b)$ sont indépendantes du repère de mouvement et suffisent à caractériser la comparaison entre l'avant et l'après du choc au point de vue des éléments à faire entrer dans l'expression de la «quantité d'action», d'après la définition même de celle-ci. Euler suit une démarche logique: appliquer une définition avec les éléments cinématiques qu'elle demande; Maupertuis veut par avance justifier le calcul comme résultat de la balance d'un bilan dynamique. C'est un peu un dialogue de sourds. En faisant finalement droit à la critique d'Euler et en supprimant pour l'impression de (C) tout ce qui exprimait sa motivation profonde, Maupertuis a seulement montré qu'il n'était pas en mesure de défendre devant Euler une préoccupation légitime.

Il y a d'ailleurs un autre point à propos duquel Maupertuis n'a pas une pensée ferme. C'est en ce qui concerne la notion de minimum. Dans (A), lorsqu'il traitait en 1740 de l'interprétation de l'équilibre sur deux cas de systèmes matériels, avec des hypothèses d'ailleurs très mal définies, il concluait correctement d'une forme différentielle nulle à un maximum *ou* un minimum. C'est dans (B), relatif au mouvement de la lumière, que sous l'influence du débat instauré par Fermat il ne parlait plus que de minimum. Manifestement il a été depuis cette rédaction de 1744 séduit par la «métaphysique» du minimum, mais avec (C) n'apparaît chez lui aucun souci de montrer que les annulations de différentielles qu'il considère correspondent bien à un minimum. Quant à Euler, qui s'intéresse à la méthode *a posteriori*, il n'est pas, pour l'instant, préoccupé par la question: l'application du principe de moindre action passe par l'annulation de différentielles totales, il importe d'abord de bien établir qu'il s'agit de différentielles totales exactes et ce n'est que plus tard qu'Euler s'efforcera de marquer qu'en Mécanique le minimum est de règle[19].

La correspondance de 1746 met ainsi en évidence les difficultés et les insuffisances que la publication de (C) recouvre confusément. Il est à noter cependant que Maupertuis a joué, dans la progression de l'analyse du débat, un rôle indéniable de catalyseur.

Le 26 juillet 1747 (lettre n° 20), Euler répond en effet à la sollicitation suivante de la part de Maupertuis: est-il possible de prouver la vérité des principes de mécanique par celle des lois de collision supposées constatées par l'expérience? La vérité des principes de mécanique, c'est en réalité, comme le montre le développement de cette admirable lettre, que, durant le choc entre deux corps A et B, de vitesses v et u, la force p qui règle l'action réciproque répond aux équations $p\,dt = -A\,dv = B\,du$. D'où la

19 Cf. *infra* p. 16 et 22.

possibilité de rendre compte des différentielles nulles, qu'il faut interpréter par rapport à la quantité d'action, comme résultat de la dynamique interne du choc. Il est bien évident que si Euler a été poussé à produire cette belle transformation du problème posé dans (C), c'est en raison de la résistance de Maupertuis à admettre que sa question pouvait en définitive ne relever que de la cinématique.

Ce n'est qu'assez longtemps après, dans le courant de 1748, que la correspondance marque une reprise de l'étude de la part d'Euler. Il s'agit cette fois d'approfondir comment les différents cas de dynamique des systèmes déjà envisagés s'intègrent dans des expressions de *minima* (lettre n° 35, 26 avril 1748). L'insistance avec laquelle Euler revient constamment dans les lettres suivantes sur l'emploi du terme de *minimum* est, à notre avis, caractéristique. Maupertuis doit probablement insister pour qu'on aboutisse à une conclusion nette à cet égard. Et Euler cherche manifestement à le rassurer, mais il a bien d'autres soucis. Il rédige une pièce pour les Mémoires de l'Académie (sans doute celle qui paraîtra ans le tome VII, pour l'année 1751, publié en 1753 à Berlin, intitulée *Harmonie entre les principes généraux de repos et de mouvement de Mr de Maupertuis*: E. 197; O. II, 5, p. 152–176) et il se heurte aux réticences de Maupertuis dont il donne lui-même l'expression: Maupertuis ne trouve pas «évidente» l'«harmonie admirable» dont Euler a eu l'honneur de lui dire qu'il en était frappé (voir lettre n° 37, 8 mai 1748) et il craint que la pièce d'Euler mette plutôt en lumière un désaccord. D'où l'application d'Euler à le rassurer (lettres n°s 38 et 42, 9 mai, 4 juin 1748). Certes, les formules qu'il propose comme dotées de minimum pour la figure d'équilibre d'un fil flexible placé dans un champ de forces centrales ou pour le mouvement d'un point libre dans un champ analogue, ont l'air d'être différentes de celle que Maupertuis a utilisée dans (A) et (C), mais en réalité la forme maupertuisienne intervient dans les cas envisagés par Euler comme élément différentiel et il faut considérer l'intégrale de cette forme soit par rapport à l'arc (fil flexible) soit par rapport au temps (point matériel libre mobile). La propriété de minimum se conserve et les formules d'Euler ne dérogent pas à l'analyse de Maupertuis.

Explication subtile dont le succès n'a pas été grand. Maupertuis a protesté puisque quelques jours après (8 juin 1748, lettre n° 43) Euler «avoue franchement qu'il a eu tort de donner le nom de quantité d'action à plusieurs formules bien différentes entre elles». Et il propose un compromis: dans les cas traités par Maupertuis, on dira que l'on a affaire à la «quantité d'action absolue», tandis que dans les cas traités par Euler on aura les «quantités d'action appliquées» à la nature de phénomènes plus complexes. Euler autorise son président à changer dans son texte quelques expressions «peut-être mal choisies». En fait, comme l'indique la lettre du 14 juin 1748 (n° 44), c'est lui-même qui met entièrement au point le mémoire à faire paraître et dont il se flatte que Maupertuis sera enfin tout à fait content.

La fidélité d'Euler à maintenir son appui à Maupertuis ne s'est pas démentie, on le sait, au cours des années suivantes; tandis que se développait la célèbre querelle suscitée par un article de König dans les *Nova Acta Eruditorum* de mars 1751[20], la plume d'Euler est restée constamment au service du président de l'Académie.

20 *De universali principio aequilibrii et motus, in vi viva reperto, deque nexu inter vim vivam et actionem, utriusque minimo,* Nova Acta Eruditorum, Leipzig 1751; O. II, 5, p. 303sq.

Non sans mérite. Lorsque, dans sa deuxième pièce insérée dans le tome VII des Mémoires de Berlin de 1751, Euler ajoute quelques considérations de nature à contredire König, qui vient juste de se manifester, et qu'il affirme la priorité de Maupertuis dans la découverte d'un principe *général,* lorsqu'il déclare que lui-même n'avait trouvé qu'*a posteriori* des formules de minimum et *n'osait* pas leur donner plus de force que dans les cas traités[21], il pousse évidemment assez loin la courtoisie. Maupertuis a osé – c'est sans aucun doute le mot juste – là où Euler hésitait à franchir le pas d'une généralisation, mais cette audace était bien peu fondée. Les lettres de 1748 montrent de manière irréfutable que c'est Euler qui a fait entièrement le travail de recherche d'une formule générale d'accord entre les cas particuliers auxquels se limitait Maupertuis et les cas plus généraux que lui, Euler, avait d'ailleurs résolus seul.

Qu'il soit permis d'ajouter un mot cependant à propos de la notion de minimum.

C'est dans les Mémoires de Berlin de 1751 (tome VII publié en 1753) qu'Euler s'exprime de manière formelle au sujet de la préférence de la Nature pour le minimum (voir *Essay d'une démonstration métaphysique du principe général de l'équilibre,* E. 200; O. II, 5, p. 250–256; *Harmonie entre les principes généraux* ... cité *supra*). Il énonce que seuls les équilibres qui résultent d'un minimum se rétablissent d'eux mêmes à la suite de toute perturbation infiniment petite[22], c'est-à-dire qu'il a découvert la liaison entre minimum et stabilité, mais sans être évidemment encore en mesure d'en produire une justification générale. L'exemple d'équilibre instable qu'il indique (et qui lui a peut-être été inspiré par le paradoxe de Mariotte[23]) ne va pas jusqu'au bout de l'illustration attendue, et ce qui reste le plus clair de la suggestion eulérienne est en définitive énoncé dans le premier des deux textes évoqués ci-dessus: «toute force agit autant qu'elle peut», et, dans la mesure où il est naturel de concevoir l'action comme une «contraction» de filets élastiques, le «autant que possible» ou le maximum de contraction s'exprime alors, du point de vue des éléments matériels passifs, par un minimum. Force est ici de nous limiter à cette mention fugitive: en se reportant à O. II, 5 où le professeur J. O. Fleckenstein a édité tous les textes relatifs à la «moindre action», le lecteur peut se faire une opinion plus précise. Il nous importait seulement de souligner que la «métaphysique» eulérienne, au moment où elle aboutit à justifier le privilège du minimum, possède une coloration très différente de la métaphysique maupertuisienne puisqu'elle substitue à l'économie des voies de la nature l'idée d'une borne à l'action des forces. Si la correspondance de 1748 permet à juste titre de supposer de la part de Maupertuis une influence dans la recherche au sujet du minimum, il est clair que dans cette recherche Euler a, là encore, progressé de manière strictement personnelle et originale.

N'est-il pas significatif, d'ailleurs, qu'Euler ne fasse nulle part aucune référence explicite au mémoire (B) de Maupertuis; même pas lorsque ce serait tout indiqué

21 *Sur le principe de la moindre action,* cf. O. II, 5, p. 190; E. 198.

22 Cf. *Harmonie entre les principes généraux* ..., O. II, 5, p. 173.

23 Euler déclare «se souvenir d'un cas singulier qui lui a été proposé autrefois». Pour le paradoxe de Mariotte, voir P. Costabel, *Le Paradoxe de Mariotte,* Archives Internationales d'Histoire des Sciences, n° 8, 1949, p. 864–886.

comme dans le Mémoire *Sur le principe de la moindre action,* cité plus haut, où Euler traite, à propos de la réfraction et des lois de l'optique, de la matière qui est en question dans (B). Il y a là, incontestablement, un phénomène curieux. Au début du texte imprimé de (C), Maupertuis avait fait référence à (B), l'avait présenté comme antérieur à la publication des «Additamenta» d'Euler de 1744 et avait suggéré ainsi une certaine priorité. Euler n'a donc pas pu ignorer (B). Mais il est évident que s'il n'a pas voulu le citer, c'est qu'il avait ses raisons. Il y avait, sur la matière, différence nette de point de vue entre lui et Maupertuis.

Ainsi la correspondance que nous éditons amène à revoir dans une perspective nouvelle des textes déjà connus et à faire des réflexions qui ne pouvaient être jusqu'ici soupçonnées.

La suite des lettres apporte d'ailleurs des données très importantes sur un autre aspect de l'affaire de la moindre action. Il s'agit de la fameuse lettre de Leibniz dont König faisait état dans son article des *Nova Acta Eruditorum* cité plus haut et qu'il fut mis en demeure de communiquer par décision solennelle de l'Académie.

Sans reprendre dans le détail toute l'affaire, il est nécessaire cependant de préciser quelques points. C'est le 26 juin 1751 que König adressa à Maupertuis une copie – ou du moins ce qu'il considérait comme telle – de la lettre de Leibniz. Le fait est connu depuis la publication du chanoine Le Sueur. Mais celui-ci a omis un post-scriptum que les documents AAS permettent de restituer et qui a son importance. «Vous aurez remarqué», écrit König à Maupertuis, «que ma dissertation est remplie de fautes d'impression qui souvent en rendent le sens inintelligible»: par exemple p. 135, l. 7, *veluti congenitum,* il faut lire *veluti cono genitum;* p. 176, l. 5, lisez «elle est comme le produit de la masse par celui de l'espace et de la vitesse ou du temps ... et ainsi de nombre d'autres endroits[24]».

La lettre de Leibniz, citée par König dans le second des passages pour lesquels il prenait soin d'en appeler à des fautes d'impression, a été publiée en 1753 dans les *Maupertuisiana* à Hambourg (p. 166–172) et le lecteur peut en lire le texte dans le volume O. II, 5, déjà mentionné plus haut, aux p. 264–267. «L'action», déclare ce texte p. 267, «n'est point ce que vous pensez: la considération du temps y entre. Elle est comme le produit de la masse par l'espace et par la vitesse, ou du temps par la force vive. J'ai remarqué que dans les modifications de mouvements, elle devient ordinairement un maximum ou un minimum.» C'est ce passage dont König avait fait état dans sa «dissertation» des *Nova acta Eruditorum,* mais le texte *imprimé* de cette dissertation portait: «Elle [l'action] est comme le produit de la masse par le temps, ou du temps par la force vive.» «Produit de la masse par le temps», au lieu de «produit de la masse par celui de l'espace et de la vitesse ...», il s'agissait bien en effet d'une erreur grossière et susceptible d'être imputée au typographe à cause des mots qui venaient ensuite: «... ou du temps par la force vive.» König n'a pas manqué par la suite de faire appel à cette explication, notamment dans l'*Appel au public du jugement de l'Académie royale de Berlin, sur un fragment de la lettre de M. de Leibnitz, cité par M. König. Appendice contenant les lettres écrites par Mess. de Maupertuis et Formey d'une part, et M. König*

24 Fonds AAS. Lettre de König à Maupertuis n° 6, fol. 10–11.

de l'autre (Leiden 1752, p. 165), mais le post-scriptum de sa lettre autographe à Maupertuis du 26 juin 1751 apprend positivement qu'il avait presque immédiatement invoqué l'excuse en transmettant un document de contrôle. Ainsi s'explique pourquoi Euler, dans l'*Exposé concernant la lettre de Leibniz* … (E. 176; O. II, 5, p. 64–80) qu'il eut à rédiger pour le jugement rendu par l'Académie le 13 avril 1752, éprouvait le besoin de déclarer – après avoir évoqué la lettre de König à Maupertuis du 26 juin 1751 et l'envoi de la copie qui l'accompagnait –, qu'il était impossible d'admettre une faute d'impression. Il s'agissait de récuser un argument de König contenu dans ce même envoi.

En ce passage de l'*Exposé* … (cf. O. II, 5, p. 68, l. 24–29), Euler ne fournit cependant à l'appui aucune justification claire. Il se contente de dire: «Car, quand même la lettre entière ne pourrait être rejetée, il y a *tout lieu de croire* que quelques phrases, et peut-être des périodes entières, y ont été insérées; et qu'il a fallu les corriger parce qu'on ne les avait pas d'abord rendues assez assortissantes au texte.» Accusation pure et simple de falsification qui aurait mérité quelque preuve positive.

C'est à ce point de vue que la lettre n° 97, du 31 mars 1752, écrite quelques jours avant le jugement de l'Académie, est extrêmement précieuse. Euler y déclare achever avec peine le «déchiffrement» d'un document qu'il appelle «la lettre de Leibniz». Sans doute s'exprime-t-il dans un français qui n'est pas parfait, mais il le fait avec un respect de la syntaxe qui ne laisse aucune ambiguïté: le document examiné comportait de nombreux mots illisibles, qui devaient être devinés, un certain nombre de corrections étaient référées au texte non pas par signes adéquats (des «ordres»), mais par des traits de renvoi ayant à l'œil l'allure de ratures, enfin un passage n'avait pas de place précise. Cette description, qui se rapporte évidemment à des marginalia, s'accorde exactement, ainsi que l'existence des mots illisibles, avec ce que nous connaissons bien aujourd'hui des minutes autographes de Leibniz classées dans le fonds de Hanovre.

Une présomption est de ce fait ouverte en faveur de l'hypothèse suivante: au moment où il préparait l'*Exposé* … qui allait entraîner la sévérité de l'Académie à l'égard de König, Euler avait sous les yeux un autographe de Leibniz. Mais lequel?

Il ne peut évidemment pas s'agir de celui de la lettre même invoquée par König. Répondant tardivement le 15 février 1752 à diverses sommations officielles, König précisait en effet à Formey[25], le secrétaire perpétuel de l'Académie, qu'il n'avait jamais eu en main l'original, qu'il fallait considérer celui-ci comme perdu, et qu'il avait envoyé un «double» de sa propre copie à Maupertuis. Quant à cette copie qu'il avait achetée avec quelques autres à un marchand de Berne, il prit la précaution d'en faire authentifier l'écriture, devant notaire, comme étant l'écriture du vendeur[26]. Et sur ces divers points König ne souffrit aucune contradiction de la part de personne.

La correspondance de Maupertuis avec Jean II Bernoulli, conservée à la Bibliothèque de Bâle, apporte heureusement quelques renseignements fort à propos.

Depuis l'été 1751, Maupertuis n'avait pas cessé de faire pression sur son ami de Bâle – dans le même temps d'ailleurs où il faisait intervenir les ambassades de France,

25 Cf. Le Sueur, *Maupertuis et ses correspondants*, p. 129 – attention à la coquille sur la date qui est bien 15 février 1752 (et non pas 1751).

26 Cf. *Maupertuisiana*, Hambourg 1753, p. 158–159.

à Berlin et à Berne – afin que l'on ne ménage ni argent ni peine pour retrouver en Suisse toutes les lettres de Leibniz susceptibles d'être encore enfouies dans des lots de papiers. Soit dans la succession du marchand Henzi (celui qui avait traité avec König mais qui, compromis dans une affaire de sédition, avait été condamné à mort et exécuté en 1749), soit dans la succession du savant Jacob Hermann (que pour des raisons assez légères[27] König considérait comme le destinataire de la lettre dont il alléguait un passage clé). Malgré une enquête très sérieuse, Jean II Bernoulli n'avait pas abouti et le 29 janvier 1752 Maupertuis l'adjurait de faire un dernier effort[28].

C'est dans ce contexte qu'il faut replacer les documents cités par le professeur J.O. Fleckenstein (O.II, 5, p. XLII, n°s 1 et 2). D'abord la missive adressée par Frédéric II au Bourgmestre Régent de Bâle le 28 février 1752, missive qui montre que Maupertuis s'était décidé à faire, pour la seconde fois, appel à l'autorité. Ensuite la réponse officielle de Jean II Bernoulli annonçant le 13 mars que le frère de Hermann – impressionné sans doute par l'intervention du pouvoir – venait enfin de lui permettre une consultation directe des manuscrits en sa possession et qu'il avait ainsi retrouvé trois lettres de Leibniz. Il précisait que l'une d'entre elles était «assez informe», «ressemblait davantage à un brouillon» et «paraissait être de la main de Mr de Leibniz». Ce sont ces trois lettres dont Euler fit mention dans son *Exposé* (O.II, 5, p. 71 *in fine*) et dont on ne saurait douter qu'elles furent aussitôt envoyées à Berlin pour examen. Le professeur J.O. Fleckenstein a fort bien signalé l'accord de la description que fait Bernoulli de la lettre autographe, à l'allure de «brouillon», avec ce qu'Euler indique dans sa lettre à Maupertuis du 31 mars.

Il y a lieu cependant de compléter par les renseignements fournis par Maupertuis lui-même dans sa lettre[29] à Bernoulli du 20 mai 1752.

Maupertuis déclare avoir été très malade depuis «trois mois et demi» et en être encore réduit à ne sortir qu'en «carrosse fermé», et ceci suffit à expliquer pourquoi c'est seulement à cette date tardive que le principal intéressé signale à son ami les événements survenus à Berlin à la suite de ses précieux envois.

«On a très bien déchiffré ici», dit Maupertuis, «la lettre originale de Leibniz malgré le ridicule extrême de sa manière d'écrire ... [manière que Maupertuis qualifie de griffonnage, P.C.] ... et on y a trouvé une nouvelle preuve contre König. Car, dans cette lettre qui roule tout entière sur l'action et la force, il n'y a pas un mot du principe que König attribuait à Leibniz.»

Sans doute Maupertuis fait-il bon marché des difficultés de déchiffrement mentionnées par Euler, sans doute n'a-t-il pas tout à fait la même appréciation que ce dernier sur la valeur de l'argument à tirer du document, mais il est incontestable que son propos confirme absolument le fait que le 31 mars Euler travaillait sur un manuscrit autographe de Leibniz.

27 König se basait essentiellement sur l'ordre des noms de destinataires donné par Henzi lors de la vente de plusieurs lettres réunies dans un cahier. Cf. *Maupertuisiana* (1753), p. 165.

28 Cf. les lettres Maupertuis–Jean II Bernoulli, Bibl. Bâle, L Ia 708, n°s 152–163 et L Ia 676, n°s 223–232.

29 Cf. les lettres Maupertuis–Jean II Bernoulli, Bibl. Bâle, L Ia 708, n°s 167 et 168.

Il n'y a malheureusement aucun moyen d'en pousser plus loin l'identification formelle. La curiosité d'Euler et de Maupertuis à l'égard de ce document s'est limitée au fait de ne pas y trouver d'allusion à une loi de minimum. Attitude en définitive analogue à celle qui se manifeste dans les *Maupertuisiana,* ouvrage composé en faveur de König et où on lit cette affirmation surprenante[30]: le philosophe n'a cure que des idées contenues dans un texte, peu lui importe de savoir par qui ce texte a été rédigé et à qui il était adressé! D'un côté comme de l'autre, dans cette controverse pénible, la négligence à l'égard de la critique externe doit être relevée comme singulièrement regrettable.

Lorsque, dans son *Appel au public,* König signalait un peu plus tard et avec une pointe d'ironie[31] que d'après le texte qu'il produisait Leibniz tenait une quantité nommée «action» – et ressemblant comme une sœur à la quantité maupertuisienne – comme étant *ordinairement* minimum, ce qui laissait à Maupertuis le privilège d'avoir conçu qu'il y a *toujours* minimum, comment ne pas remarquer une réelle désinvolture à l'égard des questions de fait? Car, tandis que la position de Maupertuis était publique, celle de Leibniz, d'après König, ne se référait qu'à une copie de lettre inédite dont était seulement fourni un «double», c'est-à-dire (à une époque où la lithographie n'existait pas encore) n'avait d'autre preuve qu'une copie de copie. Avec tout ce que cela peut soulever de risques par rapport à l'exactitude. Quant à Euler et Maupertuis, ils s'épuisaient à argumenter sur la correspondance de Leibniz (celle qui avait été publiée – comme c'était le cas pour les lettres à Jean I Bernoulli – et celle, inédite, sur laquelle ils venaient de mettre la main), mais ils extrapolaient à partir de là quant à l'impossibilité que Leibniz ait pu concevoir une loi de minimum et ils ne se demandaient pas si cette extrapolation était vraiment justifiée.

La Condamine a bien compris cette situation. Dans la lettre[32] qu'il écrivit à Jean II Bernoulli le 18 février 1760 il souligne avec un accent de regret que Maupertuis, bien que pris de scrupules, s'est confié à une «démonstration invincible» tirée des lettres de Leibniz retrouvées et publiées par Mérian[33]. Et il laisse parfaitement entendre combien la «démonstration» lui paraît aléatoire.

La question de savoir si Leibniz avait pu ou non formuler les idées contenues dans le fragment de lettre allégué par König exigeait sans doute un dépouillement des documents laissés par cet écrivain si prolixe[34], mais dépendait davantage encore de

30 *Maupertuisiana,* Hambourg 1753, p. 165. Le passage fait partie de la présentation du texte même de la lettre de Leibniz utilisée par König.

31 *Appel au public ..., op. cit.,* p. 116–117.

32 Cf. Fds Fr. BN, n. a. 21015, fol. 77r–78r.

33 La poursuite de la mise à jour de lettres de Leibniz a été active en 1752–1753. C'est par Mérian que Maupertuis fut informé, alors qu'il était à Paris, de ce que le frère de Jacob Hermann avait «encore retrouvé 26 lettres de Leibniz», mais se posait le problème d'authenticité (cf. juin 1753, Bibl. Bâle, L Ia 708, n°s 173 et 174). Les lettres publiées par Mérian se trouvent dans le tome 13 des *Mémoires de Berlin pour 1757,* p. 451–521.

34 Il faut noter que d'après Maupertuis lui-même König s'était préoccupé depuis longtemps – et avant la querelle qui nous occupe – de «fouiller dans les mines littéraires pour découvrir les trésors de Mr Leibniz», et ceci en se rendant à Hanovre même (Maupertuis à Jean II Bernoulli, 12 septembre 1750, Bibl. Bâle, L Ia 708, n° 138). Il est bien curieux que ni König, ni Maupertuis n'aient tenu compte de ce fait dans le débat postérieur. D'ailleurs, dans son *Appel au public* publié à Leyde en 1752, König, désirant montrer que

l'examen de critique externe et interne de la lettre elle-même. Faute d'avoir institué cet examen de manière systématique, les antagonistes ont légué à l'histoire de la science un problème dont la solution est de plus en plus difficile avec le temps qui passe[35].

Il est impossible ici de s'étendre davantage. Mais une remarque s'impose. Dans son *Appel au public* König soulevait, sans en faire un usage complètement adéquat, un argument intéressant, à savoir: le fait que Wolff avait donné dans les *Commentarii* ... de Pétersbourg[36] – et en se référant à Leibniz – des énoncés suggestifs quant à la notion d'action. Or l'allusion faite par Euler dans la lettre n° 8 du 10 décembre 1745, que nous avons mentionnée plus haut, semble bien indiquer que le texte de Wolff était présent à la pensée d'Euler et de Maupertuis dès leurs premières rencontres. Il eût été de bonne guerre de la part de König de les obliger à l'avouer publiquement et à donner en même temps les raisons pour lesquelles ils s'estimaient sans dépendance à l'égard d'une suggestion venue d'un mémoire publié depuis longtemps déjà.

La négligence des questions de fait, on le voit, a été constante de part et d'autre. Et la lettre imprimée de Maupertuis à Euler, que nous restituons à sa place (n° 101, septembre 1752), en témoigne encore. Devant l'*Appel au public,* Maupertuis fait preuve d'une susceptibilité maladive, se plaint amèrement d'une accusation d'irreligion que l'on recherche en vain dans le texte de König, et, en définitive, opère une véritable diversion. On pourrait penser à une manière fort habile de détourner l'attention des arguments véritables et gênants si l'on ne savait pas que l'état de santé de Maupertuis s'aggravait au point de rendre urgent un départ pour la France, tandis que la hargne de Voltaire commençait à se manifester. Les réactions d'un homme atteint dans ses forces vitales et engagé dans des intrigues partisanes ne peuvent pas être jugées sans tenir compte de l'ensemble des données de sa situation.

Ce n'est évidemment pas ici le lieu de s'étendre sur le développement d'un conflit où Maupertuis eut beaucoup à souffrir dans son amour-propre, mais s'il y a entre avril 1753 (date du départ de Maupertuis pour un voyage en France) et juillet 1756 un trou dans la correspondance avec Euler – trou sur lequel nous allons avoir à revenir –, il importe de noter que cela correspond à la période au cours de laquelle la hantise de la querelle n'a cessé de harceler Maupertuis. Aussi n'est-il pas *a priori* étonnant de trouver encore une lettre d'Euler se rapportant à la question (n° 116, 14 février 1758). Pierre Brunet, qui avait publié cette lettre amputée de son préambule,

Leibniz se taisait habituellement sur le fond de ses découvertes lorsqu'il avait acquis le sentiment de ne pouvoir être compris, cite à l'appui de son assertion deux lettres à Huygens et à Rémond consultées à Leyde grâce à la «politesse» de M. Gronoviers, bibliothécaire de l'Université. Et il est aisé, au moins pour la première, de vérifier que le texte cité par König est celui de la lettre effectivement envoyée à Huygens et non pas celui de la minute autographe de Hanovre, documents entre lesquels il y a quelques différences importantes. Encore que ces mentions de l'*Appel au public* (p. 86–87) soient très significatives de l'intérêt notable porté par König aux sources de la pensée de Leibniz et aux motifs de la pratique d'une certaine arcane, il est par-là manifeste que cet auteur n'a pas attaché à la critique externe toute l'attention désirable, dans la perspective utile à son argumentation.

35 Voir notre étude *L'affaire Maupertuis–König et les questions de fait,* dans *Arithmos-arrythmos, Skizzen aus der Wissenschaftsgeschichte* (Festschrift für J. O. Fleckenstein zum 65. Geburtstag), München 1979, p. 29–48.

36 *Principia Dynamica, autore Christiano Wolfio,* Comment. Acad. Scient. Imp. Petrop. I, (1726) 1728, p. 217–238.

voyait des difficultés à admettre l'exactitude de sa date[37]. Mais à tort. Toutes les indications fournies par Euler ne laissent aucun doute à cet égard. Le motif qui l'amène en particulier à écrire est la réception d'un Mémoire de Maupertuis qui s'identifie sans réserve avec l'*Examen philosophique de la preuve de l'existence de Dieu employée dans l'Essai de Cosmologie,* Mémoire publié en 1758 dans les *Mémoires de l'Académie de Berlin pour 1756*. L'Académie fit à son président la faveur de mettre dans le volume des *Mémoires* en cours d'impression son dernier message, arrivé *in extremis*. Dernier message rédigé en France, à Toulouse où Maupertuis croyait trouver un climat apaisant pour ses maux[38]. Aussi, l'application que met Euler à expliquer comment il a trouvé un exemple de problème de mécanique dont la solution correspond à un *minimum minimorum,* a-t-elle la saveur d'une attention délicate.

Il y a tout lieu de penser que cette attention a atteint son but. Dans la lettre déjà citée de La Condamine à Jean II Bernoulli, du 18 février 1760, on relève en effet une phrase caractéristique[39]. La Condamine déclare ne pas très bien comprendre en quoi le principe de Maupertuis puisse se recommander du fait d'être non seulement un principe de minimum mais encore de *minimum minimorum,* et, bien qu'on ne possède pas la lettre de Jean II Bernoulli à laquelle il est ainsi fait réponse, il est clair que celle-ci devait faire état des dernières conversations que Maupertuis eut à Bâle avec son ami. D'ailleurs, si ce n'est pas à Bâle même que Maupertuis reçut la lettre d'Euler n° 116 citée ci-dessus, c'est évidemment entre les mains de Jean Bernoulli qu'elle se trouvait lorsque la question se posa de faire l'envoi de la correspondance à La Condamine et elle avait très probablement porté ses fruits.

Nous l'avons noté plus haut, la difficulté qu'il y eut un moment entre Euler et Maupertuis avait tenu à ce que ce dernier comprenait mal comment, dans les problèmes de mécanique complexes sur lesquels Euler tentait de vérifier la règle du minimum, il convenait de distinguer entre une quantité d'action considérée à l'échelon différentiel et une intégrale.

Précisément, dans l'exemple du choc entre un corps quasi ponctuel et une barre qu'Euler propose dans la lettre n° 116 en question, il s'agit d'un cas où l'évaluation de l'action après le choc fait nécessairement intervenir une intégrale. Et tout se passe comme si Euler voulait dirimer un très vieux débat. Le lecteur pourra constater à travers les notes que nous donnons pour cette lettre, combien la question était cependant encore loin d'être claire. Il convient simplement ici de noter qu'en présentant l'exemple comme illustration d'un *minimum minimorum,* Euler cherchait manifestement à fournir à son président un argument supplémentaire en faveur de sa «métaphysique» de la moindre action.

Le document n'entraîne pas pour autant, il faut bien l'avouer, la conviction du lecteur moderne. La conclusion que permettent les documents de la correspondance d'Euler avec Maupertuis demeure la suivante: si ce dernier était incapable de traiter

37 Cf. Pierre Brunet, *op. cit.*, p. 77.

38 Cf. lettres de Maupertuis à Jean II Bernoulli de novembre 1757 au 28 janvier 1758, Bibl. Bâle, L Ia 708, n°s 195–197.

39 «Je vois bien», dit La Condamine, «un minimum, mais je ne vois pas ce que ce minimum là fasse moins de frais qu'un autre minimum. Ce n'est pas le minimum minimorum.»

mathématiquement du *minimum* et ne devait son principe qu'à un postulat d'économie venu de la convergence de considérations vagues, Euler lui-même n'avait pas encore le moyen de maîtriser la question dans tous les problèmes de mécanique dont il déterminait la solution par d'autres méthodes.

Il est temps d'évoquer les autres thèmes traités dans la correspondance et au sujet desquels cette introduction doit fournir une information. Mais ce peut être, en définitive, pour une brève conclusion. Ces thèmes en effet concernent des échanges où Maupertuis se trouve visé essentiellement comme président de l'Académie de Berlin, et sont donc liés au fonctionnement même de l'Institution.

Des grandes questions débattues soit à l'occasion des prix académiques à Paris, à Pétersbourg ou à Berlin – par exemple la question de savoir si le mouvement de la lune met en évidence l'insuffisance de la gravitation newtonienne, le débat sur la monadologie leibnizienne –, soit à propos des publications nouvelles dans le domaine de la mécanique des fluides ou de l'observation astronomique, soit en raison de recherches sur l'amélioration des lunettes et instruments d'optique, pourrait ressortir un principe de groupement. Mais la frontière avec des thèmes voisins, par exemple celui qui concerne les machines et les instruments divers auxquels Euler a été amené à s'intéresser directement, est souvent très artificielle. Enfin, la chronique quotidienne des affaires académiques, touchant les personnes et les événements les plus divers, n'est guère susceptible d'organisation et relève, à l'usage du lecteur, d'une indexation pure et simple. La solution qui s'imposait ainsi pour cette dernière catégorie d'informations n'avait qu'à être complétée par une indexation «matières» pour satisfaire à toutes les autres. En utilisant nos index (noms cités et matières) le lecteur aura donc toute possibilité d'exploiter la présente source documentaire selon les besoins particuliers de telle ou telle recherche. Il ne peut être question pour nous, ici, que de tenter une appréciation générale.

Durant les absences de Maupertuis à Berlin, Euler n'a jamais eu de fonction officielle pour le gouvernement de l'Académie, il n'y a aucun doute à cet égard. Mais il est certain qu'il ne pouvait s'empêcher d'intervenir et nous avons déjà souligné que le président n'en était pas toujours heureux. Privés des lettres de Maupertuis, nous n'avons pas ses réactions directes aux initiatives d'Euler, mais à travers certains embarras dont témoignent les lettres d'Euler il est aisé de situer quelques éléments de conflit et nous en avons fait mention dans les notes.

Sans aucun doute convient-il ici d'avertir le lecteur que c'est la correspondance inédite de Maupertuis avec Jean II Bernoulli, déjà largement utilisée, qui éclaire complètement sur les difficultés rencontrées par le président français dans sa charge, et sur ses sentiments. Commenter cette correspondance en détail n'aurait place que dans une monographie nouvelle consacrée à Maupertuis. On doit se limiter à relever l'essentiel.

Alors que dès l'origine Maupertuis avait considéré l'établissement de l'Académie de Berlin comme «très difficile» (27 novembre 1741, L Ia 708, n° 65), son entrée en fonction, avec des pouvoirs administratifs théoriquement absolus, au-dessus des Curateurs, ne tarda pas à l'assurer qu'il avait accepté une tâche redoutable. Constatant que les fonds étaient mal employés, il se donna sagement pour règle d'y «remédier lentement, sans rien enlever à personne de ce qui lui avait déjà été donné» (juin 1746, L Ia 708, n° 99). Mais l'entreprise se révéla pleine d'embûches: «Je vous assure que je sens dans toute son étendue la peine de l'administration d'une Académie dont la plupart des membres ne font une ligne que s'ils ont de l'argent» (avril 1750, L Ia 708, n° 133), et se heurtant aux privilèges acquis, Maupertuis avouait peu de temps après (juillet–août 1750, L Ia 708, n°s 135 et 136) qu'il ne cessait d'apprendre «de petites pratiques fort vilaines, pour ne pas dire des infamies» et qu'il était «faché de voir toute sa vie employée à une administration qui n'en va pas mieux pour cela».

Il est clair qu'à l'usage, le président français – qui dut vite renoncer à parler couramment l'allemand (1749, L Ia 708, n°s 122–126) – trouva des raisons de regretter profondément le milieu scientifique de son pays et se mit à porter des jugements sévères sur les intellectuels allemands (janvier 1751, L Ia 708, n° 143). Sa préoccupation de faire entrer de bons sujets à l'Académie se fit au cours du temps plus désabusée. Et il n'avait pas trouvé auprès d'Euler le secours qu'il imaginait probablement *a priori.*

«L'expérience, écrivait-il à Jean II Bernoulli le 18 septembre 1747 (L Ia 708, n°s 102 et 103), m'a appris que je ne saurais sur cela [l'acquisition de bons sujets] avoir aucune confiance dans les recommandations de M. Euler, qui soit par bonté d'âme, soit par faute de jugement, avait fait entrer sous les curateurs de vraies espèces et qui m'en a recommandé déjà à moi-même.» Le 22 janvier 1751 (L Ia 708, n° 143) il précisait même en post-scriptum qu'Euler lui était attaché «autant que je le veux», en ajoutant «mais j'estime la Géométrie, non le Géomètre. Vous voyez que je parle à cœur ouvert.»

L'objectivité de l'histoire ne permettait pas de cacher ce que nous venons de dire. La collaboration d'Euler n'a pas été pour Maupertuis sans difficultés.

Peut-être est-ce à l'agacement que les interventions d'Euler dans les affaires académiques occasionnaient parfois à Maupertuis, qu'il faut rapporter le fait mentionné plus haut concernant l'absence quasi complète de tout document dans la correspondance entre 1753 et 1756. Au cours de cette période Maupertuis fit un long séjour en France et ne se soucia probablement guère de mettre en lieu sûr ou de conserver avec lui tout ce qui ne présentait pas pour lui un intérêt certain. C'est alors qu'il fut informé des intrigues visant à le remplacer comme président et il se peut qu'il ait pratiqué en raison de cela une grande réserve à l'égard d'Euler, notamment lors de ses derniers mois de présence à Berlin. Le ton est donné à cet égard par les billets administratifs n° 104a que nous avons recensé en dernière minute.

On ne saurait manquer cependant en terminant de souligner combien Euler, dans ses lettres écrites à Maupertuis en France, après le départ définitif de celui-ci, se manifeste toujours de son côté soucieux de réserve à l'égard de l'autorité. Tandis que son attachement à l'œuvre poursuivie à Pétersbourg reprenait de plus en plus d'importance à ses yeux, Euler ne cesse auprès de Maupertuis de professer un loyalisme absolu à l'égard de l'Académie de Berlin et de l'Etat qui lui assurait les moyens de travailler. A la veille de la mort de Maupertuis, et durant les revers de la politique prussienne en 1759, il est éloquent dans ce sens. Il est difficile de se défendre du sentiment que cette éloquence n'est pas à prendre au pied de la lettre, mais rien n'autorise à aller au-delà. Dans la sociologie de la science, les vicissitudes du savant soucieux de préserver, dans ses rapports avec le pouvoir, ses possibilités de travail constituent un thème d'importance. Le cas Euler, que la correspondance avec Frédéric II publiée dans la deuxième partie de ce volume permet de mieux cerner, en illustre la difficulté d'appréciation.

Pierre Costabel

Pierre-Louis Moreau de Maupertuis.
Gravure d'après la fameuse expédition polaire de l'année 1736 (Collection UBB).

Table des présences de Maupertuis aux séances de l'Académie de Berlin

Année 1746	Présence (nombre de séances)	Absence (nombre de séances)	Lettres d'Euler
2–23 juin	4		1
30 juin–22 septembre		Voyage en France 8	1
5 et 6 octobre	2		
13 octobre		1	
20–27 octobre	2		
3 novembre		1	
10 novembre	1		
17 novembre		1	
24 novembre	1		
1–15 décembre		3	1

Année 1747	Présence	Absence	Lettres d'Euler
11 janvier–16 fév	7		1
23 février–9 mars		3	1
16 mars	1		
23 mars		1	
13 et 14 avril	2		
20–27 avril		2	
4 mai–15 juin	*4		1
22 juin–6 juillet		3	
13 juillet	1		1
20–24 août		2	
31 août–14 sept	4		
21 septembre–12 oct		4	6
19 octobre–2 nov	3		
9–30 novembre		4	4
6–21 décembre	3		1

Année 1748	Présence	Absence	Lettres d'Euler
8 janvier	1		
11–18 janvier		2	
25 janvier–1er février	2		
8 février		1	
15–22 février	2		
29 février–28 mars	Maupertuis atteint de chrachements de sang	5	3
4 avril	1		
25 avril–16 mai		5	7
30 mai	1		

Année 1748	Présence (nombre de séances)	Absence (nombre de séances)	Lettres d'Euler
13–20 juin		2	3
27 juin–17 juillet	5		
22 août–12 septembre		4	
19–27 septembre	2		
	Maupertuis part pour Saint-Malo		
3 octobre–19 décembre		12	3

Année 1749	Présence	Absence	Lettres d'Euler
9 janvier–24 avril		14	
1er–7 et 8 mai	3		1
5–26 juin		4	2
3 juillet	1		
10–17 juillet		2	
28 août	1		
4 septembre–9 oct		6	5
16 octobre	1		
23–30 octobre		2	2
5 novembre	1		
13–27 novembre		3	3
4–18 décembre	3		2

Année 1750	Présence	Absence	Lettres d'Euler
8–29 janvier	4		1
5 février–19 mars		7	1
9 avril	1		
16 avril–5 mai		4	1
21 mai	1		1
28 mai		1	1
4 juin	1		
11 juin		1	
18 juin	1		
25 juin–28 juillet		5	5
3–26 septembre	5		
1–15 octobre		3	2
21 octobre	1		
29 octobre–17 décembre		8	10

* Le 12 juin 1747, Maupertuis déclare à Jean II Bernoulli avoir l'expérience de deux hivers où il a été à deux doigts de la mort (Bibl. Bâle, L Ia 708, n° 101).

Année 1751	Présence (nombre de séances)	Absence (nombre de séances)	Lettres d'Euler
7–28 janvier	5		
4–18 février		3	
25 février–4 mars	2		
11 mars–1er avril	*	3	1
22 avril	1		
29 avril–13 mai		3	
26 mai–17 juin	3		
24 juin–15 juillet		4	1
22 juillet–27 août	2		
2 septembre		1	
9 septembre	1		
16–30 septembre		3	1
7 octobre–11 novembre	6		
18 novembre–2 décembre		3	2
9–23 décembre	3		

Année 1752	Présence	Absence	Lettres d'Euler
13–19 janvier	2		
27 janvier–8 mai		14	8
1er juin	1		
5 juin		1	
8–22 juin	3		1
29 juin–31 août		6	
7 septembre	1		
14–21 septembre		2	
28 septembre	1		
5 octobre		1	2
12 octobre	1		
19 octobre–21 décembre	**	9	1

Année 1753	Présence (nombre de séances)	Absence (nombre de séances)	Lettres d'Euler
11 janvier–13 décembre	***	42	2 (février–mars 1953)

Année 1754	Présence	Absence	Lettres d'Euler
Janvier–août		27	
28 août–19 septembre	4		
26 septembre–1er octobre		3	
17 octobre	1		
24 octobre–15 novembre		4	
21 novembre–19 décembre	5		

Année 1755	Présence	Absence	Lettres d'Euler
9 janvier–28 mai		16	
5 juin	1		
12 juin–21 août		8	
28 août–4 septembre	2		
11 septembre–9 octobre		7	
16–23 octobre	2		
30 octobre–18 décembre		8	

Année 1756	Présence	Absence	Lettres d'Euler
8 janvier–20 mai		19	
3 juin	1		

Départ définitif pour la France

* Maupertuis déclare le 20 mars avoir bien résisté à l'hiver, mais se trouver de nouveau malade (Bibl. Bâle, L Ia 798, nº 144).

** Prêt à partir pour la France, Maupertuis doit renoncer à voyager dans l'état où il se trouve (Bibl. Bâle, L Ia 708, nº 169).

*** Maupertuis est en France de mai 1753–juillet 1754 (Bibl. Bâle, L Ia 708, nºs 173 et 181).

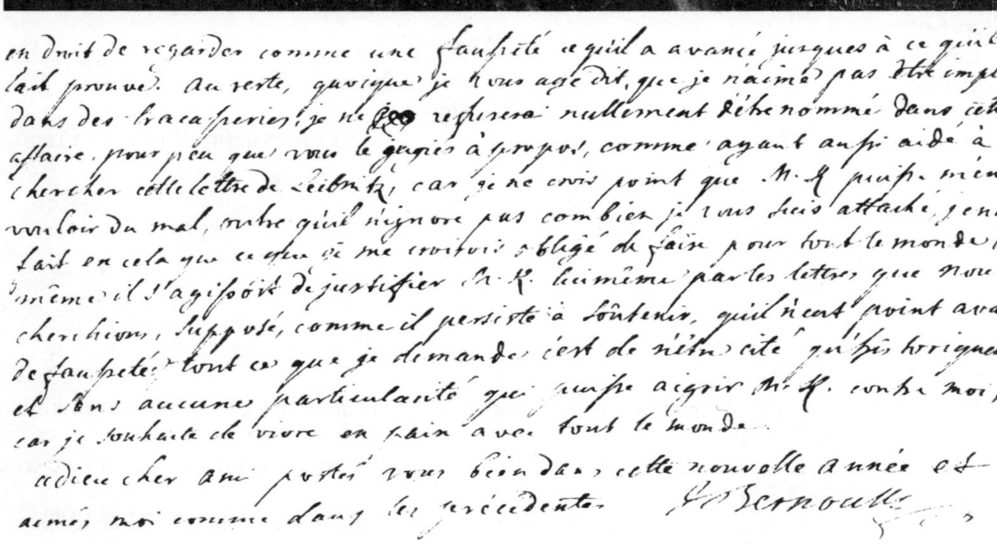

en droit de regarder comme une fausseté ce qu'il a avancé jusques à ce qu'il
l'ait prouvé. Au reste, quoique je vous aye dit, que je n'aime pas être impliqu
dans des tracasseries, je ne refuserai nullement d'être nommé dans cette
affaire, pour peu que vous le jugiez à propos, comme ayant aussi aidé à
chercher cette lettre de Leibnitz; car je ne crois point que M. K. puisse m'en
vouloir du mal, outre qu'il n'ignore pas combien je vous suis attaché, je n'ai
fait en cela que ce que je me croirois obligé de faire pour tout le monde et
même il s'agissoit de justifier M. K. lui même par les lettres que nous
cherchions, supposé, comme il persiste à soutenir, qu'il n'est point avan
de fausseté; tout ce que je demande c'est de n'être cité qu'[illegible]
et sans aucune particularité qui puisse aigrir M. K. contre moi,
car je souhaite de vivre en paix avec tout le monde.
adieu cher ami portez vous bien dans cette nouvelle année et
aimez moi comme dans les précédentes. J. Bernoulli

Jean II Bernoulli
1) Peinture en l'huile par Nicolas Bernoulli (1662–1716) (Propriété privée à Bâle).
2) Lettre autographe de Jean II Bernoulli: fin de sa lettre à Maupertuis du 12 janvier 1752
(UBB, Ms. L I a 676, f. 132).

Dates concernant les déplacements de Maupertuis de juin 1756 jusqu'en juillet 1759*

7 juin 1756	Départ de Berlin.
5 juillet 1756	Arrivée à Paris.
16 septembre 1756	Départ pour Saint-Malo.
Septembre 1756–juin 1757	Séjour à Saint-Malo. Sa santé étant meilleure, Maupertuis envisage de rentrer à Berlin, mais les côtes de Bretagne étant rendues peu sûres par des actions répétées de la marine anglaise, il fait le projet de se rendre à Bordeaux pour s'embarquer sur un navire neutre à destination de Hambourg.
12–26 juin 1757	Voyage de Saint-Malo à Bordeaux. Le projet apparaît peu à peu irréalisable et Maupertuis renonce au début octobre.
4 octobre 1757	Départ de Bordeaux pour Toulouse avec l'intention de préparer un voyage de repos en Italie.
8 octobre 1757–début mai 1758	Séjour à Toulouse. Abandon de toute autre préoccupation que celle de se rapprocher de Berlin. Voyage vers Lyon par Narbonne et Nîmes en mai.
28 mai 1758–24 juillet 1758	Séjour à Lyon.
26 juillet 1758	Arrivée à Neuchâtel, dont la principauté était alors placée sous l'obédience de la Prusse et où Maupertuis connaissait le gouverneur George Keith [Milord Maréchal, frère du Maréchal Jacob de Keith].
16 octobre 1758	Arrivée à Bâle, chez Jean II Bernoulli.
Décembre 1758	Aggravation de l'état de santé.
Février 1759	Nouvelle attaque de la maladie.
27 juillet 1759	Décès de Maupertuis.

* Ces dates sont relevées d'après l'*Eloge de M. de Maupertuis,* publié dans les *Mémoires de Berlin pour 1759,* Berlin 1766, p. 464–512 – texte dû à Formey (Assemblée publique de l'Académie du 24 janvier 1760) mais avec quelques additions et corrections de La Condamine et Trublet, ce qui augmente la confiance que l'on peut faire aux données concernant les déplacements en France de 1756 à 1759 – (cf. *op. cit.,* p. 502–505).

Inventaire de la correspondance Euler–Maupertuis

1
Maupertuis à Euler, Paris, 20 mai 1738
2
Euler à Maupertuis,
Pétersbourg, (4 décembre) 23 novembre 1738
3
Euler à Maupertuis,
Pétersbourg, (1er mars) 19 février 1740
4
Maupertuis à Euler, Paris, 14 avril 1740
5
Euler à Maupertuis,
Pétersbourg, (1er novembre) 21 octobre 1740
6
Euler à Maupertuis,
Pétersbourg, (24) 13 janvier 1741
7
Euler à Maupertuis, Berlin, 4 juillet 1744
8
Euler à Maupertuis, [Berlin], 10 décembre 1745
9
Euler à Maupertuis, Berlin, 14 mars [17]46
10
Euler à Maupertuis, Berlin 3 mai 1746
11
Euler à Maupertuis, [Berlin], 24 mai 1746
12
Euler à Maupertuis, Berlin, 18 juin 1746
13
Euler à Maupertuis, Berlin, 12 juillet 1746
14
Euler à Maupertuis, [Berlin], 28 décembre 1746
15
[Euler à Maupertuis], [Berlin, janvier 1747]
16
Euler à Maupertuis, Berlin, 26 février 1747
17
Euler à Maupertuis, Berlin, 6 mai 1747
18
Euler à Maupertuis, Berlin, 9 mai 1747
19
Euler à Maupertuis, Berlin, 16 mai 1747
20
Euler à Maupertuis, Berlin, 26 juillet 1747
21
Euler à Maupertuis, [Berlin], 16 septembre 1747
22
Euler à Maupertuis, [Berlin], 28 septembre 1747
23
Euler à Maupertuis, [Berlin], 30 septembre 1747
24
Euler à Maupertuis, [Berlin], 5 octobre 1747
25
Euler à Maupertuis, Berlin, 9 octobre 1747
26
Euler à Maupertuis, Berlin, 13 octobre 1747
27
Euler à Maupertuis, Berlin, 11 novembre 1747
28
Euler à Maupertuis, Berlin, 18 novembre 1747
29
Euler à Maupertuis, Berlin, 25 novembre 1747
30
Euler à Maupertuis, Berlin, 2 décembre 1747
31
Euler à Maupertuis, [Berlin], 21 décembre 1747
32
Euler à Maupertuis, Berlin, 9 mars 1748
33
Euler à Maupertuis, [Berlin], 13 mars 1748
33a
Euler à Maupertuis, Berlin, 18 mars 1748
34
Euler à Maupertuis, Berlin, 23 mars 1748
35
Euler à Maupertuis, Berlin, 26 avril 1748
36
Euler à Maupertuis, Berlin, 3 mai 1748
37
Euler à Maupertuis, Berlin, 8 mai 1748
38
Euler à Maupertuis, Berlin, 9 mai 1748
39
Euler à Maupertuis, Berlin, 14 mai 1748
40
Euler à Maupertuis, Berlin, 18 mai 1748
41
Euler à Maupertuis, Berlin, 19 mai 1748
42
Euler à Maupertuis, Berlin, 4 juin 1748
43
Euler à Maupertuis, Berlin, 8 juin 1748
44
Euler à Maupertuis, Berlin, 14 juin 1748
45
Euler à Maupertuis, Berlin, 22 octobre 1748
46
Euler à Maupertuis, Berlin, 30 novembre 1748

Documents annexes

Annexe I

Euler à Maupertuis pour Frédéric II [Septembre 1749]

Annexe II

1. Maupertuis à Frédéric II – 9 novembre 1750
2. A.-N. Grischow à Maupertuis, Berlin, 13 novembre 1750
3. Maupertuis à Frédéric II – sans date [novembre 1750]
4. Maupertuis à Frédéric II – 26 novembre 1750

Code des références et des sigles

AAS Dossier des photographies des originaux aux Archives de l'Académie des Sciences de Paris.

AAN Archives de l'Académie des Sciences de l'URSS à Léningrad.

BAB Dactylographies de l'Archive Bernoulli dans la Bibliothèque de l'Université de Bâle.

Rx Registre du volume O. IV A, 1, n° x.
N.B. Après chaque lettre est notée la référence Rx, suivie sur lignes distinctes de l'indication de la nature du document, de ses références aux fonds d'archives, et des remarques utiles.

[ ] Figurent entre crochets les interventions des éditeurs pour compléter ou préciser telle ou telle défaillance.

( ) L'usage des parenthèses est particulier en ce qui concerne les dates. Pour tous les documents issus de l'Académie de Pétersbourg les dates sont exprimées dans le calendrier julien et ont été transcrites telles quelles. Mais on a fait figurer devant et entre parenthèses la date dans le calendrier grégorien, en usage à Berlin. On rapelle que la différence était alors de onze jours.

1

Maupertuis à Euler

Paris, 20 mai 1738*

Monsieur,

En lisant l'excellent ouvrage que vous avez donné sur la Mechanique [1], je souhaittois ardemment de pouvoir trouver l'occasion de Vous marquer quelle étoit l'admiration qu'il m'avoit causé et quelle etoit mon Estime pour l'Auteur; je m'estimerai heureux si l'ouvrage [2] que j'ai l'honneur de vous présenter me fournit cette occasion, mais je ne scaurois me borner à n'avoir pour un homme illustre que les Sentiments que ses ouvrages inspirent à tout le monde, je voudrois avoir quelque part à son amitie [3]. Permettez moy Monsieur, d'aspirer à cet honneur, il n'y a rien que je ne fisse pour le mériter. J'ai l'honneur d'être tres parfaitement

Monsieur

Votre tres humble et très obeissant serviteur

Maupertuis

de Paris 20 May 1738

R 1495 Première pièce de la Correspondance Euler–Maupertuis.
Copie fr., 1 p. – AAN, f. 1, op. 3, n°26, l. 54.
En haut à droite «Prod. et praes. d. 17 novbr. 1738», mention qui authentifie la pièce comme étant l'original.

* Les *Procès-verbaux des séances de l'Académie Impériale de Saint-Pétersbourg,* tome I, 1897, p. 517sq., permettent de préciser les détails suivants: le (21) 10 novembre 1738 est parvenu l'envoi fait par Maupertuis à l'Académie de son traité la figure de la Terre; le (24) 13 novembre est arrivée une lettre de Maupertuis, datée de Paris le 20 mai, et adressée au président de l'Académie Korff; le (28) 17 novembre Euler a déposé la lettre qu'il venait aussi de recevoir de Maupertuis et datée également de Paris le 20 mai. Les originaux de ces lettres ont été remis aux Archives de l'Académie le (29) 18 novembre. –
La lettre présente est envoyée par Maupertuis de Paris juste avant son départ pour Saint-Malo. Elle a été dictée à un secrétaire.

[1] Il s'agit évidemment de l'ouvrage *Mechanica sive motus scientia analytice exposita,* publié par Euler à Pétersbourg en 1736 (E. 15; O. II, 1). Maupertuis n'a pu lire cet ouvrage qu'à son retour de Laponie, pendant l'hiver 1737–1738.

[2] *Figure de la Terre déterminée par les observations de MM. de Maupertuis, Clairaut, Camus, Le Monnier, Outhier accompagnés de Mr. Celcius faites par ordre du Roy au cercle polaire.* – Par M. de Maupertuis, 1 vol., in-8°, Paris 1738. Une traduction allemande par König a été publiée à Zurich en 1741.

[3] Ces expressions sont significatives. Maupertuis recherche l'amitié d'Euler, l'initiative de l'entrée en correspondance lui revient et nous avons bien avec la présente lettre le premier document d'une longue relation épistolaire.

2

EULER À MAUPERTUIS

Pétersbourg, (4 décembre) 23 novembre 1738*

Vir Celeberrime

Litteræ Tuæ humanissimæ una cum excellenti Opere Tuo de figura Terræ ab Illustrissimo Praeside nostro mihi sunt redditæ pro quibus pariter ac pro honore, quo me es dignatus maximas ago gratias. Ego vero ob nominis Tui Celebritatem atque insignia in scientias merita jam pridem desiderio flagravi non solum in Tui notitiam perveniendi sed etiam amicitiam Tuam ambiendi, cujus quidem voti ut compos fierem non exiguam spem jam ante Tuas Litteras acceptas mihi fecerat unanimis Academiæ nostræ consensus de Te tanquam Membro recipiendo. Nunc autem eo magis gaudio sum affectus, quod Tute Vir Celeberrime, amicitiam ultro offers, qua mihi nihil gratius accidere potuisset; quamobrem debitas Tibi persolvo gratias, etiam atque etiam rogans ut me in numerum amicorum Tuorum recipere non dedigneris, quem favorem omnibus viribus mereri annitar [1]. Si opus meum Mechanicum Tibi probatur, uti scribis, id quidem plus me commovet quam Centum aliorum suffragia, in primisque desiderarem, ut annotationes Tuas, si quas fecisti, mecum communicare velles, ingenti spe fretus me per Te in hoc scientiæ genere plurimum proficere posse [2]. Quantopere autem mihi Opus Tuum mihi missum placuerit verbis vix exprimere possum, cum id non solum accutissimis observationibus et experimentis sed etiam solidissimis judiciis sit refertum; atque quod præcipuum est, quasi de figura Terræ adhuc tantopere agitata absolutissime sit decisa: ex qua quippe constat differentiam inter distantiam centri terræ a polo et distantiam centri ab æquatore fere duplo esse majorem quam Newtonus assignavit [3]. Quare cum Newtonus terram tanquam ex materia uniformi constantem assumerit, sequitur materiam terræ non esse uniformem, sed circa centrum densiorem. In hypothesi autem materiæ in quoque planeta uniformis, si gravitas naturalis ab attractione orta sub æquatore planetæ ob vim centrifugam a motu diurno ortam diminuatur sui parte $\frac{1}{K}$ inveni calculo [4] subducto fore rationem axis planetæ ad diametrum æquatoris ut

$$1 \text{ ad } 1 + \frac{5}{4(K+2)} + \frac{25(K+6)}{8(K+2)(28K^2+107K+8)} + \text{etc.}$$

cujusmodi rationem Newtonus calculi prolixitate impeditus tantum æstimatione. Quando ergo K est numerus valde magnus, illa ratio proxima congruet cum hac $4K + 8$ ad $4K + 13$, ex qua pro terra, ponendo $K = 289$, prodit ratio axis terræ ad diametrum æquatoris ut 233 ad 234, cujus loco Newtonus invenit 229 ad 230. Quemadmodum autem hac ratio ex hypothesi materiæ uniformis, quæ planeta constat, consequitur ita operæ pretium foret investigare rationem gravitatis tum sub polo tum sub æquatore [5], indeque rationem inter axem planetæ et diametrum æquatoris, si planeta ex materia difformi constare ponatur, quo deinceps ex hac ratione per experimenta definita status materiæ, ex qua terra est composita colligi queat.

Viris Clariss[.]Claireaut et le Monnier, quorum fama in hisce studiis jam tantum inclaruit, rogo ut meo nomine salutem plurimam dicas, atque uti Ipse cœpisti favère pergas

Vir Celeberrime
Tui observantissimus
L. Euler
Petropoli 23 Novbr. 1738

[Traduction de la lettre précédente]

Très Honoré Monsieur,

Votre lettre si courtoise et Votre excellent Ouvrage sur la figure de la Terre m'ont été remis par notre Très Illustre Président. Je vous en remercie beaucoup, ainsi que pour l'honneur que vous m'avez fait. Pour ma part, la Célébrité de Votre nom et Vos insignes mérites envers la science m'ont fait depuis longtemps brûler du désir, non seulement d'être connu de Vous, mais encore de me concilier Votre amitié. Dès avant de recevoir Votre lettre, l'accord unanime de notre Académie pour Vous recevoir comme Membre m'avait donné un espoir non négligeable de réaliser ce vœu. A présent, je suis d'autant plus heureux que Vous même, très honoré Monsieur, Vous m'offrez spontanément Votre amitié. Rien de plus agréable ne pouvait m'arriver. C'est pourquoi je vous adresse les remerciements qui Vous sont dus, en demandant encore et encore que vous ne dédaigniez pas de me recevoir au nombre de Vos amis, faveur que je mettrai toutes mes forces à mériter [1]. Si mon ouvrage de Mécanique a Votre approbation, comme vous l'écrivez, cela m'émeut plus que les suffrages de cent autres, et avant tout je souhaiterais que vous veuillez bien me communiquer vos annotations, si vous en avez fait, car je suis fort d'un immense espoir de pouvoir faire, grâce à Vous, de grands progrès dans ce genre de science [2]. Je puis à peine exprimer combien Votre Ouvrage que vous m'avez envoyé m'a plu, car il est rempli non seulement d'observations et d'expériences très précises, mais encore de jugements très solides. Et pour le point principal, pour la figure de la terre, jusqu'à présent tant discutée, la question est tranchée définitivement. Il en ressort, en effet, que la différence entre la distance du centre de la terre au pôle et la distance du centre à l'équateur est à peu près deux fois plus grande que Newton ne l'a fixée [3]. C'est pourquoi, puisque Newton a pris la terre comme consistant dans une matière uniforme, il s'ensuit que la matière de la terre n'est pas uniforme, mais plus dense vers le centre. Or, dans l'hypothèse d'une matière uniforme dans chaque planète, si la gravité naturelle née de l'attraction à l'équateur de la planète, diminue, à cause de la force centrifuge née du mouvement diurne, d'une partie d'elle-même égale à $1/K$, j'ai trouvé par calcul [4] que le rapport de l'axe de la planète au diamètre de l'équateur sera comme

$$1 \text{ à } 1 + \frac{5}{4(K+2)} + \frac{25(K+6)}{8(K+2)(28K^2+107K+8)} + \text{etc.}$$

rapport du genre de celui que Newton, arrêté par la longueur du calcul, donne seulement par approximation. Donc, quand K est un nombre très grand, ce rapport concordera à peu près avec celui-ci: $4K + 8$ à $4K + 13$, duquel il ressort pour la terre, en posant $K = 289$, que le rapport de l'axe de la terre au diamètre de l'équateur est comme 233 à 234, au lieu de 229 à 230 comme l'a trouvé Newton. Comme ce rapport résulte de l'hypothèse d'une matière uniforme qui constitue la planète, il s'ensuit qu'il vaudrait la peine de chercher le rapport de la gravité au pôle et à l'équateur [5], et d'en tirer le rapport entre l'axe de la planète et le diamètre de l'équateur, si on pose que la planète se compose d'une matière non uniforme. Ensuite, on pourrait inférer de ce rapport, par des expériences déterminées, les états de matière dont la terre est composée.

Je vous prie de faire en mon nom mille saluts aux Très Illustres Messieurs Claireaut et Le Monnier, dont la renommée brille déjà tellement dans ces études, et de continuer, comme vous avez commencé, à favoriser,

Très Honoré Monsieur,
Votre très dévoué
L. Euler
à Pétersbourg, 23 novembre 1738

R 1496 Réponse à la lettre n° 1 de Maupertuis, du 20 mai 1738.
Minute latine 2 f°. – AAN, f. 1, op. 3, Nr. 27, l. 103–104.
A la fin de la copie: «concordat cum originali Tiedman»; adresse: «A Monsieur Maupertuis, membre de l'Academie Royale des Sciences de Paris et de celle de Saint-Petersbourg, de Londres, etc.... à Paris».

* Les procès-verbaux de l'Académie de Pétersbourg indiquent bien que cette lettre a été envoyée le (4 décembre) 23 novembre sous le couvert du ministre plénipotentiaire de Russie à Paris, le prince Kantemir. Il est précisé que le même envoi contenait le diplôme de membre honoraire de l'Académie de Pétersbourg accordé à Maupertuis en date du (8 septembre) 28 août 1738, et deux autres lettres adressées à Maupertuis: l'une du président de l'Académie datée du 28 août, l'autre du chancelier Goldbach en date du (29) 18 novembre (cette dernière pour remercier officiellement Maupertuis de l'envoi de son ouvrage sur la *Figure de la Terre ...*).
L'emploi de la langue latine dans la présente lettre est conforme au caractère officiel du courrier académique.

[1] Sensible à l'initiative de Maupertuis, Euler fait ici une promesse qu'il réalisera effectivement.

[2] Euler majore beaucoup ce que Maupertuis est susceptible de lui apporter en matière de Mécanique. Sans doute postule-t-il les capacités de Maupertuis en la matière d'après les Mémoires donnés par ce dernier à l'Académie de Paris en 1732 (*Sur les Courbes de poursuite, Sur les lois de l'attraction,* cf. Mém. Paris (1732), Paris 1734, tome 2, p. 15–16 et p. 343–362).

[3] Cette évaluation est le fait d'Euler. Dans la *Figure de la Terre* (*Préface,* p. XXIII, et Articles I et III, p. 177 et 178, du chapitre VI du Livre III de l'ouvrage), Maupertuis se contentait de dire que «l'aplatissement de la Terre vers les poles doit être encore plus considérable que Mr Newton ne l'avait déterminé». On retrouve sous la plume d'Euler à la date du (5 janvier 1739) 25 décembre 1738 (Anmerckungen über die Zeitungen, St Petersburg 1738, 103–104. Stück – cf. O. III, 2, p. 346) l'appréciation suivante: «Les observations françaises permettent de donner de l'aplatissement de la Terre une évaluation près de deux fois plus grande que celle de Newton, mais Newton n'est pas à critiquer, son calcul est correctement posé à partir de l'hypothèse de l'homogénéité de la Terre.»

[4] A notre connaissance, Euler n'a pas donné ailleurs que dans la présente lettre le témoignage de la reprise par ses soins du calcul qui peut être fait en conjuguant les diverses indications fournies par Newton (*Principia,* 3e édition 1726, Propositions XC et XCI du Livre I, Proposition XIX du Livre III). Comme Euler le dit un peu plus loin, Newton n'a pas donné autre chose que des approximations, ni développé le calcul. Et

il est évident qu'Euler ne s'est pas contenté de cela et a lu, la plume à la main, les *Principia,* sur la dernière édition qui lui était accessible.

[5] Cette remarque est curieuse. Dans la Table qui se trouve à la page 181 de la *Figure de la Terre* («Table des accélérations de la pendule pendant une révolution des fixes depuis l'équateur jusqu'au pôle»), Maupertuis donnait de quoi satisfaire à la demande ici formulée par Euler et il précisait que la Table était calculée: 1) d'après les observations faites à Pello (66° 48′ de latitude Nord), station la plus proche du pôle qui soit accessible; 2) d'après le principe que les augmentations de la pesanteur suivent à peu près la proportion du carré du sinus de la latitude. Si Euler n'était pas satisfait de ces données, il semble qu'il se devait de mentionner pourquoi, plutôt que de s'exprimer ici comme si elles n'existaient pas.

3
Euler à Maupertuis
Pétersbourg, (1er mars) 19 février 1740*

Monsieur,

Je Vous suis très sensiblement obligé des Recueils des Pieces que Vous avès eu la bonté de m'envoyer [1]. Je ne les ai pas encore reçues: elles doivent être restées à Hambourg avec le reste des Equipages de Monsieur l'Ambassadeur, qui ne pourront arriver que vers le Mois de May prochain [2]. Je suis faché de ce contre-temps, par l'impatience que j'ai de voir entre autres la Pièce de l'Illustre Marquise, qui a daigné m'honorer de sa Concurrence [3]. Cet honneur dont je prends la liberté de La remercier me satisfait par lui meme au de là de tout ce que j'ai pu esperer, et après le jugement d'un aussi grand Connoisseur que Vous l'êtes, Monsieur, qui l'appelés une Atalante, je n'irai pas me flatter d'avoir eu des pommes d'or [4]. Au reste je ne manquerai pas dès que j'aurai reçu le paquet, de remettre les deux Exemplaires restans l'un à S. Exce Mr le Baron de Korff et l'autre à Mr de L'Isle [5]. J'ai l'honneur d'être avec un entier dévouement

Monsieur
Votre très humble et très obeissant serviteur
Leonh. Euler

St. Petersbourg ce 19 Fevr. 1740

R 1497 Réponse à une lettre perdue de Maupertuis.
Autogr. fr., 1 fo. – AAS, Paris no 1, fo 1 – Première pièce du fonds AAS Paris.
Minute autographe fr., 1 p. et copie 1 p. – AAN, f. 1, op. 3, no 30, l. 22–23; Copie – BAB, Bl. 1R.
Sur les deux exemplaires de Léningrad, dans le coin supérieur droit, «Praes. d. 18 Feb. 1740».
Sur l. 23, dans le coin supérieur gauche: «Copie».

* Les procès-verbaux de l'Académie de Pétersbourg mentionnent que le 18 février 1740, Euler a présenté deux lettres à envoyer le lendemain (1er mars) 19 février, l'une à la marquise du Châtelet (R 383), l'autre à Maupertuis – toutes les deux écrites en français.
Pour la compréhension des événements sous-jacents, il y a lieu de relever dans les procès-verbaux sus-nommés les autres éléments suivants.
En novembre 1739, l'Académie de Pétersbourg a eu plusieurs fois à entendre les difficultés d'Euler à l'égard de sa Pièce *Inquisitio Physica in causam fluxus et refluxus maris* (E. 57) destinée au concours de l'Académie de Paris pour 1740.

Le (18) 7 novembre, Euler remet en dépôt les deux exemplaires de la Pièce qu'il avait repris en main en octobre afin de compléter les calculs.
Le (27) 16 novembre, on enregistre une lettre de Fontenelle déclarant la Pièce comme non arrivée à Paris.
Le (28) 17 novembre, sur ordre du Président, on requiert la valise diplomatique pour envoyer à Paris la Pièce d'Euler et l'on écrit aussi au prince Kantemir, à MM. de Mairan, Réaumur, Maupertuis et Fontenelle.
Le (7 décembre) 26 novembre, le directeur des Postes remet un avis certifiant l'envoi à Fontenelle, le (25) 14 juillet précédent, d'un paquet émanant de l'Académie Impériale.
En définitive, il est clair que l'affaire de la Pièce d'Euler a été l'occasion d'un relance de la correspondance avec Maupertuis. Dans les procès-verbaux manuscrits de l'Académie de Paris pour 1740, on voit (f° 15) que Fontenelle a usé d'une procédure spéciale pour faire admettre au concours la Pièce d'Euler, arrivée en janvier, et il est évident que Maupertuis, présent à la séance où eut lieu le vote favorable, a eu une influence.

[1] La lettre par laquelle Maupertuis annonçait à Euler l'envoi du «recueil de pièces» n'est pas connue. Elle était probablement parvenue à Euler à titre personnel et par voie diplomatique, et elle n'a pas été déposée à l'Académie de Pétersbourg. Elle datait évidemment de la fin janvier 1740, après la décision prise à l'Académie de Paris d'admettre au concours, malgré le retard de réception, la Pièce d'Euler. Pour la nature du «Recueil de pièces», voir la note 3 suivante.

[2] Il est vraisemblable que Maupertuis avait confié la lettre destinée à Euler ci-dessus évoquée au nouvel ambassadeur de France à la cour de Russie, le Marquis de Valory, ce qui rend compte d'une arrivée assez prompte tandis que les paquets, restés avec les équipages, devaient mettre beaucoup plus de temps. Le délai prévu par Euler est cependant très considérable.

[3] La mention de la marquise du Châtelet indique clairement que le «Recueil de Pièces» envoyé par Maupertuis est celui qui concerne le concours du Prix de l'Académie de Paris pour 1738.
Ce Prix revint à 3 pièces couronnées sans distinction d'ordre (la *Dissertatio digne in qua ejus natura et proprietates explicantur* d'Euler (E. 34), le *Discours sur la propagation du feu* par Lozeran du Fiesc, l'*Explication de la nature du feu et de sa propagation* par de Gréquy), mais les deux autres pièces concurrentes (l'*Essai sur la nature du feu et sur sa propagation* de Voltaire, et la *Dissertation sur la nature et la propagation du feu* par Mme du Châtelet) furent publiées avec les précédentes en 1739.

[4] Atalante, héroïne de la mythologie et du cycle thébain. Fille du roi Iasos, elle ne voulait épouser que celui qui pourrait la vaincre à la course; elle dépassait les concurrents et les tuait. Sur le conseil d'Aphrodite, Hippomène participa au concours en laissant tomber des pommes d'or et atteignit le but tandis qu'Atalante ramassait les pommes.
Le commentaire d'Euler concernant l'expression employée par Maupertuis au sujet de la célèbre marquise, indique, d'une part, qu'il est informé de son succès dans le concours, contre la marquise, d'autre part, qu'il récuse l'usage complet de l'histoire d'Atalante à son endroit. Il n'est pas lui-même un Hippomène, et si la marquise est si farouche quant à son amour propre, il n'ira pas en lui écrivant, «se flatter» d'«avoir eu des pommes d'or».

[5] Il y avait donc, dans le paquet annoncé, trois exemplaires du «Recueil» dont un destiné à Euler en première urgence. Notons, d'après les procès-verbaux de l'Académie de Pétersbourg, p. 599, que quelques jours après la présente lettre, le (5 mars) 23 février 1740 a été adressée à Maupertuis une lettre du président de l'Académie de Pétersbourg, Von Korff, pour lui annoncer l'accord d'une pension annuelle de 200 roubles – avec deux P.S., l'un pour lui signaler l'intervention du comte Osterman à ce sujet, l'autre pour lui demander réponse au sujet de la publication du *Traité du Mécanisme des mouvements des corps flottants* par De La Croix. Etant donné qu'il s'agissait évidemment d'une demande d'Euler (cf. *Judicium de libello D. de la Croix ex Gallia huc transmisso* (1735), O. II, 18, p. 413, et *Notae ad responsiones viri illustris De La Croix factae ab L. Euler* (1736), O. II, 18, p. 418), nous avons cherché si Maupertuis était en mesure de répondre, mais ces recherches n'ont pas abouti. Nous pouvons seulement préciser que De La Croix, Commissaire général de la Marine, ne semble avoir publié que des projets: dans les *Mémoires pour l'histoire des Sciences et des Beaux Arts* (Trévoux), avril 1735, un *Extrait du Méchanisme des mouvements des corps flottants, par M. de La Croix, commissaire général de la Marine ..., Memoires pour l'Histoire des Sciences et des Beaux-Arts* (Trévoux), avril 1735, p. 638–668, et Eclaircissemens sur l'Extrait..., *Mémoires ...*, avril 1736, p. 774–804, lequel fut reçu à Pétersbourg le 23 août 1736 – dans l'*Histoire de l'Académie Royale des Sciences .... pour 1741*, Paris, p. 131, un projet pour l'«Invention des longitudes».

R 1498
L'examen du fonds AAS, Paris, permet d'établir que:
la copie latine AAN, f. 136, op. 2, Nr. 1, l. 67–67V, qui a reçu sur le Registre le n° 1498, doit être considérée comme une minute de l'original latin R 1500.

4
Maupertuis à Euler
Paris, 14 avril 1740*

Monsieur,

Je ne scay si la nouvelle vaut la peine de vous etre mandée que vous etes un des 4 a qui le prix de l'Acad^ie vient d'etre ajugé [1]. Deux de vos rivaux sont M. Daniel Bernoulli et Maclaurin; je ne scay qui est le 3e [2]. C'est bien peu de chose pour vous que le quart d'un prix, et je ne vous en parle que pour vous faire connaitre la part que je prens jusqu'aux moindres choses qui vous arrivent.

J'ay envoyé a Me du Chastellet la lettre que vous luy ecrivés aussy tost que je l'ay receue [3]. N'ayant point été des juges du prix j'ay bien envie que votre piece soit imprimée [4] je ne doute pas qu'elle ne soit digne de vous c'est tout dire. J'ay l'honneur d'etre avec la plus haute estime

Monsieur
Votre tres humble et tres obeissant serviteur
Maupertuis

Je vous prie de faire bien mes compliments à M. de Lysle. M. Cassini vienent [sic] de se retracter dans l'Acad^ie sur sa figure de la Terre [5].

De Paris 14 Avr. 1740

R 1499 Réponse à la lettre n° 3.
Autogr. fr., 1 p. – AAN, f. 1, op. 3, n° 29, l. 47–48.
Dans le coin supérieur gauche: «Praes. d. 16 oct. 1740».
Adresse au dos «A Monsièur Euler, de l'Academie de Russie à St Petersbourg»

* Les procès-verbaux de l'Académie de Saint-Pétersbourg mentionnent que cette lettre a été présentée par Euler le (27) 16 octobre 1740 et que le (4 novembre) 23 octobre, une autre lettre de Maupertuis, également datée de Paris le 14 avril et adressée à Von Korff, a été déposée avec un paquet contenant quatre exemplaires de l'ouvrage *La mesure de méridien entre Paris et Amiens déterminée par Picard avec les observations de MM^rs de Maupertuis, Clairaut, Camus et Le Monnier* (1 vol., in-8°, Paris 1740). Ces exemplaires sont déclarés dédicacés et destinés à Euler, de L'Isle, Goldbach et Schumacher.

[1] Le Prix de l'Académie de Paris pour 1740, sur la cause du flux et du reflux de la mer, a été décerné dans la séance du 27 avril. Mais la décision des juges était évidemment antérieure. Maupertuis a écrit dès qu'il a eu connaissance du résultat, et avant que celui-ci soit publiquement déclaré. Le délai considérable dans la transmission de la lettre rappelle celui de la lettre n° 1, mais dans les deux cas il y avait accompagnement d'envoi de livres et il se peut, d'une part, que les envois n'aient pas été faits exactement à la date marquée sur les lettres, d'autre part, que ces envois n'aient pas suivi la voie ordinaire du courrier.

[2] Ce troisième, un certain Cavalleri, n'était même pas connu du secrétaire perpètuel Fontenelle lors de la déclaration publique du Prix 27 avril 1740. Voir pour les titres des pièces primées la correspondance Euler–Clairaut, lettre 3, note 4 (O. IV A, 5, p. 80).

[3] Allusion manifeste au fait que Maupertuis écrit la présente lettre après avoir reçu d'Euler l'envoi de la précédente lettre n° 3. Maupertuis était depuis mars 1739 en froid avec la marquise du Châtelet. Il se peut que le rôle d'intermédiaire qu'il a rempli de la part d'Euler, en transmettant la lettre du 1er mars, ait permis d'amorcer une réconciliation qui est patente à Bruxelles en août 1740.

[4] La pièce d'Euler pour le Prix de 1740, dont on a indiqué dans les notes de la lettre précédente les difficultés rencontrées, a été effectivement imprimée en 1741 à Paris: *Inquisitio physica in causam fluxus et refluxus maris* (E. 57), dans *Pièces qui ont remporté le prix de l'Académie Royale des Sciences en 1740*, p. 235–350.

[5] Les procès-verbaux manuscrits de l'Académie de Paris pour 1740 donnent à la date du mercredi 27 avril, p. 84sq., le texte d'une communication de Cassini de Thury intitulée: «Observations astronomiques, géographiques et physiques, faites en diverses provinces de France en 1739 et 1740» et où l'auteur conclut à deux reprises (p. 86v et 89r) en faveur de l'aplatissement de la Terre. Le post-scriptum de Maupertuis semble donc bien indiquer que la date inscrite sur la lettre (14 avril) n'est pas la date d'envoi, mais la différence n'est pas importante. Il est curieux que Maupertuis ne mentionne même pas à Euler qu'il a donné le 20 février à l'Académie de Paris son Mémoire *Sur la Loi de repos des corps* (*op. cit.* Introduction, p. 10).

5
Euler à Maupertuis
Pétersbourg, (1er novembre) 21 octobre 1740*

Vir Celeberrime

Complures sunt causae, quae me ad gratulationem Tibi ex animo faciendam impellunt; mensuram enim Terrae non solum in tam dissitis regionibus tanta sollertia atque accuratione perfecisti, ut nemini de vera graduum meridiani quantitate et varietate ullum dubium reliqueris; sed etiam veram terrae figuram, circa quam totus orbis adhuc dubius haerebat, tam dilucide determinavisti, ut etiam internum terrae statum nobis quodammodo cognoscere liceat. Ad hoc accedit laborum felicissime a Te exantlatorum summus fructus, gratiosissima Maximi Borussorum Regis vocatio [1], qua sub Tanti Principis auspiciis Academiam instaurare juberis toti Germanicae nationi perpetuo decori habendam.

Inter tot autem gravissima negotia me Tibi, Vir Celeberrime tantopere devinxisti, ut nesciam, quomodo Tibi debitas gratias exsolvere possim: accepi enim Tua munificentia ambos libros [2], quos de Figura terrae edidisti, qui me, quantum Tibi debeam perpetuo commonefaciunt. Spero autem propediem fore, ut Tibi gratum meum animum coram testari possim, cum Potentissimus Rex me quoque ad Academiam Suam Berolinensem appellare sit dignatus [3]; qua vocatione clementissima mihi profecto ad summum felicitatis fastigium pertingere videor. Quamobrem nunc jam omne studium in hoc unice impedo, ut me Tanta Clementissimi Regis gratia dignum praestare atque Inclytae Academiae Regiae pro viribus servire queam; id quod eo facilius ac majore cum fructu assequi potero, si mihi Tua, Vir Celeberrime, exoptatissima consuetudine frui licebit.

Quamobrem Te vehementer etiam atque etiam rogo, ut me porro Celsissimo Principi ac Domino Nostro commendare, Tuamque mihi amicitiam largiri velis. Vale atque favere perge

Vir Celeberrime
Tui observantissimo
L. Eulero

Dabam Petropoli d 21 Octobr 1740

[Traduction de la lettre précédente]

Très Honoré Monsieur,

Il y a bien des raisons qui me poussent à vous féliciter du fond du cœur: non seulement vous avez réalisé la mesure de la terre dans des régions si éloignées, avec une telle habileté et une telle précision que vous n'avez laissé à personne de doute sur la vraie grandeur du degré de méridien et de ses variations; mais encore vous avez déterminé de façon si lumineuse la vraie figure de la terre, au sujet de laquelle le monde entier restait dans le doute, qu'il nous est même possible de connaître en quelque sorte l'état interne de la terre. A cela s'ajoute le fruit suprême des travaux que vous avez accomplis avec tant de succès, la très aimable invitation du Grand Roi des Prussiens, qui vous demande de fonder, sous les auspices d'un Tel Prince, une Académie qui sera éternellement l'honneur de toute la nation allemande [1].

Cependant, au milieu de tant d'affaires si sérieuses, vous m'avez tellement obligé, Très Honoré Monsieur, que j'ignore comment m'acquitter de la dette de reconnaissance contractée envers vous: j'ai reçu de Votre munificence les deux livres que vous avez publié sur la Figure de la terre [2]. Ils me font constamment penser à ce que je vous dois. Mais j'espère pouvoir prochainement vous témoigner ma reconnaissance de vive voix, puisque le Très Puissant Roi a bien voulu m'appeler moi aussi à son Académie de Berlin. Grâce à cette invitation si bienveillante, je crois toucher au comble du bonheur [3]. Aussi, dès à présent, je mets tout mon zèle à une seule chose: me montrer digne d'une telle faveur du Roi Très Clément et servir, dans la mesure de mes forces, l'Illustre Académie Royale: et cela, je pourrai le réaliser encore plus facilement et avec plus grand fruit si je peux, Très Honoré Monsieur, jouir de Votre commerce si recherché.

C'est pourquoi je vous prie instamment encore et encore, de bien vouloir dorénavant me recommander à notre Celsissime Prince et Seigneur, et me dispenser Votre amitié. Adieu et continuez à favoriser,

Très Honoré Monsieur,
Votre très dévoué
L. Euler

Donné à Pétersbourg le 21 octobre 1740

R 1498 Réponse à la lettre n° 4.
et 1500 Autogr. latin, 1 f° – AAS Paris, n° 2, f° 2r–v.
Minute latine non datée. – AAN, f. 136, op. 2, n° 1, l. 67–67V.
Copie latine, 2 p. – BAB, Bl. 2–3R. Date mentionnée.

* Les procès-verbaux de l'Académie de Pétersbourg ne mentionnent pas cette lettre. Mais ils indiquent à la date du (4 novembre) 24 octobre l'envoi à Maupertuis d'une lettre officielle de remerciements pour les exemplaires de *La mesure du méridien* ... reçus la veille, avec les félicitations et les vœux de l'Académie pour la nomination de Maupertuis à Berlin. Le contenu de la présente réponse d'Euler – exprimant sa joie d'aller rejoindre Maupertuis à Berlin – justifie aisément que son auteur ne l'ait pas fait présenter à l'enregistrement. La minute latine restée dans les Archives peut résulter de l'initiative intempestive d'un tiers (cf. Introduction, p. 7).

[1] L'invitation de Frédéric II à Maupertuis se situe au début du mois d'août 1740. Le Roi rencontra Maupertuis vers le 28 août à Wesel et l'informa de la venue d'Euler à Berlin dans un délai d'un an, à la fin de son contrat en Russie (cf. Bibl. Bâle, L Ia 708, n° 54).

[2] Cf. les notes des lettres n° 1 et n° 4 ci-dessus.

[3] L'invitation de Frédéric II à Euler n'a pas été directe. Cf. plus loin la lettre n° 6.

6

Euler à Maupertuis

Pétersbourg, (24 janvier) 13 janvier 1741

Vir Celeberrime

Sub finem anni præterlapsi Rex Borussiæ serenissimus in litteris autographis ad Suum Legatum L. Baronem a Mardefeld datis denuo [1] mei mentionem clementissime facere est dignatus: ipsique mandavit, ut conditiones sub quibus Vocationem Regiam accipere vellem perscriberet. Cum itaque iis conditionibus lautissimis, quæ mihi statim ab initio per Saxoniæ Legatum a Suhm erant oblatæ, pleniter acquiescam, neque quidquam ultram expetam: non dubito, quin brevi tempore Clementissimam Regis vocationem accepturus, qua accepta confido, ministerio Legati Regii, me mox demissionnem ab Academia nostra esse impetraturum: tum autem nullum temporis momentum, quo iter suscipiam, præterlabi sinam. Summo enim desiderio illud tempus expecto, quo Potentissimo Regi me totum devovere, Tuaque Vir Celeb., consuetudine atque amicitia jam pridem exoptata frui queam.

Te igitur Vir Celeb. vehementer etiam atque etiam rogo, ut quem mihi adhuc ostendisti insignem favorem ac benevolentiam, perpetuo conservare atque etiam augere velis: de me autem Tibi firmiter persuadeas, me omnibus viribus esse allaboraturum, ut eximia Tuis erga me amoris testimonia ac merita demereri, meque Tua existimatione dignum sistere queam. Quod autem ad ipsam Academiam Regiam Berolinensem attinet, etsi de ejus instituto nihil omnino adhuc rescivi, tamen quia Tu primarias habebis partes, sub Tua directione [2] me plurimum præstare, atque existimationi, quam Ipse Rex Optimus Maximus de me concepit, ad amussim satisfacere posse confido, dummodo Tu me Tuis consiliis adjuveris. Cuncti mei, quos hic habeo, amici me summopere beatum prædicant, qui ad talem Academiam Toti Germaniæ summo ornamento futuram inviter; inter quos sunt nonnulli eximiis meritis ornati viri, qui etiam sese Academiæ Berolinensi dicare, eoque adduci gestiunt; meque adeo strenue rogarunt, ut ipsos Tibi, Vir Celeb., commendem: quod eo facilius in me suscepi, quod, si Academia Vestra iis indigeat, ipsorum merita multo pluris valere debeant, quam mea commendatio: quoniam vero ignoro, utrum certus Academicorum numerus [3] sit definitus hicque numerus jam sit completus an non; eorum nomina etiamnum celare debeo. Alter interim in Botanica et Historia naturali maxime excellit, alter in Anatomia et Physiologia [4]; atque uterque jam plura ingenii ac scientiæ specimina ediderunt. Quamobrem si hanc meorum amicorum spem et expectationem confirmandam censebis, enixe rogo, ut me certiorem facias. Vale ac favere perge

Vir Celeberrime
Tui observantissimo
L. Euler

Petropoli d. 13 Jan. 1741 St. v.

[Traduction de la lettre précédente]

Très Honoré Monsieur,

Vers la fin de l'année écoulée, le sérénissime Roi de Prusse, dans une lettre autographe à Son Ambassadeur L. Baron von Mardefeld, a bien voulu faire à nouveau [1] mention de moi avec grande bienveillance; et il l'a chargé de mettre par écrit les conditions auxquelles je voulais accepter l'Invitation Royale. Aussi, très honoré par ces conditions qui m'avaient été offertes dès le début par l'Ambassadeur de Saxe von Suhm, j'accepte entièrement et je ne réclame rien d'autre. Je ne doute pas qu'à brève échéance je ne reçoive l'invitation Très Bienveillante du Roi. Je crois qu'après l'avoir reçu, j'obtiendrai par l'entremise de l'Ambassadeur Royal, ma démission de notre Académie; alors je ne laisserai passer aucun moment que je ne me mette en route, que je ne m'échappe. J'appelle de tous mes vœux ce moment, où je pourrai me dévouer tout entier au Très Puissant Roi, et jouir, Très Honoré Monsieur, de votre commerce et de votre amitié que je recherche depuis longtemps.

Aussi, Très Honoré Monsieur, je vous prie instamment encore et encore, de bien vouloir me conserver perpétuellement et même d'accroître l'insigne faveur et la bienveillance que vous m'avez témoignée jusqu'à présent; quant à moi, soyez fermement persuadé que je travaillerai de toutes mes forces à pouvoir mériter vos précieux témoignages d'affection et Vos bienfaits, et à me montrer digne de Votre estime. En ce qui concerne l'Académie Royale de Berlin elle-même, bien que je ne sache encore absolument rien de sa fondation, cependant, comme Vous y tiendrez le premier rôle, je pense pouvoir faire le maximum sous Votre direction [2], et satisfaire exactement à l'estime que le Roi Très Bon et Très Grand Lui-même a conçue à mon sujet, pourvu que Vous m'aidiez de Vos conseils. Tous les amis que j'ai ici me proclament suprêmement heureux d'être invité à une telle Académie qui sera le suprême ornement de Toute l'Allemagne; parmi eux se trouvent des hommes distingués par des mérites remarquables, qui brûlent de se consacrer aussi à l'Académie de Berlin et d'y être introduits; ils m'ont prié très vivement de Vous les recommander, Très Honoré Monsieur; j'ai assumé d'autant plus aisément cette tâche que, si votre Académie a besoin d'eux, leurs mérites doivent valoir beaucoup plus que ma recommandation: mais comme j'ignore si on a déterminé un nombre fixe d'Académiciens [3] et si ce nombre est déjà complet ou non, je dois encore taire leurs noms. En attendant, l'un excelle en Botanique et en Histoire naturelle, l'autre en Anatomie et en Physiologie [4]; l'un et l'autre ont déjà fourni plusieurs échantillons de leur talent et de leur science. C'est pourquoi, si vous estimez pouvoir confirmer cet espoir et cette attente de mes amis, je vous demande de toutes mes forces de m'en avertir. Adieu et continuez à favoriser

Très Honoré Monsieur
Votre très dévoué
L. Euler
à Pétersbourg, le 13 janvier 1741 vieux style

R 1501 Suite de la précédente, n° 5.
Autogr. latin, 2 f°. – AAS Paris n° 3, f° 3r–v, 4r.
Copie latine 2 p. – BAB, Bl. 4–5R.

[1] Pour confirmation de ces détails donnés par Euler en ce qui concerne les offres du roi de Prusse, voir la lettre n° 2a de la Correspondance Euler–Frédéric. Il est peu probable que l'attente d'Euler concernant un message direct et officiel du roi ait été satisfaite. Les frais de voyage qui avaient été demandés par Euler, et semble-t-il accordés, n'étaient pas encore réglés en 1743 (voir la lettre n° 9 Euler–Frédéric). Euler a quitté Pétersbourg le (18) 7 juin 1741 et il est arrivé à Berlin le 25 juillet pour s'y établir. Il a raconté son voyage à Ch. Goldbach le 1er août 1741 (R 752).

[2] On sait que Maupertuis, tout occupé de prendre les avis du roi pour la fondation projetée, eut la malencontreuse idée de le rejoindre au début de mars 1741 en Silésie où le retenait la guerre contre l'Autriche. Fait prisonnier à la bataille de Molwitz par suite d'une erreur ridicule de sa part, Maupertuis, bien que rapidement libéré, rentra promptement à Paris pour effacer un souvenir pénible pour son amour-propre. Ainsi plusieurs années devaient-elles s'écouler avant que le souhait d'Euler puisse trouver matière à réalisation.

[3] Euler pense manifestement que Maupertuis, en raison de son expérience académique en France, doit avoir déjà fait des propositions précises quant à la structure de la nouvelle académie et au nombre de ses membres. Il est probable qu'il ne se trompe pas, mais aucune trace à cet égard ne subsiste.

[4] On peut ici conjecturer, en fonction des membres de l'Académie de Pétersbourg susceptibles de répondre au signalement donné et qui ont quitté cette institution en 1741 et les années suivantes: Johann-Georg Siegesbeck (Botanique), Johann-Georg Gmelin (Histoire naturelle), Johann Christian Wilde (Anatomie), Jean-George Duvernoy (Anatomie). Sans oublier les membres décédés peu de temps après la présente lettre: Johann Ammann (Botanique), Josie Weitbrecht (Physiologie). Mais rien ne permet de faire une détermination précise.

7
Euler à Maupertuis
Berlin, 4 juillet 1744*

Monsieur,

Le beau present que Vous venez de me faire de Votre excellent ouvrage sur l'Astronomie nautique [1], m'oblige de Vous presenter mes très humbles remercimens, et l'Académie des sciences m'a chargé de Vous temoigner son obligation pour celui que j'ai eu l'honneur de lui offrir de Votre part. Ayant parcouru ce traité j'ai admiré la belle simplicité dont Vous resolves les problemes les plus difficiles dans la trigonometrie spherique; mais sur tout il me semble, que Vous aves fait un parfait denombrement de toutes les manières qui peuvent mener à la connoissance de la hauteur du pole. Je juge que Vous n'avez pas encore vu le 8me Tome des Memoires de l'Academie de Petersbourg [2], où j'ai donné aussi une methode pour calculer l'équation du midi, qui ne differe de la Votre que par rapport à la manière par laquelle j'y suis parvenu, m'étant servi de la trigonometrie spherique. Car au reste j'ai aussi envisagé ces petites corrections comme des differentiels, qui rendent le calcul non seulement plus commode, mais on se trouve aussi en état de calculer aisement des tables exactes jusqu'aux tierces, ce qui seroit un ouvrage presques insurmontable par les autres methodes. J'en ai fait l'épreuve [3], ayant calculé pour Monsieur de l'Isle en trois jours une tabelle de l'intervalle entre les deux observations de $\frac{1}{2}$ heure jusques à 18 heures pour chaque degré de la declinaison du soleil; et parceque le mouvement du soleil n'est pas égal par les quatre quartiers de l'année, j'ai calculé ces corrections pour chaque quartier à part, ayant eu égard à l'équation du soleil.

Ce que Vous aves donné sur le plus petit crépuscule surpasse sans doute par rapport à la clarté tout ce que d'autres ont ecrit là dessus. Mais il me semble que la racine inutile a été introduite mal à propos dans l'équation; en resolvant ce probleme par une équation quarree, où une équation simple pourroit suffire. Voici comment j'ai résolu il y a long tems ce probleme. Determiner la declinaison, qu'un astre doit avoir pour qu'il emploi le plus petit tems à parvenir d'un cercle almicantarath donné à un autre pareillement donné [4].

Soit Z le zenith, P le pole, $AZPB$ le méridien, et AB, CD les deux almicantarath[s] donné[s]. Soit MN le parallele cherché, afin que l'angle au Pole MPN soit le plus petit. Qu'on s'imagine un autre parallele infiniment proche mn, et ayant tiré les

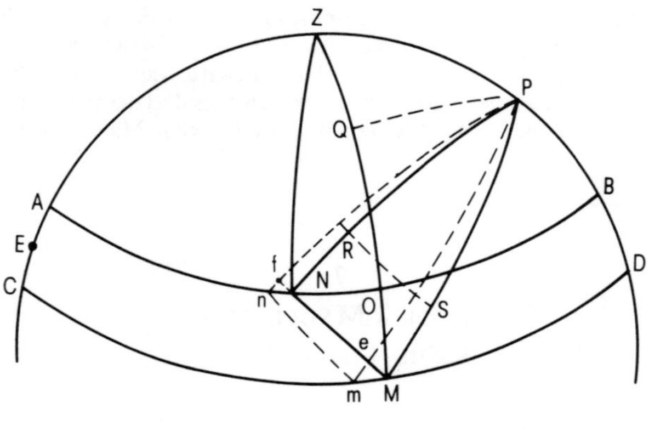

cercles Pn:Pm, la nature du plus petit donne l'angle $MPm = NPn$, et partant $Me = Nf$. Or $me = nf$. Et à cause des angles droits à e et f, les petits triangles Mem et Nfn seront entr'eux egaux et semblables; d'où les angles mMe et nNf seront egaux entr'eux. Mais à cause des angles droits ZMm, PMe, ZNn et PNf, il y aura

$nNf = ZNP$ et $mMe = ZMP$. Donc $ZMP = ZNP$, ce qui est une belle propriété du plus petit crepuscule. Supposons maintenant $PZ = a$, $ZM = m$, $ZN = n$ et $PM = PN = x$, et le triangle PMZ donnera

$$\cos PMZ = \frac{\cos a - \cos m \cos x}{\sin m \sin x}$$

supposant le rayon = 1 et le triangle PNZ donne

$$\cos PNZ = \frac{\cos a - \cos n \cos x}{\sin n \sin x}.$$

D'où nous aurons:

$$\frac{\cos a - \cos m \cos x}{\sin m} = \frac{\cos a - \cos n \cos x}{\sin n}$$

et

$$\cos x = \frac{\cos a\,(\sin m - \sin n)}{\sin(m-n)}.$$

Or

$$\sin m - \sin n = 2 \sin \frac{m-n}{2} \cos \frac{m+n}{2}$$

et

$$\sin(m-n) = 2 \sin \frac{m-n}{2} \cos \frac{m-n}{2}$$

et partant

$$\cos x = \frac{\cos a \cos \frac{m+n}{2}}{\cos \frac{m-n}{2}}.$$

Pour le plus petit crepuscule on fera $m = 90° + 18°$ et $n = 90°$, ce qui donne

$$\cos x = \frac{\cos a \cos 99°}{\cos 9°} = \frac{-\cos a \sin 9°}{\cos 9°}$$

seu [sic]

$$-\cos x = \cos a \operatorname{tang} 9°.$$

Or $-\cos x$ est le sinus de la declinaison meridionale. Cette methode conduit aussi aisement à une expression pour le tems du plus court passage par MN. Car supposant l'angle $MPN = t$ et l'angle $ZPN = y$ de sorte que $ZPM = y + t = z$, nous aurons:

$$\cos z = \frac{\cos m - \cos a \cos x}{\sin a \sin x}; \qquad \cos y = \frac{\cos n - \cos a \cos x}{\sin a \sin x}.$$

Soit $PMZ = PNZ = u$ et il y aura

$$\sin z = \frac{\sin m \sin u}{\sin a} \quad \text{et} \quad \sin y = \frac{\sin n \sin u}{\sin a}.$$

Or $\cos t = \cos(z - y) = \cos z \cos y + \sin z \sin y$. D'où on aura:

$$\cos t = \frac{\cos m \cos n - (\cos m + \cos n)\cos a \cos x + \cos^2 a \cos^2 x}{\sin^2 a \sin^2 x} + \frac{\sin m \sin n \sin^2 u}{\sin^2 a}.$$

Mais ayant

$$\cos x = \frac{\cos a (\sin m - \sin n)}{\sin m \cos n - \cos m \sin n}$$

on aura

$$\cos u = \frac{\cos a (\cos n - \cos m)}{\sin x \sin (m - n)}$$

et

$$\cos z = \frac{\sin m \cos m \cos n - \cos^2 m \sin n - \cos^2 a \sin m + \cos^2 a \sin n}{\sin a \sin x \sin (m - n)},$$

$$\cos y = \frac{\sin m \cos^2 n - \cos m \sin n \cos n - \cos^2 a \sin m + \cos^2 a \sin n}{\sin a \sin x \sin (m - n)},$$

donc

$$\cos z \cos y = \frac{\cos m \cos n \sin^2 (m - n) + \cos^4 a (\sin m - \sin n)^2}{\sin^2 a \sin^2 x \sin^2 (m - n)}$$

$$- \frac{\cos^2 a (\sin m - \sin n)(\cos m + \cos n)\sin (m - n)}{\sin^2 a \sin^2 x \sin^2 (m - n)}$$

et

$$\sin z \sin y = \left[\frac{\sin m \sin n}{\sin^2 a} \sin^2 u\right] = \frac{\sin m \sin n}{\sin^2 a} - \frac{\sin m \sin n \cos^2 u}{\sin^2 a}$$

$$= \frac{\sin m \sin n}{\sin^2 a} - \frac{\cos^2 a \sin m \sin n (\cos n - \cos m)^2}{\sin^2 a \sin^2 x \sin^2 (m - n)}$$

$$\left[\text{où } \sin^2 x = 1 - \frac{\cos^2 a (\sin m - \sin n)^2}{\sin^2 (m - n)}\right].$$

Et partant

$$\cos t = [\cos z \cos y + \sin z \sin y] = \frac{\sin m \sin n}{\sin^2 a}$$

$$+ \frac{\cos m \cos n \sin^2 (m-n) + \cos^4 a (\sin m - \sin n)^2}{\sin^2 a [\sin^2 (m-n) - \cos^2 a (\sin m - \sin n)^2]}$$

$$- \frac{\cos^2 a (\sin^2 m \cos m \cos n + \sin^2 m \cos^2 n + \cos m \sin^2 n \cos n \ldots [\text{illis.}]}{\sin^2 a [\sin^2 (m-n) - \cos^2 a (\sin m - \sin n)^2]}$$

ou bien

$$\cos t = \frac{\sin m \sin n}{\sin^2 a} + \frac{\cos m \cos n - \cos^2 a}{\sin^2 a} = \frac{\cos (m-n) - \cos^2 a}{\sin^2 a} .$$

Voila donc une fort belle proprieté de ce plus petit tems. Prenez $PR = PS = PZ$ et ayant tiré par les points R et S un arc du grand cercle RS, il y aura toujours $RS = ZM - ZN = MO$, et par consequent du triangle spherique RPS, où tous les cotés sont donnés, sçavoir $PR = PS = PZ$ et $RS = MO$ c[est] à d[ire] à la distance des almicantarats proposés, on trouvera aisement l'angle RPS, qui mesure la durée du plus court trajet. Je ne doute pas, qu'on ne sçauroit trouver et demontrer cette proprieté d'une manière bien plus courte: mais comme je ne m'en suis pas aperçu, avant que j'ecrivis cela, je n'ai pas eu le loisir d'y penser. Donc la durée du plus petit crepuscule pour l'elevation du pole $= p$ sera toujours exprimée par un arc de l'equateur dont le cosinus sera

$$= \frac{\cos 9° - \sin p \sin p}{\cos p \cos p} .$$

En cas que Vous trouvassies cette matiere digne de Votre attention, je ne doute pas que Vous ne sçauries trouver la même chose par Vos formules beaucoup plus elegamment.

J'aurai l'honneur de Vous envoier bientot une dissertation que j'ai composée sur la derniere comete [5], où j'ai expliqué une nouvelle methode pour déterminer l'orbite de chaque comete par trois observations seulement, soit que l'orbite soit une parabole ou quelqu'autre section conique. Je me donnerai cependant l'honneur de Vous marquer, Monsieur, les elemens qui renferment l'orbite de cette comete, et que j'ai tirés des observations que Monsieur Cassini a eu la bonté de me communiquer.

Supposant la distance moienne de la terre au soleil j'ai trouvé

I. La distance du perihelie au soleil = 22222
II. La moitié du parametre de l'ellipse: 44442
III. Le nœud ascendant vu du soleil $1^S 15°46'6''$, le descendant $7^S 15°46'6''$
IV. Elongation du nœud descendant au perihelie, ou l'anomalie vraie du nœud descend[ant] $28°34'8''$
V. Inclinaison de l'orbite de la comete à l'écliptique $47°10'53''$

VI. La comete est passée par son perihelie A.1744 Mars 1^d 8^h $2'$ tems moien à Paris, d'où il suit que

la comete soit passée par son nœud ascendant	A.1743 Août	6^d 14^h $12'$
par le 90me du ☊	A.1744 Fevr.	24, 14, 47
par son nœud descendant	A.1744 Mars	3, 13, 47
par le 90me du ☋	A.1744 Mars	29, 12, 29

En ecrivant cela je trouve la demonstration des proprietés du plus court trajet par les deux almicantaraths *AB* et *CD*, que voicy. Ayant demontré que les angles *ZMP* et *ZNP* sont egaux, je prends $ZQ = MO = AC$, et je tire le grand cercle *PQ*, alors il est clair que les triangles *PNZ* et *PMQ* sont égaux entre eux ayant $MP = NP$, $MQ = NZ$. Donc $PQ = PZ$, $ZPQ = MPN$, et $MZB = NZA$. Or dans le triangle *ZPQ* tous les cotés sont donnés, sçavoir $PQ = PZ$, $ZQ = AC$ d'où il s'ensuit

$$\cos ZPQ = \cos MPN = \frac{\cos AC - \cos^2 PZ}{\sin^2 PZ},$$

d'où l'on connoit la durée du plus petit trajet. Ensuite

$$\cos PZM = \frac{\cos PZ\,(1 - \cos AC)}{\sin PZ\,\sin AC} = \frac{\sin\frac{1}{2}AC}{\operatorname{tang} PZ\,\cos\frac{1}{2}AC}.$$

Maintenant ayant dans le triangle *PZM* donnés les deux cotés *ZP*, *ZM* avec l'angle *PZM*, on aura

$$\cos PM = \cos PZ \cos ZM + \cos PZM \sin PZ \sin ZM$$

ou bien

$$\cos PM = \cos PZ \cos ZM + \frac{\cos PZ \sin ZM \sin\frac{1}{2}AC}{\cos\frac{1}{2}AC} = \frac{\cos PZ \cos ZE}{\cos AE},$$

en partageant l'arc *AC* en deux parties egales au point *E*.

Je ne souhaite plus que la continuation de Votre bienveillance, en Vous assurant que je suis avec la plus parfaite consideration

Monsieur

Votre très humble et très obeissant serviteur

L. Euler

à Berlin ce 4 Juillet 1744

R 1502 Reprise de correspondance.
Autographe fr.; 2 f° – AAS Paris, n° 4, f° 5r–v, 6r–v
Copie fr. 7 p. – BAB Bl. 6–12r.

* La date de cette lettre est significative. Plus de trois années se sont écoulées depuis que Maupertuis s'est éloigné de la Prusse pour fuir une humiliation. A Paris, il a beaucoup travaillé et publié: *Discours sur la parallaxe de la Lune, Traité de la Loxodromie, Lettre sur la Comète* (1742), *Astronomie nautique* (1743). Il a été reçu à l'Académie française le 27 juin 1743. Le 15 avril 1744 il a donné à l'Académie des sciences son mémoire sur «l'accord de différentes lois de la nature ...» dont les conséquences seront très importantes comme on le verra plus loin. L'ensemble de ses travaux et de ses charges lui ayant rendu meilleure

conscience, il peut, au printemps 1744, faire acte d'existence auprès de l'Académie de Berlin qui a reçu, sans lui, une première réorganisation en novembre 1743. Rappelons qu'Euler est à Berlin depuis le 25 juillet 1741.

[1] *Astronomie nautique ou Eléments d'astronomie tant pour un observatoire fixe que pour un observatoire mobile.* 1re édition 1743, 2e édition 1751.

[2] Le tome 8e des *Commentarii Acad. Sc. Petropolitanae* auquel fait allusion Euler concerne les mémoires de l'année 1736 mais n'a été publié qu'en 1741. Le mémoire évoqué est *Methodus computandi aequationem meridiei* (E. 50; O. II, 30, p. 13–25). Euler utilise effectivement dans cet écrit les moyens qu'il indique (formules de la trigonométrie sphérique, calcul différentiel pour les corrections), alors que Maupertuis – comme il l'annonce d'ailleurs dans la préface de son *Astronomie nautique* – propose des procédés élémentaires de géométrie analytique n'exigeant du lecteur qu'un bagage réduit. Ces procédés ont cependant des inconvénients comme le montre l'exemple du problème mentionné plus loin. Maupertuis n'a rien modifié à ce point de vue dans sa 2e édition en 1751.

[3] Le passage du Soleil au méridien d'un lieu d'observation aurait lieu au milieu de l'intervalle de temps qui sépare les observations du passage du Soleil à la même hauteur si la déclinaison était fixe. La correction du midi est celle qu'il faut faire sur l'intervalle de temps observé pour tenir compte de la variation de la déclinaison du Soleil. Pour une valeur de la déclinaison du Soleil et en tenant compte du quartier où se situe l'ascension droite, c'est-à-dire en tenant compte de la saison, on peut définir le mouvement approché du Soleil sur l'écliptique et déterminer par le calcul la correction du midi en fonction de l'intervalle de temps sur lequel cette correction doit porter. D'où la possibilité de construire une table à double entrée donnant les valeurs numériques de la correction en fonction de la déclinaison et de l'intervalle de temps. C'est probablement une telle table qu'Euler a établie à l'usage de De l'Isle.

[4] Soient M et N les positions d'un astre qui, dans le mouvement diurne de rotation autour de l'axe du monde OP, traverse les deux almicantarats donnés. L'angle sphérique MPN définit la durée du passage. Il est le plus petit possible lorsque le parallèle céleste de l'astre est également incliné sur les deux almicantarats, car c'est alors que l'arc MN de ce parallèle est stationnaire pour une petite variation de latitude céleste. Les angles sphériques ZNP et ZMP respectivement égaux aux inclinaisons considérées doivent donc être égaux entre eux lorsqu'il y a minimum de MPN.

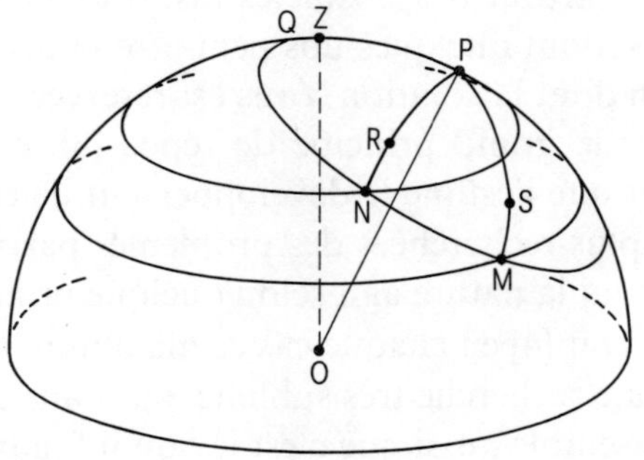

En désignant par a la distance zénithale ZP, par m et n les distances zénithales données ZN et ZM, et en appelant x la distance sphérique $PN = PM$, complément de la déclinaison de l'astre, il suffit donc d'exprimer que, dans les triangles sphériques ZNP et ZMP dont les côtés sont respectivement n, x, a et m, x, a, les angles en N et M sont égaux.
Telle est la méthode d'Euler, qui conduit rapidement au résultat indiqué. Une fois déterminée la valeur de x par son cosinus, l'angle MPN, différence des angles MPZ et NPZ, donne la durée de passage t. En écrivant le résultat du calcul, Euler s'aperçoit que t n'est pas autre chose que l'angle en P d'un triangle sphérique isocèle ayant deux côtés égaux à a et pour base $m - n$. C'est de ce résultat géométrique qu'Euler souhaite une démonstration directe, sans calculs.

Celle-ci est pourtant fort simple. Car, si l'on désigne par *Q* le point où le parallèle céleste MN rencontre l'arc *PZ* prolongé et par *R* et *S* les points de *PN* et *PM* tels que les distances sphériques *PR* et *PS* soient égales à $PZ = a$, les égalités des triangles sphériques *ZNP*, *RQP*, d'une part, *ZMP*, *SQP*, d'autre part, indiquent que les angles *PQR* et *PQS* sont respectivement égaux à *PNZ* et *PMZ*, donc égaux entre eux; ce qui aligne *R* et *S* sur *Q* et montre que *RS* est la différence $m - n$. Il est curieux qu'Euler ne se soit pas aperçu de cette justification qui n'offre aucune difficulté.

[5] Il s'agit de la comète découverte le 13 décembre 1743 par De Chéseaux et dont Cassini de Thury a présenté les observations à l'Académie de Paris le 21 janvier 1744 (Procès-verbaux 1744, p. 17). Ces observations ont été communiquées à Euler, de la part de Cassini, avec la lettre envoyée par Clairaut le 12 mai 1744 (voir C. à E., nº 24, note 1, O. IV A, 5, p. 155).

8
Euler à Maupertuis
[Berlin], 10 décembre 1745*

Monsieur,

Depuis que j'ai eu l'honneur de Vous faire mes complimens [1], j'ai été attaqué d'une maladie qui me menaçoit d'une inflammation dans la tete, et qui m'a obligé de passer mon tems à rien faire. Hier je commençai à me mieux porter et de ranger un peu en ordre mes pensées sur le probléme de l'Academie, que Vous m'aves bien voulu proposer [2]. Je trouve ce probleme presque beaucoup plus difficile que je me l'etais imaginé, et j'y rencontrai partout des obstacles insurmontables. Cependant j'ai ramassé les articles cy-joints, dont quelques uns peut-être pourront servir à determiner mieux l'etat de la question dont la solution Vous est reservée. J'ai lu aussi, Monsieur, Votre excellente piece sur le grand principe de repos [3], et sans Vous flatter j'ai l'honneur de Vous assurer que j'estime le developpement de cette matiere infiniment plus que les solutions les plus recherchées des problemes particuliers. En effet je suis convainquû [sic] que par tout la nature agit selon quelque principe d'un maximum ou d'un minimum: or de deterrer [4] en chaque cas ce maximum ou minimum [5], c'est à mon avis non seulement une recherche très sublime, mais aussi très utile pour éclairer notre connoissance: il me semble aussi que c'est icy qu'il faudroit chercher les veritables principes de la metaphysique. Je crois aussi Votre principe plus general que Vous ne le proposes; et je suis persuadé, que dans un système de corps quelconque, qui se trouve en repos, où chaque particule est poussée selon une certaine direction par une force *motrice P*, prenant dans la meme direction un element d'espace $= dz$, par lequel la dite particule seroit poussée dans un temps infiniment petit dt, si elle etoit degagée du systeme: je dis que $\int P\,dz$ sera un maximum ou minimum: mais dans ce cas j'avoue qu'on ne sçauroit plus demontrer ce principe si geometriquement que Vous l'aves fait [6]. Sur la fin de mon traité des Isoperimetres [7] j'ai deduit les courbes elastiques d'un tel principe de maximum ou minimum, que Mr Bernoulli m'avoit fourni [8], et que je vois maintenant, qu'il coule fort naturellement de Votre principe. Au meme endroit je fis aussi voir, que dans les mouvemens la nature observe constamment un certain maximum ou minimum; et j'ai determiné par un tel principe toutes les courbes trajectoires, que les corps, qui sont attirés vers un centre fixe, ou qui s'attirent reciproquement doivent decrire. Que la masse d'un tel corps soit = M, sa vitesse dans un point quelconque de son orbite = u, et l'element du chemin qu'il parcourt = ds, je dis que $\int M u ds$ sera toujours un maximum: et s'il y a plusieurs corps M, M', M'' etc. qui s'attirent mutuellement selon une loi quelconque, dont les vitesses à un tems donné soient u, u', u'' etc. et les espaces parcourûs en même tems = ds, ds', ds'' etc. le mouvement de tous ces corps ensemble sera tel, que $\int M u ds + \int M'u'ds' + \int M''u''ds'' +$ etc. sera un maximum [9]. Il est vrai, que je ne saurois demontrer ce principe à la rigueur [10], mais comme il me fournit toujours la meme solution que les principes ordinaires de la mecanique, je suis tout à fait persuadé de sa verité. En voilà donc une grande science, qui nous manque encore, et qui roule sur les principes generaux qui s'observent dans la nature, et il me semble que c'est là où reside la veritable metaphysique, en tant qu'elle renferme les premiers principes de la physique et de la mathematique; de laquelle la metaphysique de Leibniz et de Wolf est encore bien éloignée [11].

A présent l'état de ma santé est retabli en tant que je n'attend que la guerison de la blessure, que m'a causé un vesicatoire que j'ai été obligé de m'appliquer; aussitot que je serai en état de sortir, je ne manquerai pas de Vous rendre mes respects et de Vous remercier de la gracieuse invitation dont Vous m'aves honnoré hier, etant avec tout l'attachement possible

Monsieur
Votre très humble et très obeissant serviteur
L. Euler
ce 10 Dec. 1745

R 1503 Première pièce de la correspondance entre Euler et Maupertuis à l'Académie de Berlin.
Autographe fr., 1 f°. – AAS, Paris, n° 5, f° 8r–v [billet cacheté, adressé à «Monsieur de Maupertuis, Président de l'Académie Royale des Sciences, à Berlin»].
Copie fr., 3 p. – BAB, Bl. 12–15r.
Edit.: Brunet, p. 61–62.

* Entre la lettre précédente n° 7 de juillet 1744 et la présente se situent pour Maupertuis des événements importants. En décembre 1744 Maupertuis s'est rendu à Berlin à la suite des événements mentionnés dans l'Introduction (note 15) et un projet de mariage avec Mlle de Borck l'a complètement réconforté à la fois sur le plan personnel et sur le plan de son établissement possible près de la cour de Prusse. L'hiver 1744–1745 a été rempli par les démarches diverses en France pour obtenir le consentement de M. de Maupertuis père et l'autorisation de Louis XV avec conservation de la nationalité française. Maupertuis a gagné Berlin en août 1745 et son mariage a eu lieu en octobre. Au moment de la présente lettre, il est aux prises avec la réorganisation de l'Académie Royale.

[1] Allusion évidente à une première visite de courtoisie qu'Euler a rendue à Maupertuis, à Berlin même. La promesse d'une autre visite (cf. plus bas l. 51), lorsque l'état de santé d'Euler le permettra, ne laisse aucun doute sur le fait que la présente lettre est portée dans la ville où se trouvent ensemble les deux correspondants.

[2] Il s'agit manifestement de l'organisation de l'Académie. A la ligne 10, l'expression «dont la solution vous est réservée» est une indication formelle à cet égard.

[3] Maupertuis a donc profité de la première visite que lui a rendue Euler pour lui communiquer son mémoire, «Sur la loi du repos» du 20 février 1740, publié dans le volume de l'*Histoire et Mémoires de l'Académie Royale des Sciences pour 1740,* Paris 1744.

[4] Métaphore significative qui était implicite dans la préface que Viète écrivit pour son *In artem analyticam Isagoge* (1591). Euler rejoint par là l'algébriste français qui considérait le mathématicien comme un mineur qui creuse la terre avec son pic pour mettre au jour des vérités cachées, aussi objectives que les pierres précieuses enfouies dans le sol.

[5] L'insistance d'Euler sur la formule «maximum *ou* minimum» est caractéristique et correspond à la pensée exprimée par Daniel Bernoulli dans la correspondance dont il sera question plus loin. Mais c'était aussi l'expression de Maupertuis dans son mémoire. Dans l'addition généralisante que Maupertuis donne à la deuxième édition – tome IV des *Œuvres*, p. 45–63, publié à Lyon en 1756 – il n'est plus question que de minimum.

[6] Le mémoire de Maupertuis ne considérait que le cas d'un système de points matériels soumis à des forces centrales, proportionnelles à la puissance n^{ieme} de la distance au centre, et procédait en effet par voie géométrique (annulation du moment résultant des forces dans le cas d'un système ayant un point fixe, annulation de la projection générale des forces sur une direction quelconque dans le cas d'un système à liaisons funiculaires). Les hypothèses particulières prises par Maupertuis étaient d'ailleurs mal définies et Euler emploie certainement ici des expressions courtoises, nécessitées par la bienséance.

[7] Ce traité (E. 65; O. I, 24) publié à Lausanne en 1744 comportait deux appendices dans lesquels Euler abordait en effet l'idée d'un principe général applicable à la dynamique des systèmes. Mais ces appendices, ajoutés tardivement ont posé à Maupertuis un problème (voir Introduction, p. 17).

[8] Cf. les lettres de Daniel Bernoulli à Euler du 28 janvier 1741 (R 140), 12 décembre 1742 (R 148), 23 avril 1743 (R 150). Dans la deuxième de ces lettres, Daniel Bernoulli se réjouit de ce que sa manière pour trouver les courbes élastiques par la méthode des isopérimètres est approuvée et bien appliquée par Euler. On ne saurait assez, lui dit-il, pousser les principes de maximum et de minimum. Les trajectoires sous forces centrales avec un ou plusieurs centres relèvent certainement de ce traitement, même si on ne voit pas bien quel est *le maximum ou le minimum* que la nature recherche – *quod natura affectat.* Dans la troisième lettre (23 avril 1743), Daniel Bernoulli félicite Euler d'avoir découvert ce qui est exposé ci-dessous à l'usage de Maupertuis.

[9] Curieusement, Euler abrège sa formule «maximum ou minimum» en ne conservant ici que la première partie tandis que Maupertuis ne conservera plus tard que la seconde.

[10] Approbation discrète à laquelle Maupertuis ne peut manquer d'être sensible. Le mémoire de Maupertuis débute en effet sur la considération des principes qui sont dépourvus de «démonstration générale à la rigueur» et ne se justifient qu'à posteriori.

[11] Il est probable, d'après cette réflexion, que lors de leur rencontre Maupertuis et Euler se sont entretenus des *Principia Dynamica* de Wolff, parus dans le tome I des *Commentarii ... Petropolitanae* (1726) et que Maupertuis cite dans l'avant-propos de son *Essai de Cosmologie* (1750) (Voltaire avait attiré son attention sur Wolff à propos de la Cosmologie le 10 août 1741, cf. *Correspondance de Voltaire*, édit. de La Pléiade, tome II, p. 523–524).
L'animosité d'Euler à l'égard de Wolff déjà très marquée au cours de l'année 1745 (voir les lettres de Knutzen à Euler R 1202–1203) sera publique l'année suivante. Cf. *Gedanken von den Elementen der Körper* ... Haude et Spener, édit., Berlin 1746 (E. 81; O. III, 2, p. 347–346). La pièce, publiée sans nom d'auteur, n'a pas manqué d'être attribuée à Euler et a été traduite en français *(Condisérations sur les éléments des corps dans lesquelles on examine la doctrine des monades et l'on découvre la véritable essence des corps)* et commentée dans un autre ouvrage anonyme (de Formey) *Recherches sur les éléments de la matière,* 1747, p. 165–242.
Wolff s'en plaindra auprès de Maupertuis: le Prix sur les monades proposé par l'Académie de Berlin pour 1747 est complètement faussé par le fait qu'Euler a prescrit à ceux qui se bercent de l'espoir d'obtenir le Prix, le mode d'après lequel Leibniz et Wolff doivent être réfutés (cf. Le Sueur, *Maupertuis et ses correspondants,* p. 428, 15 novembre 1746; p. 431, 1er juillet 1747).

9
EULER À MAUPERTUIS
Berlin, 14 mars [17]46*

Berlin Lundi ce 14 mars 46

Monsieur,

Je n'ai reçu Votre lettre du Vendredy passé que ce matin, dont je suis bien faché pour n'avoir pu plutot repondre aux questions que Vous me demandes. Mr Walz m'ecrivit aussi qu'il étoit pret de faire un tour ici, dès que la saison deviendroit plus douce pour Vous faire ses complimens [1]. Quant au Secrétaire de Mr de Bees je ne l'ai vu que deux fois [2]; il me dît qu'il avoit long tems séjourné à Bâle et qu'il y avoit étudié les mathématiques sous Mr Bernoulli, et qu'il avoit appris les calculs differentiel et integral; qu'il avoit une si grande inclination pour cet étude que quoiqu'il pourroit peut être esperer une place plus avantageuse, il préfereroit beaucoup cette place du Gymnase pour être en état de s'appliquer uniquement à la mathematique. Il m'avoua aussi que pendant qu'il avoit été emploié dans les affaires publiques, il avoit oublié beaucoup, mais qu'il esperoit de s'y remettre bien tot; il me parla aussi de quelques artifices qu'il avoit trouvés dans le calcul integral, sur quoi je lui dis qu'il en fasse une piece. Ces petits avis m'ont dabord fait juger qu'il pourroit être fort propre à la place du Gymnase, où il ne s'agit que d'enseigner les elemens de l'arithmetique et de la geometrie; et meme qu'il étoit fort préferable aux autres Candidats qui briguent cette place. Mais pour ce qui regarde l'Academie, comme il faut un genie propre à faire des découvertes, je ne le connois pas encore asses pour juger de son merite à cet égard, ne sachant point combien il a oublié, et jusqu'à quel point il pourra parvenir en s'y appliquant uniquement.

Cependant, comme l'Academie n'est pas en état de donner des pensions suffisantes à d'habiles gens, il seroit à souhaiter qu'on puisse profiter des revenues du Gymnase de Joachimstal, de sorte qu'on cherchât toujours [à] remplacer les places vacantes de ce Gymnase par des personnes qui pourroient en même tems être utiles à l'Academie, en leur accordant une addition de quelques centaines d'écus. Dans cette vue l'acquisition de Mr Walz auroit été très importante. Mais quand M^{rs} les Courateurs du Gymnase donnent la place de Mr Moula [3] à un petit genie incapable pour le service de l'Academie, je ne vois d'autres moyens de soulager l'Academie que d'engager quelque jeune homme, qui ait déjà fait d'asses grands progres dans la mathematique pour s'en promettre des services considerables, qui par consequent se contenteroit pour le commencement d'une petite pension de 200 Ecus dans l'esperance d'obtenir avec le tems une augmentation. Il se trouve un tel jeune homme à Leipzig nommé Oechliz, [4] dont j'ai admiré les grands progrès qu'il a déjà faits, qui surpassent bien loin ceux de ses docteurs. On m'a écrit de Leipzig qu'il alloit faire incessament un tour ici, ou nous aurons occasion de connoitre mieux ses forces; en cas que Vous trouvies son acquisition profitable à l'Academie, je crois qu'on ne sauroit mieux emploier les 200 Ecus de Mr Moula, dont il seroit à ce que je crois fort content.

Mon traité sur les isoperimetres ou de maximis et minimis a été achevé ches Mr Bousquet environ au mois de septembre de l'année 1744, car j'en ai reçu les exemplaires au mois de Nov. de la meme année [5]. J'avois donné mon manuscrit à Mr Bousquet au mois de May de l'A. 1743 lors qu'il fut ici pour presenter les Œuvres de Mr Bernoulli au Roy. Cela s'entend de mon ouvrage même, que j'avois déjà achevé à Petersbourg; pour le supplement où il se trouve l'application de ma methode aux courbes elastiques et aux orbites des planètes, je ne l'ai composé qu'après le depart de Mr Bousquet, que je lui ai envoié vers la fin de l'A. 1743.

Samedy passé nous avons reçu la troisiéme piece pour le prix de cette année sur les Vents [6], elle vient de Paris et quoiqu'elle soit latine, j'ai dabord reconnu que M^r d'Alembert en est l'Auteur. Par là Vous jugeres aisement qu'elle est fort profonde, et il traite cette matiere d'une maniere que j'en suis charmé. S'il n'arrive pas de meilleures, dont je doute fort, l'Academie pourra juger avec honneur.

J'ai eu l'honneur de Vous dire, Monsieur, que j'avois communiqué les sujets pour les medailles [7] à Mr Goldbach à St. Petersbourg, mais il m'a repondu qu'il ne se trouve pas asses fort pour ces matieres, qui demandent le plus grand esprit. Il croit, que personne ne s'en sauroit mieux acquitter que M^r le Baron Stosch, sujet du Roy, qui se trouve à Florence.

J'ai l'honneur d'être avec tout attachement possible
Monsieur
Votre très humble et très obeissant serviteur
L. Euler

R 1504 Réponse à une lettre de Maupertuis du vendredi 11 mars.
Autogr. fr., 2 f^o. – AAS Paris, n° 7, f° 11r–v, 12r [Billet porté à Berlin].
Copie fr., 4 p. – BAB, Bl. 13–15R.

* Cette date suit de près l'installation de Maupertuis dans sa charge de président de l'Académie Royale des Sciences de Berlin (3 mars). Le 5 mars le roi a appelé Maupertuis à Potsdam pour conférer avec lui sur les projets de médailles.

[1] La lettre de Waltz à Euler est du 4 mars (R 2682) et souligne le problème financier que soulève un établissement à Berlin. En remerciant Maupertuis le 21 juin de l'offre d'une nomination effective, Waltz précisera qu'il ne peut pas quitter la situation lucrative qui est la sienne à Dresde pour une pension inférieure à Berlin (cf. Le Sueur, p. 420–421).

[2] Ce secrétaire (qui séjourna longtemps à Bâle et étudia les mathématiques «sous Bernoulli») pourrait être Béguelin Nicolas (1714–1789) qui fut effectivement nommé professeur de géométrie au Collège de Joachimstal et fut intendant du Prince Fréderic-Guillaume II.

[3] Moula Frédéric, de Neuchâtel, avait été adjoint en mathématiques à l'Académie de Pétersbourg de 1736 à 1744. Probablement appelé à Berlin par Euler, il n'a pu se contenter de la place, mal rétribuée, au Collège de Joachimsstal.

[4] Les curateurs du Collège se soucient peu d'entrer dans la politique scientifique ébauchée par Euler et de nommer au poste vacant de professeur de mathématiques un homme de qualités éprouvées, susceptible d'être immédiatement utile à l'Académie. C'est pourquoi Euler propose la candidature du jeune Oechliz (Christian Friedrich, né en 1723), lequel se contenterait des 200 écus de pension venant du Collège et serait un bon sujet en espérance pour plus tard à l'Académie.
Ce jeune homme était, semble-t-il, présent à Berlin en mars 1746 et en relation d'études avec Euler (cf. R 1909–1910). Sa candidature, un instant favorisée, ne sera cependant pas agréée (cf. R 1911–1912).

[5] Ces précisions, concernant les publications d'Euler dont il était question dans la lettre n°8, correspondent manifestement à un souci de la part de Maupertuis; situer le risque de contestation de priorité qui pourrait venir d'Euler par rapport à la quantité d'action dont Maupertuis n'a parlé que dans son mémoire de Paris du 15 avril 1744. Dans la mesure même où Euler répond ici ingénument à une demande de précision chronologique (demande normalement appelée par la lettre n° 8), on doit considérer comme probable que Maupertuis n'a pas encore parlé à Euler de son mémoire de 1744, lequel ne sera publié dans l'*Histoire et les Mémoires de l'Académie de Paris pour l'année 1744* qu'en 1748 (cf. notre note 16 de l'Introduction).

[6] L'arrivée de la pièce de d'Alembert sur les vents pour le Prix de l'Académie de Berlin de 1746 a donc eu lieu le samedi 12 mars. Elle a été publiée en edition séparée, en 1747, à Paris et à Berlin.

[7] Pour les médailles frappées, sur les exploits de Frédéric II, voir le tome II de l'*Histoire de l'Académie Royale des Sciences et Belles Lettres (année 1746)*, Berlin 1748, p. 17–18, et *Histoire de l'Académie ... depuis son origine jusqu'à présent, avec les pièces originales*, par Formey, Berlin 1750, p. 94–95.

10
Euler à Maupertuis
Berlin, 3 mai 1746

Monsieur,

Je suis trop vivement penetré des marques de Votre Bienveillance pour Vous en exprimer ma reconnoissance. Votre lettre du Dimanche passé montre de nouveau combien Vous Vous interesses pour moi. Heureusement parmi les trois pieces qui ont partagé le prix de l'Academie Royale des Sciences de Paris [1], la premiere m'apartient, ayant choisi la Devise *Quærendi defatigatio turpis est, cum id, quod quæritur, sit pulcherrimum*. Comme le prix a été triple, je suis bien aise d'avoir remporté un prix entier, et j'avais fort apprehendé que le partage ne se fit en plusieurs parties. Je vois qu'on Vous a écrit cette nouvelle avant la publication, parceque les noms des Auteurs étoient encore cachés, et je suis fort curieux de connoitre mes compagnons. Mr Bernoulli m'avoit écrit que son frère Jean avoit aussi concouru, mais s'il est permis de juger des devises, je doute fort qu'aucune des deux autres soit de son invention. Le mot *enimvero* qui se trouve dans la troisieme devise, si je ne trompe, me persuade presque que celle-cy vient de M^r^ le Baron Wolff, ne connoissant point d'autres Auteurs qui se soient autant familiarisés avec ce mot.

J'avois oublié de Vous marquer dans ma lettre derniere, qu'après Votre Depart, M^r^ le Marquis de Valory nous a fait remettre une piece sur les vents [2], quoique le terme prescrit fut expiré. Or parceque l'Auteur n'a peut être pas part à ce retardement, nous n'avons pas osé d'en refuser l'acceptation. Elle est donc l'onzieme, et n'apporte aucune atteinte à celle *Hæc ego de ventis* pour laquelle Mr Lieberkuhn s'est deja declaré, quoiqu'il ne l'eut pas encore lû. Mais il sera pourtant necessaire de nous donner quelques instructions sur la manière de communiquer nos sentimens, et d'en choisir la pluralité afinque personne ne nous puisse soupçonner qu'il y eut passé quelque intrigue.

Quand Vous me parlates dernierement du theorème de Mr Fontaine [3], qui lui a été contesté par Mr Bouguer et que j'avois fait voir que Mr Nic. Bernoulli en avoit fait usage longtems auparavant, mais d'une maniere si enveloppée de geometrie qu'il est asses difficile de voir qu'il y etoit caché, je me souviens que Vous éties curieux de la démonstration. A ce que Mr Clairaut m'avoit marqué, Mr Fontaine n'avoit pas d'autre démonstration que l'induction. Mr Bernoulli l'avoit demontré par la voye de Geometrie, or dans le VII Tome des *Comment* [arii] [4] j'ai donné la demonstration purement analytique qui suit:

Soit P une fonction quelconque de deux variables x et y. Que la valeur de P passe en Q, si l'on met $x + dx$ au lieu de x. Que la valeur de P passe en R, si l'on met $y + dy$ au lieu de y. Que la valeur de P passe en S, si l'on met en meme tems $x + dx$ au lieu de x, et $y + dy$ au lieu de y.
Cela supposé il est clair, que $Q - P$ exprime le differentiel de P en ne supposant que x variable et que $R - P$ exprime le differentiel de P en ne supposant que y variable. Donc supponsant $dP = M\,dx + N\,dy$, j'aurai $M\,dx = Q - P$ et $N\,dy = R - P$.

Or il est clair que la valeur de Q change en S si l'on y met $y + dy$ au lieu de y et que la valeur de R change en S si l'on y met $x + dx$ au lieu d'x.
Donc $S - Q$ sera le differentiel de Q, en ne supposant que y variable et $S - R$ sera le differentiel de R en ne supposant que x variable.

Cherchons donc le differentiel de $M\,dx$ en ne supposant que y variable et parceque $M\,dx = Q - P$, ce differentiel sera $= dQ - dP$; or dans cette hypothese j'ai trouvé $dQ = S - Q$ et $dP = R - P$: par consequent le differentiel de $M\,dx$ en ne supposant que y variable sera $= S - Q - R + P$.

De même le differentiel de $N\,dy = R - P$, en ne supposant que x variable sera aussi $= S - Q - R + P$. Car dans cette hypothese, j'ai trouvé $dR = S - R$ et $dP = Q–P$.

Par consequent si $M\,dx + N\,dy$ est le differentiel de quelque fonction de x et y, le differentiel de $M\,dx$ (en ne supposant que y variable) sera egal au differentiel de $N\,dy$ (en ne supposant que x variable).

Ce theoreme se peut aussi enoncer de cette maniere:

Si une fonction quelconque P de deux variables x et y est differentiée deux fois de suite, en supposant dans l'une de ces deux differentiations le seul x et dans l'autre le seul y variable, on parviendra à la même expression, soit qu'on eut pris x variable dans la premiere, et y dans la seconde ou reciproquement.

La même proprieté s'entend aussi d'une fonction de trois variables x, y et z, car une telle fonction étant differentiée trois fois consécutivement, en ne supposant dans chacune qu'une seule lettre variable, on parviendra apres la troisieme differentiation toujours à la même expression, quelqu'ordre qu'on eut observé dans les trois lettres x, y, z.

Le Theoreme énoncé de cette maniere ne demande presque [pas] de demonstration, et plusieurs l'accorderont comme un axiome; cependant ma maniere de demontrer s'etend également à quelque nombre de variables qu'on voudra.

Je Vous demande mille pardon, Monsieur, que je me suis étendu insensiblement si loin sur cette matiere et qu'il m'est resté à peine d'espace pour Vous asseurer de l'attachement infini avec lequel je me ferai toute ma vie la plus grande gloire d'être

Monsieur

Votre tres humble et tres obeissant serviteur

L. Euler

Berlin ce 3 May 1746

R 1505 Réponse à une lettre de Maupertuis de dimanche 1er mai.
Autogr. fr., 2 f°. – AAS Paris, n°6, f°9r–v, 10r–v [Billet porté à Berlin].
Copie fr., 3 p. – BAB, Bl. 20–23R.

[1] Le Prix de l'Académie de Paris pour 1746 portait sur «l'explication de l'attraction de l'aimant avec le fer, de la direction de l'aiguille aimantée vers le Nord, de sa déclinaison et de son inclinaison». Les pièces primées furent celles d'Euler (*De observatione inclinationis magneticae dissertatio,* E. 108; O. III, 10 (non encore publié)), de Daniel et de Jean II Bernoulli, et d'un certain Dutour (membre correspondant de l'Académie). Le montant du prix ayant été triplé (7500 livres), mais divisé par quatre, Euler n'a pas eu en réalité le prix entier qu'il escomptait.

[2] C'est la pièce de d'Alembert qui remporta en définitive le Prix de l'Académie de Berlin pour 1746 sur la cause des vents.

[3] Les communications de Fontaine à l'Académie de Paris sur le calcul intégral et dans lesquelles est posé le problème de l'intégrabilité de $A\,dx + B\,dy$, sont du 26 et du 29 novembre 1738 et Maupertuis était présent (Procès-verbaux 1738, p. 190sq.). Mais Maupertuis était absent durant toutes les séances de février et mars 1739 où la question a rebondi sur l'intervention de Clairaut. Le 4 février 1739 en effet, Clairaut, rapportant en son nom et en celui de Nicole au sujet des communications de novembre 1738, déclare que «la manière dont M. Fontaine attaque la difficulté est extrêmement neuve et annonce une belle recherche ... mais la démonstration donnée est insuffisante». Fontaine a présenté les 7, 11 et 14 février 1739 de nouvelles communications, puis à nouveau Clairaut le 4 mars et Fontaine le 7 mars, et le mémoire de Clairaut publié dans l'*Histoire et Mémoires de l'Academie de Paris 1739,* Paris 1741, montre que le jugement de l'auteur restait le même (théorème de Fontaine fort beau, mais insuffisant et limité). Voir les lettres D. Bernoulli–Euler 1739 (R 125 et 127) et Clairaut–Euler 1740 (R 386 et 388), Euler–Clairaut 1742 (R 394), O. IV A, 5, p. 68–71, 79–81, 110–117.

[4] Mémoire d'Euler *De infinitis curvis ejusdem generis et additamentum,* tome VII des *Commentarii* de Pétersbourg pour 1734/1735, publié en 1740 (E. 44; O. I, 22).
La nature très élémentaire des considérations présentées ici à Maupertuis montre qu'Euler est très conscient de la profonde lacune qui existe dans l'information de son président.

11
Euler à Maupertuis
[Berlin], 24 mai 1746

Monsieur,

Il faut que j'avoue que je ne voi pas encore asses clairement, comment la consideration de l'espace parcouru dans un tems donné doit entrer dans la determination de la quantité d'Action [1]; je voudrois savoir s'il y a des cas, où cet espace n'est pas proportionnel à la vitesse ou non. Dans les exemples auxquels Vous appliques cette regle, je vois que cet espace est toujours exprimé par la vitesse meme, de sorte que la quantité d'action devient egale au produit de la masse par le quarré de la vitesse, dont le mouvement est changé. Si donc cela arrivoit constamment, il me semble que la chose deviendroit plus intelligible si l'on ajoutoit, qu'au lieu de cet espace, on pourroit toujours prendre la vitesse meme. Or s'il y avoit des cas où cela n'est pas permis (comme si le changement ne se faisoit pas d'un mouvement uniforme où l'espace parcouru dans un certain tems pourroit être non-proportionnel à la vitesse) ne seroit-il pas à propos de faire mention de ces cas? Ou en tout cas, ne seroit-ce pas la meme chose de dire qu'il faut prendre l'espace divisé par le tems: ce qui me paroit plus precisément parlé, parce que le seul mot du tems, sans en determiner la quantité, pourroit quelque fois laisser quelque incertitude dans l'application [2].

Après avoir lu de nouveau les articles [3] 20 et 21 il me semble que, la vitesse qu'il faut concevoir imprimée aux plans immateriels étant toujours égale à [1a] difference ou au changement de la vitesse de chaque corps, cela seul pourroit suffire pour l'application de la regle, vu que cette idée [4] ne sert qu'à représenter plus distinctement le changement même arrivé dans chaque corps; or pour la force qu'il faudroit emploier pour produire ces mouvemens [5], je ne vois pas qu'elle soit necessaire dans l'application de la regle; parce que la determination de la quantité d'action n'a egard à aucune force; et il me semble qu'on se pourroit dispenser de la discussion de cette question: combien de force il faut pour imprimer à un corps donné un certain degré de vitesse? Cette question n'étant pas meme determinée, si l'on n'y ajoute pas le tems dans lequel le changement doit être produit: car la plus petite force est capable de produire le plus grand degré de vitesse, pourvu que le tems suffise. C'est pour cette raison qu'il me semble qu'on se pourroit tout à fait passer de la consideration de la force dont il est parlé dans l'article 21. Car, ayant déjà établi dans l'article 20 que le changement du corps A consiste dans la vitesse $a - x$ et dans l'espace $a - x$, et celui du corps B dans la vitesse $x - b$ et l'espace $x - b$, tous les points sont déjà determinés, dont on a besoin pour l'application de la regle: et l'on en peut deja former la conclusion, que la quantité d'action sera $A(a - x)^2 + B(x - b)^2$, sans avoir égard à aucune consideration nouvelle, comme seroit celle de quelque force. Pourtant je n'oserois pas ajouter à la marge ces reflexions [6], à cause du doute que j'ai encore sur la quantité d'action par rapport à l'espace, comme j'ai marqué au commencement. J'ai l'honneur d'être avec la plus parfaite soumission

Monsieur
Votre très humble et très obéissant serviteur
L. Euler

ce 24 Mai 1746

R 1506 Réponse à une communication de mémoire manuscrit.
Autogr. fr., 1 f°. – AAS Paris, n° 8, f° 13r–v.
Copie fr., 3 p. – BAB, Bl. 24–26R.
Edit.: Brunet, p. 62–64.

[1] L'expression de la quantité d'action à laquelle Euler va opposer des difficultés est à peu près celle qui figure dans le mémoire de Maupertuis sur *les lois du mouvement et du repos déduites d'un principe métaphysique* publié une première fois dans le tome II des *Mémoires de l'Académie de Berlin pour 1746*

(Berlin 1748), p. 267–294, puis réédité sous une forme abrégée par Maupertuis lui-même dans le tome 4 de ses *Œuvres* (Lyon 1756). Selon une indication donnée par Euler plus loin (voir notes 3 et 6 *infra*), c'est le manuscrit primitif du mémoire qui est ici en cause.
On doit donc admettre qu'Euler a sous les yeux, dans le manuscrit en question, la définition de la quantité d'action qu'il critique: à savoir produit de la masse par la vitesse et par l'espace parcouru *dans un temps donné*. Sa critique se fonde sur l'application faite par Maupertuis dans le cas du choc – application dont l'essentiel est relevé plus loin et qui identifie la quantité d'action aux forces vives des vitesses gagnées et perdues. L'appel aux forces vives est pour Euler fort «intelligible», mais il remarque que pour passer de la définition à l'application mentionnée Maupertuis a traité en fait l'«espace parcouru», troisième facteur de la quantité d'action, comme proportionnel à la vitesse. Et ce n'est légitime que pour un mouvement uniforme.

[2] En prenant pour le troisième facteur l'espace divisé par le temps mis à le parcourir, on a en effet une définition qui conserve un sens même lorsque le mouvement n'est pas uniforme, et qui concorde parfaitement avec l'application faite par Maupertuis sur les changements de mouvements uniformes à travers un choc. Il faut cependant remarquer que dans son mémoire d'avril 1744, à Paris *(Accord de différentes lois de la nature ...)*, Maupertuis avait donné une définition susceptible de satisfaire à la même exigence: à savoir «produit de l'espace par la vitesse avec laquelle le corps le parcourt». Dans le cas de mouvement non uniforme, la vitesse à considérer dans une telle formule serait la vitesse moyenne. Mais, dans la mesure même où Maupertuis ne s'est pas tenu à cette expression de 1744 et a modifié en 1746 en adoptant la formulation critiquée à juste titre par Euler, il paraît évident qu'il n'avait pas en tête une idée précise. Euler fait ici, à son endroit et avec courtoisie, œuvre pertinente. On peut noter néanmoins qu'Euler n'avait probablement pas en main le mémoire de 1744. Car, s'il l'avait eu, il n'aurait pas manqué de faire la remarque ci-dessus.

[3] Le texte imprimé du mémoire de Maupertuis ne comporte pas de division en articles. Mais les détails que donne plus loin Euler permettent de situer les passages qui appartenaient aux articles 20 et 21.

[4] L'idée du recours à des plans immatériels est très précisément ce dont Euler veut contester l'utilité. Maupertuis considère deux corps A et B qui se meuvent d'un même côté avec les vitesses a et b, $a > b$. A atteint B, le heurte et les deux corps vont ensuite ensemble avec la vitesse x comprise entre a et b. Il y a pour A une perte de vitesse $(a - x)$ et pour B un gain $(x - b)$. Ce sont ces changements seuls qui importent et il n'est nullement besoin, pour les considérer, d'imaginer comme le fait Maupertuis que pendant une même durée après le choc A se comporte comme s'il était entraîné vers l'arrière par un plan immatériel avec la vitesse $(a - x)$, et B vers l'avant avec la vitesse $(x - b)$.

[5] C'est dans l'article 21, comme le dit plus bas Euler, que Maupertuis se croyait obligé de faire entrer en ligne de compte les forces nécessaires pour produire les mouvements. Probablement afin de montrer que l'introduction des plans immatériels entraînant l'un A, l'autre B, ne modifie pas le bilan dynamique. Il est impossible de dire davantage puisque le texte imprimé du mémoire de Maupertuis ne contient rien à ce sujet. Voir cependant la lettre n° 14 et les notes correspondantes.

[6] Preuve manifeste de ce que Maupertuis a communiqué à Euler un manuscrit en lui demandant de faire des annotations marginales.

12
Euler à Maupertuis
Berlin, 18 juin 1746

Monsieur,

Mon neveu Louis Vermeulen vient d'arriver de St Petersbourg, dont Vous Vous souviendres que le Roy [1] m'a ordonné de le faire presenter par M[r] le Major General de Borck. Ne sachant pas comment je dois me conduire dans cette affaire pendant Votre absence, je prend la liberté de Vous prier de me mander Vos conseils là-dessus: si je dois envoier mon neveu à Pottsdam, ou plutot attendre le Retour de Sa Majesté. Si Vous juges à propos, que M[r] le General de Borck en soit averti, je Vous supplie de me faire cette grace et de Lui recommander mon neveu, afin qu'il soit bien emploié.

Je suis avec tout l'attachement possible
Monsieur
Votre très humble et très obeissant serviteur
L. Euler

Berlin ce 18 juin 1746

Mon neveu a son Congé du Collège de Guerre de Russie en qualité de Capitain d'Armes.

I. P.S. Dans les gazettes d'aujourd'hui de Haude [2] se trouve un recit d'une dissertation d'un Medecin à Paris sur les sachets du Sr Arnoult [3], où Mr Formey (qui paroit en être l'auteur) se defend fort rigoureusement contre son agresseur; et cela d'une maniere pleine d'injures. Je crains fort que Mr Sprögel n'y repondra plus grossierement, et que cette affaire pourroit avoir des suites facheuses, du moins peu honorables pour l'Academie, si Vous n'y mettés des Ordres que l'Academie ne semble même prendre aucune part à cette querelle [4].

II. P.S. Monsieur le Comte de Dohna [5] me montra hier quelques pots avec des plantes de froment plantées à sa methode: je fus surpris de voir presque une vingtaine d'epies [sic] poussés d'un seul grain, de sorte qu'un grain donne plus que 1000. Il m'a chargé de Vous faire ses complimens et de Vous demander la permission qu'il presente ces épreuves Jeudi prochain à l'Academie: en cas qu'on doutât, si la même chose se puisse executer à la Campagne. Il m'a assuré qu'il a executé cela effectivement sur les terres de Madame de Kniphausen et même en grande quantité.

III. P.S. La Poste de Russie m'oblige à ajouter ce troisieme supplement: S. M. Imp. ayant nommé son Chambellan M[r] le Comte Rasumoffski [6], President de l'Academie. C'est celui qui a logé chez moi ici pendant plus d'un an, et à qui j'ai donné des leçons mathematiques en Russe. J'en ai lieu d'être fort ravi par rapport aux pretentions que j'ai encore, et je voudrois presque repondre pour les Votres [7]. Mais ce *Seigneur* met trop de Confiance en moi. Il vient de me faire des offres très considerables pour me retirer à Petersbourg, ou tout à fait, ou du moins pour quelque tems; et je crains même, qu'on ne me demande à Sa Majesté. J'ai déjà eu l'honneur de Vous assurer que je m'éstime le plus heureux homme du monde dans les services de Notre Monarque et auprès de Vous. Ainsi je Vous demande Vos Conseils dans cette affaire trop epineuse pour moi: si je pouvois sans manquer de verité, repondre que Sa Majesté ne m'accorderoit jamais ni congé ni permission même pour quelque tems, je me tirerois fort aisement de tout embarras sans choquer personne; au reste je prend la liberté de Vous communiquer la lettre, étant françoise, et je Vous expliquerai depuis le passage Russe [8].

R 1507 Demandes diverses adressées à Potsdam.
Autogr. fr., 2 f[o]. – AAS Paris, n° 9, f° 14r, 15r [Billet plié, porté à Berlin]; le f° 15 comporte 3 *PS* dans l'ordre III, II, I, séparés d'un trait horizontal. I écrit d'abord, en bas, puis II au dessus et enfin

III dans l'espace libre en haut.
Copie fr., 3 p. – BAB, Bl. 27–29R.

[1] Pour l'accueil fait par Frédéric II à la demande préalable d'Euler concernant l'un de ses neveux Vermeulen, voir la lettre du Roi du 21 février 1746 (n° 13, F. à E.). Voir également *infra* la lettre n° 31 concernant une nouvelle recommandation.
Euler ne fut pas le seul à demander l'intervention de Maupertuis pour des candidats à l'entrée dans l'armée prusienne: répondant à ce sujet à Jean II Bernoulli le 9 avril 1746, Maupertuis déclarait Frédéric intraitable et formellement décidé à n'accepter que des allemands (Bibl. Bâle, L Ia 708, n° 97). Les neveux d'Euler furent donc l'objet d'une faveur.

[2] Haude était le libraire-éditeur de l'Académie de Berlin. Il avait pris en 1741 la suite de Formey lorsque celui-ci avait renoncé à poursuivre la publication du *Journal de Berlin,* mais ce ne fut que pour quelques mois. Il adopta par la suite une autre formule, celle de gazettes réunissant des informations diverses susceptibles d'intéresser le public cultivé.

[3] Guillaume Arnoult, droguiste à Paris, avait en effet fabriqué des sachets antiapoplectiques que le malade devait appliquer au dessous du sternum. La «Dissertation en forme de lettre sur l'effet des topiques dans les maladies internes et en particulier sur celui du sieur Arnoult contre l'apoplexie, écrite par un médecin de Paris à un médecin de province» a été publiée à Paris en 1744 et eut 9 éditions jusqu'au début du XIXe siècle.

[4] D'après Euler, le compte-rendu de la «dissertation» ci-dessus citée fut pour Formey, auteur présumé, l'occasion de se venger d'une attaque de la part de Sprögel, médecin membre ordinaire de l'Académie depuis 1737. Nous n'avons pas pu éclaircir de quoi il s'agissait exactement.

[5] Albert Christophle, Bourggrave et comte de Dohna, grand maître de la maison de la reine et chevalier de l'ordre de Saint-Jean, sera un peu plus tard membre honoraire de l'Académie.

[6] Le comte K. G. Razumovskij (1728–1803) frère cadet du favori de l'impératrice Elizabeth, fut président de l'Académie de Pétersbourg de 1746 à 1765.

[7] Par «prétentions» il faut évidemment entendre les interventions d'Euler et de Maupertuis pour placer des candidats à l'Académie de Pétersbourg.

[8] Euler a donc communiqué à Maupertuis la lettre même qu'il avait reçue du Comte Razumovskij et qui contenait un passage en russe. Si l'explication de ce passage a été demandée, comme le suggérait Euler, il est probable que celui-ci a repris possession du document. Celui-ci n'a d'ailleurs pas été conservé comme on le déduit aisément des données de la Correspondance: *Die Berliner und die Petersburger Akademie der Wissenschaften in Briefwechsel L. Eulers,* A. P. Juškevič–E. Winter, tome 2, Berlin 1961, p. 89–91.

13
Euler à Maupertuis
Berlin, 12 juillet 1746

Monsieur,

Dans l'esperance que cette lettre vous trouvera heure[u]sement arrivés à Paris, je souhaite que Vous ayes trouvé Monsieur Votre Pere dans un bon état [1], et qu'après Son entier retablissement Vous puissies bientot retourner en bonne santé. Le Jeudy apres Votre Depart nous tinmes la derniere assemblée avant les vacances, qui doivent durer pendant 4 Jeudys de suite. J'y lus une piece sur les machines en general [2], qui doit servir de fondement à quelques recherches que j'ai dessein de proposer sur le plus grand avantage qu'on peut tirer de chaque sorte de machines. J'ai été ensuite chez S. Exc. Mr de Borck [3], m'imaginant qu'Il aura soin des affaires de l'Academie pendant

Votre absence; mais Il me declara dabord qu'Il ne se melera de rien, parceque le Roy avoit pas été content de l'administration des Courateurs. Il me dit aussi, sans que je l'eusse demandé, que le projet pour augmenter les revenus de l'Academie n'étoit pas practicable et qu'il n'entreroit point du tout dans une affaire de cette nature. Il me demanda aussi qui tenoit la Charge de Vice President pendant Votre absence, suivant les ordres expresses de sa Majesté: je Lui repondis que dans les assemblées c'avoit été le Directeur de la Classe qui lisoit, mais que pendant les vacances cette determination cessoit et que par consequent il n'y avoit personne qui pourroit convoquer une assemblée extraordinaire pour terminer les affaires de Köhler qui sont pourtant asses pressantes.

Par la derniere poste j'ai envoié à Mr de Fouchy ma piece pour le prix de l'année prochaine [4], et j'ai pris la liberté de le prier de Vous en remettre le *recepisse*. La devise est *Arbor non uno sternitur ictu.* Je Vous supplie d'excuser cette liberté; les marques éclatantes de Votre bienveillance m'y ont porté, dont je suis le plus vivement pénétré étant avec la plus parfaite soumission

Monsieur

Votre très humble et très obeissant serviteur

L. Euler

à Berlin ce 12 Juillet 1746

P.S. Mr Haude m'a chargé de Vous prier tres humblement de lui procurer toutes les pieces [5] qui ont remporté le prix, si cela ne Vous causoit aucune incommodité.
Je viens de recevoir une lettre de M^r le Comte Rasumoffski Président de l'Academie de Petersbourg, dans laquelle il emploie tous les éfforts pour me persuader de retourner en Russie, et il m'accorde par avance toutes les conditions que je pourrois demander. Comme cette lettre est écrite avant que ma resolution sur ce même article que j'ai eu l'honneur de Vous communiquer, fut arrivée, j'espère qu'on sera content des raisons que j'ai alleguées, et que je pourroi rester ici en repos. Au reste je prend la liberté de Vous envoier la harangue que le Comte Rasumoffski tint à son Entrée dans l'Academie, avec la reponse de Mr Schumacher [6], comme elle m'a été envoiée de Petersbourg.

R 1508 Lettre adressée à Paris.
Autogr. fr., 1 + 1 f^o. – AAS Paris, n° 10, f° 16r–v, 17r.
Copie fr., 3 p. – BAB, Bl. 30–32R.

[1] Contrairement à ce qu'affirme Pierre Brunet (*Maupertuis – Etude biographique,* Paris 1929, p. 113) M. de Maupertuis père vivait encore au début de juin 1746 (cf. sa lettre à Daniel Bernoulli du 4 juin – Bibl. Bâle, L Ia 708, n° 222s) et ce n'est pas à la suite de la nouvelle de son décès que Maupertuis demanda l'autorisation de se rendre en France. La présente lettre d'Euler assure que cette demande a seulement été formulée parce que des nouvelles alarmantes étaient parvenues à Maupertuis et elle permet de préciser que celui-ci a quitté Berlin vers le 2 ou 3 juillet puisque la séance académique dont parle Euler – «après votre départ ... la dernière avant les vacances» – se situe au 6 juillet.
Très affecté par la mort de son père, Maupertuis ne prolongea pas son séjour à Saint-Malo et à Paris. Mais en revenant à Berlin fin septembre, il rapportait au moins une satisfaction: sur l'intervention du Comte d'Argenson, la France lui rendait une pension de 4000 livres en récompense de ses services antérieurs (cf. lettre à Jean II Bernoulli, 22 octobre 1746, Bibl. Bâle, L Ia 708, n° 100).

[2] La pièce d'Euler *Sur les machines en général* était le prolongement du mémoire *De machinarum tam simplicium quam compositarum usu maxime lucroso* (E. 96; O. II, 17) présenté en 1738 à Pétersbourg (cf.

Commentarii Ac. sc. Pet. 10 (1738), 1747, p. 40–55) et qui n'était pas encore publié en 1746. Cette pièce *De Machinis in genere* a été publiée dans les *Nova Comment. Petr.* 3 (1753), p. 254–284 (E. 194; O. II, 17).

[3] Le beau-père de Maupertuis avait été curateur de la Société des Sciences avant la transformation en Académie. La remarque que fait ici Euler prouve que certaines frictions ont dû avoir lieu et que Maupertuis est parti pour la France en laissant une situation délicate. Euler en tout cas n'avait pas reçu de mission particulière et il formule une plainte discrète.

[4] Le prix de l'Académie de Paris pour 1747 (renouvellement de celui de 1745 non attribué), portait sur «la meilleure manière de trouver l'heure en mer par observation soit de jour soit dans le crépuscule et surtout de nuit quand on ne voit pas l'horizon». Le prix (double) de 4000 livres a été partagé entre Daniel Bernoulli et un anonyme, lequel n'était autre qu'Euler. Voir le mémoire *Meditationes in quaestionem observationibus temporis momentum determinandi* (E. 150) (*Recueil des Pièces qui ont remporté le Prix de l'Académie* ... en 1747, Paris 1750, p. 113–167). Cf. O. II, 20, p. 145–189. Ce mémoire se trouve également dans le *Recueil des pièces qui ont remporté les prix ... en 1745–47 et en 1748*, publié à Paris en 1752. La devise mentionnée sur ces publications est bien «Arbor non uno sternitur ictu». On comprend mal l'anonymat persistant jusque dans la publication des pièces primées. Il a bien fallu que cet anonymat soit au moins levé administrativement pour qu'Euler puisse percevoir son prix de 2000 livres.

[5] Il ne peut s'agir ici que des pièces qui ont concouru pour le Prix de l'Académie de Berlin en 1746. Elles ont en effet été publiées d'abord à Berlin, puis à Paris en 1747. Voir à ce sujet les notes 4 et 6 de la première lettre de D'Alembert à Euler, O. IV A, 5, p. 250.

[6] Il s'agit évidemment de la réponse de Schumacher à la «harangue» et non d'une réponse de Schumacher à Euler. La communication à Maupertuis des discours académiques en question, postule évidemment que les textes sont écrits en français. Il est probable qu'il s'agit d'un envoi fait par Schumacher en même temps que sa lettre à Euler du 9 juillet (Juškevič–Winter II, p. 91).

14
Euler à Maupertuis
[Berlin], 28 décembre 1746*

Monsieur,

Je suis persuadé que l'idée d'un plan immateriel que Vous imagines pour representer la difference entre les états où les corps se trouvent avant et apres le choc e[s]t fort juste, et qu'on s'en peut toujours servir sans rien risquer [1]; mais je doute fort si l'on peut realiser la même idée, en proposant par exemple cette question: soit un plan *ABCD* en repos sur lequel le corps *M* se meuve avec une vitesse donnée *m* dans la direction *MN*; on demande ce qui arrivera quand ce plan sera poussé par une force donnée *PQ*.

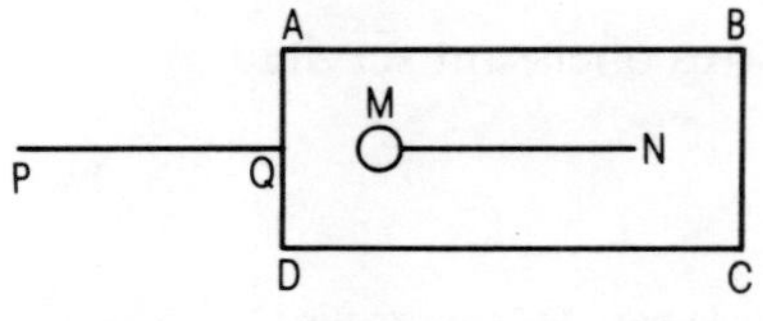

Dans ce cas je dis que supposant le plan parfaitement poli, le mouvement du corps *M* ne sera point du tout derangé par l'action de la force *PQ* et que le plan *ABCD*

glissera sous le corps M sans en alterer le mouvement. Donc pour que le corps M participe au mouvement qu'on imprime au plan, il faut qu'on y applique une force acceleratrice égale [2].

Mais j'observe que cette circonstance ne touche rien au but que Vous aves en vue, et il me semble qu'on puisse exprimer Votre idée de cette maniere qui ne sera pas assujettie à ce doute [3]. Il est certain que le changement du mouvement d'un corps est le meme soit qu'on rapporte le mouvement à l'espace absolu et en repos, ou à un espace qui a un mouvement uniforme en ligne droite. Ainsi le corps M etant rapporté à l'espace absolu, s'il a une vitesse m suivant la direction MN, et que ce corps change subitement de vitesse (par quelque choc) de sorte qu'il se meuve avec la vitesse $m + \mu$ dans la meme direction MN, le changement de la vitesse sera μ. Rapportons maintenant le meme corps M avec le changement qui lui arrive à l'espace $ABCD$, qui se meut avec une vitesse p dans la direction QP, et par rapport à ce plan mû, la vitesse du corps avant le choc sera $= m - p$ et apres le choc $= m + \mu - p$; et le changement de vitesse sera le meme que dans le cas precedent.

Cela posé dans le cas que Vous consideres, où les corps A et B étant rapportés à l'espace absolu, se meuvent avec des vitesses a et b avant le choc, et qu'apres le choc leur vitesse commune soit $= x$, on pourra dire que le changement qui arrive au corps A sera le meme que s'il eut été rapporté à un plan mobile quelconque. Le rapportons donc à un plan, qui se meut d'une vitesse $= a$, dans la meme direction AC et il est clair que le corps A par rapport à ce plan aura avant le choc une vitesse $= 0$, et après le choc une vitesse $= x - a$, ou $a - x$ dans le sens contraire [4]; ce changement donc étant le meme que dans le cas de l'espace infini, on voit dabord que le changement qui arrive au corps A est le meme que si, apres avoir été en repos, on lui eut imprimé une vitesse $= a - x$. Par la meme manière rapportant le corps B à un plan qui se meut d'une vitesse b dans la direction CA, on aura sa vitesse avant le choc $= 0$ et apres le choc $= x - b$. Dont le changement du corps B causé par le choc sera le meme que si on lui (ayant été en repos) avoit imprimé une vitesse $= x - b$. Or suivant Votre principe, Monsieur, l'action requise pour produire ces changemens sera $A(a - x)^2$ pour le corps A et $B(x - b)^2$ pour le corps B, tout comme Vous l'avies trouvé.

En reiterant mes vœux pour Votre retablissement et prosperité [5], j'ai l'honneur d'etre avec la plus parfaite soumission

Monsieur
Votre très humble et très obeissant serviteur
L. Euler

Ce 28 Dec. 1746

R 1509 Réponse à une objection de la part de Maupertuis.
Autogr. fr., 1 f°. – AAS Paris, n° 12, f° 19r–v [Billet porté à Berlin].
Copie fr., 3 p. – BAB, Bl. 36–38R.
Edit.: Brunet, p. 64–65.

* Maupertuis est rentré de France fin septembre 1746. La présente lettre d'Euler, de la fin décembre, marque la reprise du dialogue amorcé fin mai sur la manière de traiter de la quantité d'action et se situe durant une période où Maupertuis n'a pas assisté aux séances de l'Académie, à Berlin, pour raisons de santé.

[1] Ces expressions employées par Euler sont très significatives. En réponse à la lettre n° 11, Maupertuis a certainement réagi en estimant utile la considération des plans immatériels et en formulant en même temps la nécessité, sous peine de risque d'erreur, d'avoir égard aux forces mises en jeu.

[2] La manière dont s'exprime Euler va directement à la correction du raisonnement de Maupertuis. Celui-ci, préoccupé de bilan dynamique, s'imagine que les plans immatériels qu'il a introduits ne modifient rien – du fait même qu'ils sont sans masse. Euler montre qu'il n'en est rien. Pour qu'un corps posé sur un plan immatériel parfaitement poli soit entraîné ou participe au mouvement de ce plan, il faut que la même force accélératrice soit appliquée aussi bien au corps qu'au plan. Donc, au point de vue du bilan dynamique, l'introduction par Maupertuis des plans immatériels modifie quelque chose.

[3] Nouvel effort d'Euler pour montrer à Maupertuis que la question qu'il se pose est d'ordre cinématique purement et simplement. Il s'agit seulement de déterminer les variations de vitesse avant et après le choc et ces variations sont les mêmes quel que soit le repère de référence. Le doute qui assaille Maupertuis ne sera probablement pas pour autant éliminé, car il est à peu près certain que pour évaluer la quantité d'action Maupertuis a besoin de savoir si les variations de vitesse sont bien caractéristiques au point de vue dynamique.

[4] C'est ce passage d'une vitesse 0 à une vitesse $a - x$ qui est essentiel pour Maupertuis au point de vue dynamique.

[5] Confirmation de ce que Maupertuis a été malade. C'est probablement à cette circonstance qu'est due la rédaction de la présente lettre.

15
[Euler à Maupertuis]
[Berlin, janvier 1747]

[Note sur une séance à l'Académie]

Mr Unger Bourguemaitre à Eimbeck a eut le premier l'idée de construire une Machine qui seroit, à l'avis de tous les Musiciens, de la plus grande importance dans la Composition Musique*. Cette Machine devroit être telle qu'étant appliquée à un Clavecin, elle marqueroit sur un papier toutes les notes qui y seroient jouées, en exprimant sur le papier des traces distinctes de tous les sons qu'on auroit touchés. Le dessein étoit de combiner avec chaque touche du Clavecin une plume remplie d'encre, qui traceroit sur le papier une ligne tant que la touche seroit deprimée, pendant que le papier seroit avancé sous les plumes d'un mouvement uniforme. Par ce moyen on trouveroit sur le papier des marques de toutes les notes qui auront été jouées, l'endroit du papier en marqueroit le son et la longueur de la trace la mesure. Par là le componist tireroit ce grand avantage, qui trouveroit couché sur le papier tout ce qu'il auroit joué, et ensuite il seroit facile de reduire ces traces aux notes ordinaires; ce qui se pourroit executer par un apprentis, au lieu qu'à present un Componiste ne se souvient qu'avec bien de la peine de toutes les phantaisies qu'il a jouées, et ne les exprime ordinairement que fort imparfaitement, sans n'en parler du grand embarras où il se trouve quand il faut en meme tems inventer une belle harmonie et penser comment la mettre en notes;

cet embarras ne manque pas d'arrêter très considerablement le cours de l'imagination et l'expression des passions. Or avec le secours d'une telle machine le Componiste trouvera d'abord sur le papier toutes les pieces qu'il jouera, et meme exprimées avec la derniere exactitude, sans que cela lui coute le moindre travail.

Mr Unger avoit déjà employé dix ans pour executer cette machine, mais il y a trouvé tant d'obstacles qu'il n'a pas été capable de surmonter. Il a communiqué ces idées à l'Academie, avec les difficultés qu'il y a rencontrées; qui étoient en effet très considérables quoiqu'on n'ait pas vu une impossibilité absolue de les vaincre. Un homme ici nommé Hohlefeld, compagnon Passementier, qui dans ses heures perdues s'applique à la Mecanique avec tant de succes qu'il a fait déjà lui meme plusieurs machines de sa propre invention et qui rendent temoignage de son genie tout extraordinaire pour cette science, cet homme ayant entendu parler de la dite machine projettée, a dabord trouvé moyen de surmonter toutes les difficultés qui s'etoient presentées jusqu'ici, et a effectivement executé une telle machine qu'il vient de presenter à l'Academie. Il a fait voir d'abord à l'assemblée que sa machine, qui est très simple, se peut appliquer à tous les clavecins; et lorsqu'un musicien y avoit joué quelques pieces, on a vu sur le papier toutes les notes exactement présentées, de sorte qu'il ne seroit pas difficile de les réduire aux notes ordinaires.

L'Academie a jugé unanimement, que cet homme meritoit quelque gratification de son industrie, et qu'il pourroit etre emploié très utilement tant à perfectionner toutes sortes de Machines, qu'à inventer de nouvelles avec tout le succès qu'on pourroit souhaiter.

R 1510 Compte rendu de la présentation d'une machine à l'Académie.
Autogr. fr., 1 f^o. – AAS Paris, n° 11, grand f° 18r.
Copie fr., 3 p. – BAB, Bl. 33–35R.

* Dans sa lettre à Euler du 12 mai 1764 (R 2657), J. F. Unger en sera encore à demander des nouvelles de la publication de son mémoire sur la machine en question, dans les Mémoires de l'Académie. En fait, cette pièce, intitulée «Delineatio machinae ad sonos et concentus quoscunque ope clavicordii productos ...» (*Registres* ..., p. 187) n'a été publiée, en traduction allemande, qu'en 1774, à Braunschweig, et semble-t-il à compte d'auteur.

16
Euler à Maupertuis
Berlin, 26 février 1747

Monsieur,

Votre absence ayant mis Mr Walz hors d'état de prendre congé de Vous [1], il m'a prié de vous remettre l'incluse, dans laquelle il Vous marquera qu'il m'a remis les papiers que Vous Lui avies bien voulu communiquer, et que j'aurai l'honneur de Vous

restituer des Votre arrivée dans cette Ville, à laquelle on s'attend ici avec le plus vif empressement. Dans les dernieres lettres que j'ai reçu de Londres, j'y ai trouvé joint un billet de Mr Mortimer [2], dans lequel il me marque que la Société royale m'a fait l'honneur de m'aggreger au nombre de Ses associés, honneur que j'avois déjà déclinée il y a plusieurs ans lorsque Mr Stirling me l'offrit. On me marque en même tems un effet bien important de l'electricité, qui a été envoié d'Irlande à la Société: c'étoit un homme paralytique qui, ayant été frappé 15 ou 20 fois asses vifement de l'électricité, s'est trouvé en état de marcher à l'aide d'un baton, de porter les mains à la tête et de parler, ce qu'il n'avoit pas été en état de faire auparavant.
Jeudi passé j'ai lû la piece de M^r d'Alembert [3], qu'il a envoié dernierement et en même tems j'ai lû une piece sur les nombres amiables de ma façon [4].

J'ai l'honneur d'être avec tout l'attachement possible
Monsieur
Votre très humble et très obeissant serviteur
L. Euler

Berlin ce 26 Fevr. 1747

Je prend la liberté d'ajouter ici une reponse à M^r d'Alembert [5], que je Vous supplie de lui faire tenir quand Vous en aures une bonne occasion.

P.S. Vous aures reçu avec cette ordinaire une lettre de M^r le Comte Rasumoffski, dans laquelle Il Vous donne avis du congé de M^r de l'Isle qui partira vers le prinstems [sic] prochain de St Petersbourg. Mr Rasumoffski est fort faché qu'on imprime à Bologne les Commentaires de St Petersbourg [6]. Il m'a chargé de m'informer du prix qu'on vend cette edition et Il est resolu de procurer un meilleur debit aux exemplaires qui se trouvent encore à St Petersbourg, soit en cedant tous les exemplaires ensemble à un Libraire allemand ou hollandois, ou en les vendant publiquement à la foire de Leipzic. Comme je ne sai[s] d'autres nouvelles sur l'edition de Bologne que celles que Vous m'aves bien voulu communiquer, j'espere d'apprendre de Vous aussi celle qui regarde le prix.

R 1511 Lettre adressée à Maupertuis retenu encore quelques jours à Potsdam.
Autogr. fr., 2 f°. – AAS Paris, n° 13, f° 20r, 21v.
Copie fr., 3 p. – BAB, Bl. 39–41R.

[1] Présent à l'Académie le 16 février, Maupertuis fut absent de Berlin durant les semaines suivantes et la lettre d'Euler laisse entendre qu'il se trouvait simplement à Potsdam. Cette lettre postule également que Walz s'était rendu à Berlin fin janvier, début février et avait rencontré Maupertuis. Mais ce fut à Dresden, probablement en juin ou juillet, que Maupertuis fit plus ample connaissance avec ce personnage qui «lui parut avoir beaucoup d'esprit» (18 septembre 1747, Bibl. Bâle, L Ia 708, n° 103).

[2] Pour la lettre reçue de Londres et annonçant la nomination d'Euler comme membre associé de la Royal Society, lettre qui est ici déclarée écrite par C. Mortimer, il faut considérer le document comme perdu. Pour la première proposition par J. Stirling, voir sa lettre du 16 avril 1738 (R 2622).

[3] Les *Registres* de l'Académie de Berlin signalent pour le jeudi 23 février 1747 que «M. Euler a lu un mémoire de M. d'Alembert sur la théorie de la Lune. Il en a proposé ensuite un de sa façon *De numeris amicabilibus*». Voir le P.S. de la lettre de d'Alembert à Euler, du 29 janvier 1747, et les notes correspondantes: O. IV A, 5, p. 259–260 et 263.

[4] La pièce d'Euler sur les nombres amiables: *De numeris amicabilibus,* a été publiée dans les *Nova Acta Eruditorum* de 1747, p. 267–269 (E. 100; O. I, 2, p. 59–61).

[5] La lettre d'Euler à d'Alembert, déclarée jointe au présent envoi, est perdue.

[6] L'impression des Commentaires de l'Académie de Pétersbourg à Bologne semble à entendre comme résultat de l'initiative d'un marchand libraire profitant de l'arrêt de la publication, avant la mise en route d'une nouvelle série, pour fournir au public européen des ouvrages difficiles à se procurer. La réaction du comte Rasumovskij concernant l'écoulement des stocks encore disponibles à Pétersbourg s'explique donc aisément.
De l'Isle, membre de l'Académie de Pétersbourg depuis 1725, rentra effectivement en France en 1747 (arrivée à Paris vers la mi-septembre – cf. R 523 – aprés un passage à Berlin).

17
Euler à Maupertuis
Berlin, 6 mai 1747

Monsieur,

Ayant reçu la lettre cy-jointe de Mr Hedlinguer [1] dans laquelle il me marque que les coins de Notre Medaille arriveront bien tot, je n'ay pas voulu manquer de Vous en donner avis afin que Vous puissies de bonne heure solliciter les ordres necessaires du Roy, sans lesquels il n'est pas permis au Maitre de la Monnoye de frapper les medailles. Vous verres aussi, Monsieur, par cette lettre, qu'on aura besoin pour cet ouvrage d'une virole, que le forgeron de la Monnoye sera en état de faire.

J'ai assisté dernierement a l'examen de l'ecole nouvellement établie ici par Mr Hecker [2], et que le Roy a daignée de prendre sous sa protection, où j'ai été bien surpris de voir les beaux progrès que les ecoliers ont fait, entr'autres dans la Mathematique et Physique, qui surpassent presque ceux qu'on fait ordinairement aux Universités.

J'ai été prié de Vous faire ressouvenir au sujet de Mr Meckel [3], si habile Anatomicien, que Mr Haller lui donne les plus grands eloges, et dont Mr Eller Vous a aussi parlé. Cet homme souhaite si fort d'être de l'Academie qu'il est prêt de s'y engager à tout prix.

J'ai l'honneur d'être avec tout le respect
Monsieur
Votre très humble et très obeissant serviteur
L. Euler
Berlin ce 6 May 1747

R 1512 Courrier académique.
Autogr. fr., 1 f°. – AAS Paris, n° 14, f° 22r.
Copie fr., 2 p. – BAB, Bl. 42–43R.

[1] Hedlinguer ou Hedlinger, chevalier et intendant du roi de Suède, spécialiste de la médaille, était déjà depuis longtemps au travail pour les médailles demandées à Berlin. Voir la lettre d'Euler à Frédéric du 19 janvier 1743 (n° 4).

[2] Hecker, organisateur d'une école supérieure honorée du patronage royal, n'a pas, semble-t-il, participé à la vie de l'Académie, contrairement à d'autres maîtres du Collège de Joachimstal. Pas de correspondance avec Euler.

[3] Johann Friedrich Meckel, anatomiste, disciple d'Albert von Haller, ne sera reçu membre ordinaire de l'Académie de Berlin que le 8 mai 1749. Voir à son sujet la première lettre Maupertuis–Frédéric de l'édition Le Sueur, s. d., p. 85–87.

18
Euler à Maupertuis
Berlin, 9 mai 1747

Monsieur,

Comme Vous aves la bonté de prendre part à tout ce qui me regarde, je prend la liberté de Vous marquer que ma femme vient d'accoucher asses heureusement d'un fils, dimanche passé [1]. Or la même bonté, que Vous me temoignes, me rend si hardy de Vous prier d'assister au baptême de cet enfant conjointement avec Madame Votre Epouse en qualité de Parrain et Marraine. Mr le Comte de Keyserling m'a fait aussi la grace de m'accorder la meme demande, je prierai Mr Sack de faire la ceremonie du Baptême chez moi [2]. Le tems dependra de Votre retour en cette ville et comme cela se pourra differer jusqu'à quinze jours, j'espere que nous pourrons conter de Vous voir ici dans ce tems, c'est de quoi je Vous supplie de m'aviser quelques jours auparavant. J'ai l'honneur d'être avec le plus parfait attachement et respect

Monsieur
Votre très humble et très obeissant serviteur
L. Euler

à Berlin ce 9 Maj. 1747

R 1513 Affaire personnelle: baptême d'un fils.
Autogr. fr., 1 f°. – AAS Paris, n° 15, f° 23r.
Copie fr., 1 p. – BAB, Bl. 44 R.

[1] Les termes employés par Euler permettent de situer la naissance de ce dernier fils au dimanche 7 mai 1747. Il s'agit de Hermann Friedrich Euler, ce qui indique suffisamment que le parrainage de Maupertuis se situe sur un plan de civilité relativement formelle.
Cet enfant n'a pas vécu longtemps. Voir pour l'annonce de sa mort la lettre d'Euler à Wettstein du 30 janvier 1751 (R 2768).

[2] Le comte de Keyserling, ministre plénipotentiaire de Russie à la cour de Saxe, a d'après Euler accepté d'assister au baptême. C'est sans doute la raison pour laquelle le baptême est prévu sans solennité extérieure, au domicile même d'Euler, et avec le ministère d'August Friedrich Wilhelm Sack, prédicateur de la cour de Prusse et conseiller du Consistoire, membre de l'Académie (classe de philosophie expérimentale).

19
Euler à Maupertuis
Berlin, 16 mai 1747

Monsieur,

Je suis très vifement [sic] pénétré de la gracieuse reponse dont Vous aves bien voulu satisfaire à ma demande, mais je suis fort faché que nous nous saurions à peine promettre l'honneur de Votre présence. Les fêtes prochaines, sur lesquelles Mr Sack doit regler son tems, nous ont obligé de choisir le Jeudy prochain, ou le 18 de ce mois pour le batême, et ce sera à quatre heures après midi chez nous. J'ai pris la liberté de porter ma demande à Madame Votre Epouse, qui m'a très gracieusement promis de nous honorer de sa présence à ce tems marqué. Comme ce n'est que quelques jours avant le terme que je m'étois proposé, Votre lettre ne m'ôte pas encore toute esperance de Vous voir ici au meme temps, ce qui augmenteroit infiniment notre satisfaction [1].

Les pieces sur les monades ont deja fait le tour tout entier, et M^{r} le Comte de Dohna a conferé hier la dessus avec Mrs Sack, Kies et moy. L'avis de Mr Sack portoit que pour l'honneur de l'Academie il jugeroit le plus convenable de se tirer tout a fait de cette affaire odieuse, et de ne decider rien; il propose pour cet effet ou de ne donner le prix point du tout, et de le doubler à l'exemple de l'Academie de Paris [2] mais sur un autre sujet; ou de le partager entre deux pieces l'une pour et l'autre contre les monades, afin que l'Academie ne paroisse point prendre aucun parti [3]. Ce sont donc des propositions preliminaires, sur lesquelles il faut attendre Votre decision, avant que nous puissions opiner en forme.

Je viens de recevoir l'incluse de Mr Walz. Ayant l'honneur d'être avec la plus parfaite veneration

Monsieur
Votre très humble et très obeissant serviteur
L. Euler
Berlin ce 16 Maj 1747

R 1514 Réponse à une lettre de Maupertuis.
Autogr. fr., 1 f^{o}. – AAS Paris, n° 16, f° 24r.
Copie fr., 2 p. – BAB, Bl. 45–46R.

[1] L'indication de la date choisie pour le baptême (le jeudi 18 mai avant la Pentecôte) confirme le billet précédent n° 18. Euler fait discrètement pression en mentionnant que Madame de Maupertuis a répondu de manière plus spontanée et positive que son mari. Rien ne permet de dire si sa tentative a eu le succès souhaité.

[2] Allusion au fait que le Prix de l'Académie de Paris pour 1745 n'ayant pas été attribué, il y eut renouvellement de la question en 1747 avec une récompense double. Voir à ce sujet *supra* lettre n° 13, note 4. La présente lettre étant écrite avant la décision de l'Académie de Paris, il n'y a rien d'étonnant à ce qu'elle n'apporte pas de lumière sur le problème posé dans cette note au sujet de l'anonymat de la pièce d'Euler qui partageait le Prix.

[3] Le Concours pour le Prix de l'Académie de Berlin de 1747 sur les monades a donné lieu à des difficultés nombreuses sur lesquelles on peut consulter l'introduction de O. II, 20, p. XI–XIII. C'est la publication par Euler de la pièce intitulée *Gedancken von den Elementen der Cörper* … (Berlin 1746, in-4°, 20

p., E. 81; O. II, 20, p. 347–366) qui a mis le feu aux poudres en provoquant les tenants des monades et de la philosophie de Wolff. Celui-ci réagit d'ailleurs directement auprès de Maupertuis (voir lettre du 15 novembre 1746 – Le Sueur, *Maupertuis et ses correspondants,* p. 428–429) en se plaignant de ce que «la liberté de philosopher» se trouvait atteinte par l'intervention d'Euler avant le Concours et en adressant au président de l'Académie deux réfutations déjà publiées à Leipzig, une troisième étant en cours.
Il s'agissait sans doute des textes mentionnés dans O. II, 20, p. XII. La suite de la correspondance de Wolff avec Maupertuis (*op. cit.* p. 432, 436–37) en juillet 1747 montre que le président s'efforçait de tenir la balance égale entre les antagonistes. Il confiait d'ailleurs à Jean II Bernoulli le 18 septembre «Quant à MM. Euler et Wolff il ne sera jamais possible de les connaître, mais je ne crois pas les raisonnements du premier sur l'essence des corps plus solides que ce qu'on dit des monades. Je crois toujours qu'on pourrait dire de meilleures choses» (Bibl. Bâle, L Ia 708, n° 103).
C'est sans doute en raison de la conscience qu'Euler avait quant à l'attitude de Maupertuis qu'il transmet volontiers la proposition (présentée comme émanant de Sack) de partager le Prix entre deux pièces contraires, l'une pour, l'autre contre les monades. L'intérêt de la lettre d'Euler est de préciser qu'à la date du 16 mai les diverses pièces déposées pour le Concours avaient fait le «tour entier» des juges, et de situer d'une part les adversaires des monades, le Comte de Dohna, Sack, Kies et Euler, d'autre part de marquer que la décision «en forme» sur l'attribution du Prix est encore dans l'attente des instructions de Maupertuis.
Tandis qu'au dire d'Euler, Sack trouvait l'affaire «odieuse», Wolff regrettait auprès de Maupertuis (lettre du 1er juillet) qu'Euler ait «réveillé une controverse longtemps assoupie».
Pour la suite de cette affaire, voir les lettres ci-après.

20
Euler à Maupertuis
Berlin, 26 juillet 1747

Monsieur,

Vous aures appris par les gazettes, que Mr Delisle est arrivé ici de St Petersbourg, qui, ne pouvant pas avoir l'honneur de Vous faire ses complimens ici, prendra sa route par Pottsdam. Cependant il s'amuse ici à examiner les instrumens de l'Observatoire, et Mr Kies ne manque pas de profiter de son addresse à manier les instrumens; en attendant Mr Delisle m'a chargé de Vous assurer de ses respects et de son impatience de Vous voir [1].

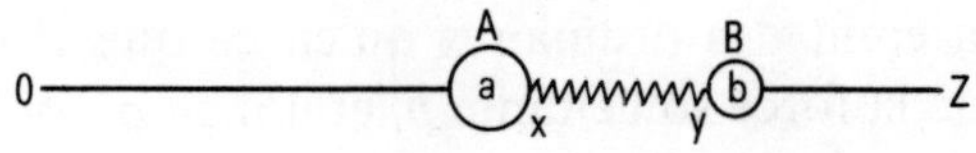

J'ai l'honneur de vous ecrire en detail mon examen, s'il est possible de prouver la verité des principes de mechanique par celle des loix de collision en les supposant constatées par l'experience [2]. Soient deux corps *A* et *B* qui se choquent actuellement, et au lieu de la force dont l'un agit sur l'autre, je conçois entr'eux un ressort *xy* ou *ab* qui se bande à mesure que le choc se fait. Soient *A* et *B* les masses des corps et *a* et *b* leurs vitesses avant le choc, l'une et l'autre étant dirigée de *O* vers *Z*; dans un instant quelconq[ue] que dure le choq, soit d'un point fixe *O*:

la distance $Oa = x$
la distance $Ob = y$
la vitesse de $A = v$
la vitesse de $B = u$
l'élement du tems $= dt$
et on aura
$dt = \frac{dx}{v} = \frac{dy}{u}$

la longueur du ressort $ab = y - x = z$; plus courte que la naturelle, qui soit $= c$; et qui a eu lieu au commencement du choc: de sorte que le raccourcissement du ressort soit $= c - z$; et partant la force du ressort sera comme une certaine fonction de $c - z$, qui soit $= p$ dont le corps A est poussé en arriere et B en avant; et suivant les regles reçues on auroit $p\,dt = -A\,dv = B\,du$.

Mais comme je dois douter encore de la verite de ces regles je choisirai des expressions encore plus generales. Pour cet effet soient V et U des fonctions quelconques semblables des vitesses v et u [3], et P une fonction quelconque de p qui sera par consequent une fonction de $c - z$ et au lieu des formules reçues, je considererai celles-cy:

$$P\,dt = -A\,dV \quad \text{et} \quad P\,dt = +B\,dU$$

qui, étant plus generales, renfermeront les veritables en cas que les ordinaires ne le soient pas [4]. Ces deux formules fournissent d'abord:

I. $A\,dV + B\,dU = 0$ et à cause de $dt = \frac{dx}{v} = \frac{dy}{u}$

II. $P\,dx = -A\,v\,dV$ et $P\,dy = +B\,u\,dU$ dont ôtant l'une de l'autre

III. $A\,v\,dV + B\,u\,dU = P\,(dy - dx) = P\,dz$; mais P étant une fonction de $c - z$ ou de z, $\int P\,dz$ sera une fonction de $c - z$, qui soit $= f(c - z)$ et cette III equation donne

IV. $A \int v\,dV + B \int u\,dU = f(c - z)$.

Maintenant sachant par l'expérience [5], que durant tout choq, le commun centre de gravité des corps continue à se mouvoir uniformement: il s'en suit que $Av + Bu$ est une quantité constante et partant $A\,dv + B\,du = 0$. Or l'équation I donne $A\,dV + B\,dU = 0$, ce qui fournit $\frac{dV}{dv} = \frac{dU}{du}$, donc puisque V et U sont des fonctions semblables de v et de u afin que $\frac{dV}{dv} = \frac{dU}{du}$ quelques inégales que soient v et u, il faut de necessité que V et U soient proportionelles aux vitesses v et u memes, et puisqu'il s'agit ici seulement des proportionalités soit $V = v$ et $U = u$ [6] et le mouvement uniforme du centre de gravité nous fournit deja les formules moins generales: $P\,dt = -A\,dv$ et $P\,dt = B\,du$, qui ne different des ordinaires qu'en ce que P marque ici encore une fonction quelconque de la force sollicitante p, et il n'en paroit pas encore que P doit être égale à p même.

Or n'ayant consideré jusqu'ici qu'une seule condition connue du choc, qui est commune aux corps elastiques et non elastiques, je vais considerer les autres conditions de l'une et de l'autre espece. Pour les corps non elastiques on sait que le choc cesse dès que les enfoncemens ou l'intervalle $c - z$ est devenu le plus grand: c.à.d. quand $dz = 0 = dy - dx$. Dans ce cas l'equation III donne $A\,v\,dV + B\,u\,dU = 0$. Or la I. $A\,dV + B\,dU = 0$ jointe à celle là nous fera voir que $v = u$ [7], ou que les corps apres le choc se meuvent d'un mouvement commun. Outre cela ayant deja trouvé $V = v$ et $U = u$, nous aurons $A\,dv + B\,du = 0$ et partant $Av + Bu = \text{const.} = Aa + Bb$, et nous fait connoitre que la quantité du mouvement est la même après et avant le choc. Cette circonstance determinant tout à fait le choc des corps non elastiques, il reste encore indecidé si la fonction P est égale à la force même p ou non.

Pour les corps elastiques le choc cesse des que l'intervalle z redevient egal à c, et partant l'expression $f(c-z)$ sera la même après le choc et avant; donc par IV. la valeur $A\int v\,dV + B\int u\,dU$ sera aussi la même apres et avant le choc. Or ayant trouvé $V = v$ et $U = u$ ce sera la somme des forces vives $Av^2 + Bu^2$ qui sera la même tant apres qu'avant le choc. Par conséquent les loix connues du choc laissent encore indeterminée la formule qui renferme les regles mechaniques, et elles ne montrent que $P\,dt = -A\,dv$ et $P\,dt = B\,du$, et il reste encore indecidé quelle fonction la lettre P doit être de la force sollicitante p.

Cependant les autres experiences [8] tirées de la chute des corps et du mouvement des pendules montrent tres evidemment que $P = p$, et par là on est assuré de la verité des loix generales du mouvement. Mais c'est une question tout à fait differente, si cette verité (qui ne peut etre revoquée en doute dans ce monde) est necessaire ou contingente, ou s'il eut été possible à Dieu de creer un tel monde, dans lequel d'autres loix eussent été observées: par exemple que $A\,dv = p^2dt$, ou que $Av\,dv = p\,dt$ ou d'autres formules differentes de celle-cy $Adv = pdt$. Mrs Leibnitz et Wolf ont soutenu cela, et n'ont regardé la formule $A\,dv = p\,dt$ que comme une verité attachée à ce monde, ou peut etre seulement à notre terre, croyant que dans les autres corps celestes peut etre d'autres formules ayent lieu. Pour moi je suis d'un sentiment tout à fait different, et je crois avoir demontré que cette verité est aussi necessaire que celles de la geometrie. J'ai fait cela dans le I. volume de ma mechanique, mais je crois avoir mis cette matière dans un plus grand jour dans la suite de cet ouvrage, dont je prend la liberté de vous envoier les premieres feuilles, où j'ai traité cette matière [9].

Mr Hedlinguer ne m'a pas encore repondu; les memoires avancent passablement, et je ne manquerai pas d'en presser l'impression aussi bien que celle des pieces du prix dont on a composé la premiere feuille il y a presque une semaine [10]. Or j'y avois remarqué tant de choses à changer, que Mr Haude a trouvé bon de faire ces changemens avant qu'il Vous la remette. Ce sera pourtant la premiere épreuve, et je ne doute pas que vous n'y trouveres plusieurs choses à corriger à l'egard du titre. Il y a quelques jours que je vis Mr Sack, et qu'il me dît qu'il n'avoit pas encore achevé la traduction. L'Auteur m'a mandé qu'il enverra incessament un supplément à sa piece qui a remporté le prix, qui contiendra plusieurs éclaircissemens, que je lui avois conseillé d'ajouter. Alors la question sera, si Mr Sack voudra aussi traduire ce supplément [11].

J'ai l'honneur d'être avec la plus parfaite veneration et respect
Monsieur
Votre très humble et très obeissant serviteur
L. Euler

Berlin ce 26 Juil. 1747
Je corrige actuellement la feuille X des memoires.

R 1515 Communication adressée à Maupertuis à Potsdam.
Autogr. fr., 2 f^o^. – AAS Paris, n° 17, f° 25r–v, 26r–v.
Copie fr., 5 p. – BAB, Bl. 47–51R.
Edit.: Brunet, p. 64–65.

[1] Il est plausible que de l'Isle soit en effet impatient de revoir Maupertuis, mais tout se passe comme si Euler voulait corriger – avec une formule de beau style – l'impression défavorable que Maupertuis pourrait avoir à lire que de l'Isle s'attarde à Berlin en «s'amusant» dans l'examen des instruments de l'Observatoire.

[2] Cet énoncé est probablement celui-là même que Maupertuis a fini par concevoir à la suite des diverses objections faites par Euler aux spéculations de son président concernant les lois du choc (voir les lettres n°s 11 et 14).

[3] Il faut évidemment entendre par là que V fonction de v et U fonction de u ne diffèrent que par le nom des variables, ce que l'on pourrait écrire: $V = f(v)$ et $U = f(u)$.

[4] Euler n'explicite pas ce qui lui permet de considérer les nouvelles formules comme plus générales. En raison de ce qu'il dit ailleurs, dans différentes pièces dont les références sont données plus loin, on peut imaginer qu'il trouve légitime de représenter les actions opposées mises en jeu durant le choc sous la forme d'expressions différentielles en fonction des vitesses. Toutefois, les formes $A\,dV$ et $B\,dU$ ne sont pas les plus générales qu'il soit possible d'imaginer, elles supposent que l'on admette l'inertie liée à la masse seule.

[5] Cette référence à l'expérience est évidemment suspecte et semble appelée par les besoins de la cause, puisque l'énoncé à satisfaire évoque les lois tirées de l'expérience. Dans un mémoire ultérieur (voir la note d'ensemble supplémentaire adjointe plus loin), Euler s'exprimera de manière plus réservée: «... grand principe que le mouvement du centre commun de gravité n'est pas altéré ... propriété généralement reconnue dans tous les chocs des corps» (O. II, 5, p. 124, fin du paragraphe 40).

[6] Il faut ici se rappeler que, conformément aux définitions posées au début de la lettre, v et u, sont les vitesses des corps *durant* le choc. Le calcul présenté ici par Euler confirme l'interprétation de la note 3 ci-dessus. $\frac{dV}{dv} = \frac{dU}{du}$, quelqu'inégales que soient v et u, entraîne $f'(v) = f'(u) = C^{te}$.

[7] L'équation de fin du choc $dy - dx = 0$, écrite une ligne plus haut, suffisait à elle seule pour la présente conclusion. Euler se laisse manifestement entraîner ici par le jeu de l'analyse. Il ne conservera pas, plus tard, cette justification inutile.

[8] Ce nouvel appel à l'expérience est encore moins convaincant, à priori, que le premier. Derrière la distinction entre P et p, il y a en réalité une distinction entre la force qu'Euler appelle «absolue», et qui préside aux équilibres, et la force «externe» qui règle les mouvements. Distinction de raison qu'Euler ne présentera en définitive dans sa *Theoria motus corporum solidorum seu rigidorum* (E. 289; O. II, 3) de 1765 que pour faire de son élimination un axiome.

[9] On trouve en effet dans le tome 1 de la *Mechanica sive motus scientia analytice exposita* (1736) au chapitre II, propositions 13, 15, 19 (cf. O. II, 1, p. 42, 48, 55), des essais de démonstration logique concernant la formulation $A\,dv = p\,dt$, qui correspondent exactement à ce que dit ici Euler. Quant à ce qu'il appelle «la suite de cet ouvrage» il s'agit manifestement de l'*Introductio continens illustrationes et additiones necessarias de motu punctorum*, en 6 chapitres, qui a été publiée en tête de la *Theoria motus* ... Le scholion 2 du chapitre III de cette *Introductio* (*De causis motu externi seu viribus*. Cf. O. II, 3, p. 81) traite notamment du caractère nécessaire et non contingent de la formulation $A\,dv = p\,dt$. Ainsi, la présente lettre apporte la preuve que la rédaction de ses compléments était suffisamment avancée en 1747 pour donner matière à communication auprès de Maupertuis.

[10] L'expression employée par Euler est à souligner: il a certainement beaucoup «pressé» l'affaire du Prix sur les monades et la publication des pièces. La décision concernant l'attribution du Prix est intervenue le 8 juin, plus rapidement que ne le laissait entendre la lettre précédente n° 19, et sans partage. Le lauréat, Johann Heinrich Gottlob Justi, adversaire des monades et tenant des faveurs d'Euler et de ses amis, avait probablement envoyé une première version de son mémoire dès le mois de janvier (cf. R 1077). En annonçant à Jean II Bernoulli le résultat du concours, le 12 juin, Maupertuis précisait que le mémoire étant en allemand, il y avait nécessité de le traduire (Bibl. Bâle, L Ia 708, n° 101). Dans la publication des pièces dont il sera question plus loin, le mémoire de Justi occupe la première place. Euler rend témoignage ici du début de la composition typographique et du fait que de nombreuses corrections et changements s'avéraient nécessaires. Voir *infra*, lettre n° 21, note 1.

[11] C'est donc à Euler qu'il faut rapporter l'initiative de corrections demandées à l'auteur. Le mémoire de Justi officiellement publié porte la date du 12 août 1747 (de Sangerhausen). Mais d'après Wolff le lauréat s'était empressé de publier dans «une revue de Leipzig» la première version dès la fin de juin (cf. P.S. de la lettre de Wolff à Maupertuis du 1er juillet 1747, Le Sueur, p. 429–432). L'affaire n'était donc pas de tout repos pour le président de l'Académie, au-delà des problèmes de traduction supplémentaire assumés par Sack.

Note additionnelle d'ensemble
En ce qui concerne le problème du choc, on trouve dans le mémoire *Recherches sur l'origine des forces* publié par Euler en 1752 dans le tome VI de l'Académie de Berlin pour 1750, p. 419–447 (E. 181), la mise au point du contenu de la présente lettre (cf. O. II, 5, p. 122–125). Dans cette rédaction définitive, ont disparu les considérations factices sur la généralité introduite avec $P = f(p)$, V et U fonctions «semblables» des vitesses. Avec le temps Euler s'est donc rendu compte de leur caractère à la fois illusoire et inutile. Il a supprimé aussi la fiction du ressort intermédiaire entre les deux corps et pratiqué une analyse plus subtile du choc: l'action et la réaction directement opposées qui interviennent pendant le choc sont les effets d'une même «force», opérant changement d'état dans l'un et dans l'autre corps, et résultant de l'impénétrabilité des deux corps *à la fois* (cf. O. II, 5, p. 118, paragraphe 24). L'impénétrabilité n'est donc en aucune manière une propriété physique à considérer isolément pour chaque corps, et qui permettrait de spéculer, comme Descartes, sur le rôle de la forme du corps comme complément de la masse de matière. L'impénétrabilité eulérienne ne fait *naître* une force que parce qu'elle est propriété commune aux deux corps qui se heurtent, et toute difficulté sur l'équation $A \cdot dv + B \cdot du = 0$ est évacuée du fait que le changement d'état, provoqué pour chaque corps, est coordonné simplement aux masses et aux variations de vitesse. On peut noter, d'après la fin du mémoire (cf. O. II, 5, p. 131), qu'Euler ignorait la complexité de la position cartésienne.
Il reste, malgré toutes les remarques que nous avons été amené à faire, que l'effort réalisé par Euler avec cette lettre du 20 juillet 1747 est remarquable.

21
Euler à Maupertuis
[Berlin,] 16 septembre 1747

Monsieur,

J'ai eu l'honneur il y a quelques semaines si je ne me trompe de Vous remettre quelques feuilles des pieces imprimees sur les monades [1], que j'avois reçues de Mr Haude, mais je ne me souviens plus, si c'étoient *O, P, Q, R.* Outre ces feuilles mentionnées j'ai n'ai pas reçu d'autres de Mr Haude, que je n'aurais pas manqué de Vous remettre aussitot. Mais j'irai expres encore ce matin pour m'informer la dessus chez Mr Haude.

Mr Kies [2] a commencé de cracher du sang, et m'a fait prié de l'excuser aupres de Vous, Monsieur, il est obligé de se tenir fort tranquillement. Mais etant pourtant en etat de calculer il s'est chargé de poursuivre mes calculs commencés sur les Observations de la Lune [3], avec lesquels je n'aurais pu parvenir à la fin tout seul.

J'ai l'honneur d'etre avec tout le respect
Monsieur
Votre tres humble et tres obeissant serviteur
L. Euler
Ce 16 Sept. 1747

R 1516 Billet d'information sur quelques affaires de l'Académie.
Autogr. fr., 1 fo. – AAS Paris, no 18, fo 27v.
Copie fr., 1 p. – BAB, Bl. 52R.

[1] C'est ici, pensons-nous, qu'il est opportun de donner toutes précisions utiles concernant la publication mentionnée. Elle a été faite avec deux pages de titre consécutives, la première en français: «Dissertation

qui a remporté le Prix proposé par l'Académie Royale des Sciences et des Belles Lettres sur le Système des monades, avec les Pièces qui ont concouru», Berlin, chez A. Haude et J.C. Spener, 1748, permis d'imprimer J.L. Moreau de Maupertuis, président; la seconde en allemand «Abhandlung, welche ...» (cf. O. IV A, 1, p. 563, n° 1).
La pièce primée, de Justi, se trouve en tête, p. III–LII, sous le titre: «Untersuchung der Lehre von den Monaden und einfachen Dingen worinnen der Ungrund derselben gezeigt wird», suivie de sa traduction française, p. LIII–CX.
Les pages suivantes sont numérotées en chiffres arabes – distinction significative – et comportent cinq des mémoires ayant concouru. Il y a ainsi confirmation de la lettre d'Euler à Goldbach du 4 juillet 1747 (Briefwechsel Euler-Goldbach, p. 275; R 831): sur les 30 pièces ayant concouru, seules les 6 meilleures devaient être imprimées. Parmi ces dernières figure la pièce X (attribuée à König).
L'indication fournie ici par Euler que l'on ait déjà rendu aux feuilles *O, P, Q, R,* pour l'impression, se rapporte manifestement aux cinq mémoires traités à part de la pièce de Justi et assure que de ce côté il n'y avait aucun retard. C'est la pièce primée qui ne cessait pas de poser des problèmes, à la fois du point de vue traduction et pour la mise au point de nombreux passages.
Dans l'*Avertissement* du volume publié, Maupertuis déclare avoir été dans l'obligation de supprimer dans cette pièce des «expressions qui n'étaient pas assez mesurées contre un homme illustre (Wolff)». «On ne trouvera donc pas la première pièce en tout conforme à celle que l'auteur a déjà fait paraître en allemand.» Et le 21 novembre 1747, Maupertuis confirmait à Jean II Bernoulli que dans le volume sur les monades prêt à sortir de presse il avait fait mutiler la pièce gagnante des expressions désobligeantes à l'égard de Wolff, et il ajoutait: «le public jugera les juges» (Bibl. Bâle, L Ia 708, n° 106).

[2] Jean Kies, professeur et astronome, membre de la classe de mathématiques à l'Académie – déjà cité plus haut dans l'affaire des monades – était donc atteint du même mal que Maupertuis. Est à relever ici sa collaboration directe au travail d'Euler.

[3] D'après les *Registres* ..., Euler a lu à la séance de l'Académie du 21 septembre (à la suite de la présente lettre) un mémoire sur la «Méthode pour trouver les vrais momens tant des nouvelles que des pleines Lunes». Ce mémoire a été publié dans les *Mémoires ... de Berlin pour 1747,* 1749, p. 154–173 (E. 113; O. II, 30), en même temps qu'un second *Méthode pour trouver le vrai lieu géocentrique de la Lune par l'observation de l'occultation d'une étoile fixe,* p. 174–177 (E. 114; O. II, 30). Il s'agit là évidemment de suppléments aux *Tabulae astronomicae solis et lunae* publiées par Euler en 1746 (E. 87; O. II, 23).

22
Euler à Maupertuis
[Berlin], 28 septembre 1747

Monsieur,

L'affaire sur la caution de Mr Köhler [1] ne paroit pas si pressante à Mr Eller, qu'on ne dût attendre Votre retour en cette ville. Mr Sack a entierement achevé la traduction de la piece victorieuse sur les monades; nous l'avons lue ensemble, et il y a parfaitement bien reussi à mon avis. Mais il est si las, qu'il ne vouloit plus se charger de la traduction du supplement; j'ai voulu entreprendre cet ouvrage, mais je me suis senti incapable. Mr Haude s'est engagé de le faire lui meme, et j'espere avec succes [2].

Avant hier M^r le Dr Gmelin [3] arriva ici, que j'avois attendu avec beaucoup d'impatience; il a passé 10 ans en Siberie où il n'y a pas de coin qu'il n'ait examiné. Il m'a apporté de l'academie le Xme volume des Commentaires [4], qui n'étoit pas encore achevé au depart de M^r de l'Isle, avec l'atlas de Russie en characteres latins. Il souhaite fort de Vous rendre ses respects, et je suis assuré que Vous ne regretteries pas de l'avoir vu.

Mr Sulzer [5] Vous aura sans doute reiteré en personne ses tres humbles demandes au sujet de la confirmation de la place, que Vous aves eu la bonté de lui procurer. Je Vous supplie de lui continuer Vos faveurs.

J'ai l'honneur d'être avec toute la soumission possible
Monsieur
Votre tres humble et tres obeissant serviteur
L. Euler

Ce 28 Sept. 1747

R 1517 Courrier académique adressé à Potsdam.
Autogr. fr., 1 f°. – AAS Paris, n° 19, f° 28; adressé: «A Monsieur de Maupertuis, President de l'Academie Royale des Sciences et Belles Lettres de Prusse et Chevalier de l'Ordre pour le Mérite à Pottsdam» (f° 29r).
Copie fr., 2 p. – BAB, Bl. 53–54R.

[1] David Köhler, conseiller d'Etat et investi de mission financière de l'Academie, etait chargé d'après des lettres postérieures (cf. n° 27 et 28) de réunir des documents soit pour les médailles, soit pour la publication des almanachs. C'est probablement pour l'accomplissement de cette mission qu'il avait besoin d'une caution officielle de l'Académie.

[2] Cette mention des difficultés rencontrées à propos de la traduction, pour l'édition, de la pièce victorieuse sur les monades est significative des conséquences de la règle imposée par Maupertuis quant à l'usage de la langue française pour les publications de l'Académie. Euler ne se plaint pas, mais il fait mention avec netteté. Sur l'emploi du français à l'Académie de Berlin, voir l'ouvrage de Christian Bartholmess: *Histoire philosophique de l'Académie de Prusse* ..., tome I, Paris 1850, p. 174–178.

[3] J.-G. Gmelin était membre de l'Académie de Pétersbourg depuis 1727 et professeur de chimie et d'histoire naturelle depuis 1731.

[4] Cette mention du Xe volume des *Commentaires* de Pétersbourg qui vient de paraître récemment en Russie prouve le retard dans l'achèvement de la publication. La première série, 1726–1746, des *Commentarii* ... comprend quatorze volumes. Avec la parution du Xe en 1747, il restait donc encore quatre volumes à mettre au jour. Le dernier paraîtra en 1751.

[5] Johann Georg Sulzer, psychologue et physicien, postulait pour une place de professeur au collège de Joachimsthal. Il l'obtiendra bientôt (le 7 octobre, cf. lettre n° 25), mais il ne sera membre de l'Académie que le 29 octobre 1750. Maupertuis le jugeait sévèrement: «Connaissez-vous M. Sulzer de Zurich», demandait-il à J. II Bernoulli le 18 septembre 1747, «il prouve l'existence de Dieu par les vers qui se trouvent dans l'ordure des dents» (Bibl. Bâle, L Ia 708, n° 103).

23
Euler à Maupertuis
[Berlin], 30 septembre 1747

Monsieur,

Dans ma derniere lettre j'ai publié de Vous marquer que la traduction de Mr Sack qu'il m'a lue n'étoit que son premier brouillon que meme personne hors lui ne sauroit copier. Il est donc à cette heure lui meme occupé à le copier, et avant qu'il eut achevé, je ne serai pas en état de Vous l'envoier selon Vos ordres [1]. Je viens de lire une mechante refutation de cette piece victorieuse imprimée à Leipzic en allemand, à laquelle Mr Formey me paroit avoir beaucoup de part [2], vu qu'elle contient plusieurs particularités, qui se sont passées ici dans cette affaire. Elle est un peu injurieuse à l'Academie, mais les raisons dont il attaque la piece de Mr Justi sont fort pitoyables, et il suppose partout, que l'infini des mathematiciens n'est autre chose qu'un indefini, ce qui est l'idée de Mr Formey. L'auteur commence par cette belle reflexion, qu'une doctrine, quoiqu'elle soit approuvée par une Academie, pourroit neantmoins être fausse [3].

M[r] le Dr Gmelin, que j'ai introduit jeudy passé [4] dans l'Assemblée de l'Academie, est fort sensible à l'attention que Vous temoignes envers lui; il conte de partir d'ici pour Dresden au commencement de la semaine prochaine, et il tachera de prendre sa route par Pottsdam pour Vous rendre ses respects.

J'ai l'honneur d'être avec la plus parfaite veneration
Monsieur
Votre tres humble et tres obeissant serviteur
L. Euler
Ce 30 Sept. 1747

R 1518 Courrier académique adressé à Potsdam.
Autogr. fr., 1 f°. – AAS Paris, n° 20, f° 30, adressé: «... à Potsdam» (f° 31r).
Copie fr., 2 p. – BAB, Bl. 55–56R.

[1] Il est clair, d'après les expressions employées par Euler, que la précédente lettre s'est croisée avec un ordre de Maupertuis demandant la transmission, pour lecture, de la traduction en français de la pièce sur les monades de Justi.

[2] La «méchante réfutation» dont parle Euler n'est pas identifiable aisément. Deux publications sont en 1747 attribuées à Formey, l'une *Prüfung der Gedanken eines ungenannten von den Elementen der Körper* à Leipzig (cf. les arguments O. III, 2, p. XII), l'autre *Recherches sur les elements de la matière*, s.l., mais dans l'une et l'autre il ne s'agit que d'une critique du mémoire d'Euler de 1746 et il n'est pas soufflé mot du Concours de l'Académie et de la pièce primée. Euler suppose d'ailleurs seulement que Formey paraît avoir eu «beaucoup de part» à ce pamphlet – pour les raisons précises qu'il indique (voir plus loin la lettre n° 25) et il est vraisemblable qu'il faille plutôt identifier l'auteur avec celui que Formey appelle dans les *Recherches* ..., ci-dessus citées, le «Journaliste de Leipzig». Cf. *Neuer Büchersaal der schönen Wissenschaften und freyen Künste* V–VI, Leipzig 1747.

[3] Argument très familier à König, on le rencontre dans presque toutes les pièces de la controverse à venir, qui sont citées dans l'introduction *supra*.

[4] Cf. les *Registres*..., p. 116 (séance du 28 septembre 1747).

24
Euler à Maupertuis
[Berlin,] 5 octobre 1747

Monsieur,

M[r] le Dr Gmelin n'ayant pu Vous rendre ses respects ici prend sa route par Pottsdam pour avoir cett'honneur, et je prend la liberté de le charger de ces lignes, pour Vous supplier de Lui accorder l'entrée chez Vous. Comme je ne doute pas que Vous ne soyes envieux de voir cet habile homme, qui joint à ses merites celui d'avoir penetré pendant 10 ans dans tous les coins de Siberie, je me flatte que ma recommandation, que je prend la liberté de Vous addresser, aura tout l'effet qu'il puisse esperer.

Mr Hedlinguer doit deja etre arrivé à Nurnberg, d'où à ce qu'on me marque de Basle, il pourroit bien prendre sa route par cette Ville pour se rendre à Hambourg, où il espere de recouvrir une bonne partie de ses effets, qu'il a perdu, il y a quelques ans par un naufrage.

J'ai l'honneur d'être avec le plus parfait attachement
Monsieur
Votre tres humble et tres obeissant serviteur
L. Euler
Ce 5 octobre 1747

R 1519 Autogr. fr., 1 f°. – AAS Paris, n° 21, f° 30r, adressé: «... à Pottsdam» (f° 33r).
Copie fr., 1 f°. – BAB, Bl. 57R.

25
Euler à Maupertuis
Berlin, 9 octobre 1747

Monsieur,

J'ai l'honneur de Vous envoier la traduction de la piece de Mr Justi sur les monades, que Mr Sack s'est donné la peine de mettre au net lui même. Il est d'autant plus ravi d'avoir achevé cet ouvrage auquel il ne s'engageroit plus pour tout le royaume de France, tant est rassasié son appetit qu'il a temoigné au commencement pour traduire cette piece [1]. La refutation de cette piece, qui vient d'être publiée à Leipzig, contient ces circonstances que les partisans des monades avoient d'abord prevû, que l'Academie ne sera pas impartiale dans son jugement sur cette question, dès qu'un de ses membres avoit publié ses sentimens la dessus (l'Auteur parle ici de mon examen de la doctrine des monades, quoique mon nom n'y fût point ajouté), et qu'on avoit vu les *opuscula varii argumenti* du meme Auteur (c'est mon ouvrage) où il pretendit que tous les changemens dans les corps n'étoient causes que par la seule inertie [2]. De ces circonstances les monadistes avoient conclu que quelques membres de l'Academie ne manqueroient pas d'entamer des intrigues pour supprimer la verité, et que l'effet avoit bien confirmé ce soupçon, puisque contre les loix de l'Academie on avoit laissé concourir la piece de Mr Justi arrivée trop tard [3], et qu'elle n'avoit pas été courronnée du prix que par une petite superiorité des voix. (Ici l'Auteur paroit peu informé, puisqu'il y avoit 5 voix contre 2, à moins qu'il ne voulût attribuer à ces deux voix une double force) [4]. Il dit ensuite que, quoique ce jugement ne puisse apporter aucune atteinte à la verité, il étoit pourtant à plaindre, que l'autorité d'une Academie est capable d'étouffer la connoissance de la verité dans l'esprit de plusieurs personnes, et que pour prevenir cet effet facheux, l'Auteur se croit obligé de decouvrir à tout le monde la faussété des raisons de Mr Justi. Les expressions dont l'Auteur se sert dans cette preface, m'ont paru plus fortes à la premiere lecture; mais à la seconde je trouve qu'elles sont asses moderées [5]. C'est donc à Vous, Monsieur, de juger si le sens meme est injurieux à l'Academie ou non? mais je crains que nous ne verrons en peu de tems des pieces plus grossieres.

Pour les pieces des monades deja imprimees, j'espere qu'il n'y aura plus de fautes dans les feuilles que Mr Kies s'est chargé de corriger. Les premieres pieces qui ont été imprimées, et sur tout n° 10 ont été si mal ecrites qu'il a quelques fois été presqu'impossible de les dechiffrer, et il auroit falu pour la correction un homme qui eut été au fait de la matiere meme, et je m'étonne qu Mr Formey ait refusé de corriger sa piece favorite n. 10 [6].

Vous verres par l'incluse de Mr Sulzer, que ce n'est que depuis deux jours que Mr de Marschall lui a donné l'asseurance de son installation [7]. Il part aujourdhui pour Magdenbourg, et il en reviendra dans 15 jours pour transporter toutes ses hardes, puisque Mr de Marchall, qui est parti avant hier, ne sera pas de retour plutot. Il est encore en peine sur un point, comme il ne sait pas si sa lettre de remerciment qu'il a envoiée au Roy en Silesie s'est perdue ou non? il croit que dans le premier cas il devroit remercier S. Majesté. Il n'aura pas manqué de Vous temoigner toutes les obligations possibles de Lui avoir procuré cette place malgré tant d'obstacles facheux, et de mon coté je Vous en remercie infiniment, puisqu'il est mon ami. Mais comme j'espere qu'il continuera de s'appliquer aux sciences avec plus de succes que jusqu'à present, je me flatte qu'il sera bientot en état d'être utile à l'Academie, et que Vous n'aures jamais lieu de regretter la protection que Vous lui aves bien voulu accorder.

On me mande de Petersbourg que M^r le President a approuvé ma proposition de faire imprimer ici mon traité sur la navigation [8], et j'attend aujourdhui pour cela les remesses [9], pour commencer l'impression incessement. Ce sera dans l'imprimerie où nos memoires s'impriment, mais j'espere que cela ne retardera pas les ouvrages de l'Academie.

J'ai l'honneur d'être avec le plus parfait attachement
Monsieur
Votre très humble et très obeissant serviteur
L. Euler
Berlin ce 9 Octobre 1747

R 1520 Courrier académique adressé à Potsdam.
Autogr. fr., 2 f°. – AAS Paris, n° 22, f° 34r–v, 35r.
Copie fr., 3 p. – BAB, Bl. 58–60R.

[1] L'expression employée par Euler pour décrire le sentiment du traducteur de la pièce sur les monades est savoureuse et significative: l'appétit dont M. Sack témoignait au commencement est à ce point satisfait qu'il ne recommencerait pas pour tout le Royaume de France.

[2] D'après Euler, la réfutation publiée à Leipzig et dont il était déjà question *supra* (lettre 23) reprenait une argumentation basée sur la critique de son mémoire anonyme de 1746 (*Gedancken von den Elementen*

der Körper, p. 367–372), (E. 81) et de ses *Opuscula varii argumenti* I (cf. E. 80; O. III, 2) et ce qu'il précise ici (reproche de rapporter tous les changements des corps à la seule inertie) désigne manifestement le contenu du factum anonyme de Formey, *Recherches sur les elements de la matière*. Il est donc vraisemblable que ce factum a effectivement servi à la rédaction de la «mauvaise réfutation» en allemand (cf. note 2 de la lettre 23).

[3] La contestation évoquée ici avait déjà obligé Justi à envoyer toute précision utile sur les conditions dans lesquelles il avait expédié son mémoire pour le concours (cf. R 1079 lettre de Justi à Euler du 16 juillet). Quelles que soient les obscurités qui demeurent dans notre information, il est certain que les juges avaient eu en main une pièce de Justi au milieu de mai (*supra* lettre 19).

[4] L'indication du résultat du scrutin concernant le Prix des monades (5 voix pour, 2 contre) signifie évidemment qu'Euler, membre du jury, sait parfaitement à quoi s'en tenir sur l'identité des deux opposants. L'un d'eux était certainement Formey.

[5] La manière dont Euler corrige son sentiment initial, afin de minimiser l'affaire, est digne d'attention. En fait, il se doute que Maupertuis a une opinion défavorable pour les deux partis à la fois.

[6] Détail curieux sur les conditions dans lesquelles l'édition des pièces sur les monades a dû être matériellement conduite. Mais s'il est vrai que les manuscrits étaient si défectueux, notamment celui qui portait le numéro 10 et avait la faveur de Formey, comment ne pas douter de la valeur du concours lui-même. Il est vrai que cette pièce n° 10 était celle de König, et Euler ne perd pas l'occasion d'une remarque, même si elle risque de se retourner contre le jugement académique.

[7] La nomination de Sulzer, ami d'Euler, au Collège de Joachimsthal date donc du 7 octobre 1747. Elle a sans doute profité des dispositions antérieurement prévues pour Walz, lequel vient de mourir.

[8] Sur accord du président de l'Académie de Pétersbourg, l'impression de la *Scientia Navalis* (E. 110, 111; O. II, 18, 19) d'Euler était prévue à Berlin même, à l'imprimerie de l'Académie de Berlin. Cependant, on n'a pas trouvé à Berlin un imprimeur prêt à se charger de cette affaire et en fin de compte l'ouvrage, dont le manuscrit fut achevé encore au début de 1743, fut publié à Pétersbourg en été 1749. – Cf. Juškevič-Winter, II, p. 7–8 et la correspondance d'Euler avec la direction de l'Académie de Pétersbourg y mentionnée.

[9] C'est à dire des lettres de contrat entre l'Académie de Pétersbourg et l'imprimeur de Berlin, qui ont dû arriver peu après (cf. lettre n° 29 *infra*).

26
Euler à Maupertuis
Berlin, 13 octobre 1747

Monsieur,

L'examen du Probleme, dont Vous aves bien voulu me charger, me paroit etre plutot une affaire du droit que du calcul, puisque toute la difficulté depend de l'interpretation des termes du contract; il s'agit de quelle somme Pierre soit obligé de payer les $2\frac{1}{2}$ pC^t à Jean et 10 pC^t à Paul, s'il doive rabattre de son partage seulement les depenses réélles emploiées pour l'établissement de la manufacture, ou s'il en doit outre cela retrancher la somme avancée à Jaques? Il me semble que le contract demande cette dernière condition, mais le compte est dressé sur la premiere; donc si je ne me trompe dans le sens du contract (qui me paroit pourtant asses clair), la portion assignée dans le compte à Jean doit être diminuée de 893, 19, 10, et celle qui est assignée à Paul de 3 486, 11, 6, au profit de Pierre, comme j'ai l'honneur de marquer dans le papier cy-joint [1].

Je n'ai jamais douté que Mr Kies ne soit parfaitement au fait de la matiere des monades, mais Vous saves, Monsieur, que les premieres feuilles jusqu'à la piece n^{ro} XI n'ont pas été corrigées par lui, mais Mr Haudé en avoit chargé un certain magister, qui s'est si mal acquitté de cette commission; et je ne doute pas que depuis la piece n^ro^ XI, où Mr Kies a commencé à corriger, il ne se trouvent plus des fautes d'impression. J'ai fait la dessus des representations à Mr Haudé qui est extremement faché de cette negligence, vu qu'un tel ouvrage si mal executé seroit fort nuisible à sa reputation [2]. Il est donc pret de faire reimprimer à ses depenses les feuilles qui sont remplies des plus grossieres fautes, et il souhaite de savoir le nombre de ces feuilles et leurs marques; peut être qu'il suffira de reimprimer une demie douzaine. Mr Justi ayant fait aussi imprimer a Leipzic son supplement qu'il a envoié à l'Academie, ce qui ne manquera pas de diminuer le debit de son edition. Il Vous supplie très instamment de faire publier pour l'avenir une defense [3], qu'aucun auteur de pieces victorieuses ne se hazarde plus de publier sa piece lui meme.

Mr Haudé est actuellement fort en peine au sujet du papier qui lui manque pour les ouvrages de l'Academie, et quoiqu'il se donne toutes les peines possibles pour en trouver, il ne peut pas esperer d'en avoir si tôt, et à cause de ce delai qui lui est extremement desavantageux, il m'a chargé de Vous faire ses excuses.

J'ai l'honneur d'être avec tout l'attachement possible
Monsieur
Votre très humble et très obeissant serviteur
L. Euler

Berlin ce 13 Octobr. 1747

R 1521 Courrier académique adressé à Potsdam.
Autogr. fr., 1 f^o^. – AAS Paris, n° 23, f° 36r–v.
Copie fr., 3 p. – BAB, Bl. 61–62R.

[1] Il est évidemment regrettable que nous ne possédions pas le «papier joint» signalé. A son défaut les explications d'Euler demeurent insuffisantes pour déterminer exactement de quoi il s'agit. On peut cependant tenir pour certain que Maupertuis a consulté Euler sur une affaire de répartition de bénéfices provenant d'une manufacture et lui a communiqué à la fois un relevé de compte et un contrat, ou plutôt des copies de ces documents avec des noms fictifs de personnes. La raison de cette consultation devait être que le président de l'Académie avait des difficultés en raison de l'extrême complexité des monnaies prussiennes, avec la distinction entre monnaies réelles et monnaies de compte. L'affirmation d'Euler, posée dès le début, que le problème concerne moins le calcul que l'interprétation du contrat incline fortement dans le sens de cette hypothèse. D'autre part, avec les taux de 2,5% et de 10% indiqués et l'interprétation du contrat fourni par Euler, il devrait y avoir un rapport de 1 à 4 entre les sommes qui sont mentionnées pour correction du compte, et ce rapport est impossible si les sommes sont lues en monnaies françaises.
Il est en définitive possible que le problème posé concerne un revenu obtenu par Maupertuis pour l'Académie (cf. sa lettre à Jean II Bernoulli du 21 novembre 1747, L Ia 708, n° 106, où il déclare avoir obtenu du Roi depuis quelques jours de très beaux avantages pour l'Académie), et il se peut aussi qu'en signalant ce qui doit être restitué «au profit de Pierre», Euler ait été quelque peu au fait des préoccupations de Pierre-Louis Moreau de Maupertuis.

[2] Maupertuis y sera en effet très sensible comme le montrent des lettres postérieures à Jean II Bernoulli (19 décembre 1747, mai 1749, L Ia 708, n°s 108 et 117: «on imprime indignement à Berlin»).

[3] La faveur accordée par Euler à Justi a eu pour conséquence que celui-ci ne s'est cru tenu à aucune précaution puisqu'il a, par deux fois, publié sa prose indépendamment de l'Académie. Nul doute que l'appel que fait ici Euler à l'autorité ne soit apparu à Maupertuis comme une tentative pour couvrir après coup des imprudences, et qu'il en ait conçu une certaine irritation. Il a cependant publié la défense demandée dans l'Avertissement du recueil publié (cf. référence *supra* note 1 de la lettre n° 21). Le supplément dont il est ici question figure dans ce recueil, p. CI–CX.

27
Euler à Maupertuis
Berlin, 11 novembre 1747

Monsieur,

Mr Köhler vient de representer dans la derniere assemblée, que jusqu'ici il a été impossible, tant à lui qu'à Mr Harper, de trouver les portraits de L.L. A.A. [leurs Altesses] les Princes Henry et Ferdinand, et c'est dont j'ai été chargé de Vous donner avis et de demander Vos Ordres la dessus. En tout cas il fut impossible de nous procurer ces portraits. Mr Köhler propose le Portrait de S.M. La Reine Mere, qui depuis tres long tems n'a plus paru dans les Almanacs [1].

L'incluse vient de Mr Bernoulli, qui m'a prié de Vous la faire parvenir au plutot. Il m'a ecrit enfin qu'il seroit bien resolu d'aller à Petersbourg, mais qu'il n'en puisse pas obtenir la permission de Son Pere [2].

J'ai deja expedié la seconde feuille de la piece n[ro] X qui sera maintenant asses intelligible, mais les distinctions et corrections des fautes du manuscrit m'ont bien couté 3 jours entiers de travail [3].

M[r] le Conseiller d'Etat et Premier Medecin Sanchez de Ribera [4] est arrivé de Petersbourg: c'est le même dont feu Mr Jordan a parlé, si Vous Vous souvenes, qui devoit entrer alors au service du Roy. C'est un tres habile Homme et qui a aussi beaucoup contribué au retablissement de l'Academie de Petersbourg et étant riche, ce seroit toujours une bonne acquisition.

J'ai l'honneur d'être avec un très profond respect
Monsieur
Votre tres humble et tres obeissant serviteur
L. Euler
Berlin ce 11 Nov. 1747

R 1522 Courrier académique adressé à Potsdam.
Autogr. fr., 1 f°. – AAS Paris, n° 24, f° 37r, adressé: «à Potsdam», avec la mention ajoutée: «mit der ersten staffete oder Post» (f° 38r).
Copie fr., 2 p. – BAB, Bl. 63–64R.

[1] Précision concernant la mission dont Köhler se trouvait chargé (cf. lettre n° 22). Il convient ici de rappeler que l'initiative d'adjoindre aux revenus de l'Académie le produit des almanachs doit beaucoup à Euler, au temps où il s'agissait encore de la Société Royale des Sciences et des Belles Lettres de Prusse – voir la lettre d'Euler à Frédéric du 19 janvier 1743, n° 4, et les lettres de Köhler à Euler, O. IV A, 1, Anhang II, 18–23.
La reine mère, dont il est question, est bien entendu Sophie-Dorothée de Hanovre.

[2] La lettre de Daniel Bernoulli à Maupertuis, déclarée jointe et indiquant l'opposition de Jean I Bernoulli père à un retour de Daniel à Pétersbourg, fait évidemment suite à la correspondance de Daniel avec Euler du 22 septembre (R 172). Elle devait contenir un appel à une intervention de la part du président auprès de son collègue homologue de Pétersbourg. Si celle-ci eut lieu, elle fut sans succès puisque peu de temps après la pension de Daniel en Russie fut supprimée. Le 19 décembre Maupertuis écrivait en effet à Jean II: «J'appris hier par M. Euler la fâcheuse nouvelle de la résolution qu'on a prise contre votre frère. Je tâcherai, si je le puis, de lui être utile, mais comme c'est l'envie de le r'avoir qui fait agir, je ne me flatte pas de réussir» (Bibl. Bâle, L Ia 708, n° 108).

[3] Participation édifiante d'Euler au travail matériel de l'édition des pièces sur les monades, d'autant que la pièce X à laquelle il a consacré tant de temps était connue comme émanant de König et comme ayant la faveur de Formey.

[4] A joindre à la mention faite dans la lettre suivante n° 28. Pour Sanchez de Ribera, voir Juškevič–Winter, II. – Sanchez assistait à la séance de l'Académie Berlinoise le 9 novembre 1717. Cf. *Registres*..., p. 118.

28
Euler à Maupertuis
Berlin, 18 novembre 1747

Monsieur,

J'ai communiqué à Mr Köhler Vos Ordres par rapport aux Portraits pour les Almanacs de l'Année 1749, et ils seront exactement executés. Je Vous felicite sur l'heureux succes de Vos soins auprès de Sa Majesté pour le bien de l'Academie dont Mr Formey nous a donné part dans la derniere Assemblée [1]. Les autres Classes ont fait quelques difficultés sur la communication de leurs memoires, mais celle de mathematique observera cette regle très soigneusement. Jeudy prochain je lirai ma piece sur la force des rames, que j'ai deja eu l'honneur de Vous communiquer, et 15 jours après Mr Kies a promis de lire une piece que je ne manquerai pas de Vous envoier bientot [2]. Vous verres, Monsieur, Lundy prochain M^r le Conseiller d'Etat Sanchez [3], qui passera par Pottsdam pour se rendre à Paris. C'est un très habile homme et à mon avis en état de rendre à l'Academie des services réels. Comme Il est membre honoraire et pensionaire de celle de Petersbourg je crois qu'il meriteroit bien le meme honneur de notre Academie. Il seroit au moins très flatté si Vous lui voulies donner quelque esperance.

Je viens de recevoir plusieurs depeches de l'Academie de Petersbourg, qui m'ont occupé depuis quelques jours. J'ai reçu les ordres pour l'expedition de M^r le Prof. Braun qui partira d'ici en quelques semaines. Je suis aussi chargé d'engager Mrs Kruger et Kratzenstein de Halle; comme ils sont très habiles, et qu'ils soutiennent presqu'encore cette université, quoiqu'ils n'en jouissent point de pensions, je ne voudrois pas entrer dans cette affaire sans avoir l'assurance qu'on ne me fera pas des reproches la dessus. L'un et l'autre est sans cela prêt de quitter cette université faute de subsistence, et si Mr Bielenfeld ne trouve pas à propos de les retenir, je crois qu'il sera indifferent s'ils en partent pour Petersbourg ou ailleurs. Cependant je Vous supplie tres instamment de me decouvrir Votre sentiment là dessus [4].

M^r le Comte Rasumoffski m'a aussi envoié un grand paquet de pieces de quelques membres de l'Academie et m'en demande mon sentiment, si je les trouve dignes pour être inserées dans les Commentaires. En meme tems j'ai aussi reçu la resolution pour l'impression de mon traité sur la navigation, et l'Imprimeur Michaelis m'a promis de le mettre sous la presse incessament [5]. On m'a aussi envoié le reglement de l'Academie, tel qu'il a été approuvé par l'Imperatrice.

Pour la place de mathematicien qu'on avoit destinée à Mr Bernoulli, j'ai proposé Mr Oechliz [6] puisque Mr Bernoulli ne peut pas obtenir la permission de son pere pour aller à Petersbourg. Il m'a été remis un gros paquet de la part de Mr Jean Bernoulli pour Vous, que j'ai remis à Madame Votre Epouse. Mr Bernoulli me loue fort un jeune homme de Bale nommé Passavant, qui ait deja fait de grands progres dans la mathematique, pour le recommander à Petersbourg: peut être que ce seroit un bon sujet pour occuper la place que Vous avies destinée à Mr Oechliz [7].

Voilà des feuilles sur les monades, auxquelles j'ai joint la 1re et 3me de la nouvelle edition de la piece n° X, c'est par meprise qu'on a imprimé la 3me avant la 2de que je recevrai bientot. J'espere que Vous en seres content et que cette edition sera asses intelligible, quoique j'aie trouvé une ou deux passages que je n'ai pû comprendre, où je me suis tenu exactement à l'original [8].

J'ai l'honneur de Vous assurer du plus parfait attachement avec lequel je suis
Monsieur
Votre très humble et très obeissant serviteur
L. Euler

Berlin ce 18 Nov. 1747

[sur le côté gauche, écrit verticalement]

J'ai des Complimens à Vous faire, Monsieur, de la part des Messieurs Marinoni à Vienne et Poleni à Padoue.

R 1523 Courrier académique adressé à Potsdam.
Autogr. fr., 2 f°. – AAS Paris, n° 25, f° 39r–v, 40r.
Copie fr., 3 p. – BAB, Bl. 65–67R.

[1] Confirmation des allusions de notre note 1 de la lettre précédente n° 26. Maupertuis a beaucoup agi auprès du Roi en septembre–octobre 1747 pour l'amélioration des ressources de l'Académie. La manière dont s'exprime ici Euler semble indiquer que Maupertuis ne l'informait pas sans réserve puisque c'est par la voie officielle et en séance qu'Euler a appris le succès des démarches du président.

[2] En contrepartie des avantages matériels obtenus du Roi, il est clair que Maupertuis a essayé d'obtenir un travail plus réglé de la part des membres de l'Académie, en exigeant notamment la remise des mémoires avant leur présentation en séance (cf. les plaintes de Maupertuis dans ses lettres à Jean II Bernoulli de l'automne 1747, Bibl. Bâle, L Ia 708, n°s 104 à 109).
Euler se plait à souligner que s'il y a des résistances ailleurs, la classe de mathématiques est prête à obéir, conformément à l'exemple donné par son directeur: la pièce d'Euler *Sur la force des rames* (E. 116; O. II, 20, p. 101–129; *Mémoires … de Berlin pour 1747,* 1749, p. 180–213), qui fut présentée le jeudi 23 novembre avait déjà été communiquée au président. – Nous n'avons trouvé aucune trace du projet ici annoncé de la part de Kies.

[3] En annonçant le passage du Conseiller Sanchez à Potsdam, Euler renouvelle les avances de la lettre précédente n° 27 pour obtenir une faveur. Mais tandis qu'il mentionnait d'abord que le personnage était à ménager en raison de sa fortune, il se contente d'évoquer ici la possibilité de «services réels» en échange d'une distinction.

[4] Le sentiment de Maupertuis se découvre dans sa lettre à Jean II Bernoulli du 19 décembre 1747 (Bibl. Bâle, L Ia 708, n° 108). Il y déclare en effet avoir trouvé un moyen d'augmenter les ressources de Berlin: «faire instance à quelques membres de saisir l'occasion de porter leurs talents en Russie». Il est peu probable qu'Euler se soit douté de la manière dont le président agréait en définitive, dans certains cas, son agitation diplomatique et ses relations avec Pétersbourg. Mais dans certains cas seulement. Pour Braun, Krüger et Kratzenstein, voir Juškevič–Winter, II.

[5] *La Scientia Navalis* (E. 110, 111; O. II, 18, 19) d'Euler a été éditée en 1749 comme supplément au tome I des *Novi Commentarii* ... de l'Académie de Pétersbourg. Cf. lettre 29, note 5.

[6] Oechlitz n'acceptera pas – cf. R 2045, Euler à Razumovskij, 22 juin 1748.

[7] Euler ignorait évidemment que Jean II Bernoulli cherchait à placer le jeune Daniel Passavant (né à Bâle en 1722) depuis déjà quelques mois. Il s'agissait d'un parent proche d'une Mademoiselle Passavant à laquelle Maupertuis était très attaché (1737, L Ia 708, n° 20) et en écrivant à Jean II le 29 octobre 1747, Maupertuis déclarait à son sujet: «le nom qu'il porte me le rend encore plus agréable». Mais il y avait des difficultés pour lui donner très vite à Berlin un titre et une pension (Bibl. Bâle, L Ia 708, n° 104). D'où, sans doute, une tentative de Jean II auprès d'Euler pour diriger le jeune homme sur Pétersbourg. Trois jours après la présente lettre d'Euler, Maupertuis écrivait à Jean II (L Ia 708, n° 106) qu'il acceptait finalement Passavant malgré les difficultés administratives et financières qui allaient en résulter. Et il ajoutait «Votre jeune homme fera véritablement mieux de prendre cette route (la métaphysique) plutôt que d'aller lutter de géométrie avec le Grand Euler et casser des cailloux avec ses dents».

[8] Nouvel avis du jugement sévère d'Euler à l'égard de König, dont il faut évidemment prendre acte par rapport aux débats à venir.

29
Euler à Maupertuis
Berlin, 25 novembre 1747

Monsieur,

Voicy encore quelques feuilles des pieces sur les Monades et de celle qu'on reimprime je viens de corriger deja la septieme feuille. Les Difficultés que quelques uns des autres classes firent sur Votre nouveau reglement, roulerent: 1) qu'ordinairement on ne soit accoutumés d'achever sa piece que peu de tems avant la lecture, ou qu'au moins on y trouve à retoucher quelque chose. 2) Qu'en communiquant les pieces apres Vous à quelques uns des membres, il pourroit bien arriver qu'une piece se perdît. Je leur representai la dessus que la lecture d'une piece ne serviroit de rien, et ne seroit pas conforme au but d'une Academie, si les autres membres n'étoient pas mis en état d'en juger, et que cela étoit absolument impossible, à moins qu'on ne leur communique les memoires. Or pour ce qui regardoit le risque de perdre les pieces, comme on copioit actuellement les pieces apres la lecture, on pourroit bien le faire avant; après ces debattes je n'ai plus remarqué qu'on se soit opposé [1].

Je Vous suis infiniment obligé, Monsieur, du bon conseil que Vous m'aves bien voulu donner par rapport aux commissions de l'Academie de Petersbourg; j'avois bien hésité là dessus et je n'y aurois pas trempé sans Votre approbation. Je leur marquerai que pour ce cas Ils se servent d'un autre canal, et je ne doute pas que Mr Heinsius à Leipzic n'en soit chargé.

Pour Mr Oechliz je n'aurai donc de la peine de lui faire des propositions dont je serai chargé de la part de l'Academie de Petersbourg, puisqu'il n'est pas de notre pays. Ce sera ensuite son affaire, s'il voudra preferer sa station chez Mr de Gersdorff à une place d'Academicien de Petersbourg ou non? mais puisqu'on Lui offrira pour le moins 800 Rubl., je ne doute pas qu'il soit en peine de se resoudre [2].

Je crois que Vous aures vu avant hier Mr Sanchez. Il a fait de grands services à l'Academie de Petersbourg, quoiqu'il n'en fut pas membre qu'à son depart, en fournissant quantité de choses rares de Portugal, du Bresil, et de la Chine, où il a une fort grande correspondance. C'est par son canal que l'Academie de Petersbourg a eu tous les memoires de Lisbon dont on fit tant de cas au commencement du IX Volume des Comment [aires] [3].

Je Vous suis infiniment obligé d'avoir accordé une place auprès de l'Academie à un de mes compatriotes Mr Passavant [4], et je suis fort impatient de le voir ici.

J'espere qu'on commencera bientot d'imprimer ici mon traité sur les vaisseaux [5], et je suis actuellement occupé d'en retoucher quelques articles. Le titre et la preface sera imprimée à Petersbourg. On me conseille aussi d'y mettre à la tête une Dedicace, je ne sai pas si c'est à l'Imperatrice meme ou à Mr Rasoumoffski. En tout cas je serais porté pour le premier, pourvu que Vous ne juges pas qu'on me pourroit faire quelque reproche, si je dediois, étant ici, un ouvrage à l'Imperatrice de Russie.

Le Paquet de Bâle, que Vous avez reçu, m'a été remis par un jeune M^r LeGrand de Bale, qui vient d'arriver ici et qui n'attend que Votre retour pour Vous faire ses compliments.

Comme Sa Majesté le Roy a accordé à l'Academie le privilege de la Censure [6], Mr Haudé m'a chargé de Vous marquer qu'il voudroit imprimer une piece relative à la controverse du fameux Edelman [7]; pour cela il Vous supplie de charger quelques personnes pour le censurer. La piece est en allemand, sans cela il Vous l'auroit envoïé.

J'ai l'honneur d'être avec tout l'attachement possible
Monsieur
Votre très humble et très obeissant serviteur
L. Euler
Berlin ce 25 Nov. 1747

R 1524 Courrier académique adressé à Potsdam.
Autogr. fr., 2 f^o. – AAS Paris, n° 26, f° 41r–v, 42r.
Copie fr., 3 p. – BAB, Bl. 68–70R.

[1] Compte rendu significatif au sujet des résistances au nouveau règlement. Euler a été le bon interprète du président puisqu'il peut se flatter d'avoir éliminé les oppositions et fait comprendre l'utilité des dispositions prévues: la circulation des mémoires avant lecture en séance est la condition d'un débat sérieux.

[2] L'avis officiel de Maupertuis à propos des «commissions de l'Académie de Saint-Pétersbourg» (voir n° 4 de la lettre n° 28 précédente) a donc été très réservé. Euler n'est pas tout à fait sincère quand il dit qu'il avait quelque hésitation et n'aurait pas «trempé» dans ces affaires sans l'approbation de Maupertuis. En fait, Euler opère un repli: il ne s'occupera pas des candidatures allemandes, et pour Oechlitz il se contentera de transmettre à l'intéressé qui jugera lui-même.

[3] Le tome IX des *Commentarii* 1737, publié en 1744, contient en effet p. X–XIII la liste des mémoires portugais donnés à l'Académie de Pétersbourg. Les précisions données ici concernant Sanchez sont éclairantes pour l'intérêt qu'il pouvait y avoir à honorer ce personnage généreux.

[4] Passavant fera traîner en longueur son départ de Bâle et n'arrivera à Berlin qu'à l'été 1748. Il ne tardera pas à créer des difficultés à Maupertuis par son apppétit «des distractions berlinoises» (14 septembre 1748, Bibl. Bâle, L Ia 708, n° 114) et il sera jugé comme garçon d'esprit, mais peu laborieux et sans jugement: «il veut être mathématicien en face d'Euler» (L Ia 708, n° 115). Son cas s'aggravera encore par la suite.

[5] La *Scientia navalis* prévue (cf. *supra* p. 87, n. 8) pour être imprimée à Berlin, sera ainsi complétée à Pétersbourg par l'impression de la page de titre et de la préface. La mention «Petropoli Typis Academiae

Scientiarum» sur la page de titre de l'édition effective (1749) était donc prévue. Quant à la dédicace au sujet de laquelle Euler demande ici l'avis de Maupertuis, elle a été finalement faite au président, le comte Razumovskij. Et non à l'impératrice, afin d'éviter probablement la susceptibilité de Frédéric II. Pour les détails de cette édition faite à Pétersbourg – cf. Juškevič-Winter, II, p. 8.

[6] Le privilège de la Censure faisait partie des avantages récemment accordés par Frédéric II à l'Académie. Lui était joint le privilège exclusif des Cartes géographiques «dont les étrangères n'entreront dans le Royaume qu'en payant un droit à l'Académie» (Maupertuis à Jean II Bernoulli, 19 décembre 1747, Bibl. Bâle, L Ia 708, n° 108).

[7] «La controverse du fameux Edelman» est difficile à définir du point de vue bibliographique. Jean Christian Edelmann (1698–1753), hérault passionné de thèses antireligieuses, avait fini par obtenir l'autorisation de vivre à Berlin à l'époque de la présente correspondance. Voir la *Notice sur la vie, les ouvrages et la doctrine d'Edelmann* par J. Henri Praktje, Hambourg 1753.

30
Euler à Maupertuis
Berlin, 2 décembre 1747

Monsieur,

Je viens de representer à Mr Haudé le besoin pressent que nos Memoires paroissent au plutot; il est fort faché Lui meme que le manque du Papier l'a arrêté quelque tems qui lui causoit un dommage fort sensible, de sorte qu'on ne pourroit soupçonner que ce delai venoit de quelque negligence de sa part; mais il m'a assuré que tant le Tome des Memoires que les ouvrages des monades paroitront infailliblement à Noel prochain [1].

Mrs Clairaut et d'Alembert on bien raison de soutenir que si l'Attraction de la terre diminuoit exactement en raison reciproque des quarrés des distances, le mouvement de l'Apogée de la Lune devroit être deux fois plus rapide qu'il n'est en effet. J'avois d'abord remarqué la meme chose, laquelle avec quelques autres circonstances (savoir que la parallaxe de la lune est plus grande qu'elle ne devroit être selon la théorie, et qu'il y a quelques inégalité dans le mouvement de la lune, qui sont incompatibles avec la theorie de Newton) m'a porté à soutenir que les forces des corps celestes ne suivent pas exactement la loi Newtonienne; ce que j'ai bien soigneusement étalé dans ma piece sur Saturne [2]. Mais j'ai aussi remarqué que cette irregularité peut non seulement subsister avec la theorie de Newton, mais qu'elle en est une suite necessaire, car supposant que les moindres molécules de la matiere s'attirent mutuellement en raison reciproque des quarrés des distances, pour les corps grands cette meme loi ne trouve plus lieu que lorsque les corps sont parfaitement spheriques. J'ai rapporté toutes ces remarques dans une piece sur le vrai mouvement des Planetes, que j'ai eu l'honneur de présenter à l'Academie il y a quelque tems, si Vous voules bien vous en souvenir.

Je voi par la lettre de M^r D'Alembert, que Vous m'aves fait l'honneur de me communiquer que M^r d'Alembert pousse trop loin l'amitié dont Il m'honore, en s'attachant à la quantité de matières, comme Il dit, que je traite. Mais on n'a qu'a jetter les yeux sur les ouvrages de M^r d'Alembert, et on trouvera sur chaque page, non seulement des nouvelles matieres, mais aussi pour la plupart si profondes, que tout autre de [sic] Lui auroit bien de la peine de les developper en plusieurs semaines. Cependant je voi par tout cela, avec bien du plaisir, qu'Il est mon Ami et qu'Il me veut du bien, dont je Lui suis infiniment redevable; et je Vous ai, Monsieur, bien de l'obligation que Vous m'aves bien voulu communiquer sa Lettre [3].

Oserois-je Vous prier, Monsieur, de parcourir avec quelque attention la piece cy-jointe, qui roule sur une des plus importantes matieres de la metaphysique, savoir l'espace et le tems. Les preuves que j'apporte pour la réalité de ces deux choses me semblent si fortes que les metaphysiciens trouveront à peine quelque chose à redire; à moins qu'ils ne soient ignorants dans la Mécanique. Or comme le plus grand nombre est de cette classe, je n'aurai garde de publier cette piece, surtout sous mon nom, de peur que ces M^rs ne soient trop irrites contre moi. Car il s'agit ici du fondement de toute la Philosophie Leibnitienne et Wolfienne [4].

Jeudy prochain je lirai, si Vous n'y trouves rien à redire, ma piece sur la parallaxe de la Lune [5], étant avec un très profond respect

Monsieur

Votre très humble et très obeissant serviteur

L. Euler

Berlin ce 2 Dec. 1747

R 1525 Correspondance académique probablement adressée à Potsdam.
Autogr. fr., 1 f^o. – AAS Paris, n° 27, f° 43r–v.
Copie fr., 3 p. – BAB, Bl. 71–73R.

[1] La précision de date (Noël 1747) concernant la promesse de l'éditeur Haude pour le tome 2 (1746) des Mémoires de Berlin, ainsi que pour les pièces sur les monades, est à relever. En fait ces publications portent le millésime 1748.

[2] Il s'agit manifestement des *Recherches sur la question des inégalités du mouvement de Saturne et de Jupiter,* pièce qui remporta le Prix de l'Académie de Paris en 1748. – Cf. E. 120; O. II., 25, p. 49. La manière dont s'exprime Euler prouve que Maupertuis était informé au moins de l'existence de cette pièce.

[3] Pour la question de l'insuffisance de la gravitation newtonienne mise en évidence à propos de la Lune, voir le mémoire d'Euler, *Recherches sur le mouvement des corps célestes en général,* tome 3 des *Mémoires ... de Berlin* pour 1747, (1749), p. 93–143 (E. 112; O. II, 25, p. 1–44). La lettre de d'Alembert à Maupertuis, que celui-ci a communiquée à Euler à cause des éloges qu'elles contenait, est évidemment perdue. Voir aussi les lettres d'Euler à Clairaut et d'Alembert, O. IV A, 5.

[4] Malgré les craintes exprimées par Euler concernant l'incompréhension probable de ses collègues, la pièce *Réflexions sur l'espace et le temps* a été lue le jeudi 1° février 1748 et publiée en 1750 dans le tome 4 des *Mémoires ... de Berlin* pour 1748; p. 324–333 (E. 149; O. III, 2, p. 376–383).

[5] La pièce sur la parallaxe de la Lune *(De la parallaxe de la Lune, tant par rapport à sa hauteur qu'à son azimuth dans l'hypothèse de la Terre sphéroïde),* dont la lecture est projetée pour le jeudi suivant, a été publiée en 1751 dans le tome 5 des *Mémoires ... de Berlin* 1749, (1751), p. 326–338 (E. 172; O. II, 30, p. 140–150). La demande d'autorisation de la part d'Euler, auprès de Maupertuis, est évidemment fonction du fait que Maupertuis a publié en 1741 sur cette question: *Discours sur la parallaxe de la Lune,* in-8°, Paris 1741.

31
EULER À MAUPERTUIS
[Berlin], 21 décembre 1747

Monsieur,

Je prend la liberté de Vous envoïer le brouillon de la lettre que Vous m'aves conseillé d'ecrire au Roy au sujet de mon neveu [1], en Vous priant três humblement, d'y changer ce qui pourroit mettre quelque obstacle à la Gratification de ma demande. Je mettrai ensuite cette lettre au net, mais je suis obligé de Vous supplier votre assistance pour qu'elle parvienne au Roy.

J'ai l'honneur d'être avec la plus parfaite soumission
Monsieur
Votre très humble et très obeïssant serviteur
L. Euler
Ce 21 Dec. 1747

R 1526 Lettre personnelle.
Autogr. fr., 1 f°. – AAS Paris, n° 28, f° 44r.
Copie fr., 1 p. – BAB, Bl. 74R.

[1] D'après la lettre de Frédéric à Euler du 24 décembre (n° 14, R 635), ce neveu (du nom de Vermeulen) était déjà porte-étendard dans le Régiment du Lieutenant-Général Comte de Nassau et il s'agissait d'une demande de promotion au grade d'enseigne. Ce n'était peut-être pas le même que celui mentionné *supra* lettre 12. Maupertuis a dû répondre immédiatement au désir d'Euler puisque c'est dès le lendemain 22 décembre que la demande est parvenue au Roi, lequel a poliment renvoyé à la hiérarchie militaire le soin de trancher. – Au sujet de la famille Vermeulen voir aussi Juškevič-Winter, II (d'après l'index des noms).

32
EULER À MAUPERTUIS
Berlin, 9 mars 1748

Monsieur,

Le grand froid, qui va presque en augmentant [1], me fait fort craindre pour Votre santé, sur tout quand je me souviens que Vous aves fait Votre voyage dans une des plus rudes saisons. Je souhaite que ma crainte soit mal fondée et que Vous jouissies d'une parfaite santé.

J'ai lu suivant Vos Ordres la piece cy-jointe sur la cause du flux et reflux de la mer, et je dois vous avouer que l'auteur fait pour la plus part des reflections très solides, et qu'il seroit devenu en effet grand Physicien si les principes de la mathematique ne lui manquoient pas [2]. C'est faute de cette connoissance qu'il revoque en doute la pesanteur de l'air, et qu'en rapportant plusieurs irrégularités du flux et reflux de la mer, qu'on remarque en quelques endroits, il precipite son jugement d'en nier tout à fait la dependence de la Lune. Or non obstant ces grandes fautes, il me semble que l'Auteur ecrit fort bien, et que ses reflexions, qui ne se rapportent pas immédiatement à ces fautes, sont bien fondées.

Dans notre derniere assemblée, Mr Grischow lût sa piece sur l'arc en ciel de la lune [3], et en quinze jours je lirai, avec Votre approbation, la piece allemande de Mr Segner [4], et si le tems le permet, je ferai la lecture de ma piece sur les vibrations des cordes [5], que j'ai eu l'honneur de Vous communiquer dernierement.

J'ai trouvé chez Mr Formey ma piece sur les moments des nouvelles et pleines lunes, d'où j'ai calculé des tables qui renferment toutes les inegalités pour l'allmanac astronomique latin. L'usage de ces tables me paroit fort aisé et tres exact de sorte que j'espere que cela ne contribuera pas peu à augmenter le debit de cet allmanac [6].

Je viens de recevoir une lettre fort detaillée du Jeune Grischow [7] de Paris, dans laquelle il me fait part d'une nouvelle decouverte de Mr Bouguer, qui a remarqué que, si les fils ne se trouvent pas exactement dans le foyer d'une lunette, l'étoile peut paroitre elevée ou trop ou trop peu.

Son Exc. M^r le Comte de Kaiserling m'a chargé de Vous faire bien ses complimens, et j'ai l'honneur d'être avec la plus parfaite veneration

Monsieur

Votre très humble et très obeissant serviteur

L. Euler

Berlin ce 9 Mars 1748

R 1527 Courrier académique.
Autogr. fr., 1 f°. – AAS Paris, n° 29, f° 45r–v.
Copie fr., 2 p. – BAB, Bl. 75–76R.

[1] L'hiver est donc très rude, comme le dit Maupertuis à Jean II Bernoulli le 12 mars (Bibl. Bâle, L Ia 708, n°s 112 et 113) en précisant qu'atteint de fortes attaques de toux et de crachements de sang il vient juste d'être en état d'aller à Potsdam. En faisant allusion au «voyage» de Laponie, Euler montre qu'il est au courant des difficultés de santé de Maupertuis. Absent de l'Académie depuis la fin février, celui-ci n'y fera qu'une brève apparition le 4 avril.

[2] La pièce et l'auteur n'ont pu être identifiés.

[3] «Iris lunaris pereximia simplicis cinerei coloris observata», 8 mars, pièce d'Augustin Grischow (membre ordinaire depuis le 12 juillet 1725).

[4] La pièce de Johann Andreas von Segner (membre ordinaire le 8 décembre 1746) était intitulée «Von der Verfertigung und dem Gebrauch gewisser Maasstäbe, durch welche alle Aufgaben der gemeinen und sphärischen Trigonometrie etc. gelöset werden können». Elle a été lue par Euler le 21 mars (*Registres*, p. 123).

[5] Pièce publiée dans les *Mémoires ... de Berlin pour 1748*, (1750), p. 69–85 (E. 140; O. II, 10, p. 63–77).

[6] La pièce sur les heures des nouvelles et des pleines lunes (*Mémoires ... de Berlin pour 1747*, (1749), p. 154–173; E. 113; O. II, 30) a donc été mise à profit par Euler pour bien servir l'Académie par les revenus des Almanachs.

[7] Augustin Nathanaël Grischow, fils du précédent, dont il sera beaucoup question deux ans plus tard, se trouvait à Paris et y restera jusqu'en mai 1749. Maupertuis confiera à Jean II Bernoulli que le jeune homme n'a fait qu'aller dépenser l'argent de son père (Bibl. Bâle, L Ia 708, n° 116). L'invention dont il est ici question a été présentée par Bouguer à l'Académie de Paris le 24 avril 1748 (cf. *Histoire et Mémoires ... de Paris pour 1748*, (1752), p. 87 de *l'Histoire* et p. 11 des *Mémoires*). Le jeune Grischow, mis au courant avant cette présentation, n'a retenu qu'une remarque très élémentaire de Bouguer. L'instrument conçu par celui-ci dépasse très largement le problème de la position convenable du réticule.

33
EULER À MAUPERTUIS
[Berlin], 13 mars 1748

Monsieur,

Enfin je viens de recevoir de Mr Hedlinguer ce que j'ai l'honneur de Vous envoier. Vous verres par sa lettre qu'il attend encore quelques eclaircissemens au sujet de l'inscription et du millesime [1], de même que de la trempe. C'est sur quoi je Vous supplie de me notifier Vos Ordres au plutot, afin que Mr Hedlinguer puisse achever ses coins, et de nous les envoier encore de bonne heure.

Au reste j'espere, Monsieur, que Vous seres content du petit changement que Mr Hedlinguer a fait au buste du Roy, car Mr Eller et d'autres Academiciens, à qui je l'ai fait voir hier, m'asseurent que la ressemblence est parfaitement bien attrappée.

En attendant Vos Ordres là dessus j'ai l'honneur d'être avec la plus parfaite veneration

Monsieur
Votre très humble et très obeissant serviteur
L. Euler
Ce 13 Mars 1748

R 1528 Courrier académique.
Autogr. fr., 1 f°. – AAS Paris, n° 30, f° 46.
Copie fr., 1 p. – BAB, Bl. 77R.

[1] Maupertuis avait déjà fixé l'inscription (lettre à Jean II Bernoulli du 21 novembre 1747, Bibl. Bâle, L Ia 708, n° 106) telle qu'elle a été réalisée: d'un côté le buste du Roi avec «Fredericus Rex Academiae Protector MDCCXLVII», de l'autre une couronne de laurier contenant «Scientiarum et Litterarum Incremento». En mars 1748, seule la question du millesime pouvait donner matière à révision mais le crédit de 50 ducats nécessaire pour la médaille ayant été ordonnancé en 1747 (par le report du Prix de mathématiques de 1750 à 1752), il n'y avait pas en fait lieu de modifier.

33a
EULER À MAUPERTUIS
Berlin, 18 mars 1748*

[R 1528a], Anhang III, 10, p. 502.
Autogr. fr., 1 f°. – Fichier Charavay, Bibl. Nat., Paris.

* Passée en vente deux fois, à des dates impossibles à déterminer, cette lettre est connue par les notices des fichiers Charavay, avec une erreur de date manifeste (1750 au lieu de 1748). Mentionnée comme lettre autographe signée, elle s'insère évidemment entre la précédente n° 33 et la suivante n° 34. Caractérisée comme «très belle lettre relative à une magnifique médaille exécutée par M. Hedlinger et représentant le grand Frédéric», elle est citée par la phrase suivante:

«Comme il (Hedlinger) n'a point d'autres vues que de témoigner par là sa soumission vers le Roi et son zèle pour la gloire de notre auguste monarque, avant de présenter cette pièce il souhaiterait fort d'être assuré si elle sera bien reçue ou non.»

Note: Le «petit changement» apporté par Hedlinger au buste du Roi d'après la lettre précédente n° 33 a certainement provoqué une réaction de la part de Maupertuis, et le désir de vérifier sans se contenter de la satisfaction des académiciens consultés par Euler.

34
Euler à Maupertuis
Berlin, 23 mars 1748

Monsieur,

Vous aures reçu de Mr Kies un extrait de la piece de Mr Knutzen [1], je lui avois dis de quelle maniere je croyois que Vous souhaities qu'il fut fait, mais en cas que Vous y trouvies quelque chose à changer, je m'en chargerai avec bien du plaisir, pourvu que j'aye le tems de me rappeller les idées, en relisant l'ouvrage. Il est bien vrai qu'il est fort difficile d'entendre le texte de Mr Knutzen où il s'agit des figures, car la description a dabord été publiée sans figures, et je dois avouer que je n'en ai pu tirer aucune idée de la Machine. Ensuite il a fait graver les figures, mais il y manque à présent le rapport entr'elles et le texte.

Mr Kies a dejà remis à l'imprimerie une partie de l'Almanac Astronomique [2], apres que j'y ai fait quelques additions et abbregé quelques calculs. Par exemple dans le probleme où une étoile, monte ou descend le plus promtement, il faut considerer deux cas, l'un où la declinaison de l'etoile est plus grande que l'elevation du pole, et alors c'est là, où le cercle vertical touche le parallele de l'etoile, qu'elle monte ou descend le plus promtement. Mais dans l'autre cas, où la déclinaison est moindre que l'elevation du pole, la solution devient tout à fait differente [3], et Mr Kies n'avoit rapporté que celle-cy.

J'ai notifié dabord à Mr Hedlinguer Vos derniers ordres touchant la medaille, et j'espere que nous en aurons bientot les coins tout prêts pour faire frapper les medailles.

Je viens de recevoir de Mr Bernoulli la reponse sur les dernieres propositions de Petersbourg, que j'ai eu commission de lui faire. Il a choisi le parti de ne pas regretter la perte de sa pension en cas qu'on voudroit commettre l'injustice de la lui oter. Vous jugeres aisement qu'il est bien éloigné de l'avis de se rendre à l'invitation qu'on lui a faite, ce que j'ai marqué à Mr Rasumoffski avec toutes les representations possibles que j'ai lieu d'esperer qu'on lui conservera sa pension. M^r le Comte de Keyserling me dit qu'Il Vous a envoié la Reponse de Mr Rassumoffski, qu'il a reçue sur ce sujet, mais dont Il ne paroit pas trop content. Mr Schumacher se donnera tous les soins possibles pour redresser cette affaire, et je crois qu'il y reussira [4]. Mr Rassumoffski m'ayant abandonné par rapport à l'emblette [5] des livres, dont il m'avoit chargé, Mr Schumacher m'en a envoié l'argent de sa propre autorité dans l'intention de prendre ces livres pour la Bibliotheque.

Avant hier je fis suivant Vos Ordres dans l'Academie la lecture de la piece de Mr Segner [6].

Mr Bousquet vient de me marquer que mon ouvrage sur l'Analyse [7] est achevé, dont j'aurai bien tot les exemplaires. Pour en procurer le debit, il a publié une lettre circulante dont je prend la liberté de Vous communiquer un exemplaire. Mr Bousquet m'a fort prié de Vous rendre ses respects et de Vous recommander Mr Castillon pour etre reçu Membre de Notre Academie. C'est lui qui a eu soin de l'edition des Opuscules de Newton et du Commerce litteraire de Leibnitz et de Bernoulli [8]. C'est par ce merite et son savoir que la Société Royale de Londres vient de l'aggreger au nombre de ses membres, sans qu'il ait cherché cette honneur, ce qui fait esperer à Mr Bousquet que Vous ne Lui refuseres pas la meme honneur dans notre Academie [9].

J'ai l'honneur d'être avec la plus parfait veneration
Monsieur
Votre très humble et très obeissant serviteur
L. Euler

Berlin ce 23 Mars 1748

R 1529 Courrier académique.
Autogr. fr., 2 f^o. – AAS Paris, n° 31, f° 47–48.
Copie fr., 3 p. – BAB, Bl. 78–80R.

[1] Knutzen avait écrit en 1745 un *Specimen theoriae motus polaris et historiae stellarum polarium* qui ne fut pas publié en raison de la censure. Mais il s'agit ici d'un autre travail: *Historisch-mathematische Abhandlung von den Brennspiegeln des Archimedes* qui aurait été publié à Königsberg en 1747 sans les figures. Cf. la correspondance Knutzen–Euler R 1214 et 1216.

[2] Il s'agit manifestement ici de la préparation de l'*Almanach Astronomique pour 1750,* paru effectivement à Berlin en 1750, sous le nom de Kies et avec des tables de la Lune et diverses formules pour l'astronomie de Leonhard Euler.
J. de Lalande, qui travailla à Berlin avec Kies en 1751, signale que les éphémérides ou calendrier astronomique de l'Académie de Berlin publié d'abord en allemand, eurent leur première édition latine en 1749 – par les soins d'A. Grischow – et que l'édition française de 1750, in-8°, fut seule de ce genre.
Cf. de Lalande, *Bibliographie Astronomique ...,* Paris 1803, p. 438 et 443.

[3] Le problème de la variation de la hauteur d'une étoile E est élémentaire puisqu'il suffit de considérer le triangle sphérique PZE où P est le pôle céleste, Z le zénith du lieu d'observation. Triangle dans lequel les côtés PZ et PE sont constants (compléments respectifs de la latitude du lieu et de la déclinaison de l'étoile) et où le côté ZE (complément de la hauteur de l'étoile) est opposé à l'angle P qui varie uniformément en fonction du temps. Les formules bien connues de la trigonométrie sphérique conduisent rapidement à une double solution: soit l'angle E droit, soit l'angle Z. C'est cette dernière que restitue Euler en déclarant qu'elle est «tout à fait différente», mais sans la préciser afin d'en conserver peut-être la primeur pour la publication.

[4] L'ensemble du paragraphe fournit une information complémentaire sur les démêlés de Daniel Bernoulli avec l'Académie de Pétersbourg et les efforts d'Euler et de Maupertuis pour éviter la suppression effective de la pension. Comparer avec R 173 et R 2154–2157.

[5] Chargé d'une emplète par Razumovsky, Euler semble avoir subi le contrecoup de l'affaire Daniel Bernoulli.

[6] Voir *supra* lettre 32, note 4.

[7] Il s'agit de l'*Introductio in analysin infinitorum,* tome I, Lausanne 1748 (E. 101; O. I, 8).

[8] Castillon avait en effet publié chez Bousquet, à Lausanne et Genève, *Virorum Celeber. G.-W. Leibnitii et J. Bernoullii commercium philosophicum et mathematicum*, 2 vol., 1745, et *Isaaci Newtoni ... Opuscula mathematica, philosophica et philologica* ..., 3 vol., 1744.

[9] Ce n'est cependant qu'en 1755 que Castillon fut agréé comme membre étranger à l'Académie de Berlin.

35
EULER À MAUPERTUIS
Berlin, 26 avril 1748

Monsieur,

La nouvelle marque de Votre bienveillance, que Vous venes de me temoigner, me rend tout à fait confus, et je me trouve hors d'état de Vous en exprimer assez vivement ma reconnoissance [1]. Cependant je vous prie, Monsieur, d'être assûré que je connois le prix de cette grace, et que je redoublerai mes efforts pour m'en rendre de plus en plus digne. Quoique j'aye été jusqu'ici parfaitement content de mon sort, et qu'il ne me fut jamais venu dans l'esprit d'esperer le moindre accroissement des graces de Sa Majesté, dont j'ai le bonheur de jouir si tranquillement par Votre mediation, je ne m'en serois jamais moins attendu qu'à présent où je m'imaginois d'avoir raison d'apprehender le contraire [2].

Cette importante circonstance augmente à l'infini l'obligation dont je me reconnois redevable envers Vous et je Vous puis asseurer que mon cœur en est le plus sensiblement touché.

Je viens d'apprendre que le jugement du prix de l'Academie Royale de Paris s'est fait parfaitement en ma faveur, sans aucun partage, mais qu'on ait jugé à propos de proposer encore la meme question pour l'année 1750, puisqu'on avoit trouvé que les observations dont je m'étois servi n'étoient pas trop exactes [3].

J'ai l'honneur de Vous envoier, Monsieur, ces deux pieces cy-jointes, que je viens de recevoir de Mr Segner de Gottingue, la premiere qui est latine roule sur les lunettes [sic pour «lunules»] quadrables et ne fait voir que la bonne attention de l'Auteur pour l'Academie. L'autre qui est en allemand me paroit ingenieuse, où Il donne la description d'une machine qui represente pendant quelques heures l'image du soleil tout à fait immobile, et qu'Il juge fort propre pour observer les eclipses du Soleil. Je ne sais pas si cette invention est nouvelle, mais en cas qu'elle le soit, elle me paroissoit assez belle.

Jeudy prochain Mr Kies voudroit lire sa piece sur l'elevation du pole de Berlin, à laquelle il me dit avoir fait quelques changemens, et quinze jours après je pourrois lire ma piece sur le mouvement des cordes que j'ai eu l'honneur de Vous communiquer il y a quelque tems. Comme la piece de Mr Kies sera fort petite, je pourrois jeudy prochain aussi faire la lecture de la piece allemande de Mr Segner en cas que Vous le jugiez à propos [4].

Je travaille actuellement à une piece sur un grand nombre de courbes mechaniques [5], que je determine premierement par les principes de mecanique, mais ensuite je cherche les expressions dont les valeurs deviennent un *minimum* dans ces memes courbes, pour connoitre *a posteriori* dans chaque cas les formules qui representent ce que Vous nommes la quantité d'action et je crois qu'il sera alors d'autant plus facile de decouvrir ces memes formules *a priori* [6].

J'ai l'honneur d'être avec le plus parfait attachement et respect
Monsieur
Votre très humble et très obeissant serviteur
L. Euler
Berlin ce 26 Avril 1748

Les Rasoirs ne seront prêts que la semaine prochaine [7].

R 1530 Courrier acadèmique.
Autogr. fr., 2 f^{o}. – AAS Paris, n° 32, f° 49–50.
Copie fr., 3 p. – BAB, Bl. 81–83R.
Edit.: Brunet, p. 68.

[1] Euler a donc été bénéficiaire de ce dont témoigne la lettre de Frédéric II à Maupertuis du 8 avril (édit. Kover, p. 228–229): «Vous ferez de vos pensions vacantes la distribution que vous jugerez la plus convenable pour les progrès de votre Académie.»

[2] Sous le couvert d'une phrase quelque peu alambiquée, Euler laisse néanmoins entendre qu'il a été conscient de quelques difficultés dans ses rapports avec l'autorité.

[3] La question posée par l'Académie de Paris pour 1748 était: «Une théorie de Saturne et de Jupiter par laquelle on puisse expliquer les inégalités que ces deux planètes paraissent se causer mutuellement, principalement vers le temps de leur composition.» La même question fut posée en 1752 et Euler reçut à nouveau le premier Prix. Cf. O. IV A, 5 pour la correspondance Euler–Clairaut.

[4] Le jeudi 2 mai Euler n'a fait rapport que du mémoire de Segner «Infinitae lunae quadrabiles» tandis que Kies donnait son texte «De la hauteur du pôle à Berlin» (*Registres* ..., p. 125). On peut donc conclure que Maupertuis n'a pas agréé la piéce allemande de Segner.

[5] Annonce de l'important travail qui va entraîner des réactions de la part de Maupertuis. Voir *infra* lettres 36 et 37.

[6] Cf. l'introduction du mémoire: *Réflexions sur quelques loix générales de la Nature qui s'observent dans les effets des forces quelconques,* dans les *Mémoires ... de Berlin pour 1748,* (1750), p. 189; E. 146; O. II, 5, p. 38.

[7] Cette information, donnée en P.S., peut malaisément se rapporter à des instruments d'usage scientifique. Il semble qu'il faille y voir seulement mention d'un service personnel demandé par Maupertuis à Euler.

36
Euler à Maupertuis
Berlin, 3 mai 1748

Monsieur,

J'ai l'honneur de Vous envoïer ma piece sur les *Minima* qui se trouvent dans les courbes formées par l'action des forces quelconques. Ce recherches m'ont couté beaucoup de peine, mais j'en suis bien recompensé de voir que Vos principes, que Vous emploies pour exprimer la quantité d'action, sont beaucoup plus generales [sic] que je n'aurois pensé, et qu'ils sont applicables non seulement à toutes sortes de forces, mais aussi à la force d'elasticité [1]. Comme c'est la metaphysique qui doit fournir les fondemens sur lesquels sont fondés ces principes, je crois que le developpement de cette matiere pourra considerablement perfectionner cette science. Peut être que cette matiere pourroit fournir une question digne d'être proposée pour le prix de la Classe de Mathematique, quoique je ne voye pas encore comme on la pourroit proposer convenablement. Cependant, comme le terme de la proposition d'une telle question approche, je prend la liberté de joindre ici mon projet, que j'ai presenté à l'Academie il y a 4 ans pour le meme but, dont on a choisy la IVe question [2]. L'Academie de Paris ayant déjà saisi la troisième, il n'en reste que la I et la II qui peuvent entrer en consideration.

Hier Mr Kies lût sa piece sur l'elevation du pole de Berlin et je remis à Mr Formey la piece de Mr Segner sur les lunules [3] quadrables. A la quinzaine, si Vous le jugeres àpropos, je lirai ma piece sur le mouvement vibratoire des cordes, que Vous aves déjà vu il y a long tems, et je pourrois en meme tems faire rapport de la Piece que Mr Bernoulli a envoiée [4], c'est sur quoi j'attend Vos Ordres. Pour ma piece sur l'origine des forces des corps [5], je ne croi pas qu'elle soit du gout de la plupart de Nos Academiciens, et je crains que Mr Wolf ne se facheroit trop, puisque la plus grande partie de sa Philosophie seroit renversée, en cas que ma piece fût fondée, dont j'attend avec impatience Votre sentiment.

Je suis avec la plus profonde vénération
Monsieur
Votre très humble et très obeissant serviteur
L. Euler
Berlin ce 3 May 1748

R 1531 Courrier académique.
Autogr. fr., 1 f°. – AAS Paris, n° 33, f° 51r–v.
Copie fr., 2 p. – BAB, Bl. 84–85R.
Edit.: Brunet, p. 68–69.

[1] Annoncée dans la lettre précédente, cette pièce d'Euler sera lue par lui à l'Académie le jeudi 19 décembre – c'est-à-dire longtemps après le débat qu'elle va susciter avec Maupertuis.

[2] Il n'a pas été possible de retrouver la liste des questions proposées par Euler en 1744.

[3] Le mémoire de Segner sur les lunules quadrables a été lu dans la séance du 2 mai (*Registres* ..., p. 125).

[4] Le mémoire d'Euler sur la vibration des cordes (E. 140) cf. *supra* lettre n° 32, note 5) a été lu le jeudi 16 mai ainsi que le mémoire de Daniel Bernoulli *Remarques sur les principes de la conservation des forces vives* (publié dans le *Mémoires ... de Berlin pour 1748,* (1750), p. 356–364). Pour Euler, voir O. II, 11_2, p. 245–250.

[5] Les *Recherches sur les origines des forces* d'Euler n'ont été présentées que plus tard et publiées dans les *Mémoires ... de Berlin pour 1750,* (1752), p. 419–447 (cf. E. 181; O. II, 5, p. 109–131).

37

EULER À MAUPERTUIS

Berlin, 8 mai 1748

Monsieur,

Il est bien vrai que, lorsque je composai la derniere piece sur les *minima*, je n'avois pas devant les yeux Votre excellente piece sur la loi du repos [1], et je me fiois uniquement à ce que je m'en pouvois rappeller, et à quelques notes que je me suis marqué dans mes adversaires [2], quand je lus Votre piece. Et je crois encore que mes formules pour les *minima* sont parfaitement d'accord avec Vos principes, et qu'elles même en suivent immediatement. S'il paroit du premier coup d'œil qu'il s'y trouve quelque difference, cela ne vient que de ce que Vous aves appliqués Vos principes à la recherche de la figure d'une masse fluide, dont toutes les particules sont sollicitées vers quelques points fixes, au lieu que j'ai considéré des fils flexibles sollicités d'une maniere semblable [3]. Je me souviens trop clairement qu'en appliquant Vos principes au cas de la pesanteur ordinaire, ils se reduisent à la plus grande descente du commun centre de gravité. Or cette descente est precisement le contenu de mes formules pour ce meme cas [4].

Si Vous m'accordes, Monsieur, que la methode dont on trouve la *Catenaria* en supposant la descente du centre de gravité, ou plutot la distance de ce centre au centre de la terre un *minimum*, est conforme à Vos principes, le meme accord doit necessairement se trouver dans toutes mes formules, car elles n'exigent que le plus grand approchement total de tout le corps vers les points vers lesquels il est sollicité. Or cette propriété de la *Catenaria* decoule si naturellement de Vos principes que je ne m'attend d'aucune exception de cet endroit là [5].

De plus je me souviens encore trop bien du cas de Votre Piece où la masse fluide est supposée être attirée vers plusieurs points fixes [6]. Soit la particule *M* attirée vers les points *A, B, C, D,* etc. par des forces qui soient comme les puissances des distances AM^{α}, BM^{β}, CM^{γ}, DM^{δ}, etc. Alors Vous demonstres que cette formule

$$\frac{AM^{\alpha+1}}{\alpha+1}+\frac{BM^{\beta+1}}{\beta+1}+\frac{CM^{\gamma+1}}{\gamma+1}+\frac{DM^{\delta+1}}{\delta+1}+\text{etc.}$$

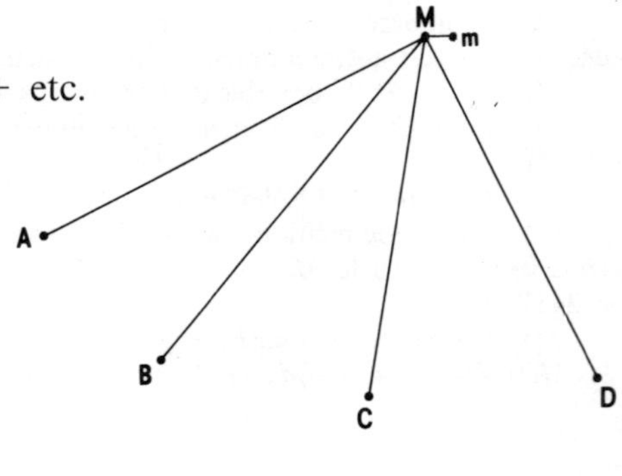

sera *un minimum*. Or il est clair que cette formule n'est autre chose que celle-cy: $\int AM^{\alpha}\cdot dAM+\int BM^{\beta}\cdot dBM+\int CM^{\gamma}\cdot dCM+\int DM^{\delta}\cdot dDM+$ etc. Soient les distances

$AM = v$, $BM = v'$, $CM = v''$, $DM = v'''$, etc. et, pour rendre le cas plus general, soient les forces comme des fonctions quelconques de ces distances, c'est à dire des fonctions quelconques de ces distances, c'est à dire la force $MA = V$, la force $MB = V'$, la force $MC = V''$, la force $MD = V'''$, etc. Dans ce cas, en vertu de Votre regle cette formule $\int Vdv + \int V'dv' + \int V''dv'' + \int V'''dv''' +$ etc. sera un *minimum* ou son differentiel doit etre supposé $= 0$, pour trouver la figure d'une masse fluide qui est attirée à ces points A, B, C, D etc. et dans ce cas je crois que je ne me trompe pas au sujet du contenu de Votre Piece. Or cette meme expression est precisement celle dont ma formule est composée quand je veux determiner la figure d'un fil flexible dont tous les élemens Mm sont attirés par les memes forces V, V', V'', V''', etc. vers les points fixes A, B, C, D etc. Toute la difference ne consiste qu'en ce que, dans le cas que Vous traites, cette expression: $\int Vdv + \int V'dv' + \int V''dv'' + \int V'''dv'''$ etc. doit être un *minimum* au lieu que pour le fil flexible dont $Mm = ds$ est un element, cette formule $\int ds$ $(\int Vdv + \int V'dv' + \int V''dv'' + \int V'''dv''' +$ etc.) est un minimum [7]. Or comme ces deux cas sont bien differents entr'eux, et que la figure d'un fil flexible est très eloignée de celle qu'une masse fluide, quoique sollicitée par les memes forces, doit prendre, il n'est pas étrange que ces deux formules ne soient pas precisement les memes; cependant on y remarque dabord un si grand accord, qu'il n'y peut y avoir aucun doute que l'une et l'autre soient fondées sur les memes principes [8]. C'est cette harmonie admirable dont j'ai eu l'honneur de Vous dire que j'ai été frappé, et j'espere qu'après ces eclaircissemens Vous ne trouveres plus de difficulté de m'accorder les expressions dont je me suis servi dans ma piece pour remarquer le parfait accord de mes formules avec Votre Theorie. Cependant, si Vous le juges à propos, j'y pourrai joindre encore ces memes reflexions que je viens de faire, afin que tout le monde soit convaincu de cet accord, qui me paroit autant parfait qu'il est possible pour des cas si differens, et c'est de quoi je Vous prie de m'honnorer de Vos instructions [9].

Je dois encore remarquer que je croy que les formules du *minimum* que j'ai données sont les uniques qui conduisent aux courbes que je cherche. Car quoique je puisse donner encore d'autres formules, dont la valeur fut aussi la moindre dans ces courbes, pourtant les equations que ces formules donneroient selon ma methode sont trop generales et renferment aussi des courbes qui n'ont aucun rapport à mon sujet, au lieu que mes formules ne renferment rien qui ne convienne aux problemes que j'ai en vue.

Pour ce qui regarde les questions du prix, je n'ai pris la liberté de Vous envoier, Monsieur, mes anciens projets, qu'en cas que Vous n'y trouvies rien qui puisse convenir, j'eusse encore le tems de penser à d'autres. Mais je dois vous avouer franchement que j'aurois été bien en peine de trouver de nouvelles, non que je ne puisse former quantité de questions dont la solution nous manque encore. Mais comme il s'agit d'une telle question qui soit interessante, et sur laquelle on puisse attendre quelques chose d'excellent, j'avoue que je serois bien embarassé d'en decouvrir encore quelques unes, et je ne vois pas encore quels projets je pourrois produire quand le tour revient à la classe de Mathematique [10].

Avant hier j'eus l'honneur de Vous envoier le reponse de Mr Hedlinguer, dont Vous seres content, et j'espere de recevoir les coins ajourdhui ou demain. J'attend sur ce sujet Vos Ordres, si je Vous dois envoier ces coins à Pottsdam ou non? de meme quelle piece je dois lire à notre Assemblée prochaine de la Classe mathematique. Je suis honteux que mon Artisan ne m'a pas encore livré les rasoirs, quoique je le presse incessament [11].

J'ai l'honneur d'etre avec tout le respect possible
Monsieur
Votre très humble et très obeissant serviteur
L. Euler
Berlin ce 8 May 1748

R 1532 Courrier personnel.
Autogr. fr., 2 f°. – AAS, n° 34, f° 52–53, et copie *ibid.*, 5 p. AAS (non paginées).
Copie fr., 5 p. – BAB, Bl, 86–90R.
Edit.: Brunet, p. 69–71.

[1] Témoignage précis de ce que Maupertuis a réagi à la lecture de manuscrits communiqués par Euler et annoncés dans la lettre 35, et aussi de ce que Euler ne disposait pas chez lui du texte imprimé du premier mémoire de Maupertuis (1740). Ce détail a son importance.

[2] Traduction du terme latin «Adversaria», laquelle n'est pas usitée en français. Le terme désigne des notes personnelles écrites au jour le jour, remarques ou critiques. Et il n'est pas dépourvu d'intérêt qu'Euler reconnaisse l'existence d'un registre de ce genre – voir 12 cahiers conservés à Léningrad (Mikhailov 1957).

[3] Euler met le doigt sur la partie la plus faible du Mémoire de Maupertuis sur la loi du repos. Maupertuis ne prononçait pas le mot de «masse fluide» et ne définissait pas de manière claire les hypothèses dans lesquelles il se plaçait. C'est Euler qui remarque à juste titre que «la figure d'une masse fluide dont toutes les particules sont sollicitées par des forces quelconques, a été l'objet principal des recherches de M. de Maupertuis ... dans les Mémoires ... de Paris de l'année 1740» (*Réflexions sur quelques loix générales de la Nature* ..., E. 146; O. II, 5, p. 39). C'est aussi Euler qui met de l'ordre dans les hypothèses à considérer successivement.

[4] Pour l'exactitude du souvenir d'Euler concernant le passage du mémoire de Maupertuis, voir *Mémoires ... de Paris pour 1740*, p. 174. Il faut noter que dans son mémoire, cité dans la note précédente, Euler ne signale par l'équivalence dont il fait état ici. Tout se passe comme si le fait n'avait d'intérêt à ses yeux que pour convaincre Maupertuis.

[5] Le problème de la *catenaria* ou courbe d'équilibre d'un «fil parfaitement flexible et d'une épaisseur toujours égale» est traité par Euler, dans le mémoire cité, en supposant chaque point soumis à plusieurs forces centrales fonction de la distance. Ici encore Euler ne prend pas la peine de dire en quoi le résultat auquel il parvient contient comme cas particulier celui de la chaînette ordinaire, traité à l'aide du minimum de la cote du centre de gravité.
Pour les catenaires, voir J. B. Clairaut, *Methodus generalis inveniendi catenarias* dans les *Miscellanea Berolinensia*, tome VII, 1743, p. 270–272. Si la littérature du sujet est vaste, le mémoire de Clairaut père est à citer du fait qu'il fut, en son temps, communiqué à Maupertuis (A. C. Clairaut à Euler, 23 avril 1743 – O. IV A, 5, p. 147). Cf. C. Truesdell, *The Rational Mechanics of flexible or elastic bodies (1638–1788)*, O. II, 11_2.

[6] Cette remarque d'Euler soulève un problème délicat. Le mémoire de Maupertuis de 1740 ne considère nulle part le cas d'une masse matérielle dont *tous* les points soient attirés en même temps par *plusieurs* centre de forces. Ce cas apparaît seulement dans l'*Addition* avec laquelle le mémoire a été publié dans les *Œuvres de M. de Maupertuis*, tome 4 de la 2e édition, Lyon 1756, p. 62–63. Il est donc vraisemblable qu'Euler crédite ici son président d'un cas qu'il aurait pu traiter, et que celui-ci a mis à profit la suggestion qui lui était ainsi faite de manière discrète.

[7] Cf. *Recherches sur les plus grands et plus petits qui se trouvent dans les actions des forces* dans les *Mémoires ... de Berlin pour 1748*, (1750), (E. 145; O. II, 5, p. 27). L'écho des difficultés que Maupertuis a eues en face des manuscrits d'Euler est ici particulièrement sensible et c'est certainement à ces difficultés que l'on doit les explications plus détaillées fournies par Euler dans le second mémoire publié *Réflexions sur quelques loix générales de la Nature* ... (E. 146; O. II, 5, p. 57).

[8] Le «grand accord» dont Euler s'efforce de convaincre Maupertuis n'est recevable que dans la mesure où l'on suit, avec Euler, la complication méthodique des cas traités, avec les hypothèses claires

correspondantes. Comme nous le soulignons dans notre introduction, c'est ce que Maupertuis aura de la peine à assimiler.

[9] Ces instructions ont probablement été positives. Voir note 7 *supra*.

[10] En fait le «tour» qui revenait à la Classe de Mathématiques pour le sujet du Prix de l'Académie fut renvoyé successivement à 1750, puis à 1752. Ce sujet fut alors relatif au mouvement des corps durs dans les fluides et le prix revint à J. Adami (R 8): *Specimen hydrodynamicum de resistentia corporum in fluidis motorum*.

[11] Confirmation de ce que Maupertuis est passé par les services d'Euler pour résoudre un problème pratique probablement très personnel.

38
Euler à Maupertuis
Berlin, 9 mai 1748

Monsieur,

Ayant pensé cette nuit à d'autres sujets qui pourroient être proposés pour le prix, je suis tombé sur les questions suivantes:

1. On demande une theorie accomplie du *frottement des corps*, par laquelle on soit en état de determiner en chaque cas la resistence que le frottement oppose au mouvement [1].
2. On demande la theorie des refractions astronomiques, par laquelle on soit en état de déterminer la refraction qui convient à chaque hauteur des astres.
3. Quelle est la meilleure methode de trouver par les observations la refraction qui convient à chaque hauteur des astres.
4. On demande la decision de la question, si les tems periodiques des planetes autour du soleil, et celui de la lune autour de la terre, n'ont point changé depuis le tems que les plus anciennes observations ont été faites? et si l'année solaire moyenne est encore de la meme durée qu'elle a été autrefois?
5. Quelle est la cause physique de la precession des équinoxes et de la nutation de l'axe de la terre?
6. Quelle est la force qui cause le mouvement de l'apogée de la lune? ou pourquoi ce mouvement n'est il pas conforme au systeme d'attraction de Newton?
7. On demande si l'obliquité de l'ecliptique est variable ou non? et en cas qu'elle soit variable, quelle en est la cause?
8. On demande la theorie de la resistence que les corps solides souffrent etant mus dans un fluide, et comment la resistance depend tant de la nature du fluide que de la figure et de la vitesse des corps?
9. On demande la theorie de la libration de la Lune?

En voicy donc 9 questions, dont la plupart me paroit assez interessante [2], et sur lesquelles nous nous pourrions promettre d'excellentes pieces. J'attend donc Vos Ordres, Monsieur, laquelle Vous en choisires [3]; comme il se passera encore trois semaines avant qu'on saura le jugement de l'Academie sur le prix de cette année, qui doit être imprimé conjointement avec la nouvelle question pour l'an 1750, j'ai crû devoir attendre de Vous les dernieres instructions à ce sujet.

Je me flatte que Vous ne douteres plus ni de la justesse de ma formule *du minimum* $\int ds\,(\int Vdv + \int V'dv' + \int V''dv'' + \text{etc.})$ pour la figure d'un fil parfaitement flexible, ni de la conformité de cette formule avec celle $\int Vdv + \int V'dv' + \int V''dv'' + \text{etc.}$ que Vous trouves pour la figure d'une masse fluide qui est sollicitée par les memes forces; et je ne doute pas que les memes principes qui Vous ont conduit à Votre

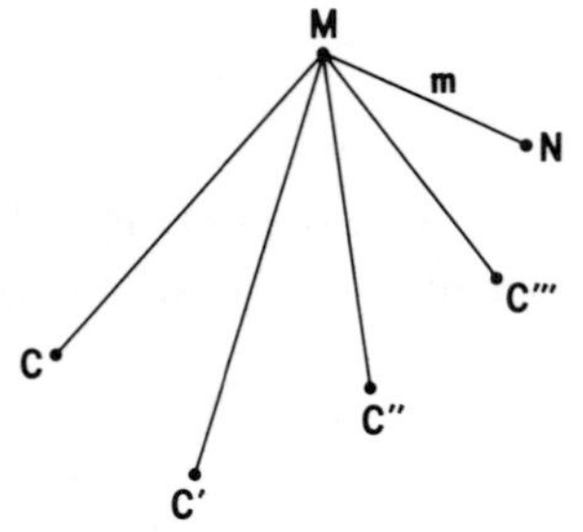

formule, dont je ne me souviens plus asses exactement, ne conduisent à ma formule, pourvû qu'on ait duement égard à la nature du cas que je traite [4]. Je viens de decouvrir une formule presque semblable pour un cas tout à fait different. Si le mobile M est attiré vers des points fixes C, C', C'', C''' par les forces V, V', V'', V''', qui sont des fonctions quelconques des distances, $CM = v$, $C'M = v'$, $C''M = v''$, $C'''M = v'''$, et que ce mobile decrive librement la courbe MN, je dis que pour cette courbe la valeur de cette formule $\int dt(\int Vdv + \int V'dv' + \int V''dv'')$ sera un *minimum* où dt marque le tems que le mobile met à parcourir l'element de l'espace Mm. Cette formule est d'accord avec celle que je donnai autrefois [5] $\int u\,ds$, où u me marquoit la vitesse du corps en M et ds l'element d'espace Mm, car puisque $ds = u\,dt$ cette formule se change en celle-cy $\int uu\,dt$, et selon les loix de la mecanique la valeur de uu s'exprime par $\int Vdv + \int V'dv' + \int V''dv''$. Je m'imagine qu'en envisageant bien ces cas, et les diverses manieres dont cette meme formule $\int Vdv + \int V'dv' + \int V''dv''$ entre dans chacun d'eux, il ne sera plus si difficile de decouvrir les principes de la Metaphysique qui doivent conduire à ces formules; et quand meme on ne seroit pas encore en etat d'arriver à ce but, on devroit pourtant conclure de la belle harmonie de ces formules, qu'elles doivent necessairement partir des memes principes; tant s'en faut à mon avis, qu'une de ces formules dût en aucune maniere deroger à la verité des autres.

Je suis avec toute la veneration possible
Monsieur
Votre très humble et très obeissant serviteur
L. Euler

Berlin ce 9me May 1748

Dans ce moment je viens de recevoir la lettre cy-jointe de Mr Clairaut, que je prend la liberté de Vous communiquer [6].

R 1533 Courrier académique.
Autogr. fr., 2 f°. – AAS Paris, n° 35, f° 54–55.
Copie fr., 4 p. – BAB, Bl. 91–94R.
Edit.: Brunet, p. 71–72.

[1] Euler a lu à l'Académie le jeudi 4 juillet 1748 une pièce sur *le frottement des corps solides* (*Registres* ..., p. 128) – pièce publiée dans les *Mémoires ... de Berlin pour 1748*, (1750), p. 122–132 (E. 143; O. II, 8, p. 54–63). Il propose pour le sujet du prix la demande d'une théorie *accomplie*.

[2] Les 9 questions sur lesquelles la nuit a porté conseil à Euler pour qu'il les propose à Maupertuis à l'intention du prochain Prix de mathématiques, sont toutes tirées de ses préoccupations et donneront lieu de sa part à des traitements ultérieurs. Notamment les questions 5 (E. 171), 6 (E. 187), 7 (E. 223), de 1751 à 1756. Mais pour la question 6, voir la correspondance avec Clairaut et les notes dans O. IV A, 5.

[3] On sait que c'est le sujet n° 8 que Maupertuis a choisi.

[4] Tout réside en effet dans la considération précise des hypothèses du cas que l'on traite.

[5] Cf. *Additamentum II* au *Methodus inveniendi lineas curvas* ..., Lausanne et Genève 1744 (E. 65; O. I, 24, p. 298–299).
Pour l'accord très exact entre la présente lettre et la publication du mémoire *Réflexions sur quelques loix générales de la nature*, voir la dernière page de ce mémoire E. 146; O. II, 5, p. 63.

[6] Cf. Clairaut à Euler, 27 avril 1748, lettre n° 39 – O. IV A, 5, p. 182 sq.

39
Euler à Maupertuis
Berlin, 14 mai 1748

Monsieur,

J'ai l'honneur de Vous marquer que les coins de l'Academie sont bien arrivés ici, mais Vous seres bien surpris, quand je vous dis qu'ils sont arretés à l'accise [1] sous le pretexte que on ne savoit pas combien il en faloit payer d'accise, et qu'ils etoient obligés d'attendre là dessus des ordres. Je leur avois declaré que ces coins étoient pour l'Academie et qu'ils seront remis d'abord à la monnoye, où il y avoit dejà des Ordres du Roy pour ce sujet, et je les asseurois qu'en cas qu'on soit obligé de payer quelque chose pour ces coins, l'Academie le payeroit infailliblement et qu'ils ne risqueroient rien en me les delivrant dabord, afin que l'ouvrage ordonné ne souffrît aucun retardement. Là dessus on me fît la proposition de deposer 10 Ecus, jusqu'à ce que la chose sera terminée, mais comme ces 10 Ecus seroient risqués, je doute fort que Vous approuveries cette perte [2].

Vous aures la bonté de Vous souvenir qu'on a promis à Mr Hedlinguer outre le titre d'un Membre de l'Academie, la premiere Medaille d'or qui sera frappée de ses coins [3]; ainsi j'espere que Vous ordonneres de frapper deux d'or au lieu d'une.

J'ai l'honneur d'etre en attendant Vos ordres sur ces articles avec tout le respect possible

Monsieur
Votre très humble et très obeissant serviteur
L. Euler
Berlin ce 14 Maj 1748

R 1534 Courrier académique.
Autogr. fr., 1 p. – AAS Paris, n° 36, f° 56.
Copie fr., 2 p. – BAB, Bl. 95–96R.

[1] Le terme qui désigne un impôt indirect est employé ici évidemment pour le service douanier chargé de percevoir ce genre de taxe.

[2] Le détail des démêlés d'Euler avec le service en question est intéressant en ce qu'il correspond à une expérience universelle – en tous lieux et de tous les temps. On comprend aisément que plutôt que de verser 10 écus en gage, ou d'engager l'Académie pour ce dépôt, Euler préfère en référer au président. Noter qu'Euler exprime la somme demandée en monnaie française.

[3] Cette promesse d'une médaille d'or pour Hedlinger est conforme à ce que dit Formey dans son *Histoire de l'Académie* ..., Berlin 1750, p. 115sq.

40
Euler à Maupertuis
Berlin, 18 mai 1748

Monsieur,

Suivant vos Ordres nous avons chargé dans la derniere Assemblée Mr Köhler de faire toutes les demarches necessaires pour retirer les coins de l'Accise, en quoi il a reussi après avoir été obligé de payer 1 Ecus 16 gl [1]. Je viens de les mettre entre les mains de la Monnoye, où j'ai été bien surpris d'apprendre que les Ordres du Roy, dont vous m'avies écrit, n'y sont pas encore arrivés. Ils m'ont dit que le nombre des medailles qui doivent être faites, doit être marqué dans les Ordres; cependant sur mes asseurances que ces ordres viendront infailliblement, on fera la virole [2] dont on a besoin. Vous conviendres aisement, Monsieur, qu'il ne seroit pas à propos de charger le Medailleur Barbies de cet ouvrage, puisqu'étant si jaloux il pourroit gâter les coins. Mrs Neubaur et Siemens Maitres de la Monnoye s'aquitteront le plus soigneusement de cet emploie.

Je connois trop l'ambition de Mr Hedlinguer pour pouvoir douter s'il aimeroit mieux de prendre une medaille que 50 Ducats [3]. Car comme dans ce dernier cas il y auroit apparence que si c'étoit un payement, cela ne repondroit pas à la Generosité de Mr Hedlinguer qui ne travaille que pour la Gloire à laquelle une médaille sera le plus convenable.

Il seroit aussi infiniment flatté si, en lui conferant une place dans l'Academie, Vous voulies bien lui marquer en quelques lignes Votre consentement par rapport à son ouvrage et je ne doute pas que Vous ne seres en effet content, dès que vous verres les medailles.

Dans la derniere Assemblée j'ai lu la piece de Mr Bernoulli avec la mienne *de motu cordarum vibrantium,* et j'ai remis à Mr Formey le projet de la publication de la question mathematique pour l'année 1750, que vous aves choisie [4].

J'ai eu l'honneur de remettre chez Vous, Monsieur, deux rasoirs dont j'espere que vous seres content.

Ayant l'honneur de Vous asseurer de mes très humbles respects je suis avec la plus parfaite soumission

Monsieur

Votre très humble et très obeissant serviteur

L. Euler

Berlin, ce 18 May 1748

Je prend la liberté de soumettre à Votre approbation le conte cy-joint des depenses que j'ai faites à l'occasion des coins.

P.S. Depuis quelques jours nos Astronomes observent la comète qu'on avoit deja decouvert le 28 Avril à Halle, et que le clair de la lune a empeché de voir ici avant mercredy passé. Les Astronomes de Paris de s'en étoient pas encore apperçus le 5me de ce mois. Hier au soir à 11 heures cette comete se trouvoit à 10° au dessous de l'etoile polaire, dans le meridien vers le nord. Mr Kies a deja observé avec tous les soins possibles quelques lieux; elle egale à peu près les étoiles de la 4me grandeur, et sa queüe n'est que de quelques degrés, il est fort difficile de s'en appercevoir sans lunettes. Il est remarqué que cette comete a fait depuis le 28 Avril plus de 40° dans un grand cercle du Ciel, mais sa vitesse est depuis deux jours beaucoup plus petite, d'où je conclud probablement qu'elle est dejà passé par son perigée. La direction de son mouvement va presque directement vers l'étoile polaire [5].

R 1535 Courrier académique.
Autogr. fr., 2 fo. – AAS Paris, no 37, fo 57r–v, 58r.
Copie fr., 3 p. – BAB, Bl. 97–99R.

[1] L'intervention de Maupertuis a donc permis de diminuer considérablement la taxe à payer pour dédouaner les coins de la médaille. Il est impossible de déchiffrer exactement le sigle indiqué par Euler pour l'unité monétaire seconde, mais il est probable que c'est gr. La subdivision de l'écu utilisée ne peut être que le «gros» (1 écu = 24 gros).

[2] La virole était une bague en acier dans laquelle on coulait le flan du métal. L'action des coins sur les deux faces imprimait la médaille tandis que, par suite de la pression, la tranche de la pièce se formait sur la virole.

[3] Très vraisemblablement Maupertuis ne tenait pas à s'engager formellement pour procurer à Hedlinger une place dans l'Académie, même à titre honoraire, et il a dû proposer un marché que Euler écarte en des termes savamment calculés.

[4] Confirmation des données des *Registres* ..., p. 126, pour le jeudi 16 mai, et des notes des lettres *supra* 36 et 38.

[5] Les *Registres* ..., p. 128, indiquent que le jeudi 17 juillet 1748, Kies a lu des «observations sur la Comète envoyées de Paris par M. Grischow le fils». *L'Histoire et Mémoires ... de Paris pour 1748,* 1re partie, p. 98, indiquent que le Roi et toute sa cour ont vu la Comète à Choisy les 4 et 5 mai et que Maraldi a lu un mémoire à propos des observations le 11 mai. Cf. Jǔskevič–Winter, II, p. 128 et 133, et III, p. 55.

41
EULER À MAUPERTUIS
Berlin, 19 mai 1748

Monsieur,

Mme Haudé vient de me prier d'accompagner de quelques lignes la lettre cy-jointe, qu'elle prend la liberté de Vous addresser et de Vous supplier pour Elle, qu'elle puisse à l'avenir jouir des memes privileges qui ont été accordés à feu son mary. Je ne doute pas que Vous ne prenies part à ce facheux accident dont Mme Haudé vient d'etre affligée, et comme son Frere Mr Spener, qui a été jusqu'ici en compagnie avec le defunct, ne manquera pas de servir l'Academie de tout son possible, j'espere que Vous ne feres aucune difficulté de temoigner les memes faveurs à Mme Haudé, dont Vous avies eu la bonte de daigner feu Mr Haudé [1]. J'y joigne mes très humbles prieres, et je suis avec le plus parfait respect

Monsieur
Votre très humble et très obeissant serviteur
L. Euler
Berlin ce 19 May 1748

R 1536 Courrier académique.
Autogr. fr., 1 f°. – AAS Paris, n° 38, f° 59.
Copie fr., 1 p. – BAB, Bl. 100R.

[1] Maupertuis a été affronté à l'Académie avec le redoutable problème du maintien des avantages acquis et de leur transmission après décès aux veuves. Cf. lettre de Maupertuis à Frédéric (s.d.), Le Sueur, p. 88. Il est vrai qu'il ne s'agit pas ici de pensions académiques, et seulement de privilèges d'éditeur; il est vrai que Mme Haudé ne fait que proposer de poursuivre le contrat passé entre son mari, son frère et l'Académie. Mais Maupertuis méditait certainement des changements pour améliorer les publications dont il était mécontent. Il n'obtiendra qu'une réforme partielle (cf. lettre de Frédéric à Maupertuis du 22 juillet 1748, Koser, p. 231–232).

42
EULER À MAUPERTUIS
Berlin, 4 juin 1748

Monsieur,

Ayant oublié hier [1] de Vous demander Vos Ordres par rapport aux medailles d'argent qui doivent être prêtes Samedy prochain, je prend la liberté de Vous prier de m'instruire sur cet article, si je dois Vous envoier toutes, ou une partie, et par quelle occasion [2]?

Une chose me tient encore à cœur par rapport à ma piece sur les *minima* qui se trouvent dans les courbes que forment des fils soit parfaitement flexibles, soit elastiques, étant sollicités par des forces quelconques. J'avois pris la liberté de Vous étaler toutes mes reflexions, qui me convainquent que mes formules ne sont pas contraires à la theorie que Vous aves donnée, mais je croi que Votre derniere maladie Vous a empeché de peser mes reflexions [3]. Oserois-je donc Vous supplier, Monsieur, de daigner encore de quelque attention mes lettres, que j'avois pris la liberté de Vous addresser alors à Pottsdam, je suis bien sur que Vous ne trouveres plus la moindre contrarieté [4] entre Vos principes et mes formules, mais que Vous reconnoitres la grande ressemblance que j'avois dit qu'elle s'y trouve. Il est vrai qu'alors je ne voyois pas encore comment mes formules se pourroient deduire de Vos principes, quoique j'eusse fort bien compris l'application que Vous en aves faite pour trouver la figure d'une masse fluide qui est sollicitée par des forces quelconques. Mais àpresent il me semble que les memes raisonnemens dont Vous Vous étés servis doivent conduire à mes formules, desquelles je dois remarquer, avant toutes choses, qu'elles regardent un cas tout à fait different de celui que Vous aves consideré. Voilà comme je voudrois entamer [5] le raisonnement:

Soient autant de centres de forces qu'on voudra, leurs distances à un point donné, v, v', v'', v''', etc. et leurs forces motrices memes sur ce point V, V', V'', V''', etc. fonctions quelconques des distances. Alors en considerant une masse fluide sollicitée par ces forces, la quantité d'action de toutes ces forces doit être un *minimum* ou son differentiel $= 0$. Or vous faites voir très solidement [6] que cette quantité d'action s'exprime par $\int V dv + \int V' dv' + \int V'' dv''$ + etc. Maintenant en considerant un fil flexible sollicité par ces memes forces, pour en determiner la figure il ne suffira plus d'avoir égard seulement à la quantité d'action des forces, qui demeurera comme auparavant $= \int V dv + \int V' dv' + \int V'' dv''$ + etc. (puisqu'il est évident que le fil flexible doit prendre une figure bien differente de celle qui convient à la masse fluide), mais cette quantité d'action doit être appliquée aux elemens du fil, sur lesquelles l'action se fait. Soit donc dS l'element du fil, et l'action des forces appliquée à cet element sera $=$ $dS\,(\int V dv + \int V' dv' + \int V'' dv''$ + etc.). Aprésent il me paroit fort naturel [7] de dire que, dans ce cas, la somme de toutes les actions des forces appliquées aux elemens du fil doit etre un *minimum* c'.à.d. pour la figure du fil cette formule

$$\int dS\,\left(\int V dv + \int V' dv' + \int V'' dv'' + \text{etc.}\right)$$

sera un *minimum*.

De plus, en considerant un corps projectile attiré par ces memes forces, pour trouver la courbe qu'il decrira, il me semble, egalement naturel [8] de soutenir que dans cette courbe la somme de toutes les quantités d'actions des forces appliquées aux elemens du tems doit etre un *minimum*. Or la quantité d'action de ces forces est suivant Vos principes $= \int V dv + \int V' dv' + \int V'' dv''$ + etc. donc nommant dT l'element du tems, dans ces courbes projectoires cette formule

$$\int dT\,\left(\int V dv + \int V' dv' + \int V'' dv'' + \text{etc.}\right)$$

doit être un *minimum* ce qui est aussi vrai au pied de la lettre [9].

Apres ces nouveaux eclaircissemens je n'ai qu'à Vous supplier encore très humblement, Monsieur, de les lire avec quelque attention, étant bien asseuré que Vous porteres alors un jugement plus favorable de ma piece, qui a eu le malheur de Vous paroitre contraire à Vos principes. Il m'est trop important que Vous changies de sentiment sur cette matiere, et dans cette vue j'espere d'obtenir de Votre bonté d'autant plus facilement le pardon, si mes justifications reiterées Vous deviennent incommodes [10].

J'ai l'honneur d'être avec le plus parfait respect
Monsieur
Votre très humble et très obeissant serviteur
L. Euler

Berlin ce 4 Juin 1748

R 1537 Courrier personnel.
Autogr. fr., 2 f°. – AAS Paris, n° 39, f° 60–61.
Copie fr., 4 p. – BAB, Bl. 101–104R.
Edit.: Brunet, p. 72–73.

[1] Présent à l'Assemblée publique de l'Académie du 30 mai, Maupertuis a dû rester à Berlin quelques jours et la manière dont s'exprime Euler indique qu'ils se sont rencontrés le 3 juin avant un nouveau départ du président pour Potsdam (voir le post-scriptum de la lettre 44 *infra*).

[2] La frappe des médailles connaîtra quelques vicissitudes comme l'indiquent les lettres suivantes. En fait d'«occasion», il est clair que celle qui intéresse Euler est d'avoir une raison d'écrire à Maupertuis pour prolonger une conversation directe qui a eu certainement lieu les jours précédents et pour écarter les nuages survenus entre les deux interlocuteurs. La phrase suivante: «une chose me tient *encore* à cœur ...» est significative à cet égard.

[3] Avec une confirmation du fait que Maupertuis a reçu les lettres précédentes à un moment où son état de santé ne lui permettait guère d'attention, ce paragraphe est une nouvelle preuve qu'Euler écrit ici après une rencontre décevante.

[4] Cette contrariété a donc bien été ressentie comme telle par Maupertuis. D'où l'effort qu'Euler va tenter en reprenant presque littéralement les exposés des lettres antérieures. Il n'y a rien à ajouter aux notes données *supra* lettre 37 sauf quelques remarques particulières.

[5] Terme caractéristique: Euler veut procéder de manière plus méthodique et marquer la progression à partir du cas le plus simple, celui d'un point matériel soumis à des forces centrales.

[6] L'adjectif est exagéré et relève de la *captatio benevolentiae*. Comme nous l'avons déjà dit plus haut il n'y a rien de tel dans le mémoire de Maupertuis publié de 1740 et l'addition qui y fut faite en 1756 relève certainement de l'influence d'Euler.

[7] Nouvel adjectif destiné à couvrir une difficulté réelle. En faisant apparaître pour l'élément de fil le facteur dont il convient de tenir compte pour la masse, Euler se trouve en fait amené à comprendre que la distance est grande entre le cas simple traité par Maupertuis, celui d'un point matériel, et celui d'un ensemble de points matériels. Il n'hésite pas à franchir cette distance à l'aide d'une intégrale, mais sans préciser sa nature.

[8] Dans le cas d'un point matériel en mouvement, Euler use de même d'une intégrale, prise cette fois par rapport au temps. On imagine aisément que Maupertuis puisse être surpris de la conservation du minimum à travers des intégrations si diverses et si peu définies.

[9] «Le pied de la lettre» est évidemment que les solutions obtenues par Euler par des voies plus classiques s'accordent avec tout ce qu'il vient de déclarer «naturel».

[10] La formule n'est pas un modèle de diplomatie.

43

EULER À MAUPERTUIS

Berlin, 8 juin 1748

Monsieur,

Je Vous suis infiniment obligé de l'explication que Vous m'aves bien voulu donner de Votre sentiment au sujet de la quantité d'action et des formules dont la valeur est un maximum ou un minimum dans le courbes produites par les forces. Avant cette explication je ne pouvois comprendre que fort obscurement en quoi pourroit consister la difference entre Vos idées, et ce que j'avois avancé sur cette matiere, ce qui augmentoit beaucoup mon inquietude [1]. Mais à présent étant suffisament eclairci à cet égard j'avoue franchement que j'ai eu tort de donner le nom de quantité d'action à plusieurs formules bien differentes entr'elles [2], sans que j'eusse compris comment je pourrois justifier cette denomination. A cela près je suis à présent assuré plus que jamais que les formules des *maxima* et *minima,* que j'ai trouvées *a posteriori,* n'apportent la moindre atteinte à la justesse des principes sur les quels Vous aves fondé Vos raisonnemens.

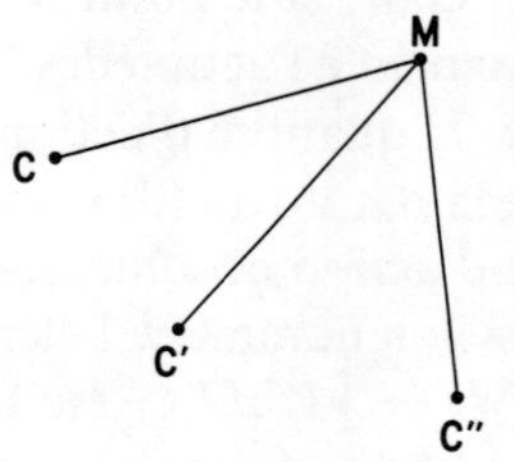

Pour m'expliquer plus precisement là dessus, je considererai plusieurs centres de forces C, C', C'' etc. dont les distances à un point quelconque M soient $CM = v$, $C'M = v'$, $C''M = v''$ etc. et les forces dont ce point M est attiré vers ces centres soient V, V', V'' etc. fonctions quelconques des distances v, v', v'' etc. Maintenant s'il s'agit de trouver la figure d'une masse fluide attirée par ces forces dans la surface de laquelle soit le point M, je trouve conformement à Vos principes cette équation

$$\int V\,dv + \int V'dv' + \int V''dv'' + \text{etc.} = \text{Const.}$$

ou puisque le differentiel de cette quantité est $= 0$, on pourra dire que la valeur de cette formule $\int V\,dv + \int V'dv' + \int V''dv''$ + etc. est un *maximum* ou *minimum,* et c'est cette formule qui exprime selon Vous, Monsieur, la quantité d'action des forces V, V', V'' etc. entant qu'elles agissent sur le point M [3]. Aprésent en considérant un autre cas, où le point M soit un element d'un fil flexible suspendu par ses deux bouts, Vous m'accorderes d'abord que la figure que prendra ce fil sera bien differente de celle de la masse fluide, car s'il n'y avoit qu'un seul centre de forces C éloigné à l'infini, pour avoir le cas de la gravité naturelle, la figure d'une masse fluide deviendroit un plan horizontal, au lieu qu'un fil suspendu prendroit la figure de la Chainette [4]. De là il est clair que la formule qui sera un *minimum* pour la figure du fil doit être bien differente de celle qui est un *minimum* pour la figure de la masse fluide, donc puisque la formule $\int V dv + \int V' dv' + \int V'' dv''$ + etc. est un *minimum* pour ce dernier cas, elle ne sera pas un *minimum* pour la figure du fil; quoiqu'il semble que cette meme formule exprime la quantité d'action des forces sur le point M, aussi bien dans l'un que dans l'autre cas. D'où il s'en suit necessairement, puisque les formules qui sont un *minimum* dans ces deux cas differens ne peuvent être les memes, ou que les quantités d'action des forces sur le point M ne sont pas les memes, ou que les formules du *minimum* dans ces deux cas n'expriment point la quantité d'action des forces. Je ne voudrois pas soutenir le dernier, puisqu'il me paroit très raisonnable que l'on estime la quantité d'action des forces par la meme formule, qui est un *minimum*, mais il me semble que, pour avoir la quantité d'action, il ne suffit pas d'avoir égard seulement aux forces qui agissent, mais qu'il faut aussi regarder la nature du corps qui en est sollicité [5]. Dans cette vüe je voudrois nommer cette formule $\int V dv + \int V' dv' + \int V'' dv''$ + etc. la quantité d'action absolue des forces sur le point M, où l'on ne fait attention à la nature du corps auquel appartient le point M, et il me paroit asses clair que, puisque une masse fluide obeït partout librement à l'action des forces, ce sera la quantité d'action absolue qui doit être un *minimum*. Mais il est également clair, si le point M est un element d'un fils suspendu qui ne sauroit plus obeïr si librement à l'action des forces sollicitantes, que sa courbure ne depend plus uniquement de la quantité d'action absolue [6], mais qu'il y faut joindre quelque chose qui renferme la nature du fil; je voudrois nommer cela, qui resulte de cette application, la quantité d'action absolue des forces appliquée au cas présent du fil, et comme j'ai trouvé que si l'on nomme ds l'element du fil au point M, la valeur de cette formule $\int ds\,(\int V dv + \int V' dv' + \int V'' dv'' + \text{etc.})$ sera la plus petite dans la figure du fil; puisque $\int V dv + \int V' dv' + \int V'' dv''$ + etc. est la quantité d'action absolue des forces, je dirois que cette formule

$$\int ds\,(\int V dv + \int V' dv' + \int V'' dv'' + \text{etc.})$$

est la quantité d'action appliquée à la nature du fil.

De même si le point M marque un corps projetté d'une maniere quelconque, et qu'on voulut determiner la courbe qu'il decrira, la formule $\int V dv + \int V' dv' + \int V'' dv''$ + etc. sera encore la quantité d'action absolue des forces, mais la quantité d'action appliquée à ce cas, dont la valeur est effectivement un *minimum*, sera $\int dt\,(\int V dv + \int V' dv' + \int V'' dv'' + \text{etc.})$, où dt marque l'element du tems. Cette derniere formule etant parfaitement d'accord avec celle-cy $\int u\,ds$ (où ds marque l'element de l'espace, et u la vitesse du corps, car $\int V dv + \int V' dv' + \int V'' dv''$ + etc. exprime le quarré de la vitesse uu, et $u\,dt$ est $= ds$) que Vous avies tirée immediatement de Vos principes; il est impossible qu'il se trouve la moindre opposition réélle entre Vos principes et les formules que j'ai tirées *à posteriori:* ce ne seront que peut être quelques expressions mal choisies, dont je me suis servis, qui Vous ont pû paroître contraires à celles que Vous aves emploiées; desorte que je n'aurois qu'à changer quelques mots dans ma piece, pour en ôter tout ce qui pourroit sembler incompatible avec Votre Theorie [7]. Je Vous supplie, Monsieur, de daigner de quelqu'attention ce que je prend la liberté de Vous exposer sur ce sujet, et de me dire franchement si Vous en etes satisfait. Car je serois au desespoir si je Vous avois donné lieu de soupçonner avec raison, que si j'eusse voulu chercher des detours pour Vous faire croire par de vains complimens que j'adopte Vos idées, tandisque je les adopterois en effet. J'ai été plutot tout ravi que la formule $\int V dv + \int V' dv' + \int V'' dv''$ + etc. que Vous nommes quantité d'action s'est rencontrée par tout dans toutes mes recherches et j'ai cru qu'on n'en puisse pas asses relever le prix. Mais surtout ai-je été tout transporté de joye, quand je vis que l'action de l'elasticité [8], qui jusque là m'étoit un nœud irresoluble, suivoit parfaitement les memes loix que l'action des forces ordinaires contenue dans la formule $\int V dv + \int V' dv' + \int V'' dv''$ + etc. Dans cet etat je ne Vous puis pas exprimer combien j'ai été affligé quand j'appris que Vous n'eties pas content de mon ouvrage; mais à présent je suis d'autant plus rejoui, que Vous m'aves fait la grace de Vous expliquer sur ce sujet, puisque j'espere que ma justification ne manquera pas de Vous convaincre de ma droiture [9]. Je travaille actuellement à une autre piece sur cette meme matiere, où je fais voir encore dans un plus grand nombre de cas differens, l'importance et l'étendue de votre formule $\int V dv + \int V' dv' + \int V'' dv''$ + etc. et je me flatte qu'après ces eclaircissements Vous en seres parfaitement content.

On me fait esperer que j'aurais les 22 medailles d'argent encore ce soir, ou demain matin: les coins sont encore en bon état, et le dommage, qui étoit à remarquer sur les medailles d'or, n'est presque plus à apercevoir. J'ai demandé à M^r le medailleur Barbies un compte pour les 20 medailles en Bronze, que j'aurais l'honneur de joindre ici.

Je suis avec un très profond respect
Monsieur
Votre très humble et très obeissant serviteur
L. Euler

Berlin ce 8 juin 1748

R 1538 Courrier personnel.
Autogr. fr., 3 f°. – AAS Paris, n° 40, f° 62–64.
Copie fr., 6 p. – BAB, Bl. 105–110R.
Edit.: Brunet, p. 73–74.

[1] Maupertuis a donc réagi promptement à la lettre précédente, du 4 juin.

[2] Il est clair que l'objection de Maupertuis a bien porté, comme nous le marquons dans les notes 7 et 8 de la lettre précédente 42, sur le passage du cas d'un point matériel à un ensemble de tels points, ou sur le passage de l'équilibre d'un point à son mouvement, à l'aide de formules intégrales.

[3] Euler, par cette précision qui manquait à ses précédents exposés, donne ici la preuve que Maupertuis a insisté avec pertinence sur les hypothèses qui lui servaient de base de départ.

[4] Euler éclaire ici une parenthèse qu'il avait introduite dans la lettre précédente. C'est sur la différence entre la figure d'équilibre d'un fluide pesant (un plan horizontal) et celle d'un fil également pesant (une chaînette) qu'il compte pour faire admettre à Maupertuis que les deux cas ne peuvent pas relever d'une même expression de l'action minimum. Et il va insister lourdement comme s'il avait affaire à un élève difficile.

[5] Voici enfin le mot clé. On peut se demander pourquoi Euler a attendu si longtemps pour le dire et l'on ne peut se défendre de l'impression que c'est la résistance de Maupertuis qui l'a finalement aidé à mieux concevoir.

[6] Cet appel à la courbure est vague et de nature à soulever une difficulté nouvelle pour le lecteur.
[7] Ces changements ont certainement eu lieu.
[8] L'action de l'élasticité est effectivement traitée dans le premier mémoire déjà cité sur les *Recherches sur les plus grands et les plus petits* ... (E. 145; O. II, 5).
[9] L'insistance d'Euler prouve que le conflit avec Maupertuis a été important.

44
Euler à Maupertuis
Berlin, 14 juin 1748

Monsieur,

Je viens d'achever mes recherches sur le principe de la quantité d'action et je prend la liberté de Vous les envoier en Vous priant très humblement de les daigner de quelque attention. Je me flatte que Vous en seres tout à fait content, et que Vous y trouveres Votre grand principe de la quantité d'action le mieux établi, et appliqué ensorte aux cas que j'y traite que Vous remarqueres par tout la plus belle conformité a Vos Idées. Car je dois avouer que dans ma piece precedente je ne voyois pas encore asses clair dans cette matiere, mais à present tout me paroit lumineux et je n'y trouve plus aucun doute [1]. La piece que j'ai l'honneur de Vous presenter roule sur trois articles [2]. Le premier regarde l'estime de la quantité d'action des forces quelconques, où je fai[s] voir que si un point est attiré vers plusieurs centres fixes C, C', C'' etc. par des forces V, V', V'' etc. qui sont des fonctions quelconques des distances v, v', v'' etc. de ce point à ces centres, alors la quantité d'action de ces forces sur ce point sera $= \int V\,dv + \int V'dv' + \int V''dv'' +$ etc., ce qui est parfaitement d'accord avec la maniere dont Vous Vous étés servi pour exprimer la quantité d'action dans Votre Piece sur la loi generale du repos.

Dans l'article second je soutiens que lorsqu'un corps quelconque (soit qu'il soit solide ou fluide, flexible ou roide ou elastique) sollicité par ces forces se trouve en equilibre, alors la somme de toutes les actions exprimées selon le 1er article, qui agissent sur tous les elemens du corps, sera un *minimum*. Ce seul principe me fournit la figure d'une masse fluide quelconque, la courbe que forme un fil quelconque soit flexible, ou elastique. Or ce principe est non seulement d'accord avec Votre theorie, mais il est aussi le meme que Vous avances.

Le troisieme article roule sur le mouvement d'un corps attiré par ces memes forces, et je prouve que ce mouvement aura toujours cette propriété, que la somme de toutes les quantites d'action que le corps éprouve à chaque instant sera un *minimum*. Je suis d'autant plus seur que Vous conviendres aussi de ce principe, puisqu'il revient à celui d'où j'ai deduit les orbites des planetes et d'autres corps attirés par des forces quelconques dans mon traité *de maximis et minimis* [3].

En conformité de ces nouvelles lumieres, que je me suis acquises, je ferai quelques changemens dans les expressions de ma piece precedente sur cette matiere, qui peuvent paroitre de renfermer quelque chose de contraire à Votre Theorie et à mes dernieres recherches.

Lundy passé j'eus l'honneur de remettre à Madame Votre Epouse huit medailles en argent, pour le reste des 22 on me promets de me le delivrer ce soir [4]; le medailleur en a été occupé toute cette semaine, et a trouvé bien des difficultes de les bien exprimer. Il espere qu'il reussira plus aisement avec les 6 medailles en bronze que Vous aves ordonné de faire. J'ai trouvé ce matin à la monnoye Mr Georgi occupé à frapper une medaille d'or sur son coin pour la reformation de la justice [5]; mais il a eu le malheur que tous les deux coins de l'avers et du revers se sont cassés.

Pour nous c'est un grand bonheur que le petit endommagement dont on s'est apperçu dès le commencement n'a pas eu de suites jusqu'ici; aussi dois-je faire justice à Mr Barbies qu'il a menagé nos coins encore plus que Mr Hedlinguer avoit demandé.

J'ai l'honneur d'être avec tout le respect possible

Monsieur

Votre très humble et très obeissant serviteur

L. Euler

Berlin ce 14 juin 1748

Je viens de recevoir des exemplaires de mon ouvrage imprimé [6] nouvellement à Lausanne; mais je ne voudrois pas Vous en envoier un à Pottsdam, à moins que Vous ne l'ordonnies.

R 1539 Courrier personnel.
Autogr. fr., 2 f^o^. – AAS Paris, n° 41, f° 65–66.
Copie fr., 3 p. – BAB, Bl. 111–113R.
Edit.: Brunet, p. 76–77.

[1] L'aveu semble sincère et confirme la note 5 de la lettre précédente 43.
[2] La description qui suit correspond au second mémoire.
[3] Confirmation de la note 9 de la lettre 42.
[4] Il y a donc eu des difficultés dans la fabrication des médailles. La raison du retard est évoquée dans le paragraphe suivant.
[5] D'après Formey (*Histoire de l'Académie* ..., p. 115–118) la médaille pour «la réformation de la justice» était établie sur un projet de Maupertuis: d'un côté le buste du Roi autour duquel se trouvait l'inscription *«Fredericus Borussorum Rex»*, de l'autre la Justice tenant en main sa balance aux bassins fort inégaux et le Roi appuyant son sceptre sur le plus petit afin de le ramener au niveau de l'autre – avec la légende *«emendato jure»*.
[6] Il s'agit de l'*Introductio in analysin infinitorum* (E. 101/102; O. I, 8/9).

45
EULER À MAUPERTUIS
Berlin, 22 octobre 1748

Monsieur,

Si le Ciel a exaucé nos vœux, Vous deves être heureusement arrivé à Paris [1], et je souhaite de tout mon cœur d'apprendre bien tôt l'agreable nouvelle que Votre santé chancellante, avec laquelle Vous étés [sic] parti, se soit retablie, et que Vous recouvries toutes Vos forces pendant Votre sejour en France, afin que Vous n'ayes pas à craindre de nouvelles attaques après Votre retour.

Peu de jours après Votre depart le Secretaire du Ministre de Vienne m'a remis une grande lettre pour Vous de Mr Marinoni, que j'ai delivrée à Madame Votre Epouse, et j'ai appris depuis de Mr Fromey qu'elle avoit contenu les observations des dernieres eclipses du Soleil et de la Lune [2].

Je travaille actuellement à une piece sur l'atmosphere de la Lune pour laquelle l'observation de l'Eclipse du Soleil m'a fourni des preuves convainquantes vû que le disque du Soleil s'est considerablement élargi pendant que l'anneau duroit [3]. Mais comme la refraction horizontale sur la terre est 33′ environ, je trouve que celle de la lune surpasse à peine 10″, ce qui marque que l'atmosphere de la lune doit être extremement deliée, et qu'il ne faut pas s'étonner qu'on n'a pu jusqu'ici s'appercevoir de ses effets dans l'occultation des étoiles fixes par la lune. Cependant il s'ensuit que, lorsqu'une étoile fixe paroit sur le bord de la lune, elle se trouve déjà actuellement derriere la lune de 20″ plus proche vers son centre. On pourroit s'asseurer de cet effet si l'on mesuroit exactement la distance d'une étoile fixe, qui doit être couverte par la lune, à une autre plus éloignée, car dans le moment de l'occultation cette distance devroit être trouvée differente de celle qu'on auroit trouvée quelque tems auparavant. Il seroit à souhaiter que M^r le Monnier voulut entreprendre cette recherche, vu qu'aucun Astronome ne s'en sauroit acquitter avec plus de succes. Je suis aussi fort curieux d'apprendre si M^r le Monnier n'a pas remarqué le meme elargissement du disque du soleil, pendant que l'eclipse a paru annulaire en Ecosse [4]. Il y a long tems que M^r le Monnier m'a promis de me communiquer quelques observations anciennes du soleil, des momens desquelles on est asseuré, et qui ne dépendent point des irregularités auxquelles le Calendrier Julien a été assujetti presque jusqu'au cinquième siecle, ce qui est la raison que les observations de Ptolemée ne me servent rien dans ma recherche, si la durée des années n'a pas souffert quelque diminution depuis ces tems reculés?

Notre Mechanicien Koch m'a demandé 2 Ecus pour chaque menisque qu'il m'a fait. Comme vous aves eu la bonté, Monsieur, de me mettre en état d'en faire faire encore plusieurs, et que je ne vois pas encore moyen de les executer mieux que par Koch, je lui ai ordonné de me faire encore 7 pieces, et je lui ai prescrit des proportions entre la convexité et la concavité, qui different expres des veritables, de sorte que quelques uns seront fautifs par exces et d'autres par defaut. Alors je serai en état d'en faire plusieurs combinaisons, et s'il arrive que l'un peche autant par exces que l'autre par defaut, j'aurai un objectif parfait. Je me bornerai au lieu de l'eau à l'esprit du vin rectifié [5], puisque j'ai remarqué que cette liqueur produit un meilleur effet que l'eau par rapport à la transparence, et je n'ai pas à craindre que la gélée interrompe mes experiences.

Votre lunette à 8 pieds, que Vous m'aves commandé à faire monter, est prête et represente parfaitement bien les satellites de Jupiter.

Ayant l'honneur de Vous asseurer de tout mon attachement possible je suis avec la plus parfaite veneration et respect

Monsieur

Votre très humble et très obeissant serviteur

L. Euler

Berlin ce 22 Octobre 1748

M^r le Feld Mareschall est retabli et Vous fait bien ses Complimens et Mr de Venezobre mourut avanthier.

[Au dos]

P.S. Je viens de recevoir une lettre de Mr Teploff de St Petersbourg dans laquelle il me marque que M^r le Comte Rassumoffski est bien aise d'accepter le titre d'un membre de notre Academie [6], et il m'a chargé de Vous presenter ses remerciemens, et à toute l'Academie.

R 1540 Courrier académique envoyé à Paris.
Autogr. fr., 2 p. – AAS Paris, n° 42, f° 67–68.
Copie fr., 4 p. – BAB, Bl. 114–117R.

[1] En raison de son état de santé défavorable, Maupertuis n'avait assisté qu'aux séances de l'Académie du 19 et du 27 septembre, et il a dû partir pour la France dans les tout premiers jours d'octobre.

[2] Le jeudi 24 octobre, donc à peine deux jours après la présente lettre, Euler a communiqué à l'Académie un mémoire de Marinoni sur les observations mentionnées, et a présenté en même temps sa pièce *Sur l'accord des deux dernières éclipses du soleil et de la lune avec mes tables* ... (*Mémoires ... de Berlin pour l'année 1748*, (1750), p. 86–98 (E. 141; O. II, 30, p. 88–100)).

[3] L'éclipse annulaire dont il est ici question fut observée le 25 juillet 1748 et Euler lut ses *Reflexions* ... (E. 117) sur cette éclipse le 12 septembre, lors d'une séance à laquelle Maupertuis n'assistait pas. La pièce fut adjointe in extremis au volume des *Mémoires ... de Berlin pour 1747*, (1749), p. 250–273 – O. II, 30, p. 51–72. Voir également la pièce de Kies *Observation sur l'éclipse annulaire du 25 juillet de cette année*, lue le 7 novembre et publiée dans les *Mémoires ... de Berlin pour 1748*, (1750), p. 99–102. Ces diverses pièces ne contiennent aucune mention du phénomène dont parle Euler dans la présente lettre. Il est possible que le fait lui soit apparu avec un certain retard en examinant les relevés d'observation. La pièce en préparation sur l'atmosphère de la lune sera présentée plus tard: voir *infra* lettre n° 46.

[4] D'après les Registres de l'Académie de Paris, Le Monnier (qui s'était rendu en Ecosse pour des vérifications de latitude et de longitude) avait observé le 16 août à Dundee les éclipses des Pleïades par la Lune. C'est-à-dire précisément ce sur quoi Euler désire ici des données précises.

[5] Pour l'utilisation de systèmes de ménisques remplis de liquide, voir *infra* lettre n° 46.

[6] Le 19 septembre Maupertuis s'était rendu à l'Académie et avait proposé et fait adopter l'élection de Razumovskij comme membre étranger (*Registres* ..., p. 130. – La lettre de Teplov ici mentionnée n'est pas retrouvée, mais la réponse d'Euler à Teplov du 26 octobre 1748 (R 2636) est publiée (cf. Juškevič-Winter, II, p. 145–148)).

46
Euler à Maupertuis
Berlin, 30 novembre 1748

Monsieur,

Je viens d'apprendre avec la plus vive joie que Vous etes arrivé en bonne santé à St Malo, de quoi je Vous felicite de tout mon cœur en reïterant mes voeux les plus ardens pour Votre conservation et le parfait retablissement de Votre santé.

J'espere que Vous aures bien reçu à Paris, Monsieur, ma derniere lettre [1], dans laquelle je Vous ai rendu compte des mesures que j'avois prises pour continuer mes essais sur les verres objectifs de la nouvelle façon [2]. J'avois pris le parti de commander à faire à Mr Koch 7 menisques tels que chacun s'ecartoit de la veritable figure ou en exces ou en defaut, parce que je croiois qu'en combinant deux, dont l'un pechoit en exces et l'autre en defaut, il pourroit arriver par le grand nombre de combinaisons que j'obtinse un objectif parfait [3]. Mais en faisant les experiences j'ai vu avec bien du chagrin que les menisques ne valoient presque rien, non seulement à l'égard de mon dessein, pour faire evanouir l'effet de la diverse refrangibilité des rayons, mais aussi à l'égard de leur figure meme. Car Jupiter me parut tantot quarré, tantot meme double, ce qui marque un tres grand defaut dans la figure des verres meme independamment de la diverse refrangibilité.

J'ai rencontré pourtant une combinaison qui m'a présenté Jupiter asses bien, mais l'ayant comparée avec Votre Lunette de 9 pieds qui fut montée apres Votre depart, tout l'avantage evanouissoit entierement. Car je dois remarquer que cette lunette de 9 pieds surpasse en bonté meme celle de 16 pieds, dont Vous m'aves remis les objectifs de la façon de Mr Outhier [4]. Comme ce n'est pas par rapport à la diverse refrangibilité que cette lunette est preferable à toutes les autres que nous avons examinées, mais uniquement par rapport à l'exactitude avec laquelle les verres sont travaillés, je ne pourrai esperer d'obtenir un bon objectif de ma façon, avant que j'aie rencontré un tel ouvrier qui soit capable de travailler les verres aussi exactement que Mr Outhier. Car quand meme il seroit possible de faire evanouir l'effet de la diverse refrangibilité, le manque d'accuratesse dans la figure mettroit pourtant un tel objectif bien au dessous des ordinaires. Un de mes amis a rencontré à Wittemberg un habile Ouvrier qui s'est engagé d'executer exactement mes menisques, je lui ai envoié les proportions et j'en attend des épreuves. Pourvu qu'il execute bien les convexités et les concavités spheriques, quand meme les proportions seroient un peu differentes, je pourrai changer un peu la nature des liqueurs dont je les remplis, ayant trouvé plusieurs liqueurs differentes propres à ce dessein, qui souffrent le melange de sorte que je puisse produire un degré de refraction à volonté [5].

Je travaille actuellement à un traité de Dioptrique que j'espere d'achever avant Votre retour, où je trouve quantité de circonstances auxquelles il faut avoir égard, dont les Auteurs ne se sont pas apperçus, ou qu'ils n'ont traitées que fort superficielle-ment. Outre la diverse refrangibilité des rayons il y a plusieurs autres sources qui rendent defectueux les instrumens d'optique que je rechercherai le plus soigneusement qu'il me sera possible. J'ai examiné aussi tout au long l'article des ouvertures qu'on peut donner à chaque objectif, et j'ai trouvé que le diametre de l'ouverture depend non seulement de la distance du foyer mais aussi principalement de la figure des faces du verre [6]. Si la distance du foyer est de 30 pieds et que le verre soit egalement convexe de deux cotés, le diametre de l'ouverture sera de $2\frac{56}{100}$ pouces [7].

Si le verre est plat d'un coté et convexe de l'autre et qu'on tourne le coté convexe vers l'objet, le diametre de l'ouverture sera de $3\frac{2}{10}$ pouces; or si l'on tourne le coté plat de ce meme verre vers l'objet, le diametre de l'ouverture ne sera que de $1\frac{50}{100}$ pouces.

Pour les menisques l'ouverture est encore plus petite car, si le rayon de la convexité est à celui de la concavité comme 5 à 6, la distance du foyer demeurant de 30 pieds, si l'on tourne le coté convexe vers l'objet le diametre de l'ouverture sera $\frac{31}{100}$ pouces; or, si l'on tourne le coté concave vers l'objet, le diametre de l'ouverture ne sera que de $\frac{28}{100}$ pouces.

Or le verre qui admet la plus grande ouverture sera celui dont le rayon de la convexité d'un coté sera au rayon de la convexité de l'autre comme 17 à 2, en supposant la raison de refraction de l'air dans le verre comme 31 à 20 [8], et si la distance du foyer de ce verre est de 30 pieds, et qu'on présente à l'object la face la plus convexe, le diametre de l'ouverture sera $= 3\frac{26}{100}$ qui est la plus grande; mais si l'on tournoit l'autre coté moins convexe vers l'objet, le diametre de l'ouverture ne sauroit être que de $1\frac{74}{100}$ pouces.

Si pour la raison de refraction de l'air dans le verre on supposoit 3 à 2 au lieu de 31 à 20, au lieu de la raison 17 à 2 qui donne le verre capable de la plus grande ouverture, on trouveroit celle de 6 à 1 que Mr Hugens a donnée pour la figure la plus convenable d'un verre ardent [9].

Aprésent l'impression du 3 Tome des Memoires avance bien, la Classe de Mathematique n'aura plus qu'une lecture avant les fêtes, ce sera jeudy prochain où je lirai mes remarques sur l'atmosphere de la Lune prouvée par la derniere eclipse du Soleil [10] dont j'ai eu l'honneur de Vous rendre compte dans ma lettre precedente.

On me mande de Petersbourg que l'impression de mon ouvrage sur la theorie de la navigation sera bien tot achevée [11]. Aprésent l'Academie a engagé un certain homme de Leipzig nommé Haubold pour remplir la place de Mr Delisle, dont la capacité m'est tout a fait inconnue [12].

En me recommendant à la continuation de Votre Bienveillance et Affection, j'ai l'honneur d'être avec le plus parfait attachement et respect

Monsieur

Votre très humble et très obeissant serviteur

L. Euler

Berlin ce 30 Nov. 1948

R 1541 Courrier académique adressé à St-Malo.
Autogr. fr., 2 f^{o}. – AAS Paris, n° 43, f° 69–70.
Copie fr., 4 p. – BAB, Bl. 118–122R.

[1] Il s'agit évidemment de la lettre précédente n° 45, et il n'y a pas lieu d'imaginer une lettre intermédiaire.

[2] Euler avait donné l'année précédente un mémoire *Sur la perfection des verres objectifs des lunettes* (*Mémoires ... de Berlin pour 1747,* (1749), p. 274–296 (E. 118; O. III, 6, p. 1–21)). Dans ce mémoire, après avoir montré l'avantage des ménisques par rapport à la diffusion du foyer correspondant à la «diverse réfrangibilité» (c'est-à-dire aux variations de l'indice de réfraction avec la couleur), Euler suggérait que l'utilisation de deux ménisques, placés l'un contre l'autre selon leurs faces concaves et formant une cavité dans laquelle peut être introduit un liquide, devrait fournir un objectif presque parfait. Euler n'a pas cessé dans de nombreux travaux ulterieurs, dont la plupart ont été édités après sa mort, de chercher à donner corps à cette idée. Voir en particulier l'«Avertissement» de l'*Instruction détaillée* ..., publié par N. Fuss en 1774 (E. 446; O. III, 7, p. 202) et la citation qu'en a donnée E. A. Fellmann dans son excellent commentaire historique *Eulers Stellung in der Geschichte der Optik,* O. III, 9, p. 304.

[3] Cette explication complète les données de la lettre précédente sans être absolument claire. D'après le mémoire cité dans la note ci-dessus, la «véritable figure» des ménisques projetés par Euler était mal assurée. Il est donc probable qu'il y a eu de sa part, pour la commande à Koch, approximation des rayons de courbure en rapport avec les possibilités d'exécution (le 1/100 de pouce étant certainement exclu), d'où une incertitude sur la répartition effective des résultats de fabrique entre ménisques par excès et par défaut. Et dans ces conditions l'examen de toutes les combinaisons deux à deux, soit 21, s'imposait.

[4] L'abbé Renaud Outhier était depuis le 1er décembre 1731 membre correspondant de l'Académie de Paris au titre de Jacques Cassini.

[5] Pour la question des proportions ici évoquée, ainsi que pour l'intervention de l'indice de réfraction de la liqueur intérieure à la lentille composée de deux ménisques, voir le mémoire cité note 2 *supra* (O. III, 6, p. 15–21).

[6] C'est en vain que l'on cherche dans les publications ultérieures d'Euler un «article des ouvertures *qu'on peut donner* à chaque objectif». La question n'est traitée ni dans sa communication à Berlin du 9 avril 1761, *Constructio lentium objectivarum ex duplici vitro* ..., publiée à Pétersbourg en 1762 (E. 266; O, III, 6, p. 116–139), ni dans le mémoire de son fils Johann Albrecht présenté à Berlin en 1761 et publié dans les *Mémoires* pour cette année-là, en 1768 (*Recherches sur les lentilles objectives faites d'eau et de verre qui représentent distinctement les objets sans aucune confusion des couleurs,* O. III, 6, p. 140–169), ni enfin dans la *Dioptrica Pars prima* .. (E. 367; O. III, 3) qui fut publiée à Pétersbourg en 1769 (cf. en particulier *De diffusione imaginis per unicam lentem representatae,* O. III, 3, p. 22–37). Le premier de ces documents contient sans démonstration la formule assignée par Euler à la «diffusion» du foyer sous la forme $A\cdot\frac{x^2}{f}$, x étant la demi-ouverture de la face antérieure de la lentille, f la distance locale, et A un coefficient de proportionalité

$$A=\frac{(n+2)\mu^2-n(2n+1)\mu+n^3}{2n(n-1)^2},$$

où n est l'indice de réfraction moyen air-verre et où μ est égal à $\frac{1}{k+1}$, k étant le rapport du rayon de courbure de la face antérieure à celui de la face postérieure (cf. O. III, 6, p. 123): C'est cette formule que Johann Albrecht Euler justifie dans le deuxième document cité et dont on trouve des expressions équivalentes dans le troisième (cf. O. III, 3, p. 31–34). Mais dans aucun de ces textes eulériens n'est indiqué comment cette formule peut être utilisée pour fixer une limite supérieure de l'ouverture. La présente lettre d'Euler à Maupertuis garde en définitive la trace de calculs que l'auteur n'a pas publiés.

[7] Pour $n=\frac{31}{20}$ et $k=1$, ce qui est le cas ici, le coefficient $A=1{,}529$, et avec la valeur de x donnée par Euler ($2x=2{,}56$ pouces) on a pour la «diffusion» du foyer

$$1{,}529\cdot\left(\tfrac{2{,}56}{2}\right)^2\cdot\tfrac{1}{30\cdot 12}$$

puisque $f=30$ pieds $=30\cdot 12$ pouces, soit $2{,}5\cdot\frac{1}{360}$ pouces $=\frac{1}{144}$ ou $\frac{1}{12}$ ligne. Il est donc très vraisemblable que la détermination des ouvertures par Euler est fondée sur la réduction de la diffusion du foyer à cette limite inférieure très petite ($\frac{1}{12}$ ligne # $\frac{1}{5}$ mm). Il y a d'ailleurs confirmation avec les autres résultats numériques énoncés par Euler ci-dessous.

[8] La plus grande ouverture est obtenue avec le minimum de A, c'est-à-dire avec

$$\mu=\frac{n(2n+1)}{2(n+2)},\quad \text{d'où pour}\quad n=\frac{31}{20},\quad \mu=\frac{31\cdot 82}{2\cdot 71\cdot 20}\approx\frac{17}{19}=\frac{1}{1+\frac{2}{17}}\quad \text{ou}\quad k=\frac{2}{17}\,.$$

A a alors la valeur 0,935, et pour une «diffusion» de $\frac{1}{12}$ ligne, on a pour l'ouverture la valeur 3,26 pouces indiquée par Euler.

[9] Pour $n = \frac{3}{2}$, le minimum de *A* donné par les considérations précédentes est bien obtenu avec $\mu = \frac{3 \cdot 4}{2 \cdot 7} = \frac{6}{7}$, c'est-à-dire $k = \frac{1}{6}$. Christiaan Huygens avait donné ce résultat dans sa *Dioptrique* – Deuxième partie, Proposition IV (cf. *Œuvres t. XIII*, p. 290–291, et les *Opuscula Postuma* ..., publiés en 1703 par De Volder et Fullenius, p. 82–111, ou ceux publiés par S'Gravesande en 1728, p. 62–84). Huygens appelait «aberration» ce que Euler désigne par le terme «diffusion» et effectuait le calcul par rapport à l'épaisseur de la lentille et non par rapport à l'ouverture. Mais il est certain que ces calculs ont servi de guide à Euler.

[10] Le jeudi suivant, c'est-à-dire le 5 décembre, Euler lut effectivement à l'Académie un mémoire *De atmosphaera Lunae ex eclipsi Solis evicta* (cf. *Registres*, p. 132) dont la traduction française *Sur l'atmosphère de la Lune prouvée par la dernière éclipse annulaire du Soleil* a été publiée dans les *Mémoires ... de Berlin pour 1748*, (1750), p. 103–121. Cf. E. 142.

[11] La *Scientia navalis* d'Euler a été effectivement publiée à Pétersbourg en 1749. Cf. E. 110/111; O. II, 18/19. Voir *supra* lettre 25 note 8 et lettre 29 note 5.

[12] Ce remplaçant pressenti pour la place d'astronome à l'Académie de Pétersbourg n'a pas accepté d'assumer des tâches pour lesquelles il n'était pas préparé. Voir Euler à Schumacher 18/29 décembre 1749 – Juškevič–Winter II, p. 185.

47
Euler à Maupertuis
[Berlin, début février (?) 1749]

Monsieur,

Ayant été fort en peine pour l'état de Votre santé puisque personne de l'Academie n'avoit pas reçu de Vos nouvelles pendant long tems, j'ai été tout à fait ravi de recevoir l'honneur de Votre Lettre du 9 Janvier [1]. Je souhaite de tout mon cœur que votre santé acquierre de tels renforts à St Malo, que Vous n'ayes plus à craindre ici de nouvelles attaques et que Vous y puissies jouir à l'avenir d'une santé tout à fait parfaite.

Je vous suis infiniment obligé, Monsieur, de la peine que Vous vous donnes pour executer nos nouveaux objectifs, et j'espere encore qu'on réussira à Paris beaucoup mieux qu'ici; et je ne comprend pas asses les difficultés de Mr Passement [2] qui roulent sur la trop grande portion que ces verres exigent, car les rayons de la convexité et concavité etant donnés, la portion de la sphere n'en devient pas encore determinée, mais elle depend de la grandeur du verre meme, qu'il pourroit toujour faire aussi petite qu'il voudroit, desorte que l'arc de la concavité ne surpassat par exemple 10° [3]. Cependant j'avoue que ces verres n'admettront pas une si grande ouverture que les ordinaires d'un meme foyer, mais je crois pourtant qu'ils seront susceptibles d'une plus grande ouverture que la petitesse des rayons de convexité et de concavité paroissent exiger, puisque Newton a remarqué que l'eau mise entre deux verres sert à diminuer l'aberration des rayons, de la quelle il faut determiner la quantité de l'ouverture [4]. Enfin la plupart des observations celestes demande meme une fort petite ouverture de l'objectif, et j'espere que celle que mes objectifs admettront sera suffisante. Pour le Champ que ces objectifs decouvriront, si l'on se sert d'un oculaire convexe, il ne depend nullement de l'ouverture de l'objectif mais uniquement de celle de l'oculaire, ainsi que de ce coté il n'y a rien à craindre. Les objections de Mr Outhier sont mieux fondées, car tant qu'Il n'a que deux bassins pour des verres convexes, il sera impossible de travailler des verres de cette nouvelle façon. Pour Mr Passement, je voudrois qu'il executat un ou deux verres exactement, et qu'il fit ensuite ses objections.

Mr Grischow le Pere m'a parlé ces jours de cette matiere dont son fils lui avoit ecrit, je lui ai donné les eclaircissemens qu'il m'a demandés, mais il ne m'a point dit qu'un tel objectif avoit dejà été achevé [5].

L'impression de nos memoires avance asses bien, et je viens d'expedier la feuille Z, où se trouve ma piece sur la force des rames, qui sera suivie de celle des verres objectifs [6]. Plusieurs petites occupations m'ont detourné du traité de Dioptrique dont j'ai dejà achevé un bon morceau, ayant fait provision de quelques pieces pour l'Academie, une ample preface à mon traité sur la navigation dont le premier Tome est dejà imprimé à Petersbourg et le second jusqu'à la moitié; et je recevrai tout l'ouvrage avec les premiers vaisseaux. On y joindra le premier Volume des nouveaux Commentaires de l'Academie de Petersbourg, les anciens etant finis avec le dixieme.

On me marque aussi qu'on fera bientot un nouveau payement de pensions pour les Membres étrangers. M[r] le Président et Mr Teploff ont suivi la Cour à Mosque [sic], et il n'est resté que Mr Schumacher à diriger l'Academie.

J'ai reçu un beau present pour Vous, Monsieur, de la part des heritiers de Homann de Nurnberg [7], c'est leur nouvel Atlas dedié au Roy. S.E. M[r] le Feld Marechall a presenté un magnifique Exemplaire de leur part au Roy, dont Sa Majesté fut très satisfaite, et promit à M[r] le Feld Mareschall de leur faire reciproquement un present. Dans la reponse, que j'ai lue, Le Roy a declaré qu'il Lui seroit très agreable si ces gens vouloient s'etablir ici. Le Feld Marechall leur a envoié une copie de cette Lettre.

Vous aures dejà appris, Monsieur, que Mr Battier a quitté l'Academie, et qu'il est entré aux Services du Duc de Saxen Gotha en qualité de Gouverneur de son Prince, qui est à Paris. Il nous avoit dit que ce Duc avoit ecrit Lui meme au Roy pour le demander, sur quoi il partit dabord sans vouloir attendre Votre resolution [8].

Le Graveur Sauerbrey vient de presenter au Roy une plainte contre l'Academie, qui sera renvoiée à l'Academie, à ce que Mr Eller me dit, et nous ne manquerons pas d'y repondre solidement.

Mr Formey Vous informera de ce qui s'est passé jusqu'ici dans nos assemblées et sur tout dans la derniere publique [9].

Depuis quelque tems j'ai ramassé des materiaux pour une nouvelle piece sur Saturne [10], et je suis actuellement occupé à la mettre en ordre; dès que je l'aurai achevée, je reprendrai la dioptrique dont j'espere de venir à bout bien tot. Je n'aurai pas besoin de beaucoup d'experiences, dont je suis presque tout à fait degouté à cause du mauvais succes que j'ai eprouvé jusqu'ici.

Pour le mouvement de l'apogée de la lune il y a très long tems que je me suis apperçu de sa non-conformité avec la theorie d'attraction; mais je ne saurois soutenir qu'aucun autre ne l'ait remarqué avant moi [11].

J'ai l'honneur d'être avec le plus respectueux attachement
Monsieur
Votre très humble et très obeissant serviteur
L. Euler

R 1542 Courrier académique envoyé à Saint-Malo.
Autogr. fr., 2 f^{o}. – AAS Paris, n° 44, f° 71–72.
Copie fr., 4 p. – BAB, Bl. 123–126R.

[1] La précision de date concernant la lettre de Maupertuis à laquelle répond Euler permet sans trop de conjecture de situer la réponse à la fin janvier ou au début de février.

[2] Il s'agit de Claude Siméon Passemant, auteur d'un ouvrage sur la construction d'un télescope de réflexion auquel est joint un *Traité de l'art de faire facilement les grands verres objectifs,* Paris 1738, in-4°, 132 p.

[3] Si l'on se reporte à la figure donnée par Euler, pour les ménisques conjugués, dans le mémoire (cité dans les notes de la lettre précédente) sur la perfection des verres objectifs, on peut comprendre le genre de difficulté que rencontrait le constructeur sollicité. Les rayons des calottes sphériques étant relativement faibles, comme le souligne Euler (E. 118; O. III, 6, p. 13), les surfaces à polir sont d'autant plus importantes que le diamètre (ou la «grandeur») du verre est choisi d'une certaine dimension. Et ceci tandis que

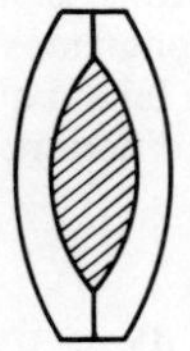

l'épaisseur sur l'axe optique se trouve plus faible qu'aux bords, du fait que le rayon de concavité est moindre que la moitié du rayon de convexité. Aussi, à supposer qu'il soit plus aisé – comme le croit Euler – de polir sur des rayons de courbure faibles, il est cependant plus malaisé de le faire pour des portions de sphère importantes sur un objet dont la résistance centrale est amoindrie. Le remède qu'indique ici Euler et qui consiste à réduire la «grandeur» du verre est adéquat mais il reste que le minimum d'épaisseur au centre maintient un risque pour la fabrication.

[4] Euler confirme ici ce que nous supposions dans les notes de la lettre précédente, à savoir que c'est à partir d'une limite de l'aberration longitudinale du foyer (le mot d'aberration étant prononcé au lieu de celui de diffusion) que s'évalue l'ouverture. La référence à Newton concernant l'usage d'un liquide dans la cavité intérieure à la combinaison de deux ménisques, correspond au paragraphe 11 du mémoire d'Euler (O. III, 6, p. 5), mais elle n'est pas davantage explicitée. Il s'agit d'un passage du Livre I, Part. I, de l'*Opticks* que Euler a pu lire dans la neuvième édition latine publiée à Lausanne en 1740 (*Optice,* Liv. I, Part. I, Prop. VII, p. 72). Il convient aussi de noter que le début de la phrase, qu'écrit ici Euler, exige pour être compris de se reporter à la lettre précédente où les ouvertures admissibles pour les ménisques ont été signifiées très petites par rapport à celles des lentilles biconvexes ou plan-convexes de même distance focale. En disant qu'il *croit* à la possibilité d'une plus grande ouverture pour la combinaison de deux ménisques avec liquide intérieur, Euler marque qu'il n'a pas encore soumis la question à un véritable calcul.

[5] Voir plus haut la lettre n° 32. En l'absence de la lettre de Maupertuis à Euler, il est impossible de comprendre la réponse qui est faite ici au sujet d'un objectif dont avait fait mention Grischow le fils.

[6] Le *Mémoire sur la force de rames* (E. 116; O. II, 20, p. 101–129) a été publié en 1749 avec les *Mémoires ... de Berlin pour 1747,* p. 180–213, et celui sur la perfection des verres objectifs (E. 118; O. III, 6, p. 1–21) dans le même volume p. 274–296. Ce dernier mémoire lu à l'Académie le jeudi 27 septembre 1748 a donc bénéficié des retards de publication concernant les textes de 1747.

[7] Il s'agit du géographe J. R. Homann, fondateur d'un bureau pour l'établissement de Cartes et membre étranger de l'Académie de Berlin. Le registre des séances indique, p. 101, que le jeudi 25 août 1746 Euler avait lu un projet des héritiers de Homann.

[8] Au sujet de Battier, cousin d'Euler, voir les lettres Clairaut–Euler 28 mars 1749, n° 40 (O. IV A, 5, R 424) et Euler–d'Alembert, 12 mai 1749, n° 19 (O. IV A, 5, R 32).

D'après la correspondance de Maupertuis avec Jean II Bernoulli, l'invitation à venir à Berlin était envoyée le 10 février 1748 à Battier (L Ia 708, n° 111) mais n'avait pas encore été suivie d'effet le 12 mars (L Ia 708, n° 112). Effective au cours du printemps, l'arrivée de Battier semblait d'abord répondre à l'attente du président (14 septembre 1748, L Ia 708, n° 114), et c'est en France que Maupertuis apprit comment Battier avait quitté l'Académie «assez mal et avec assez de fausseté» (2 mai 1749, L Ia 708, n° 115).

[9] La «dernière» Assemblée publique de l'Académie est celle du 23 janvier (cf. *Registres*, p. 134) et c'est dans cette assemblée que Formey fit lecture de l'éloge écrit par Maupertuis pour son beau-père de Borck. On comprend aisément pourquoi Euler limite ici ses informations afin d'éviter toute interférence avec Formey.

[10] Il s'agit probablement des *Recherches sur les inégalités du mouvement de Saturne et de Jupiter* qui furent publiées dans un recueil à Paris en 1769 (E. 384; O. II, 26, en préparation). Rappelons que les *Recherches sur la question des inégalités du mouvement de Saturne et de Jupiter* qui valurent à Euler le Prix de l'Académie de Paris pour 1748 parurent en 1749, également à Paris (E. 120; O. II, 25, p. 45–157).

[11] Pour la question du mouvement de l'apogée de la Lune, voir la correspondance d'Euler avec Clairaut et d'Alembert. Il est notable, ici, que Maupertuis a dû se faire l'écho de critiques parisiennes à l'égard d'Euler.
Une lettre de Maupertuis à Jean II Bernoulli permet de connaître le sentiment du président de l'Académie de Berlin sur cette question. Bien que non datée, cette lettre a été manifestement écrite peu après le retour de Maupertuis, donc fin mai ou juin 1749. Parlant des publications qui ont mis en évidence la triple découverte, par Clairaut, d'Alembert, et Euler, de ce que «le mouvement de l'apogée de la Lune renverserait l'attraction de Newton», Maupertuis ajoute que, malheureusement, Clairaut vient de faire en pleine Académie (évidemment, à Paris), l'aveu qu'ils se sont trompés tous les trois. Et il commente: «J'admire surtout notre Euler qui ne devrait pas être si étourdi que les français. Il y a longtemps que je m'aperçois de ce que vous et votre frère m'avaient souvent dit et qu'il y a bien des choses en lui qui quadrent mal avec la Géométrie. C'est un amas de choses incompatibles et l'on ferait une douzaine d'hommes tant bons que mauvais de celui-là» (cf. Bibl. Bâle, L Ia 708, n°s 116–117).

48
Euler à Maupertuis
Berlin, 20 mai 1749

Monsieur,

Reiterant mes vœux, que la derniere saignée Vous ait parfaitement delivré de l'oppression dont Vous futes attaqués, j'attend avec la derniere impatience la nouvelle du retablissement de Votre santé [1]. Dans cette esperance j'ai l'honneur de Vous rendre compte des pieces de M[rs] le Seur et Grischow, que Vous m'aves bien voulu communiquer avant Votre depart [2]. La premiere qui roule sur l'integration de la formule differentielle $p\,dx/q$ où p et q marquent des fonctions rationnelles quelconques de x, contient quantité de belles choses sur ce sujet. Comme cette operation depend de deux choses, 1. de la resolution du denominateur q, qui aura toujours cette forme $a + bx + cx^2 + dx^3 + ex^4 +$ etc., dans ses facteurs simples réels, et 2do de la resolution de la fraction p/q en ses fractions simples composantes, dont chacune n'ait pour denominateur qu'un des facteurs simples de q, l'auteur commence par ce dernier article en supposant que les facteurs du denominateur q sont dejà connus. Or quoique la maniere dont il se sert pour resoudre la fraction p/q soit bonne, elle est pourtant fort embarassante et souvent meme impracticable; au lieu que j'ai exposé pour cet effet une methode fort aisée et toujours practicable dans mon Introduction dans l'Analyse [3]. Mais lorsqu'Il s'attache au premier article pour montrer que tout denominateur

$q = a + bx + cx^2 + dx^3 + ex^4 +$ etc. renferme toujours des facteurs réels ou simples $\alpha + \beta x$ ou trinomiels $\alpha + \beta x + \gamma xx$, où les coefficiens α, β, γ soient des quantités réelles, il demontre fort ingenieusement que cette resolution doit toujours avoir lieu lorsque l'expression q ne surpasse point la cinquieme dimension de x. Ensuite il passe aux dimensions superieures, où Il prouve la meme chose par la nature des équations, et il emploie presque les memes raisonnemens dont je me suis servi dans une piece sur la meme matiere, que je lus l'année passée [4]. Toute la difference ne consiste qu'en cela, que l'Auteur apres avoir prouvé cette resolution jusqu'aux equations du 16me degré, et meme jusqu'au 32me, il en tire par induction une conclusion generale, au lieu que j'ai trouvé moyen de rendre ma demonstration generale sans recourir à l'induction. Cependant les principes dont nous nous sommes servis sont tout à fait les memes, et c'est de là que depend principalement la solidité de la demonstration [5].

Pour la piece de Mr Grischow il faut que j'avoüe, quoique je l'aye connu asses particulierement, que je ne l'aurois pas cru si avancé dans le calcul. La methode qu'il propose pour decouvrir la parallaxe de la Lune me paroit fort bien expliquée, et ce n'est que le defaut de l'accuratesse dans les observations qui pourroit rendre difficile l'application [6].

En me recommandant à la continuation de Votre bienveuillance, j'ai l'honneur d'être avec la plus parfaite veneration

Monsieur

Votre très humble et très obeissant serviteur

L. Euler

Berlin ce 20 Maj 1749

R 1543 Courrier académique à Berlin.
Autogr. fr., 1 f^o. – AAS Paris, n° 45, f° 73r–v.
Copie fr., 3 p. – BAB, Bl. 127–129R.

[1] Rentré de France fin avril, Maupertuis n'a donc pas tardé à être de nouveau sérieusement malade. Peut-être à cause de la tempête très violente essuyée lors du retour par mer (cf. lettre à Jean II Bernoulli du 2 mai 1749, Bibl. Bâle, L Ia 708, n° 115). On ne saurait douter, d'après l'expression d'Euler, que celui-ci ait rencontré Maupertuis à son retour pour lui présenter ses «vœux».

[2] Le terme de départ ne saurait se référer au départ de Maupertuis pour la France à l'automne précédent. Il ne peut s'agir que d'un départ pour Potsdam. Ce qui est dit plus loin de la pièce de Grischow (note 6 *infra*) suppose d'ailleurs un dépôt récent de cette pièce, ce qui concorde avec le fait que l'auteur était rentré lui aussi de Paris depuis peu (cf. note 7 de la lettre n° 32 ci-dessus).

[3] Voir les chapitres II et XII de l'*Introductio in analysin infinitorum* (1748) (E. 101; O. I, 8, p. 32–58 et 213–228).

[4] Euler fait évidemment allusion à son mémoire *Recherches sur les racines imaginaires des équations* (E. 170; O. I, 6, p. 78–147), publié dans les *Mémoires ... de Berlin pour 1749,* (1751), p. 222–288. Les *Registres*... ne font cependant aucune mention d'une lecture de ce mémoire en 1748, alors qu'ils signalent le jeudi 10 novembre 1746 la présentation par Euler de *Theoremata de radicibus aequationum imaginariis* (cf. p. 104–105). Il se peut que l'expression «l'année passée» employée ici par Euler ne soit pas à interprèter de manière stricte.

[5] Cette conclusion signifie suffisamment que l'acceptation de la pièce de Le Seur ne s'impose pas. Il se peut qu'Euler s'en soit inspiré dans la rédaction définitive du mémoire cité dans la note précédente. Pour Le Seur, coéditeur avec Jacquier de Commentaires sur les *Principia* de Newton, voir la lettre d'Euler à Goldbach, 24 août 1743, O. IV A, 1, R 786.

[6] L'avis favorable d'Euler pour la pièce de Grischow fils a permis à l'auteur de la présenter à l'Académie de Berlin le jeudi 15 janvier 1750 sous le titre «Recherches sur les erreurs des tables de la Lune» (*Registres* ..., p. 146).

49
EULER À MAUPERTUIS
Berlin, 7 juin 1749

Monsieur,

J'ai eu l'honneur de Vous mander à St Malo que Sauerbrey avoit presenté une requete au Roy contre l'Academie [1], et Mr Eller me dît alors que cette requête seroit renvoyée à l'Academie, comme il avoit apris de Mr Eichel. Cependant cela n'est pas arrivé, et j'en ignore la raison, aussi personne n'y a repondu alors. Pour l'affaire meme les principales circonstances sont [2]:

Lorsque Vous propasates, Monsieur, à l'Assemblée pour la premiere fois le projet de faire des Cartes Geographiques, et que Vous demandates s'il y avoit ici des personnes propres pour cela, Mr Humbert dit qu'un certain graveur ici travailloit actuellement à une carte qui seroit bientot achevée, dont l'Academie pourroit juger de la capacité de cet homme. Aussi quelque tems après a-t-il presenté un exemplaire de sa carte (qui etoit une mappemonde) dont la gravûre parût asses bonne, quoique l'original, qu'il avoit copié, fut mal choisi. Voilà tout ce qui s'est passé à l'égard de l'Academie, qui ne pouvoit regarder cette carte que comme un échantillon que Sauerbrey avoit fait de son propre chef sans ordre [3]. D'où il est clair combien peu fondée est la pretention de cet homme, quand il dit qu'il avoit fait cette carte par ordre de l'Academie et qu'il etoit en droit d'en exiger le payement.

Mr Grischow a bien ecrit à Mr Kies ce qui s'est passé à l'Academie de Paris au sujet de l'apogée de la Lune, mais il lui marque en meme tems, qu'apres avoir fini la lettre Mr Clairaut étoit venu chez lui pour le prier qu'il n'en parle rien dans ses lettres, afin que rien ne parvienne à ma connoissance, mais malheureusement Mr Kies m'avoit communiqué la chose avant qu'il eut lu le postscriptum qui contenoit cette defense. Pour moi n'en sachant rien j'ai dabord ecrit à Mr Clairaut sur ce sujet dont il sera bien faché contre Mr Grischow, mais je ne puis pas comprendre pourquoi il m'a voulu cacher cette affaire avec tant d'empressement, sur tout que j'en aurois pu avoir la nouvelle de Vous, Monsieur [4]. Il est bien vrai que cette nouvelle ne m'etoit pas indifferente après que mon calcul reïteré plusieurs fois m'a constamment convaincu que la theorie ne donnoit qu'environ la moitié du mouvement vrai de l'apogée de la lune, et je fus d'autant plus confirmé dans ce sentiment, lorsque j'appris que Mrs Clairaut et d'Alembert avoient trouvé la meme chose, par des methodes tout differentes. Comme c'est une recherche extremement épineuse, je ne serai pas si opiniatre de soutenir mon sentiment contre les nouvelles decouvertes de Mr Clairaut, et je veux bien avouer d'avance que ma methode pourroit bien etre defectueuse, quoique je n'y voye pas encore le moindre defaut. J'ai prié très instamment Mr Clairaut de me donner quelques lumieres de sa nouvelle methode [5], mais en attendant je reprendrai mes calculs, et je les examinerai avec tous les soins possibles. Tout revient à une serie infinie qui m'a paru jusqu'ici extremement convergente, mais qui devoit contenir memes des termes infiniment grands, si la nouvelle decouverte de Mr Clairaut étoit constatée.

Comme la dite serie n'est pas reguliere, et que je n'en ai developpé que les 12 premieres termes, que j'ai trouvés très convergens, je ne saurois prouver rigoureusement le contraire. Peut être que Mr Clairaut a trouvé moyen d'exprimer la meme chose par une formule finie, et dans ce cas, ce seroit la plus importante decouverte dans l'Astronomie mecanique, qui ait été faite jusqu'ici.

Je Vous suis fort obligé, Monsieur, de la lettre de M[r] d'Alembert et de l'imprimé de l'Academie de Paris au sujet du prix, que Vous m'aves bien voulu communiquer [6]. J'ai l'honneur de Vous presenter la lettre cy-jointe de Mr Knutzen de Koenigsberg, que je viens de recevoir, étant avec le plus respectueux attachement

Monsieur

Votre très humble et très obeissant serviteur

L. Euler

Berlin ce 7 Juin 1749

[Au dos du second folio]

P.S. Mr Bouman Castellan de Pottsdam vient d'examiner le batiment de l'observatoire [7], et croit avoir trouvé moyen de le mettre dans un tel état qu'il puisse servir parfaitement à toutes sortes d'observations: il aura l'honneur de Vous communiquer ses idées là dessus.

R 1544 Courrier académique à Berlin.
Autogr. fr., 2 f°. – AAS Paris, n° 46, f° 74–75.
Copie fr., 4 p. – BAB, Bl. 130–132R.

[1] Cf. lettre n° 47 *supra*.

[2] L'historique présenté ci-dessous par Euler n'est pas absolument exact. D'après le Registre des procès-verbaux de l'Académie (*Registres* ..., p. 120), c'est le 8 janvier 1748 que Maupertuis posa pour la première fois à l'Assemblée du Directoire le projet de faire des Cartes géographiques en établissant un privilège de même teneur que pour les Calendriers en ce qui concerne les peines à statuer pour les contrevenants et la rétribution (au 12e) pour les «facteurs» de Cartes. Et c'est seulement le 1er juillet 1748 que la même Assemblée entendit «M. le Major Humbert qui promit de produire une carte que grave actuellement le Sieur Sauerbrey, et de faire une liste d'une vingtaine des meilleures cartes, par lesquelles on pourrait commencer.» (*Registres* ..., p. 127.)

[3] Le jeudi 19 septembre 1748, le procès-verbal de l'Académie note que «sur la présentation faite par le graveur Sauerbrey, il a été résolu de lui répondre que l'Académie n'ayant pris aucun engagement avec lui, il n'a aucune prétention à former contre elle» (*Registres* ..., p. 130). Maupertuis assistait à cette séance, à peu de distance de son départ pour la France.

[4] La déclaration faite par Clairaut à l'Académie de Paris, sous le titre *Avertissement de M. Clairaut au sujet des mémoires qu'il a données en 1747 et 1748 sur le système du Monde dans les principes de l'attraction*, fut lue le 17 mai 1749 alors que Maupertuis était déjà rentré en Prusse. Mais d'une part la lettre à Jean II Bernoulli citée note 11 de la lettre n° 47 *supra* prouve que Maupertuis en fut avisé aussitôt, d'autre part il est évident qu'avant de quitter Paris, Maupertuis était au courant du contenu de l'affaire. Euler peut donc légitimement marquer qu'il aurait pu être informé directement par son président. Nous avons donné dans la note citée les sentiments de celui-ci. Par rapport à ces sentiments, la défense que Euler donne de son point de vue dans les lignes suivantes ne manque pas de vigueur. Comparer avec les notes de la correspondance de Clairaut avec Euler, O. IV A, 5, p. 187 et 190.

[5] Voir la réponse de Clairaut du 19 juin (R 425; O. IV A, 5, p. 186–188). La lettre d'Euler ici signalée est perdue.

[6] Pour la communication des lettres de d'Alembert, voir la note 1 de la lettre n° 11 d'Euler à d'Alembert du 30 décembre 1747 (R 23; O. IV A, 5, p. 275–276).

[7] Un plan de l'Observatoire se trouvait dans le fonds de Gaillard du Grail en provenance des papiers de Maupertuis. Nous ignorons son sort.

50
EULER À MAUPERTUIS
Berlin, 21 juin 1749

Monsieur,

Depuis que j'ai eu l'honneur de Vous ecrire, je me suis appliqué avec tous les soins possibles à la recherche du mouvement de l'apogée de la Lune [1], et j'ai trouvé moyen de le determiner sans avoir recours aux series infinies, comme je fis autrefois. Mais je trouve tout comme auparavant que selon la theorie Newtonienne l'apogée de la Lune ne devroit avancer que de 20 degrés par an, pendant qu'il avance en effet de plus de 40°. Je suis donc d'autant plus embarassé de la demarche de Mr Clairaut, qui me paroit un peu trop precipitée, et je croi qu'Il s'en est douté lui meme, puisqu'il a pris tant de precautions pour me cacher tout ce qui c'est passé là dessus [2]. J'ai cru devoir avertir M^rs le Monnier et d'Alembert du resultat de mon calcul [3], et je prend la liberté de Vous addresser mes lettres pour eux, en vous priant très humblement de continuer d'entretenir notre commerce comme Vous avez eu la bonté de le faire jusqu'ici.

Je suis avec un très respectueux attachement
Monsieur
Votre très humble et très obeissant serviteur
L. Euler

Berlin ce 21 Juin 1749

R 1545 Courrier académique.
Autogr. fr., 1 f^o. – AAS Paris, N° 47, f° 76r.
Copie fr., 1 p. – BAB, Bl. 134R.

[1] Contrairement à ce que semblait craindre Maupertuis dans sa lettre à Jean II Bernoulli, Euler a donc pris très au sérieux cette affaire, au point de reprendre tous ses calculs en quelques jours.

[2] Voir les lettres de Clairaut à Euler du 19 juin et du 21 juillet 1749 (R 425 et 426; O. IV A, 5, p. 186–190) et les notes correspondantes.

[3] Il n'y a pas de trace de cette communication de deux lettres par l'intermédiaire de Maupertuis. Cf. la lettre de d'Alembert à Euler du 20 juillet 1749 (R 33; O. IV A, 5, p. 301–302) et les notes correspondantes.

51
EULER À MAUPERTUIS
Berlin, 6 septembre 1749

Monsieur,

Jeudy passé après l'election des nouveaux membres et la lecture d'une piece de Mr Pott, qui contenoit des remarques sur le systeme du regne mineral de Mr Woltersdorff [1], nous expediames un avertissement au fermier Pfeiffer du Jardin de Köpenick, pour qu'il produise dans 10 jours le contract sur lequel il fonde ses pretentions. Ensuite comme il ne sera pas en état de le faire, rien n'empechera qu'on ne dispose de ce plantage au profit de l'Academie [2].

J'ai fait tout mon possible pour m'informer au sujet de la machine de Mr Eller, et je n'ai trouvé aucune qui en approche, qu'une qui se trouve dans le Volume VI des Machines approuvées N^ro 390 [3]. Mais la difference est pourtant asses grande tant par rapport à la Machine meme, qu'à la maniere de s'en servir, pour qu'on n'en puisse rien reprocher à Mr Eller, en cas que la sienne soit publiée. Dans le theatre des machines de Leupold [4] il ne se trouve non plus rien qui y approche; et comme Mr Brouckner [5] est tout [à] fait persuadé que son idée, dont il veut gagner le prix des longitudes, est tout à fait nouvelle, celle de Mr Eller étant presque la meme aura le meme avantage, puisque Mr Brouckner a caché jusqu'ici sa decouverte fort soigneusement; ainsi il me semble asses certain que, parmi les machines publiées, il n'y a aucune qui pourroit prejudicier à Mr Eller.

Je ne doute pas qu'Il ne Vous ecrive, Monsieur, aujourdhui sur le meme sujet, ayant dernierement asseuré Mr Meckel qu'il Vous fera des representations en sa faveur. Car celui-cy ayant une vocation à Giesen, pour laquelle son pere le presse fort, ne souhaite que d'avoir bien tôt une resolution, s'il peut etre placé dans l'Academie ou non: il m'a aussi fort prié de Vous supplier pour cela.

Je ne puis encore rien trouver, qui me puisse rendre probable la retractation [6] de Mr Clairaut, et plus que je m'applique à cette matiere, plus je trouve des raisons qui me confirment dans mon sentiment que selon l'hypothese ordinaire des forces celestes l'apogée de la Lune ne devroit avancer que de 20° par an, au lieu que son mouvement annuel réél est de 40°. Mr Clairaut me marque que son calcul ne differe du mien dans l'endroit où j'avois soupçonné, mais Il m'indique une autre operation dans laquelle il croit que je me suis trompé, or je n'y puis decouvrir la moindre erreur. Quoiqu'il me mande qu'il avoit communiqué tous ses calculs à M^r D'Alembert, celui cy me paroit rien moins que convaincu. Mr Bernoulli est non seulement d'accord avec Mr Clairaut, mais il se vante aussi de lui avoir montré l'erreur dans son calcul precedent moyennant quelques principes metaphysiques qui doivent servir à rectifier le calcul. Pour moi j'ai exposé en detail à Mr Clairaut tous les fondemens de mes calculs, et j'y attend avec tout l'empressement possible sa reponse.

L'Academie de Petersbourg publiera aussi bientot un prix dont j'espere de savoir en peu de tems le sujet [7], le terme de la publication de la question etant fixé le 6 Sept. vieux stile. Deux nouveaux volumes de ses Commentaires paroitront bientot [8], et la relation de toutes les decouvertes faites à l'expedition de Kamtschatka est sous la presse en latin, allemand, et russe.

J'ai l'honneur d'etre avec la plus parfaite veneration
Monsieur
Votre très humble et très obeissant serviteur
L. Euler

Berlin ce 6 Sept. 1749

R 1546 Courrier académique.
Autogr. fr., 2 f^o. – AAS Paris, n° 48, f° 77r–v, 78r.
Copie fr., 3 p. – BAB, Bl. 135–137R.

[1] Pott, professeur de chimie qui découvrit aux environs de Berlin une terre propre à la fabrication de la porcelaine, présenta le jeudi 4 septembre 1749 une pièce latine intitulée «Animadversiones contra Systema minerale Woltersdorffi» (*Registres ...*, p. 141). Il en donna la suite en français les jeudi 12 mars et 23 avril 1750: «Sur l'arrangement des fossiles proposé par M. Woltersdorff.»

[2] L'Académie s'était intéressée depuis le début de l'année à la plantation des mûriers des Remparts de Berlin dont elle avait le fermage, puis le 1er mai 1749 (*Registres ...*, p.137) elle avait pris la décision de faire un «plantage» au jardin de Köpenick en proposant au fermier Pfeiffer un contrat. D'après la déclaration faite ici par Euler, il semble que ce fermier a créé des difficultés administratives, les «prétentions» auxquelles il est fait allusion concernant évidemment des droits que ce personnage entendait préserver à son profit. Voir la suite de l'opération dans la lettre n° 69 (21 juillet 1750) *infra*.

[3] Le «Volume VI des machines approuvées» ici mentionné est l'avant dernier tome des *Machines et inventions approuvées par l'Académie Royale des Sciences depuis son établissement jusqu'à présent, avec leurs descriptions, dessinées et publiées du consentement de l'Académie* par M. Gallon, Paris 1735, in-4°, et dans ce tome VI, p. 87, sous le numéro 390 mentionné par Euler, on trouve – à la date de 1732 – une «Machine pour mesurer le chemin que fait un vaisseau, inventée par M. Dubuisson». Eller avait donné à l'Académie de Berlin le 31 octobre 1748 (*Registres ...*, p. 131), la «Description d'une nouvelle machine qui peut servir à mesurer le chemin qu'un vaisseau fait en mer». Il n'y a donc aucun doute sur la nature des machines qui sont ici en question.

[4] *Le Théâtre des machines* de Jacob Leupold avait été publié à Leipzig en 1726.

[5] Bruckner Isaac, maître des instruments mathématiques de l'Académie de Pétersbourg de 1733 à 1748 et membre correspondant de l'Académie de Paris depuis 1725, se trouvait à Berlin en janvier et en mai 1749 puisqu'il présenta à l'Académie un globe terrestre (30 janvier, *Registres ...*, p. 134) et des cartes marines (8 mai, *Registres ...*, p. 138). Il est, à ces occasions, déclaré géographe du Roi de France – titre qu'il devait avoir depuis peu –, et il est probable, d'après ce que dit Euler, qu'il avait, lui aussi, travaillé la question de la détermination du chemin parcouru par un navire, pour servir à la mesure des longitudes. Cf. à ce sujet l'ouvrage de Marguet, *Histoire de la longitude en mer au XVIIIe siècle*, Paris 1917, in-8°, p. 45–48. Le prix des longitudes auquel fait allusion Euler et qui aurait été visé par Bruckner pourrait être le 2e des prix Rouillé de Meslay, à Paris (fondés en 1715, périodicité tous les 2 ans, tout sujet intéressant la navigation et le commerce), ou le prix plus spécifique fondé à Londres par le Parlement anglais (1714). Le choix de cette seconde hypothèse peut s'appuyer sur la lettre n° 60 *infra*.

[6] Pour cette rétractation, voir les lettres précédentes n°s 49 et 50 et les références dans la correspondance Euler–Clairaut O. IV A, 5, p. 187 et 190. Pour l'attente dont Euler fait ici état concernant une réponse de Clairaut, voir à la date du 19 janvier 1750, la lettre O. IV A, 5, p. 191–192, et la note 2 correspondante.

[7] Ce Prix de l'Académie de Pétersbourg, le premier du genre, a été en fait organisé d'après les sujets proposés par Euler en juillet 1749 (cf. Euler à Schumacher, R 2191). Le choix de l'Académie eut lieu le (1er septembre) 21 août, et l'annonce officielle survint le (7 décembre) 26 novembre (R 2199). Le sujet retenu: *An omnes inaequalitates, quae in motu Lunae observantur, theoriae Newtonianae sint consentaneae nec ne? ...* correspondait aux préoccupations majeures dont Euler transcrit ici l'essentiel. Pour plus de détails, voir les notes 5 et 6 de O. IV A, 5, p. 193 et Juškevič-Winter, II, p. 9–11. Voir aussi les lettres n°s 63, 84, note 3 et 86, note 3.

[8] Il s'agit des tomes XI et XII des Commentaires de Pétersbourg pour les années 1739 et 1740, qui ont été publiés en 1750.

52
Euler à Maupertuis
Berlin, 8 septembre 1749

Monsieur,

Le Juif, qui a fait jusqu'à present l'almanac juif, ayant quitté les etats du Roy, le jeune juif Gumpert a été chargé de cet emploi, sur la representation de la colonie juive; pour cet effet l'Academie lui a expedié un diplome, comme Vous le savez sans doute. La

Colonie juive payant à l'Academie une certaine somme par an pour la liberté d'imprimer leur almanac, celui qui le compose ne tire rien de l'Academie, étant payé de l'Imprimeur [1]. Cependant Mr Gumpert dit que son predecesseur avoit joui d'une privilege juif sous ce titre, aussi il croit pouvoir demander une pareille grace auprès du Roy; et dans cette vue il prend la liberté de s'addresser à Vous, et pour moi j'ai cru de mon devoir de Vous rappeller ce qui s'est fait dans l'Academie à son egard.

Mr Roland, tres habile Architecte à ce que Mr Clairaut m'asseure, venant de Paris m'a remis un exemplaire de l'ouvrage de Mr de la Condamine sur la figure de la terre, pour Vous, Monsieur, et j'attend Vos ordres si je le dois envoier à Pottsdam ou le remettre ici chez Vous. Mr Roland Vous ecrira sur le meme sujet, et demandera Votre assistance pour être emploié ici [2].

J'ai l'honneur d'etre avec un très profond respect
Monsieur
Votre très humble et très obeissant Serviteur
L. Euler
Berlin ce 8 Sept. 1749

R 1547 Autogr. fr., 1 f°. – AAS Paris, n° 49, f° 79r.
Copie fr., 2 p. – BAB, Bl. 138–139R.

[1] En ce qui concerne la question de l'almanach juif, Euler va un peu vite en transmettant la réclamation du nouveau rédacteur. Voir la lettre suivante, qui postule une réaction de Maupertuis avec demande d'information précise.

[2] L'architecte Roland a assisté à la séance de l'Académie du 11 septembre 1749 (cf. *Registres*, p. 141). L'ouvrage qu'il a remis à l'intention de Maupertuis est *La figure de la Terre par les observations de MM. La Condamine et Bouguer*, Paris 1749, in-4°. La lettre de recommandation écrite par Clairaut et à laquelle fait allusion Euler a été publiée dans O. IV A, 5, p. 191.

53
Euler à Maupertuis
Berlin, 18 septembre 1749

Monsieur,

En reiterant mes tres humbles remercimens pour tant de faveurs que Vous m'aves temoignées ces jours passées, j'ai l'honneur de Vous marquer que j'expediai hier au Roy mes recherches sur la lotterie projettée [1], et que j'espere de venir à bout en quelques jours de celles sur la machine hydraulique [2], que je prendrai la liberté de Vous addresser pour les présenter à Sa Majesté si Vous le jugeres à propos [3]. Mr Kies m'a prété le traité de Mr Weidler sur la machine de Marly, mais il se trouve dans un gros volume que j'ai peur de Vous l'envoyer par la Poste [4], et que je remettrai à Madame pour Vous le faire tenir plus commodement. Je viens de m'informer auprès de Mr Köhler au sujet des Allmanacs juifs [5] et il m'a remis l'avis suivant:

L'Imprimeur juif ici, nommé Aaron Moses, est obligé d'avoir soin du Ms[t] de l'Allmanac, de l'impression et de la correcture, et pour cela l'Academie lui paye 13 Ecus 9 gros par an; il delivre 1600 Exemplaires, qu'on partage parmi les juifs qui payent pour cela 400 Ecus. Au reste il est libre à l'imprimeur d'imprimer un plus grand nombre et de les débiter à son compte; et en consideration de cela il se doit procurer lui meme le mspt. qui ne regarde en aucune maniere l'Academie [6].

J'ai l'honneur d'etre avec la plus respectueuse consideration

Monsieur

Votre très humble et très obeissant serviteur

L. Euler

Berlin ce 18 Sept. 1749

R 1548 Courrier académique.
Autogr. fr. f°. – AAS Paris, n° 50, f° 80r–v.
Copie fr., 2 p. – BAB, Bl. 140–141R.

[1] Voir les lettres échangées entre Euler et Frédéric II les 15 et 17 septembre 1749, n°s 16 et 17 de la 2e partie du présent volume.

[2] Euler a certainement rempli son programme rapidement puisque la lettre n° 18 de Frédéric II, dans la 2e partie du présent volume, certifie que le Roi était en possession de calculs sur la machine hydraulique de Sans-Souci à la date du 27 septembre. Ce qui s'accorde avec les termes employés par le Roi auprés de Maupertuis, à la même date: cf. Koser, n° 69, p. 244 (Frédéric déclare savoir «bon gré au professeur Euler de *toutes les peines* qu'il a prises», c'est-à-dire à la fois les calculs pour la loterie et ceux pour la machine hydraulique).

[3] D'après la lettre suivante n° 54, c'est le 21 septembre que Maupertuis a eu communication d'un mémoire assez important d'Euler sur la machine de Sans-Souci, et pour transmission au Roi.
Il est utile de relever que d'après Maupertuis (lettre à Jean II Bernoulli du 6 septembre, Bibl. Bâle, L 5a 708, n°s 122–123) Euler avait été convoqué le 5 pour se présenter à Sans-Souci le 6. A cette occasion, disait Maupertuis «il verra enfin le Roi qu'il n'a point vu depuis qu'il est à Berlin».

[4] Le traité de Weidler sur la machine de Marly se trouve en effet dans un gros volume intitulé *Tractatus de machinis hydraulicis toto terrarum orbe maximis Marliensi, Londinensi, et aliis rarioribus*, Wittemberg 1728 et 1733, in-4°.

[5] Euler a donc été obligé de se renseigner de manière précise auprès de David Köhler, intendant des finances de l'Académie. Probablement il n'a pu le faire que sur mandat explicite du président.

[6] Il résulte de ces explications que la réclamation dont Euler se faisait trop rapidement l'intermédiaire, dans la lettre précédente n° 52, n'est pas recevable.

54
Euler à Maupertuis
Berlin, 21 septembre 1749

Monsieur

Je prend la liberté de vous addresser mes recherches sur la Machine Hydraulique de Sans Soucy [1], qui seront, à ce que je crois, suffisantes de diriger un tel ouvrage, desorte qu'on puisse etre ausseuré ne manquera pas de reussir. Je Vous prie, Monsieur, d'avoir la bonté de presenter ce paquet [2] au Roy, si Vous n'y trouves rien qui le pourroit empecher; et quoiqu'il me semble que je suis entré suffisamment dans le détail de cette Machine, en cas qu'on souhaiteroit aussi des tables pour des cas differens de celui que j'ai consideré [3], il ne me coutera pas de grande peine de m'en acquitter. Apresent j'examinerai de la meme maniere les phenomenes de la fontaine meme, où je tacherai d'en determiner la hauteur du jet d'eau, mais quoi que je n'aye pas encore achevé le calcul [4], je crains fort qu'il s'en faudra beaucoup qu'elle monte à la hauteur que Le Roy souhaite. Peut etre que je serai en état d'envoier le resultat de ce calcul en quelques jours, que je proposerai de la meme maniere dont je me suis servi ici, pour mieux faire voir combien l'Analyse apporte de secours dans ces sortes de recherches [5]. J'ai l'honneur d'etre avec le plus respectueux attachement

Monsieur

Votre très humble et très obeissant serviteur

L. Euler

Berlin ce 21 Sept. 1749

R 1549 Courrier académique.
Autogr. fr., 1 f°. – AAS Paris, n° 51, f° 81r.
Copie fr., 2 p. – BAB, Bl. 142–143R.

[1] Il est évident qu'il faut identifier le manuscrit ici évoqué avec celui dont Frédéric a accusé réception le 27 septembre (n° 18 de la 2e partie du présent ouvrage). Maupertuis a assuré la transmission rapidement (voir les remerciements d'Euler dans la lettre suivante n° 55).

[2] Le terme de paquet signifie, à n'en pas douter, un mémoire assez important, Maupertuis, n'ayant eu qu'un rôle d'intermédiaire, n'a pas gardé copie de l'ensemble, mais on doit considérer que les éléments qui se trouvaient dans le fonds AAS aux folios 85–86 et que nous publions en Annexe I résultent d'extraits que Maupertuis a tenu à conserver.

[3] Cette indication d'Euler correspond à l'état du folio 86 du fonds AAS. Voir l'annexe I *infra*. Euler a effectivement établi des tables plus complètes pour le mémoire *Sur le mouvement de l'eau par des tuyaux de conduite* qu'il a présenté le 23 octobre à l'Académie (*Registres ...*, p. 142) et qui a été publié dans les *Mémoires ... de Berlin pour 1752*, (1754), (E. 206; O. II, 15, p. 219–250).

[4] En fait Euler a dû mettre plus de temps qu'il ne prévoyait puisque c'est le 17 octobre seulement qu'il a adressé au Roi, et cette fois semble-t-il directement, les compléments évoqués ici: voir lettre n° 19 de la 2e partie du présent ouvrage.

[5] Ce programme n'a probablement pas été rempli. Le document envoyé au Roi le 17 octobre est manifestement une tentative pour lui présenter seulement, avec des résultats chiffrés, ce qu'il y a lieu de tirer d'une étude savante. Quant à celle-ci, Euler aura certainement à s'y reprendre plusieurs fois puisqu'il en donnera l'exposé assez tard, le 20 novembre, sous le titre *Discussion plus particulière des diverses manières d'élever l'eau ...* (*Registres ...*, p. 143; E. 207, *Mémoires ... de Berlin pour 1752*, (1754), O. II, 15, p. 251–280). Pour la publication en 1754, Euler a complété par des *Maximes pour arranger le plus avantageusement les machines à élever l'eau par le moyen des pompes* (E. 208; O. II, 15, p. 281–318).

55
Euler à Maupertuis
Berlin, 30 septembre 1749

Monsieur,

Je suis infiniment penetré de la grace dont Le Roy a daigné de recevoir mes calculs sur la Machine de Sans Souci, or je sens aussi fort bien que c'est uniquement à Votre recommendation que je suis redevable de cette gracieuse reception [1], dont je Vous prie de vouloir bien recevoir mes très humbles complimens de remerciment. J'ai eu l'honneur de Vous marquer, Monsieur, que mes calculs numeriques étoient fondés sur les mesures que Mr Bauman s'étoit proposé de donner aux tuyaux de conduite [2]. Donc s'il vouloit faire, tant dans ces tuyaux que dans la disposition de la machine, quelque changement conformement aux maximes que j'ai expliquées pour rendre la machine plus parfaite [3], alors il ne pourroit plus se servir des tables que j'ai calculées, et il seroit bon qu'il me communiquât ses nouveaux projets, pour que j'y puisse faire l'application de la Theorie. J'ai lû depuis ce que Mr Belidor ecrit sur cette matiere [4], mais il ne donne aucune regle pour estimer la pression que les tuyaux de conduite ont à soutenir: il semble meme qu'il croit que ces tuyaux n'avoient qu'à porter le poid de la colonne d'eau, tout comme dans le cas de repos. Mais j'ai vu qu'il fait les tuyaux beaucoup plus forts qu'il ne les devroit faire, selon ses principes. Car Mariotte, dont il adopte d'ailleurs toutes les experiences, soutient qu'un tuyau de plomb de 12 pouces de diametre, et de 2 lignes d'epaisseur, est capable de soutenir une colonne d'eau de 100 pieds de hauteur [5]. Or Mr Belidor dit qu'un tuyau de plomb de 12 pouces de diametre et de 6 lignes d'epaisseur ne porte qu'une colonne de 60 pieds de hauteur, au lieu que ce tuyau selon Mariotte devroit porter une colonne de 300 pieds [6]. Je soupçonne donc que Mr Belidor ayant vu par l'experience que des tuyaux reglés sur l'experience de Mariotte seroient trop faibles, puisque l'augmentation de la pression causée par l'Action de la machine lui étoit inconnue, a voulu par ce moyen prevenir les suites facheuses qu'il auroit eu à craindre. Mais en cas que l'experience de Mariotte ne fût pas juste, ou gatée par une faute d'impression [7], je ne saurois rien determiner sur l'epaisseur des tuyaux dans le cas dont il s'agit, à moins qu'on ne fît de nouveau des experiences sur la force que des tuyaux de plomb sont capables de soutenir. Car on risqueroit trop si l'on vouloit confier au seul hazard la determination de l'epaisseur des tuyaux.

Enfin Mr Grischow vient d'arriver ici, apres que son Pere l'a cru pour la seconde foi perdu, et l'affliction qu'il en eut l'avoit determiné d'envoier un exprès à Pottsdam ou plus loin pour chercher son fils, mais heureusement l'avoit-il trouvé à Pottsdam. Je n'ai pas manqué de dire à son Pere que Vous aves eu la bonté de procurer la franchise d'accise aussi pour les instrumens qui lui appartiennent [8].

J'ai l'honneur d'être avec le plus respectueux attachement

Monsieur

Votre très humble et très obeissant serviteur

L. Euler

Berlin ce 30 Sept. 1749

R 1550 Courier académique.
Autogr. fr., 2 f^{o}. – AAS Paris, n° 52, f° 82r–v, 83r.
Copie fr., 3 p. – BAB, Bl. 144–146R.

[1] Référence pour les notes des lettres précédentes n°s 53 (note 2) et 54 (note 1).

[2] Cette précision donnée par Euler est importante. On voit qu'il distinguait nettement l'analyse mathématique de la question et les calculs numériques basés sur cette analyse et susceptibles d'énoncer des conclusions pratiques (voir note 5 de la lettre n° 54 précédente). Mais de plus il est clair que nous n'avons pas

tous les documents concernant l'activité développée par Euler pour la solution des difficultés de la machine hydraulique de Sans-Souci. «Les mesures que M. Bauman s'était proposé de donner aux tuyaux de conduite» ont fait l'objet d'une communication à Maupertuis qui n'a pas laissé de traces. Cet architecte n'est d'ailleurs cité dans aucun des mémoires publiés par Euler et signalés *supra*.

[3] Ces maximes, mentionnées dans la note 5 de la lettre n° 54 précédente pour leur publication, étaient donc ébauchées dans le *Mémoire* que Maupertuis avait eu en mains pour transmission au Roi.

[4] Il s'agit de l'*Architecture hydraulique ou l'art de conduire, d'élever et de ménager les eaux pour les différents besoins de la vie* par Belidor, 2 vol., Paris 1737–1739. D'après la manière dont s'exprime Euler («J'ai lu *depuis* ...») on peut penser que c'est Maupertuis qui l'a incité à faire cette lecture ou plutôt cette consultation.

[5] Voir le *Traité du Mouvement des Eaux* d'Edme Mariotte, V[e] partie, IIe Discours, *Œuvres de Mariotte*, La Haye 1740, t. II, p. 472.

[6] Mariotte déclarait en effet une proportionnalité entre épaisseur des conduites et hauteur soutenue. Et bien entendu il n'envisageait pas, comme le souligne Euler, l'augmentation de pression de l'eau susceptible de provenir de son mouvement.

[7] Cette remarque, justifiée par l'état de l'édition des *Œuvres de Mariotte*, laisse bien supposer qu'Euler a effectivement lu cet ouvrage.

[8] Pour l'intervention de Maupertuis ici évoquée, voir la lettre de Frédéric II à Maupertuis du 27 septembre: Koser, p. 244. Grischow le fils avait probablement agi – pour commander des instruments astronomiques au nom de l'Académie – sans un mandat officiel, d'où la difficulté des droits d'accès à l'entrée en Prusse. La situation financière des Grischow ne leur permettait pas d'assurer le paiement de ces droits. Voir la note 7 de la lettre 32 *supra* et la lettre de Maupertuis à Frédéric II: Koser, p. 241: «Le jeune Grischow est un garçon dont le voyage [à Paris] a fort obéré le père et à qui il faudrait procurer les moyens de subsister et de se consacrer entièrement à l'étude.»

56
Euler à Maupertuis
Berlin, 21 octobre 1749

Monsieur,

Samedy passé nous remimes à Mr Formey notre rapport sur la Machine de Mr Borne [1], n'y ayant rien trouvé qui puisse empecher l'execution. L'Observation de Mr Maas me paroit fort curieuse tant par rapport à la durée qu'a la singularité du Phenomene [2], et je croi qu'elle merite d'etre conservée, ou dans nos Memoires, ou dans quelqu'autre Journal. Vendredy passé j'ai envoié au Roy le resultat de mes recherches pour perfectionner la Machine de Sans Soucy [3], et meme de la porter au plus haut degré de perfection dont elle est susceptible; depuis j'ai appliqué mes calculs à l'etat où cette Machine se trouva lorsqu'on la fit jouer la premiere fois avec un si mauvais succes, et je trouve effectivement que le plus fort vent auquel on ose exposer le moulin en plein, n'a pas été capable de refouler l'eau à une plus grande hauteur que de 80 pieds tout au plus, et ce meme effet seroit arrivé quand meme les tuyaux ne seroient pas crevés, et qu'ils eussent été conduits en ligne droite. La veritable cause de ce facheux accident consistoit uniquement en ce que la capacité des pompes étoit trop grande, et à moins qu'on ne la diminue très considerablement, ou en diminuant leur diametre ou leur hauteur, ou le nombre des jeux qui repond à un tour de moulin, la machine ne sera pas en etat de fournir une seule goute d'eau dans le reservoir. Ainsi il seroit en vain de vouloir percer la montagne pour oter toute courbure aux tuyaux de conduite, et cette circonstance ne contribue rien du tout à l'affaire [4]; comme cette entreprise demanderoit beaucoup de depenses tant àpresent qu'à la suite, je Vous prie, Monsieur, de dire lorsque l'occasion se presente, qu'elle seroit entierement inutile. Les recherches m'ont mis tellement au fait de toutes les machines de cette nature [5], que quelque projet qu'on m'offrit, je prononcerai dabord s'il reussira ou non? et de combien il sera encore eloigné du plus haut degré de perfection dont il est susceptible. Si l'on ne vouloit rien entreprendre sans me le communiquer auparavant, j'oserois asseurer le Roy qu'on ne feroit la moindre depense en vain.

J'ai l'honneur d'etre avec la plus respectueuse consideration
Monsieur
Votre très humble et très obeissant serviteur
L. Euler

Berlin ce 21 Octobr. 1749

R 1551 Autogr. fr., 3 f°, – AAS Paris, n° 53, f° 84r–v.
Copie fr., 6 p. – BAB, Bl. 147–152R.

[1] Les *Registres* ..., p. 142, indiquent que le jeudi 16 octobre MM. Euler, Kies et Ludolff, nommés commissaires pour l'examen d'une machine à scier les planches de M. Von Borne, ont envoyé leur rapport. D'après la déclaration que fait ici Euler ce rapport a été remis seulement le samedi 18 octobre.

[2] M. Maas, professeur de mathématiques et de physique à Stettin, avait déposé le 24 octobre 1748 une note *Sur la manière de perfectionner le baromètre* (*Registres* ..., p. 131). Il est donc probable que l'observation dont il est ici question se rapporte à l'utilisation de l'instrument perfectionné, au service de la météorologie.

[3] C'est en effet le vendredi 17 octobre que Euler a adressé au Roi le mémoire n° 19 de la 2ᵉ partie du présent ouvrage. Les indications données ci-dessous par Euler correspondent exactement au contenu de ce mémoire.

[4] Sur le rôle mineur de l'imparfaite rectilinéarité des tuyaux de conduite, voir le mémoire lu par Euler le 23 octobre (E. 206; O. II, 15) – note 3 de la lettre n° 54 *supra*.

[5] Cette assurance d'Euler suppose l'état des mémoires E. 206, 207, 208 déjà relativement très avancé. Cf. les notes 3 et 5 de la lettre 54 *supra*.

57
Euler à Maupertuis
Berlin, 24 octobre 1749

Monsieur,

Le Grand Directoire n'ayant demandé que si la machine de Mr Borne pourroit etre emploiée avec avantage dans les forets eloignés de l'eau, nous y avons reglé notre reponse, qui portoit que cette machine devroit à peu près produire le meme effet que l'auteur en promet, c. à. d. que deux hommes seroient en état de livrer par ce moyen considerablement plus de planches que sans cette machine, desorte que dans les lieux fort éloignés de quelque moulin, il seroit toujours fort avantageux de se servir de telles machines [1]. Quoique cette machine soit fort simple, et partant dejà fort recommandable de ce coté, aucun de nous se peut souvenir d'avoir vu quelque part un semblable projet, et la maniere de faire echapper subitement les scies, quand elles sont parvenues jusqu'à haut, paroit fort ingenieuse, quoiqu'il en fasse encore un mystere, et applicable à d'autres machines avec succes. Comme ce mystere nous est inconnu, c'est lui qui est garant qu'il sera aussi praticable en grand que dans le model [2]. Tout depend d'un bon arrangement des dens de la scie, desorte que toujours les suivantes mordent dans le bois tant soit peu plus profondement que les precedentes, et qu'aucune des dents n'engraine trop profondement, car dans ce cas on comprend aisement que la plus grande force ne seroit pas capable de tirer la scie. A cette occasion j'ai fait des reflexions sur la meilleure figure des scies et de leurs dens et sur la plus avantageuse construction des machines destinées à scier [3], que je mettrai en ordre des que j'aurai tout à fait fini mes recherches sur les machines hydrauliques, et que j'aurai ramassé ce que les Auteurs disent sur cette matiere.

J'ai depuis calculé la depense d'eau de la grande fontaine de Sans Souci, que je trouve si grande qu'elle videroit tout le reservoir en moins de 20 heures, pendant que le moulin à vent ne seroit capable de le remplir qu'en quatre semaines. La force des chevaux me paroit plus propre à ce dessein, et je prend la liberté de presenter au Roy un projet comme on pourroit fort aisement mettre la machine tout executée comme elle est, en état que 6 chevaux seroient capables de remplir le reservoir en 6 jours; ainsi si l'on vouloit menager convenablement la depense des fontaines et surtout de la grande, le Roy en y emploiant 6 chevaux pourroit avoir le plaisir de les voir jaillir plus de 2 heures par jour, et je doute fort qu'aucun autre projet seroit executable aussi aisement et à moindres frais [4].

Je lûs hier dans notre Assemblée la premiere partie de mes recherches sur le probleme hydraulique, où considerant la force qui agit immediatement sur les pistons des pompes, comme donnée, je determine la quantité d'eau qui en sera elevée, de quelque figure et grandeur que soient les tuyaux de conduite [5]. Quand le tour reviendra à la Classe de Mathematique, je lirai les parties suivantes, où j'ai egard à la nature de la force motrice principale pour en determiner le plus grand effet, dont chacune est capable.

Les arrangemens que le Roy fera dans l'Academie par rapport aux membres qui ne travaillent presque rien, ne manqueront pas d'approcher l'Academie de l'etat qui seroit à souhaiter [6].

J'ai l'honneur d'être avec le plus respectueux devouement

Monsieur

Votre très humble et très obeissant serviteur

L. Euler

Berlin ce 24 Octobr. 1749

R 1552 Autogr. fr., 2 f°. – AAS Paris, n° 54, f° 87r–v, 88r.
Copie fr., 3 p. – BAB, Bl. 153–155R.

[1] Les détails donnés ici sur la machine à scier les planches de Von Borne sont évidemment insuffisants, mais ont un intérêt puisque nous n'avons pas d'autre source. D'après l'inventeur, deux hommes pouvaient suffire pour un rendement notable, et Euler souligne l'originalité d'un échappement ayant pour effet de faciliter le retour des scies à leur position initiale.

[2] Cette méfiance de la part d'Euler sur l'expérimentation à l'aide d'un modèle réduit est intéressante. Sans doute peut-on en retrouver des exemples depuis Galilée (introduction des *Discorsi*), mais elle n'était pas encore systématique chez les théoriciens de la mécanique au XVIIIe siècle.

[3] Euler a publié en 1758 dans le tome XII des *Mémoires de Berlin pour 1756*, p. 267–291, un mémoire *Sur l'action des scies* (E. 235; O. II, 17).

[4] L'ensemble de ce paragraphe qui met en question la comparaison entre les effets de la machine hydraulique de Sans-Souci mue soit par le moulin à vent soit par des chevaux, correspond approximativement au document en allemand n° 20 de la 2e partie du présent ouvrage. Cependant Euler exprime ici des conclusions tout à fait adaptées à l'attente du Roi et qui ne figurent dans aucun autre des documents connus.

[5] Confirmation concernant le mémoire E. 206 et la préparation de E. 207 et 208; O. II, 15.

[6] Les *Registres* ..., p. 142–143, indiquent que dans la séance du 30 octobre 1749 a été signifiée à l'Académie la suppression des pensions pour les membres qui laisseraient passer une année sans produire de mémoire.

58
Euler à Maupertuis
Berlin, 11 novembre 1749

Monsieur,

Vous aures sans doute dejà appris que Mr Grischow le Pere mourut hier vers le soir; ce cas est d'autant plus triste pour la pauvre veuve qui, ayant apporté à feu son mari en dote environ 2000 Ecus, se voit maintenant tout à fait depouillée de ce soutien qui auroit pû adoucir son veuvage. Toute cette somme et encore davantage ayant été emploiée pour le fils [1], desorte que la pauvre femme seroit reduite à la derniere misere, si Vous ne jugies pas à propos de la soulager, ce qui se pourra faire sans qu'elle soit à charge à l'Academie. Car comme Vous aures l'intention d'accorder au Fils ou la pension de son pere, ou une partie, quelque somme que Vous trouvies bon, Monsieur, de lui assigner [2], il me semble qu'il seroit juste d'en rabattre 100 ou bien 120 Ecus en faveur de sa mere, afin qu'elle ait à vivre, et qu'après sa mort cette pension soit ajoutée à celle du Fils, qui n'aura lieu de s'en plaindre, ayant dejà depensé les biens de sa Mere. Outre cela j'ose aussi Vous supplier, Monsieur, d'accorder encore à sa veuve la pension entiere pour un an, comme on a fait à l'egard de la Veuve de feu Mr Wagner [3]. Je suis avec la plus respectueuse soumission

Monsieur
Votre très humble et très obeissant serviteur
L. Euler

Berlin ce 11 Nov. 1749

[Au dos du pli, de l'autre coté de l'adresse]

P.S. La lettre cy-jointe est de Mr Haller [4] et vient de m'etre remise par un Medecin Mr Oeder, qui vient de Goettingue, et qui souhaite l'honneur de Vous rendre ses respects, des que vous arriveres en cette ville [5].

R 1553 Autogr. fr., 2 f°. – AAS Paris, n° 55, f° 89r, 90 [enveloppe]. Le folio 90, plié, contient un P.S. au dos de l'adresse: «à Pottsdam».
Copie fr., 2 p. – BAB, Bl. 156–157R.

[1] Voir lettre 32 *supra,* note 7, et lettre 55, note 8.

[2] Le problème financier posé à propos de Grischow le fils avait déjà été présenté par Maupertuis au Roi.

[3] La proposition d'Euler concernant la veuve de Grischow le père – en tenant compte des us et coutumes de l'Académie – a motivé la lettre de Maupertuis à Frédéric II que Le Sueur a publiée dans son ouvrage (sans date), p. 88.
Cette lettre nous apprend que Grischow le père avait deux fonctions: la rédaction des almanachs et l'enseignement de la géométrie aux médecins. Il est piquant de constater que Maupertuis propose d'alléger les charges de l'Académie en confiant d'office l'enseignement de la géométrie à Kies, lequel «tire déjà 500 écus et son logement sans être de grande utilité».

[4] La lettre de Maupertuis citée dans la note précédente fait état des tentatives de Maupertuis pour faire venir Haller à Berlin. Et c'est dans ce but qu'il s'agissait de profiter de la vacance provoquée par la mort de Grischow le père pour économiser de ce côté afin de reporter un effort financier sur le poste à proposer à Haller.
En fait les négociations n'aboutirent pas. Voir Le Sueur, p. 80, la lettre de Maupertuis à Frédéric II du 13 décembre 1749 et notes marginales du Roi.

[5] Maupertuis avait prévu son retour à Berlin pour le 1er décembre, cf. Lettre à Jean II Bernoulli, 11 octobre 1749, Bibl. Bâle, L Ia 708, n°s 125–126.
Pour Oeder ou Order, voir la lettre de Segner à Euler du 10 novembre (R 2438).

59
Euler à Maupertuis
Berlin, 18 novembre 1749

Monsieur,

J'avois dejà quelque chose entendu de la decouverte de Mr Segner, pour trouver et regarder plus commodement par une lunette les planetes sur mer [1], et je n'y trouve aucune difficulté qui en puisse empecher l'exécution, si ce n'est que l'espace de 9° dans le ciel soit encore trop petit pour y diriger constamment le tuyau, sur tout dans un très mauvais tems [2]. Mais outre que le ciel est rarement clair dans ces saisons, on ne pretendra pas d'observer pendant les tempetes; et avec cette restriction je ne voi encore rien qui en puisse rendre le succes douteux. Je remarque seulement qu'on feroit mieux de placer le verre mat ou emoussé dans le foyer meme des objectifs, aulieu que Mr Segner le met presque à un pied de distance, car alors les images deviendroient plus sensibles. Mais puisque la trop grande proximité de cette table de verre de l'oculaire pourroit causer d'autres embarras, et qu'il suffit qu'on s'apperçoive de l'image de l'etoile sur ce verre, quelque confuse qu'elle soit d'ailleurs, je ne trouve rien à redire aussi à cet egard.

Je ne sai pas de Mr Grischow ce dont il Vous a supplié ayant entrepris son dernier voyage pour Pottsdam, et il ne m'en a rien parlé depuis, quoique je l'aye vu quelques fois; aussi faut-il à cette occasion [dire] que ni lui ni Mr Kies ne m'a rien communiqué par rapport à leur projet de demander la bourse, qui me paroit le lieu le moins propre pour faire des observations; et ce n'est qu'après avoir presenté leur requete que Mr Kies m'en a parlé, sur quoi je lui fis dabord les plus fortes remontrances, que le Roy ne leur accorderoit jamais leur demande, puisque j'en savois à peu près les circonstances, et je lui predis que, après le refus, Vous ne series pas peu fachés [3]. Mais par rapport à Mr Grischow, dont la capacité surpasse sans doute bien loin celle de feu son pere, quelque intention que Vous ayes, Monsieur, à son égard, je Vous supplie toujours d'avoir aussi egard à sa mere, qui après avoir sacrifié tout son bien à l'avantage du fils, seroit reduite à la derniere misere, si elle etoit abandonnée de l'Academie, ou obligée de vivre de la grace de son fils. La pension de Mr Grischow ayant été de 400 Ecus, Mr Eller me dit qu'il en avoit deux cent en qualité de Professeur au Theatre d'Anatomie et l'autre moitié pour les allmanacs et les observations meteorologiques [4]. Pour la premiere place, encas que Vous ne voulussies pas Vous en meler, elle dependroit principalement de Mr Eller, et il me paroit fort porté de la procurer à Mr Grischow [5]. Il ne resteroit donc à la disposition de l'Academie que 200 Ecus qui ont été donnés principalement pour la composition des Allmanacs, dont le defunt fut chargé; et il me semble qu'une bonne partie de cette somme doit etre emploiée en faveur de celui qui sera chargé pour l'avenir des almanacs; or comme j'apprend que Mr Grischow souhaite d'être tout à fait dispensé de ce travail, je crois qu'on sera obligé d'accorder à celui qui se chargera de cela, au moins 100 Ecus [6], et pour les autres 100 ecus, je voudrois Vous prier, Monsieur, de les laisser à la veuve, tant qu'elle vive, et qu'apres sa mort ils tournent au profit du fils, de cette maniere il aura avec le tems 300 ecus de la pension de son pere, outre les 120 Ecus dont il jouit actuellement; et dès maintenant il auroit 320 ecus. Mais quelques changemens que Vous jugeres apropos de faire dans ce partage, je Vous supplie très humblement pour les 100 ecus mentionnés en faveur de la Veuve [7]. Pour les Allmanacs que feu Mr Grischow composa, il en faudra charger ou Mad^lle^ Kirch, ou Mr Naudé, comme Vous le jugeres à propos, ou meme de partager l'ouvrage. Cette derniere affaire est un peu pressante, puisque celui qui en sera chargé doit incessamment commencer à travailler aux allmanacs de 1751 [8].

Si Vous le juges à propos on pourra lire le Memoire de Mr Segner dans une de nos assemblées, par exemple jeudy en huit jours [9], ce sera alors le tour de la Classe Physique, qui sera bien aise d'avoir quelque chose à lire; dans cette vue je ne crois pas necessaire de Vous renvoyer cette piece, surtout puisqu'on nous fait esperer de Vous revoir bientot ici [10].

Je suis avec le plus respectueux attachement
Monsieur
Votre très humble et très obeissant serviteur
L. Euler

Berlin ce 18 Nov. 1749

R 1554 Autogr. fr., 2 f°. – AAS Paris, n° 56, f° 91r–v, 92 r.
Copie fr., 3 p. – BAB, Bl. 158–160R.

[1] Cette première phrase doit être lue en fonction du dernier paragraphe de la présente lettre, d'où il ressort très précisément que Maupertuis avait reçu directement un mémoire de Segner et qu'il l'avait communiqué à Euler. On sait que celui-ci reçut de Segner une lettre, expédiée de Göttingen le 10 novembre (R 2438), dans laquelle il était question de perfectionnements aux lunettes préconisées par Euler. On peut considérer comme vraisemblable que Segner a adressé presqu'en même temps son mémoire à Maupertuis, tandis que dans sa lettre à Euler il se contentait de laisser «entendre quelque chose de sa découverte», comme il est dit ici. Bien qu'Euler donne ci-dessous un avis mesuré au sujet du mémoire, il est certain qu'il n'a pas été satisfait de la méthode employée par Segner pour la communication à l'Académie d'une pièce allant directement à un sujet le concernant. La lettre de Segner du 10 décembre (R 2439) fait état d'un véritable conflit avec Euler.
Pour l'intérêt que Maupertuis pouvait porter à l'invention et qui suffirait à expliquer la hâte avec laquelle le président a consulté Euler, il importe de noter que la réédition de l'*Astronomie nautique* (Paris 1751) était pour lui une préoccupation majeure au même moment (cf. lettre de Maupertuis à Jean II Bernoulli, 7 décembre 1749, Bibl. Bâle, L Ia 708, n° 129).

[2] Un champ de 9° d'ouverture est évidemment insuffisant pour un instrument d'observation susceptible d'être agité. Il est probable que l'inventeur combinait cette ouverture avec le dispositif dont il est question ci-dessous: l'essentiel, en effet, pour pointer l'instrument est d'avoir un moyen d'apercevoir rapidement une trace de l'objet visé sur un écran translucide auxiliaire. Il semble qu'Euler a parfaitement compris le rôle du dispositif, mais il ne cherche guère à le juger en tant que tel. Voir aussi la lettre n° 124, note 3.

[3] Les informations transmises par Euler sur une démarche faite, semble-t-il en commun, par Grischow le fils et par Kies, sont assez confuses. Euler veut manifestement dégager toute responsabilité dans une affaire dont il a quelque raison de penser que Maupertuis l'envisage autrement que les demandeurs. Voir lettre 58 *supra*, note 3, et Le Sueur, p. 88.

[4] Confirmation des données de la lettre de Maupertuis à Frédéric II, Le Sueur, p. 88.

[5] C'est précisément ce que Maupertuis ne voulait pas, puisqu'il pensait imposer la charge à Kies – sans allocation supplémentaire – et récupérer ainsi 200 écus pour favoriser la pension d'un nouvel anatomiste de valeur, à recruter d'urgence.

[6] D'une «bonne partie» des 200 écus réservés au rédacteur des almanachs, Euler passe, en quelques lignes, à la moitié comme proposition à faire au nouveau rédacteur. Les calculs qui suivent en disent long sur la manière brouillonne dont Euler se mêle d'une question administrative où le président cherche à mieux employer les ressources de l'Académie.

[7] Euler ne reprend pas ici la proposition faite quelques lignes plus haut de considérer cette pension à vie de la veuve Grischow comme réversible sur le fils à la mort de sa mère. Sans doute sent-il qu'il y a là une demande susceptible d'irriter Maupertuis. Les événements de la fin de l'année suivante, 1750, montreront combien les besoins d'argent joueront un rôle déterminant pour Grischow le fils.

[8] C'est effectivement Christine Kirch, fille de l'astronome Christfried Kirch, qui fut chargée des almanachs.

[9] La lecture du *Mémoire* de Segner n'a pas eu lieu, ni à la date ici suggérée, ni plus tard.

[10] Maupertuis a présidé la séance académique du jeudi 4 décembre.

60
Euler à Maupertuis
Berlin, 23 novembre 1749

Monsieur,

Hier au soir je reçus encore une lettre de Mr Segner, dans laquelle il me parle de son invention, et suppose meme que j'aye dejà vu ce que Vous m'aves bien voulu communiquer [1]. Il m'avoüe aussi que son intention etoit dabord de pretendre au prix des longitudes et qu'il avoit ecrit dans cette vue à Mr Folkes President de la Société de Londres [2], mais qui Lui avoit refusé de se meler de cette affaire, et que cela L'avoit determiné de s'addresser à Vous, Monsieur, afin qu'après Votre approbation il pût mieux pousser ses vues [3].

Mais il ajoute que depuis peu de tems il venoit d'apprendre que Mr Whiston avoit proposé le meme instrument il y a long tems pour pretendre au prix [4], mais qu'on avoit trouvé que cet instrument ne pretoit pas le service en mer dont on s'étoit flatté. Il ne m'en marque pas davantage et je ne puis pas encore deviner pour quelle raison le succes a manqué.

Je n'ai pas voulu manquer de Vous donner avis de cette circonstance avant que Vous expedies Votre reponse à Mr Segner, étant avec la plus respectueuse considera-tion

Monsieur
Votre très humble et très obeissant serviteur
L. Euler
Berlin ce 23 Nov. 1749

R 1555 Autogr. fr., 1 p. – AAS Paris, n° 57, f° 93r, 94 [enveloppe].
Copie fr., 2 p. – BAB, Bl. 161–162R.

[1] D'après ces indications il est impossible d'identifier la lettre de Segner à laquelle fait allusion Euler avec celle du 10 novembre (R 2438). D'ailleurs en disant: «Hier au soir je reçus *encore* ...», Euler signifie bien qu'il s'agit d'une autre lettre, laquelle, arrivée le 22, doit avoir été expédiée de Göttingen le 19 ou le 20. Cette lettre doit être considérée comme perdue.

[2] Cette précision donnée par Euler montre que l'expression «prix des longitudes» désigne pour lui, le prix institué à Londres par le Parlement anglais en 1714 et dont le degré superieur restait encore sans titulaire.

[3] Le prix des longitudes anglais dépendait d'une Commission de 21 membres dont 5 avaient plein pouvoir: le grand amiral, trois amiraux, et le président de la Société Royale de Londres. Segner pouvait légitimement penser que l'appui de Maupertuis était de poids auprès de ces commissaires. D'où une raison à l'envoi direct de son mémoire à Maupertuis (cf. lettre précédente), indépendamment des précautions à prendre à l'égard d'Euler.

[4] William Whiston, dont l'amitié avec Newton avait connu des orages décisifs sur des questions de théologie, avait joué un grand rôle dans l'institution du prix des longitudes. Il est possible que les informations dont Segner faisait état auprès d'Euler aient un rapport avec la publication des *Memoirs of the life and Writings of W. Whiston*, t. I–II, London 1749, t. III, 1750. En ce qui concerne le principal ouvrage de Whiston sur la question des longitudes et des instruments afférents, voir W. Whiston, *The Longitude discovered by the eclipses, occultations and conjonctions of Jupiter's planets ... with descriptions of those refracting and reflecting telescopes ... both at land and sea*, London 1738, in-8°.

61
Euler à Maupertuis
[Berlin], 8 décembre 1749

Monsieur,

J'ai l'honneur de Vous envoyer l'avis cy-joint de Mr Gleditsch touchant le jardin de Köppenick [1]; comme cet avis est en allemand Vous aures la bonté de charger quelqu'un de la traduction, que j'aurois faite s'il n'y avoit pas quantité de termes que je ne saurois enoncer en François [2]. Après la traduction j'espere que Vous seres tout à fait content des lumieres que Vous en tireres, et qu'on a taché de Vous cacher à ce qu'il semble. Mais Mr Gleditsch reitere sa demande que Voudries bien, Monsieur, faire un tel usage de ce memoire, qu'il n'en soit pas exposé à la haine des mal intentionnés [3].

Je n'ay pas trouvé le memoire de Mr d'Alembert [4] ni chez moi ni chez Mr Kies, mais Mr Formey me demande mes memoires, que Vous aves trouvés bon qu'ils soient inserés dans Notre Volume [5] et Mr Grischow Vous aportera cet après midy lui meme sa resolution dont j'ai voulu Vous donner avis ce matin [6], etant avec tout le respect

Monsieur
Votre très humble et très obeissant serviteur
L. Euler

Ce 8 Dec. 1749

R 1556 Autogr. fr., 1 f°. – AAS Paris, n° 58, f° 95r.
Copie fr., 1 p. – BAB, Bl. 163R.

[1] Johann Gottlieb Gleditsch, directeur du jardin botanique de l'Académie, avait évidemment son mot à dire au sujet du «plantage» de Köpenick, alors que son nom n'avait pas été prononcé dans les procès-verbaux de séance où il est question, précédemment, de ce plantage. D'après ce qui suit, on peut penser que l'initiative prise par ce personnage a été suscitée par Euler. – Voir *Registres*..., p. 144.

[2] Indépendamment du fait que la pièce en question contenait beaucoup de termes techniques, à propos de la traduction desquels Euler déclarait forfait, l'occasion est ici fournie de préciser que Maupertuis savait très mal l'allemend. Le 11 octobre 1749 il notait à Jean II Bernoulli (Bibl. Bâle, L Ia 708, nos 125–126) que les difficultés étaient, à cet égard, trop grandes à son âge.

[3] Ce paragraphe est très significatif de l'atmosphère de l'Académie de Berlin. Euler souhaite que le président agisse en fonction des révélations qu'on lui fournit, mais à condition de ne pas mettre en cause ses sources d'information.

[4] Il s'agit probablement des «Recherches sur la précession des équinoxes» qui seront présentées de la part de d'Alembert le 18 décembre suivant (cf. *Registres* ..., p. 145). Parmi les trois textes de d'Alembert auxquels ont peut penser celui-ci est en effet le seul dont Euler pouvait avoir eu motif immédiat et précis de faire communication à Kies. Toutefois il se peut qu'il s'agisse du mémoire envoyé par d'Alembert le 25 novembre pour participation au concours de 1750. Cf. lettre 65 *infra* note 1.

[5] Il s'agit évidemment des pièces E. 206, 207, 208 sur les machines hydrauliques.

[6] Euler écrit donc la présente lettre le matin et il faut entendre que Grischow est chargé d'apporter l'après-midi les manuscrits d'Euler achevés (qui font la «résolution» du volume des *Mémoires*), pour consultation par Maupertuis avant remise à Formey.

62
Euler à Maupertuis
[Berlin], 23 décembre 1749

Monsieur,

Mr de Borne vient de m'envoier la reponse que Vous lui fites hier, et me demande l'expedition de l'attestat dont il Vous supplie. Comme il paroit pressé etant sur le point de partir, j'ai dressé le certificat cy-joint, dans lequel je ne marque que cela:

Que la machine à scier, proposée par Mr de Borne, a été examinée et approuvée par l'Academie Royale des Sciences, est attesté par ce certificat.

C'est donc Mr de Borne qui Vous reitere sa demande de vouloir bien munir ce certificat par Votre signature, et le cachet de l'Academie.

Je suis avec un très profond respect
Monsieur
Votre très humble et très obeissant serviteur
L. Euler

Ce 23 Dec. 1749

R 1557 Autogr. fr., 1 f°. – AAS Paris, n° 59, f° 96r.
Copie fr., 1 p. – BAB, Bl. 164R.

63
EULER À MAUPERTUIS
[Berlin], 27 janvier 1750

Monsieur,

Je prend la liberté de Vous remettre ma reponse à Mr Walmesley [1], et je joins icy une lettre de Mr Clairaut que je viens de recevoir [2], par laquelle Vous verres combien peu est encore avancée notre controverse [3]. Il se rapporte aux Memoires de l'Année 1745 [4] qu'il croit etre dejà ici; en cas que Vous les ayes dejà reçu, oserois-je Vous prier, Monsieur, de me les communiquer pour quelques jours.

Je suis avec la plus respectueuse consideration
Monsieur
Votre très humble et très obeissant serviteur
L. Euler

Ce 27 Janv. 1750

R 1558 Autogr. fr., 1 f°. – AAS Paris, n° 60, f° 97r.
Copie fr., 1 p. – BAB, Bl. 165R.

[1] Document perdu, ainsi que celui auquel il fait réponse. Du fait que le nom de Charles Walmesley apparaît pour la première fois ici, on doit penser qu'il y a aussi une lacune dans la correspondance Euler–Maupertuis pour le début de janvier 1750.

[2] Voir la lettre n° 51, note 7 et la lettre de Clairaut du 19 janvier 1750 – n° 43 (R 427 – O. IV A, 5, p. 191–192).

[3] Voir la note 5 de O. IV A,5, p. 193.

[4] Il s'agit de l'*Histoire et Mémoires de l'Académie Royale des Sciences pour 1745* qui ont été publiés en 1749.

64

Euler à Maupertuis

Berlin, 20 février 1750

Monsieur,

Vous aves eu la bonté de declarer que Vous Vous interesseres dans l'affaire des Heritiers de Homann à Nurnberg, pour leur procurer la permission de vendre leurs Cartes de Silesie [1]. Voilà maintenant Mr Korn de Breslau, qui vient solliciter Votre secours dans la meme affaire. Il est aussi en etat de Vous donner tous les eclaircissemens necessaires sur la proposition des Allmanacs Juifs de Silesie, dont Vous avies chargé Mr Eller de parler avec M^r le Comte de Münchau, qui Lui a dit qu'il feroit examiner cette affaire dès son retour à Breslau; mais Mr Korn Vous dira qu'il n'y a rien à esperer de ce coté là. Car quoique la demande d'obliger chaque Famille Juife à payer un Allmanac soit très juste, vu que les Juifs d'ici y sont aussi assujettis, les Commis des Accises y perdroient quelques petites douceurs en recherchant et attrapant quelque fois un Juif avec un allmanac étranger; cependant il seroit bien etrange que l'Academie devroit perdre si considerablement pour ne pas oter un si leger avantage aux Commis des Accises [2].

Je viens de recevoir une lettre de Mr Bouguer [3], au sujet de ma piece sur la force des rames, où j'ai dit que la meilleure disposition des rames qu'il donne dans son Traité du Navire n'etoit pas juste [4]. Il avoüe qu'il n'y a pas fait attention à toutes les circonstances, cependant il ne paroit pas peu piqué que ma piece pourroit etre regardée comme une refutation de la sienne. J'en serois également fort faché, et je lui fis dans ma reponse toutes les excuses possibles; mais je suis bien aise que cette occasion m'a procuré sa correspondance, dont je pourrai tirer de grands avantages quand je lui pourrai envoier mon traité sur la navigation.

Selon les dernieres lettres de Petersbourg, je serai dispensé de travailler sur leur question du prix, puisque M^r le President est d'avis de me nommer plutot commissaire pour l'examen des pieces qui concourront [5]. Mr Bernoulli est extremement faché que l'Academie Russienne Lui a encore addressé de ses imprimés au sujet du prix [6], après le rude traitement qu'il en avoit reçu. Mon traité de Dioptrique est dejà considerablement avancé, et je viens d'achever la 45me feuille, mais je me vois encore bien éloigné de la fin; et je conte que l'ouvrage montera environ à 80 feuilles [7].

J'ai l'honneur d'etre avec la plus respectueuse consideration

Monsieur

Votre très humble et très obeissant serviteur

L. Euler

Berlin ce 20 Fevrier 1750

R 1559 Autogr. fr., 2 f^o. – AAS Paris, n° 61, f° 98r–v, 99r.
Copie fr., 2 p. – BAB, Bl. 166–167R.

[1] Les héritiers du géographe Homann, fondateur du Bureau de l'établissement des Cartes à l'Académie de Berlin, avaient eu recours à Euler pour lecture de leurs demandes le 25 août 1746 (cf. *Registres* ..., p. 101). Et le 5 septembre 1747 (*Registres* ..., p. 115) l'Académie avait été sollicitée pour remplacer le libraire Korn dans la charge de la reliure des almanachs de Silésie. L'arbitrage du Comte de Münchow était déjà prévu à cette date.

[2] L'exposé d'Euler est peu clair. On peut comprendre cependant que les «Commis des Accises» perdraient un motif de faire la chasse aux détenteurs d'almanachs et l'occasion d'en tirer profit, si un règlement général – intégrant les almanachs juifs de Silésie – intervenait à l'Académie. De sorte que se trouve en balance d'un côté l'avantage de l'Académie – qu'Euler estime considérable – et d'autre part le profit des douaniers prussiens – qu'Euler juge léger –. On a là, en définitive, l'évocation d'un conflit social intéressant. Voir, au sujet du privilège de l'Académie, Laurent Angliviel de la Beaumelle: *Vie de Maupertuis,* p. 108.

[3] La lettre de Bouguer, qu'Euler déclare avoir reçue récemment, est perdue.

[4] Le *Traité du navire, de sa construction et de ses mouvements,* par P. Bouguer, a été publié en 1746 à Paris. Euler a effectivement critiqué cet ouvrage dans son mémoire *Sur la force des rames* (E. 116; O. II, 20). Bouguer a publié en 1753 un *Nouveau Traité de navigation et de pilotage.*

[5] C'est en réalité Euler lui-même qui avait suggéré qu'il en soit ainsi: voir *supra* la note 7 de la lettre n° 51, et O. IV A, 5, notes 5 et 6, p. 193.

[6] La lettre de Daniel Bernoulli, à laquelle fait allusion Euler, doit être considérée comme perdue.

[7] Euler parle évidemment ici de son manuscrit de la *Dioptrica,* dont les trois volumes ne seraient publiés qu'en 1769–1771 à Pétersbourg. Voir la lettre n° 114, note 5. (E. 367, 386, 404; O. III, 3 et 4). Voir aussi *infra* la lettre n° 86, note 2.

65
Euler à Maupertuis
Berlin, 7 mai 1750

Monsieur,

Je prend la liberté de Vous presenter le resultat de la commission dont Vous m'aves bien voulu honorer avec Mrs Kies et Grischow, à l'égard de la question proposée pour le prix de cette année [1]. Comme je suis fort incertain si les Loix de l'Academie permettent la repetition de la meme question, vu que ce delais devroit etre de 4 ans, intervalle qui pourroit paroitre trop long, j'attend Vos ordres sur cet article, et en cas que vous ne jugies pas à propos qu'on remette le meme sujet, et qu'on en double le prix, nous terminerons incessament cette affaire en choisissant parmi les pieces concourrantes celle qui nous paroitra la meilleure [2].

J'ai l'honneur d'etre avec la plus respectueuse consideration
Monsieur
Votre très humble et très obeissant serviteur
L. Euler

Berlin ce 7 May 1750

R 1560 Autogr. fr., 1 f. – AAS Paris, n° 62, f° 100r–v.
Copie fr., 1 p. – BAB, Bl. 168R.

[1] Le sujet du Concours ouvert par l'Académie de Berlin pour 1750 avait été fixé le 16 mai 1748 (cf. *Registres* ..., p. 126) et portait sur la théorie de la résistance que souffrent les corps solides dans leur mouvement dans un fluide. C'est le 8 janvier 1750 (cf. *Registres* ..., p. 146) que Euler, Kies et A. N. Grischow avaient été désignés comme commissaires pour les cinq mémoires reçus. Parmi ceux-ci figurait une pièce de d'Alembert (datée du 25 novembre 1749 et enregistrée le 11 décembre).
Pour plus de détails sur cette affaire qui créa entre d'Alembert et Euler un conflit assez considérable, voir la longue note 1 de la lettre n° 29 de d'Alembert à Euler, 10 septembre 1751, R 41 – O. IV A, 5, p. 312–313.

[2] D'après les *Registres* ..., p. 150, le Prix de mathématique pour 1750 ne fut pas attribué et le concours renvoyé à 1752. Cette décision, communiquée par le Secrétaire perpétuel Formey au cours de l'Assemblée publique du 21 mai – à laquelle Maupertuis était présent – correspondait donc à la première partie des vœux exprimés ici par Euler. Aucune indication ne permet de dire si le montant du Prix a été doublé – selon une pratique dont l'Académie de Paris avait donné l'exemple. Il y a lieu de croire que ce second vœu d'Euler se heurtait à la situation financière de l'Académie de Berlin.

66
Euler à Maupertuis
Berlin, 25 mai 1750

Monsieur,

Comme j'espere que ma mere arrivera vers la fin du mois prochain à Francfort sur le Mein [1], je prend la liberté de vous reiterer ma très humble demande, pour qu'il me soit permis de lui aller au devant jusques là. Pour cet effet je joins icy une supplique au Roy en Vous priant, Monsieur, de la vouloir bien presenter avant le depart de Sa Majesté, en cas que Vous le jugies necessaire [2].

Jusqu'ici je n'ai pu assembler la Commission d'Almanacs au sujet des Juifs de Silesie, mais je conte de le faire après demain où je ne manquerai pas de Vous envoier dabord notre memoire sur cet article [3].

J'ai l'honneur d'etre avec la plus respectueuse consideration
Monsieur
Votre très humble et très obeissant serviteur
L. Euler
Berlin ce 25 Maj 1750

R 1561 Autogr. fr., 1 f°. – AAS Paris, n° 63, f° 101r.
Copie fr., 1 p. – BAB, Bl. 169R.

[1] La mère d'Euler, Margarethe, née Brucker, devait venir de Bâle pour s'établir à Berlin auprès de son fils – cf. Euler à Schorndorff 26 mai 1750 (R 2102), où l'étape par Francfort est justifiée. Voir aussi *infra* la lettre n° 68, note 1.

[2] Maupertuis, d'après la lettre 68 *infra*, semble avoir pris sur lui d'autoriser Euler à faire le voyage. Il ne reste, d'ailleurs, aucune trace d'une «supplique» qui aurait été transmise au Roi.

[3] Trois mois ont donc été nécessaires, depuis l'avis de la lettre 64 *supra*, pour que le problème des almanachs soit examiné par la Commission. Euler semble avoir reçu mission de réunir cette Commission.

67
EULER À MAUPERTUIS
Berlin, 28 mai 1750

Monsieur,

La commission d'Almanac s'etant assemblé hier chez moy, Mr Pelloutier [1] a dressé le memoire cy-joint [2] par rapport aux Almanacs Juifs de Silesie, qui nous parût contenir tout ce que l'Academie peut exiger à ce sujet pour le commencement. Car dès qu'on aura obtenu la permission de traiter les Juifs de Silesie sur le meme pied que ceux d'ici, et qu'on saura leur nombre, les arrangemens à prendre ensuite n'auront plus de difficulté [3].

J'ai l'honneur d'être avec le plus respectueux attachement
Monsieur
Votre très humble et très obeissant serviteur
L. Euler

Berlin ce 28 Maj. 1750

R 1562 Autogr. fr., 1 f°. – AAS Paris, n° 64, f° 102r.
Copie fr., 1 p. – BAB, Bl. 170R.

[1] Pelloutier, ministre de l'Eglise protestante française de Berlin, était membre ordinaire de l'Académie depuis 1744.

[2] Nous n'avons pas trouvé de trace de ce mémoire.

[3] Ce paragraphe permet de comprendre mieux le passage de la lettre 64 *supra* (cf. note 2). En obtenant du Roi la permission d'unifier les obligations des juifs entre la Prusse et la Silésie – relativement à l'achat des almanachs – on mettrait au clair le bénéfice à attendre pour l'Académie, et l'on pourrait juger à bon escient des difficultés à prévoir et des «arrangements» utiles.

68
EULER À MAUPERTUIS
Berlin, 11 juillet 1750

Monsieur,

En Vous remerciant encore très humblement de la permission que Vous m'aves bien voulu accorder d'aller au devant de ma mere, j'ai l'honneur de Vous marquer que je suis de retour ici depuis hier au soir, desorte que mon voyage n'a duré que 20 jours [1], ayant amené ma mere ici asses heureusement; et ma femme se porte admirablement bien après ce voyage [2].

J'ai rencontré en chemin M^r le Feldmarechall Schmettau entre Cassel et Duderstatt allant mesurer des angles sur une montagne, et Mr Grischow à Cassel, qui me dit qu'il y avoit observé à souhait la derniere eclipse de la lune [3].

A Francfort j'ai fait connoissance avec Mr de Loen qui a le titre de Conseiller du Roy [4], et qui s'est acquis une grande reputation par ses ouvrage[s] de litterature. Il est asses riche et possede dans ces contrées là plusieurs terres; cependant il seroit bien aise de les vendre et de venir s'etablir ici, moyennant un emploi convenable. S'il plaisoit au Roy de lui en accorder un, comme sa capacité est déjà connue à Sa Majesté et qu'on lui a fait dejà des propositions pour l'engager ici, peut être que ce seroit toujours une bonne acquisition.

J'ai aussi remarqué que partout où j'ai passé on a préferé les pieces d'or de 5 Ecus du Roy à celles de France, et quoiqu'elles ne valent ici que 7½ florins, leur valeur à Francfort etoit jusqu'à 8 florins, et j'ai trouvé que toutes les autres monnoyes du Roy sont fort recherchées, contre ce qu'on m'a voulu persuader avant mon depart [5].

Chez Mr de Loen, dont j'ai eus l'honneur de Vous parler, est le rendez vous de tous les savans et des etrangers qui passent par Francfort, et M^rs les Espagnols, qui sont actuellement ici [6], l'on frequenté tous les jours; il est aussi très bien connu de M^r d'Arget, et c'est que je prend la liberté de Vous marquer, en cas qu'il y eut quelque esperance d'attirer cet habile homme dans les etats du Roy.

J'ai l'honneur d'etre avec la plus respectueuse consideration

Monsieur

Votre très humble et très obeissant serviteur

L. Euler

Berlin ce 11 Juillet 1750

R1563 Autogr. fr., 2 f°. – AAS Paris, n° 65, f° 103r–v, 104r.
Copie fr., 2 p. – BAB, Bl. 171–172R.

[1] De retour à Berlin le 10 juillet, Euler était donc parti le 20 juin pour aller chercher sa mère à Francfort: cf. lettre 66 *supra*. Il était accompagné de sa femme et d'un fils: cf. Euler à Schumacher, 3/14 juillet 1750 (R2216), Juškevič–Winter II, p. 212. Dans cette lettre, ce fils est désigné comme «notre Albrecht». Il se peut que ce prénom désigne le fils aîné Johann Albrecht.

[2] Madame Euler avait mis au monde au début d'avril un enfant venu prématurément à 7 mois: cf. Euler à Schumacher, 3/14 avril 1750 (R2208), Euler à Goldbach, 14 avril 1750 (R857). Cet enfant mourut au début août: cf. Euler à Goldbach 15 août 1750 (R860) et Euler à Wettstein, août (R2766). Voir aussi les éditions Juškevič–Winter, III, p. 290.

[3] Les étapes indiquées par Euler dans la lettre citée note 1, ci-dessus, mentionnent en effet Duderstatt et Cassel au cours du voyage aller.

[4] Van Loen Johann Michael était cousin de Madame Euler. Voir les lettres n° 75, note 5, et n° 80 *infra*; voir aussi les lettres d'Euler à Frédéric II, n° 21, du 20 juillet 1750, et n° 55, 18 mars 1755 *infra*.
Le titre de Conseiller du Roi, que Van Loen est déclaré posséder, est évidemment le nom d'une de ces charges qui pouvaient être acquises par achat dans la plupart des juridictions des Etats de l'Europe et il s'agit certainement ici, d'après ce qui suit, d'une charge acquise auprès de l'administration prussienne.

[5] Précision intéressante concernant la situation acquise par la Prusse, à l'époque considérée et à la suite des réformes monétaires de Frédéric II.

[6] Il s'agit de Don Jorge Juan de Aliaga et Don Antonio de Ulloa qui avaient été «agrégés par des suffrages unanimes» le 16 avril: cf. *Registres* ..., p. 149.

69

EULER À MAUPERTUIS

Berlin, 21 juillet 1750

Monsieur,

C'est feu Mr Jean Bernoulli qui a fait voir le premier la reduction de la quadrature du cercle aux logarithmes des nombres imaginaires; ce qu'il a montré dans une piece dans les Memoires de l'Ac.[ademie] R[oyale] de Paris pour l'An. 1702 p. 289 [1], où dans le dernier problème il remarque que

$$\frac{a\,dz}{bb+zz} = \frac{\frac{1}{2}a\,dz}{b+z\sqrt{-1}} + \frac{\frac{1}{2}a\,dz}{b-z\sqrt{-1}}$$

d'où prenant les integrales on aura

$$\int \frac{a\,dz}{bb+zz} = \frac{a}{2b\sqrt{-1}}\,\mathrm{l[og]}\,(b+z\sqrt{-1}) - \frac{a}{2b\sqrt{-1}}\,\mathrm{l[og]}\,(b-z\sqrt{-1})$$

$$= \frac{a}{2b\sqrt{-1}}\,\mathrm{l[og]}\,\frac{b+z\sqrt{-1}}{b-z\sqrt{-1}}$$

Soit $a = 1$ et $b = 1$; pour avoir $\int \frac{dz}{1+zz} = \frac{1}{2\sqrt{-1}}\,\mathrm{l[og]}\,\frac{1+z\sqrt{-1}}{1-z\sqrt{-1}}$

où il est clair que $\int \frac{dz}{1+zz}$ marque dans un cercle, dont le rayon = 1, l'arc qui repond à la tangente z. Soit maintenant $1 : \pi$ le rapport du diametre à la circonference et puisque dans notre cas le rayon du cercle est = 1, la lettre π marquera la demi-circonference ou l'arc de 180°. Posons la tangente $z = \infty$ et $\int \frac{dz}{1+zz}$ marquera l'arc de 90° ou sera $= \frac{1}{2}\pi$, il y aura donc dans ce cas

$$\int \frac{dz}{1+zz} = \frac{1}{2}\pi = \frac{1}{2\sqrt{-1}}\,\mathrm{l[og]}\,\frac{1+\infty\sqrt{-1}}{1-\infty\sqrt{-1}} = \frac{\mathrm{l[og]}\,(-1)}{2\sqrt{-1}} \quad \text{et partant}$$

$$\pi = \frac{\mathrm{l[og]}\,(-1)}{\sqrt{-1}}.$$

En cas qu'il parut douteux si $\mathrm{l[og]}\,\frac{1+\infty\sqrt{-1}}{1-\infty\sqrt{-1}} = \mathrm{l[og]}\,(-1)$

à cause des imaginaires $\sqrt{-1}$, on trouvera la meme chose en posant $z = 1$, car alors $\int \frac{dz}{1+zz}$ marquant l'arc de 45° sera $= \frac{\pi}{4}$, donc on aura dans ce cas

$$\int \frac{dz}{1+zz} = \frac{1}{4}\pi = \frac{1}{2\sqrt{-1}} \text{l[og]} \frac{1+\sqrt{-1}}{1-\sqrt{-1}}$$

et par consequent

$$\pi = \frac{2}{\sqrt{-1}} \text{l[og]} \frac{1+\sqrt{-1}}{1-\sqrt{-1}};$$

multiplions le haut et le bas de la fraction $\frac{1+\sqrt{-1}}{1-\sqrt{-1}}$ par $1+\sqrt{-1}$ et elle se changera en $\frac{2\sqrt{-1}}{2} = \sqrt{-1}$, de sorte que $\pi = \frac{2}{\sqrt{-1}} \text{l[og]} \sqrt{-1}$; or $2\,\text{l[og]}\sqrt{-1} = \text{l[og]}\,(\sqrt{-1})^2 = \text{l[og]}\,(-1)$ donc on aura comme auparavant $\pi = \frac{1}{\sqrt{-1}} \text{l[og]}\,(-1)$. De là il s'ensuit donc que posant π la circonference d'un cercle dont le diametre $= 1$, il y aura $\pi = \frac{\text{l[og]}\,(-1)}{\sqrt{-1}}$ ou que ces deux quantités imaginaires $\sqrt{-1}$ et $\text{l[og]}\,(-1)$ ont entr'elles le meme rapport que le diametre à la circonference, car il sera $1 : \pi = \sqrt{-1} : \text{l[og]}\,(-1)$. Quelque belle que soit cette decouverte, il est surprenant que feu Mr Bernoulli lui meme n'en a pas compris la force, car long tems apres dans ces lettres ecrites à Mr Leibniz [2], il soutient toujours que le log de -1 n'est point imaginaire, et par là il renverse entierement sa decouverte, car si $\text{l[og]}\,(-1)$ n'est pas imaginaire, il est impossible qu'il soit $1 : \pi = \sqrt{-1} : \text{l[og]}\,(-1)$ ou $\text{l[og]}\,(-1) = \pi\sqrt{-1}$, cette quantité $\pi\sqrt{-1}$ étant sans contredit imaginaire.

Mais j'ai expliqué asses amplement les raisons qui ont porté feu Mr Bernoulli à cet etrange sentiment, où j'ai donné la vraye explication de tous les doutes sur cette matiere, dans ma piece sur les contradictions apparentes qui se trouvent dans la Doctrine des logarithmes des nombres negatifs et imaginaires [3].

Pour d'autres expressions de la quadrature du cercle j'en ramasserai autant qu'il me sera possible [4].

M. Gleditsch vient de m'apporter son avis sur les propositions d'un Bourgeois de Köppnic, qui s'offre à l'inspection de la plantage jusques à qu'elle sera mise dans un etat complet; il y ajoute aussi un projet pour un contrat à conclure avec cet homme [5]. Comme il y a des vacances [6], Vous jugeres, Monsieur, s'il est necessaire de nommer quelques Commissaires pour terminer cette affaire.

J'ai l'honneur d'etre avec le plus respectueux attachement
Monsieur
Votre très humble et très obeissant Serviteur
L. Euler
Berlin ce 21 Juillet 1750

R 1564 Autogr. fr., 1 f°. – AAS Paris, n° 66, f° 105r–v.
Copie fr., 3 p. – BAB, Bl. 173–175R.

[1] Il s'agit de la *Solution d'un problème concernant le calcul intégral, avec quelques abrégés par rapport à ce calcul*, dans *Hist. et Mém. de l'Ac. R. de Paris pour l'année 1702*, édition in-4°, 1704, solution déclarée envoyée par Jean I Bernoulli de Groningue le 5 août 1702. Le «dernier problème» évoqué par Euler porte le numéro 2. J. Bernoulli y propose le changement de variable $t^2 = b^2 + z^2$ mais après avoir décomposé la fraction rationnelle et indiqué la nature logarithmique des intégrales, il ne poursuit pas. Les calculs ci-dessous sont donc le fait d'Euler lui-même. Comparer avec O. IV A, 5, Introduction, p. 15–16.

[2] «*Ces* lettres ...» L'emploi du démonstratif, qu'il est impossible d'attribuer ici à une faute de français, indique qu'Euler répond à une question dans laquelle était en cause une correspondance de J. (I) Bernoulli. Celle-ci ne peut être que le *Virorum Celeberrium G. G. Leibnitii et J. Bernoullii commercium philosophicum et mathematicum*, tome 2, Lausanne et Genève 1745.
Euler s'y référait dans une pièce *Sur les logarithmes des nombres négatifs et imaginaires* ... qu'il lut à l'Académie le 7 septembre 1747 (cf. *Registres* ..., p. 115) (E. 807; O. I, 19, p. 417–438) ainsi que dans le mémoire *De la controverse entre Mrs. Leibniz et Bernoulli sur les logarithmes des nombres négatifs et imaginaires* (E. 168; O. I, 17, p. 195–232). La première de ces pièces ne fut publiée que dans les *Opera posthuma*. Euler l'ayant, semble-t-il, gardée inédite en raison d'une discussion sur le même sujet avec d'Alembert (cf. O. IV A, 5, p. 257–259 et 271–272). La seconde, plus développée et plus explicite, a été publiée dans le tome V des *Mémoires ... de Berlin pour 1749*, (1751), p. 139–179. C'est à elle qu'Euler fait certainement allusion plus bas.

[3] En déclarant que la pièce à laquelle il renvoie contient «la vraie explication de tous les doutes ...», Euler désigne le mémoire ci-dessus mentionné, mémoire qui, à l'époque de la présente lettre, devait être parti à l'impression dans le tome V des *Mémoires*. Il est notable que la manière dont Euler renvoie Maupertuis à cette pièce suppose le président assez mal informé à cet égard. Si les questions posées par Maupertuis dans la lettre à laquelle répond Euler avaient été motivées par la lecture des pièces de ce dernier, il est évident que nous aurions ici dans la bouche d'Euler une simple invitation à se reporter à une lecture plus attentive.

[4] Cette indication est nette: c'est à propos de la quadrature du cercle, donc du calcul de, que Maupertuis – auquel on ne connaît pas d'intérêt particulier pour ce sujet – a été amené à consulter Euler. Aussi convient-il de penser à une motivation venant des affaires de l'Académie. Or le 5 mars 1750 il y eut dépôt d'une pièce sur la quadrature du cercle émanant d'un certain Chevalier Thibault, d'Avignon (*Registres*..., p. 148) et Euler fut chargé du rapport. Consulter à ce sujet: A. P. Juškevič, *Léonard Euler et la quadrature du cercle,* (Леонард Эйлер о квадратуре круга), IMI X, Recherches historico-mathématiques, t. 10, Moscou 1957, p. 159–210 (Историко-математические исследования, X). Voir spécialement p. 206 et 210.
Le rapport d'Euler, daté du 15 mars, et publié dans l'article cité (d'après les manuscrits conservés dans les archives) n'a donné lieu à aucune lecture à l'Académie ni à aucun enregistrement officiel. Probablement en raison de sa sévérité. Il est donc possible que Maupertuis ait eu, dans ce contexte, le désir ou la nécessité de s'informer plus exactement sur les questions en jeu.

[5] Voir les lettres suivantes.

[6] Les «Féries caniculaires», c'est-à-dire les vacances académiques auxquelles Euler fait allusion, avaient été déclarées ouvertes le jeudi 16 juillet (cf. *Registres* ..., p. 150). Ce sont probablement ces vacances qui ont incité Maupertuis à s'informer auprès d'Euler pour régler le cas d'un dossier mathématique laissé en suspens. Voir les notes précédentes.

70
Euler à Maupertuis
Berlin, 25 juillet 1750

Monsieur,

L'assemblée du directoire pour deliberer sur la Plantation de Köppnic est fixée lundy prochain, à laquelle sera aussi prié M^r le Conseiller Privé Uhde [1].

Puisque Vous souhaites voir des expressions finies pour la quadrature du cercle semblables à celles de Wallis [2], qui a fait voir que les termes intermediaires de cette serie:

$$\begin{array}{cccccc} 1 & 2 & 3 & 4 & 5 & 6 \\ 1, & \frac{1}{2}, & \frac{1\cdot 3}{2\cdot 4}, & \frac{1\cdot 3\cdot 5}{2\cdot 4\cdot 6}, & \frac{1\cdot 3\cdot 5\cdot 7}{2\cdot 4\cdot 6\cdot 8}, & \frac{1\cdot 3\cdot 5\cdot 7\cdot 9}{2\cdot 4\cdot 6\cdot 8\cdot 10}, \text{ etc.} \end{array}$$

ou ceux qui repondent à des indices $1\frac{1}{2}$, $2\frac{1}{2}$, $3\frac{1}{2}$, $4\frac{1}{2}$ etc. renferment la quadrature du cercle, desorte que si l'on consideroit ces termes intermediaires comme des quantites connues, la quadrature du cercle le seroit aussi [3].

J'ai l'honneur de Vous marquer qu'il y a une infinité d'autres series, dont les termes intermediaires dependent egalement de la quadrature du cercle, dont voicy les principales:

La premiere est celle que Wallis nomme hypergeometrique:

$$\begin{array}{lccccccc} & 1 & 2 & 3 & 4 & 5 & 6 & 7 \\ & 1, & 1, & 1\cdot 2, & 1\cdot 2\cdot 3, & 1\cdot 2\cdot 3\cdot 4, & 1\cdot 2\cdot 3\cdot 4\cdot 5, & 1\cdot 2\cdot 3\cdot 4\cdot 5\cdot 6, \text{ etc.} \\ \text{ou} & 1, & 1, & 2, & 6, & 24, & 120, & 720 \text{ etc.} \end{array}$$

car si nous marquons les termes intermediaires par *A, B, C, D* etc. desorte que cette serie soit conforme à la loi de la continuité

$$\begin{array}{cccccccccccccc} 1, & 1\frac{1}{2}, & 2, & 2\frac{1}{2}, & 3, & 3\frac{1}{2}, & 4, & 4\frac{1}{2}, & 5, & 5\frac{1}{2}, & 6, & 6\frac{1}{2}, & 7, & 7\frac{1}{2} \\ 1, & A, & 1, & B, & 2, & C, & 6, & D, & 24, & E, & 120, & F, & 720, & G, \text{ etc.} \end{array}$$

il est clair par la nature de la série qu'il sera:

$$B = \tfrac{3}{2}A; \quad C = \tfrac{5}{2}B; \quad D = \tfrac{7}{2}C; \quad E = \tfrac{9}{2}D; \quad \text{etc.}$$

Or je crois que je suis le premier qui ait démontré que ces termes intermediaires *A, B, C, D,* etc. dependent de la quadrature du cercle; car dans le Tome V des Comment. de Petersbourg [4], j'ai fait voir que *A* est egal au coté d'un quarré, qui est egal au cercle dont le diametre = 1, desorte que nommant $1:\pi$ le rapport du diametre à la circonference, il sera $A = \sqrt{\frac{\pi}{4}}$, et partant regardant *A* comme un nombre connu, il sera $\pi = 4AA$.

Dememe dans cette serie

$$\begin{array}{lcccccc} & 1, & 1, & 1\cdot 3, & 1\cdot 3\cdot 5, & 1\cdot 3\cdot 5\cdot 7, & 1\cdot 3\cdot 5\cdot 7\cdot 9 \text{ etc.} \\ \text{ou} & 1, & 1, & 3, & 15, & 105, & 945 \text{ etc.} \end{array}$$

le terme mitoyen entre le premier 1 et le second 1 sera $= \sqrt{\frac{2}{\pi}}$

De cette serie 1, 2, $2\cdot 4$, $2\cdot 4\cdot 6$, $2\cdot 4\cdot 6\cdot 8$ etc.

ou 1, 2, 8, 48, 384 etc.

le terme mitoyen entre le premier 1 et le second 2 est $= \sqrt{\frac{\pi}{2}}$

En divisant les termes de cette serie par les termes de la precedente on aura

$$1,\ \frac{2}{1},\ \frac{2\cdot 4}{1\cdot 3},\ \frac{2\cdot 4\cdot 6}{1\cdot 3\cdot 5},\ \frac{2\cdot 4\cdot 6\cdot 8}{1\cdot 3\cdot 5\cdot 7},\ \text{etc.}$$

dont par consequent le terme moyen entre le premier 1 et le second $\frac{2}{1}$ sera $= \sqrt{\frac{\pi}{2}} : \sqrt{\frac{2}{\pi}} = \frac{\pi}{2}$, ce qui est precisement le cas de Wallis [5].

J'ai aussi consideré les suites des coefficiens d'un binome élevé à des puissances quelconques, ou bien cette serie

$$1,\ \frac{n}{1},\ \frac{n(n-1)}{1\cdot 2},\ \frac{n(n-1)(n-2)}{1\cdot 2\cdot 3}\ \text{etc.}$$

dont le terme moyen entre le premier et le second $\frac{n}{1}$ est suivant les diverses valeurs de n comme il suit [6]:

Series		terme moyen entre le premier et le second	
$n = 0$;	1, 0, 0, 0, 0, 0, 0, etc.	$= \frac{2}{\pi}$	$= \frac{2}{\pi}$
$n = 1$;	1, 1, 0, 0, 0, 0, 0, etc.	$= \frac{4}{\pi}$	$= \frac{2}{1}\cdot\frac{2}{\pi}$
$n = 2$;	1, 2, 1, 0, 0, 0, 0, etc.	$= \frac{16}{3\pi}$	$= \frac{2\cdot 4}{1\cdot 3}\cdot\frac{2}{\pi}$
$n = 3$;	1, 3, 3, 1, 0, 0, 0, etc.	$= \frac{4\cdot 4\cdot 6}{3\cdot 5\cdot \pi}$	$= \frac{2\cdot 4\cdot 6}{1\cdot 3\cdot 5}\cdot\frac{2}{\pi}$
$n = 4$;	1, 4, 6, 4, 1, 0, 0, etc.	$= \frac{4\cdot 4\cdot 6\cdot 8}{3\cdot 5\cdot 7\cdot \pi}$	$= \frac{2\cdot 4\cdot 6\cdot 8}{1\cdot 3\cdot 5\cdot 7}\cdot\frac{2}{\pi}$
$n = 5$;	1, 5, 10, 10, 5, 1, 0, etc.	$= \frac{4\cdot 4\cdot 6\cdot 8\cdot 10}{3\cdot 5\cdot 7\cdot 9\cdot \pi}$	$= \frac{2\cdot 4\cdot 6\cdot 8\cdot 10}{1\cdot 3\cdot 5\cdot 7\cdot 9}\cdot\frac{2}{\pi}$

Il y a encore une serie qui paroit d'un autre coté remarquable, celle-cy:

$$\frac{1}{1}\,;\ \frac{4}{1\cdot 3}\,;\ \frac{28}{1\cdot 3\cdot 5}\,;\ \frac{288}{1\cdot 3\cdot 5\cdot 7}\,;\ \frac{3984}{1\cdot 3\cdot 5\cdot 7\cdot 9}\,;\ \text{etc.}$$

où la progression des denominateurs est classé d'elle meme, mais des numerateurs chacun se determine par son precedent, en cette maniere

$$\begin{aligned} 4 &= 2\cdot 1 + 2;\\ 28 &= 4\cdot 4 + 2\cdot 6\\ 288 &= 6\cdot 28 + 2\cdot 6\cdot 10\\ 3984 &= 8\cdot 288 + 2\cdot 6\cdot 10\cdot 14 \end{aligned}$$

ainsi le numerateur suivant sera $10\cdot 3984 + 2\cdot 6\cdot 10\cdot 14\cdot 18 = 70080$

Cette serie a cette propriete que le terme qui precede le premier [7] est $= \frac{\pi}{4}$. Je pourrai rapporter ici cette formule $\frac{\sin nq}{n}$ ou $m \sin \frac{q}{m}$, où q marque l'arc de 90°, le sinus total etant = 1. Ici quelque nombre rationel que soit m, on peut toujours donner $\sin \frac{q}{m}$ ou le sinus de l'arc $\frac{q}{m}$ et partant quelque nombre que soit m [8], on peut toujours indiquer la valeur de $m \sin \frac{q}{m}$, sans avoir recours à la quadrature du cercle. Il est donc surprenant que, dans le seul cas $m = \infty$ ou $n = 0$, la valeur de $\frac{1}{n} \sin nq$ ou $m \sin \frac{q}{m}$ devienne égale à q, c'est à dire à l'arc de 90°. On peut donc dire que $q = \frac{1}{n} \sin nq$ dans le cas $n = 0$. Ou bien si l'on forme cette serie:

$$\varDelta + \frac{1}{1} + \frac{0}{2} - \frac{1}{3} - \frac{0}{4} + \frac{1}{5} + \frac{0}{6} - \frac{1}{7} - \frac{0}{8} + \frac{1}{9} + \frac{0}{10} - \frac{1}{11} - \frac{0}{12} \quad \text{etc.}$$

le terme $\varDelta$ qui precede le terme $\frac{1}{1}$ aura $\frac{\pi}{2}$ pour sa valeur [9].

J'ai encore une autre idee tout nouvelle tirée de la continuité des ordres des differentiels. Soient x et y les coordonnées d'une courbe, et prenant l'element dx pour constant, on sait que les valeurs de toutes les formules suivantes sont finies et determinables par la courbe

$$\frac{dy}{dx}\,,\ \frac{ddy}{dx^2}\,,\ \frac{d^3y}{dx^3}\,,\ \frac{d^4y}{dx^4}\,,\ \frac{d^5y}{dx^5}\,,\ \frac{d^6y}{dx^6}\,,\ \frac{d^7y}{dx^7}\,,\ \text{etc.}$$

Donc en general cette formule d^ny/dx^n aura une valeur finie [10]. Le nombre n marque ici l'ordre des differentiels, et communement on ne met pour n que des nombres entiers. Mais rien n'empeche qu'on ne donne aussi à n des valeurs rompues [11], comme $\frac{1}{2}$ et alors l'expression $d^{1/2}y/dx^{1/2}$ ou $d^{1/2}y/\sqrt{dx}$ aura aussi une valeur finie, ou $d^{1/2}y$ marque le differentiel de l'ordre $\frac{1}{2}$ de y, et je remarque que cette valeur $d^{1/2}y/\sqrt{dx}$ depend de la quadrature du cercle. Soit la courbe une parabole et $y = \sqrt{x}$ [12], et je trouve que la valeur de $\frac{d^{1/2}\sqrt{x}}{\sqrt{dx}}$ sera $= \frac{1}{2}\sqrt{\pi}$, ou si l'on vouloit regarder la valeur de $\frac{d^{1/2}\sqrt{x}}{\sqrt{dx}}$ comme connue $= k$, il seroit $\pi : 4kk$, ou le diametre etant $= 1$, la circonference seroit $= 4kk$.

J'ai l'honneur d'etre avec le plus respectueux attachement
Monsieur
Votre très humble et très obeissant serviteur
L. Euler

Berlin ce 25 Juil. 1750

R 1565 Autogr. fr., 2 f°. – AAS Paris, n° 67, f° 106r–v, 107r–v.
Copie fr., 5 p. – BAB, Bl. 176–180R.

[1] La réponse à la suggestion faite à la fin de la lettre précédente n'a donc pas été tout à fait celle qu'attendait Euler. Au lieu de désigner immédiatement des commissaires pour régler l'affaire de Köpenick, Maupertuis a demandé la réunion préalable du Directoire Economique, dont Euler faisait d'ailleurs partie. Cette réunion a bien eu lieu le lundi 28 juillet, en présence du Conseiller Uhden (cf. *Registres* ..., p. 152–153).

[2] Maupertuis a-t-il effectivement formulé le souhait, que lui prête ici Euler, concernant des «expressions finies pour la quadrature du cercle»? Si son information au sujet des formules de Wallis (*Arithmetica infinitorum,* 1655, p. 182, et *Opera mathematica*, tome I, 1695, p. 355 et 469) n'était certainement que très générale, il ne pouvait pas ignorer que ces formules célèbres donnaient des fonctions rationnelles de π comme résultat de produits infinis. Quant à Euler, sa spéculation sur lesdites formules et d'autres semblables remontait à de savantes recherches dont témoignent ses premières lettres à Goldbach (13 octobre 1729, 8 janvier 1730, cf. *Leonhard Euler und Christian Goldbach*, Juškevič–Winter, Berlin 1965, p. 19–29) et si sa connaissance approfondie du sujet ne le conduit pas ici à récuser une manière de parler étrange, c'est sans aucun doute parce qu'il entend «expressions finies» dans un sens qui admet compatibilité avec des opérations de sommation ou de produit infinies. Nous y revenons dans la note suivante.

[3] La phrase d'Euler appelle un examen à divers points de vue. En ce qui concerne la justification du contenu, il est d'abord aisé de noter que le terme général de la suite considérée est, en fonction du rang p, $\frac{1 \cdot 3 \cdot 5 \cdot \ldots \cdot (2p-3)}{2 \cdot 4 \cdot 6 \cdot \ldots \cdot (2p-2)}$, et qu'en utilisant la notion et la notation de la factorielle (introduites seulement au début du XIXe siècle à la suite de propositions d'Arbogast et de Kramp) on peut écrire ce terme général sous la forme $\frac{(2p-2)!}{[2^{p-1} \cdot (p-1)!]^2}$ Il est immédiat que l'interpolation qui consiste à se demander le sens et la valeur que ce terme peut avoir pour $p = \frac{3}{2}, \frac{5}{2}, \frac{7}{2} \ldots$ dépend entièrement du sens et de la valeur susceptibles d'être donnés à $(\frac{1}{2})!$, et d'après les calculs de Wallis cette factorielle étrange s'identifie avec la racine carrée de $\frac{\pi}{4}$ et du produit infini transcrit ci-dessus.
Euler a donc parfaitement en tête, pour la formulation des «termes intermédiaires» l'équivalent de ce que nous exprimons plus commodément à l'aide de $(\frac{1}{2})!$ Mais il ne croit pas possible d'imposer à ces termes intermédiaires le qualificatif de «quantités connues». Autrement dit dans la mesure même où ces «quantités» font intervenir des produits infinis, la question de savoir si on doit les considérer comme «connues» reste délicate, et c'est sans doute pourquoi Euler ne profite pas ici de l'occasion pour renvoyer Maupertuis à son *Introductio in analysin infinitorum*, tome I, Lausanne 1748 (E. 101; O. I, 8, p. 177sq.). Dans les chapitres X, XI, XV et XVIII, de cet ouvrage, des formules semblables à celles de Wallis, c'est-à-dire donnant des fractions de π ou des puissances de π au moyen de produits infinis ou de sommes de séries infinies, avaient été multipliées, et Euler aurait pu normalement en faire état au moment où il écrivait la présente lettre. S'il ne le fait pas c'est évidemment parce qu'il y a difficulté à appliquer à des produits infinis ou à des sommes de séries infinies le concept de «quantité connue».

Par contre Euler ne manifeste pas de difficulté à concevoir l'interpolation, c'est-à-dire le fait qu'une fonction, ayant pour les valeurs entières de la variable les déterminations constituées par les fractions finies de la suite considérée, soit bien déterminée pour les valeurs fractionnaires $(2k + 1)/2$ de la variable. Et c'est le sens qu'il convient de donner à «expressions finies», pour lever l'ambiguïté relevée dans la note précédente.

D'ailleurs, quelques années plus tard, Euler a explicité dans son ouvrage *Institutiones Calculi differentialis*, Pétersbourg 1755 (E. 212; O. I, 10, chap. XVI, p. 588 sq.) que le produit $1 \cdot 2 \cdot 3 \cdot \ldots \cdot p$ (c'est-à-dire ce que nous appelons $p!$, et qui est défini pour p entier) représente la valeur d'une fonction «inexplicable» – c'est-à-dire qu'il n'est pas possible, dit-il, d'exprimer au moyen d'une quelconque fonction algébrique ou transcendante déjà connue. Et cette explicitation, de peu postérieure au présent document, confirme ce que nous venons de dire: interpoler des suites de fractions ou de nombres bien définis est une «expression finie» sans pour autant aboutir à des quantités parfaitement «connues».

Ajoutons un dernier mot: dans le chapitre XVII de l'ouvrage qui vient d'être cité, et sous le titre *De interpolatione serierum*, on trouve successivement (O. I, 10, p. 637, 640, 642, 643–645) tous les exemples traités dans la présente lettre et dans le même ordre. Nul doute par conséquent qu'Euler ne donne ici à Maupertuis la primeur de résultats et de réflexions récentes – mais en les dépouillant de toute difficulté conceptuelle.

[4] Cf. *De progressionibus transcendentibus seu quarum termini generales algebraice dari nequeunt* (E. 19; O, I, 14, p. 1–24), mémoire publié dans le tome 5 des *Commentarii ... (1730/31)*, Pétersbourg 1738, p. 36–57. Notons encore qu'il est curieux qu'Euler ne renvoie pas aussi à son *Introductio in analysin infinitorum* (note 2 *supra*). Le titre du mémoire cité met cependant l'accent sur un point important: on sait qu'à la suite de Wallis, James Gregory avait dès 1664, dans son *De vera circuli et hyperbolae quadratura*, suggéré la question de prouver que π ne peut être racine d'aucune équation algébrique. On sait aussi que Leibniz avait essayé de sonder l'espoir du contraire que Huygens nourrissait encore en 1674 de parvenir à une «raison analytique». En interpolant avec des suites reconnues comme composées de nombres non algébriques, Euler situait le progrès réalisé depuis la fin du XVIIe siècle.

Pour l'emploi de la notation π qui apparaît à la fin du paragraphe, il convient de rappeler que si Euler n'en a pas la priorité, il a cependant joué un rôle majeur dans sa diffusion. Cf. O. I, 8, p. 134, note 1, et O. I, 14, p. 142 et 178.

[5] Euler considère donc comme licite le fait d'interpoler un quotient de la forme U_p/V_p en prenant le quotient des termes interpolés $U_{1/2}$ et $V_{1/2}$.

[6] Ce cas est celui de l'exemple 3 donné p. 645 dans O. I, 10 (cf. note 3 *supra*). Les résultats ici énoncés se retrouvent directement en transformant le terme général $\dfrac{n(n-1)\ldots(n-p+1)}{1 \cdot 2 \cdot 3 \ldots p}$ en $\dfrac{n!}{p!\,(n-p)!}$ et en faisant $p = \frac{1}{2}$.

[7] Il faut évidemment entendre par là que l'indice correspondant au premier terme de la suite donnée est 1 et que l'on cherche l'interpolation pour l'indice $\frac{1}{2}$. Cet exemple n'est pas traité dans le chapitre XVII des *Institutiones* ... S'il est possible de rendre compte de l'affirmation d'Euler concernant l'interpolation par $\dfrac{\pi}{4}$, puisque le terme général répond à la relation $U_p = \dfrac{2p-2}{2p-1}\,U_{p-1} + \dfrac{2^{p-1}}{2p-1}$, il s'agit cependant d'un cas plus difficile que les précédents. Et c'est pourquoi Euler l'a abandonné pour la publication de 1755.

[8] Nouvelle surprise à ne pas trouver ici la mention de l'*Introductio in analysin infinitorum* de 1748. C'est là en effet qu'au chapitre IX (O. I, 8, p. 197) Euler avait donné la formule double

$$\sin\frac{m\pi}{2n} = \frac{m}{n} \cdot \frac{2n-m}{n} \cdot \frac{2n+m}{3n} \cdot \frac{4n-m}{3n} \cdot \frac{4n+m}{5n} \cdot \frac{6n-m}{5n} \ldots \text{etc.}$$

$$= \frac{m\pi}{2n} \cdot \frac{2n-m}{2n} \cdot \frac{2n+m}{2n} \cdot \frac{4n-m}{4n} \cdot \frac{4n+m}{4n} \ldots \text{etc.}$$

La première donne le produit qu'Euler appelle ici $m \sin \dfrac{q}{m}$ pour m rationnel, sans faire appel à π. La seconde montre que c'est dans le cas où $m \to \infty$ que $m \sin \dfrac{q}{m}$ se réduit à $q = \dfrac{\pi}{2}$.

[9] Il faut évidemment lire la suite des nombres indiqués comme une suite de nombres algébriques et non comme une somme de série infinie. Le terme général $\dfrac{1}{n} \sin nq$ où $\dfrac{1}{n} \sin \dfrac{n\pi}{2}$ donne successivement $\frac{1}{1}, \frac{0}{2}, -\frac{1}{3}, -\frac{0}{4}, \ldots$ pour $n = 1, 2, 3, 4 \ldots$ etc. Mais il faut préciser que le terme Δ est l'interpolation pour $n = 0$. Il y a là une différence avec les cas précédents.

[10] Nouvel emploi ambigu du terme «fini». Euler veut évidemment dire simplement qu'en un point déterminé de la courbe considérée où y est fonction de x, le symbole d^ny/dx^n désigne un rapport bien défini, qui dépend naturellement de l'indice n de la différentiation.

[11] L'affirmation est évidemment possible à partir du moment où l'on conçoit bien ce que nous venons d'exprimer dans la note précédente, à savoir qu'en un point donné de la courbe d^ny/dx^n est une fonction de l'entier n. On a parfaitement le droit de faire comme pour les suites considérées plus haut et interpoler pour $n=\frac{1}{2}$.
Euler avait déjà touché la question des différentielles à indice fractionnaire dans une pièce en 1730–1731 (*De progressionibus transcendentibus seu quorum termini generales algebraice dari nequeunt* – E. 19; O. I, 14, p. 23) et il y revient ici dans une perspective un peu différente, mais plus nettement orientée sur la considération des suites ou progressions et de l'interpolation à laquelle elles donnent motif de s'exercer. Il ne semble pas avoir trouvé d'intérêt à traiter davantage ce sujet et nous n'avons pas relevé de référence dans son œuvre ultérieure. Il n'est pas impossible que la présente mention corresponde à l'attention que la lettre de Leibniz à Jean I Bernoulli du 28 décembre 1695, publiée dans le *Virorum Celeberrimi L. et J. B. commercium* 1745, cf. M. Sch. Gerh. III_1, p. 228, attirait sur la question. Mais le point de vue de Leibniz était celui d'un calcul symbolique et Euler avait suivi une autre voie. Aurait-il souscrit, s'il l'avait connu, à l'avis donné par Jean I Bernoulli à l'Hôpital le 10 janvier 1696: «Les différentielles qui ont pour exposant des nombres rompus ne sont que métaphysiques comme dit M. Leibnits ou plutôt imaginaires, qui ne sont pas déterminables ou qui n'existent pas» (cf. *Der Briefwechsel von Johann Bernoulli,* Bd. 1, O. Spiess, édit., 1955, p. 311)? On peut en douter. Rappelons que l'histoire de ce sujet très particulier se poursuit jusqu'à nos jours à travers des travaux de Laplace (1812), Fourier (1822), Liouville (1832–1835), Riemann (1847 avec publication posthume en 1876), Letnikov (1868), H. Weyl etc.

[12] Pour $y=\sqrt{x}$,

$$\frac{dy}{dx}=\frac{1}{2}\cdot x^{-1/2},\quad \frac{d^2y}{dx^2}=\frac{1}{2}\cdot\frac{-1}{2}\cdot x^{-3/2},\ldots,\frac{d^ny}{dx^n}=(-1)^{n-1}\,\frac{1\cdot 3\cdot\ldots\cdot(2n-3)}{2^n}\,x^{-\frac{2n-1}{2}},$$

et l'interpolation pour $n=\frac{1}{2}$, donne bien le résultat indiqué.
Cet exemple fournit, si l'on veut, un cas tout à fait spécial de ce qui était appelé, au début de la lettre, une «expression finie»,

$$\frac{d^{1/2}\sqrt{x}}{(dx)^{1/2}}=\frac{1}{2}\sqrt{\pi}.$$

Mais on voit aussi combien cela ne sert pas à grand chose. Sans doute Euler avait-il été attiré vers la notation symbolique des différentielles par la lecture des lettres de Leibniz à J. Bernoulli, mais cette notation symbolique, destinée à montrer le rôle de la combinatoire, excluait les indices fractionnaires. L'initiative ici tentée ne pouvait être que sans lendemain.

71
Euler à Maupertuis
Berlin, 29 juillet 1750

Monsieur,

Conformement aux Ordres du Roy, dont Vous m'aves bien voulu honorer, je me suis rendu à l'Observatoire pour y voir tous les instrumens que Mr Grischow a remis apres son retour et, suivant la liste de ceux qu'il en avoit emportés, j'ai trouvé qu'il a restitué tous et meme en bon etat, hormi [sic] un quart de cercle de 20 pouces de rayon à deux lunettes qui à ce que j'ai appris, se devoit trouver encore entre les mains des gens de S. Ex. M^r le Feldmarschall, qui ne sont pas encore de retour de leur expedition [1].

Là dessus je suis allé chez M^r le Feldmareschall pour m'informer de cet instrument en question, qui me dit qu'il reçût hier aussi une lettre de Vous à ce sujet; et qu'il avoit dabord expedié une estafette à Wernigerode [2] avec ordre à ses gens de quitter incessament leurs operations, auxquelles ils pourroient etre occupés, et de retourner sans delai avec cet instrument, desorte qu'il ne seroit pas possible de prendre des mesures plus efficaces pour remettre plutot cet instrument à l'observatoire.

Ce sont deux ingenieurs au service de M^r le Feldmarschall qu'il avoit laissé avec cet instrument à Wernigerode, pour y attendre un jour asses clair qu'on put du mont Brucken decouvrir tous les environs, et de prendre alors tous les allignemens qu'il seroit possible. Comme un tel jour n'arrive que fort rarement, Il ne sait pas si ces gens ont déjà executé ces operations ou non? mais ces derniers ordres, qu'il y expedia hier, sont si precis que, à leur vüe, ses gens sont obligés de retourner au plus vite.

Quant aux Gazettes, je ne manquerai pas d'informer les Gazettiers, mais comme cela n'aura point de poids, le plus seur moyen seroit d'instruire sur cet article M^r le Conseiller privé d'Ilgen, qui a la censure des Gazettes. Pour les autres papiers publics qui paroissent ici, je ne connois pas d'autre que l'abeille du Parnass, et la Bibliotheque de Berlin; le premier etant attribué à Mr Formey, il n'y a point de danger, et pour l'autre je connois celui qui en a la direction, que je ne manquerai pas d'avertir [3].

M^r le Feldmarschall est fort incommodé de la goutte à la main droite, ce qui l'empeche de Vous repondre sitot: Il m'a donc chargé, Monsieur, de Vous faire ses très humbles complimens, et de Vous asseurer qu'il avoit pris toutes les mesures possibles pour remettre à l'Academie au plutot l'instrument en question; et comme Il abandonnoit dès ce moment tous ses projets concernant les Cartes Geographiques [4], il en avertiroit incessament le public, qui sera par consequent entierement desabusé de fausses relations qui ont été publiées à l'égard de l'Academie.

Vous aurés reçu, Monsieur, sans doute de Mr Formey le rapport de ce qui s'est passé dans l'assemblée d'avant-hier. On n'a trouvé rien à changer dans les articles projettes par Mr Gleditsch, mais il s'est trouvé un François qui nous parut plus propre pour lui confier l'inspection de la plantation après le depart de Mr Pfeiffer, puisqu'il entend parfaitement bien la culture de meuriers: on lui proposera tous les articles, et quand on sera convenu de tout, il dependra de Vos ordres de conclure avec lui un contract. Mr Gleditsch s'est chargé de travailler à la recherche des moyens les plus propres, pour mettre cette plantation le plus vîte et aux moindres depenses dans un bon état, et il croit que cela se puisse faire avant le bout de deux ans. Et partant Il ne seroit pas convenable de conclure avec un administrateur ou inspecteur *ad interim* pour plus de deux ans. Le premier qui s'est offert demanda trois ans, mais le François, qui s'est presenté depuis, est parfaitement content de deux [5]. Celuicy ayant été proposé par Mr Formey, Il Vous en aura dejà donné avis.

J'ai l'honneur d'etre avec un très profond respect

Monsieur

Votre très humble et très obeissant serviteur

L. Euler

Berlin ce 29 Juil. 1750

J'espere que Vous aures bien reçu, Monsieur, ma lettre du samedy passé [6].

R 1566 Autogr. fr., 2 f°. – AAS Paris, n° 68, f° 108r–v, 109r–v.
Copie fr., 3 p. – BAB, Bl. 181–183R.

[1] Euler avait eu l'occasion, au cours de son voyage vers Francfort, de rencontrer, entre Cassel et Duderstatt, le Feldmarschall Von Schmettau et A. N. Grischow (voir *supra* lettre 68), le premier occupé à la direction d'une opération géodésique (qu'il assurait en tant que géographe et curateur de l'Académie) et le second associé à l'expédition au titre d'observations astronomiques. Pour l'opération géodésique en question, voir la lettre de G. Heinsius à Euler du 20 juin 1750 – R 1019.
La présente lettre éclaire le genre de difficultés que A. N. Grischow commençait à créer à l'administration de l'Académie: manifestement il avait emporté des instruments de l'Observatoire sans autorisation formelle, mettant ainsi le président et le Comte de Schmettau dans une situation délicate. D'où la réaction de Maupertuis visant à faire rentrer dans l'ordre les inventaires dès le début des vacances académiques.

[2] Wernigerode est une ville du district de Magdebourg, au pied du Harz. Le 8 septembre, c'est-à-dire lors de la 2e séance de l'Académie après les vacances, Frédéric II a adressé au Directoire économique un «ordre au sujet des opérations de M^r^ le Maréchal de Schmettau en Allemagne, pour la perfection de l'Astronomie et de la Géographie» (*Registres* ..., p. 153). En l'absence de détails sur le contenu de cet ordre, on ne peut que conjecturer qu'il y avait là quelque rapport avec le problème soulevé ici. Voir les notes suivantes.

[3] Ce paragraphe indique manifestement qu'il y avait, venu de haut, un ordre de censure concernant les informations que les journaux étaient susceptibles de donner sur les résultats de l'«expédition» géodésique et géographique de Von Schmettau.

[4] Von Schmettau avait donc eu des projets qui avaient donné lieu à des interprétations tendancieuses, que le pouvoir trouvait fâcheuses. Lors du Directoire Economique du 8 septembre, cité note 2 *supra*, Maupertuis a déclaré – sans citer Von Schmettau – que la volonté du Roi concernait «quelques cartes pour un atlas classique», et c'est Euler qui a été chargé de la mise en œuvre.

[5] C'est là une précision qui ne se trouve pas dans le compte-rendu du Directoire Economique du 28 juillet (*Registres* ..., p. 153), tandis que ce compte-rendu évoquait l'appartenance du candidat à la colonie française de Köpenick.

[6] La lettre 70 *supra*, datée du vendredi 25 juillet, a donc été en réalité envoyée le samedi 26. Notons que la présente lettre, datée du mardi 29, a été aussi terminée et envoyée le mercredi 30 puisqu'Euler parle du Directoire du 28 comme ayant eu lieu «avant hier».

72
Euler à Maupertuis
Berlin, 7 août 1750

Monsieur,

Sur Vos ordres de remettre la plantation de Köppnic au plutot dans un bon etat, sans attendre la crüe des meuriers semés, Mr Gleditsch m'a remis le memoire cy-joint, par lequel il se propose de planter au mois d'Octobre ou Novembre prochain 1 000 arbres [1], dont 300 se trouvent deja dans le Jardin de l'Academie, desorte qu'il faudroit acheter 700 pieces qui couteroient 87 Ecus 12 gr. contant la piece à 3 gros. Pour les affermir on aura besoin de 17 soixantaines de piliers, ce qui feroit 17 Ecus contant la soixantaine à 1 Ecu. De plus le fumier pourroit couter jusqu'à 7 Ecus. Donc toutes ces depenses monteroient environ à $111\frac{1}{2}$ Ecus; mais si Vous approuves ce dessein, M^r^

Gleditsch espere de trouver les arbres encore a meilleur marché. Il se chargera avec le Jardinier de l'Academie de tout ce travail, moyennant un homme a qui l'on confieroit l'inspection de cette plantation, et qui sera obligé pour la jouïssance qu'il en aura, d'avoir soin de tout. Pour cet effet il seroit bon, Monsieur, de savoir bientot Votre decision [2] par rapport aux ordres pour Mr Gleditsch, et pour l'engagement de l'homme qui s'est offert pour l'inspection.

J'ai l'honneur d'etre avec un très profond respect

Monsieur

Votre très humble et très obeissant serviteur

L. Euler

Berlin ce 7 Aout 1750

R 1567 Autogr. fr., 1 f^o. – AAS Paris, n° 69, f° 110r.
Copie fr., 2 p. – BAB, Bl. 184–185R.

[1] Lors du Directoire Economique du 8 septembre (*Registres* ..., p. 154), le nombre des mûriers à planter à Köpenick a été porté à 2000. On peut indiquer ici que d'après Olivier de Serres (*La cueillette de la soie par la nourriture des vers qui la font,* Paris 1599) il fallait compter de 20 à 25 arbres de moyenne grandeur pour attendre une production de 5 à 6 livres de soie. En portant le nombre des arbres à 2000, le Directoire entendait donc assurer à l'Académie le revenu d'une production de soie de l'ordre de 240 kg.
Pour l'affaire du jardin de Köpenick, il y a lieu de signaler les renseignements qui sont contenus dans les documents administratifs répertoriés dans O. IV A, 1, p. 475 sq. et dans la correspondance Euler-Wettstein (R 2768–2769, 2775). Voir aussi Juškevič-Winter, III, p. 292–293 et p. 302.

[2] A propos de cette pression exercée par Euler sur le président, il y a lieu de relever que quelques jours plus tard Maupertuis se plaignait auprès de Jean II Bernoulli de voir «toute sa vie employée dans une administration qui n'en va pas mieux pour cela» (15 août 1750, Bibl. Bâle, L Ia 708, n° 136).

73
Euler à Maupertuis
Berlin, 7 octobre 1750

Monsieur,

Mr Mirdelius me remit hier l'ordre ci-joint du grand Directoire et me pria de Vous l'envoier. Par cet Ordre il est chargé en vertu d'une Resolution du Roy du 19 Juillet de Vous payer la somme de 397 Ecus 15 gl. C'est pourquoi. Il Vous prie, Monsieur, de vouloir bien signer une quittance sur la recette de cette somme, et en me renvoyant ces ordres de nommer la Personne à qui Mr Mirdelius aura à payer cet argent afin qu'après le payement je puisse lui delivrer Votre quittance.

Voilà la commission dont Mr Mirdelius vient de me charger: le sujet de cette somme n'est pas marqué dans l'Ordre, mais Il me dit que cet argent est destiné à la fabrique de caracteres typographiques dont Vous n'aves pas jugé à propos que l'Academie se charge [1]. Si à cet egard vous refuseres d'accepter cet argent, M^r

Mirdelius attend dans ce cas une declaration positive, afin qu'il puisse se justifier de ne Vous avoir point payé cette somme.

C'est [sic] ordre est une nouvelle marque que le Grand Directoire n'a point reflechi au rapport de l'Academie sur cet article, et j'apprend que le Grand Directoire ne regarde pas cette chose comme une donation faite à l'Academie, qu'on puisse ou accepter ou refuser, mais plutot comme une charge que le Roy ait voulu imposer à l'Academie, à laquelle il faille se soumettre. Car le dessein du Roy étant d'établir ici une parfaite fabrique de Caracteres typographiques pour l'entretien de toutes les Imprimeries de ses Etats, et que Sa Majesté y ayant dejà emploié des sommes considerables, sans pourtant y avoir reussi faute de ceux qui en avoient eu jusqu'ici la direction. Le Roy avoit trouvé bon d'en charger l'Academie, qui devroit par consequent faire tout son possible pour remplir les vues du Roy, et de mettre cette fabrique dans un bon état, afinque les depenses qui y sont deja emploiées ne soient pas perdues entierement. Si c'étoit le cas, et que l'Academie soit obligée à se charger de cette fabrique, je crois qu'il seroit possible de trouver des moyens propres pour la mettre dans un bon état. Il s'agiroit d'un habile homme, à qui en confier la direction [2]. J'ai parlé sur ce point à l'Imprimeur Henning, qui me paroit non seulement entendre à fond tout ce qui appartient à un tel établissement, mais il seroit aussi disposé de se charger de cette direction et il s'obligeroit aussi de rendre cette fabrique complette dans une certain tems, desorte que depuis ce temps on en pourroit tirer un profit considerable.

Je viens de traduire en françois ma piece sur les racines imaginaires des équations, et j'attend Vos ordres à qui je dois la delivrer, mais elle me paroit presque trop grande pour qu'elle puisse trouver lieu dans Nos Memoires, car elle rempliroit presque 8 feuilles [3].

J'ai l'honneur d'être avec la plus respectueuse consideration
Monsieur
Votre très humble et très obeissant serviteur
L. Euler

Berlin ce 7 Octobr. 1750

R 1568 Autogr. fr., 2 f°. – AAS Paris, n° 70, f° 111r–v, 112r.
Copie fr., 3 p. – BAB, Bl. 186–188R.

[1] Pour la résistance de Maupertuis à l'acceptation de cette charge, voir la lettre de Frédéric II à Maupertuis d'octobre 1750, Le Sueur, p. 90–91.
Le Directoire Economique du 8 septembre (*Registres* ..., p. 154) avait déjà eu à délibérer pour savoir s'il y avait lieu «d'accepter un don de matrices d'imprimerie fait à l'Académie», et Pelloutier et Euler avaient été «chargés d'examiner la chose» avant que l'on réponde à la «Cour». Il semble, d'après ce qui suit, qu'Euler était assez favorable, en définitive.

[2] Après avoir insisté sur l'aspect politique de l'affaire et justifié les raisons du Roi pour imposer à l'Académie une charge relative à l'imprimerie, Euler apporte la preuve de ce qui le pousse: procurer une place officielle à l'imprimeur Henning.

[3] Le mémoire en question (E. 170; O. I, 6) a pu être finalement inséré dans le tome des *Mémoires ... de Berlin pour 1749*, (1751), en cours de composition au moment de la présente lettre. Il y occupe les pages 222–288, c'est-à-dire un volume légèrement supérieur à l'estimation donnée ici.

74
EULER À MAUPERTUIS
Berlin, 14 octobre 1750

Monsieur,

Hier Mr Köhler vint chez moi pour me dire qu'il avoit été appellé au Grand Directoire, où on lui avoit ordonné de remettre une Copie de l'Etat présent de l'Academie [1]. Là dessus ayant été fort en peine, il repondit qu'il n'avoit pas d'autre etat que celui de 1744, et que celui d'àpresent, qu'on veut avoir, se trouvoit chez Vous, à Pottsdam, avec le Compte de l'année passée; on insista qu'il en délivrât incessament un extrait. Comme il ne sauroit faire cela sans Vos Ordres, il m'a prié de Vous avertir de cette demande, et de Vous prier de vouloir bien lui donner incessament les instructions necessaires sur cet article afinqu'il sache comment il doit se conduire dans cette affaire lorsqu'il sera de nouveau appellé au Grand Directoire. Je demandois hier aussi Mr Eller sur ce qu'on venoit d'exiger de Mr Köhler, qui me dit avoir apris de S. E. Mr de Viereck que c'etoit le Roy meme qui vouloit voir l'etat de l'Academie.

Mr Formey Vous aura dejà envoïé le contract que nous avons dressé avec le menusier [sic], qui a dejà commencé l'ouvrage [2]; et je ne manquerai pas de le presser tous les jours pour remplir exactement les articles auxquels il s'est engagé.

J'ai aussi communiqué, Monsieur, Votre resolution touchant les 397 Ecus à Mr Mirdelius, qui m'a fort prié de lui remettre l'ordre du Grand Directoire qu'il a reçu à cet égard, je prend donc la liberté de Vous prier de vouloir bien renvoier cet Ordre et d'y ajouter si Vous le juges àpropos, Votre declaration.

J'ai l'honneur d'etre avec le plus respectueux attachement
Monsieur
Votre très humble et très obeissant serviteur
L. Euler

Berlin ce 14 Octobr. 1750

P. S. Le Grand Directoire n'a pas encore expedié, autant que je sache, les ordres pour le bois de la Plantation de Köppenic, Mr Fäsch me dit ces jours qu'on avoit renvoïé la Demande de l'Academie à la Chambre des Domaines, qui étoit chargée de l'examiner, et de faire la dessus un rapport; ce qui me fait craindre que la chose pouvoit encore trainer long temps; et comme Mr Gleditsch sera en quelques jours de retour de son excursion, où il a fait, à ce qu'il m'ecrit, quelques belles observations, le defaut des piliers l'empechera de commencer la plantation des meuriers. J'ai representé à Mr Fäsch qu'un tel delai seroit fort desavantageux, qui me repliqua qu'à l'avis des membres du Grand Directoire l'Academie feroit mieux de remettre la transplantation au prinstems prochain, puisqu'on savoit par experience que cette saison etoit la plus propre à ce dessein; au lieu que Mr Gleditsch et aussi Mr Eller prétendent que c'est l'Automne [3].

Mr Spener vient de finir la collection de quelques unes de mes pieces, qu'il a imprimée; elle renferme 1. ma conjecture sur la propagation du son et de la lumiere. 2. Une recherche sur les nombres amiables. 3. Une demonstration d'un Theoreme de Newton sur les racines des équations et 4. sur la rectification de l'Ellipse [4].

Je Vous demande la permission d'oser Vous presenter, Monsieur, ce petit ouvrage conjointement avec mon traité sur la navigation [5]; j'ai remis l'un et l'autre au relieur, et des qu'il les aura achevés, je prendrai la liberté de les remettre chez Vous.

R 1569 Autogr. fr., 2 f°. – AAS Paris, n° 71, f° 113r–v, 114r–v.
Copie fr., 3 p – BAB, Bl. 189–191R.

[1] Nouveau témoignage des contrôles administratifs et financiers qui ont été importants dans divers domaines depuis le mois de juillet. Le responsable des comptes de l'Académie, Köhler, passe par l'intermédiaire d'Euler. Voir l'abondante correspondance répertoriée dans O. IV A, 1, p. 475 sq.

[2] Il s'agit probablement de la fabrication des tuteurs pour la plantation de Köpenick.

[3] Il n'y a aucun doute sur le bien fondé de ce dernier avis.

[4] Il s'agit de *Conjectura physica circa propagationem soni ... ac de rectificatione ellipsis,* Berlin 1750 (E. 121), où les quatre pièces réunies (E. 151, O. III, 5; E. 152, O. I, 2; E. 153, O. I., 6; E. 154, O. I. 20) portent chacune la signature *«Euleri opuscula Tom. II»*.

[5] Il s'agit de la *Scientia navalis,* en deux volumes (E. 110, 111; O. II, 18, 19), édités à Pétersbourg en 1749.

75
Euler à Maupertuis
Berlin, 2 novembre 1750

Monsieur,

La pension que le Roy m'a fait la grace de m'accorder en m'appellant de St Petersbourg est de 1 600 Ecus par an, laquelle m'a été assignée sur la Caisse generale des Domaines dont Mr Gobbin est Rendant [1]. Depuis Votre depart [2] le Graveur Schleuen m'a apporté sa Carte [3] qu'il s'est engagé de faire pour 20 Ecus, mais il a si peu reussi que je doute fort qu'elle pourra trouver place dans notre recueil, à moins qu'il n'y fasse des corrections très considerables; en cas que les autres graveurs reussissent aussi peu, je crois que le meilleur moyen seroit de se tenir à Saurbrey, qui pourroit s'associer avec quelques uns pour hater l'ouvrage, de maniere qu'il se charge de graver l'essentiel lui meme, et qu'il laisse le reste aux autres, dont ils seront capables.

Le grand Directoire n'a encore rien expedié à l'egard de la plantation de Köppnic, puisque la Chambre n'a pas encore donné son rapport, dont Mr Gleditsch est fort impatient, vu que la meilleure saison de planter s'en passe. Il avoit pris dabord la précaution de disposer le Chasseur de Köppnic de faire préparer les piliers d'avance en l'asseurant qu'en cas que le Grand Directoire ne les accordât pas à l'Academie, on lui les payeroit [4]. Maintenant ces piliers sont dejà prêts à Köppnic, et Mr Gleditsch commencera l'ouvrage, si Vous le trouves bon, et y emploiera ces piliers, mais il sera obligé de les payer, en cas qu'avant le bout de ce mois l'ordre du Grand Directoire ne soit pas expedié, puisque le chasseur doit finir son compte au bout de chaque mois.

J'ai l'honneur d'être avec un très profond respect
Monsieur
Votre très humble et très obeissant serviteur
L. Euler

Berlin ce 2 Novembr. 1750

P. S. Vous aves eu la bonté, Monsieur, de me parler dernierement des circonstances de Mr de Loen à Francfurth, et de me demander s'il accepteroit une place de 2000 Ecus par an [5]. Comme je n'étois pas en état de vous repondre précisement sur cet article je lui ecrivis sur le champ, pour qu'il s'expliquât à moi en confidence là dessus, et je lui ai marqué qu'il pourroit bien esperer avec une pension de 2000 Ecus le titre d'un conseiller privé ou un equivalent, sachant bien qu'à Francfurt on fait grand cas de titres. Là dessus je viens de recevoir dans ce moment sa reponse, où il s'explique tout ouvertement, et quoiqu'il ait ecrit cette lettre à moi comme à un ami, et qu'elle contienne des choses qu'il ne voudroit pas rendre publiques, je prend la liberté de Vous la communiquer, dans l'asseurance que Vous en feres tel usage, qui ne tournera point à son desavantage, afinque Vous soyes d'autant plus parfaitement informés de ses intentions.

J'ose vous prier donc, Monsieur, très humblement de vouloir bien vous emploier en faveur de Mr de Loen, et j'ose Vous asseurer que, quand vous aures reussi, Vous seres parfaitement content de sa personne et de sa reconnoissance.

R 1570 Autogr. fr., 2 f°. – AAS Paris, n° 72, f° 115r–v, 116r.
Copie fr., 3 p. – BAB, Bl. 192–194R.

[1] Cette précision donnée par Euler a dû être sollicitée dans le cadre des contrôles auxquels Maupertuis avait à répondre pour l'Académie. Euler ayant sa pension assignée sur la Caisse générale des Domaines, il est probable que Maupertuis n'en trouvait pas trace à l'Académie même. Pour la suite de l'affaire, voir lettre 83 *infra*.

[2] Maupertuis avait fait un bref séjour à Berlin dans la deuxième quinzaine d'octobre (il présidait la séance du 21 octobre – cf. *Registres* ..., p. 155).

[3] Il s'agit de l'«atlas classique» dont Euler avait la charge depuis le Directoire Economique du 8 septembre (cf. note 4 de la lettre 71 *supra*).

[4] Cf. note 2 lettre 74 *supra*. Dans sa lettre au Roi, du 9 novembre, Maupertuis a sollicité le bois nécessaire pour faire 2000 piquets, et Frédéric a répondu le 27 novembre qu'il venait de donner les ordres en conséquence (Koser, p. 260).

[5] Les sollicitations d'Euler en faveur du cousin de sa femme avaient donc débouché sur une proposition de pension largement supérieure à la dotation d'Euler lui-même. Mais il n'y a pas eu de suite; cf. *infra* lettre 80. Consulter aussi la correspondance d'Euler avec Schumacher (Juškevič–Winter, II).

76
Euler à Maupertuis
Berlin, 4 novembre 1750

Monsieur,

Je crois que je ne puis Vous faire mieux connoitre Mr de Loen qu'en vous envoyant l'imprimé cy-joint, qui contient une description de sa vie, et de tous les ouvrages qu'il a mis jusqu'ici au jour. C'est un morceau tiré de la collection de Mr Broucker [1] des vies des hommes savans. Par là vous verres, Monsieur, qu'il est d'une assez bonne famille, qu'il a 56 ans et qu'il s'est appliqué principalement à l'etude du droit, de la politique et des belles lettres [2]. Il n'occupe à Francfort aucun emploi, puisqu'il est reformé, et il vit de ses rentes, qui paroissent considerables car il possede dans la ville quelques maisons et dans les environs des terres fort considerables; tous les etrangers qui passent par là s'addressent à Lui, puisqu'on trouve chez lui une belle et fort nombreuse Bibliotheque, et quantité d'autres choses remarquables. Comme Il y fait une fort belle figure, et qu'il passe pour un des principaux habitans de la ville, on l'estime pour un homme passablement riche, aussi faut-il que ses biens soient considerables à juger des depenses qu'il fait. Il a acheté dernierement dans la ville encore une des plus belles maisons pour 20000 florins, mais qui doit valoir plus que le double. Delà on peut conclure que s'il vendoit toutes ses maisons et ses terres (ce qu'il ne feroit pas pourtant à la hate, mais il attendroit des occasions favorables) il en tireroit une somme asses considerable. Pour sa capacité je crois qu'il pourroit être emploié egalement dans le grand Directoire [3], où il s'agit de trouver les moyens pour rendre les états florissants, et dans la Justice. Mais Vous seres mieux en etat d'en juger Vous meme, Monsieur, quand Vous prendres la peine de lire la piece cy-jointe.

J'ai l'honneur d'être avec le plus respectueux attachement
Monsieur
Votre très humble et très obeissant serviteur
L. Euler
Berlin ce 4 Nov. 1750

R 1571 Autogr. fr., 1 f. – AAS Paris, n° 73, f° 117r–v.
Copie fr., 2 p. – BAB, Bl. 195–196R.

[1] Cf. Johann Jacob Brucker, *Bildersal heutiges Tages lebender und berühmter Schrifftsteller ...*, Augspurg 1741–1755.

[2] Le résumé que donne Euler correspond bien au fait que la brochure envoyée au sujet de M. de Loen est en allemand et qu'il convient de souligner pour Maupertuis les points dignes d'être relevés. Mais vont suivre divers détails supplémentaires, dont quelques-uns ont déjà fait l'objet de mention dans les lettres précédentes.

[3] L'ambition d'Euler ne vise à rien moins que d'installer au grand Directoire quelqu'un sur lequel il pourrait compter.

77
EULER À MAUPERTUIS
Berlin, 8 novembre 1750

Monsieur,

Il y a quelque tems que Mr Glume [1] m'a communiqué sa dissertation, et j'ai eu l'honneur de Vous dire que la regle qu'il y donne pour determiner les masses des corps celestes suit tout naturellement de ce que Newton dit sur cette matiere, et que Newton s'en est deja servi pour le meme dessein, et c'est [ce] que j'ai dit aussi dabord à Mr Glume; mais cette pretendue decouverte lui tient trop à cœur, pour s'en laisser depouiller. D'ailleurs il me paroit avoir un fort bon genie, et s'il vouloit suivre mon conseil, en s'appliquant principalement à apprendre les decouvertes des autres et à se fortifier mieux dans l'analyse, avant de se livrer tout à fait à faire des decouvertes lui meme, je ne doute pas qu'il ne puisse faire des progres considerables en peu de tems.

J'ai communiqué Vos Ordres à Mr Gleditsch, et il ne manquera pas de se mettre incessament à l'œuvre, comme il m'a fait asseurer; car ayant été indisposé depuis quelques jours, je n'ai pu aller chez lui moi meme.

Je viens de recevoir de Petersbourg le XI Volume des vieux Commentaires qui sera encore suivi à ce qu'on me marque du XII, XIII et XIV [2].

Mr Schumacher me mande encore une nouvelle que M^r^ le Prof. Muller qui a été de l'expedition de Siberie, ayant eu de grandes querelles avec Mr Teploff en presence de M^r^ le Hetman [3], il avoit été degradé pour être adjoint pendant un an avec une pension de 360 Roubl. au lieu de 1 000 qu'il avoit en qualité de Professeur. Je crois que je vous ai deja dit, Monsieur, que l'Academie de Petersbourg m'avoit chargé d'acheter les tuyaux astronomiques qui sont en commission chez Mr Kies, il y a environ un an [4]; depuis ce tems on ne m'a plus rien marqué sur cet article, quoique j'aye toujours pressé la ratification de l'achat et l'argent, et la proprietaire m'a dejà menacé de porter des plaintes contre moi devant le Roy. Sur cela j'ai ecrit la dessus fort serieusement à Mr Schumacher [5] qui me marque dans sa derniere lettre que l'Academie n'avoit point changé de dessein d'acheter ces lunettes, mais qu'elle en avoit chargé M^r^ le Prof. Grischow: et c'est la raison pourquoi je prend la liberté de Vous ecrire cet article indifferent [6]. Car depuis quelque tems j'ai remarqué que Mr Grischow est dans une correspondance fort particuliere avec l'Academie de Petersbourg, et je croi presque que je ne me trompe pas quand je m'imagine qu'il y est dejà engagé et qu'il s'eclipsera d'ici avant qu'on le pensera. Il y a plusieurs circonstances qui me confirment dans ce soupçon: ses Instruments qu'il a fait venir d'Angleterre se trouvent encore à Hambourg depuis plus d'un an, et puisqu'on y a ajouté un paquet pour moy je ne suis pas peu faché que je ne le puis pas avoir. Depuis 9 mois il m'a toujours asseuré qu'il feroit venir ses caisses en huit jours et, à l'heure qu'il est, elles sont encore à Hambourg; d'où à ce que je crois, il les fera transporter à Petersbourg, et peut-être que je recevra alors de là mon paquet. Maintenant je viens d'apprendre qu'il vient d'expedier quantité de balots de son logis, tout comme s'il étoit sur le point de s'en aller lui meme. Cependant tout ce que j'ai l'honneur de Vous dire ne sont que des soupçons, mais tels que je me crois obligé de Vous en donner part [7].

J'ai l'honneur d'être avec tout le respect possible
Monsieur
Votre très humble et très obeïssant serviteur
L. Euler

Berlin ce 8 Nov. 1750

R 1572 Autogr. fr., 2 p. – AAS Paris, n° 74, f° 118r–v, 119r.
Copie fr., 3 p. – BAB, Bl. 197–199R.

[1] Glume, membre étranger de l'Académie de Berlin, avait assisté aux séances du 8 et 15 octobre (*Registres* ..., p. 155). Pour la pièce dont il est ici question voir l'index du présent volume.

[2] Les tomes XI et XII, des *Commentarii* ... de Pétersbourg pour 1739 et 1740 ont été en effet publiés en 1750 et les tomes suivants XIII et XIV (pour les années 1741–1746) l'ont été en 1751.

[3] On ne possède pas la lettre de Schumacher dont parle Euler. Dans la réponse que fit Euler quelques jours après la présente 10 (21) novembre 1750 (Juškević–Winter II, p. 223–224) est seulement exprimé l'espoir réalisé peu après, que le malheur de Müller prendra fin, sans mention de celui qui était la cause de sa «dégradation» c'est-à-dire de Razumovsky, président de l'Académie de Pétersbourg, lequel avait le titre de Hetman, chef des Cosaques d'Ukraine. L'emploi de ce titre, ici, ne présentait aucune difficulté d'interprétation pour Maupertuis puisque c'est celui sous lequel figurait Razumovsky dans la liste des membres de l'Académie de Berlin: cf. *Mémoires ... de Berlin pour 1752,* p. 311.

[4] Seules les lettres 55 et 59 *supra,* où il est question de droits d'accise pour des instruments astronomiques appartenant en partie à Grischow et de tractations avec Kies, peuvent correspondre à ce qu'Euler évoque ici. Et il n'est évidemment pas exclu que des lettres d'Euler à Maupertuis aient été perdues. Mais il semble qu'en déclarant «croire» qu'il avait prévenu le président, à propos d'une affaire qui tourne mal, Euler cherche seulement une couverture.

[5] Le courrier évoqué, c'est-à-dire la lettre d'Euler et la réponse de Schumacher, est perdu.

[6] L'expression, telle qu'elle figure sur la lettre, est difficile à comprendre. En fonction de ce qui suit – c'est-à-dire des soupçons qu'Euler se voit obligé de transmettre concernant Grischow – il semble qu'il y a lieu de donner à «indifférent» le sens de «sans différer». Sens qui n'existe sans doute pas en français, mais qui répond à une certaine logique. Et il est probable que la phrase, écrite à la hâte, manque d'une préposition. A notre avis il y aurait lieu ici de lire: «et c'est la raison pourquoi je prends la liberté de vous écrire (sur) cet article (sans différer). Car ...»

[7] Dans la lettre à Schumacher du 10 (21) novembre 1750 citée note 3 *supra,* Euler tient à son correspondant à Pétersbourg un langage beaucoup plus serein à propos de Grischow. Mais c'est que cette lettre, écrite à Berlin le 21 novembre nouveau style, est postérieure aux événements qui vont être évoqués dans les lettres suivantes, et qu'en définitive, Grischow ayant été autorisé à partir sans qu'Euler se trouve compromis, il est alors possible de prendre les choses avec plus de philosophie. Au moment où il écrit à Maupertuis la présente lettre, le 8 novembre, Euler est d'une part mécontent de l'attitude de Grischow à son propre égard et d'autre part inquiet des conséquences possibles du projet de départ pour Pétersbourg. Comme on va le voir, Maupertuis réagira vite et beaucoup plus brutalement que ne l'imaginait Euler.

78
Maupertuis à Euler
Potsdam, 11 novembre 1750*

De Potsdam 11 Nov. 1750

Personne, Monsieur, n'est plus capable que vous de juger de la capacité de M. Glume, ny ne peut le mieux conduire dans ses progrés, où il m'a semblé comme à vous qu'il alloit trop viste. Je crois qu'il y a de nouveaux ordres expediés au grand directoire pour nos piquets. Mais que ce soit le Roy qui les donne, ou l'Acad. qui les paye, il faut toujours aller notre train, et haster l'ouvrage le plus qu'il sera possible. Dites le, je vous prie, à M. Gleditsch, afin que ce soit une affaire faitte.

J'ay rendu compte au Roy de l'avis que vous me donniés au sujet de M. Grischow [1], et sa Majesté a donné ses ordres [2]: quoique je ne croye pas que ce soit une perte pour notre Academie [3], et que je pense que la meilleure punition seroit de l'envoyer là où il veut aller; cependant comme le Roy veut etre informé de tout, vous aurés la bonté de m'informer de toutes les circonstances que vous pourrés scavoir du complot de Mr Grischow. M. de Rasoumofski et son Academie s'y prennent mal avec nous et M. Grischow s'y prend encore plus mal. Nous ne refuserons à personne son congé, mais il faut le demander.

R 1573 Minute fr. [autogr.], non signée, 1 f°. – AAS Paris, fds M à E, f° 1r–v.
Brouillon fr., 2 p. – BAB, Bl. 199a–199bR.

* Nous plaçons ici une pièce qui appartient à un groupe particulier du fonds AAS de Paris, parce que c'est sa place normale dans la correspondance Euler–Maupertuis. Les autres pièces du même groupe sont reportées à l'Annexe II *infra*. L'ensemble est nécessaire pour rendre compte de l'affaire pénible qui a agité l'Académie de Berlin à propos de Grischow.

[1] Voir la lettre de Maupertuis à Frederic II du 9 novembre, à l'Annexe II *infra*.
[2] Le 11 novembre Maupertuis est donc avisé que le Roi a réagi dans le sens que lui proposait le président de l'Académie, mais il ne mentionne pas ici l'arrestation qui va beaucoup émouvoir Euler le lendemain.
[3] Dans une lettre à Jean II Bernoulli du 24 novembre (Bibl. Bâle, L Ia 708, n° 137) Maupertuis est encore plus sévère dans son appréciation sur la valeur de Grischow et ajoute qu'il est prêt à se débarrasser d'autres personnages semblables si l'Académie de Pétersbourg les veut.

79
Euler à Maupertuis
Berlin, 12 novembre 1750

Monsieur,

Hier vers le midy Mr Grischau fut arreté chez lui par un bas officier et 3 soldats, ce qui est sans doute l'effet des soupçons que j'ai cru ne devoir pas Vous cacher à son égard. Mais je Vous supplie, Monsieur, de vouloir bien considerer que ce ne sont que des soupçons, fondés sur des faits, que j'ai eu l'honneur de Vous marquer, et que je ne serai jamais en état de prouver; car si je l'étois, je ne Vous les aurois pas donnés pour des soupçons. Ainsi je Vous prie très humblement de menager cette affaire ensorte que mon nom n'y soit point melé, et que personne ne sache jamais que c'est de moi que Vous les aves appris, puisque cela m'attireroit une inimitié eternelle non seulement du coté de Mr Grischau, mais aussi de l'Academie de Petersbourg. Cependant c'est ma propre seureté qui m'a obligé entr'autres raisons de Vous faire cette ouverture, puisque en cas que Mr Grischau eut pris la resolution de se rendre à Petersbourg sans en avoir demandé la permission, les premiers soupçons de son engagement clandestin seroient apparemment tombés sur moi parcequ'on sait que personne ne se trouve dans une liaison si etroite avec l'Academie de Russie que moi.

Maintenant je viens d'apprendre que les balots, que Mr Grischau a expediés d'ici la semaine passée, ont contenu son quart de cercle et autres instruments qu'il a apportés de Paris; et il dit dans une lettre à Mr le Feld Marechall de Schmettau qu'il Lui addressa hier de sa prison et que Son Exc. m'a communiquée dabord, qu'il avoit été obligé de vendre ces instruments, y ayant été reduit par la derniere necessité, mais il ne marque pas à qui il les [a] vendus [1]. Apresent on ne decouvrira pas difficilement que c'est à l'Academie de Petersbourg et peut être serat on aussi eclairci qu'il a pris aussi d'autres engagemens, desorte que mes soupçons à cet égard se trouveront bien fondés. Mais que son intention ait été d'echapper d'ici sans permission, ce qui seroit sans doute le crime principal pour lequel il est arreté, il sera impossible de l'en convaincre, puisqu'après tout il dira qu'il n'auroit pas manqué de demander la permission [2]. En tout cas donc il avouera que, n'ayant point pu esperer d'avoir ici une pension dont il pourroit subsister, il avoit été obligé de se pourvoir ailleurs d'un emploi convenable, ce qui n'etois pas un crime, et qu'il auroit toujours été eloigné de celui d'echapper sans permission. Comme le premier article se developpera aisement, sans que moi j'y sois melé et que le dernier ne peut pas être tiré en inquisition, je Vous reitere ma très humble demande de me delivrer de ce procès.

Au reste je Vous dois dire, Monsieur, que cet arret met la pauvre mere de Mr Grischau dans la derniere consternation, ne sachant point à quoi cette procedure doit aboutir; et elle s'en figure les plus tristes consequences, qui la mortifient à la mort. Ainsi je Vous supplie d'avoir pitié de cette bonne femme, et de faire de telles representations que cet arret finisse bientot, ou qu'il soit au moins adouci; et que cette affaire se termine bientot ensorte ou qu'il obtienne la permission de partir, en cas qu'il la demande, ou qu'il puisse rester ici avec agrément.

Je suis affligé au dernier point, quand je pense que j'ai donné occasion à cette affaire, et j'implore Vos secours, que rien n'en tombe à ma charge [3], et j'espère d'obtenir d'autant plus cette grace de Votre bonté, vu qu'un seul examen de Mr Grischau suffira à terminer toute l'affaire, sans que j'y prenne aucune part, si ce n'est que d'exiger de lui une relation circonstantiée de ses vues, ayant vendu ses instrumens, en cas que Vous jugies àpropos que je le fasse en qualité de Directeur de la Classe mathematique.

J'ai l'honneur d'etre avec un très profond respect
Monsieur
Votre très humble et très obeïssant serviteur
L. Euler
Berlin ce 12 Nov. 1750

R 1574 Autogr. fr., 2 fo. – AAS Paris, no 75, fo 120r–v, 121r.
Copie fr., 3 p. – BAB, Bl. 200–202R.

[1] Dans la lettre que Grischow écrivait le soir du même jour, 12 novembre, au président Maupertuis – voir Annexe II *infra* –, il est fait complètement silence sur la question de la vente des instruments.

[2] C'est la thèse présentée par Grischow pour sa défense dans la lettre ci-dessus. Il est probable qu'Euler n'est pas étranger à ce fait et qu'il a dû essayer de communiquer des avis à l'intéressé dans sa prison.

[3] Cette phrase explicite parfaitement les motivations d'Euler depuis le début de l'affaire et confirme les notes 6 et 7 de la lettre 77 *supra*.

80
EULER À MAUPERTUIS
Berlin, 16 novembre 1750

Monsieur,

La piece de Mr König [1] me paroit asses belle, par laquelle il decouvre la raison, pourquoi la formule de Cardan, qui exprime la racine d'une equation cubique, renferme des imaginaires toutes les fois que toutes les trois racines de l'equation sont réélles, et pourquoi cette formule est toujours réélle, lorsque l'equation n'a qu'une racine réélle. Pour cet effet il faut considerer deux cas:

I. $x^3 + qx = r$ et II. $x^3 - qx = r$,

et en se servant de la resolution de Cardan il faut mettre dans le premier cas $x = z - \dfrac{q}{3z}$ où il remarque que quelle que soit la valeur de x, celle de z devient aussi réélle; donc puisque la premiere équation a toujours une racine réélle (les deux autres etant imaginaires) on trouvera pour celle cy une valeur réélle de z.

Mais pour la II Eq. Cardan met $x = z + \dfrac{q}{3z}$; donc puisque de là devient

$$z = \tfrac{1}{2}x \pm \sqrt{\tfrac{1}{4}xx - \tfrac{1}{3}q},$$

on voit que la valeur de z ne sauroit etre réélle, àmoins qu'il ne fut $\frac{1}{4}xx > \frac{1}{3}q$ ou que l'equation n'ait une racine x plus grande que $\sqrt{\frac{4}{3}q}$. Or Mr König fait voir par les limites des racines que, lorsque l'equation $x^3 - qx = r$ a toutes ses racines réélles, aucune d'elles ne sauroit surpasser $\sqrt{\frac{4}{3}q}$, donc dans ces cas la valeur de z devient imaginaire, quoique dans la formule $x = z + \dfrac{q}{3z}$ les imaginaires se detruisent alors mutuellement. Mais quand l'equation $x^3 - qx = r$ a deux racines imaginaires, il montre qu'alors la racine réélle est toujours plus grande que $\sqrt{\frac{4}{3}q}$, et partant qu'elle fournit une valeur réélle de z.

L'addition à cette piece merite aussi toutte attention [2], vu qu'il en deduit une belle demonstration du theoreme de Cotes, quoi qu'on en ait d'ailleurs aussi de belles demonstrations.

Je suis fort embarrassé de repondre tellement à Mr de Loen afin qu'il en soit faché, apres l'aveu si ouvert que j'ai tiré de lui; car je sens fort bien qu'il doit abandonner toute esperance d'etre jamais convenablement placé ici. Cependant je Vous suis infiniment obligé, Monsieur, des peines que Vous aves bien voulu Vous donner à son égard, principalement de m'avoir procuré la dessus si promptement une resolution positive [3].

La quantité de bois que l'Academie a demandé au Grand Directoire estoit I. 34 soixantaines de piquets, pour y attacher les arbres. II. 17 Soixant. de pieces de Bois de Chêne 10 pieds longs pour une haye. Mr Gleditsch me dit que tout est prêt pour la plantation des meuriers, non obstant plusieurs chicannes qui lui ont été faites, et il conte de planter actuellement demain, ainsi que l'affaire sera bientot expediée. De peur que je n'aye pas bien exprimé le titre des bois en question je le joindrai en Allemand:

I. 34 Schock Baumpfähle

II. 17 Schock Eichene Stacken 10 Fuss hoch zum Zaun an der Heer Strasse, um die Passage zu verhüten.

Dans l'affaire de Mr Grischau je Vous suis infiniment obligé des mesures que Vous aves bien voulu prendre à mon égard. Maintenant qu'il est clair qu'il s'est engagé à Petersbourg, et qu'il a vendu tous ses instrumens à l'Academie de Russie, j'ose Vous supplier de lui procurer la permission d'y aller, puisque j'ai remarqué que Vous n'etes pas fort eloigné de ce sentiment [4].

J'ai l'honneur d'etre avec un très profond respect
Monsieur
Votre très humble et très obeïssant serviteur
L. Euler

Berlin ce 16 Nov. 1750

R 1575 Autogr. fr., 2 f°. – AAS Paris, n° 76, f° 122r–v, 123r.
Copie fr., 3 p. – BAB, Bl. 203–205R.

[1] Il s'agit du *Mémoire sur la véritable raison du défaut de la règle de Cardan dans le cas irréductible de l'équation du 3e degré et de sa bonté dans les autres*, publié dans les *Mémoires … de Berlin pour 1749,* (1751), p. 180–192. Il est évident que le texte est parvenu tardivement (il y a d'ailleurs confirmation par la lettre de König à Maupertuis du 1er novembre 1750 – Le Sueur, p. 120) et qu'au milieu de tous les soucis que l'Académie donnait à son président en ce mois de novembre 1750, Maupertuis a chargé Euler de lui rendre compte du contenu: les lignes qui suivent le font de manière complète et précise.

[2] Cette addition, intitulée «Addition sur quelques usages remarquables de l'expression $z + q/3z$ de la règle de Cardan», occupe les pages 188–192 de la publication citée ci-dessus. Pour le théorème de Roger Cotes, il s'agit d'une proposition contenue dans l'ouvrage posthume de cet auteur *Harmonia mensurarum sive analysis et synthesis per rationum et angulorum mensuras promotae,* Cambridge 1722, 2e partie, p. 113–114; mais qui fut davantage mise en lumière par son disciple Robert Smith, éditeur de l'œuvre, dans ses commentaires de 1738. C'est une interprétation géométrique de la décomposition de $z^{2n} - r^{2n}$ en facteurs du 2ème degré de la forme $z^2 + r^2 - 2zrx$ où x prend les valeurs $\cos\frac{\pi}{n}$, $\cos\frac{2\pi}{n}$, … etc. La conception claire des racines imaginaires de l'unité, qui rend la proposition banale, n'était pas encore atteinte (voir à ce propos les développements trigonométriques d'Euler dans son *Introductio in analysin* …, I, O. I, 8, p. 258 et sq.)

[3] En employant l'expression «résolution positive», Euler veut certainement caractériser ce qui est devenue une décision, là où il n'y avait antérieurement que promesses (cf. *supra* lettre 75). Dans la mesure même où la décision n'est pas conforme aux promesses, l'adjectif n'est pas cependant bien choisi en français et peut prêter, auprès de Maupertuis et malgré les remerciements qui lui sont adressés, à une pointe de froide ironie.

[4] Ceci prouve que le billet n° 78 *supra* est certainement parvenu à Euler, pour le soulagement de ses craintes.

81

EULER À MAUPERTUIS

Berlin, 27 novembre 1750

Monsieur,

Mr Gleditch etant de retour de Coppnic [1] vient de presenter à l'Academie un memoire où il marque que l'homme, à qui on a confié l'inspection de la plantation, s'etoit parfaitement bien acquitté de son devoir, ayant fait tous les trous pour les arbres à planter, et fourni une suffisante provision de fumier. Mais que le Chasseur Bock n'ayant pas encore reçu des ordres du Grand Directoire, avoit vendu les piquets qui etoient prêts, et que sur l'asseurance reiterée de Mr Gleditch que l'Academie lui payeroit les piquets en tout cas, il avoit enfin le 14me de ce mois livré 1000 pieces, surquoi Mr Gleditch a dabord commencé à planter jusqu'à 200 arbres; mais la gelée qui est survenue l'a obligé à quitter cet ouvrage, desorte qu'il est obligé de remettre cette operation au prinstems prochain, puisque la saison propre est dejà passée. Le memoire où tout cela est étalé doit servir à justifier Mr Gleditch de ce delais, auquel il se voit obligé malgré toutes les precautions qu'il avoit prises [2].

Un troisieme Graveur nommé Bergeman vient de me delivrer la Carte d'Espagne, où il a asses bien reussi, et son ouvrage approche fort de celui de Saurbrey. Cependant j'espere que tous ces gens reussiront beaucoup mieux dans la suite, lorsqu'ils seront accoutumés à ces sortes d'ouvrage. J'ai fait le calcul suivant du profit que l'Academie pourroit esperer du debit de ces cartes, supposé qu'on puisse vendre la Carte à 2 gros.

La planche d'une Carte à graver coute	35 Ecus
le papier pour 100 x Exemplaires	x Ecus
pour imprimer 100 x Exemplaires	$\frac{1}{2}x$ Ecus
pour illuminer 100 x Exemplaires	x Ecus
Ainsi 100 x Exemplaires d'une Carte couteront	$35 + 2\frac{1}{2}x$ Ecus.

J'ai mis expres ces prix le plus haut, car j'espere que toutes les cartes ne couteront pas si cher, ce qui tournera au profit de l'Academie. Maintenant si l'on vend ces 100 x Exemplaires à 2 gros, cela rapportera $\frac{100}{12}x$ Ecus $= \frac{25}{3}x$ Ecus, dont le profit de l'Academie en debitant 100 x Exemplaires d'une Carte sera $= \frac{35}{6}x - 35$ Ecus. Donc à moins qu'il ne fut $x > 6$, ou qu'on ne débitât plus que 600 Exemplaires de chaque Carte, l'Academie n'auroit aucun profit.

En debitant d'une Carte à 2 gros	L'Academie y gagnera	
600 Exemplaires	0	
700 Exemplaires	5 Ecus	20 gros.
800 Exemplaires	11 "	16 "
900 Exemplaires	17 "	12 "
1000 Exemplaires	23 "	8 "
1100 Exemplaires	29 "	4 "
1200 Exemplaires	35 "	0 "

Ou bien apres avoir dejà vendu 600 Exemplaires, chaque Centaine qu'on debitera ensuite rapportera à l'Academie un profit de 5 Ecus, 20 gros. Et partant un recueil de 25 Cartes etant achevé, apres qu'on en aura vendu 600 Exemplaires, chaque Centaine qui sera vendue ensuite rapportera un profit de 145 Ecus 20 gros. Mais je n'ay pas encore eu egard au provisions [4] qu'il faut accorder à ceux qui vendront les cartes, et partant je conclud qu'on peut conter sur 100 Ecus de profit au moins sur chaque centaine d'exemplaires de l'Atlas, qui sera vendue apres les premiers 600.

J'ai l'honneur d'etre avec tout le respect possible
Monsieur
Votre très humble et très obeïssant serviteur
L. Euler

Berlin ce 27 Nov. 1750

Le Prince Frederic de Prusse [5] souhaiteroit que son Portrait parut dans nos Allmanacs Genealogiques pour l'année 1752.

R 1576 Autogr. fr., 2 f°. – AAS Paris, n° 77, f° 124r–v, 125.
Copie fr., 3 p. – BAB, Bl. 206–208R.

[1] Gleditsch, qui était présent à l'Académie le 5 novembre et y lut un mémoire sur les sauterelles, a été absent les deux séances suivantes et n'est ensuite mentionné présent que le 26 novembre (*Registres* ..., p. 156–157). Il était donc à Köpenick au cours des deux semaines précédentes.

[2] L'achat des piquets, qui avait motivé l'intervention de Maupertuis au plus haut niveau (cf. lettre 78 *supra*) a été entravé probablement par des tracasseries administratives et l'opinion fausse, concernant la bonne période de plantation, qui avait cours au Grand Directoire (cf. lettre 74, p. 5 et 75 *supra*).

[3] Les calculs qui suivent tiennent compte de ce que 1 écu = 24 gros.

[4] Euler avait d'abord écrit «profit», puis a corrigé pour mettre «provisions».

[5] Il s'agit de Frédéric-Henri-Louis, frère de Frédéric II, qui résidait à Potsdam à l'époque considérée et fréquentait la société des savants et des gens de lettres réunie à la Cour. Sa correspondance avec Maupertuis a été publiée par Le Sueur.

82
MAUPERTUIS À [EULER]
Potsdam, 30 novembre 1750*

De Postdam 30 Nov. 1750

Le Sr Grischow Monsieur ayant furtivemens contracté un engagement avec l'Académie de Russie et Sa Majesté luy ayant non seulement accordé la permission de le remplir mais encore ordonné de sortir de Berlin au plutost vous en ferés part à l'Academie et le declarerés decheu du titre d'Academicien.

Je suis très parfaitement M. votre

[non signé]

R 1577 Minute fr. [manuscrite] non signée, 1 f°. – AAS Paris, fds. M à E, f° 2.
Ecriture tardive: «Maupertuis à Euler?»
Brouillon fr., 1 p. – BAB, Bl. 208aR.

* Ce billet, enregistré dans O.IVA, 1 sous le numéro R 1577 du fait qu'il en existait copie dans le fonds BAB, est à l'évidence un ordre de Maupertuis à l'Académie. Son texte figure *in extenso* dans les *Registres* ... p. 157 pour la séance du jeudi 3 décembre où il est précisé que c'est le secrétaire perpétuel Formey qui en a donné lecture. Le destinaire de l'original était donc normalement Formey. Mais il n'est pas exclu qu'Euler en ait reçu copie.

83
EULER À MAUPERTUIS
Berlin, 30 novembre 1750

Monsieur,

Je Vous ai des obligations infinies des arrangemens que Vous venez de faire par rapport à ma pension puisque je la puis regarder à present plus favorable à ma famille, et je ne me rejouis pas moins que ce changement est aussi avantageux à l'Academie [1]. Je n'en savois encore rien, ni Mr Köhler que je viens de demander, et qui me dit qu'il croyoit que ce payement ne commenceroit qu'au quartier de Trinité l'année prochaine. Quoiqu'il en soit j'espère de Votre bonté, dont Vous m'aves donné jusqu'ici tant de preuves, que ma pension ne sera pas abolie dans la Caisse des domaines avant qu'elle ne soit fixée sur celle de l'Academie [2].

Mr Gleditch est malade, mais cela non obstant, il continuera à faire tout son possible pour planter encore cette année tous les 2000 arbres. La gélée étoit un tel obstacle qui le fit craindre que plusieurs des arbres qu'il planteroit pourroient perir, puisqu'il est impossible que la terre s'applique si bien aux racines, ce qui est pourtant une condition absolument necessaire. Pour des arbres qui sont dejà tirés de la terre, on est bien obligé de les planter, quelque saison qu'il y ait; mais comme on ne tire nos arbres de la terre qu'a mesure qu'on les plante, il a craint qu'il risqueroit trop s'il le faisoit sans avoir egard à la saison; et comme je ne m'y entend point j'ay vu jeudy passé que Mr Eller approuvoit parfaitement sa proposition [3].

L'Almanach astronomique est presque fini, et Mr Kies ne manquera pas de se charger du reste [4]. Mr Grischau partira peut etre demain avec Mr Gross.

Je viens de recevoir de Turin une fort belle piece de Physique d'un nommé Gerdil, que je ne connois pas d'ailleurs [5]. Elle contient plusieurs belles experiences sur la force qu'il faut pour detacher deux hemispheres les ayant vuidé d'air, vû qu'on sait que cette force est plus grande que la pression de l'atmosphere; il y a encore d'autres belles recherches. Je prendrois la liberté de Vous les envoier, si je ne contois de Vous voir bientot ici [6].

J'ai l'honneur d'etre avec un très profond respect
Monsieur
Votre très humble et très obeissant serviteur
L. Euler
Berlin ce 30 Nov. 1750

R 1578 Autogr. fr., 2 f°. – AAS Paris, n° 78, f° 126r–v, 127r.
Copie fr., 2 p. – BAB, Bl. 209–210R.

[1] Il est malheureusement impossible de savoir en quoi le changement survenu dans la manière de régler la pension d'Euler est avantageux pour l'Académie. Il faut noter seulement la confirmation du problème soulevé dans la lettre 75 *supra* (cf. note 1). L'affaire Grischow n'a finalement pas nui à Euler.

[2] La précaution demandée n'est probablement pas inutile.

[3] L'exposé de l'ensemble du paragraphe n'est pas clair. On sait par la lettre 75 *supra* (P.S.) que Gleditsch et Eller avaient tous les deux des raisons scientifiques pour préférer la plantation d'automne. Ce que veut dire Euler ici, c'est simplement qu'en raison des gelées survenues en novembre il y a lieu d'attendre quelques jours, avec l'espoir qu'une température plus clémente permettra d'achever la plantation commencée.

[4] Allusion à la charge que devait remplir Grischow et que celui-ci déclarait presqu'achevée à Maupertuis (cf. Annexe II *infra,* lettre du 13 novembre).

[5] D'après R 710, Euler avait reçu de G. S. Gerdil le 1er septembre une demande de prise en considération pour une pièce critique concernant l'attraction newtonienne. C'est cette pièce qui vient évidemment d'arriver. La partie sur laquelle Euler donne quelque précision a été aussi envoyée en France et publiée dans le *Journal des Savants* de mai 1752: *Mémoire sur la cause physique de la cohésion des hémisphères de Magdebourg, adressé à MMrs. les auteurs du Journal des Savants par le P. Gerdil, Barnabite, professeur de philosophie morale à l'Université de Turin* (cf. *Journal des Savants,* mai 1752, p. 273–284). Il n'est pas impossible que la pièce en question soit celle qui a été lue par Eller le jeudi 17 décembre (*Registres* ..., p. 157, *Sur l'attraction newtonienne* sans mention d'auteur).

[6] Maupertuis semble n'être revenu à Berlin qu'au début de janvier 1751.

84
Euler à Maupertuis
Berlin, 3 décembre 1750

Monsieur,

Apres Vos derniers Ordres Mr Gleditch a dabord recommencé l'ouvrage à Köppnic, y ayant envoié le Planteur dont il s'est servi en plantant les premiers 200 meuriers, notre jardinier n'y ayant pu etre emploié à cause de sa mauvaise santé. Or ce planteur venoit ce matin chez moy, sans avoir rien fait à Cöpnic, et me protesta qu'il etoit absolument impossible pendant cette forte gelée de planter un seul meurier, sans qu'on fût asseuré qu'il perisse infailliblement, vu que cet arbre avoit des racines beaucoup plus delicates que les autres arbres qu'on plante dans cette saison, quoique la moitié ne manquât pas de perir. Outre cela Mr Gleditsch remarque qu'il n'y a qu'environ 2 heures par jour après midy où il seroit possible de mettre un arbre en terre, et qu'il faudroit neantmoins payer au planteur toute la journée. Mais au premier degel Mr Gleditsch continuera la plantation, et comme tous les preparatifs sont faits, un intervalle de 8 jours sera suffisant pour planter tous les 2000 arbres [1]. Mr Gleditsch m'a tres instamment prié de Vous représenter, Monsieur, qu'il n'est en aucune maniere coupable à ce facheux delai, ayant dabord fait tout son possible pour le prevenir, et que tant les trous que le fumier avoit été prets avant la fin du mois d'Octobre; mais que le Chasseur Bock de Köppnic avoit malgré toutes ses sollicitations retardé la livrance des piquets jusqu'au 15 de Novembre; que si les avoit livrés seulement 8 jours plutot, toute l'affaire seroit dejà faite [2]. Comme il est seur que si Vous voulies faire examiner toute sa conduite à cet egard, on ne sauroit trouver la moindre negligeance de sa part, il espere de Votre équité que Vous ne seres pas faché contre lui, et que Vous lui accorderes Votre Bienveillance, à l'egard de tous les soins possibles qu'il s'est donnés pour remplir Vos intentions. J'ai l'honneur d'être avec tout le respect

Monsieur

Votre très humble et très obeïssant serviteur

L. Euler

Berlin ce 3 Dec. 1750

Mr Grischau est parti ce matin [3].

R 1579 Autogr. fr., 1 f°. – AAS Paris, n° 79, f° 128r–v.
Copie fr., 2 p. – BAB, Bl. 211–212R.

[1] Confirmation de l'interprétation donne note 3 de la lettre 83 *supra*.

[2] Les gelées qui ont compromis toute l'opération au jardin de Köpenick ont donc eu lieu à partir du 7 novembre.

[3] Ce départ clôt pour Euler une période tourmentée.

84a
Euler à Maupertuis
Berlin, 15 février 1751

O. IVA, 1, Anhang III, 11 [R 1579a]
Autogr. fr., 2 f°. – Fichier Charavay, Bibl. Nat., Paris.

Selon le catalogue de vente de la Maison Charavay, cette lettre serait: «entièrement scientifique, il y est question de la formation d'un atlas scolastique [scolaire] pour étudier la variation de l'aimant et des vents.» (4 pages pleines, in-4°. Lettre autographe signée.)

85

EULER À MAUPERTUIS

Berlin, 20 mars 1751

Monsieur,

Il y a 8 jours que je me suis rendu à Köppnic avec Mr Gleditsch pour etre mieux en état de Vous en faire un rapport exact. On étoit là actuellement occupé tant à planter des meuriers qu'à faire la fossée pour mettre la plantation à l'abri des invasions du grand chemin. J'ai vu avec bien de la satisfaction qu'aucun des 1000 arbres qu'on avoit plantés avant l'hyver n'est peri, Mr Gleditsch les ayant fait garantir fort bien contre la gelée [1]. J'ai vu aussi qu'on avoit dejà planté 700 arbres du second millier, et qu'il n'y manqueroit plus que 300 desquels on contoit de venir à bout mardy passé; et maintenant j'ai des nouvelles que tous les arbres sont effectivement plantés sans qu'il y manque un seul. Pour menager les depenses, Mr Gleditsch n'a pas emploié un des planteurs ordinaires, à qui on auroit du payer 1 florin par jour, et qui auroit trainé l'ouvrage encore long tems, mais il a mis à l'œuvre un soldat d'ici, qui s'y connoit parfaitement bien, et qui a achevé cet ouvrage en si peu de tems et à si bon marché, après avoir surmonté quantité d'obstacles du coté des gens qui ont voulu s'y meler. Ainsi quand Vous seres de retour [2], Monsieur, et que Vous voudres bien y faire une promenade, j'espere que Vous en seres parfaitement content. Mais la maison de la plantation se trouve dans un fort mauvais état, de sorte qu'il est presque impossible d'y loger; nous avons fait venir pour cet effet un Charpentier de Köppnic, pour examiner à combien pourroient monter les reparations, et nous attendons de lui encor la reponse. Notre nouveau fermier a aussi commencé de s'acquitter fort bien de son devoir, en faisant à ses depens la fossée, en pretant toute l'assistance au planteur, et ayant fait tous les trous pour y mettre les arbres.

Mais dabord il s'etoit opposé à cette seconde plantation, car puisqu'il s'etoit mis dans la tête qu'on la remettrait à l'automne prochain, il a semé le terrain destiné à cette plantation et n'a pas voulu faire ce sacrifice qu'aux plus fortes representations de Mr Gleditsch, et meme y ayant été forcé par notre soldat; mais à present il Vous demandera très humblement une petite recompense du dommage qu'il a souffert. Il a aussi nettoyé les deux puits, qui etoient autrefois dans la plantation, et qui sont absolument necessaires pour arroser les arbres, mais ils sont tellement ruinés qu'il y faudra faire quelques depenses pour les mettre en bon état, je m'en suis informé prealablement, et on me dit que chacun pourroit couter 6 écus. J'ai remarqué aussi qu'il y a alentour de la plantation quelques places qui en ont été visiblement detachées, peut être sans [que] personne de l'Academie n'en ait rien seu. Il seroit donc bon d'examiner notre Archiv pour voir s'il ne s'y trouve des pieces authentiques à cet égard.

L'homme recommendé par Mr Formey pour corriger nos Cartes à été chez moy, et m'a apporté une grande liste de fautes qui se trouvent dans la Carte d'Espagne, dont la plupart se corrigeront aisement, et je lui ai envoié pour cet effet le

Graveur, qui est un de ceux qui ne sont pas encore assés accoutumés à ces sortes d'ouvrages; et pour les cartes de Sauerbrey j'espere qu'il trouve moins de fautes. Pour l'avenir il sera bon qu'il instruise d'avance les graveurs pour leur montrer quelles places peuvent être omises.

La piece de Mr Clairaut sur la Lune, et l'importance de la question dont il s'agit, si le mouvement reel de l'apogée de la Lune est d'accord avec la Theorie de Newton ou non? m'a engagé presque malgré moy à reprendre cette recherche, et ayant depuis une semaine achevé les plus terribles calculs [3], que je ne voudrois pas refaire pour beaucoup, j'ai enfin trouvé à ma plus grande satisfaction que Mr Clairaut a entierement raison, et que la seule Theorie de Newton fournit pour la Lune asses précisement le meme mouvement de l'apogée qu'on observe.

Je ne manquerai pas de rendre justice à Mr Clairaut à la premiere occasion, et comme je me suis servi d'une route tout à fait differente de celle de Mr Clairaut, j'espere que cette question sera à present tout à fait decidée; quoique peu de personnes soient en etat, ou qu'ils ayent la patience d'entreprendre cette recherche qui est en verité une des plus delicates et des plus penibles qu'on ait jamais entrepris. Je me retracte donc, à l'exemple de Mr Clairaut, de toutes les declarations que j'ai faites pour le sentiment opposé, qui m'avoit paru jusqu'ici comme tout à fait demontré; ayant cru qu'on pourroit negliger sans faute certains petits termes, qui sont justement ceux qui ramenent le mouvement de l'apogée à la verité. Car quoique ces termes soient en verité extremement petits, il reçoivent par la suite du calcul un tel accroissement qu'ils deviennent très considerables, circonstance qui m'avoit trompé jusqu'ici.

J'ai l'honneur d'etre avec la plus haute estime et tout le respect possible
Monsieur
Votre très humble et très obeissant serviteur
L. Euler

Berlin ce 20 Mars 1751

[au dos]

Le Charpentier de Köppnic vient de remettre un devis qui monte à 39 Ecus que devroit couter non seulement la reparation de la maison, mais aussi une porte qui semble absolument necessaire pour empecher le passage public, auquel la plantation a été aussujettie jusqu'ici. Et encore dimanche passé une foule de monde s'est assemblée dans la plantation, et y a commis des desordres. Il faudra donc faire expedier des ordres au magistrat de Köppnic pour maintenir la seureté de la plantation, et de faire respecter les tableaux qui y sont postés dans cette vüe.

Mr Gleditsch me dit que les arbres qu'il a achetes coutent 123 Ecus; et à Votre retour, il Vous remettra tous les comptes pour terminer entierement cette affaire.

R 1580 Autogr, fr., 2 f°. – AAS Paris, n° 80, f° 129r–v, 130r–v.
Copie fr., 5 p. – BAB, Bl. 213–217R.

[1] Précision à joindre aux compte-rendus des lettres 83 et 84 *supra*. Les espoirs de Gleditsch n'ont pas pu se réaliser complètement puisque la moitié seulement de muriers prévus ont été plantés en décembre 1750.

[2] Maupertuis était à l'Académie le 4 mars, mais a été ensuite absent jusqu'au 22 avril.

[3] Euler reprit l'expression dans sa lettre à Clairaut du 10 avril 1751. Pour l'ensemble de la question, voir O. IV A, 5, p. 203–208; c'est-à-dire les deux lettres d'Euler à Clairaut du 16 mars et du 10 avril, et les notes afférentes. Rappelons simplement ici que le mémoire de Clairaut intitulé *Théorie de la Lune déduite du seul principe de l'attraction réciproquement proportionnelle aux quarrés des distances,* daté du 6 décembre 1750, fut couronné par l'Académie de Pétersbourg pour le Prix de 1751 et publié en 1752. En ce qui concerne «les plus terribles calculs d'Euler» voir *infra* la lettre n° 86, note 3.

85a
Euler à [Maupertuis]
Berlin, 30 juin 1751

O. IVA, 1, Anhang III, 5a, 11a [R 1579a]
Autogr. fr., 2 f°. – Fichier Charavay, Bibl. Nat., Paris, et J. A. Stargardt.
Autogr. – Aukt. – Kat. Nr. 557, notice 19, p. 126.

Selon le catalogue de vente de la Maison Charavay, cette lettre serait une «magnifique lettre entièrement scientifique» (4 grandes pages, in fol.): Selon le catalogue de vente J. A. Stargardt, N° 557, cette lettre sans nom de destinataire serait vraisemblablement adressée à Maupertuis, du fait qu'il y est question de la plantation de muriers du jardin de Kopenic. Le catalogue indique d'ailleurs le passage suivant: «Je lirai demain à l'assemblée de l'Académie mes recherches sur la meilleure manière de représenter bien les Cartes géographiques[1] ... Je me suis fondé sur ce principe que chaque élément de la surface de la terre soit représenté par une figure semblable ... Depuis quelque tems je n'ai pu m'empecher de travailler encore une fois sur Jupiter et Saturne, mes dernières recherches sur la lune n'ayant fourni de nouvelles lumières sur cette matière ...»

[1] Les *Registres* . ., p. 164, ne contiennent aucune mention d'une telle lecture d'Euler à l'Assemblée de l'Académie du jeudi 1er juillet. Il n'est pas impossible qu'Euler ait, à la réflexion, préféré attendre. Les mémoires cartographiques, basés sur la représentation conforme E. 490, 491 ont été présentés par lui à Pétersbourg en 1775. – Voir Juškevič-Winter, II, 26–29.

86
Euler à Maupertuis
Berlin, 3 juillet 1751

Monsieur,

Je Vous suis infiniment obligé de l'important service que Vous aves bien voulu rendre à Mr de Warnery en presentant son livre au Roy [1]. Je viens de lui notifier cette agreable nouvelle, et comme il en est uniquement redevable à Vous, il ne manquera pas de Vous en marquer lui-meme ses tres humbles remercimens.

Je suis très sensible aux marques de Votre Bonté dont Vous daignes regarder mes recherches, et je redoublerai mes efforts pour achever aussitot qu'il me sera possible l'ouvrage de la Dioptrique, que j'ai commencé [2].

Quand l'Academie de Petersbourg me communiqua le mémoire de Mr Clairaut, je fus encore fort eloigné de croire que le mouvement de l'apogée de la Lune étoit d'accord avec la Theorie de Newton, et quoique la lecture de ce memoire ne m'ait pas convaincu, puisque Mr Clairaut s'y sert d'une methode qui m'est tout à fait etrangere, elle m'a pourtant donné occasion d'examiner de nouveau cette matiere par une methode tout à fait differente de celles que j'avois emploiée auparavant, et c'est par là que je suis enfin parvenu à la veritable determination du mouvement de l'apogée. Ainsi je dois ouvertement avouer que je ne me suis pas eclairci sur cet article qu'après avoir vu la piece de Mr Clairaut; mais je ne pouvois pas faire mention de cette circonstance dans mon memoire que je lus dernierement à l'Academie sur ce sujet [3]. Car d'un coté il ne me convient pas de dire publiquement que l'Academie de St Petersbourg m'avoit communiqué cette piece, et de l'autre coté je dois ignorer qu'elle est de Mr Clairaut. Cependant je ne manquerai pas de lui rendre en toutes occasions la justice que l'importance d'une telle decouverte merite.

J'ai l'honneur d'etre avec le plus respectueux attachement
Monsieur
Votre très humble et très obeissant serviteur
L. Euler

Berlin ce 3 Juillet 1751

[au dos]

P.S. S.E. M[r] Le Feldmarechall de Schmettau se porte fort mal aujourd'hui, et l'esperance qu'il echappe diminue de jour en jour [4]. Il a deja fait son Testament, et on dit que le Roy aura sa collection de Cartes Geographiques, qui est aussi complette qu'on le sauroit souhaiter. Ce seroit un magnifique Tresor pour l'Academie, qui nous mettroit en etat de publier des Cartes fort importantes, et comme il y aura fort peu de Chartes qui interessent Sa Majesté, peut etre qu'il ne Vous sera pas difficile [5], Monsieur, de procurer le reste à l'Academie, en cas que S.E. vint à mourir. Du moins il seroit dommage si le Roy en faisoit present à tout autre qu'à l'Academie.

R 1581 Autogr. fr., 2 f°. – AAS Paris, n° 81, f° 131r–v, 132r–v.
Copie fr., 2 p. – BAB, Bl. 218–219R.

[1] Charles Emmanuel de Warnery, major dans l'armée prussienne à l'époque considérée, est connu comme écrivain militaire. Il s'agit probablement ici de son ouvrage d'abord rédigé en allemand et qui fut plus tard publié en français: *Remarques sur le militaire des Turcs et des Russes* ..., Breslau 1771, in-8°.
Ce personnage, mécontent du peu d'attention de Frédéric II, quitta plus tard le service de la Prusse au bénéfice de la Pologne.

[2] Voir *supra* lettre 64, note 7.

[3] C'est le 22 avril qu'Euler avait lu à l'Académie un mémoire intitulé *Theoria motus Lunae* qui n'était probablement qu'une première ébauche de ce qui devint un volume deux ans plus tard: *Theoria motus Lunae exhibens omnes ejus inaequalitates* ... Pétersbourg 1753 (E.187; O.II, 23, p.61–336). Voir à ce sujet O.IVA, 5, p.218–219 et note 7.
L'aveu d'Euler, concernant l'inspiration qu'il devait à Clairaut, complète ce qui est contenu dans la lettre précédente 85 *supra*. Voir aussi O.IVA, 5, p.208 note 1.
Notons ici que Maupertuis était depuis la lettre 85 très au courant de la question, car dans sa lettre à Jean II Bernoulli du 6 mai 1751 il écrivait en P.S.:

«Notre grand Euler après avoir soutenu pendant deux ans, contre même les rétractations de Clairaut, que le mouvement de l'apogée de la Lune ne pouvait s'accorder avec l'attraction de Newton, a enfin trouvé avec beaucoup de satisfaction (souligné par Maupertuis) qu'il s'y accorde entièrement.» (cf. Bibl. Bâle, Ms. L Ia 708 n° 147).

[4] Von Schmettau est mort le 18 août suivant.

[5] La négociation à mener n'est pas si aisée que le déclare Euler.

86a
Euler à Maupertuis
Berlin, 21 septembre 1751*

Monsieur,

L'affaire du fourneau de l'Académie [1] s'est reglée d'elle meme puisqu'il faloit le mettre contre la muraille de la grande Sale où il y a une cheminée. Car quoiqu'il y ait aussi une cheminée dans la chambre des raretés, contre laquelle on auroit pu mettre aussi le fourneau, outre qu'il n'auroit pas été convenable de faire chauffer dans cette chambre, la tapisserie qui doit couvrir cette muraille est déjà en ouvrage. Mr Vignes a aussi pris dabord la mesure du fourneau pour avoir la juste mesure de la dernière piece et il m'a asseuré que tout sera prêt vers le commencement de l'année prochaine. Comme le fond de la tapisserie est bleu, nous avons cru que la couleur verde [sic] ne convenoit pas au fourneau, et le maitre juge que la blanche feroit le meilleur effet; cependant rien n'est encore décidé la dessus, ni sur le prix, dont le maitre m'a promis de me remettre une note que j'aurai l'honneur de Vous envoyer pour terminer tout. Comme il sera absolument necessaire de mettre un petit fourneau dans la petite chambre qui se trouve à l'entrée de la bibliothèque à gauche, puisque sans cela il seroit impossible d'endurer dans la bibliothèque pendant l'hyver, j'ai montré la place au maitre Pottier, et il présentera aussi un devis de ce fourneau à Votre approbation.

Il n'y a que trois Graveurs qui s'appliquent entierement aux Cartes geographiques, qui sont Sauerbrey, Schleuen et Bergeman. Il y en a déjà 16 Cartes achevées, et puisqu'une carte demande bien 3 mois, il me semble qu'on ne peut prétendre davantage de trois personnes, puisqu'il n'y a que deux de ces 16 qui soient faites d'autres graveurs; et Sauerbrey et Schleuen ont encore fait les cartes pour les allmanacs. Je ne manquerai pas de presser conformement à Vos ordres, de presser Mr Schmid par rapport à la porte de l'Anatomie [2], et dès que Mr de la Lande sera arrivé [3], j'aurai l'honneur de Vous en donner avis, mais je m'imagine qu'il doit prendre sa route pour Pottsdam.

Les Transactions philosophiques sont déjà arrivées à Hambourg à l'exception du n^ro 436 qui ne se trouve plus chez le Libraire. Cependant Mr Wettstein s'engage d'envoyer cette piece bientôt à part. Il y a joint 6 des meilleures cartes de l'Angleterre, et enverra avec les meuriers encore d'autres. Je l'avois prié d'envoyer avec les deux cent meuriers encore quelques autres arbres fruitiers d'une espèce particulière pour mieux garnir notre jardin, et il me marque qu'il le fera, et que Mr Mortimer nous procurera vers le printemps deux livres de semence de meuriers de Virginie, la livre à un Guiné. Mr Wettstein s'offre très volontiers à tous les services dont il est capable pour notre Académie, et comme je l'avois prié en Votre nom aussi pour les meuriers et les transactions, il m'a chargé de Vous présenter, Monsieur, ses très humbles respects [4].

Je prends aussi la liberté de Vous envoyer la lettre de M[r] D'Alembert, qu'il paroit avoir ecrite dans le plus grand transport [5], et il m'y traite comme le plus malhonnet homme du monde. C'est au sujet de la question sur la résistance, qui a été remise à l'année prochaine, et il parle tant de cabales et intrigues malhonnetes dont il me croit capable. Vous verres Monsieur que Mr Grischau m'a attiré cette disgrace: cependant je ne puis pas comprendre comment M[r] D'Alembert peut être si mécontent de moi de ce qu'il n'a pas d'abord remporté le prix [6]. Vous Vous souviendres, Monsieur, que je n'avois pas été l'auteur du relais du prix et M[r] d'Alembert en convient aussi; il sait qu'il n'y a eu que trois commissaires, et il est persuadé que les deux autres étoient portés entièrement pour sa piece, mais que moy j'avois en vue une autre piece, et que les deux autres, de peur que je réussisse dans mon dessein, etoient convenus de remettre le prix. Or à mon avis rien ne sauroit être plus ridicule que cette démarche, car si les deux autres avoient donné leur voix à la piece de M[r] d'Alembert, il auroit remporté le prix par la pluralité contre mes intrigues prétendues, et c'auroit sans doute été le meilleur moyen de me confondre. Or pour moy je n'aurois jamais balancé d'y joindre aussi mon suffrage, quoique j'eusse souhaité que la piece de M[r] d'Alembert eût mieux satisfait l'intention de l'Académie. Il est bien vray que quand Grischau me demandat d'une maniere un peu impertinente, à quelle piece je donnerois ma voix, que je ne lui ai pas donné une reponse categorique; et je crois que je n'y avois pas été obligé. M[r] D'Alembert m'accuse aussi que c'a été par mes intrigues, que Justi avoit remporté le prix sur les monades [7], mais je puis asseurer par un serment que cet homme ne m'a jamais été connu meme de nom auparavant. Je sai aussi qu'on regarde presque partout la piece de Justi comme la plus mechante, mais je dois avouer sincerement qu'elle me paroit encore la meilleure parmi toutes celles qui étoient contre les monades, car aucune des autres n'a attaqué le fondement des monades, qui est: que là où il y a des composés, il faut qu'il y ait des simples, et dès qu'on accorde cette proposition, on est obligé de reconnoitre les monades. Or Mr Justi ayant renversé cette proposition, je me suis cru obligé de lui donner ma voix; et si c'est une foiblesse d'esprit de trouver du gout dans cette mechante piece à ce qu'on dit, je veux bien souffrir qu'on me fasse cette reproche; mais que j'aye entamé des cabales, c'est une accusation qu'on ne sauroit soutenir avec la moindre apparence, car on n'a qu'à demander mes collègues, si j'ai aucun sollicité de donner sa voix à cette piece; je leur ai seulement dit qu'elle me paroissoit la plus solide. Mais cela non obstant j'ai toujours déclaré à ceux qui étoient contre les monades, qu'en cas qu'ils trouvassent à propos de donner leur voix à quelqu'autre piece écrite contre les monades j'y joindrois toujours la mienne. C'est une chose de fait que personne ne sauroit revoquer en doute, puisqu'on a qu'à demander ceux qui étoient alors Commissaires avec moy. Je vous prie aussi, Monsieur, de remarquer dans la lettre de M[r] D'Alembert, qu'il se plaint fort, qu'on a pas jugé sa pièce aussi complette, qu'on auroit souhaité, et Il croit qu'il est impossible d'aller plus loin dans cette matière qu'il avoit fait. Cependant deux lignes après il marque qu'il alloit faire imprimer sa piece avec plusieurs additions considerables et importantes: pourquoi desapprouve-t-il donc tant la conduite de l'Académie? Outre cela dans la ferme persuasion où il est, que je ne medite que des intrigues vilaines, il n'a rien voulu envoier à Petersbourg: prévoyant seurement que je ferois tout mon possible d'empêcher qu'il n'y remporteroit le prix. Je ne sais pas par quelle raison M^r^ D'Alembert est tellement enragé contre moy, et comme l'honneur de l'Académie est fort interessée dans les crimes qu'il m'impute, je Vous prie, Monsieur, de me marquer en quels termes je lui doive repondre, ou si Vous jugés, que je ne Lui reponde point du tout [8]. Mais ce que je souhaiterois le plus, est que s'il etoit possible, que Vous eussies la bonté de donner une meilleure [description?] de mon Caracter à M^r^ D'Alembert, dont je souhaiterois autant de meriter son amitié, que j'admire ses talents superieurs. C'est à son égard que j'ai entièrement perdu l'amitié de Mr Bernoulli, qui m'a accusé d'une aussi grande malhonneteté, que M^r^ D'Alembert remporta le prix sur les vents [9], que celuicy m'accuse maintenant à l'egard de la resistence. Ces circonstances facheuses m'obligent de Vous supplier, Monsieur, de me dispenser à l'avenir entierement de la charge d'examiner les pieces qui concourent pour le prix [10]; non que je redoute les facheuses reproches que je dois souffrir en cas occasions; car je me contente d'avoir ma conscience nette sur cet article; mais puisque l'honneur de l'Academie y est trop interessée.

Mr Sulzer a trouvé moyen de mettre la machine hydraulique dans un etat qu'elle élève des poids asses considerables malgré le grand frottement, auquel elle est encore assujettie. Nous en fimes avanthier plusieurs experiences, qui me paroissent confirmer la Théorie que j'en ai donnée. Mais Mr Formey ayant à ce qu'il paroit perdu ma piece, que je lui ai remise en Votre présence, je ne suis pas en état de faire l'appliquation de la Théorie à ces experiences, et si je devois travailler de nouveau ce [tte] matiere, dont je n'ai plus la moindre notte [sic] dans mes papiers, cela me couteroit bien deux semaines, outre qu'il seroit un travail fort desagreable [11].

J'ai l'honneur d'être avec le plus respectueux attachement
Monsieur
Votre très humble et très obeissant serviteur
L. Euler

Berlin ce 21 Sept. 1751

[v.4: sur le côté gauche]

M^r^ le Comte de Tyrconnel [12] vient de m'envoyer encore un Exemplaire du livre de Mr de la Condamine [13] destiné à moy par l'Auteur meme, et je ne puis pas comprendre pourquoi Mr de la Condamine me fait l'honneur de m'envoyer deux Exemplaires; je remettrai donc un à la Bibliotheque.

O. IVA, 1, Anhang I, [R 1581a].
Autogr. fr., 2 f^o^. – WIHM, D. 48, A.L.s., 1747–1757, f° 65641r–v (+1 f^o^ non numéroté r–v).

* Cette lettre, dont l'authenticité ne fait pas l'ombre d'un doute, est la seule des pièces autographes de la présente correspondance d'Euler qui soit écrite sur un format double. Son existence prouve que les pièces du fonds AAS Paris n'épuisent pas les documents provenant des papiers de Maupertuis.

[1] Maupertuis avait beaucoup souffert des rigueurs de l'hiver précédent (cf. en particulier sa lettre à Jean II Bernoulli du 20 mars 1751, Bibl. Bâle, L Ia 708, n° 144). Il est probable qu'il tenait plus que tout autre à l'organisation d'un chauffage dans les locaux de l'Académie – même s'il ne pensait pas y venir souvent. En fait il a été présent aux séances d'octobre à décembre 1751, mais absent en janvier, février, mars 1752.

[2] Aucun doute n'est possible dans la lecture du manuscrit à cet endroit. Il s'agit probablement d'une réparation concernant la porte du Théâtre d'Anatomie. Euler regroupe dans une même phrase des questions de natures diverses, parce qu'elles correspondent – il le dit – à des «ordres» de Maupertuis.

[3] De Lalande était présent à l'Académie quelques jours plus tard, le 30 septembre (cf. *Registres* ..., p. 166) et a été agréé membre étranger le 23 décembre (*Registres* ..., p. 170).

[4] Le paragraphe est en correspondance avec les lettres d'Euler à Johann Kaspar Wettstein, chapelain du Prince de Galles, des 17 juillet et 11 septembre 1751 (R 2771–2772) – Juškevič–Winter III, p. 297–299. Il est possible que ce soit en raison des relations évoquées ici avec la Royal Society que la lettre ait été acquise par le Welcome Institute à Londres.

[5] Il s'agit de la lettre écrite par d'Alembert le 10 septembre (n° 19, O. IV A 5, p. 311–312).

[6] Toute cette affaire est amplement traitée dans les notes de O. IV A, 5, p. 312–316.

[7] Cf. O. IV $_A$ 5, p. 311 et 314, note 4. Voir aussi *supra* les lettres 23 à 27 et les notes.

[8] Il semble bien que ce soit la solution à laquelle Euler ait été amené.

[9] Il s'agit du Prix de l'Académie pour 1746 – Cf. *supra* lettres 9 et 10. Il y a lieu de retenir la conscience où se trouve Euler de ce que l'événement mentionné a joué un rôle fâcheux dans la détérioration de ses rapports avec D. Bernoulli.

[10] En fait Euler n'a pas été dispensé. Cf. La lettre 91 *infra*.

[11] Il semble bien qu'Euler fasse allusion ici aux papiers qui ont permis la rédaction des ouvrages publiés en 1754, dans les *Mémoires ... de Berlin pour 1752*. Cf. *supra* lettre 54, note 5. Si notre hypothèse est exacte, l'incident dont parle Euler n'a pas eu de conséquences graves. – Nous n'avons trouvé aucune trace d'un travail de Sulzer correspondant au sujet évoqué.

[12] Descendant du Duc Richard Talbot de Tyrconnel, cet irlandais réfugié en France était un ami de Maupertuis et exerçait des fonctions diplomatiques à Berlin au titre français. Voir la lettre de Tressan à Maupertuis du 14 mai 1751 (Le Sueur, p. 332).

[13] Quatre ouvrages de La Condamine portent la date de 1751. On peut cependant conjecturer qu'il s'agit ici de la *Mesure des trois premiers degrés du méridien dans l'hémisphère austral.*

87
EULER À MAUPERTUIS
Berlin, 19 octobre 1751

Monsieur,

Mr Gleditsch vient de me remettre le rapport cy-joint sur les Champignons, que Vous lui aves envoyés. Il a commencé hier de transporter le Cabinet des raretés, et il y travaille actuellement, de sorte qu'il conte d'en venir à bout en quelques jours. Mais il m'a dabord montré quantités de defectuosités, et des numeros où les pieces manquent, donc si Vous l'ordonnes, Monsieur, il fera un catalogue de tout ce qu'il aura trouvé. Pour le Cabinet de Botanique, l'Academie perdroit considerablement, si le Theatre de l'Anatomie le vouloit s'approprier, puisque les *herbaria* de Stosch et de Gundelheimer ont été achetez du fond de l'Academie et ce sont des pieces trop pretieuses pour qu'on les emploie à l'instruction des Chirurgiens, pour l'usage desquels il suffiroit de se servir d'une [sic] Herbaire qui ne contient que les plantes officinales [1].

Mr Gleditsch a un projet qui mettroit l'Academie en seureté à cet egard, ce seroit de donner à Mr Ludolff une autre profession que celle de la Botanique, qui seroit egalement utile au Theatre, savoir celle *de materia medica*; et alors Mr Gleditsch se voudroit charger de la profession Botanique sans en tirer des gages, il se contenteroit de l'asseurance qu'il auroit, apres la mort de Mr Ludolf, sa pension, et alors ces deux professions seroient de nouveau reunies [2]. Par ce moyen le Theatre profiteroit par rapport au nombre des Professeurs, et l'Academie demeureroit en possession du Cabinet de Botanique qui pourroit être transporté dans la nouvelle Saale, où il y auroit assez de place, desorte qu'on ne seroit plus en peine par rapport à cet article. Mr Ludolff gagneroit aussi, entant qu'il ne seroit plus obligé de faire des excursions dans le jardin, qui lui coutent toujours de l'argent [3].

J'ai l'honneur d'être avec le plus respectueux attachement
Monsieur
Votre très humble et très obeissant Serviteur
L. Euler

Berlin ce 19 Octobr. 1751

R 1582 Autogr, fr., 1 f°. – AAS Paris, n° 82, f° 133r–v.
Copie fr., 2 p. – BAB, Bl. 220–221R.

[1] Deux jours plus tard, le 21 octobre, après l'Assemblée se tint un Directoire sous la présidence de Maupertuis pour délibérer sur «les prétentions de M. Ludolff» dont il est question ci-dessous. Le compte-rendu (cf. *Registres* ..., p. 168) précise que les *Herbaria* ne doivent en aucun cas sortir de la Bibliothèque.

[2] Cette combinaison, bien caractéristique de la diplomatie d'Euler, ne semble pas avoir eu l'agrément de Maupertuis. Il n'y est fait aucune allusion dans le compte-rendu ci-dessus cité.

[3] Peut-être à cause de la nécessité de louer un fiacre. Il s'agit évidemment ici du jardin botanique, distinct de celui de Köpenick.

88
Euler à Maupertuis
Berlin, 12 novembre 1751

Notre jardinier Michelman étant sur le point d'expirer, Mr Gleditsch, qui a été ces jours passés plusieurs fois dans le jardin pour avoir soin de tout ce qui regarde l'interêt de l'Academie, vient de me dire qu'il sera necessaire de faire dabord, apres sa mort, cacheter tous les effets de l'Academie, et d'y mettre au nom de l'Academie un homme qui veille en attendant que rien ne soit volé, comme il croit avoir lieu de craindre; il propose pour cet effet notre Copiste Blume [1]. Mais pour un habile successeur, quoique Mr Gleditsch ait écrit à Cologne, et qu'il en attende un Compagnon jardinier après noël, qui entend le françois, il est pourtant fort incertain si ce sera un homme a qui on pourroit confier le jardin, et il y a ici quelques jardiniers qui n'attendent que la mort de Michelman pour demander sa place aupres du Roy, dont l'Academie seroit fort mal servie. Le plus habile homme que Mr Gleditsch a à proposer, se trouve actuellement en Pologne sur les frontieres, desorte qu'on pourroit aisément traiter avec lui; il asseure que c'est un honnete homme, et qui entend parfaitement tous les divers genres du jardinage. D'ailleurs il est tres important d'avoir un homme qui n'ait aucune liaison ici, et encore moins un propre jardin. Sur tout puisque le trafic des arbres commence a aller fort bien, vu qu'il a vendu depuis le commencement de cet automne pour plus de 150 Ecus d'arbres [2]. Mr Eller connoit aussi les merites de cet homme que Mr Gleditsch recommende, et en cas que Vous l'approuvies, Monsieur, il y voudroit envoyer un exprès (puisque les postes n'y passent pas), ce qui ne couteroit que deux Ecus, pour avoir d'autant plus vite sa reponse.

J'ai l'honneur d'etre avec le plus respectueux attachement
Monsieur
Votre très humble et très obeissant serviteur
L. Euler

Berlin ce 12 Nov. 1751 [3]

R 1583 Autogr. fr., 1 f°. – AAS Paris, n° 83, f° 134r, 135v [enveloppe].
Billet cacheté [et porté à Pottsdam].
Copie fr., 2 p. – BAB, Bl. 222–223R.

[1] Le copiste officiel de l'Académie, dont le nom est orthographié Bluhm dans les *Registres*, était en fonction depuis 1747 et on lui donna en 1749 un adjoint du nom de Jouffroy à cause de l'emploi du français (Op. cit., p. 106). On voit par ce qui suit que cet emploi dans les activités officielles de l'Académie allait jusqu'à rendre souhaitable un «jardinier» capable d'«entendre le français». Cf. encore, à cet égard, la réponse de Maupertuis ci-dessous, n° 88a.

[2] Le jardin botanique a donc fonctionné en partie comme pépinière et assuré un revenu à l'Académie.

[3] Euler avait d'abord écrit «11 nov.». Il y a de sa part correction pour transformer le second 1 en 2.

88a
Maupertuis à Euler
Berlin, 13 novembre 1751

Samedy 13

J'approuve Monsieur que M. Gleditsch mette immediatement après la mort du Sr. Michelman tel homme qu'il jugera à propos, et le Sr. Blume s'il le juge, pour garder le jardin et les effects de l'Académie.

Quant au successeur, M. Gleditsch m'a parlé d'un jardinier de Doursach à qui l'on devoit avoir écrit et je m'en rapporteroy à son choix pourveu que ce soit un homme qui parle françois, condition sans laquelle je ne l'accepte point.

J'ay l'honneur d'être très parfaitement Monsieur votre très humble et très obéissant serviteur.

Maupertuis

S. M. Roy donne la place sans notre participation, sa Majesté peut disposer de tout. Mais si la chose dépend de nous, il faut absolument que le jardinier parle françois, et il y en a assez ici et ailleurs. Pour ce polonais dont vous me parlés, vous ne me dittes point s'il est dans le cas, et je ne crois pas qu'il y soit. Ainsy il seroit inutile de luy envoyer un expres.

O. IV A, 1, Anhang II, Nr. 47, p. 477.
Autogr. fr., 1 f°. – A.d.W. der D.D.R. Archiv I-XIV-35, f° 66.

89
Euler à Maupertuis
Berlin, 15 novembre 1751

Monsieur,

Notre jardinier Michelman mourut hier à 2 heures apres midy, et Mr Gleditsch s'y rendit dabord pour donner des ordres, et faire les arrangements que Mr Blume y puisse loger. Celuy-ci s'y transportera aujourdhui pour avoir soin de tout ce qui regarde les intérêts de l'Academie, suivant une instruction que Mr Gleditsch dressera.

J'ai l'honneur d'etre avec un tres respectueux attachment
Monsieur
Votre très humble et très obeissant serviteur
L. Euler

Berlin ce 15 Nov. 1751

R 1584 Autogr. fr., 1 f° – AAS Paris, n° 84, f° 136r.
Copie fr., 1 p. – BAB, Bl. 224R.

90
Euler à Maupertuis
Berlin, 28 novembre 1751

Monsieur,

J'ai dabord communiqué à Mr Gleditch le contenu de la Lettre que Vous me fites hier l'honneur de m'ecrire, et j'avois cru qu'il Vous eut dejà hier envoié son rapport au sujet de la place de Jardinier; mais il a été obligé hier de passer toute la journée dans le jardin pour remedier à quantité de desordres qui commencerent à y regner. A present on voit combien le nouveau reglement du jardin à été necessaire et salutaire pour l'Academie, car sans cela on nous disputeroit maintenant la moitié de tous les effets qui se trouvent dans le jardin; quoique d'ailleurs le reglement ne fut pas observé par le jardinier defunt, lequel a continué d'aller son train, en vendant des vivres et en negligeant le systeme des plantes malgré les plus fortes instances de Mr Gleditch. Mais aprésent sachant tous les griefs auxquels on pourroit etre exposé, on sera en état de mettre un nouveau jardinier dabord sur un tel pied, qu'on n'aura plus presque rien à craindre de ce coté. Le jardinier Muller dont l'honneteté est aussi bien connue à Mr Gleditsch depuis plusieurs années que son habileté, est effectivement à Berlin le seul qui seroit capable de remplir les devoirs que l'Academie exige d'un jardinier; et Mr Gleditsch ne connoit qu'un nommé Dahlhammer, qu'il lui voudroit preferer à cause qu'étant plus jeune il est plus agile et dessine meme fort exactement par le microscope: mais puisqu'il est engagé en Pologne et qu'il trouveroit plusieurs difficultés pour avoir son congé, outre qu'il ne sauroit etre ici si tot, et qu'il est absolument necessaire que le jardin soit pourvu au plutot d'un maitre, il ne reste que ce jardinier Muller, auquel on pourroit faire attention: vu qu'il possede dans un haut degré toutes les qualités requises à cet emploi, à l'exception de la langue françoise: mais il s'engage d'entretenir toujours un compagnon habile dans cette langue [1]. Car ni ici, ni aux environs de Berlin on ne trouve aucun bon jardinier, qui entend le françois et d'engager un etranger sur la seule recommendation d'un Jardinier de Carlsruh ou Stutgart, seroit un trop grand risque, outre qu'en attendant quantité de plantes periroient infailliblement. Mais pour avoir un bon Compagnon, Mr Gleditch a de nouveau ecrit dans ces endroits et Mr Köhler en a expedié les lettres.

J'ai l'honneur d'etre avec le plus respectueux attachement
Monsieur
Votre très humble et très obeïssant serviteur
L. Euler

Berlin ce 28 Nov. 1751

R 1585 Autogr. fr., 1 f^o. – AAS Paris, N° 85, f° 137r–v.
Copie fr., 2 p. – BAB, Bl. 225–226R.

[1] Maupertuis optera pour cette proposition: Cf. sa lettre à Frédéric II du 8 décembre 1751 (Koser, p. 269). Le calendrier de l'Académie fait apparaître pour la première fois en 1752 la fonction de Directeur du jardin botanique, occupée par Gleditsch, et mentionne le jardinier Müller. D'après ce que dit Euler un peu plus haut, Gleditsch souhaitait avoir un jardinier capable de dessiner à partir des observations au microscope, c'est-à-dire un aide de laboratoire. Müller ne répondait pas à ce souhait.

91
Euler à Maupertuis
Berlin, 1er février 1752

Monsieur,

Je reçus avant hier les nouvelles Cartes enluminées, et je les ai dabord remises au relieur pour les faire relier comme les precedentes, esperant de Vous les pouvoir envoyer demain; car puisque Vous aves temoigné tant d'empressement pour les avoir au plutot, je ne crois pas devoir attendre Vos Ordres pour cette expedition. Ce sont maintenant 26 pieces [1], et je me flatte que Vous seres content tant du papier que de l'enlumination.

Jeudy passé j'ai lu une piece sur la comparaison des arcs des courbes Lemniscata, Ellipsis et hyperbole [2], à la quelle m'a donné occasion le livre de Fagnani [3], et je crois avoir decouvert des methodes asses remarquables sur cette matiere. Par exemple cette proprieté de l'Ellipse m'a fort frappé [4]. Soit ACB un quart d'ellipse

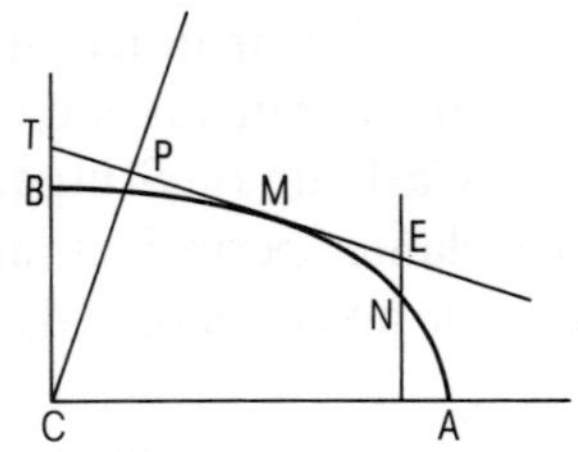

dont le centre C et MT une tangente quelconque au point M, qui rencontre l'axe CB en T, qu'on prolonge cette tangente en E desorte que $TE = CA$. De E je tire EN parallele a BC et, ayant baissé de C sur la tangente MT la perpendiculaire CP, je dis que l'arc BM − l'arc $AN = MP$, desorte que la difference de ces deux arcs BM et AN est egale à une ligne droite MP.

Mr Formey me remit le meme jour les pieces qui doivent concourir pour le prix de la Classe Mathematique, et je n'ai fait aucune difficulté de les recevoir, puisque Mr d'Alembert a retiré la sienne [5]. Cependant je crains fort qu'il ne me fasse tot ou tard des tracasseries la dessus: si c'est un crime d'avoir remis le prix [6], je n'y ay aucune part. Mais comme nous ne sommes que 2, Mr Kies et moy, pour examiner ces pieces, j'espere, Monsieur, que Vous nommeres encore le troisieme [7], et je crois qu'il n'y a que Mr Sulzer qui y soit capable.

Le menuisier achevera demain ou apres demain son ouvrage, et le peintre s'est presenté pour peindre les lambris, ainsi je Vous prie, Monsieur, de vouloir bien me donner Vos ordres là dessus, je ne crois pas qu'on puisse choisir une autre couleur que celle des portes: à moins que Vous ne trouviés à propos qu'on donne aussi aux portes une autre couleur.

J'ai l'honneur de Vous presenter aussi l'ecrit cy joint qui contient les ordres pour la Veuve Michelman, pour remettre au nouveau Jardinier l'Economie du jardin. Mr Eller et moy nous les avons déjà signés. Mr Gleditsch a aussi introduit le nouveau Jardinier dans la plantation de Koeppnic, et il s'engage de la mettre bientot dans un parfait état; et d'y planter une haye verde, pour quel effet tous les preparatifs sont déjà faits et il s'y mettra dès que la saison le permettra. Pour la recrute des meuriers il la tirera du jardin, et il croit qu'il n'y faudra pas beaucoup; vu que les racines de ceux qui paroissent entierement morts, sont encore vives, et qu'elles pousseront plus vite des arbres achevés que si l'on vouloit planter de nouveaux [8].

J'ai l'honneur d'etre avec le plus respectueux attachement

Monsieur

Votre très humble et très obeïssant serviteur

L. Euler

Berlin ce 1 Fevrier 1752

R 1586 Autogr. fr., 2 f°. – AAS Paris, n° 86, f° 138r–v, 139.
Copie fr., 3 p. – BAB, Bl. 227–229R.

[1] Ce nombre de cartes achevées correspond à celui que dans la lettre 81 *supra* Euler avançait comme nécessaire pour que la mise en vente d'un atlas soit de bon rapport au profit de l'Académie.

[2] Les *Registres* ..., p. 175, indiquent en effet que le jeudi 27 janvier Euler a lu une pièce intitulée *Observationes de comparatione arcuum curvarum irrectificabilium.* Cette pièce n'a été publiée qu'en 1761 dans le tome 6 des *Novi Commentarii*... de Pétersbourg pour les années 1756/57. Cf. E. 252; O. I, 20, p. 80–107.

[3] Il s'agit de l'ouvrage de cet auteur intitulé *Produzioni matematiche,* Pesaro 1750, 2 volumes, dont Euler eut communication le 23 décembre 1751 (*Registres*..., p. 173).

[4] Cf. O. I, 20, p. 86, Théorème I où il faut tenir compte de la propriété énoncée p. 82. Euler a communiqué à Goldbach ses premières descouvertes le 30 mai 1752 (R 872; Briefwechsel Euler-Goldbach, p. 347). Ses recherches sur le théorème d'addition des intégrales elliptiques ont été poursuivies par E. 251 (O. I, 20, p. 58–80) publié en même temps que E. 252 cité note 1 *supra*, puis par E. 342 (O. I, 11), 1768.

[5] Le retrait par d'Alembert (par lettre du 12 décembre 1751, perdue) de la pièce qu'il avait envoyée pour le concours est en effet mentionné officiellement dans le compte-rendu de la séance du 27 janvier (*Registres* ..., p. 175).

[6] Rappelons que d'Alembert avait envoyé une pièce pour le concours de 1750 et que celui-ci avait été renvoyé à l'année 1752. Voir *supra* lettre 86bis et les notes 5, 6, 7, avec les renvois à O. IV A, 5. Euler tient à dégager sa responsabilité quant au fait que le Prix de 1750 n'avait pas été attribué et au renvoi du Concours, mais si la décision fut laissée au soin de Maupertuis, elle avait été tout de même proposée par Euler au nom de la Commission où il avait évidemment le premier rôle. Voir *supra* lettre 65.

[7] Le départ de Grischow laissait en effet une place vacante dans la commission du Prix. On voit ici que la suggestion d'Euler, faite dans la lettre 86bis et concernant son retrait de la Commission, n'a pas été agréée.

[8] Il paraît clair que la plantation de Köpenick a souffert des rigueurs de l'hiver. S'il est vrai, comme le croit Gleditsch, que les mûriers qui paraissent morts peuvent encore avoir des racines vives, il n'y a cependant aucune certitude que la meilleure manière de mettre le jardin en état soit d'attendre le printemps sans prévoir des remplacements. Cf. les lettres d'Euler à Köhler, O. IV A, 1, Anhang II, n°s 45, 50–52, p. 477–478.

92
EULER À MAUPERTUIS
Berlin, 2 février 1752

Monsieur,

J'ai reçu hier au soir Votre lettre en presence de Mr Eller à qui j'ai communiqué le contenu par rapport à la demande de la Veuve Michelman [1], qui nous parut telle qu'on ne la peut accorder en aucune maniere. Car les emplois qui jouissent de ce benefice [2] sont d'une telle nature que le successeur n'y perd rien,vu qu'il n'entre en fonction qu'après la fin de l'année et que pendant ce tems les collegues du defunt se chargent de ses fonctions, comme cela se pratique parmi les predicateurs, les professeurs et les collegues des Ecoles, et jusqu'ici aussi parmi les membres de l'Academie. Or ici ce n'est pas le cas [3], vu que le successeur est dabord entré en fonction, et il ne seroit pas meme possible de traiter le metier des jardiniers sur ce pied là, sans une entière ruine des jardins, et il nous semble qu'il suffit que le nouveau jardinier a été obligé de travailler gratis jusqu'à present et que la Veuve se pourroit contenter du quartier entier qu'elle a tirée après la mort de son mary; outre les avantages considerables qu'on lui a accordé des productions du jardin ou dont elle jouit effectivement, en retirant et vendant du jardin tout ce dont le nouveau jardinier aura besoin pour entretenir son Oeconomie. Je viens de parler sur ce meme sujet selon Vos Ordres à Mr Gleditsch qui est entierement du meme avis, qu'il seroit injuste de priver plus longtems le nouveau jardinier des avantages de son emploi, à moins que vous ne voulies, Monsieur, accorder à la Veuve une gratification particuliere.

En meme tems Mr Gleditsch me remit un memoire relatif à la pension du Jardinier de 100 Ecus, qu'il doit tirer de la Caisse des Domaines. Il s'y est informé, et on lui dit qu'il n'en sauroit parvenir en possession, à moins qu'il n'eut obtenu son diplome, et se soit acquitté des droits à payer dans la Caisse des Recrues, qui sont fixés à un quartier entier, sans conter d'autres depenses, qui monteront à peu pres au meme. Or pour le diplome il faut qu'il soit expedié du Grand Directoire, et par Ordres expres du Roy, comme cela se pratique dans les moindres emplois.

Ainsi le Jardinier se voit obligé de recourir encore à Vous, Monsieur, en Vous suppliant très humblement de vouloir bien lui procurer du Cabinet du Roy les Ordres necessaires pour le mettre en possession de sa pension Royale; pour cet effet je prend la liberté de vous envoyer sa supplique cy-jointe. Tous ces droits lui couteront bien selon les taxes fixées pres de 50 Ecus, à moins que le Roy ne lui veuille faire la grace tout particuliere de l'en dispenser, ce qu'il ne demande pas pourtant. Mais il seroit bien à plaindre, si après des droits si considerables la Veuve demeuroit encore une année en possession de cette pension [4].

J'ai seurement compté de Vous envoyer aujoud'hui nos Cartes, mais le Relieur me fait encore attendre jusqu'à demain, malgré les instances les plus pressantes que je lui ai faites.

J'ai l'honneur d'être avec le plus respectueux attachement
Monsieur
Votre très humble et très obeissant serviteur
L. Euler
Berlin ce 2 Fevrier 1752

R 1587 Autogr. fr., 2 f°. – AAS Paris, n° 87, f° 140r–v, 141r.
Copie fr., 3 p. – BAB, Bl. 230–232R.

[1] Depuis la précédente lettre, Euler a donc reçu une lettre de Maupertuis relative à une réclamation de la veuve du défunt jardinier.

[2] Il s'agit évidemment de la coutume que Maupertuis a déjà rencontrée sur sa route et qui consiste à accorder à une veuve une année entière de la pension de son mari. Voir *supra* lettre 58.

[3] Maupertuis a certainement désiré que la question soit tranchée ainsi par Euler lui-même, en fonction d'us et coutumes au sujet desquelles il ne voulait pas entrer en conflit avec le milieu de Berlin.

[4] Les détails que vient de donner Euler sont très révélateurs du genre de difficultés que l'administration royale comporte pour les titulaires d'un emploi. – Pour la suite de l'affaire, voir la lettre 94 *infra*.

93
EULER À MAUPERTUIS
Berlin, 5 février 1752

Monsieur,

Ce n'est pas ma faute, ni celle du relieur, que je ne Vous ai pas envoié plutot le recueil de nos Cartes; car l'ayant presenté moi meme à la poste, on me dit que le Chasseur ne sauroit s'en charger, et qu'il faloit absolument attendre la poste ordinaire qui ne part que ce soir, et j'ai obligé de le faire empaqueter entre deux planches, pour empecher qu'il ne soit plié.

Je viens de faire une decouverte, qui me paroit fort importante, qui est que je puis assigner dans chaque hyperbole une infinité d'arcs, qui sont absolument rectifiables, quoique la rectification generale de cette courbe surpasse les bornes de l'Analyse [1].

J'ai l'honneur d'etre avec le plus respectueux attachement
Monsieur
Votre très humble et très obeïssant serviteur
L. Euler
Berlin ce 5 Fevrier 1752

R 1588 Autogr. fr., 1 f°. – AAS Paris, n° 88, f° 142r.
Copie fr., 1 p. – BAB, Bl. 233R.

[1] Pour cette recherche des arcs rectifiables de l'hyperbole, en combinant une somme et une différence d'arcs, voir les mémoires cités *supra* (lettre n° 91, notes 2 et 4) – notamment E. 252 et 251 publiés en 1761.

94
EULER À MAUPERTUIS
Berlin, 10 février 1752

Monsieur,

Je vis hier chez Mr Vignes la piece de Tapisserie qui est achevée et autant que j'en puis juger je la trouve fort belle et tres bien executée sur le modele qu'il a suivi. Il me dit que tout cet ouvrage sera fini à Paques: en attendant j'ai commandé hier la peinture des lambris qui sera blanchatre ou semblable à celle des portes, et par consequent aussi d'accord avec la couleur des fourneaux. Puisque le bois est de sapin, le peintre me dit qu'il le faut teindre trois fois, pour qu'il devienne entierement couvert de couleur, et qu'à l'egard de cela la taxe etoit de 8 deniers pour le pied quarré; il m'a promis de commencer son ouvrage aujourd'hui par mettre le fond; or cela n'empeche pas d'y faire ensuite quelque changement, en cas que vous le jugiés à propos, soit par rapport à la couleur ou au prix, car il feroit le pied quarré pour 6 d[eniers] s'il étoit asses de teindre deux fois.

Mr Gleditsch terminera samedy prochain le compte avec la Veuve Michelman, cette affaire lui ayant dejà causé quantité de chagrin; car non seulement elle fait plusieurs prétentions sur des plantes exotiques et autres effets du jardin, sous le prétexte que son mary les avoit cultivés, quoique son mary ait renoncé en forme dans le reglement sur tout ce qui lui pourroit appartenir dans le jardin, moyennant une somme de 30 Ecus qui lui ont été payés sous ce titre. Mais aussi malgré les defenses que porte le meme reglement de ne pas vendre du jardinage, et que le Jardinier ne doit pas cultiver plus qu'il ne lui faut que pour l'entretien de son Oeconomie, elle a vendu jusqu'ici presque toutes les provisions, desorte que le nouveau jardinier sera obligé de les acheter à argent content. De plus Mr Gleditsch me dit que les petits amandiers qu'il avoit gardés si soigneusement, et sur lesquels Vous avies ordonné de greffer des pêches, ne se trouvent plus dans le jardin, et peut etre encore quantité d'autres choses dont on ne s'est pas encore apperçu. Depuis trois ans aucune plante exotique n'a pas été transplantée et le feu Jardinier s'est obstiné de s'opposer à tous les arrangemens de Mr Gleditsch, ayant entre autres aussi fait perir son systeme de Botanique sous quantité de pretextes frivoles, et emploié les laboureurs à ses propres ouvrages, comme on le decouvre maintenant. Mais le nouveau Jardinier a dejà commencé de faire tout son possible pour remettre le jardin en peu de temps dans un bon état. Il plantera les 200 Meuriers de Virginie dans le quartier dernier du jardin, qui deviendra avec le tems une belle plantation. Il s'agit maintenant de raccommoder la haye autour du jardin pour le mettre à l'abri des invasions, et dans cette vue, pour que cela ne cause pas des depenses à l'Academie, Mr Gleditsch avoit resolu de faire couper quelques arbres de ceux qui se trouvent autour du jardin et qui ont été plantés par le Grand pere de Michelman, et qui appartiennent par consequent à l'Academie, mais les paysans du village Schöneberg s'opposent à cela, et ont declaré qu'ils ne permetront jamais qu'on fasse couper aucun de ces arbres. Ainsi Mr Gleditsch m'a chargé de Vous prier,

Monsieur, de vouloir bien ecrire sur ce sujet à Mr de Rheder pour qu'il recommende cette affaire au président de la Chambre, et que, par un arrêt de la Chambre, l'Academie soit maintenue dans la possession des arbres qui sont plantés autour du jardin et cela aux depens de l'Academie.

Je prierai aujourd'hui Mr Sulzer de vouloir bien se charger de l'examen des pieces pour le prix de Mathematique [1], et puis que c'est la classe de Mathematique qui doit lire, je proposerai deux pieces: l'une renferme une nouvelle methode d'eliminer les quantités inconnues des equations, qui est tirée de la nature des racines des équations [2]: l'autre est *De seriebus divergentibus* [3], ou je montre comment par le moyen des *fractions continues* on peut approcher autant qu'on veut à la vraye valeur des series divergentes. Il y a quinze jours que j'ai communiqué à l'assemblée la demonstration de la propriété marquée de l'ellipse et de plusieurs autres.

J'ai l'honneur d'etre avec le plus respectueux attachement
Monsieur
Votre très humble et très obeïssant serviteur
L. Euler
Berlin ce 10 Fevrier 1752

P.S. Vous aures sans doute remarqué, Monsieur, que la relieure des Cartes géographiques est la meme que la précedente. J'avois demandé au Relieur s'il pouvoit se servir de l'ancienne, ou non? et il m'a repondu que cela reussira parfaitement bien, et qu'il ne sauroit faire mieux, quand meme il y mettroit un nouveau couvercle; ainsi il auroit été une depense inutile, si j'avois voulu commander une reliure nouvelle, et je suis infiniment ravi que cet ouvrage a merité Votre approbation.

R 1589 Autogr. fr., 2 f°. – AAS Paris, n° 89, f° 143r–v, 144r–v.
Copie fr., 4 p. – BAB, Bl. 234–237R.

[1] La proposition faite par Euler dans la lettre 91 *supra,* concernant la nomination de Sulzer comme troisième commissaire pour l'attribution du Prix, a donc été acceptée. Les *Registres* ..., p. 175, mentionnent effectivement que cette nomination a été rendue publique au cours de la séance du 10 février.

[2] Cette pièce publiée seulement dans les *Mémoires ... de Berlin pour 1764*, (1766), p. 91–104, 197–211 (E. 310; O. I, 6, p. 197–211) a été en réalité la seconde de celles dont Euler a effectué la lecture dans la séance du 10 février (cf. *Registres* ..., p. 176). Il est donc évident qu'entre le moment où Euler écrivait la présente lettre et la tenue de la séance, est intervenu un impératif non prévu. Euler a été obligé de lire d'abord des *Observations astronomiques faites à Closterberge près de Magdebourg,* observations dont l'auteur n'est pas cité.

[3] Cette pièce, dont Euler n'a pu effectuer la lecture, a été présentée à l'Académie de Pétersbourg le 12(23) mars 1753 et publiée dans le tome 5 des *Novi Commentarii* ... de Pétersbourg pour 1754/55, en 1760, p. 205–237 (E. 247; O. I, 14, p. 585–617).

95
Euler à Maupertuis
Berlin, 17 février 1752

Monsieur,

Le menuisier ayant achevé son ouvrage vient de me remettre le compte cy-joint, où tous les articles n'ont aucune difficulté, le penultième etant accordé par pieds quarrés à 3 gros, et il s'en est trouvé 399 pieds quarrés. Mais pour le dernier article qui contient les ornemens des fenetres à 7 ecus, je n'en saurois juger qu'en le comparant avec l'autre ouvrage, et à cet egard il ne me paroit pas deraisonnable. Le peintre me remettra aussy bientot son compte, puisque son ouvrage sera fini aujourdhui à ce qu'il vient de me dire. L'un et l'autre ouvrage me paroit d'ailleurs bien fait.

J'ai l'honneur d'etre avec un très respectueux attachement
Monsieur
Votre très humble et très obeïssant serviteur
L. Euler
Berlin ce 17 Fevrier 1752

R 1590 Autogr. fr., 1 f°. – AAS Paris, n° 90, f° 145r.
Copie fr., 1 p. – BAB, Bl. 238R.

96
Euler à Maupertuis
[Berlin], 30 mars 1752

Mr Rhode s'est tres bien acquitté tant de la correction des Cartes qu'on a gravées jusqu'ici, que du dessein [sic] de quelques nouvelles Cartes qu'il a fournies.

Ainsi par rapport à sa demande, comme il y a des personnes qui ont le titre de Mecanicien de l'Academie, je crois qu'on lui pourroit bien accorder celui de Geographe de l'Academie Royale des Sciences et Belles Lettres de Prusse [1], et de lui faire expedier un Diplome; ce qui servira a l'encourager d'autant plus aux occupations geographiques dont il est chargé [2].

L. Euler
Ce 30 Mars 1752

R 1591 Note interne signée.
Autogr. fr., 1 f°. – AAS Paris, n° 91, f° 146r.
Copie fr., 1 p. – BAB, Bl. 239R.

[1] En favorisant la demande du dessinateur pour obtenir un titre officiel, Euler cherche probablement à s'acquitter de ce qu'il doit au technicien qui a permis l'achèvement d'un Atlas auquel, finalement, sera attaché le nom d'Euler lui-même. L'ouvrage sous le titre *Atlas geographicus omnes orbis terrarum regiones in XLI tabulis exhibens* ... et en version latine et française a été publié à Berlin en 1753. On en trouvera la préface signée par Euler (du 13 mai 1753) dans E. 205; O. III, 2, p. 305–317. Voir la note consacrée à l'ouvrage dans Juškevič–Winter III, p. 342, mais nous complétons en précisant qu'il existe un exemplaire à la Library of Congress à Washington (cf. *List of geographical atlases of the Library of Congress,* Philip Lee Phillips, édit., tome III, n° 3500), et à la Bibliothèque de l'Université de Bâle.

[2] D'après les détails donnés *supra* lettre 92, la délivrance d'un diplôme comportait des frais qui étaient de nature à compenser l'«encouragement» dont parle ici Euler. Mais ces frais étaient peut-être moindres dans le cas présent du fait qu'il n'y avait pas, semble-t-il, association d'une pension à l'obtention du diplôme. C'est seulement dans la séance du 8 juin 1752 que l'Académie a accordé à Jean Christoph le Rhode le «caractère de Géographe, en considération des services qu'il rend dans la composition des cartes» (*Registres* ..., p. 181), et le personnage figure avec son titre dans le Calendrier de l'Académie de 1753 (cf. Harnack I, p. 479).

97
Euler à Maupertuis
Berlin, 31 mars 1752*

Monsieur,

Il me semble que j'ai asses mal reussi dans le dechiffrement de la Lettre de Leibniz [1], vu qu'il y a encore plusieurs mots que je n'ai pu deviner, et un passage dont je ne sais pas où le placer. Les lignes qui semblent rayer sont des renvois qui servent à rapporter ce qui est ecrit sans ordres au texte [2]. La preuve qu'on en peut tirer pour la fausseté du passage cité par Mr Koenig me paroit aussi convaincante que celle que j'ai prise du silence dans les lettres ecrites à Mr Bernoulli [3], et je ne sais pas si celle-cy n'a point plus de force. Car Mr Koenig pourroit dire que feu Mr Leibniz ayant parlé une fois dans une lettre à Mr Herman de ce principe, n'avoit pas jugé necessaire d'en parler pour la seconde fois, au lieu que cette replique ne trouve pas lieu envers Mr Bernoulli; cependant je pourrois toujours joindre cette nouvelle preuve à l'autre, et elle servira à la renforcer [4].

Notre compagnon jardinier est enfin arrivé, et Mr Muller le conduira chez moy encore aujourdhui; si Vous le souhaites, je le pourrois conduire chez Vous.

Mr Spener me fit dire qu'il aura dabord après les fêtes une provision de papier et qu'il fera travailler de tout son possible à l'impression.

J'ai l'honneur d'etre avec le plus parfait respect
Monsieur
Votre très humble et très obeïssant serviteur
L. Euler

Berlin ce 31 Mars 1752

R 1592 Autogr. fr., 1 f°. – AAS Paris, n° 92, f° 147r, 148v [enveloppe].
Billet cacheté [porté à Berlin].
Copie fr., 2 p. – BAB, Bl. 240–241 R.
Edit.: Le Sueur, p. 144–145.

* Cette lettre est, assez curieusement, la seule qui évoque l'affaire König (orthographe moderne – à l'époque Koenig) depuis que celle-ci a été déclenchée (juin 1751). C'est à la séance du 7 octobre 1751 que Maupertuis avait saisi l'Académie du problème de la lettre de Leibniz invoquée par König comme référence à un énoncé du principe de la moindre action, et l'affaire avait occupé les séances du 9 et 23 décembre (cf. *Registres* ..., p. 166, 170, 171–173). Il est donc *a priori* étonnant que la correspondance entre Euler et Maupertuis ne livre rien, au cours de l'automne 1751 et de l'hiver 1752, sur ce sujet si capital pour le président de l'Académie. La correspondance de Maupertuis avec Jean II Bernoulli est, pour la même période, remplie des démarches faites en Suisse pour retrouver des documents susceptibles de confondre König (Bibl. Bâle, L Ia 708, n° 152–166, du 6 juillet 1751 au 29 janvier 1752 pour les lettres de Maupertuis; L Ia 676, n° 223–224, 226–227, 228–229, 232–233, du 28 juillet 1751 au 9 février 1752 pour les lettres de Jean II Bernoulli); et le 8 octobre 1751 (Bibl. Bâle, L Ia 708, n° 157) Maupertuis faisait état d'un avis d'Euler concernant le «commerce épistolaire» de Jacob Hermann (le destinataire présumé de la lettre de Leibniz invoquée par König). On peut ainsi penser que la correspondance que nous publions ici, entre Euler et Maupertuis, comporte des lacunes dues à des documents perdus, mais il n'est pas exclu que durant tout le temps où Maupertuis a été occupé par les démarches en Suisse, il n'a pas jugé utile de mêler Euler à l'affaire, de manière active, ce dernier ayant d'ailleurs des informations directes et orales au cours des séances académiques citées ci-dessus.
La présente lettre correspond à une intervention demandée à Euler à propos de documents envoyés de Bâle (voir à leur sujet O. II, 5, p. XLII–XLIII, le texte de l'introduction par J. O. Fleckenstein et les notes afférentes). Pour l'ensemble de l'affaire, se reporter au commentaire de J. O. Fleckenstein et à l'étude de Pierre Costabel *L'affaire Maupertuis–Koenig et les questions de fait* dans *Arithmos-Arrythmos, Skizzen aus der Wissenschaftsgeschichte, Festschrift für J. O. Fleckenstein* ..., Munich 1979, p. 29–48.

[1] L'expression employée par Euler montre qu'il ne doute pas avoir été mis en présence d'un document autographe de Leibniz. Document qui, comme le montre la suite, présentait tous les caractères d'un brouillon de minute.

[2] Il suffit d'avoir consulté les manuscrits du fonds Leibniz à Hanovre pour n'avoir aucune difficulté à comprendre ce que dit ici Euler. Leibniz usait tantôt de signes de renvois aux notes marginales, signes placés aux endroits convenables du texte, tantôt de lignes hâtives pour replacer telle ou telle note marginale dans l'endroit où elle devait intervenir. Ici de telles lignes pouvaient traverser le texte et c'est pourquoi Euler déclare qu'elles «semblent rayer». La description donnée ici par Euler correspond absolument à un document authentique et autographe de Leibniz.

[3] Euler fait allusion à l'argument qu'il a développé dans son *Exposé concernant l'examen de la lettre de M. de Leibnitz alléguée par M. le Professeur Koenig* ... (Hist. Ac. Sci. Berlin, 6, (1750) 1752, 52–62; E. 176, O. II, 5, p. 64–73), exposé qui a été présenté à l'Académie le 13 avril 1752 pour la décision qu'il convenait de prendre à l'encontre des prétentions de König. Il est donc évident que d'une part l'exposé en question était déjà prêt, dans ses grandes lignes au moins, au moment où Euler écrivait la présente lettre, et d'autre part qu'il y avait eu précédemment des échanges entre lui et Maupertuis, échanges dont il ne reste pas de traces.

[4] C'est effectivement ce dont témoigne l'*Exposé* ... ci-dessus cité. Il convient de noter la manière dont Maupertuis a traduit Euler auprès de Jean II Bernoulli (20 mai 1752, Bibl. Bâle, L Ia 708, n°s 167–168): «On a très bien déchiffré ici la lettre originale de Leibniz malgré le ridicule extrême de sa manière d'écrire et on y a trouvé une nouvelle preuve contre K. Car dans cette lettre qui roule toute entière sur l'action et la force, il n'y a pas un mot du principe que K. attribuait à Leibniz.» Du moins Maupertuis apprenait-il ainsi à Jean II Bernoulli un renseignement d'importance sur le contenu du document leibnizien, renseignement négligé ici par Euler et qu'il y a lieu de retenir. On ne saurait assez insister sur l'intérêt qu'il y aurait à retrouver la minute autographe de Leibniz et le déchiffrement effectué par Euler; l'une et l'autre furent déposés sur le bureau de l'Académie lors du jugement du 13 avril 1752 (cf. *Registres* ..., p. 177) et tout espoir n'est pas exclu.

98
Euler à Maupertuis
Berlin, 16 avril 1752

Monsieur,

Je ne pus hier reposer que je n'aye resolu le beau probleme du jeu de hazard que Vous me proposates [1]: je l'ai trouvé si difficile à resoudre, que je doute fort qu'on n'ait jamais resolu un plus difficile, du moins les formules sur les diverses manieres de combinaisons, que j'ai ramassées, n'y furent pas suffisantes: et j'ai été obligé de tirer la solution des premiers principes de cet art: et quoique le calcul me parût dabord fort compliqué, il devint pourtant enfin asses simple. Je prend donc la liberté de Vous communiquer, Monsieur, la solution que je viens de trouver [2].

Probleme: Deux joueurs A et B jouent ensemble de cette maniere: chacun a un nombre n de chartes marquées par des numeros 1, 2, 3, etc. dont chacun tire à la fois une carte; et s'il arrive que tous les deux tirent à la fois le meme numero, A gagne le depot; or s'ils ne rencontrent jamais jusqu'a la fin le meme numero, alors B gagne. Cela posé on demande l'esperance tant de A que de B pour gagner le depot!

Solution: En commençant des moindres nombres pris pour n l'esperance de A sera comme il suit:

nombres des cartes n	Esperance du joueur A de gagner le depot:
1	1 car s'ils n'avoient chacun qu'une seule carte, A gagneroit infailliblement
2	$1-\frac{1}{2}=\frac{1}{2}$ ou bien le parti sera egal.
3	$1-\frac{1}{2}+\frac{1}{6}=\frac{2}{3}$; et l'esperance de $B=\frac{1}{3}$
4	$1-\frac{1}{2}+\frac{1}{6}-\frac{1}{24}=\frac{5}{8}$ et l'esperance de $B=\frac{3}{8}$
5	$1-\frac{1}{2}+\frac{1}{6}-\frac{1}{24}+\frac{1}{120}=\frac{19}{30}$ et celle de $B=\frac{11}{30}$
6	$1-\frac{1}{2}+\frac{1}{6}-\frac{1}{24}+\frac{1}{120}-\frac{1}{720}$
7	$1-\frac{1}{2}+\frac{1}{6}-\frac{1}{24}+\frac{1}{120}-\frac{1}{720}+\frac{1}{5040}$
8	$1-\frac{1}{2}+\frac{1}{6}-\frac{1}{24}+\frac{1}{120}-\frac{1}{720}+\frac{1}{5040}-\frac{1}{40320}$

On voit de là que si le nombre des cartes est = 2, les deux partis seront egaux, mais si le nombre des cartes est plus grand que 2: que le parti de A est toujours plus avantageux que celui de B, car s'il y avoit 3 cartes, A pourroit parier deux contre un qu'il gagnât. Si le nombre des cartes est plus grand que 3, l'avantage de A devient plus petit. Je remarque de plus en general que lorsque le nombre des cartes est impair, l'avantage de A est plus grand que si le nombre des cartes étoit plus grand: or reciproquement lorsque le nombre des cartes est pair, le parti de B est plus avantageux, que si le nombre des cartes étoit plus grand.

Il est aussi a remarquer que lorsque le nombre des cartes est asses considerable, les esperances de *A* et *B* ne varient plus sensiblement quoiqu'on augmentât le nombre des cartes: ainsi quand le nombre des cartes est 52, les esperances de *A* et *B* seront asses exactement les memes que si le nombre des cartes etoit infini. Ainsi dans ce cas l'esperance de *A* sera exprimée par cette suite infinie

$$1 - \tfrac{1}{2} + \tfrac{1}{6} - \tfrac{1}{24} + \tfrac{1}{120} - \tfrac{1}{720} + \tfrac{1}{5040} - \tfrac{1}{40320} + \text{etc.}$$

dont la somme est $= 1 - \frac{1}{e}$, marquant par *e* le nombre dont le logarithme = 1 et on sait que $e = 2{,}718281828459$.
Or l'esperance de *B* sera $= \frac{1}{e}$: ainsi l'esperance de *A* sera à celle de *B* comme $e - 1$ à 1 c'à d. comme 1,718281828 à 1, ou à peu pres comme 12 à 7, de sorte que le parti de *A* est considerablement plus avantageux que celui de *B*.

J'ai l'honneur d'etre avec tout le respect possible
Monsieur
Votre très humble et très obeïssant serviteur
L. Euler
Berlin ce 16 Avril 1752

R 1593 Autogr. fr., 1 f°. – AAS Paris, n° 93, f° 149r–v, 150 [feuille enveloppe avec adresse et cachet].
Billet cacheté [porté à Berlin].
Copie fr., 3 p. – BAB, Bl. 242–244R.

[1] Il est intéressant de constater que Maupertuis a été parfois pour Euler l'instigateur d'une recherche. Le cas présent est d'autant plus curieux qu'il se situe à trois jours de distance du jugement de l'Académie relatif à l'affaire König, et que l'on sait le mauvais état de santé de Maupertuis (lettre à Jean II Bernoulli du 20 mai, Bibl. Bâle, L Ia 708, n°s 167–168).

[2] Maupertuis a donc la primeur d'une solution qu'Euler publiera seulement dans le tome 7 des *Mémoires ... de Berlin pour 1751,* (1753), p. 255–270, sous titre *Calcul de la probabilité dans le jeu de rencontre* (E. 201; O. I, 7, p. 11–25). Tous les résultats indiqués ici sont repris dans la pièce imprimée, avec, cependant, à la fin une valeur de *e* poussée à 21 chiffres significatifs après la virgule (au lieu de 12). – Il semble que cette pièce imprimée n'ait donné lieu à lecture de la part d'Euler que dans la séance du 8 mars 1753 (cf. *Registres* ..., p. 190).

99
Euler à Maupertuis
Berlin, 19 juin 1752

Monsieur,

Ayant examiné les papiers cy-joints je trouve dabord que le Contract porte en termes esprès que, lorsque tout l'ouvrage sera achevé, et approuvé par Mr Feldmann, l'Academie sera obligée de payer à Mr Schmid le dernier reste de 100 Ecus, après lui avoir avancé à deux reprises 300 Ecus, desorte que tout l'ouvrage coute 400 Ecus [1]. Or l'ecrit cy-joint de Mr Feldman approuve non seulement tout l'ouvrage de Mr Schmid, mais il atteste aussi qu'il y a fait plus de depenses, qu'il n'étoit accordé. Ainsi, pour le payement des 100 Ecus, je ne voi[s] rien qui le pourroit empecher, et comme Mr Schmid ne demande pas davantage, je ne vois aucune raison de lui payer au delà de 100 Ecus; et si Mrs du Theatre l'ont engagé à de plus grandes depenses, ce sera à eux qu'il aura s'en tenir. Il faut cependant considerer, que pendant de grosses pluyes l'eau perce par le toit du Theatre, dont on n'a que trop à craindre des suites facheuses. Mr Feldman convient de cet inconvenient, mais il asseure en meme tems que l'Architecte n'en est pas coupable, et qu'il auroit été impossible de le faire autrement: il propose cependant un remede pour prevenir les suites de ce defaut, qui ne coutera qu'une bagatelle. Comme la seureté du batiment depend beaucoup de cette circonstance, Vous jugeres, Monsieur, s'il ne seroit pas à propos de ne lui accorder ce payement des 100 Ecus, qu'à condition qu'il mette en execution le remede proposé par Mr Feldman que j'ai marqué d'un crayon [2].

Je suis avec un très profond Respect
Monsieur
Votre très humble et très obeïssant serviteur
L. Euler
Berlin ce 19 Juin 1752

R 1594 Autogr. fr., 2 f°. – AAS Paris, n° 94, f° 151r–v
Copie fr., 2 p. – BAB, Bl. 245–246R.

[1] Les comptes-rendus financiers d'Euler comportent toujours des ambiguïtés. Il semble bien ici, toutefois, que le contrat de réparation des locaux de l'Académie portait sur une somme globale de 400 écus, dont 300 ont été versés en deux fois précédemment. L'approbation des travaux ne permet donc pas de différer le paiement du solde de 100 écus. Mais les travaux supplémentaires qui ont été engagés au Théâtre d'Anatomie restent à la charge des responsables de ce local.

[2] On serait curieux de connaître ce remède à des «gouttières» susceptibles de nuire au bâtiment en cas de «grosses pluies» et «qui ne coûtera qu'une bagatelle». La manière d'Euler de traiter des affaires apparaît bien ici: après avoir déclaré plus haut ne voir aucune raison d'empêcher le paiement du solde, Euler propose un marchandage peu honorable. – Il est notable que les *Registres* ne contiennent aucune mention de la question évoquée et relative aux réparations des bâtiments.

100
Euler à Maupertuis
Berlin, 5 octobre 1752

Monsieur,

La specification des Architectes, que Mr Feldmann vient de remettre est apparemment pour notre Allmanac d'Addresse [1], et je la remettrai conformément à Mr Köhler. Je Vous suis infiniment obligé, Monsieur, des informations que Vous voules bien faire de mon état: le commencement n'étoit qu'une douleur aux dents, mais je suis obligé de me faire saigner, et d'appliquer un vesicatoire [2]: et hier encore j'ai jugé necessaire de reiterer ce dernier remede, qui me mettra hors d'état de sortir pendant quelques jours; cependant je me porte parfaitement bien, et je souhaiterois de tout mon cœur que Votre maladie fut d'aussi peu de consequence [3].

Je suis avec le plus respectueux attachement
Monsieur
Votre très humble et très obeïssant serviteur
L. Euler
Ce 5 Octobr. 1752.

[1] Pour la préparation de l'Almanach d'adresses, voir les lettres de Maupertuis à Frederic II (Koser, p. 308–309) et de Maupertuis à Euler, *infra* n° 104a, datées d'octobre 1755. Chaque année se posaient en octobre diverses questions pour «rendre l'almanach d'adresses plus agréable au public et plus profitable à l'Académie», mais cela n'allait pas sans soulever des demandes d'autorisations auprès du roi.

[2] L'expression est vague, mais on peut penser qu'il s'agit simplement d'un emplâtre à base de cantharides destiné à produire un appel de sérosités sous la peau. Du mal aux dents à l'application du vésicatoire en passant par la saignée, on voit qu'en matière de médecine Euler témoigne du peu de progrès depuis Molière, et sans qu'il s'en inquiète, au contraire, comme le montrent les lignes suivantes.

[3] La maladie de poitrine de Maupertuis était en effet devenue très grave. Le 1er août 1752 il déclarait à Jean II Bernoulli (Bibl. Bâle, L Ia 708, n° 169) être depuis six mois entre la vie et la mort, et n'avoir plus d'espoir que dans un départ pour la France. Mais le 17 octobre, il s'avérait que le voyage était impossible pour un malade trop affaibli (Bibl. Bâle, L Ia 708, n° 171) et Maupertuis dut attendre le printemps suivant.

101
Maupertuis à Euler
[Berlin, octobre–novembre 1752]*

J'ai lu, Monsieur, avec la plus grande satisfaction, la Lettre que vous avez écrite à Mr Merian, au sujet des Articles injurieux qu'on a vus dans les Gazettes Littéraires [1]. Vous faites voir avec l'évidence qui vous est propre, combien Mr Koenig est peu en droit de se plaindre du Jugement de l'Académie, puisque, quant à la compétence, il n'y a aucun Tribunal qu'une Académie des Sciences qui puisse juger une affaire de la nature de celle dont il étoit ici question, & que, quant au fond du Jugement qu'elle a rendu, dans tous les Tribunaux du monde, tout ce qui est avancé contre l'honneur de quelqu'un, sans que celui qui l'avance le puisse prouver, est réputé faux.

D'autres Gazettes viennent de publier, que j'avois écrit à Madame la Princesse, Gouvernante des Provinces-Unies, & à la Cour de Brunswick [2], pour ôter à Mr Koenig tout moyen de se justifier; & quoique les Lettres que j'ai l'honneur d'écrire à des personnes d'un tel rang, ne dussent pas servir de matière à des Ecrits publics, cependant puisqu'on les cite, je me trouve obligé de dire ici ce que j'ai demandé à S.A.R. En lui envoyant le Jugement de l'Académie, & lui faisant connoitre les sujets de plainte que je pouvois avoir contre M. Koenig, de qui cependant je n'avois exigé aucune réparation, & pour lequel j'avois prié même l'Académie de ne pas pousser son Jugement aussi loin qu'il pouvoit aller [3]; je priois S.A.R. de me mettre desormais à couvert de pareilles scènes de sa part, & de lui imposer silence sur ce qui me concerne: mais je n'avois garde de demander qu'on lui ôtât les moyens de se justifier, que l'Académie l'avoit si longtemps pressé de donner s'il les avoit eus.

Quoique personne, Monsieur, ne soit mieux instruit que vous de toute cette affaire, permettez moi d'en retracer ici le sommaire pour ceux qui liront votre Lettre, & qui peut-être n'auront pas lu votre Mémoire, ni le Jugement de l'Académie. Je croyois Mr Koenig de mes Amis, & avois tout lieu de le croire [4], lorsqu'il fit paroitre une Dissertation pour détruire un Ouvrage que je venois de publier. Malgré tout ce qu'il y avoit d'injuste dans cette critique, j'y fus peu sensible: mais il s'y trouvoit un article sur lequel nous ne pouvions pas avoir la même indifférence; c'étoit le Fragment d'une Lettre inconnuë de Mr de Leibnitz, qui ne tendoit à rien moins qu'à faire croire que vous & moi étions des plagiaires [5]. Je portai la chose devant l'Académie, qui se trouva intéressée à examiner à qui en effet appartenoit ce que nous avions donné comme nous appartenant dans des Ouvrages qu'elle avoit adoptés. Après tous les éclaircissemens possibles, les plus longs délais, & le plus mur examen elle jugea que le Fragment n'étoit point Mr de Leibnitz. Cette décision a déplu à Mr Koenig & à ses partisans; ils ont répandu dans diverses Gazettes des invectives contre l'Académie; cela est injuste, mais cela n'est pas surprenant.

Quant à moi, comme pour la part que j'avois dans cette affaire, je m'en suis remis totalement à l'Académie: comme je n'ai jamais attaqué Mr Koenig, ni n'ai aucune animosité contre lui [6], je souhaiterois, je l'avouë, n'être plus exposé à des procédés tels que ceux qu'il a eus avec moi: mais si je n'y puis parvenir, ils ne troubleront ni mon repos, ni ne feront perdre mon tems; & quant à ceux qui regarde l'Académie, elle est trop au-dessus des discours que peuvent tenir des gens mal intentionnés, ou mal instruits, pour qu'elle y doive faire attention. J'ai l'honneur d'être très parfaitement, M.

Votre &c.

P.S. Je viens de recevoir l'Appel de Mr Koenig au Public; & j'ai vu aussi quelques Ecrits anonimes (sic), remplis d'autres injures, adressées aux personnes les plus respectables de notre Académie: cela ne me fait point changer de résolution. C'est une chose plaisante que ce principe qu'on a d'abord voulu attribüer [sic] à Leibnitz, sans y pouvoir réussir; qu'on a ensuite voulu vous donner, mais que votre candeur & votre supériorité vous ont empêché d'accepter; que ce principe se trouve maintenant dans Malebranche, dans s'Gravesande, dans Mr Wolff, dans les Leçons que Mr Engelbard donne aux Anglois [7].

Mais soit: que le principe de la moindre quantité d'Action soit connu depuis si longtemps, & de tant d'Auteurs: si j'étois aussi vain qu'on le suppose, j'aimerois peut-être encore mieux que cela fût ainsi. Je me trouverois plus flatté d'avoir été le seul qui en ait déduit les Loix générales de la communication du mouvement des Corps Durs & des Corps Elastiques; tandis que les plus grands hommes qui avoient les mêmes connoissances que nous, ont cherché inutilement un principe qui fût seulement compatible avec ces Loix; & que l'impuissance où ils ont été de l'assigner, les a réduits à dire qu'il n'y avoit point de Corps durs dans la nature [8].

Lors donc que Mr Koenig aura produit la Lettre dont il a cité le Fragment, il aura fait sans doute quelque chose de fort utile pour lui-même; mais je ne crois pas que cela serve beaucoup à la gloire de M. de Leibnitz; car j'aurai toujours l'avantage de m'être servi plus heureusement que lui d'un instrument qu'il avoit eu sous sa main, comme je l'ai déjà dit dans la Préface de ma Cosmologie [9].

Je suis dans une assez parfaite indifférence sur la découverte du principe de la moindre quantité d'Action, ou sur l'usage que j'en ai fait: je ne suis pas plus ému des termes indécents dont se sert Mr Koenig. Je ne serois pas si tranquille sur un autre article de son Appel, s'il avoit le moindre fondement. Il veut me faire soupçonner d'irréligion, parce que j'ai révoqué en doute l'autenticité [sic] de la Lettre qu'il citoit [10]. Qu'il critique tant qu'il voudra mes Ouvrages; je ne désire ni son approbation ni son estime: mais qu'il veuille conclure des règles de Logique dont je me sers, que je manque de persuasion pour les vérités que la Religion nous enseigne; c'est une accusation odieuse qui fait voir à quoi il est réduit.

O. IVA, 1, Anhang I, [R 1595a].
Publiée dans *Lettres concernant le jugement de l'Académie,* Berlin 1752, p. 50–55, et dans *Lettre concernant le jugement de l'Académie Royale des Sciences et Belles-Lettres de Prusse, et Apologie de M. de Maupertuis,* Paris, Durand et Pissot, 1753, in-8°, p. 50–55.

* Cet unique document des lettres de Maupertuis à Euler – en dehors des deux premières conservées à Leningrad – n'est à notre disposition qu'en raison de sa publication dans le volume cité en référence et publié à Paris en 1753. L'intention de l'auteur concernant une certaine publicité y est explicite, mais il n'est pas totalement dépourvu du caractère d'une correspondance effective, à un moment déterminé, entre Maupertuis et Euler: le post-scriptum motivé par la consultation de l'*Appel au public* publié par König à Leyde en 1752 est témoin d'une circonstance qui se situe avec la probabilité la plus grande au cours de l'automne de cette année-là, et il n'y a pas eu remaniement postérieur en vue de la publication.
C'est dès le début de l'année que Maupertuis avait formé le projet d'une édition des pièces concernant l'affaire König (lettre à Jean II Bernoulli, 25 janvier 1752, Bibl. Bâle, L Ia 708, n° 164), mais son ami de Bâle lui avait exprimé sa désapprobation pour un acte susceptible d'envenimer le débat et lui avait conseillé de s'en remettre uniquement au jugement de l'Académie (9 février 1752, Bibl. Bâle, L Ia 676, n° 233). On sait que ce jugement, survenu le 13 avril, ne fit qu'exciter la réaction de König et provoquer une campagne en sa faveur dans divers journaux. Il est donc probable que Maupertuis reprit assez rapidement son projet initial. La trace précise de ce projet se trouve encore dans une lettre à Jean II Bernoulli du 11 juin 1753 (Bibl. Bâle, L Ia 708, n° 173). Venant d'arriver à Paris après un voyage pénible, Maupertuis rend compte des dernières nouvelles reçues de Berlin par Mérian et déclare celui-ci en état de publier une histoire générale de tout ce qui s'est passé au sujet de König. Il faut préciser ici que Mérian, dont la venue de Bâle à Berlin devait tout à Jean II Bernoulli, avait l'entière confiance de Maupertuis (cf. juillet 1750, Bibl. Bâle, L Ia 708, n° 135), et que si c'est seulement le 11 janvier 1753 que Mérian fut proposé par le président pour remplacer dans sa charge le secrétaire perpétuel Formey durant sa maladie (cf. *Registres* ..., p. 188), le remplacement de fait remontait au 12 octobre 1752, date du début de l'absence de Formey. Le 9 novembre (*Registres* ..., p. 186) Mérian avait lu, en l'absence d'Euler, le mémoire de ce dernier sur l'*Harmonie entre les principes généraux de repos et de mouvement de M. de Maupertuis* (cf. Introduction *supra* p. 23–24 et note 22, E 197). Si Formey reprit ses fonctions le 1er mars 1753 (*Registres* ..., p. 190) c'est-à-dire huit jours après qu'Euler ait lu son dernier mémoire *Sur le principe de la moindre action* – dernier mémoire des pièces insérées dans le tome des *Mémoires de Berlin pour 1751,* publié en 1753 (E. 198 A) –, il est clair que durant l'automne 1752 et l'hiver 1753, Mérian avait joué un rôle primordial dans l'achèvement des publications (ou de leur préparation) concernant la «moindre action» au point de vue scientifique. Il n'est pas étonnant, comme en fait foi la lettre du 11 juin 1753 citée ci-dessus, qu'il ait été engagé de plus dans un rassemblement de textes d'une autre nature, ceux concernant l'«affaire».

Maupertuis n'a quitté Paris pour St-Malo qu'à la fin de juillet 1753 (cf. Bibl. Bâle, L Ia 708, n° 174), il a donc eu largement le temps de négocier avec un éditeur pour la publication et il est probable que Mérian a eu à traiter ensuite directement avec cet éditeur. Quelques détails d'orthographe, que nous marquons par [sic], laissent supposer que Maupertuis n'a pas corrigé les épreuves.
Quant à la date de rédaction de la lettre que nous reproduisons à partir du texte imprimé, il ne peut être question de la préciser beaucoup. Seul le détachement, relatif, dont fait preuve l'auteur et son souci par rapport à une accusation d'irréligion, à la fin du P.S., correspondent à un état d'âme dont Maupertuis faisait part à Jean II Bernoulli le 18 novembre 1752 (Bibl. Bâle, L Ia 708, n° 172): la maladie l'invitait à mansuétude sur le fond des disputes. Nous conjecturons donc la période octobre–novembre 1752 pour la datation du texte.

[1] Cette lettre d'Euler à Mérian fait partie de la publication effectuée à Paris, p. 4–49. Cf. R 1667. Il y a eu aussi publication dans les *Mémoires ... de Berlin pour 1750*, (1752), p. 520–532 – O. II, 5, p. 132–142. E. 182, aussi bien que dans une petite monographie imprimée à Berlin 1752.

[2] Professeur à La Haye et à Franecker (où il avait pris possession de la chaire de philosophie en 1749 en prononçant un discours inaugural dans lequel il avait déjà fait mention de la lettre de Leibniz contestée), König dépendait évidemment de la juridiction hollandaise. Mais dans la mesure même où il utilisait les gazettes de Hambourg (il participa certainement à la publication des *Maupertuisiana,* ouvrage de polémique), il mettait en cause les autorités de Brunswick.

[3] Le compte-rendu de la séance du 13 avril 1752, où eut lieu le jugement de l'Académie (*Registres ...*, p. 177), fait état du dépôt préalable d'une lettre de Maupertuis déclarant «ne désirer de M. König aucune réparation» et demandant à l'Académie «de s'en tenir uniquement à la vérification du fait, c'est-à-dire à juger sur l'authenticité de la lettre de M. de Leibniz ...». Le texte de la décision (*ibid.* p. 178) comporte à la fin: «L'Académie, en considération de la lettre de M. le Président de Maupertuis lue au commencement de la séance, n'a pas voulu pousser la chose plus loin et étendre sa délibération jusqu'au procédé de M. König dans cette occasion et à la manière dont elle serait autorisée à agir relativement à ce procédé.» Maupertuis s'en est donc tenu ici à des termes conformes aux documents officiels.
Notons que le jeudi 6 juillet (*Registres ...*, p. 182) l'Académie prit acte du renvoi par König de son diplôme d'académicien, «procédé désobligeant ne méritant aucune réponse ...».

[4] Les relations de Maupertuis avec König remontaient au temps où la marquise du Châtelet s'instruisait en mathématiques (1739–1740, Bibl. Bâle, L Ia 708, n°s 35–40) et il n'en était pas résulté une grande sympathie réciproque. C'est un fait, cependant, qu'au moment où il postula pour entrer à l'Académie de Berlin, König fit preuve à l'égard du président d'une grande civilité: voir les lettres de König à Maupertuis éditées par Le Sueur, 1749–1750, p. 120–137. Et il n'est pas impossible que Maupertuis ait été un instant sensible à des témoignages d'amitié pourtant quelque peu dictés par un intérêt évident. Voir néanmoins la note 6 ci-dessous.

[5] L'expression est révélatrice d'un point sensible déjà signalé plus haut. Voir Introduction, p. 32–33, et lettre n° 8 *supra* note 11.

[6] Maupertuis ne traduit peut-être pas ici ses sentiments avec une exactitude totale. Rappelant à Jean II Bernoulli le 6 juillet 1751 la médiocre opinion qu'il conservait de König depuis l'affaire qui avait opposé celui-ci à la marquise du Châtelet, il déclarait que son intention, à propos de la nouvelle affaire où il était directement concerné, était d'«enfoncer König dans la boue autant qu'il le mérite» (Bibl. Bâle, L Ia 708, n° 152). Mais, comme nous l'avons noté à la fin du prolègomène, il est certain qu'en novembre 1752 il manifestait à son ami de Bâle combien son état de santé émoussait sa sensibilité dans l'affaire qui l'avait tant préoccupé.

[7] Malebranche, S'Gravesande, Wolff et Engelbard sont en effet cités par König dans l'*Appel au public du jugement de l'Académie Royale de Berlin sur un fragment de la lettre de M. de Leibnitz cité par M. Koenig,* Leyde 1752, p. 109–119. König donne en note les traductions françaises des textes en référence, tous pris dans une version latine, et ces traductions – pour les sources auxquelles on peut remonter – ne sont pas d'une absolue fidélité. En ce qui concerne Engelbard, professeur à Groningue, la source est une lettre adressée à König le 25 juillet 1752 (en corrigeant une faute d'impression évidente, p. 118), et cette précision est à retenir: la sortie de presse de l'*Appel* n'a pu avoir lieu avant septembre–octobre 1752.

[8] Maupertuis reprend dans l'ensemble de ce paragraphe un argument qu'il formulait déjà dans son mémoire de 1746 mais il le pousse à l'extrême d'une manière qui ne tourne pas à son avantage. Au moment où il écrit ces lignes, il y a près d'un siècle que la fiction des corps durs a été détruite avec la critique des lois cartésiennes du choc, et avoir l'air de se donner sur les «grands hommes» cités le beau rôle d'une explication générale, en maintenant la vieille dénomination des corps durs, est proprement ridicule. On peut, devant une telle déclaration, se demander si Maupertuis avait pris la précaution de s'instruire suffisamment de l'histoire de la question.

[9] La *Cosmologie* de Maupertuis a été imprimée à Bâle au début de janvier 1750, mais n'a pas été mise en vente à cause de la présentation à Frédéric II d'une nouvelle édition de l'ouvrage d'Algarotti sur le Newtonianisme (Bibl. Bâle, L Ia 708, n° 132). Maupertuis a dû attendre l'année suivante pour faire vraiment sortir son ouvrage et c'est dans ces conditions qu'il a pu ajouter dans la Préface une mention de l'«affaire». Il y a d'ailleurs plusieurs éditions.

[10] König a eu connaissance de ce paragraphe puisqu'il le reprend dans la Défense de l'*Appel au public* publié à Leyde en 1753, p. 55–57, et qu'il ajoute en s'adressant à Maupertuis: «Je n'en reviens pas des vues sinistres que vous me prêtez à l'égard de votre religion. Je ne comprends pas ce qui a pu vous en suggérer l'étonnante idée.» De fait il n'y a dans l'*Appel au public* aucun passage qui corresponde formellement à l'accusation odieuse dont Maupertuis fait ici état. On peut relever seulement à plusieurs reprises un certain persiflage, notamment lorsque, p. 116, il est question des «conséquences spirituelles» que Maupertuis a tiré de ses principes «après une profonde méditation». Force est donc de reconnaître que l'on a ici le témoignage d'une réaction quasi maladive – peut-être provoquée par la manière dont l'entourage immédiat de Maupertuis a interprété le texte de König. Et ceci est en accord avec le contexte de novembre 1752. Ajoutons que d'après la référence que donne König dans la *Défense* ... pour la lettre de Maupertuis, il semble avoir eu en main une autre édition que celle que nous avons utilisée puisqu'il indique p. 32–35 là où nous avons p. 50–55. Le problème de la bibliographie matérielle pour les brochures et libellés de toute «l'affaire» est considérable.

102
Euler à Maupertuis
[Berlin], 18 février 1753*

Monsieur,

Je ne sai si les changemens que j'ai faits dans l'addition [1] seront assés conformes à votre intention, j'ai taché, autant que les bornes de mon éloquence me l'ont permis, de montrer plus énergiquement l'absurdité de vouloir regarder la proposition de S'Gravesande comme la source du principe de la moindre action [2], mais je conviens que cette absurdité aussi bien que les énormes fautes des démonstrations mériteroient d'être beaucoup plus relevées que je ne suis capable de faire. Comme la prétendue démonstration nous doit convaincre de deux faussetés et que je n'eusse d'abord parlé que d'une seule, c'est-à-dire de la restriction à la même vitesse respective [3], j'ai fait un petit changement à cet égard, et j'ai aussi effacé ce qui est déjà contenu ou dans les procès mêmes ou dans ce que je viens d'ajouter [4]. En cas que vous ne jugiez pas cela suffisant je vous prie, Monsieur, de vouloir bien faire d'abord dans le françois tous les changements que vous avés envie pour que je les insère ensuite dans le latin [5]. Je suis avec le plus respectueux attachement ...

L. Euler

ce 18 Febvrier 1753

R 1596 Copie fr., 1 p. – BAB, Bl. 247a R.
Edit.: Le Sueur, p. 145.

*Absente du fonds AAS cette lettre est heureusement conservée grâce à la copie que le chanoine Le Sueur avait eu l'initiative de faire en 1896 sur les manuscrits du Château de Ham.

[1] Il s'agit d'un texte adjoint à un mémoire publié par Euler en 1753 sous le titre *Dissertatio de principio minimae actionis una cum examine objectionum Koenigii* et en édition séparée, in-8° (E. 186). Pour le contenu de cette addition, voir O. II, 5, p. 209. Euler avait présenté le 21 décembre 1752 à l'Académie un *Examen dissertationis Cl. Prof. Koenig Actis Erud. Lips. insertae pro mense majo 1751* (E. 199). D'après ce qui suit ici, il est clair que Maupertuis avait jugé cet examen insuffisant en fonction des allégations de König, dans son *Appel au public,* relativement à l'œuvre de S'Gravesande. Argument supplémentaire pour la situation dans le temps de la lettre 101, *supra,* et de son antériorité par rapport à la présente.

[2] Dans l'*Appel au public,* p. 120, König mentionnait le «théorème» de S'Gravesande avec diverses références (*Essai d'une nouvelle théorie sur le choc des corps,* La Haye 1722, p. 31–33, édition latine de ses *Elements de Physique,* p. 265, 278, 334, 347) et précisait que ce théorème sur la «minimité de l'Action ou force vive absolue» ne différait en rien du principe de Maupertuis. La proposition principale (n° XVII) citée par König, s'énonçait: «Deux corps restent en repos après le choc, quand avant le choc la somme de leurs forces est la moindre qu'il est possible qu'ils aient, leur vitesse respective étant donnée», et cette proposition utilisait une proposition antérieure (n° XV) disant que la vitesse respective de deux corps étant donnée, la somme de leurs forces est la «moindre possible quand leurs directions sont contraires et quand les vitesses absolues sont en raison réciproque des masses». Par ces citations, König, on le voit, attaquait sur le point où Maupertuis était le plus sensible (cf. lettre 101 *supra* note 5) c'est-à-dire sur la question des corps soi-disant durs, pour lesquels après le choc il y a repos ou vitesse commune aux deux corps (vitesse respective nulle). Comme nous l'avons développé plus haut (cf. *Introduction,* p. 16–17), Maupertuis traitait de cette question par le minimum de l'action après le choc. Il ne pouvait donc qu'être irrité d'entendre prôner un théorème de S'Gravesande basé sur le minimum de la force vive avant le choc. D'où l'expression d'«absurdité», reprise ici par Euler en référence évidente avec la réaction de son président, mais il faut noter que dans la suite de la phrase, en se retranchant derrière une certaine incapacité, Euler laisse percer son scepticisme en face d'une querelle mal posée.

[3] «La restriction à la même vitesse respective» vise évidemment les propositions de S'Gravesande citées ci-dessus et dans lesquelles la «minimité» de la force vive est jugée par rapport à une vitesse respective donnée avant le choc. La règle du minimum de l'action de Maupertuis ne lie pas le minimum à une telle restriction, après le choc, mais il va sans dire que le calcul du résultat du choc ne s'achève pas sans un complément liant la vitesse respective après le choc à sa valeur avant le choc.

[4] Euler a donc procédé à une révision soigneuse de son texte pour éviter soit des répétitions, soit des contradictions.

[5] La traduction en latin s'explique certainement par la nécessité de mettre la publication projetée au même niveau de diffusion, en Allemagne, que le texte même de l'article de König dans les *Nova Acta Erud.* de 1751, objet de la critique.

103
Euler à Maupertuis
Berlin, 16 mars 1753

Monsieur,

Rien n'empeche qu'on n'omette entierement les VII premiers paragraphes et commençant par le VIII, comme j'ai marqué, le reste en découle très naturellement, et ne suppose rien des VII premiers paragraphes, qui ne sont à la verité qu'une preface fort mal tournée [1].

J'ai donc l'honneur de vous renvoyer, Monsieur, cette piece puisque je ne sais si Vous n'en enverrés une copie dans l'imprimerie, et dans ce cas je Vous prie d'y faire effacer les 7 premiers articles.

Je suis avec un tres profond respect
Monsieur
Votre très humble et très obeïssant serviteur
L. Euler
ce 16 Mars 1753

R 1597 Autogr. fr., 1 f°. – AAS Paris, n° 96, f° 154r.
Copie fr., 1 p. – BAB, Bl. 248R.

[1] Pour la suppression effective de cette «préface fort mal tournée», dans les *Mémoires... de Berlin pour 1751,* 1753, voir E. 198; O. II, 5, p. 177–179. Mais la préface figure entièrement dans l'ouvrage signalé dans la lettre précédente, note 1, et paru à Berlin chez Michaelis en 1753 sous le titre *Dissertatio* ... et ce livre, qui regroupe la version française et la version latine, a été publié avant le tome des *Mémoires de Berlin.*

104
Euler à Maupertuis
[Berlin], 11 avril 1753

Monsieur,

Ayant calculé tout ensemble, que tant la gravure, que la correction et le dessein des 41 Cartes, qui ont été faites par Vos Ordres [1], coutent, je trouve la somme de 2 176½ Ecus dans laquelle est aussi compris le dessein de la Carte des Postes [2]. Mr Köhler est en peine, comment porter cette somme dans ses comptes: vu qu'on ne sauroit traiter cette depense sur le pied de celle des Allmanacs, qui au bout de chaque année [3] doivent rentrer dans la caisse avec profit.

Je lui ai dit là dessus qu'il faudroit regarder cette somme comme un capital placé [4], et à l'avenir marquer dans les comptes les interests que ce Capital nous fournit, il approuve cet avis mais il dit qu'il lui faudroit pour cela des ordres precis.

J'ai l'honneur d'etre avec tout le respect possible
Monsieur
Votre très humble et très obeïssant serviteur
L. Euler
ce 11 Avril 1753

R 1598 Autogr. fr., 1 f°. – AAS Paris, n° 97, f° 155r, 156v [enveloppe].
Billet cacheté [porté à Berlin].
Copie fr., 1 p. – BAB, Bl. 249R.

[1] En augmentant le nombre de cartes par rapport à celui prévu lettre 91 *supra,* Maupertuis a évidemment provoqué des dépenses supplémentaires. Si l'on se reporte aux indications de la lettre 81 *supra,* la facture pour 41 cartes est cependant plus élevée qu'on ne pouvait le prévoir en novembre 1750 – même en tenant compte des frais de dessin et de correction dont Euler n'avait pas parlé alors. Voir pour l'édition la note de la lettre 96 *supra.*

[2] Il s'agit d'une carte indiquant les endroits desservis par la Poste. N'ayant pas le même but qu'une carte géographique, elle ne nécessitait pas autre chose qu'un dessin et pouvait être reproduite sans passer par la gravure.

[3] C'est ici le mot clef. Pour les Almanachs, la comptabilité, annuelle, est simple. Le cas des Cartes géographiques et de l'Atlas académique est tout différent puisqu'il y a un investissement nécessaire de la part de l'Académie avec un profit à attendre seulement sur plusieurs années.

[4] La solution comptable proposée par Euler est admissible, mais modifie quelque peu le mode de calcul de la lettre 81 puisqu'il reviendra à Köhler de distinguer les frais de confection des planches gravées et les frais d'édition proprement dite.

104a
Maupertuis à Euler
Berlin, 20–21 octobre 1755*

De Berlin du 20 octobre 1755

Monsieur,

J'ai reçu du Roy la réponse à votre petite requette pour les Almanacs d'adresse. S. M. veut bien laisser au gré de l'Académie de faire insérer au dit Almanac les dites personnes et leurs qualités, quoique seulement autant qu'elles sont actuellement établies à Berlin et qu'elles y font leur demeure fixe et continuelle. J'ay l'honneur d'être avec un attachement respectueux

Monsieur
Votre très humble et très obéissant serviteur
Maupertuis

P.S. Si l'on use de cette permission, il faudra bien s'assujettir aux termes dans lesquels elle est donnée. Les personnes qu'elle regarde sont celles qui sont attachées aux Cours, et entre elles, celles là seulement qui résident à Berlin.

De Berlin 21 octobre 1755

J'ai réfléchi Monsieur à votre question d'hier et j'y trouve plus d'embarras que je ne pensois. Selon les termes de la réponse du Roy, nous ne devons mettre dans l'Almanac que les personnes qui font à Berlin leur résidence *fixe et continuelle.* Cela semble exclure M. le Grand Chambelan, M. le Maréchal de la Cour du Roy, M. le Grand Maistre de la Maison de le Reyne, et cela ne pourroit manquer de paroitre étrange. Je ne crois pas non plus qu'il convienne d'en parler davantage à Sa Majesté, ni de luy demander sur cela un éclaircissement qui surement seroit importun. Ainsy je croirois Monsieur qu'il vaudroit mieux laisser couler encore cette année notre Almanac tel qu'il est. Et avant que nous en soyons à celuy de l'année prochaine j'espère pouvoir dans quelque conversation m'éclaircir sur l'intention du Roy.

Je suis avec un respectueux attachement Monsieur votre très humble et très obéissant serviteur.

Maupertuis

O. IV A, 1, Anhang II, Nr. 109, 112, p. 483, 484.
Copies fr., 2 f°, signatures autographes A.d.W. der D.D.R. Archiv. I–VIII–189, f° 37 et 39.

* Ces deux billets sont intéressants à deux points de vue. D'abord en ce qui concerne le genre de difficultés qu'il incombait à Maupertuis de résoudre dans les rapports avec Frédéric II, et la diplomatie que les initiatives d'Euler engageaient sans qu'il en ait, semble-t-il, pleine conscience. Ensuite le ton employé par Maupertuis, très officiel et académique, cache mal une certaine froideur et est significatif pour l'époque considérée où la correspondance entre les deux savants comporte la lacune déjà soulignée. Voir aussi le billet Nr. 104c, p. 273.

104b
MAUPERTUIS À EULER
Berlin, 24 novembre 1755*

Comme ma santé, Monsieur, ne me permettra point d'aller aujourdhui à l'Académie, je vous prie de représenter à l'Assemblée qu'il ne convient plus que M^r le grand Chancelier [1] ait un autre rang parmi nous que celui de Membre honoraire, où il se trouve une place vacante. C'est un titre qu'il meritoit déjà personellement, que sa modestie l'avoit empêché de desirer, mais qu'il est de la décence de l'Académie de lui conférer. La chose est si juste que je ne doute pas que tout le monde ny applaudisse sur le champ, sans remettre à la huitaine, comme pour les élections ordinaires. J'ai l'honneur d'être parfaitement, Monsieur, Votre etc. Maupertuis.

* Texte publié dans les *Registres* ..., p. 218, comme étant une lecture effectuée par Euler à la séance de l'Académie du 27 novembre 1755.

[1] Il s'agit de Philippe Joseph de Jariges qui avait des liens particuliers avec l'Académie. Membre ordinaire le 31 oct. 1731, secrétaire perpétuel de 1733 à 1748, il avait depuis le 2 mai 1748 le titre du Vétéran qui le laissait en marge de l'activité académique. Maupertuis est donc intervenu avec autorité pour réparer une anomalie.

105
EULER À MAUPERTUIS
Berlin, 31 juillet 1756*

Monsieur,

Ce n'est que depuis quelques jours que j'ai apris que Vous étés [sic] à Paris, et je profite de cette nouvelle pour Vous presenter mes respects, et rendre compte de ce qui s'est passé dans l'Academie depuis Votre depart. Par rapport au Code Fridericien rien n'est encore reglé [1], on en a parlé dans toutes les assemblées sans rien decider, et étant entré dans les vacances, il y a apparence que la resolution sera differée jusqu'aux assemblées prochaines. Cette affaire n'est pas pressante, puisque l'impression ne pourra être commencée que vers Noël; M^r le Grand Chancelier s'étant proposé de faire un voyage en Westphalie. La reddition des comptes de Mr Koehler s'est tenue avant notre derniere assemblée [2]; on y a remarqué que les petites réparations ont été très considerables, à cause des fourberies et pour prevenir ces accidens dans la suite notre Ende s'est offert d'avoir soin de tous les Batimens, ce que Vous avés déjà approuvé avant Votre Depart, mais il demande en cette consideration quelque augmentation de son salaire [3]. Mr Eller croyoit qu'elle pourroit etre de 25 Ecus par an et on m'a chargé de Vous demander, Monsieur, Votre resolution là dessus. Mr Ludolf mourut avanthier, et dabord Mr Gleditsch mit le sceau sur les effets qui lui avoient été confiés de l'Academie [4]. A présent il est occupé de transporter tout dans la Chambre des raretés. Il a aussi sur le champ dépeché une requête au Roy, pour demander la succession, de peur d'etre prevenu par d'autres; il se chargera des fonctions du defunt, sans negliger les siennes, et il espere que Vous supprimeres la seconde place.

Vous aves eu la bonté de donner jusqu'ici une gratification de 50 ecus à Md^lles Kirch, elles esperent que Votre absence ne les en privera. Là dessus je Vous prie, Monsieur, de me marquer Vos ordres, pour les produire dans le Directoire. Mr Köhler avoit representé encore avant Votre depart, de demander au Roy la permission d'imprimer le Reglement pour les Juifs, dont l'impression étoit defendue jusqu'ici. Vous ne jugies pas alors à propos d'ecrire à S. M. Mais après la meme chose ayant été proposée au Directoire, Mr Eller opinoit qu'on ne risqueroit qu'un refus; là dessus nous avons expedié une requête au Roy, et Sa Majesté a accordé cette grace. Nous venons aussi de prendre les mesures pour inserer la Cour et les personnes qui en dependent, dans notre Allmanac d'addresse [5]; dans la confiance que Vous seres bien aise que cette affaire soit reglée pendant Votre absence. Mr Formey est à present occupé à traduire les pieces latines pour le volume suivant de nos memoires. Conformement à Vos Ordres j'avois écrit à Mr de la Grange Tournier [6] à Turin pour lui demander s'il pouvoit bien se resoudre à quitter l'Italie pour accepter quelque place convenable en Allemagne: là dessus il s'explique de cette maniere:

Quod itaque ad sedem meam in Germaniam transferendam attinet, candide dicam, quod sentio, hoc mihi nempe gratissimum futurum, modo satis honesta et commoda mihi statio offeratur; agitur enim de relinquenda [domo, et] patria, ubi vitam meam extra omnes angustias et difficultates [transigo] praesertim cum jam professionem aliquam Mathematicam [in Scholis] Artilleriae obtinuerim cum spe ad majora facile perveniendi.

Interim te summopere rogatum volo, ut Illustrissimo Praesidi omnes quas potes maximas meo nomine reddas gratias, tum pro singulari, quo me immeritum condecorari vult, honore admissionis in Regiam Berolinensem Academiam, tum de eo etiam maxime quod me Potentissimo ac Munificentissimo Regi velit commendare: simulque Ipsum facias certiorem quam devotum gratissimumque me habeat, et habiturus semper sit debitorem etc.

Cette lettre est datée du 19 Maÿ [7] et je n'ai pas voulu lui repondre avant que j'aye reçû Vos ordres là dessus, ou bien quand Vous passeres l'hyver dans les provinces meridionales de la France, Vous seres plus à portée de lui faire ecrire de là [8].

La Sentence du Magistrat de Charlottenbourg à été tout à fait en ma faveur, Mr de Keith étoit obligé de remplir son fossé dans 4 semaines, de reparer à ses depens ma cloison et de rembourser le dommage que j'en ai souffert et de payer tous les fraix du procès. Mais Mr de Keith a appellé à la chambre de justice ici, d'où j'attend bientot la sentence [9].

L'Academie de Petersbourg a rapellé les Russes qui ont été chez moy, sans me rien payer ni pour mes instructions, ni pour les avances que j'ai faites à leur compte, et mon livre imprimé ici à leurs ordres me demeure à charge [10], que je tache à present de debiter aux Libraires aussi bien que je puis. Cet indigne traitement m'a determiné de rompre tout commerce avec eux, et de resigner la pension qu'ils m'auroient oté sans cela: la perte que j'y souffre monte bien au delà de 1 000 Ecus.

Après mes voeux les plus ardens pour Votre conservation, agrées, Monsieur, de recevoir les asseurances les plus empressées de ma reconnoissance sans [bornes] et les protestations les plus sinceres du devouement et respect, avec leq[uel] j'ai l'honneur d'être

Monsieur
Votre très humble [et très obeïssant] serviteur
[L. Euler]
Berlin ce 31 Juillet 1756

[au dos, adresse avec cachet]

A Monsieur
Monsieur de Maupertuis, President de l'Academie Royale des Sciences et Belles Lettres de Prusse, rue du Colombier à Lhotel de Bourbon à Paris

R 1599 Autogr. fr., 2 f^o. – AAS Paris, n° 98, f° 157r–v, 158r [enveloppe].
Adresse: «à Paris»; quelques mots manquent à la fin du f° 158, en raison du coin rogné.
Copie fr., 4 p. – BAB, Bl. 250–253R.

* La date de la présente lettre met en évidence une lacune de plus de trois ans dans la correspondance privée éditée ici. On ne saurait affirmer que durant ce long temps, il n'y a eu effectivement aucun échange épistolaire entre Euler et Maupertuis. Les n°s 104a et 104b *supra* témoignent de relations administratives. Mais il y a incontestablement une lacune qui existait dans le fonds d'archives consulté par le Chanoine Le Sueur puisque les copies dont il a effectué l'édition ne donnent également rien entre 1753 et 1756, et, encore que l'argument ne présente pas une garantie absolue, il semble qu'il faille admettre une perte de documents remontant à l'époque même qui vient d'être évoquée ou à celle qui a suivi la mort de Maupertuis.
Rappelons que celui-ci a quitté Berlin à la fin avril 1753 pour un long séjour en France et n'y est revenu qu'en juillet 1754 (Bibl. Bâle, L Ia 708, n°s 173–181). Puis, qu'il a maintenu sa présence durant deux ans de conditions de santé extrêmement difficiles et a dû se résoudre à repartir vers le climat plus favorable de la France après avoir présidé l'assemblée publique de l'Académie le 3 juin 1756. La présente lettre adressée à Paris est la première d'un dernier lot, celui qui concerne la période juillet 1756–juillet 1759.
La correspondance Euler–Frédéric II éditée dans la seconde partie du présent volume montre combien la position d'Euler à l'Académie fut dominante durant toute la période 1753–1756 (cf. *infra* l'introduction de Ed. Winter, p. 285, et c'est la raison pour laquelle nous avons émis dans notre propre introduction (cf. *supra* p. 27) une hypothèse sur les raisons possibles de la lacune dans la correspondance avec Maupertuis.

Précisons que dès le mois d'août 1755, Maupertuis n'avait qu'un désir: repartir, et qu'en novembre il confiait à son ami de Bâle que le Roi avait effectivement pensé plusieurs fois le remplacer à la présidence par quelqu'un dont il ne voulait pas dire le nom (Bibl. Bâle, L Ia 708, n°s 188–192). S'il est impossible de dire sur quel successeur se portait ses soupçons, il est certain que Maupertuis eut en 1755 des problèmes d'administration difficiles, notamment avec la nouvelle tentative – négociée par Euler – d'assurer à Haller une place importante à Berlin.
Quelles que soient les circonstances cachées derrière la lacune signalée, il reste que la présente lettre inaugure une dernière phase de relations placées sous le signe d'une collaboration effective au service de l'Académie, et que les documents correspondants – tous adressés en France et qui ont suivi Maupertuis dans ses déplacements – n'ont évidemment pas eu à souffrir des aléas aisés à imaginer pour la période 1753–1756. – Pour les dates des déplacements de Maupertuis en France de 1756 à 1759, voir le tableau *supra* p. 36.

[1] Le Code en question avait fait l'objet d'une publication par le Chancelier Samuel von Cocceji en 1747 (traduction française en 1751–1753), mais n'avait pas reçu l'agrément de Frédéric II. Il s'agit donc ici de travaux de révision, probablement entrepris par le grand Chancelier de Jariges que Maupertuis avait imposé à l'Académie comme Membre honoraire le 27 novembre 1755 (cf. n° 104b; *Registres* ... p. 218). Les discussions auxquelles fait allusion Euler au sujet du Code Frédéricien n'ont laissé aucune trace dans les *Registres* pour les séances tenues jusqu'à la date de la présente lettre. Derrière le peu d'empressement de l'Académie dont fait état Euler, il ne parait pas douteux qu'il faille tenir compte d'une opposition: «on en parle dans les assemblées sans rien décider», c'est à dire que l'Académie répugne à se mêler ouvertement de l'affaire. Allusion plus loin lettre 109 *infra*. – Le Code Frédéricien n'a finalement été promulgé qu'en 1794 après la mort de Frédéric II.

[2] Donc avant la séance du 22 juillet, mais il n'en est pas fait mention au compte-rendu (*Registres* ..., p. 225).

[3] Cette augmentation annuelle a été accordée au Sieur Ende, par décision du Directoire, le 30 septembre 1756 (*Registres* ..., p. 226) et a été fixée à 20 Rd.

[4] Pour les prévisions faites concernant les dispositions à prendre après la mort de Ludolff, voir *supra* lettre 87. Les lettres 106–109 *infra* montrent que ces dispositions ont, en fait, été mises en échec. D'autre part il faut noter que le 12 avril 1756 (*Registres* ..., p. 222), Maupertuis avait fait remettre officiellement au Secrétaire perpétuel «huit volumes in folio manuscrits contenant les Actes du jardin botanique, du Plantage de Köpenick, et les catalogues des curiosités du Cabinet de l'Académie». Gleditsch avait donc à préparer une opération d'inventaire en liaison avec les pièces d'archives déposées.

[5] L'initiative avait été proposée par Euler dans la séance du 12 juillet 1755 (cf. *Registres* ..., p. 214).

[6] L'attention de Maupertuis sur Lagrange était évidemment attirée par la lettre et le mémoire sur le principe de la moindre action déposés le 6 mai 1756 (cf. *Registres* ..., p. 223). Voir O. IV A, 5, p. 39, et lettre n° 5 d'Euler à Lagrange, p. 386.

[7] Cf. lettre n° 6 de Lagrange à Euler O. IV A, 5, p. 390. On remarque que dans la première phrase de la citation que fait ici Euler à l'adresse de Maupertuis, il supprime entre «germaniam» et «transferendam» les mots «prope te nunc» qui exprimaient le véritable attrait de la nomination à Berlin pour Lagrange, à savoir venir auprès d'Euler. Manifestement cette suppression correspond au souci de ménager la susceptibilité de Maupertuis.

[8] Euler était donc informé des intentions de Maupertuis concernant un séjour dans le midi de la France (cf. d'ailleurs *infra* lettre 109). Pour l'échec des tentatives d'amener Lagrange à Berlin immédiatement, voir O. IV A, 5, p. 40.

[9] L'affaire concerne un différend d'Euler avec le curateur de l'Académie von Keith, à propos de difficultés survenues dans des problèmes de voisinage sur leurs propriétés de campagne à Lizow près de Charlottenbourg. Il en sera question dans les lettres suivantes, car Euler ne parviendra pas à faire valoir totalement ses droits. Cf. lettres 111 sq. *infra*.

[10] Le livre dont parle Euler est *Institutiones calculi differentialis* ..., Pétersbourg 1755 (E. 212; O. I, 10). Nouvel exemple d'un ouvrage imprimé à Berlin (et en fonction d'un accord de subvention) par l'Académie de Pétersbourg. Pour les «adjoints» de cette Académie envoyés auprès d'Euler à partir d'octobre 1752 pour s'instruire en mathématiques et rappelés en Russie, voir la lettre de Müller à Euler (24 mai/4 juin 1756) – Juškevič–Winter I, p. 112, et celle d'Euler à Rumovsky (7/18 juillet 1756) – Juškevič-Winter, II, p. 422–424. Euler a été payé – avec retard – de tout ce qu'on lui devait. Pour cela et en ce qui concerne Rumovsky et Kotelnikov voir *infra* lettre 109, note 9.

106
EULER À MAUPERTUIS
Berlin, 28 août 1756

Monsieur,

La Lettre dont Vous venes de m'honorer, m'a causé la plus sensible satisfaction tant par les asseurances de Votre Bienveillance et affection que par l'agreable nouvelle que l'air de la France est si favorable à Votre Santé: Dieu veuille la retablir entierement pendant Votre sejour à St. Malo! rien ne me sauroit plus interesser que Votre conservation après les marques les plus eclatantes de Votre Amitié, et les plus importans bienfaits dont Vous m'aves bien voulu combler jusqu'ici et ma famille: que je Vous puisse exprimer les sentimens de mon cœur, qui en est le plus vivement touché! je Vous supplie, Monsieur, de me conserver toujours les memes sentimens, et de croire que ma reconnoissance est sans bornes.

Avant hier nous rentrames dans l'Academie [1] où j'ai communiqué Votre approbation sur les articles que j'ai été chargé de Vous proposer, et en meme temps j'ai proposé M^rs^ la Grange et Salé pour l'election prochaine. Un Professeur de Duisbourg nommé Leidenfrost vient de dedier à l'Academie un excellent ouvrage qui contient des experiences très importantes sur la nature de l'eau, qui semblent ouvrir une tout nouvelle carriere dans la Physique [2]. L'auteur parut très digne de remplir une place dans notre Academie, et je suis chargé de Vous demander la permission de le recevoir. La succession de Mr Ludolf n'est pas encore reglée. Mr de Viereck ayant été fort porté de charger l'Academie de Mr Buttner et de lui procurer une pension, Mr Eller s'y oppose vigoureusement, et Mr Gleditsch s'est vu obligé d'implorer la protection du Roy pour le maintenir dans son poste, car l'intention de Mr de Viereck étoit de donner à Buttner l'administration du jardin. Le Roy vient de renvoyer cette affaire à l'Academie et Mr Eller, qui m'a chargé de Vous presenter ses très humbles respects, me dit que l'affaire est à present sur le point d'etre accommodée, et que Mr Gleditsch aura les 200 ecus, que feu Mr Ludolff avoit de la caisse du Roy, en qualité de Professeur: et que les 100 ecus qu'il avoit de l'Academie dependoient de Votre disposition. Mr Buttner les cherche avec beaucoup d'empressement, ce qui a determiné Mr Lehman de presenter une requete à l'Academie, où il demande que les membres soient preferés aux étrangers [3]. Je suis chargé, Monsieur, de Vous donner avis de cette representation, et de Vous demander Vos Ordres là dessus: si Vous trouves bon que les dit 100 ecus demeurent attachés à la place du Botaniste du Theatre ou si Vous les voules accorder à un autre, auquel cas l'Academie Vous recommende preferablement Mr Lehman, qui en auroit très besoin. Madame la Princesse de Kœpnic Vous fait bien ses complimens, et Vous prie de Lui apporter à Votre retour un beau Barbet ou un tel chien asses petit en son espece.

Mr Merian me dit avoir bien reçu une lettre de Vous, mais qu'il n'y avoit rien au sujet de notre atlas: cependant sur ce que je lui ai dit, il s'acquittera de cette commission quoiqu'il ne sache comment et à qui l'envoyer: mais Votre lettre arrivera peut etre et le tirera de cet embarras.

Le procédé de l'Academie de Petersbourg avec moy est bien singulier, depuis peu ils m'ont envoyé l'argent que j'avois avancé avec les plus fortes asseurances qu'aucune disgrace de la part de Mr le President n'etoit cause de ce delai, mais certaines confusions dans la chancellerie. Cependant ils n'ont pas encore disposé des exemplaires de mon livre, qui tous sont encore chez moy, ce qui est une marque d'une confusion asses considerable dans l'administration. Apresent que la Cour de Russie est si bien avec celle de la France, il n'y a point de doute que Votre pension ne Vous soit payée. Madame de Wolden a envoyé chez moi il y a quelque tems, et m'a demandé tous les eclaircissemens qui regardent Votre pension: j'ai repondu par ecrit que, selon les Ordres de l'Imperatrice Anne Votre pension auroit du commencer, si je ne me trompe, dès l'année 1737 ou 38, et quoique Vous ayes refusé de l'accepter alors, les ordres portoient que l'argent soit tous les ans mis àpart, jusqu'à ce que Vos circonstances Vous permirent d'en jouir [4].

Mon procès avec Mr de Keith n'est pas encore terminé dans le Tribunal d'appel à cause des vacances, mais on m'asseure qu'il le sera incessament.

Je suis encore fort occupé à finir mes recherches sur la dioptrique, où je trouve toujours de nouveaux sujets à examiner.

En reiterant les asseurances les plus empressées de ma reconnoissance et de mon devoüement, j'ai l'honneur d'etre avec un très profond respect

Monsieur

Votre très [humble et] très obeïssant [serviteur]

L. [Euler]

Berlin ce 28 août 1756

Mr Spener est mort, et nous serons peutetre obligés de prendre de nouvelles mesures par rapport à l'impression de nos memoires.

R 1600 Autogr. fr., 2 fo. – AAS Paris, no 99, fo 159r–v, 160r.
[Adressée à Saint-Malo.]
Copie fr., 4 p. – BAB, Bl. 254–257R.

[1] La première séance après les vacances a eu lieu en effet le jeudi 26 août, mais le compte-rendu (*Registres* ..., p. 225) ne mentionne que la proposition pour élection à huitaine, en qualité d'associés externes, de M. Sallé, avocat au Parlement de Paris, et de M. de Lagrange-Tournier, professeur à l'Ecole d'Artillerie de Turin. Proposition «par ordre de M. le Président Maupertuis».

[2] C'est le 24 juin, donc après le départ de Maupertuis, que fut déposé «le traité latin sur les propriétés de l'eau que M. Leidenfrost a dédié à l'Académie» (cf. *Registres* ..., p. 224). Euler n'aura satisfaction quant à la réception de l'auteur comme membre étranger que le 16 novembre 1758 (*Registres* ..., p. 244).

[3] Buttner, dont la nomination comme professeur au collège médical de Berlin soulèvera des oppositions (cf. lettre 109 *infra*), était à proprement parler étranger à l'Académie tandis que Lehman était considéré comme membre ordinaire depuis 1755 (voir lettre 109 *infra* note 4). La réclamation dont parle ici Euler, en opposant Lehman à un personnage jouissant d'appuis en haut lieu, a eu un effet fâcheux puisque les *Registres* ..., p. 225, indiquent le 2 septembre que Lehman est présent comme Associé Externe. Une décision, qui n'a pas laissé de trace, est donc intervenue rapidement pour lui enlever la motivation qu'il invoquait d'une manière, semble-t-il, peu justifiée, puisque la qualité de membre ordinaire ne lui appartenait pas de droit.

[4] Il est certain qu'en France, Maupertuis se trouvait obligé de subsister avec des ressources réduites du fait qu'il avait laissé sa femme à Berlin avec le bénéfice de sa pension de président. Le 28 janvier 1758, il écrivait à Jean II Bernoulli que sa situation financière était catastrophique malgré la pension dont il jouissait en France (Bibl. Bâle, L Ia 708, no 197). La tentative pour s'informer de ce qu'il serait possible d'obtenir de l'Académie de Pétersbourg s'inscrit dans ce contexte. Voir *supra* Introduction, note 11.

107
EULER À MAUPERTUIS
Berlin, 18 septembre 1756

Monsieur,

M^r De Viereck vient de nous addresser un billet, dans lequel il marque à l'Academie que Sa Majesté le Roy avoit nommé Mr Büttner second Professeur en Botanique au Theatre Anatomique avec la pension de 100 Ecus, de feu Mr Ludolf. Il ajoute que nous mettions les ordres pour cet effet dans la Caisse. Mais nous jugeons que sans Vos ordres, ou un ordre immediat du Roy, nous ne saurions satisfaire à la demande de Mr de Viereck; je viens de diner avec Mr Cagnoni chez M^r le Comte de Beer, qui est du meme avis et m'a chargé de Vous presenter ses complimens les plus empressés [1]. Mr Buttner s'imaginoit qu'il étoit par là membre de l'Academie, mais je Lui ai signifié qu'il ne le sauroit devenir sans une reception formelle, et qu'une telle reception ne se feroit pas sans Vos Ordres [2]. J'ai été chargé de Vous faire ces representations, Monsieur, et de Vous prier de vouloir bien nous faire savoir Vos intentions là dessus.

En vous recommendant avec le plus fort empressement toute ma maison, j'ai l'honneur d'etre avec un très profond respect

Monsieur
Votre très humble et très [obeïssant] serviteur
L. Euler

Berlin ce 18 Sept. 1756

R 1601 Autogr. fr., 1 f^o. – AAS Paris, n° 100, f° 161r.
[Adressée à Saint-Malo.]
Copie fr., 2 p. – BAB, Bl. 258–259R.

[1] Cagnoni était devenu en 1752 curateur de l'Académie, et Euler essaie manifestement de faciliter la décision de Maupertuis en lui assurant l'appui d'un curateur contre la tentative de coup de force d'un autre curateur.

[2] Ces ordres n'ont en définitive jamais été donnés.

108
EULER À MAUPERTUIS
Berlin, 25 septembre 1756

Monsieur,

A notre derniere assemblée j'ai été chargé de Vous rapporter encore quelques eclaircissemens sur l'affaire de Mr Buttner [1]. J'ai dejà eu l'honneur de Vous marquer que M^r

de Viereck s'est fort interessé pour lui, et qu'il avoit taché en vain d'enlever à Mr Gleditsch la succession des 200 Ecus, que feu Mr Ludolff avoit d'une Caisse du Roy. Là dessus Mr Buttner ayant declaré qu'il quitteroit le pays, Mr Eichel a ecrit à Mr de Viereck que S.M. seroit bien aise s'il pouvoit trouver moyen de l'arreter [2]: Il lui offrit donc les 100 Ecus de la Caisse de l'Academie avec le Caracter d'un second Professeur en Botanique, ce qu'il a accepté. Mais comme la signature du Roy y manque Mr Eller ne le veut pas introduire dans le Theatre Anatomique, et le Directoire se croit aussi peu autorisé de lui donner les dits 100 ecus, à moins que Vous ne les voulies accorder par des raisons particulieres. Dans cet intervalle Mr Lehman a remis à l'Academie un second Ecrit, dans lequel il demande qu'en cas que ces 100 Ecus ne doivent pas etre regardés comme appartenans à Mr Gleditsch, on les donne plutot à Lui qu'a un autre, surtout à un tel qui n'est pas membre de l'Academie, il ajoute que cela est conforme à Votre Intention. Dans ces circonstances le Directoire Vous supplie, Monsieur, très humblement, de vouloir bien au plutot nous communiquer Vos Ordres sur cette affaire [3]. Je profite de cette occasion pour Vous asseurer du très profond respect avec lequel j'ai l'honneur d'etre

Monsieur
Votre très humble et très ob[eissant] serviteur
L. Eul[er]

Berlin ce 25 Sept. 1756

[au dos, adresse avec cachet]

A Monsieur
Monsieur de Maupertuis, Président de l'Academie Royale des Sciences et Belles Lettres de Prusse, Fr. Amsterdam [surchargé, en grosses lettres: Wesell], St. Malo

R1602 Autogr. fr., 1 f°. – AAS Paris, n° 101, f° 162r, 163r [enveloppe].
Adresse: «à Saint-Malo».
Copie fr., 2 p. – BAB, Bl. 260–261R.

[1] Les *Registres* ..., p. 226, ne contiennent encore aucune mention pour la mission dont Euler fait état ici et qui aurait été décidée à la séance du 23 septembre.

[2] D'après ces nouveaux renseignements, l'action de von Viereck ne serait donc que la conséquence d'une manœuvre émanant d'un personnage subalterne, mais bien placé dans l'administration et pouvant arguer de l'audience royale.

[3] Le désir d'obtenir une prompte réponse est souligné par le fait que la lettre a été postée de manière à suivre une voie plus assurée (par la Hollande): voir l'adresse ci-dessous. On ne doit pas oublier qu'à la date de la présente lettre, on est à cinq jours de la bataille de Lowositz entre la Prusse et l'Autriche.

109
EULER À MAUPERTUIS
Berlin, 23 octobre 1756

Monsieur,

Ayant communiqué le contenu de Votre derniere lettre dont Vous m'aves bien voulu honorer, au Directoire de l'Academie, les paroles que vous aves ajoutées au sujet de Mr Buttner, *encore si Sa Majesté l'ordonne,* nous tiendront de regle pour nous conduire dans cette affaire [1]. Car comme nous n'avons encore reçu aucun ordre du Roy là dessus, les ordres du Ministre demeureront sans effet; et puisque malgré les ordres du Grand Directoire Mr Eller a refusé à Buttner l'introduction dans le College Medico-chirurgique, nous sommes encore davantage autorisés de lui refuser la pension de 100 Ecus qui n'est fondée que sur un billet particulier de Mr de Viereck. Nous avons trouvé moyen de diminuer considerablement les depenses du Jardin, en retranchant les chevaux et le valet, ayant fait un contract avec les paysans du village pour charrier le fumier et le bois, et outre que nous vendons les chevaux nous donnons aux paysans les prairies en partie du payement, desorte que la caisse profitera bien 200 ecus sur tout àpresent où le bled est si horriblement cher [2]: nous ne doutons pas que Vous n'approuvies cette demarche.

J'ai reçu une lettre de M^r^ l'Abbé Outhier addressée à Vous, et que je devois ouvrir, en cas que Vous ne fussies plus ici [3]. M^r^ L'Abbé y mande qu'il avoit executé un de mes objectifs composés, et quoiqu'il n'en ait encore construit une lunette selon mes regles, Il avoit essayé simplement l'objectif et remarqué qu'il n'admette pas une si grande ouverture que je m'imagine sans produire des couleurs. Surquoi je remarque 1° que ces objectifs de meme que les ordinaires ne sont pas delivrés des couleurs, qu'on peut diminuer et meme reduire à rien par le moyen des verres oculaires. 2° Je ne comprend pas comment on puisse absolument prononcer sur l'ouverture qu'un verre admet: car l'ouverture se regle sur le grossissement, et il faut donner au meme objectif une d'autant plus petite ouverture, plus on veut grossir les objets. 3° Je ne sai pas s'Il a joint ensemble les verres comme je veux, et s'il a tourné la juste face vers l'objet, car si on les joint autrement ou qu'on les tourne, il produira un moindre effet que les ordinaires. Ainsi dans l'incertitude, si M^r^ l'Abbé a fait attention à toutes ces circonstances, je ne saurois encore abandonner mon système.

Mr Pott a recommencé de nouveau ses querelles ayant publié un écrit où il dechire toute l'Academie, et renouvelle ses plaintes contre Mr Eller devant la justice. Mr Epinus vient de presenter à l'Academie un Memoire dans lequel il demande son congé. Nous lui avons repondu qu'il devoit pour cela s'addresser immediatement au Roy: cependant je fus chargé de Vous en donner avis, et de Vous demander Vos Ordres là dessus [4].

L'incluse est de Mr Murdoch, qui contient l'agreable nouvelle que Vos livres sont retrouvés, et les ordres expediés pour Vous les faire parvenir [5].

Par les nouvelles publiques Vous apprendres, Monsieur, que l'Armee saxonne est entrée aux services au Roy, et qu'elle est partagée parmi les Regiment[s]. Il semble que les Affaires changeront bien de face après la publication des lettres originales retirées des Archives de Dresde, par lesquelles le noir complot contre les Etats du Roy est mis dans tout son jour [6]. Il paroit aussi qu'on a taché soigneusement de cacher ces intrigues à la Cour de France.

Pour mon procès, il ne vient que de revivre depuis quelques jours, malgré mes instances, et Mr de Keith a trouvé moyen pendant cet intervalle de brouiller tellement les choses qu'il faut plaider de nouveau; mais je porterai mes plaintes à S.E. M^r le grand Chancelier.

Le passage de Votre Lettre, Monsieur, qui regarde Votre santé m'afflige très sensiblement; et je fais les vœux les plus ardens pour un parfait retablissement avant l'approche de l'hyver, ou qu'aumoins celui-cy n'y mette des obstacles. Ne feries Vous pas mieux de passer l'hyver dans les provinces meridionales de la France, comme Vous Vous éties proposé; j'ose Vous supplier, Monsieur, très humblement, et au nom de l'Academie de faire tout le possible pour Votre conservation. Apres les très humbles respects de toute ma Famille et de Mr Eller j'ai l'honneur d'etre avec le plus respectueux attachement

Monsieur
Votre très humble et [très obeïssant] serviteur
L. [Euler]

Berlin ce 23 Octobr. 1756

La guerre semble retarder pour quelque tems l'impression du Code.

[au dos]

Je suis rentré dans la bonne-grace de l'Academie de Russie, on m'a payé les fraix de l'impression de mon ouvrage, mais ils n'ont encore rien ordonné à l'egard des exemplaires qui sont encore tous chez moy: de sorte que le debit est encore suspendu. En cas qu'une guerre survint je ne sai ce qu'il en deviendra [7]; je viens de recevoir des lettres de ce pays, où l'on me sollicite de delivrer ce prisonnier Russien à Leipzig, qui a volé Mr Jordans; on m'a envoyé pour cet effet une lettre de change de 600 Roubl, tant pour contenter Mr Jordans que de renvoyer le pauvre Diable [8]. Mes Russes sont heureusement arrivé à Petersbourg, et on y est très content tant de leurs progrès que de leur conduite, on me fait esperer une gratification à leur egard qu'on m'avoit dabord promise, mais depuis refusée [9].

R 1603 Autogr. fr., 2 f°. – AAS Paris, n° 102, f° 164r–v, 165r–v.
Copie fr., 4 p. – BAB, Bl. 262–265R.

[1] La lettre précédente est donc parvenue à Maupertuis et celui-ci a pu faire connaître sa décision qui consiste à ne s'incliner que sur ordre formel du Roi. Comme celui-ci a bien d'autres soucis en tête, avec la guerre en cours, il est clair que Buttner n'aboutira pas dans sa revendication.

[2] Cette phrase quelque peu énigmatique signifie sans doute que l'Académie se réserve par le contrat évoqué une part importante du produit des terres, notamment de celles qui sont ou seront ensemencées en blé.

[3] Cette lettre est perdue. Elle fut vraisemblablement envoyée de Paris au début octobre et cela prouve que Maupertuis n'avait pas repris contact avec l'abbé Outhier lors de son propre passage à Paris avant de gagner St-Malo. Pour le débat relatif aux lunettes, voir *supra* lettres 46 et 47.

[4] Pour la demande de congé d'Aepinus il y a conformité avec *Registres* ..., p. 227, pour la séance du 14 octobre. Aepinus obtint effectivement ce qu'il désirait et gagna Pétersbourg avec la place de Physicien à l'Académie. – Voir la lettre n° 110, note 5.
Pour Pott et l'écrit dont il est question nous n'avons pas de référence. Il convient seulement de retenir, en liaison avec la lettre 110 suivante que d'après les *Registres*, Pott a cessé d'assister aux séances de manière systématique après le 26 septembre 1754 où fut reçu Lehman comme membre associé externe (p. 205) et que celui-ci fut au contraire régulièrement présent et classé parmi les membres ordinaires du 30 janvier 1755 (p. 209) au 2 septembre 1756 (p. 225). Il est probable que l'ambition de Lehman est le motif de la querelle.

[5] Il est impossible de préciser de quoi il s'agit, l'«incluse» étant d'ailleurs perdue.

[6] Les historiens ne sont pas tous d'accord sur la motivation que suggère ici Euler pour la guerre de Sept ans. Pour les notes que nous avons estimées nécessaires au sujet des événements évoqués dans les lettres suivantes – indépendamment de toute appréciation politique – nous avons suivi les données de R. Waddington, *La guerre de Sept ans*, 5 volumes, in-8°, Paris 1899–1914. La bibliographie complète de la question est donnée dans: *Семилетняя война 1756–1763. – Большая Советская Энциклопедия, 38*, 477–478. Второе издание, 1955.

[7] Euler est à juste titre inquiet du sort de son livre imprimé à Berlin au titre de l'Académie de Pétersbourg, dans le cas – dont l'éventualité ne lui paraît pas exclue – où il y aurait entrée en guerre de la Russie. L'éventualité n'empêche pas Euler de manifester sa satisfaction devant l'attitude de l'Académie de Pétersbourg à son endroit. – Voir la lettre n° 105, note 10.

[8] Cf. lettre de Schumacher à Euler 27 juillet/7 août 1756 – Juškevič–Winter, II, p. 426.

[9] Pour le retour des «adjoints» Kotelnikov et Rumovsky à Pétersbourg et le règlement des frais dus à Euler, voir les lettres Müller–Euler du mois d'octobre 1756 – Juškevič–Winter, I, p. 128–130.

110
Euler à Maupertuis
[Berlin,] 18 décembre 1756

Monsieur,

Hier mourut ici M^r^ Le Dr Lieberkuhn après une pleureusie [sic] de 10 jours et Mr Eller me fit prier de Vous donner dabord avis de cet evenement entant qu'il puisse influer dans les arrangemens de l'Academie [1].

Mr Lehman profite de cette occasion pour Vous recommender ses intérêts en Vous suppliant de lui accorder une place ordinaire [2] dans la Classe physique, et de le préferer à dautres, qui ne manqueront pas de la solliciter. Pour la pension qui vient d'etre vacant par cette mort, et pour celle que feu Mr Ludolf a laissée [3], je dis à tout le monde que Vous n'en disposeres qu'après Votre retour.

Nous venons de regler l'affaire des chevaux du jardin de l'Academie ayant conclu un traité avec un paysan qui s'est engagé de charrier le bois et le fumier, dont le jardin a besoin; on lui payera 12 gros pour une voiture de bois, et 10 de fumier. Le bois fera environ 60 et le fumier 40 chariots, tout au plus, d'où il est clair que cette depense des chevaux, qui a couté tous les ans jusqu'à 300 Ecus, se fera dans la suite avec moins que 50 Ecus, outre que ce paysan payera encore 10 ecus pour les produits qui appartiennent au jardin [4].

Mr Epinus n'a point reçu de reponse du Roy sur sa démission [5] et Mr Eichel lui a marqué qu'il étoit impossible de repondre à de telles requêtes particulieres, qu'il devroit pour cela s'addresser à l'Academie. Selon toutes les apparences il n'aura point de resolution qu'après Votre retour.

J'ai eu l'honneur de Vous mander, Monsieur, que Mr Pott a renouvellé ses querelles, tant par des ecrits que par des plaintes devant la justice, portées contre Mrs Lehman & Brandes [6]. Il s'est addressé aussi chez M[r] le Grand Chancelier, or S.E. a jugé que pour l'honneur de l'Academie il vaudroit mieux que ces querelles fussent assoupies à jamais, et m'a dit qu'une representation de la part de l'Academie seroit suffisante. J'en ai rendu compte à M[rs] mes Collegues, qui ont approuvé ce conseil, et nous avons dressé un tel Memoire: sur quoi il fut resolu dans le Conseil d'Etat de charger le grand Fiscal d'y mettre fin et de reconcilier les parties, en leur imposant au nom du Roy un silence perpetuel.

Comme cette lettre Vous parviendra vers le nouvel ans, agréés, Monsieur, mes vœux les plus ardens pour Votre conservation, et pour Votre Convalescence parfaite: Dieu Vous reconduise en bonne santé à l'Academie.

J'ai l'honneur d'être avec le plus parfait et le plus respectueux attachement
Monsieur
Votre très humble et très obeïssant serviteur
L. Euler
[ ] 18 Dec. 1756

[Je viens] d'apprendre que Mr Pott [aura la] place de f. Mr Lieberkuhn [ ] Rezow, mais j'espere [ ]erer [7].

R 1604 Autogr. fr., 1 f°. – AAS Paris, n° 103, f° 166r–v.
Copie fr., 3 p. – BAB, Bl. 266–268R.

[1] Lieberkühn n'assistait plus depuis longtemps aux séances de l'Académie. Sa mort libère une place dans la Classe de Philosophie Expérimentale dont Eller était le directeur.

[2] Le terme est précis. Lehman a besoin de faire régulariser une situation qu'il avait, semble-t-il, essayé d'occuper durant plus d'un an (voir les données de la note 4 de la lettre 109 *supra*).

[3] Pension à laquelle Lehman postulait aussi: cf. lettre 105 *supra*.

[4] Comparer avec les données de la lettre 109 *supra*.

[5] Aepinus a continué sa participation à l'Académie en donnant le 2 décembre un mémoire en allemand sur les micromètres (*Registres* ..., p. 228). – Voir aussi la lettre n° 113, note 3.
Il n'obtint pas sans peine son autorisation de départ pour Pétersbourg, où il arriva seulement fin mai 1757. – Voir les lettres Euler–Müller, Juškevič–Winter I, p. 128, 140–141, 143.

[6] Brandes, associé externe, avait lu le 28 octobre un mémoire de Lehman sur le cobalt (*Registres* ..., p. 227). Il est donc probable que c'est ce mémoire qui a motivé les plaintes que Pott a portées en justice contre Lehman et Brandes à la fois.

[7] Aucune conjecture valable n'est possible sur la teneur du post-scriptum que la déchirure du manuscrit rend très incomplet.

111

Euler à Maupertuis

Berlin, 15 janvier 1757

Monsieur,

Le mauvais état de Votre Santé vient de causer une affliction generale tant dans l'Academie qu'auprès tous ceux qui savent estimer les avantages dont nous Vous sommes redevables, or pour moi en particulier, j'en suis touché au plus vif, et les Marques les plus eclatantes de Votre affection dont Vous m'aves comblé, augmentent de plus en plus mon affliction. Je fais les vœux les plus ardens pour Votre conservation. Dieu veuille soutenir Vos forces pendant la mauvaise saison, et en l'abbregeant Vous accorder la grace d'un parfait retablissement! Je me console que la rude saison sera passée et que l'air natal recommence à soulager Votre état.

Après la mort de Mr Lieberkuhn, Mr Eller, qui Vous presente ses très humbles complimens, m'a prié de Vous recommender les interêts de Mr Lehman, qui, outre qu'il merite d'etre recompensé par son application et zêle, en a extremement besoin, puisque les terres de sa mere en Saxe, qui l'a soutenu jusqu'ici, ont beaucoup souffert par la calamité generale.

Vous aures aussi apris, Monsieur, la mort de notre Curateur Mr Keith, qui n'a pas eu la satisfaction de voir notre procès fini; hier on m'asseura chez M^r^ le Grand Chancelier, qu'il est sur le point d'etre decidé. On me dit aussi que son bien à Lizow est à vendre, desorte que je me trouve dans la grande attente qui deviendra mon voisin.

Le Roy vient d'autoriser le Directoire de l'Academie d'expedier le congé à Mr Aepinus, que nous signames avanthier, mais avant Votre retour, nous ne voyons aucune possibilité d'engager M^r^ la Grange, puisque dans les circonstances presentes personne n'oseroit faire la proposition au Roy [1].

Maintenant il s'agiroit de pourvoir à l'Almanac Astronomique pour l'année prochaine; en cas que Vous ne soyes pas d'avis de le supprimer entierement vu que l'Academie y perd tous les ans: cependant mon fils prend la liberté de s'offrir à le faire [2], quoique ce soit un travail penible, je sai par experience qu'il est fort avantageux de s'etre familiarisé avec cette espece de calcul. En cas que Vous l'approuviés, je l'y ferai travailler incessament, afin qu'il ait le tems de l'achever de bonne heure.

Nous venons de regler notre assemblée publique, qui se tiendra le 27 de ce mois, il y auroit quatre eloges de Mrs Keith, Carita, Ludolf et Lieberkuhn, mais Mr Formey se plaint de ne pouvoir avoir les memoires necessaires, et les parens du dernier demandent du tems pour le rendre d'autant plus interessant. D'ailleurs, Mrs Eller, Meckel, Merian et Sulzer se sont offert de lire des memoires [3].

Le nouveau volume de nos memoires avance beaucoup [4], on y est deja au milieu de la Classe mathematique; le papier n'y manque point, et il semble qu'après la mort de Spener, les deux Veuves font mieux leurs affaires.

En reiterant mes vœux pour Votre retablissement, et en me recommendant à la continuation de Votre affection et bienveillance j'ai l'honneur d'etre avec la plus respectueuse consideration

Monsieur

Votre très humble et très obeïssant serviteur

L. Euler

Berlin ce 15 Janvier 1757

Mrs Michel et Murdoch Vous font bien leurs complimens, et m'asseurent que Vous r[']aures infailliblement Vos livres [5].

R 1605 Autogr. fr., 2 f°. – AAS Paris, n° 104, f° 167r–v, 168r.
Copie fr., 3 p. – BAB, Bl. 269–271 R.

[1] Le départ d'Aepinus rendait une pension vacante. D'où une possibilité pour satisfaire le projet formé par Maupertuis en faveur de Lagrange. Le renseignement présent complète l'indication donnée O. IV A, 5, p. 40.

[2] Il s'agit de Jean Albert – ou Johann Albrecht Euler, fils aîné d'Euler, qui avait été reçu membre ordinaire de l'Académie dans la classe de Mathématiques le 6 décembre 1754 sur proposition de Maupertuis (*Registres* ..., p. 207–208).

[3] Au cours de la séance du 27 janvier (cf. *Registres* ..., p. 229), séance qui était en effet une assemblée publique, seuls furent présentés les éloges de Keith et Carita, et les lectures de Eller et Sulzer.

[4] Il s'agit vraisemblablement du volume n° 12 des *Mémoires de Berlin pour 1756* qui parut en 1758.

[5] Il s'agit sans doute de l'éditeur Michaelis.

112
Euler à Maupertuis
Berlin, février 1757

Monsieur,

Dans la ferme confiance que la bonne saison, dont nous eprouvons ici déjà le commencement, Vous ait dejà soulagé, mon inquietude pour Votre santé diminue peu à peu, et je regarde l'accomplissement de mes vœux de Vous revoir ici parfaitement retabli, comme fort prochain. Dieu veuille Vous laisser jouir d'une parfaite santé, et Vous preserver à l'avenir de pareilles attaques. Mr Eller est en cause, que j'ai differé si long temps de repondre à l'obligeante lettre dont Vous m'aves bien voulu honorer en me faisant attendre d'un jour à l'autre une incluse, dans laquelle Il vouloit Vous representer les besoins de la Classe de Physique, qui manque asses souvent de lecteurs, auquels la Classe de Mathematique a déjà suppléé quelques fois. Il attendoit pour cela une reponse de Mr Chotenius [1] qui avoit proposé un traité de partage des pensions de Mrs Lieberkuhn et Ludolf en faveur de soi même [et] de Mr Ludolf Junior, dont Mr Eller fût enragé, et a pris les precautions necessaires pour empecher que le Roy ne fut surpris. Il s'étoit proposé de Vous en rendre compte, mais il y a apparence que cette affaire n'est pas encore terminée. Comme il est extremement important que la distribution des pensions soit reservée à Votre Disposition, j'ose Vous supplier, Monsieur, de vouloir bien faire aussi de Votre coté tout ce qui est possible, pour empecher que ces pensions ne soient données à des personnes hors de l'Academie [2]. Dans la Classe de Physique il n'y a, comme Vous saves, que Mrs Eller, Gleditsch et Marggraf, qui y travaillent de ceux qui ont des pensions [3], pour les autres Mr Lehman se distingue par son assiduité. Mais il se trouve dans les besoins les plus pressans, ayant perdu une pension de 200 Ecus, qu'il avoit des mines du Harz qui appartiennent à quelques particuliers, qui n'ont pu souffrir, qu'il decouvrit leur supercherie. Outre cela l'état de la Saxe a mis sa mere hors d'état de le secourir, de sorte qu'il n'a absolument rien de quoi subsister, il m'a fort instamment prié de le recommender en Russie ou autrepart pour lui procurer quelque place. Si Vous trouviés bon de lui accorder quelque gratification, en attendant que les circonstances changent, cela le detourneroit de sortir du pays. D'ailleurs tant s'en faut, que je voudrois proposer rien qui pût aboutir à eparpiller les fonds de l'Academie, que je serois plutot porté pour l'extinction entiere de quelques pensions [4]. Car quoique les revenues de l'Academie soient alle jusquici en augmentant, il est fort à craindre que quand cette guerre dure long tems, elles ne diminuent considerablement, et qu'on sera en peine de payer les pensions actuelles. M^r^ D'Alembert nous cause bien des embarras par ses disputes, apres que Mr Formey lui a communiqué mes reponses à son memoire [5]; il lui marque qu'il est d'autant plus convaincu dans son sentiment, et qu'il feroit voir aussi qu'il a raison dans ses vieilles disputes contre Mr Bernoulli sur l'hydrodynamique; quoique tout le monde doive convenir que les experiences ont decidé pour Mr Bernoulli. Si M^r^ D'Alembert avoit la candeur de Mr Clairaut, il ne balanceroit pas de se retracter. Mais àpresent si l'Academie vouloit preter ses memoires à ses vües, la Classe de Mathematique ne seroit remplie pour quelques années que des disputes sur les cordes vibrantes qui n'aboutiroient absolument à rien, et par cette raison on a trouvé bon dans la derniere assemblée de l'Academie de supprimer le Memoire de M^r^ d'Alembert sur cette matiere. Il avoit pretendu aussi que j'inserasse de nouvelles declarations sur quantité d'articles que je lui avois volé. Mais ma patience est poussée à bout, et je lui ai fait repondre que je n'en ferois rien, et qu'il puisse publier lui meme ses pretentions par tout où il veut, et que je ne m'y opposerois point. Il aura de quoi remplir l'article de *pretention* dans l'Encyclopedie [6].

Le Tribunal de la Chambre a enfin prononcé dans mon procès, mais d'une manière qui ne decide absolument rien. Il est enjoint à mon adversaire de prouver que le fossé en question ait été fait avant mon tems, et cette preuve pourra bien durer quelques ans ou eternellement, car il n'a qu'a dire que ceux qui l'ont creusé sont à l'armée, et ensuite qu'ils sont tués. Je me suis offert de prouver le contraire par des temoignages invicibles, mais les loix demandent que l'adversaire, et non pas moy, prouve. M^r^ le Chancelier m'a promis de se rendre lui meme à Charlottenbourg et de prononcer sur les lieux. Si je possedois l'eloquence de Mr Premontval, j'écrirai la seconde partie de la cause bizarre [7]. Car c'est le plus bizarre qu'au cas que l'adversaire ne puisse produire sa preuve, et qu'il a cherché par consequent d'imposer au juge par des mensonges [8], la sentence m'impose la moitié des depenses, et me refuse la restitution du dommage tant du passé que de l'avenir.

J'ai l'honneur d'etre un très profond respect
Monsieur
Votre très humble et très obeïssant serviteur
L. Euler

[...] Fevrier 1757

R 1606 Autogr. fr., 2 f°. – AAS Paris, n° 105, f° 169r–v, 170r–v.
Copie fr., 4 p. – BAB, Bl. 272–275R.

[1] Il s'agit de Cothenius, médecin du roi à Potsdam, qui était membre étranger de l'Académie.

[2] L'expression correspond au fait que seuls les membres ordinaires sont considérés comme étant «dans l'Académie».

[3] La phrase d'Euler est maladroite. Il veut dire que parmi ceux qui ont des pensions dans la Classe de Physique du fait de leur statut il n'y a que les trois personnages nommés qui travaillent effectivement, tandis que parmi les associés externes sans pension, Lehman se distingue par son «assiduité».

[4] La situation de l'Académie en période troublée incite Euler à rejoindre une position que son président avait depuis longtemps quant au gaspillage auquel aboutissait l'institution. Voir notamment à la date du 24 novembre 1750 la déclaration de Maupertuis: «Quel malheur qu'en payant on n'arrive même pas à avoir de bons sujets» (Bibl. Bâle, L Ia 708, n° 139).

[5] Voir le compte-rendu de la séance du 17 février 1757 (*Registres* ..., p. 230) et les commentaires dans O. IV A, 5, p. 29–30 et 316. Pour le mémoire de d'Alembert du 15 juin 1752, intitulé «Observations...» (publié pour la première fois dans O. IV A, 5, p. 337–346), Euler avait motif de marquer des oppositions.

[6] Allusion mordante à l'activité de d'Alembert dans l'*Encyclopédie*. Celle-ci n'en était évidemment pas encore arrivée à la lettre P à l'époque considérée.

[7] L'allusion concerne un fait connu de Maupertuis, mais qu'il n'est pas possible de préciser. Le 15 janvier 1755, De Premontval – coutumier des réflexions philosophiques en tous genres – avait parlé à l'Académie du «Hazard ordonnateur, etc. ...» (*Registres* ..., p. 209). Peut-être est-ce à cet exposé qu'il y a lieu de remonter.

[8] En employant le mot bizarre pour caractériser une disposition des lois qui est proprement inique, Euler veut rester dans la bienséance.

112a
Euler à Maupertuis
Berlin, 22 février 1757

O. IV A, 1, Anhang III, 12, [R 1606a].
Autogr. fr., 1 f°. – Fichier Charavay, Bibl. Nat., Paris.

Selon le cataloque de vente de la Maison Charavay, ce serait une lettre «relative à la bibliothèque de l'Académie de Berlin, aux arrangements à faire dans ces locaux, et à la Vente de feu M. Hering [1]» (2 pages, in-4°).

[1] Sans doute s'agit-il de Henning.

113
Euler à Maupertuis
Berlin, 9 avril 1757

Monsieur,

La belle saison dont nous jouïssons ici depuis quelque tems me rassure au sujet de Votre santé, et j'espere que la derniere attaque dont Vous Vous plaignies n'aura pas eu de suites. Je joigns [sic] mes vœux à ceux de toute l'Academie, qu'un parfait retablissement Vous mette bientot en état de retourner chez nous, et que Dieu Vous preserve à l'avenir de pareils accidens, qui Vous obligent de nous quitter.

Mr Eller a été très sensible aux bontés que Vous aves bien voulu accorder à Mr Lehman et la gratification de 100 Ducats lui a été expediée sur le champ: il prend la liberté de Vous presenter dans l'incluse ses très humbles remercimens.

Mr Eller ne craint plus que quelque pension ne soit enlevée, Mr Chotenius lui ayant ecrit que son intention n'a jamais été d'etre à charge à l'Academie: peut etre qu'un tentatif [sic] mal reussi lui a inspiré ces sentimens [1].

La necessité de menager le fond de l'Academie se fait sentir de plus en plus, et si cette guerre duroit long tems les revenues pourroient diminuer très considerablement.

Puisque Vous voules bien, Monsieur, Vous interesser à mon procès, je n'ai pas encore la satisfaction de Vous marquer qu'il est fini, mais il semble y etre fort près. La derniere sentence m'accordoit ma demande à l'exception des fraix du procès, qui doivent toujours être compensés, à moins que les héritiers de Mr Keith ne puissent prouver que le fossé en question ait dejà été fait avant mon tems. Là dessus ils ont declaré que quoiqu'ils le puissent prouver par des témoins, ils aimeroient mieux de me deferer le serment [2], que je viens de preter avec la meilleure conscience: maintenant la chose depend de la sentence definitive et de l'execution.

Toute ma famille infiniment sensible à Votre gracieux souvenir se recommende très humblement à la continuation de Votre protection, et j'ai l'honneur d'être avec le plus respectueux attachement

Monsieur,
Votre très humble et très obeïssant serviteur
L. Euler

[Ber]lin ce 9 Avril 1757

[P.S.]

Monsieur Eller ayant été malade depuis quelque tems est retabli et m'a chargé de Vous presenter ses très humbles complimens. Dans l'Academie tout va son train; Mr Epinus est parti après avoir lu quelques memoires fort interessans sur l'electricité [3], où il a fait quelques decouvertes importantes, à l'occasion d'une pierre de Ceylan nommée tourmalin, sur laquelle il a fait des experiences très bizarres qu'il semble avoir fort bien developpées. Mr Segner vient de nous envoyer un très beau Memoire, qui contient une demonstration aussi simple qu'ingenieuse de la Regle de Harriot sur le nombre des racines vrayes et fausses d'une équation [4].

R 1607 Autogr. fr., 2 f°. – AAS Paris, n° 106, f° 171r–v, 172r.
Copie fr., 3 p. – BAB, Bl. 276–278R.

[1] Euler veut dire que devant les réactions provoquées par sa tentative, Cothenius a reculé et fait taire ses prétentions (exprimées dans la lettre 112 *supra*).

[2] Les héritiers du Curateur Keith comprenaient en particulier ses deux frères, l'aîné Georges gouverneur de Neuchâtel et le second Jacob (James) qui fut général et ami intime de Frédéric II. D'après ce que dit ici Euler une satisfaction lui est donnée dans son procès en mettant sa déposition sous serment au niveau de ce qu'exige la loi de la part de l'«adversaire» – Cf. lettre 112 *supra*.

[3] Le jeudi 10 mars, Aepinus a lu un mémoire en allemand contenant de nouvelles *Expériences électriques* (*Registres* ..., p. 231) et le mémoire correspondant a paru sous ce titre dans les *Mémoires de Berlin pour 1756–1758*, p. 105–121.

[4] Le jeudi 31 mars, Euler a lu le mémoire signalé ici de Segner (*ibid.* p. 231). Ce mémoire en latin a été publié en français sous le titre *Démonstration de la règle de Descartes pour connaître le nombre des racines affirmatives et négatives qui peuvent se trouver dans les équations* dans les *Mémoires ... de Berlin pour 1756*, (1758), p. 292–299. On voit ici qu'Euler ne reconnait pas la paternité de Descartes et adopte la thèse de l'emprunt à Harriot.

114
Euler à Maupertuis
Berlin, 3 septembre 1757*

Monsieur,

Depuis que le bruit de votre voyage en Italie [1] s'est répandu ici, je n'ai vu aucun moyen de m'acquitter de mon devoir envers vous, ce qui m'auroit été insupportable si le même bruit ne nous avoit asseuré que votre santé étoit assés bien rétablie: mais à présent je suis fort affligé que les chaleurs excessives de l'été passé vous ayent presque autant incommodé que le froid de l'hyver, et j'espère que le séjour en Italie où vous pensés de passer l'hyver prochain qui vous garantira de ces deux extrémités, vous délivrera tout à fait de vos accidens. Dieu veuille y donner sa bénédiction et nous prouver les avantages de votre retour avec une santé bien affermie, dont vous puissiés jouir ici sans aucune altération. Madame votre épouse a eu la bonté de nous envoyer le précieux présent que vous avés bien voulu me destiner. Je vous en présente mes remercîments les plus empressés étant tout à fait confus de tant de bienfaits dont vous me comblés sans cesse. – Quoique les Anglais soient nos alliés, ils se conduisent si mal que je vous souhaite de riches butins sur eux [2]: leur indolence et la funeste journée du 18 juin ont jetté notre Académie en des grands embarras et lorsque tout le monde fit des préparatifs pour se sauver d'ici, nous ne vîmes aucune possibilité de prendre des mesure salutaires pour le bien de l'Académie. Pour moy je n'ay encore eu peur et en me confiant entièrement à la Providence divine, j'attend avec une parfaite résignation les événemens de la guerre. Cependant les revenus de notre Académie y souffrent considérablement et je crois que pour l'année prochaine chacun sera obligé de se contenter de la moitié de sa pension; car nos capitaux placés sur la Landschaft et ailleurs n'y sauroient supléer puisqu'il n'y a pas moyen d'en rien retirer. M. Kohler vient d'expédier nos allemanacs de l'année prochaine pour la Westphalie comme des marchandises particulières; les françois ménagent partout les savans, peut-être une recommandation sous la main de votre part auprès du duc de Richelieu nous conserveroit cette partie de nos revenus [3]. Notre M. Jacobi est tombé entre les mains des Autrichiens le 18 juin [4]. L'Académie n'a pas donné de prix cette année faute d'une pièce qui l'auroit mérité. Depuis la guerre, ma correspondance en France a entièrement cessé et je n'ai pas encore appris si l'Académie de Paris a donné le prix cette année ou non. Je n'écris pas non plus à Pétersbourg quoique j'en reçoive de tems en tems des lettres parmi lesquelles se trouvait l'incluse de M. Epinus qui s'est laissé éblouir d'y prendre service.

C'étoit un libraire de Hollande qui a voulu imprimer mon ouvrage sur la Dioptrique, mais la crainte générale que Berlin ne soit abîmé semble l'avoir fait changer de dessein [5]. Au reste conformément à vos ordres, Monsieur, j'ai encore fait exécuter quelques devis par un artiste nommé Rinck très honnête homme et guidé par Mrs Huber et Sulzer, qui lui ont communiqué une découverte de former les bassins pour une sphéricité donnée à moins d'une ligne près et cela par un mécanisme très simple. Nous venons de faire une lunette de neuf pouces à un [oculaire] concave, qui a si bien réussi qu'on découvre assés distinctement les satellites de Jupiter. Après cet essai je ne balancerai plus de faire exécuter de plus grands desseins puisque le travail ne coûte que fort peu.

Depuis quelque tems j'ai fixé mes recherches sur la déclinaison de la boussole pour découvrir la nature des lignes bizarres qui sont représentées sur la carte de Halley et celle qui a été depuis publiée en Angleterre pour l'an 1744 et que nous avons copiée ici. M. Halley prétendoit qu'il falloit absolument suposer quatre pôles magnétiques dans la terre; mais j'ai fait voir que deux sont suffisans et j'ait construit une carte avec toutes ses lignes sur l'hypothèse de deux pôles magnétiques [6] qui représentent assés exactement les déclinaisons pour l'année 1744. Puisque les pôles changent avec le tems, on pourroit dresser pour chaque année une carte semblable.

M. d'Alembert ne m'incommode plus et je suis dans la ferme résolution de ne me plus engager avec lui, quoi qu'il publie contre moy. Dans mon procès avec M. Keith, j'ai obtenu une sentence en ma faveur, mais l'exécution manque encore, quoiqu'elle ait été ordonnée à trois fois. Dans ces circonstances je ne voulois pas me défendre auprès de M. le grand Chancelier *inter arma silent leges,* et M. de Keith [7] a vendu son bien à Madame de Thulmeyer.

Toute ma famille infiniment sensible à votre gracieux souvenir se recommande très humblement dans votre protection, Monsieur, et j'ai l'honneur d'être …

Euler

Berlin, ce 3 Septembre 1757

R 1608 Copie fr., 2 p. – BAB, Bl. 278a–278bR.
Edit.: Le Sueur, p. 146–148.

* Cette lettre, la troisième de l'édition Le Sueur, ne figure pas, ainsi que treize des lettres suivantes, dans le fonds des originaux AAS. Etant donné la nature des renseignements que ces lettres contiennent concernant les événements de la guerre de Sept ans, il est vraisemblable que les originaux, enlevés au château de Ham pendant la première guerre mondiale par un général allemand, ont été conservés dans des archives historiques et non restitués aux légitimes propriétaires en 1921 (cf. Introduction, note 10).

[1] Maupertuis projetait ce voyage depuis le printemps. Cf. sa lettre à Frédéric II, de St-Malo, 1er mai 1757, Koser, p. 323. Le projet ne se réalisa pas.

[2] L'Angleterre, soucieuse de défendre l'Electorat de Hanovre, était en effet entrée en guerre aux côtés de la Prusse, face à la coalition autrichienne, russe, suédoise, française. C'est quelques jours après la présente lettre, le 8 septembre, que l'armée française, attaquant à Hanovre, força l'armée anglaise à capituler.

[3] La démarche auprès des autorités françaises qu'Euler suggère ici à Maupertuis est certainement délicate pour celui-ci puisqu'elle suppose la mise en œuvre de sa double qualité de français et de président de l'Académie de Berlin, en pleine guerre entre la France et la Prusse.

[4] Le 18 juin avait eu lieu à Kollin une victoire des autrichiens qui avait arrêté l'offensive prussienne en Bohême et obligé Frédéric II à une retraite précipitée après des pertes sensibles. Un mois plus tard, ce sera la défaite devant l'armée russe. D'où les inquiétudes pour Berlin dont Euler faisait mention ci-dessus. Quant à l'événement concernant Jacobi, il s'explique sans peine du fait que ce personnage, membre ordinaire de l'Académie depuis 1752, était lieutenant d'artillerie dans l'armée prussienne.

[5] On sait que l'ouvrage – qui semble enfin terminé – a été finalement édité à Pétersbourg (cf. E. 367, E. 386, E. 404). – Voir la lettre n° 64, note 7.

[6] Cf. *Recherches sur la déclinaison de l'aiguille aimantée* dans les *Mémoires de Berlin pour 1757,* 1759, p. 175–231 (E. 237; O. III, 10, en préparation). Euler en fit lecture le 29 septembre (*Registres* ..., p. 235). On y trouve le détail de tout ce qui est exprimé ici en quelques mots. La carte dont parle Euler, très remarquable est en dépliant à la page 372 des *Mémoires*. On doit retenir cette préparation à l'édition allemande de l'Atlas géographique qui parut en 1760 à Berlin *Geographischer Atlas bestehend in 44 Landcarten* ... (Library of Congress, Phillips, n° 625 – cf. *supra* lettre 96, note 1).

[7] Il s'agit probablement du général qui assura en Saxe la retraite de l'armée prussienne et qui fut tué un peu plus tard à Hochkirch (le 19 octobre 1758).

115
Euler à Maupertuis
Berlin, 24 décembre 1757

Berlin, 24 Décembre 1757

Monsieur,

Le bruit de votre parfait rétablissement s'étant répandu ici, dont même Mademoiselle de Bredow votre nièce [1] m'avoit donné les plus fortes asseuraces, la lettre dont vous venés de m'honorer m'a très sensiblement affligé. Dieu veuille vous garantir de nouvelles rechutes de votre maladie et raffermir en sorte votre santé que vous puissiés sans aucun risque retourner chés nous et jouir à Berlin d'une parfaite santé. C'est le vœu ardent de toute notre Académie et de moi en particulier, à quoi m'engagent les plus fortes obligations dont je vous suis redevable, et rien ne me sauroit tant intéresser que votre conservation. Le jour du nouvel an auquel nous approchons me fait redoubler ces mêmes vœux et je vous prie, Monsieur, de vouloir bien recevoir à cette occasion ma très humble et très empressée félicitation.

Quelque perte que notre Académie puisse souffrir dans ses revenus nous nous y soumettons de bon cœur, après la glorieuse bataille de Rosbach [2] et la défaite entière des Autrichiens à Breslau dont vous aurés déjà appris l'importance. Hier nous apprîmes la reprise de Breslau par laquelle le nombre des prisonniers Autrichiens est augmenté de 14 généraux, 400 officiers et de 1 400 soldats, qui tous ont été obligés de se rendre à la discrétion; outre cela tout le bagage des chefs de l'armée autrichienne avec le reste de leur grosse artillerie s'y est trouvé de sorte qu'à l'heure qu'il est le Roy a déjà au-delà de 35,000 prisonniers Autrichiens, le reste étant tout à fait dispersé et encore poursuivi par le général Ziethen [3]. On dit que même les officiers prisonniers françois sont bien ravis de cette défaite des Autrichiens desquels ils avoient éprouvé des reproches bien durs à la leur [4]. L'Evêque de Breslau [5] s'est déclaré d'abord pour l'Autriche où il a fait conduire comme prisonnier l'abbé Bastiani sous le prétexte d'être trop attaché au Roy; mais après la bataille de Breslau l'évêque a pris la même route pour se sauver [6]. On parle beaucoup d'une terrible trahison en Silésie qui y fut entamée avant l'arrivée du Roy et dans laquelle l'abbé Brades avoit trempé [7]. On nous a conseillé d'omettre son nom dans la liste des Académiciens que nous allons publier; peut-être même serons-nous obligés d'omettre aussi l'évêque. Pour notre brave Jacobi nous espérons de le recouvrer étant encore en vie et bien guéri d'une dangereuse blessure dans sa captivité. Nous sommes dans l'attente des nouvelles bien importantes à l'égard des armées françoises et suédoises, qui se trouvent dans la dernière angoisse. Plût à Dieu que notre grand Roy puisse partout être présent, qui par cela même est devenu d'autant plus grand qu'il a été obligé de réparer les fautes de ses généraux: tandis que, parmi tant d'armées ennemies, il ne s'est passé aucune faute [8]. Ces circonstances ne sauroient laisser aucun doute que la divine Profidence ne veille sur notre monarque d'une manière particulière contre tant de puissances liguées contre lui.

Après la mort de M. Pelloutier nous laissons la bibliothèque fermée [9]. M. Lehman a eu le malheur de tomber dans le fossé derrière la maison d'Opéra où il a cassé sa jambe, mais il se rétablit parfaitement bien; sa femme étant accouchée presque en même tems et n'ayant pas un sou dans la maison, M. Eller a trouvé bon de lui faire payer une gratification de 50 écus à condition qu'en cas que vous ne l'approuviés pas, il le payeroit de sa bourse.

Enfin mon procès est fini je ne sai presque comment. La dernière sentence enjoignit à Madame Keith, car je n'avois rien à faire à cet égard avec Madame Thulmeyer, de remplir le fossé dans un tems marqué sous peine d'exécution. Ce terme étant échu, rien n'étoit fait et j'instruisis mon advocat de prendre les mesures convenablement, mais huit jour après je trouvai tout bien exécuté de sorte que j'en suis bien content, et depuis rien ne s'est plus passé. Il reste pourtant de payer le procès et l'advocat dont les frais monteront bien à cent écus pour chaque part, pendant que l'ouvrage fait par Madame Keith coûtera à peine cinq écus [10].

Je vous suis bien obligé, Monsieur, des avis touchant l'Académie des sciences de Toulouse [11], j'ai déjà pensé au sujet de leur prix, mais je crains fort d'y faire quelque chose qui mériteroit la moindre attention, du moins n'y vois-je encore rien qui pourroit être ramené à l'analyse.

Quoique le perspectif de neuf pouces ait été assés bien exécuté et qu'il découvre les satellites de Jupiter, il le faut tenir si ferme que je doute fort que son usage puisse avoir lieu sur la mer [12]. Ensuite j'ai voulu faire exécuter d'autres devis, mais quelques soins que l'ouvrier y ait apportés, je me suis aperçu d'un défaut particulier dans le verre même, la matière n'en étant pas assés homogène pour causer partout la même réfraction. Les morceaux de verre qu'il avoit employé auparavant n'avoient pas ce défaut et je me souviens bien que Huygens conseille de choisir bien soigneusement le verre; que le verre fraichement fabriqué n'y valoit rien et qu'il faut plutôt ramasser de vieux morceaux et de les bien faire cuire. Cependant l'essai que j'ai fait faire a des avantages sur les lunettes ordinaires [13]; le défaut est un mince brouillard par lequel on voit les objets. Cela m'a dégouté tout à fait et j'ai fait remettre à l'observatoire tous les essais tant en lunettes qu'en microscopes qui pourront peut-être servir dans l'avenir. Pour la lunette de 8 à 9 pouces, dont vous souhaiteriés voir le devis, Monsieur, je prends la liberté d'ajouter ici quelquesuns dont la figure générale est celle-cy:

Devis d'une lunette qui grossit le diamètre des objets 30 fois.

1° L'objectif AA aura une ouverture dont le diamètre est 1 pouce.

2° Le rayon de sa face $\left\{\begin{array}{l}\text{de devant} = 3{,}072\\ \text{de derrière} = 26{,}208\end{array}\right\}$ pouces,

les deux faces convexes.

3° A la distance $PQ = 1{,}69$ pouces, on placera le verre BB dont l'ouverture ait aussi 1 pouce de diamètre.

4° Ce verre est concave-plane, la face concave regardant vers l'objectif et le rayon de la concavité est 3,644 pouces, l'autre face étant plane.

5° Derrière ce verre à la distance $QR = 6{,}29$ pouces, on mettra l'oculaire CC dont le diamètre d'ouverture est $\frac{1}{6}$ pouce.

6° Ce verre sera également concave des deux côtés, le rayon de chaque face étant 0,367 pouce.

7° La longueur de cette lunette sera de 7,97 pouces et elle découvrira un champ dont le diamètre est 1 degré à peu près [14].

Devis d'une telle lunette qui grossit 50 fois le diamètre des objets.

1° L'objectif AA aura une ouverture dont le diamètre est $1\frac{2}{3}$ pouce.

2° Le rayon de sa face $\left\{\begin{array}{l}\text{de devant} = 5{,}121\\ \text{de derrière} = 43{,}680\end{array}\right\}$ pouces,

les deux faces convexes.

3° Derrière ce verre à la distance $PQ = 5{,}125$ pouces on mettra le verre BB, dont l'ouverture soit égale à celle de l'objectif.

4° Le rayon de sa face de devant = 10,160 pouces, qui est concave, l'autre étant plane.

5° Derrière ce verre à la distance $QR = 13{,}52$ pouces, on mettra l'oculaire CC également concave des deux côtés le rayon de la concavité étant = 0,367 pouce.

6° La longueur de la lunette sera = 18,65 pouces et elle découvrira un champ dont le diamètre est = 22.

Devis d'une telle lunette qui grossit 100 fois.

1° Pour l'objectif *AA* le diamètre de l'ouverture est $3\frac{1}{3}$ pouces.

2° Le rayon de sa face $\left\{\begin{array}{l}\text{de devant} = 5{,}193\\ \text{de derrière} = 69{,}888\end{array}\right\}$ pouces,

les deux faces convexes.

3° Derrière ce verre à la distance $PQ = 6{,}404$ pouces, sera placé le verre *BB* plano-concave, le rayon de la concavité étant 12,1704 pouces.

4° La face concave regarde vers l'objectif et l'ouverture sera égale à celle de l'objectif.

5° A la distance $QR = 16{,}989$ pouces on mettra l'oculaire qui est égal à celui des devis précédens.

6° La longueur de la lunette sera de 23,39 pouces et elle découvrira un champ dont le diamètre est $17\frac{1}{2}$ minutes.

Si l'on craint d'exécuter bien ces mesures prescrites on n'a qu'à les augmenter de leur quart au tiers laissant les ouvertures les mêmes, mais alors on perdra sur le champ apparent [15]. Quoique j'aye fixé le lieu du verre du milieu, il est bon de l'établir par expérience, car le moindre changement est fort sensible. Il faut aussi remarquer que le champ apparent de ces lunettes surpasse celui que les lunettes ordinaires astronomiques présentent sous le même grossissement. J'ai composé un mémoire particulier sur cette espèce de lunettes à trois verres qui représentent debout les objets et je le lirai à la prochaine occasion [16].

L'impression de notre volume XII de nos mémoires avance bien. Ma correspondance avec l'Académie de Pétersbourg est tout à fait interrompue. Cependant, je viens d'apprendre qu'on y imprime le 4e volume de leurs nouvelles, comment Grischau a fait un second voyage à Reval [17] pour y vérifier un changement surprenant dans la longueur du pendule qu'il prétend avoir remarqué dans son premier voyage. Comme il craignoit que M. Apinus ne fut envoyé dans la même vue, il avoua que ce changement ne se trouvait plus, mais que cela était d'autant plus surprenant que dans le même endroit ait souffert dans si peu de temps un changement si considérable, car il ne veut pas s'être trompé dans la première expédition [18]. – Toute ma famille vous présente ses très humbles complimens et se recommande à la continuation de votre bienveillance en faisant les voeux les plus ardens pour votre conservation et un parfait rétablissement. M. Eller, M. Mérian et M. Huber en font autant. J'ai l'honneur …

L. Euler

Berlin, ce 24 décembre 1757

P.S. Selon la gazette d'aujourd'hui le nombre des prisonniers Autrichiens faits depuis le 5 déc. jusqu'au 14 est de 21,500, parmi lesquels se trouvent 307 officiers tous nommés, avec 141 canons et 4000 chariots de bagage, auxquels il faut ajouter les 14,000 pris dans Prague qui s'est rendu le 19 au soir.

Le feld-maréchal Keith a fait une belle expédition en Bohême y ayant ramassé quantité de contributions et détruit quelques magazins.

R 1609 Copie fr., 6 p. BAB, Bl. 278d–278iR.
Edit.: Le Sueur, p. 149–155.

[1] Il s'agit évidemment d'une nièce de Madame de Maupertuis.

[2] Cette bataille eut lieu le 5 novembre contre l'armée franco-autrichienne commandée par le maréchal de Soubise, et fut pour Frédéric II une grande victoire. Un mois plus tard, le 5 décembre, il surprit l'armée autrichienne à Leuthen, en Silésie, et eut encore un succès considérable. Euler commet un lapsus en raison de la dernière nouvelle concernant la prise de Breslau.

[3] Le vainqueur de la bataille de Leuthen. Il avait à se faire pardonner l'une des fautes dont Euler parle un peu plus loin, puisqu'il avait été surpris par les autrichiens en conduisant un convoi de ravitaillement pour l'armée prussienne qui assiégeait Olmütz, ce qui avait obligé celle-ci à lever le siège et avait contribué à aggraver les défaites en Bohême.

[4] La défaite franco-autrichienne de Rosbach (note 2 *supra*).

[5] Von Schaffgotsch. Il avait été proposé et élu membre honoraire sur la proposition de Maupertuis le 1er avril 1756 (*Registres* ..., p. 222), en même temps que l'abbé de Prades dont il va être question un peu plus loin.

[6] L'évêque de Breslau, ci-dessus nommé, avait semble-t-il, engagé l'abbé Bastiani comme secrétaire avant la guerre. Euler veut dire que l'évêque, après la bataille, a réussi à se réfugier en Autriche, mais il est probable qu'en prenant ainsi la même route que l'abbé (qu'il avait livré comme prisonnier) il n'a pas continué à avoir de bons rapports avec lui. Bastiani gagna Potsdam après la guerre et eut les faveurs de Frédéric II.

[7] Poursuivi comme philosophe trop hardi en France, l'abbé de Prades, dont la thèse avait été condamnée par le pape Benoît XIV, cherchait à obtenir une réconciliation avec la cour de France.

[8] L'affirmation est quelque peu osée, pour mieux souligner les mérites de Frédéric.

[9] Pelloutier est mort le 2 octobre. La remarque relative à la Bibliothèque est certainement motivée chez Euler par les nouvelles qu'il avait dues donner au sujet de l'inventaire le 22 février: lettre 112a *supra*.

[10] L'affaire ne se conclut donc pas sans frais pour Euler.

[11] Cette mention indique que Maupertuis est à Toulouse. D'ailleurs la correspondance avec Jean II Bernoulli permet de préciser qu'il était en résidence dans cette ville à la mi-novembre (Bibl. Bâle, L Ia 708, n° 195), à la recherche d'un «climat plus chaud». Pour plus de précision, voir le tableau *supra* p. 36.

[12] Le «perspectif de neuf pouces» renvoie à l'information rapide donnée par Euler dans la lettre précédente n° 114. Maupertuis a certainement été particulièrement intéressé en raison de la longueur (25 cm environ) rendant cette lunette portative et susceptible d'un usage dans la marine.

[13] Il est probable que la lecture de Le Sueur – impossible à contrôler malheureusement – est ici fautive et qu'il faille entendre: «Cependant l'essai que j'ai fait faire a désavantage sur les lunettes ordinaires ...» Pour que Euler ait été «tout à fait dégouté», comme il le dit dans la phrase suivante, il faut bien un motif formel et sans compensation.

[14] La vérification des données numériques d'Euler ne souffre pas de difficulté. Le «devis» est établi de manière à ce que l'image du foyer de l'objectif *AA* à travers le verre *BB* soit située au foyer de l'oculaire *CC*, et les calculs sont ici simplifiés en raison d'une circonstance que nous mettons en évidence.
En prenant pour indice de réfraction du verre la fraction $\frac{31}{20}$ communément utilisée par Euler, les distances focales fournies par la formule $\frac{1}{(n-1)f}$ = courbure totale, sont: pour *AA*, $f = 5$ pouces; pour *BB*, $f' = 6{,}62$; pour *CC*, $f'' = 0{,}33$.

Pour un objet à l'infini, vu sous l'angle α, l'image au foyer de l'oculaire est: $f\alpha \cdot \frac{Q\varphi}{QF} = f''\alpha'$ et le grossissement

$$\frac{\alpha'}{\alpha} = \frac{f}{f''} \cdot \frac{Q\varphi}{QF} = \frac{2f}{f''} = \frac{10}{0{,}33} \# 30.$$

Pour que la moitié au moins du faisceau lumineux qui traverse l'objectif soit en condition pour traverser l'oculaire, il faut que $Rr = \frac{1}{12}$, moitié de l'ouverture indiquée. Le champ total est le double de l'angle correspondant et se détermine par un calcul géométrique simple dont le résultat est ici:

$$2 \cdot \frac{6{,}62}{62{,}9 + 0{,}33 \cdot 1{,}69} \cdot \frac{1}{12} = \frac{1}{57{,}6} \text{ radian} \# 1^\circ.$$

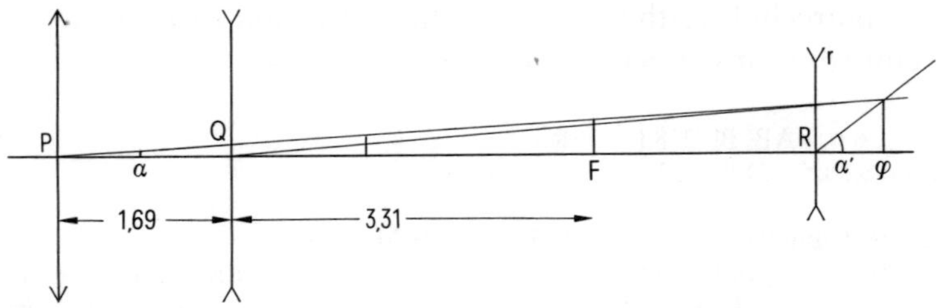

[15] C'est parfaitement exact. On verra plus loin que dans la mesure même où Euler constatera les progrès de son technicien pour l'exécution de rayons de courbure plus petits, il sera au contraire amené à diminuer les «mesures prescrites» et à gagner sur le champ apparent (lettres n°s 125 et 126 *infra*).

[16] Le jeudi 2 février 1758 (*Registres* ..., p. 237) Euler a en effet lu un ouvrage *Sur la plus avantageuse construction des lunettes à trois verres qui représentent les objets debout,* mémoire qui n'a été publié qu'après remaniement dans les *Mémoires ... de Berlin pour 1764,* (1766), p. 200–239 – E. 316; O. III, 6, p. 234–269.

[17] Ancien nom de Tallin, capitale de l'Estonie.

[18] Euler ne fait pas grâce à Grischow, qui semble bien d'ailleurs mériter d'être traité en pareille affaire avec la plus grande rigueur scientifique.

116
Euler à Maupertuis
Berlin, 14 février 1758*

Monsieur,

Tout penetré des sentimens de bonté, dont Vous voules bien me donner toujours de nouvelles asseurances, je commence par Vous en presenter mes très humbles actions de graces, en priant Dieu qu'Il veuille fortifier Votre santé et Vous mettre en état de retourner bientôt chez nous sans courir risque de pareilles rechutes, qui Vous ont obligé jusqu'ici de quitter notre climat.

Depuis que j'ai eu l'honneur de Vous faire mon dernier rapport touchant les affaires de l'Academie, Mr Huber fort pressé par sa famille est parti pour Bâle ayant promis de revenir dans trois mois [1], ses affaires étoient si pressantes, que nous ne pouvions lui refuser la permission. Pendant son absence mon fils a soin de l'observatoire.

Mr Lehman commence à se porter mieux, étant tout à fait penetré des faveurs que Vous lui temoignes: son malheur l'a jetté dans une fort triste situation par les depenses qu'il lui a causées, et maintenant il est menacé de l'execution pour payer la contribution que les Autrichiens ont tirée de notre ville [2]: et la justice lui a dicté une amende de 100 Ecus à cause de son procez avec Mr Pott, qui doit aussi payer 50 Ecus, et Mr Brandes 150: mais M^r le Grand Chancelier m'a asseuré qu'il en sera dispensé. Cependant j'espere que sur Votre Declaration le Directoire lui accordera encore une gratification de 50 Ecus, dont il a extremement besoin.

Comme toutes les pensions sont suspendues dans les caisses Royales, nous avons cru etre asses autorisés de suspendre dans notre caisse celle du Mecanicien Koch de 200 Ecus, qui n'en fait absolument rien [3]. Mr de Rhedern l'a approuvé pour en emploier une partie à faire travailler encore quelques desseins de mes lunettes. Au reste j'espere que tant de pensions vacantes de Lieberkuhn, de Ludolf, d'Epinus et Pelloutier nous dispenseront de la necessité de retrancher nos pensions.

Comme la Classe de Mathematique étoit presque finie, quand nous reçumes Votre Excellent Memoire, il est mis à la tête de la Classe de Philosophie Speculative [4]. La premiere partie fût lue à l'assemblée publique et l'autre aux ordinaires. Il est surprenant que Votre principe de la moindre action puisse encore etre exposé à la moindre contestation après tant d'explications et applications qu'on en a faites. Mais il est encore plus surprenant que Vos envieux ayent pu attendre quelque chose là dessus de Koenig qui n'a jamais rien produit qui vaille. Il n'y a aucun doute que Votre Principe ne s'etende encore beaucoup plus loin qu'on ne l'a etendu jusqu'ici. Je crois que le cas suivant, où il ne s'agit pas simplement d'un *minimum*, mais d'un *minimum minimorum* pourroit frapper plusieurs antagonistes.

Probleme: Le Globe M venant frapper avec une vitesse donnée perpendiculairement une barre AB en repos, trouver le mouvement du globe et de la barre après le choc (en supposant l'un et l'autre non elastique) [5].

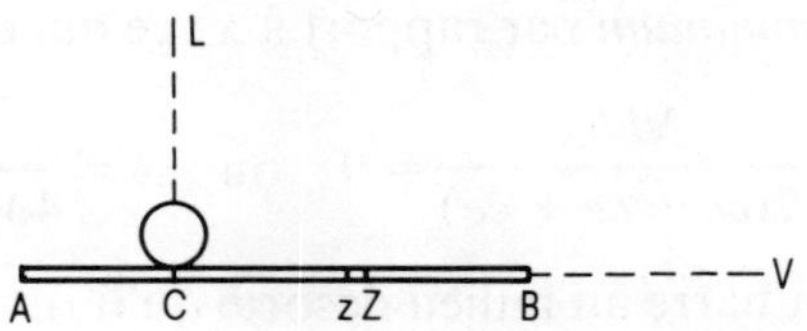

Solution: Soit M la masse du globe et sa vitesse $= a$ dont il heurte contre la barre dans la direction LC qui y est perpendiculaire. Soit x la vitesse du globe après le choc, et partant $M(a-x)^2$ sera l'action produite dans le globe [6].

Or le choc imprimera à la barre un mouvement qui, au premier instant, se fera autour d'un certain point V inconnu, mais qui sera tel que l'action totale devienne la plus petite. Il s'agit donc de determiner non seulement la vitesse x, mais aussi le point V, afin que la somme des actions produites dans le globe et la barre ensemble soit la plus petite.

Pour cet effet posons la masse de la barre $= N$, sa longueur $AB = b$, et ses parties $AC = c$ et $BC = e$ desorte que $b = c + e$, et soit la distance inconnue $CV = v$, maintenant les corps n'etant pas elastiques la vitesse du point C apres le choc sera aussi $= x$. Considerons un element de la barre Zz posant la distance $VZ = z$ et la masse de cet element sera $= \frac{N dz}{b}$ et la vitesse $= \frac{xz}{v}$ donc l'action qui y est produite $= \frac{N dz}{b} \cdot \frac{xxzz}{vv}$, et son integrale $= \frac{Nxxz^3}{3bvv} +$ Const. d'où nous concluons l'action produite dans la barre entiere

$$= \frac{Nxx}{3bvv}[(v+c)^3 - (v-e)^3]$$
$$= \frac{Nxx}{3bvv}(3cvv + 3evv + 3ccv - 3eev + c^3 + e^3)$$
$$= \frac{Nxx}{3vv}(3vv + 3(c-e)v + cc - ce + ee)$$

à cause de $b = c + e$. Delà l'action totale [7] est

$$M(a-x)^2 + Nxx\left(1 + \frac{c-e}{v} + \frac{cc - ce + ee}{3vv}\right)$$

où il faut chercher tant x que v, qu'elle devienne un minimum.

Considerons d'abord x comme avant dejà sa juste valeur, et pour chercher celle de v la differentiation donne

$$-\frac{(c-e)dv}{vv} - \frac{2(cc-ce+ee)dv}{3v^3} = 0 \quad \text{ou} \quad v = \frac{2(cc-ce+ee)}{3(e-c)},$$

cette valeur étant substituée donne l'action totale

$$= M(a-x)^2 + \frac{N(c+e)^2xx}{4(cc-ce+ee)}$$

qui doit encore etre un *minimum* par rapport à x : ce qui donne

$$-2M(a-x) + \frac{Nbbx}{2(cc-ce+ee)} = 0 \quad \text{ou} \quad x = \frac{4Ma(cc-ce+ee)}{4M(cc-ce+ee)+Nbb}.$$

1. Si le globe frappoit la barre au milieu desorte qu'il fut $c = e$ et $b = 2c$, on auroit le cas ordinaire, savoir $v = CV = ca$ ou la barre ne tourneroit pas et $x = \frac{Ma}{M+N}$, qui sera la vitesse commune des deux corps.

2. Si le globe frappoit à un bout A desorte que $c = 0$ et $e = b$, on aura $v = AV = \frac{2}{3}b$ et $x = \frac{4Ma}{4M+N}$.

On pourroit imaginer des cas où il faudroit determiner trois, ou plusieurs inconnues pour rendre l'action totale un *minimum*, et le resultat sera toujours d'accord avec celui qu'on trouveroit par la methode ordinaire [8].

Il semble encore que ce que je Vous avois ecrit, Monsieur, au sujet de l'Eveque de Breslau soit bien fondé, mais on croit que l'Abbé de Prades se tirera d'affaires [9].

Mon procès enfin fini m'a couté en tout 36 Ecus environ, mais Madame de Keith aura bien payé 50: je suis pourtant bien aise qu'il est fini. On nous demande 18 Ecus 8 gros de contribution pour la maison de l'Academie, où est le laboratoire, Mr Eller veut que nous attendions l'execution, je viens de payer pour ma maison 36 Ecus 16 gros [10].

Toute ma famille est infiniment sensible au gracieux souvenir que Vous m'aves bien voulu temoigner, or mon obligation est dejà à un tel degré qu'elle ne sauroit plus recevoir des accroissemens. J'ai l'honneur d'etre avec le plus respectueux devouement

Monsieur,

Votre très humble et très obeïssant serviteur

L. Euler

Berlin ce 14 Fevrier 1758

R1610 Autogr. fr., 2 f°. – AAS Paris, n° 107, f° 173r–v, 174r.
Copie fr., 5 p. – BAB, Bl. 279–283R.
Edit.: Brunet, p. 77–79.

* C'est l'avant-dernière lettre du fonds AAS. Comme la dernière, n° 125 *infra*, elle ne contient pas d'allusion marquante aux évenements de la guerre et relève presque entièrement de la correspondance académique et scientifique. Le chanoine Le Sueur les a toutes les deux négligées et elles ont fait partie de la restitution déjà évoquée dans les prolégomènes de la lettre 114 *supra*. Cette constation permet de considérer que la publication Le Sueur a servi de base au personnage qui a trié les documents en Allemagne après leur enlèvement au château de Ham en 1917.

[1] Ecrivant de Toulouse à Jean II Bernoulli le 28 janvier (Bibl. Bâle, L Ia 708, n° 197), Maupertuis se montrait informé de ce départ de Huber pour Bâle, et singulièrement surpris. C'est pour remplacer Kies (appelé à Tubingen pour succéder à Krafft en octobre 1754) que Maupertuis avait demandé à son ami de Bâle d'envoyer Huber, astronome plein de promesses, mais celui-ci se montra très exigeant, à la fois sur le terrain financier et sur la qualité des instruments à mettre à sa disposition. «On voit bien, s'exclamait Maupertuis, qu'il a été à Londres.» Les négociations traînèrent jusqu'en janvier 1756 (Bibl. Bâle, L Ia 708, n°s 182–194). Huber fut reçu membre ordinaire le 8 janvier (*Registres* ..., p. 219). La dernière séance à laquelle il a assisté fut celle du 15 décembre (p. 236) et il n'est pas revenu à Berlin.

[2] Cette allusion, discrète, aux événements de l'été 1757 constitue en fait un renseignement utile pour l'histoire. Elle est à relier à ce que Euler disait dans la lettre 114 *supra* à propos des «préparatifs que tout le monde fit pour se sauver de Berlin» après la «funeste journée» du 18 juin 1757. Il y eut investissement de Berlin par les Autrichiens le 16 octobre, selon la tactique dite des «accessoires», et c'est en échange d'une «contribution» de 225000 thalers payée par la ville que le général autrichien Hadick se retira avec ses troupes le 17. Il en résulta évidemment un impôt pour tous les habitants, impôt dont la mise en recouvrement (l'«exécution») vient en février 1758 d'après Euler.

[3] Euler avait déjà quelques motifs de ne pas être très satisfait des services de ce mécanicien. Cf. lettre 46 *supra*.

[4] Il s'agit de l'*Examen philosophique de la preuve de l'existence de Dieu employée dans l'Essai de cosmologie*, publié en effet dans les *Mémoires de Berlin pour 1756*, 1758, comme première pièce de la Classe de Philosophie Spéculative, p. 389–424 (cf. Introduction *supra* p. 25). Comme le dit Euler, la première partie *Sur l'évidence et la certitude* fut lue par Merian à l'assemblée publique du 26 janvier 1758 (*Registres* ..., p. 237) et la deuxième partie sous le titre *Examen des Loix de la Nature* aux séances ordinaires du 9 et du 23 février (*ibid* p. 238).

[5] Le cas non élastique est sans doute le plus facile à résoudre, mais Euler n'a pas oublié aussi que Maupertuis a eu une prédilection pour l'application de la moindre action à ce cas, afin de bien illustrer la généralité de son principe.

[6] Il s'agit en fait de l'action concernant le globe après le choc.

[7] L'application du principe de Maupertuis exigerait en toute rigueur de considérer ici la différence entre ce que Euler appelle l'action totale (après le choc) et l'action avant le choc (c'est-à-dire Ma^2). Pour l'étude du minimum, cela n'introduit aucune différence. C'est évident, mais on peut tout de même regretter que cela ne soit pas dit. De même qu'il y aurait lieu de rappeler que les évaluations sont faites pour le même dt avant et après le choc.

[8] Par «la méthode ordinaire» Euler entend évidemment ici celle qui consiste à appliquer à la barre le théorème du centre de masse et le théorème du moment cinétique avec l'impulsion $M(a-x)$ appliquée en C. Il n'est pas du tout certain que Maupertuis ait suffisamment suivi les progrès d'Euler en théorie de la mécanique pour être en mesure de le comprendre. Dans le cas imaginé comme plus général, avec trois ou plusieurs inconnues, c'est-à-dire avec un système articulé de deux ou plusieurs tiges, l'emploi de la «méthode ordinaire» n'est d'ailleurs pas aisé.

[9] Cf. lettre 115 *supra*.
[10] Il s'agit probablement de l'impôt dont il était question plus haut à propos de Lehman. Cf. note 2 *supra* et la pièce nº 116a, p. 273.

117
Euler à Maupertuis
Berlin, 16 septembre 1758

Monsieur,

Votre silence depuis si longtemps m'a beaucoup inquiété sur l'état de votre santé et je fus d'autant plus ravi d'apprendre votre arrivée à Neufchâtel [1]. Dieu veuille affermir votre santé et vous mettre en état d'entreprendre bientôt le pénible reste de votre voyage. Après la glorieuse bataille avec les Russes nous sommes dans l'attente d'une bataille aussi décisive avec les Autrichiens et j'espère qu'à votre arrivée nous ne serons plus fort éloignés de la paix si désirée, qui aura sans doute une grande influence sur l'état de votre santé. Les Russes se vantent bien d'avoir gagné la bataille et c'est sur cette fausse prétention que l'empereur a éclaté avec le ban de l'empire contre notre roy et le roy d'Angleterre avec tous les princes et comtes de notre parti, mais nous bénissons Dieu qui nous a sauvés de notre perte entière que nos ennemis avouent avoir médité contre nous. Des officiers russes ont avoué qu'ils ont perdu dans le massacre du 25 août 42,000 hommes [2]. – Monseigneur le Margrave Henry vient de souffrir une terrible perte, car tout ce qu'il a sauvé de ses terres de Stolzenberg à Custrin est brûlé et ses terres saccagées. Hier je soupai chez Son Altesse où l'on reçut l'agréable nouvelle que l'avant-garde de l'armée autrichienne, consistant en 9,000 croates, a été fait prisonnière avec dix canons [3]. Vous aurez sans doute apris, Monsieur, les angoisses où notre bonne ville s'est trouvée dans ces catastrophes menaçantes et la fuite de la plupart des personnes de distinction, mais qui reviennent à présent peu à peu. Nos deux jeunes princes sont encore éloignés, de même que Son A.R. Madame leur mère. Pour moy j'ay toujours eu bon courage et mis ma confiance sur la divine Providence qui nous a déjà donné des preuves trop éclatantes pour que nous dussions désespérer du sort de notre grand monarque qui asseurément, par l'obstination de ses ennemis, sera élevé beaucoup plus haut qu'il n'a jamais aspiré.

Depuis quelque temps nous avons été fort sollicités de recevoir dans l'Académie le célèbre M. Bianchi et on a réitéré la même demande pour M. Schâfer d'Augsbourg pour lequel vous aviez été porté, Monsieur, avant votre départ et même promis sa réception à feu M. Pelloutier. Comme nous étions asseurés que vous ne désapprouveriez pas la réception de M. Bianchi, nous avons signé leurs diplômes après les formalités présentes [4].

Conformément à votre intention nous venons d'expédier les ordres à M. Köhler pour payer à M. Merian les billets qu'il reçoit de la caisse du Roy [5]. C'est un grand bonheur que notre caisse n'a pas encore souffert considérablement et à la dernière reddition des comptes il a été résolu de mettre encore 6000 écus à intérêts. C'est avec la plus grande impatience que nous attendons le prétieux moment de vous revoir ici en bon état. J'ai l'honneur …

L. Euler

Berlin, 16 Septembre 1758

P.S. Tout est tranquille chez nous dans l'Académie: nous nous assemblons régulièrement et nous vivons ensemble dans la meilleure harmonie [6]. M. Pott persiste dans son obstination de ne paraître plus à l'Académie et continue de pousser son procès contre Messieus Eller, Lehman et Brandes; mais M. le grand Chancelier m'a donné l'asseurance de le faire supprimer. L'autre moitié du bâtiment de l'Académie est presque entièrement détruite par la faute du toit, d'où les poutres sont pourries et tombées en bas [7], où toutes les décorations de l'Opéra avec quantité d'autres pièces appartenant au Roy sont gâtées et même péries. Ce dommage montoit à plusieurs milliers d'écus, pour notre moitié nous la conservons encore à peine. Mon fils continue de son mieux les fonctions de l'astronome et s'applique avec tous les soins à cette science dans l'espérance de mériter un jour cette place [8]; il prend la liberté de vous présenter, Monsieur, ses très humbles respects et de se recommander à la continuation de votre protection.

R 1611 Copie fr., 2 p. – BAB, Bl. 283aR–283bR.
Edit. Le Sueur, p. 155–158.

[1] Voir tableau de l'Introduction *supra* p. 36. Maupertuis, inquiet de la santé morale de sa femme et peu à peu privé de courrier avec Berlin, avait décidé de se rendre à Bâle auprès de Jean II Bernoulli. Il n'envisageait plus le retour en Allemagne où la situation serait impossible pour lui et il restait «déchiré par tout ce qu'il devait à deux patries devenues ennemies». Il voyait la guerre «furieuse et longue», et pensait que Bâle lui permettrait de reprendre avec Berlin, c'est-à-dire sa femme et l'Académie, une correspondance régulière. Le 28 mai 1758 il était arrivé à Lyon et le 26 juillet, après l'obtention de passeports français il avait gagné Neuchâtel (cf. Bibl. Bâle, L Ia 708, n°s 197–203).

[2] Il s'agit de la bataille de Zorndorf contre les armées russes qui avaient envahi la Prusse orientale au printemps et pénétré au Brandebourg en août, menaçant directement Berlin (d'où les évacuations dont parle Euler ci-dessous). La bataille proprement dite eut lieu les 26 et 27 août et ne fut pas aussi décisive que le dit Euler. De même qu'il semble majorer considérablement les pertes russes lors de la surprise par l'armée prussienne le 25. Parle-t-il d'après les interrogatoires d'officiers russes prisonniers ou d'après des lettres interceptées comme il en sera question dans la lettre suivante? Il est impossible de trancher.

[3] Illustration de la tactique de Frédéric II, le fait ici rapporté à certainement joué un rôle important en dissuadant l'armée autrichienne de chercher la jonction avec l'armée russe. Mais la bataille avec les Autrichiens qu'Euler espérait plus haut devoir être décisive fut une défaite, à Hochkirchen.

[4] Cf. séances du 31 août et 7 septembre (*Registres* …, p. 241).

[5] Les comptes de Köhler furent examinés et approuvés le 2 septembre (*Registres* …, p. 241–242). Il n'est pas question, dans les décisions figurant au procès-verbal, des opérations dont parle Euler, ici et dans la phrase suivante. Mais sans doute parce que le procès-verbal concerne uniquement la «reddition des comptes», c'est-à-dire le passé.

[6] Il est vrai que les séances ont été tenues avec la plus grande régularité, malgré les événements, et probablement sous l'influence prépondérante d'Euler. Pour Pott, voir lettre 109, not 4 *supra*.

[7] Conséquence probable de la situation déjà évoquée lettre 99 *supra*.

[8] Johann Albrecht Euler n'a finalement pas obtenu la place indiquée.

118
Euler à Maupertuis
Berlin, 14 octobre 1758

Monsieur,

Ce sont les Russes qui m'ont empêché de répondre plutôt à la lettre que vous m'avés fait l'honneur de m'écrire [1], car puisqu'on a intercepté un courier que Fermor avoit dépêché le 25 septembre à sa Cour, je fus emploié d'examiner toutes les lettres russes dont le nombre montait à quelques centaines et d'en traduire celles qui pourroient donner quelques lumières. Les rapports de Fermor [2] à l'Impératrice étoient bien singuliers puisqu'il continue à s'attribuer une victoire complette et il y a joint une lettre de Daun qui le félicite sur l'heureux succès de la bataille, lui marquant qu'il avoit d'abord fait chanter le *Te Deum* à l'armée autrichienne à une décharge générale de son artillerie. On voit bien que tout cela n'aboutit qu'à tromper l'Impératrice russienne, car toute l'Europe est à présent convaincue que cette prétendue victoire a mis le général Fermor hors d'état de poursuivre ses desseins et qu'une partie des débries de l'armée battue [3] a été capable d'arrêter ses progrès jusqu'ici et de l'obliger même à se retirer. Mais il y avoit parmi ces dépêches une lettre bien remarquable du général Panin au comte Schuwaloff avec une relation circonstanciée de la bataille où il déplore la ruine totale de l'armée russienne dont plus que deux tiers avoit péri. D'autres lettres particulières font monter la perte à trois quarts et il est certain qu'à l'heure qu'il est l'armée de Fermor ne monte pas tout à fait à 30,000, qui avant la bataille estoit près de 100,000 [4]. A présent il ne paroit presque plus douteux que les turques n'ayent déclaré la guerre à la Russie et l'Autriche [5]. Ils pourroient bien faire encore de grands progrès avant l'hyver ne rencontrant aucune opposition et il est certain que tant les Russes que les Autrichiens ont fait dans cette campagne leurs derniers efforts. C'est par là que la divine Providence, qui a jusqu'ici si merveilleusement protégé notre grand roy contre les forces combinées de tant d'ennemis, semble lui préparer le chemin à une paix beaucoup plus glorieuse que personne n'auroit osé espérer.

J'espère, Monsieur, que vous aurés reçu ma dernière lettre dans laquelle je vous ai rendu compte de vos ordres à l'égard de la pension de M. Mérian, et à présent j'ay l'honneur de vous marquer que nous avons déjà pris des arrangemens pour joindre au volume prochain de nos mémoires le recueil des lettres de Leibniz avec l'avertissement de M. Mérian: pour cet effet il ne fallait que retrancher quelques pièces de chaque classe pour ne pas rendre le volume trop épais [6].

Je viens de recevoir des éclaircissemens sur un grand obstacle que j'ai rencontré jusqu'ici dans l'exécution de mes lunettes, qui est, comme j'ai eu l'honneur de vous marquer, que tout le verre et souvent le même morceau n'est pas doué du même degré de réfrangibilité: ce qui rend toutes les précautions dans l'exécution de la figure inutiles. De cet inconvénient j'avois déjà des preuves bien convainquantes et maintenant on me mande de Londres [7] qu'on y prépare effectivement deux espèces de verre qui diffèrent entr'elles assés considérablement à l'égard de la réfrangibilité et que M.

Dollond s'en sert pour faire des objectifs qui ne soient pas troublés par la diverse réfrangibilité des rayons et cela conformément à ma théorie ou j'avois emploié deux matières inégalement réfringentes comme du verre et de l'eau [8], quoique ce même M. Dollond ait contesté ma théorie: or quoique la chose doive réussir dans la théorie, il s'y rencontre pourtant un autre inconvénient qui est que tels verres composés n'admettent pas une assés grande ouverture et cet inconvénient doit être plus grand dans les objectifs composés de deux différentes sortes de verre que dans ceux qui sont composés de verre et d'eau; mais si ces objectifs de M. Dollond produisent un bon effet, comme il s'est vanté, je crois que la raison en est dans la pureté et homogénité du verre qu'il emploie à chaque lentille, puisque par ce moyen il évite l'inconvénient d'employer du verre hétérogène, dont on ne se sert que trop souvent ordinairement. Maintenant notre habile ouvrier ici prétend d'avoir trouvé du verre homogène dont il va exécuter quelques dessins de lunettes, auxquelles je tache de procurer un très grand champ apparent: car pour des lunettes très courtes qui grossissent beaucoup, il a assés bien réussi, comme j'ai eu déjà l'honneur, Monsieur, de vous écrire, mais le champ apparent étoit si petit qu'il étoit aussi difficile de chercher les objets que par des lunettes fort longues. La lunette à laquelle il travaille actuellement sera de 4 pieds et grossira 60 fois le diamètre des objets, c'est-à-dire autant qu'une lunette ordinaire de 20 pieds, et le champ apparent devroit comprendre un arc de 1° 30 dans le ciel [9]. Cette lunette contiendra 7 verres et à moins que le verre dont il se sert ne soit hétérogène, j'espère que cette épreuve réussira bien et découvrira même quelques ou tous les satellites de Saturne. – M. Lehman ayant de nouveau représenté ses besoins pressans, nous venons de lui accorder une gratification de 100 écus, étant seurs de votre approbation. Puisque nous n'avons pas eu jusqu'ici d'armoire pour y mettre l'archive de l'Académie dont les papiers s'augmentent de jour en jour, nous en avons fait pratiquer deux sous les deux ailes de notre table qui regardent l'entrée afin que les parois de la salle demeurent libres [10].

En me recommandant avec toute ma famille sous votre protection, j'ai l'honneur …

L. Euler

Berlin, ce 14 Octobre 1758

R 1612 Copie fr., 3 p. – BAB, Bl. 283c–283eR.
Edit. Le Sueur, p. 158–161.

[1] Maupertuis se trouvait encore à Neuchâtel le 9 octobre (Bibl. Bâle, L Ia 708, n° 218), dans un état de santé déplorable. C'est évidemment de là qu'il avait pu écrire à Euler.

[2] Général en Chef de l'armée russe et responsable direct des opérations lors de la bataille de Zorndorf les 26 et 27 août. Voir lettre 117 *supra*.

[3] L'armée prussienne que les russes estiment avoir battue. C'est en octobre 1760 que les craintes exprimées ici devinrent réalité et que Berlin fut effectivement occupée, et taxée d'un impôt de guerre s'élevant à un million de thalers.

[4] D'après Euler et la correspondance interceptée dont il est chargé d'effectuer la traduction, les pertes russes étaient donc considérables, mais il s'agit probablement des pertes globales concernant toutes les opérations de guerre depuis Zorndorf. Et les évaluations correspondantes sont sans doute approximatives et peu exactes.

[5] La Prusse a sans doute essayé d'engager la Turquie à profiter de l'affaiblissement des armées russes et autrichiennes. Mais ce n'est qu'en 1768 que la guerre fut déclarée entre la Turquie et la Russie. – Voir aussi la lettre n° 119, note 3.

[6] Cette annonce des dispositions prises pour la publication par Mérian des lettres de Leibniz retrouvées à Bâle en 1753 (Bibl. Bâle, L Ia 708, n° 173) est intéressante. Longtemps réticent parce qu'il les croyait fausses (*ibid.* n° 174), Maupertuis avait fini par demander l'achat de ces lettres (août–septembre 1755 – *ibid.* n° 188–189). Euler et Mérian ont certainement cherché à donner à Maupertuis, par cette publication, un témoignage de leur dévouement. Voir encore à ce sujet la lettre *infra.* Il est curieux qu'Euler ne mentionne pas ici la découverte «sous l'escalier de l'Observatoire de papiers concernant en grande partie la fondation de l'Académie la plupart écrits de la propre main de M. de Leibniz» (*Registres*..., 5–12–19 octobre, p. 242–243).

[7] L'information concernant le succès de Dollond est certainement venue de Londres par Wettstein (cf. la réponse d'Euler à Wettstein du 31 octobre 1758, R 2801, Juškevič–Winter, III, p. 359) mais aussi, semble-t-il, par Bertrand (cf. R 251).

[8] Cf. *supra* lettres 46–47.

[9] Les recherches d'Euler sur les lunettes courtes n'étaient probablement pas indifférentes à Frédéric II en raison d'un usage évident au point de vue militaire.

[10] Ces précisions sur la manière dont étaient conservées les archives sont à retenir.

119
Euler à Maupertuis
Berlin, 4 novembre 1758

Monsieur,

La nouvelle de votre arrivée dans ma patrie [1] m'a très sensiblement réjoui et je souhaite que l'air de Bâle produise un meilleur effet sur votre santé que celui de France et qu'il vous mette en état de jouir à l'avenir d'une parfaite santé.

Nous venons d'expédier vos ordres pour conférer à M. Mérian la charge de bibliothécaire qu'avoit feu M. Pelloutier, dont la veuve tire le dernier quartier la Lucie prochaine [13 déc.], depuis quel terme la pension de 100 écus commencera pour M. Mérian, car ayant examiné toutes les augmentations que vous avés accordées de tems en tems à feu M. Pelloutier, il n'y en a aucune qui soit attachée à la charge de Bibliothécaire, de sorte que l'état ne porte que 100 écus par an. M. Mérian promet d'apporter tous les soins possibles pour maintenir la bibliothèque en bon état, à quoi il est capable plus que tout autre.

Nous venons de recevoir une recommandation bien obligeante du prince de Hohenlohe en faveur de son historiographe M. Hanzelman [2], pour être reçu membre de notre Académie, et le Prince fit en même tems présent à l'Académie d'un grand ouvrage diplomatique composé par cet habile homme qui, à ce qu'on dit, est excellent. Comme nous sommes seurs que vous ne refuserez pas cette complaisance à un prince de l'Empire et ami de la bonne cause du Roy, nous n'avons fait aucune difficulté pour fixer cette élection à jeudy prochain.

Le succès des armes du Roy a depuis quelque tems fort peu répondu à nos souhaits, mais c'est toujours un très grand bonheur que nous n'avons pas été écrasés dans la dernière action de Budessin. Si tous les événemens arrivoient à hazard, il en seroit certainement fait de nous et nos ennemis auroient même déjà depuis longtemps atteint leur but pernicieux. Mais l'existence de la Providence doit bien changer la face des choses et puisqu'il est de notre intérêt d'en être convaincu, je crois fermement que Dieu arrange de tems de telles traverses pour nous préparer à reconnoitre à la fin que nous serons uniquement redevables de notre délivrance à la Providence. En effet, si nous considérons d'un côté la supériorité de nos ennemis et d'un autre côté les terribles fautes commises chez nous, où plusieurs régimens ont pris la fuite dans la bataille avec les Russes, et combien de fois avons-nous été surpris et très mal rempli nos devoirs comme à Schweidniz, Collin, Breslau et où le Roy s'est plaint de sa cavallerie pendant que nos ennemis ont toujours été sur leurs gardes [3]. Ces considérations doivent porter le plus incrédule à croire une Providence qui veille sur nous d'une manière très éminente; et j'espère encore fermement que le Bon Dieu conduira enfin cette guerre à une fin bien plus glorieuse que nous ne saurions nous flatter. Toute ma famille vous présente, Monsieur, ses très humbles complimens et particulièrement mon aîné tout pénétré de votre gracieuse disposition en sa faveur [4].

J'ai l'honneur …

Berlin, ce 4 Novembre 1758

R 1613 Copie fr., 2 p. – BAB, Bl. 283f–283gR.
Edit.: Le Sueur, p. 161–163.

[1] L'arrivée de Maupertuis à Bâle dans la deuxième quinzaine d'octobre a donc été connue très vite d'Euler. Le désir de procurer à Mérian une charge lucrative assurant en même temps une garantie pour la bibliothèque a incité Maupertuis à répondre rapidement à la lettre précédente 118.

[2] Malgré la guerre, le Prince de Hohenlohe (principauté de Franconie, entre Bavière et Wurtemberg) gardait donc – comme l'indique plus loin Euler – une position relativement neutre qui lui permettait de faire une proposition à l'Académie. L'élection de son protégé a eu lieu le 9 novembre (*Registres* …, p. 244).

[3] Euler achève un tableau singulièrement pessimiste de la situation générale de la guerre en exagérant, semble-t-il, les «fautes commises» du coté de l'armée prussienne. La sévérité dont faisait preuve Frédéric II avec ses généraux et ses soldats pour provoquer un sursaut créait certainement un climat d'opinion officielle dont Euler se devait de tenir compte dans sa correspondance.

[4] Maupertuis a donc promis son appui pour le projet concernant Johann Albrecht (lettre 117 *supra*).

120
Euler à Maupertuis
Berlin, 25 novembre 1758

Monsieur,

Je ne saurois contenir ma joye que l'air de ma patrie convient si bien à votre état et quoique je souhaite très ardemment de vous revoir ici au plutôt qu'il soit possible, je prends la liberté de vous supplier très instamment de vouloir bien passer l'hyver à Bâle [1], dans l'espérance que vous pourriés par ce moyen recouvrer parfaitement votre santé et être ensuite après votre retour à l'abri de nouvelles attaques; mais surtout je serois extrêmement inquiet si vous vouliés dans cette saison entreprendre le voyage, car quelque doux que puisse être le temps, il pourroit devenir si rude pendant que vous fussiés en chemin que vous seriés obligé d'y arrêter et que nos belles espérances seroient tout d'un coup anéanties. Je vous supplie donc, Monsieur, très humblement de penser avant toutes choses à votre conservation qui est le plus précieux avantage que vous puissiés procurer tant à notre Académie qu'à Madame votre chère épouse. J'espère que vous aurés bien reçu ma dernière lettre [2] dans laquelle je vous ai rendu compte de l'accomplissement de vos ordres à l'égard de M. Mérian qui ne manqueroit pas de s'acquitter très bien de ce nouvel employ. M. Kuster ne m'a jamais dit un mot de ses vues [3] ni même aussi à M. Eller.

Je vous suis infiniment obligé, Monsieur, de l'honneur que vous avés bien voulu faire à ma sœur et à mes parens [4], je le regarde comme une nouvelle marque de votre gracieuse affection, dont vous m'avés donné jusqu'ici des preuves si éclatantes qu'il m'est impossible de trouver des mots assés énergiques pour vous exprimer ma reconnoissance. Je fais de tems en tems de nouveaux essais sur la perfection des lunettes, qui réussissent tantôt plus tantôt moins. C'est principalement pour occuper cet habile artisan Rinck seul capable à exécuter mes desseins qui sans cela mourroit de faim ou se seroit déjà retiré de Berlin. J'ai déjà eu l'honneur de vous marquer, Monsieur, que nous avons suspendu à Koch sa pension de 200 écus, que j'emploie au dit dessein et quand vous serés de retour vous jugerés s'il convient de la rendre à cet inutile pensionnaire ou non? M. Mérian vous rendra compte l'ordinaire prochain de ses travaux sur les lettres de Leibnitz.

J'ai l'honneur d'être avec le plus respectueux attachement ...

Euler

Berlin, ce 25 Novembre 1758

R 1614 Copie fr., 2 p. – BAB, Bl. 283h–283iR.
Edit.: Le Sueur, p. 164–165.

[1] Maupertuis, en arrivant à Bâle le 16 octobre, avait bien l'intention d'y passer l'hiver. Mais il se peut qu'il ait eu un instant l'idée de rejoindre sa femme à Berlin malgré toutes les difficultés. Euler ne s'exprimerait pas comme il le fait ici s'il n'y avait pas eu manifestation d'une telle idée dans la lettre qu'il vient, évidemment, de recevoir de Bâle.

[2] La lettre 119 *supra* qui s'est croisée avec la lettre de Maupertuis.

[3] Georg Gottfried Küster, depuis longtemps membre ordinaire de l'Académie dans la Classe des Belles Lettres et Recteur du Collège de Werder, avait probablement entretenu Maupertuis de son désir d'être nommé bibliothécaire en cas de vacance du poste. Maupertuis se sera rappelé ce détail et en aura avisé Euler pour veiller à ce que le projet Mérian ne rencontre pas d'obstacle.

[4] Sans doute une visite à Bâle.

121
EULER À MAUPERTUIS
Berlin, 16 décembre 1758

Monsieur,

Je fis hier mes complimens à Madame votre épouse au château [1] et dans l'inquiétude où elle était sur l'état de votre santé, je lui donnai les asseurances que l'air de Basle vous convenoit très bien et que nous avions lieu d'espérer que votre santé y sera parfaitement rétablie. Dieu veuille accomplir nos espérances.

Par rapport à la traduction des lettres de M. Leibniz M. Mérian avoit rencontré quelques difficultés qui auroient pu donner l'occasion à des critiques, les partisans de Leibniz étant extrêmement scrupuleux sur certaines expressions, auxquels il seroit presque impossible de satisfaire. D'ailleurs si ces lettres étoient écrites en grec, une traduction auroit bien été nécessaire, mais pour le latin la plupart des savans auroient regardé une traduction comme un ouvrage superflu. Enfin le volume seroit devenu trop gros, ou il auroit fallu en retrancher une trop grande partie de nos mémoires. Ainsi je suis extrêmement ravi que vous avés bien voulu approuver qu'on supprime la traduction qui nous auroit pu attirer des critiques facheuses à tous égards [2]. Dernièrement le ministre nous addressa des ordres au nom du Roy pour proposer un successeur de feu M. Pelloutier dans la charge de censeur des livres historiques [3]; le libraire s'étant offert de payer deux gros pour la censure de chaque feuille, M. Eller en se rappelant les circonstances fâcheuses que l'Académie a éprouvées à cette occasion, en fut faché et opina qu'on ne devoit plus se mêler de cette affaire: mais avant hier il dit qu'il étoit requis de proposer M. de Prémontval et je ne voyois aucune raison de m'y opposer puisqu'il s'agit seulement de proposer et point du tout de nommer un censeur.

Il n'y a aucune apparence que le Roy poursuive les Autrichiens en Bohême, mais il semble que vis à vis les Suédois et les troupes de l'Empire, la campagne n'est encore rien moins que finie. Les Russes nous menacent beaucoup de leur retour avec le premier printems, mais j'espère que jusques là peuvent arriver de grands changemens: du moins ne désespère-t-on pas tout à fait des Turcqs; mais en tout cas le Tout-Puissant nous accordera tous les secours nécessaires. Il est remarquable combien dans ces contre tems les esprits forts sont devenus faibles.

Nous sommes dans l'Académie sur le point de bien placer un capital de 500 écus, attendu que nous retirons nos revenus assés régulièrement même des provinces occupées par nos ennemis [4]. Mlle Kirch vous supplie, Monsieur, très instamment de lui vouloir bien accorder pour l'année prochaine la même gratification de 100 écus dont vous avés eu la bonté de la régaler depuis quelques ans.

Ma femme est infiniment sensible à l'honneur de votre souvenir et je la recommande avec toute ma famille à la continuation de votre affection et bienveillance, ayant l'honneur d'être ...

L. Euler
Berlin, ce 16 Décembre 1758

R 1615 Copie fr., 2 p. – BAB, Bl. 283k–283lR.
Edit.: Le Sueur, p. 165–167.

[1] Madame de Maupertuis résidait donc au Château royal de Potsdam en l'absence de son mari. Mais il n'est pas certain qu'elle ait conservé l'appartement qui avait été donné au président en 1751 dans «le haut du pavillon» (cf. les échanges de lettres Maupertuis–Frédéric, 15–17 avril 1751, Koser, p. 264). Lors du voyage de Maupertuis en France en 1753, il semble que le prince Henri avait dû intervenir pour trouver à Madame de Maupertuis une fonction à la Cour, et donc un logement (cf. Le Sueur, p. 97). Notons ici que Maupertuis avait eu un logement au Château de bonne heure puisque c'est là que König vint le voir au printemps de 1750, visite qui eut des conséquences fâcheuses puisqu'en voulant «rejoindre son carrosse par des chemins qu'il ne connaissait pas», König fit une chute et se fractura l'épaule droite (cf. Le Sueur, p. 120).

[2] Mérian avait donc eu l'intention de traduire les lettres de Leibniz écrites en latin et il est probable que la publication étant projetée dans les *Mémoires,* c'est en français que la traduction était envisagée. Le fait que Maupertuis ait approuvé la suppression de cette traduction se réfère certainement à une réponse à la lettre de Mérian annoncée dans la lettre précédente n° 120 comme devant partir par le «prochain ordinaire».

[3] Cf. 7 décembre *Registres ...,* p. 244. Le compte-rendu précise que «le projet que l'Académie avait formé elle-même pour la censure des livres n'ayant point été gouté, elle demandait à être déchargée de cette nomination».

[4] Cette information est caractéristique: la guerre n'arrête pas le fonctionnement d'un certain nombre d'activités telles que transmission de courrier et perception de revenus. Mais il est notable que le capital que Euler déclare susceptible d'être placé est ici moins du $^1/_{10}$ de celui annoncé lettre 117 *supra.* Mais voir *infra* lettre 123.

122
Euler à Maupertuis
Berlin, 2 janvier 1759

Monsieur,

Je commence cette année par les vœux les plus ardens pour votre rétablissement, conservation et prospérité à tous égards. Dieu les veuille exaucer et nous accorder dans le cours de cette année la grâce de vous revoir ici parfaitement rétabli et jouir d'une santé inaltérable. Tant de marques d'une faveur toute particulière dont vous m'avés bien voulu combler jusqu'ici m'engagent à vous renouveler à cette occasion les assurances les plus vives de ma reconnoissance sans bornes et de l'attachement le plus inviolable, et je vous supplie, Monsieur, très humblement de me vouloir bien continuer les mêmes sentimens et la même affection. Jusqu'à la réception de M. Bianchi et du bibliothécaire du prince de Hohenlohe je me suis opposé à toutes les propositions de nouveaux membres et M. Eller fut dans les mêmes sentimens; mais depuis il produisit un mémoire pour proposer à l'Académie les quatre ou cinq derniers candidats dont les mérites furent loués par quelques uns de nos membres à un tel point que je n'eus pas le courage de m'y opposer. Les preuves de dignité qu'on produisit à l'égard de chacun paroissoient si bonnes que je croyois que vous les auriés agréées vous même. M. Eller asseuroit de quelques uns que vous lui aviés promis leur réception avant votre départ. Cependant je me ferai une règle de ne plus consentir à la proposition de qui que ce soit avant votre retour [1].

Après avoir arrêté la pension de Koch, M. le comte de Rheden étoit bien d'avis de vous la demander pour le mécanicien Rinck qui sembloit déjà y aspirer, mais connoissant vos intentions je lui ai d'abord ôté toute espérance et en effet ces 200 écus doivent être destinés à la mécanique, il vaudra toujours infiniment mieux de les employer à exécuter quelques essais et de les bien payer, quelque mal qu'on y réussisse, que de les donner comme une pension dont l'Académie n'auroit certainement aucun avantage. C'est sur ce pied que j'ai occupé Rinck depuis quelque tems [2] et quoiqu'il y ait apporté tous les soins possibles, il s'en faut beaucoup que je me puisse vanter d'avoir bien réussi à cause de certaines obstacles cachés dans la matière du verre, de sorte que je ne voudrois pas multiplier les essais quoique vous ayés eu la bonté de me donner plein pouvoir à cet égard. C'est aussi de mon côté un obstacle très considérable que je ne suis pas moi même en état de juger de la bonté d'une lunette [3] et que je m'y dois rapporter au jugement des autres qui ne sont pas toujours d'accord. La pièce que je prends la liberté de vous envoyer ici conformément à vos ordres [4], est au jugement de mon fils la meilleure que nous ayons produite jusqu'ici. Je serois bien charmé si vous la trouviés préférable à des ordinaires de la même longueur; mais les lunettes ordinaires varient si considérablement que tel se loue avoir une de deux pieds qui vaut mieux qu'une autre de six pieds, et partant je ne saurois à peine espérer qu'il ne se trouvât quelque part une lunette ordinaire de la même longueur avec la présente, qui fut encore meilleure.

Je n'ay aucune connoissance d'un parti de Koenig que ce que M. Mérian m'en a dit et depuis longtems je n'ay plus entendu parler de cette affaire [5].

On attend ici bientôt des nouvelles importantes à l'égard des Suédois attaqués par le comte de Dohn et on prétend d'avoir des nouvelles certaines que le renfort de l'armée russienne a reçu contre ordre et que celle-ci se prépare des magazins par le milieu de la Pologne, ce qu'on regarde comme une confirmation du bruit des desseins des Turqs. On allègue encore d'autres preuves qui semblent asseurer que tant l'Autriche que la Russie seront vigoureusement attaquées par les Turcqs ... M. Huber sera mis dans la liste de nos académiciens dans l'almanac des addresses ... [6]

J'ai l'honneur d'être ...

L. Euler

Berlin, ce 2 Janvier 1759

R 1616 Copie fr., 2 p. – BAB, Bl. 283m–283nR.
Edit.: Le Sueur, p. 167–169.

[1] Il est évident que Maupertuis a manifesté un mécontentement devant les dernières élections qui ont eu lieu à l'Académie sans son avis formel préalable (il s'agit des élections de Frisi, Cartheuser, Leidenfrost et Spielmann, 16 novembre, *Registres* ..., p. 244).

[2] Euler est donc converti à la méthode qui consiste à ne payer que du travail effectivement réalisé.

[3] A cause de sa mauvaise vue. Cf. lettre 124 *infra*.

[4] Maupertuis a donc demandé qu'on lui envoie une des lunettes résultant des derniers travaux effectués sous la direction d'Euler. Cet envoi provoquera quelque retard au courrier (cf. lettre 124 *infra*).

[5] Preuve de ce que Maupertuis continue à être tourmenté par l'«affaire» alors que König est mort depuis deux ans.

[6] Les points de suspension laissent entendre que Le Sueur n'a pas jugé utile de copier intégralement ce qu'il avait sous les yeux ou bien qu'il y avait difficulté de lecture. Huber, se trouvant à Bâle, a probablement déclaré directement à Maupertuis qu'il n'abandonnait pas sa place à l'Académie – alors qu'il avait quitté Berlin en situation régulière, avec permission (lettre 116 *supra*).

123
EULER À MAUPERTUIS
Berlin, 30 janvier 1759

Monsieur,

Depuis quelque tems les nouvelles de Basle et même de Genève de M. Bertrand [1] étoient remplies de la maladie dont vous avés été attaqué, ce qui nous a très sensiblement allarmé. Je m'imaginois que c'étoit votre mal ordinaire, auquel vous avés été assujetti depuis si longtems et contre lequel presque tous ses soins ont été inutiles: or puisque vous me marqués que c'étoit une maladie d'une nature tout à fait différente, j'en suis d'un côté d'autant plus affligé que vous devés souffrir par des maladies de plusieurs espèces [2], mais d'un autre côté puisque vous êtes guéri de cette dernière attaque par la grâce de Dieu, je bénis le Ciel que vous avés resté à l'abri de votre maladie ordinaire, malgré la rude saison qui vous a été funeste jusqu'ici. Dieu veuille que vos poumons soient fortifiés au point que vous n'ayés plus à craindre des incommodités de ce côté et que vous puissiés jouir même ici après votre retour d'une parfaite santé. Que ma dernière lettre que vous n'aviés pas encore reçue le 20 janvier [3] ait tardé si longtems en chemin, la raison en est sans doute qu'elle étoit accompagnée d'une lunette que j'y avois joint conformément à vos ordres et j'espère qu'elle sera arrivée bientôt après le départ de celle que vous avés eu la bonté de m'envoier. L'entrée de cette année étoit une époque trop marquée pour ne pas vous présenter les vœux que je fais toujours pour votre conservation.

J'ai bien de la raison de douter, Monsieur, que vous soyés content de cette lunette quoique je puisse asseurer que tous les verres sont parfaitement travaillés sur les mesures que j'avois prescrites et que chaque face a pieusement la courbure sphérique dont j'ai été asseuré par leur parfait accord de leur distance de leur foyer avec le calcul. Mais le défaut se trouve visiblement dans la matière du verre qu'il a emploié, car on accouvre une espèce de brouillard autour les objets, qui n'est autre chose qu'une seconde image très faible causée par les particules hétérogènes du verre qui produisent une différente réfraction. J'ai depuis fait exécuter une semblable lunette de huit pieds dont je m'étois beaucoup promis, mais un semblable défaut a détruit tout à fait mes espérances. Par cette raison avant que nous ayons de bon verre homogène par toute sa substance, ce seroit perdre l'argent tout à fait inutilement si je voulois continuer à faire travailler; mais j'écrirai en Angleterre où l'on a découvert le moyen de faire du verre homogène pour qu'on m'en envoye quelques morceaux [4].

L'avertissement que M. Mérian se propose de mettre à la tête des lettres de Leibniz me paroit entièrement propre aux vues que vous avés à cet égard, quoique je sois peu capable de juger des affaires de cette nature. M. Kohler ayant proposé d'établir un nouveau capital de 5000 écus [5], quelques bourgeois de Berlin se sont présentés en offrant leurs maisons pour caution: or M. Uhde ayant examiné ce point de droit, a jugé que l'Académie n'étoit point assés en seureté. Nous attendons donc une meilleure occasion. Dans ces entrefaites M. Sulzer a demandé un capital de 1000 écus pour 10 ans à cinq pour cent sous des cautions qui ont paru suffisantes à mes collègues et là dessus on dresse actuellement le contrat. Je n'ai pu m'opposer à cette demande, mais je voudrois qu'il y eut une loi qui exclut les académiciens d'être débiteurs de la caisse de l'Académie. Je crois qu'une telle loi seroit salutaire à plusieurs égards quoique je fusse bien embarrassé d'en alléguer des raisons. Jeudy passé nous avons célébré à l'ordinaire le jour de naissance de notre grand roy. M. Formey s'est bien distingué autant que j'en puis juger [6]. Nous étions embarrassés de trouver un suffisant nombre de lecteurs qui auparavant s'étoient empressés de paroître dans les gazettes [7]. Enfin après l'éloge de M. Viereck, M. Meckel a lu un mémoire françois sur un fœtus engendré dans l'ovaire sans passer dans la matrice et qui est parvenu à la maturité entre les boyaux, observation qui paroit fort importante dans l'explication de la génération. Ensuite Mrs Gledtisch et Susmilch ont lu des discours allemands [8], le premier sur deux maladies contagieuses qui ont régné presque partout les deux dernières années, auxquelles la guerre et la misère paroissent avoir beaucoup de part. L'assemblée fut assés nombreuse, quoiqu'aucun Prince n'y ait assisté. Toute ma famille vous présente leurs très humbles respects dont je viens d'expédier mon fils cadet [9] à l'armée du Roy pour servir dans le regiment de hussards de Ziethen et le second [10] s'applique à la médecine sous la conduite de M. Meckel et de nos autres médecins. Après mes complimens de condoléance les plus empressés sur la mort de Madame votre belle-mère, j'ai l'honneur ...

L. Euler

Berlin, ce 30 Janvier 1759

R 1617 Copie fr., 3 p. – BAB, Bl. 283o–283qR.
Edit.: Le Sueur, p. 169–172.

[1] Membre étranger de l'Académie depuis 1754, Louis Bertrand, ancien élève d'Euler, professeur de mathématiques à Genève en 1758–59, entretenait évidemment une correspondance avec son maître (voir O. IV A, 1, R 245–254). Notamment, depuis octobre 1758, après un long séjour en Angleterre. La lettre de Bertrand évoquée ici est cependant perdue avec plusieurs autres.

[2] Dès avant son arrivée à Bâle, Maupertuis avait prévenu Jean II Bernoulli qu'il ne pouvait plus supporter d'autre nourriture que «deux tasses de café» par jour (Bibl. Bâle, L Ia 708, n° 218). Dans son Eloge, publiée dans les *Mémoires ... de Berlin pour 1759,* (1766), p. 464–512, Formey signale que le 20 janvier – donc à la même date qu'à Euler – Maupertuis lui déclarait que le «mal était passé aux intestins».

[3] Cette date est, bien entendu, celle de la lettre de Maupertuis à laquelle répond Euler.

[4] Euler a probablement écrit à Wettstein, à Londres, avec l'espoir que le théologien protestant Sack qui se trouvait alors en Angleterre pourrait rapporter les verres demandés. Mais la maladie de Wettstein a ruiné cet espoir – cf. Euler à Wettstein, 28 avril 1759, R 2802; Juškevič–Winter, III, p. 360.

[5] Ce «nouveau capital» complète celui envisagé lettre 121 *supra* au niveau de la prévision faite lettre 117. Il est clair cependant que Köhler est engagé dans des tractations financières qui commencent à éveiller la méfiance. Voir la seconde partie du présent ouvrage, p. 387.

[6] Le compte-rendu de l'Assemblée publique du 25 janvier (*Registres* ..., p. 246) mentionne que «le secrétaire perpétuel a fait l'ouverture de la séance par un morceau en style lapidaire relatif à la naissance de S.M.».

[7] Autrement dit, les événements ont une influence sur l'empressement des candidats à une lecture dans l'Assemblée publique du fait même que des comptes-rendus paraissent dans les gazettes.

[8] Les titres de ces communications figurent en français dans les *Registres* ..., p. 246.

[9] Christoph Euler, troisième fils, pouvait être appelé cadet du fait que les enfants nés après lui dans le foyer d'Euler n'avaient pas vécu.

[10] Le deuxième fils d'Euler etait Karl, future médecin.

124
Euler à Maupertuis
Berlin, 17 février 1759

Monsieur,

J'ai été fort en peine à cause de ma lettre qui accompagnoit la lunette que j'ai eu l'honneur de vous envoyer, et je pensois bien qu'elle ne pourroit arriver que fort tard [1]: à cet égard j'ai bien mérité les reproches que vous m'avés bien voulu faire sur ma négligence: mais je les regarde comme une nouvelle marque de votre affection et je me piquerai de ne plus paroitre négligent dans un point dont je m'acquitte avec le plus grand plaisir. Je suis infiniment ravi des éloges que vous voulés bien donner à ma lunette [2], et je suis très bien porté de les croire quoiqu'on m'ait voulu asseurer ici le contraire, car pour moy-même je ne suis pas capable d'en juger à cause de la faiblesse de ma vue; mais je suis assés asseuré que les dernières pièces qui sont plus longues, ne valent pas grand chose, et cela à cause de l'hétérogénéité du verre: car pour le travail même, l'ouvrier y a certainement employé plus de soins. La construction de cette lunette ne diffère des ordinaires qu'en ce que l'objectif est composé de trois verres tels que j'ai eu déjà l'honneur de vous marquer. L'avantage devroit être qu'un tel objectif admit avec une plus grande ouverture, un moindre oculaire: or je ne me souviens pas si elle contient encore un verre dans le foyer commun, dont la distance de foyer est double de l'oculaire qui devroit grossir le champ apparent [3]. Pour des lunettes qui représentent les objets debout, je n'en ai fait faire que d'un pied et plus qui ont par conséquent le défaut que le champ apparent est excessivement petit, et qu'elles ne valent rien pour les objets terrestres, mais pour satisfaire à votre intention, je ferai faire quelques unes de 6 à 8 pouces, ou encore moins, pour gagner un assés grand champ apparent; comme cela sera bientôt fait, je ne manquerai pas de vous en envoyer par la route indiquée, quoique j'espère que votre séjour à Bâle ne durera plus longtems, Dieu soit loué que vous êtes délivré de votre dernière maladie, mes vœux pour votre entier rétablissement.

La grâce tout extraordinaire que mes seigneurs de Bâle viennent de me témoigner [4], pénètre mon cœur de la plus sensible reconnoissance et je vous suis infiniment obligé, Monsieur, de la gracieuse félicitation que vous voulés bien me faire à cette occasion; mais cette même générosité me réduit à recourir à votre bonté, en vous suppliant de vouloir bien recevoir en mon nom, la pièce d'or dont le magistrat de Bâle me veut bien honorer. Je souhaiterois fort de la recevoir de vos mains plutôt que vous me l'envoyassiés par la poste. M. Eller et M^{rs} nos chymistes ont été bien surpris du peu de cas qu'on a fait à Bâle des mérites de M. Spielman[n] [5], et qu'on qualifie simplement comme un apothicaire de Strasbourg, ils disent qu'il y est professeur et qu'ils le connoissent très particulièrement, il est un disciple de votre M. Margraf [6]: il a fait tant de progrès dans la chymie qu'ils le regardent comme un des plus grands chymistes. – J'ai d'abord remis à M. Mérian votre lettre, à laquelle nous avions attendu quelques jours avec l'impression des lettres de Leibniz. Votre avertissement ne sauroit être mieux conçu tant pour le sujet même que pour l'honneur de l'Académie [7]. Ma femme et moy nous sommes très sensibles au souvenir de M. Jean Bernoulli et je prends la liberté, Monsieur, de vous prier de lui présenter nos très humbles complimens, de même qu'à son frère M. Daniel Bernoulli dont la bienveillance et amitié me sera toujours prétieuse. – Nous venons d'être plongés dans un nouveau deuil, par le décès de notre jeune prince Georges Emilius dont on avoit conçu de grandes espérances pour le soutien de la maison royale [8]. Dieu nous conserve notre grand Roy! que Fréderic vive, qu'il règne, qu'il triomphe, c'est le vœu que nous faisons tous après M. Formey.

J'ay l'honneur ...
L. Euler

Berlin, ce 17 Février 1759

R 1618 Copie fr., 3 p. – BAB, Bl. 283r–283sR.
Edit.: Le Sueur, p. 172–174.

[1] La lettre d'Euler de 2 janvier (122 *supra*), accompagnée d'une lunette, a donc dû arriver vers le 4 ou 5 février à Bâle.

[2] Euler avait pris ses précautions dans la lettre précédente 123 en exprimant ses craintes que Maupertuis ne soit pas satisfait.

[3] Cette absence de souvenir de la part d'Euler est assez curieuse, puisqu'elle semble indiquer qu'il n'avait pas suivi de si près la confection de la lunette envoyée à Maupertuis. Très probablement celui-ci se souvenait parfaitement de l'affaire du verre situé au foyer commun (lettre 59 *supra*) et a posé une question embarrassante, du fait même que la lunette envoyée ne donnait pas des objets la vision debout.

[4] Il s'agit d'une médaille en or au titre de la Cité de Bâle.

[5] Suite du mécontentement de Maupertuis pour les élections du 16 novembre 1758 (cf. lettre 122 *supra*). Maupertuis a profité de son séjour à Bâle pour s'informer au sujet du quatrième élu, Spielmann. Il semble que celui-ci méritait en effet d'être pris en considération et que les avis recueillis à Bâle relevaient d'une certaine injustice.

[6] Erreur de copie certaine. Euler a écrit sans aucun doute: «de *notre* M. Margraf».

[7] Cet avertissement, en tête de l'édition par Mérian des lettres de Leibniz, se trouve p. 453–456 des *Mémoires de Berlin pour 1757,* 1759. Il est imprimé en petits caractères, sur la même feuille L que le «Discours» de Formey dans la séance du 27 janvier 1757. Le style correspond bien à celui de Maupertuis pour la première page et la moitié de la deuxième, jusqu'à la phrase: «Nous sommes bien éloignés de vouloir ici remuer les cendres de M. Koenig.»

[8] Le prince Emil de Prusse, fils du frère aîné de Frédéric II, mort le 15 février à l'âge de 4 mois.

125
Euler à Maupertuis
Berlin, 13 mars 1759

Monsieur,

Après les vœux les plus sinceres pour Votre santé, j'ai l'honneur de Vous presenter deux petites lunettes construites selon ma Theorie, et j'ose me flatter que Vous seres content de la plus petite, qui a bien surpassée mon attente [1]: dont voicy la construction. Elle est composée de 3 verres *AA, BB, CC*.

L'objectif *AA* est convexe des deux cotés, le rayon de sa face

$$\left\{\begin{array}{ll}\text{devant} & 1\frac{24}{100}\\ \text{derriere} & 10\frac{48}{100}\end{array}\right\}\ \text{pouces [.]}$$

Le verre du milieu *BB* e[s]t concave par le devant, le rayon de la concavité étant: $1\frac{89}{100}$ pouces et plane par le derriere.
L'oculaire e[s]t également concave des deux cotés, le rayon de chaque face étant = $\frac{55}{100}$ pouces.
Enfin la distance PQ est = $\frac{97}{100}$ pouces, et la distance $QR = 2\frac{7}{100}$ pouces. Cette lunette grossit les objets en diametre 10 fois, et le diametre du champ apparent sera environ de $4\frac{1}{2}$ degrés, la longueur n'étant que $3\frac{4}{100}$ pouces [2].

Or j'ai remarqué que cette lunette pourroit bien souffrir un moindre oculaire, et partant on pourroit bien diminuer toutes les mesures marquées de leur tiers, et alors le diametre du champ apparent seroit de $6\frac{1}{2}$ degrés [3].

Je ne Vous saurois exprimer, Monsieur, le point de precision que Rinck a acquis dans la politure [sic] des verres, sur quoi je pourrois fonder de grandes esperances, pourvuque nous eussions de bon verre, mais pour les petites lunettes le defaut n'est pas sensible. Je suis bien aise que Votre sentiment à l'égard d'une pension pour lui soit precisement le meme, que j'ai eu l'honneur de Vous marquer dabord; une pension le gateroit infailliblement.

Puisqu'il reussit si bien dans cette espece de petites lunettes, je l'employerai à en faire plusieurs qui different dans le grossissement, et j'espere qu'il trouvera du debit hors de l'Academie.

Pour l'autre lunette, qui est un peu plus longue, quoiqu'elle ait quelque merite au sentiment de quelques uns, elle me semble de beaucoup inferieure à l'autre, et par cette raison je n'ajouterai pas sa construction [4].

Comme le pacquet est si petit, la Poste n'a pas voulu le recevoir separé de la lettre, il sera expedié comme une simple lettre, desorte qu'une addresse à Francfort auroit été superflue.

En quelques jours nous esperons d'apprendre d'importantes nouvelles de Pologne; plusieurs de nos corps y étant entrés pour se joindre aux environs de Thorn. Ils ont dejà enlevé aux Russes quelques Magazins avec le Prince Sulkoffsky [5]: on dit qu'un bon nombre de Polonois s'est dejà joint à nos Trouppes. Les Russes sont terriblement en peine à cause de l'absence de Fermor et leur nombre ne montant pas à 40 000 ils risquent de perdre toute leur Artillerie et bagage qu'il leur est impossible de sauver. Le bruit court que le Roy est parti de Breslau pour se mettre à la tete de ses Troupes, et on compte que le coup se doit faire aujourdhui ou demain.

Dieu veuïlle benir les exploits de Notre Grand Roy!

J'ai l'honneur d'etre avec le plus respectueux attachement

Monsieur
Votre très humble et très obeïssant serviteur
L. Euler
Berlin ce 13 Mars 1759

P.S. Je viens d'apprendre que Nos Trouppes reviennent dejà de Pologne, et que l'intention n'a été que de ruiner quelques magazins et d'enlever le Prince Sulkoffsky.

R 1619 Dernière pièce du fonds AAS Paris.
Autogr. fr., 1 f°. – AAS Paris, n° 108, f° 175r–v.
Copie fr., 3 p. – BAB, Bl. 284–286R.

[1] Euler n'a donc pas cessé de faire exécuter des essais de construction de lunettes sur les principes posés depuis la lettre 114 *supra* et corrigés progressivement dans le sens précisé dans la lettre précédente 124, en diminuant autant que possible la longueur totale. Mais pour juger des résultats, il est évident qu'il devait s'en remettre à l'avis de son entourage puisque la faiblesse de sa vue ne lui permettait pas d'observation efficace.

[2] La vérification, en fonction du schéma étudié dans la note 15 de la lettre 115 *supra,* conduit à constater une erreur de transcription de la part d'Euler. Pour que la lunette indiquée fonctionne correctement, avec le grossissement 10, il faut que la lentille intermédiaire BB ait comme rayon de la concavité de la face antérieure $\frac{1}{2} \cdot 1{,}89$ pouces, ou bien qu'elle soit concave des deux côtés avec le rayon 1,89. D'autre part le champ de 4,5° environ n'est obtenu qu'avec une ouverture d'oculaire en $\frac{1}{3}$ pouce, valeur relativement grande dont Euler ne parle pas. Mais la phrase suivante indique son souci à cet égard.

[3] La réduction de «toutes les mesures» dans le même rapport $\frac{2}{3}$ ne modifie pas le schéma d'ensemble de la lunette et conserve le grossissement. Et pour une même ouverture de l'oculaire, le champ apparent est augmenté dans le rapport 3/2 environ. Il faut donc conclure du résultat indiqué dans la note précédente qu'Euler conserve l'ouverture de $\frac{1}{3}$ pouce, c'est-à-dire une demi-ouverture de $\frac{1}{6}$, tandis que le rayon de la concavité de l'oculaire devient $0{,}55 \cdot \frac{2}{3} = \frac{1{,}1}{3}$ – de telle sorte que la demi-ouverture est à peu près la moitié du rayon. Ceci correspond exactement à un choix que Euler justifie rapidement au début du paragraphe 11 de son mémoire publié (cf. E. 316; O. III, 6, p. 238). On doit donc conclure ici qu'Euler avait déjà, à l'époque de la présente lettre, acquis la conviction que, loin d'être gênante, l'ouverture totale de $\frac{1}{3}$ pouce pouvait être conservée avec un rayon de concavité plus petit. Et il faut entendre l'expression de «moindre oculaire» dans ce sens.

[4] C'est-à-dire qu'Euler estime inutile de fournir à Maupertuis les données numériques, le «devis», pour la seconde lunette envoyée. On verra, en effet, (lettre 126 *infra*) que les deux lunettes dites «présentées» au début de la présente lettre ont été envoyées en même temps et par le même courrier.

[5] L'enlèvement de ce prince et des «magazins» de l'armée russe constitue une manœuvre de diversion qui n'aura pas tout le résultat escompté.

126
EULER À MAUPERTUIS
Berlin, 20 mars 1759

Monsieur,

La semaine passée [1] j'ai pris la liberté de vous envoyer deux petites lunettes avec une lettre qui contient tout ce qui les regarde, mais je crains fort qu'elles n'arrivent que bien tard. Comme le paquet étoit petit [2], on m'a dit à la poste que la lettre y devoit être attachée et que tout droit comme une simple lettre par le chariot de poste. Ainsi je ne croyois pas qu'il la falloit adresser à quelque ami de Francfort. Je l'ai donc envoyée à la poste par mon fils pour qu'il s'informât s'il n'alloit pas plus seur par Nurimberg, mais il faut que l'homme qui a reçu ce paquet à la poste fut bien novice, car il demanda à mon fils où étoit Bâle et lui dit ensuite que le paquet n'iroit ni par Francfort ni par Nurimberg, mais par Duderstat et lui fit payer six gros. Cette circonstance me fait bien craindre pour ce paquet, car je sais que des lettres sont venues de retour qui ont été mal franchies: mais peut-être que le séjour des françois à Francfort a causé quelque altération dans le cours des postes, et que le paquet mentionné arrivera à bon port [3]: du moins je serois bien fâché s'il venoit de retour: car j'espère que la petite lunette méritera votre approbation grossissante dix fois en diamètre et n'étant pas plus longue que trois pouces. Et depuis j'ai trouvé moyen de perfectionner encore davantage cette espèce de lunette, de sorte que pour grossir dix fois, une lunette de $1\frac{1}{2}$ pouce sera suffisante et qu'elle découvrira un champ deux fois plus grand [4]: j'ai même lieu d'espérer que cette idée réussira mieux que la précédente [5], et c'est à ces sortes de lunettes que je fais travailler notre Rinck. En voici une qui grossit deux fois en diamètre et découvre un champ de 55°. L'objectif AA et le verre du milieu BB n'ont que $\frac{1}{15}$ pouce d'ouverture en diamètre.

Le verre AA a le rayon de la face $\left\{\begin{array}{l}\text{de devant } \frac{1}{10} \text{ pouce}\\ \text{de derrière } \frac{80}{100} \text{ ,,}\end{array}\right\}$ convexe

Le verre BB a le rayon de la face $\left\{\begin{array}{l}\text{de devant } \frac{16}{100}\\ \text{de der}^{\text{re}}\ \frac{36}{100}\end{array}\right\}$ concave

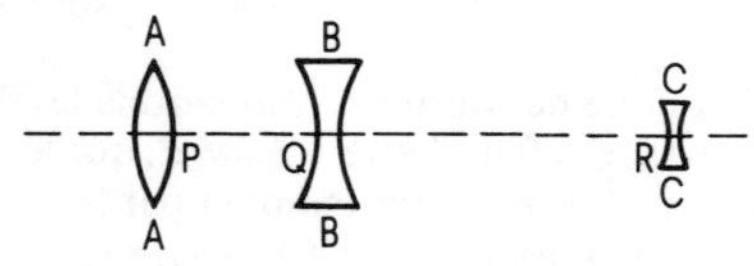

La distance entre ces deux verres est de $\frac{4}{100}$ pouce.

L'oculaire CC est également concave des deux côtés, le rayon de chacun étant $= \frac{22}{100}$ pouce, cette lunette n'ayant que $\frac{14}{100}$ p. en longueur pourra être garnie en forme de loupe et sera toujours un bon perspectif d'opera [6]. Il pourra servir en toutes occasions à toutes sortes d'yeux. Sur ce pied, une lunette de dix pouces grossiroit 60 fois en diamètre [7], mais avant que de passer à de si grandes multiplications, j'occuperai notre artiste à des petites qui lui pourront peut-être procurer quelque débit. Aussi est-il plus facile de réussir en des petites qu'en des longues.

Si cela réussissoit, je pourrois faire une lunette de trois pieds qui grossiroit 200 fois en diamètre, c'est-à-dire autant qu'une ordinaire de 120 pieds [8]. Il m'est venu dans l'esprit de construire des télescopes avec deux miroirs sphériques [9]. L'obliquité des rayons causera bien quelque confusion, mais on la diminuera en augmentant le rayon.

Je crois que cette espèce de lunettes produira un meilleur effet que les neutoniens [10] ou grégoriens. Mais cette idée étant si simple, je doute fort qu'on n'y ait déjà pensé et fait des épreuves qui peut-être n'ont pas réussi, car je n'ai pas encore déterminé la quantité de la confusion.

On vient d'intercepter le courrier qui devoit porter de Vienne à Pétersbourg le plan des opérations de guerre pour cette campagne, dont le roy fut extrêmement ravi. C'étoit M. Lentulus [11] qui a fait cette expédition en Pologne près de Cracovie. C'est peut-être la seule nouvelle qu'on sache avec seureté: car pour ce que j'ai eu l'honneur de vous marquer, Monsieur, en dernier lieu avec les lunettes, l'événement a fait voir que notre intention n'a été que de ruiner des magazins russiens. Cependant on asseure que toute notre armée est en mouvement, mais personne ne sait et ne soupçonne même quelles vues pourroit avoir notre grand Roy.

A l'Académie tout va son train ordinaire, outre que M. Eller a été malade depuis quelques semaines; mais à présent, il se porte mieux. C'étoit une fièvre accompagnée des attaques podagriques. Toute ma famille se recommande très humblement à la continuation de votre affection, et en faisant les vœux les plus ardens pour votre santé et parfait rétablissement, j'ay l'honneur ...

L. Euler

Berlin, ce 20 Mars 1759

R 1620 Copie fr., 3 p. – BAB, Bl. 287–289R.
Edit.: Le Sueur, p. 174–177.

[1] Avec la confirmation que la lettre précédente, du mardi 13 mars, était accompagnée de l'envoi de deux petites lunettes, on a ici une indication assez précise: le courrier partait de Berlin chaque semaine le mardi. Si Euler se hâte d'envoyer une nouvelle lettre sans attendre de savoir le sort de la précédente, c'est qu'il a étendu dans l'espace de quelques jours ses spéculations sur les petites lunettes et qu'il veut en fournir sans tarder communication.

[2] Les deux lunettes ensemble ne devaient pas faire un paquet de plus de 15 cm de long et de 8 cm de large, autant qu'on puisse en juger par les indications des «devis» des instruments.

[3] Les explications d'Euler sont quelque peu confuses. Il est seulement clair qu'il a craint un affranchissement insuffisant pour le paquet dirigé par Duderstat, et qu'ensuite il imagine un avantage possible au fait que le courrier ne passe pas par Francfort occupé par l'armée française.

[4] Voir la note 3 de la lettre 125 *supra*. Une réduction de moitié de toutes les mesures conserve le grossissement et double le champ pour la même ouverture de l'oculaire.

[5] Euler ne dit pas sur quoi son espoir est fondé. On peut penser qu'il envisage d'une part d'améliorer les qualités optiques de l'instrument grâce à la réduction susdite, d'autre part de diminuer l'ouverture de l'oculaire en conservant une amélioration sensible du champ.

[6] Le «devis» qui vient d'être donné est à très peu près le premier de ceux qui figurent dans le tableau du mémoire publié en 1766 (cf. E. 316; O. III, 6, p. 269). C'est un devis foncièrement théorique, il suffit d'examiner les données numériques pour s'en rendre compte. Le champ de 55° annoncé correspond à une ouverture de l'oculaire de 0,14 pouce, égale à la longueur totale de l'instrument et 0,14 pouce = 4 mm environ. L'ouverture de l'objectif est de $\frac{1}{15}$ pouce, soit 1,7 mm. Euler ne peut pas avoir envisagé raisonnablement la construction d'un tel instrument miniature. Les phrases suivantes éclairent d'ailleurs le débat.

[7] Il faut évidemment suppléer à la déclaration d'Euler puisqu'il ne juge pas opportun de fournir les explications nécessaires. Si l'on multiplie par 30 les données de l'instrument miniature précédent en ce qui concerne les deux lentilles de l'objectif et leur distance, mais en conservant le même oculaire et son ouverture de 0,14 pouce, on passe pour le grossissement de 2 à $2 \times 30 = 60$ tandis que la longueur totale devient – comme il est aisé de le vérifier: $0{,}33 - 0{,}2 = 9{,}7$ pouces, et comme ce calcul ne tient pas compte de l'épaisseur des verres il est certain que les 10 pouces de longueur annoncés par Euler correspondent exactement à l'opération que nous venons d'indiquer.

Naturellement le champ, pour la même ouverture de 0,14 pouce de l'oculaire, diminue et devient environ 36°, ce qui est encore confortable.
Il paraît en définitive très clair que l'instrument miniature, théorique, a été pour Euler l'objet d'une spéculation: comment appliquer aux données un agrandissement pour aboutir à des instruments raisonnables et dotés de propriétés intéressantes? L'intention correspondante parce dans l'expression d'Euler lorsqu'il dit: «Sur ce pied ...» Le «pied»: c'est le modèle réduit, la miniature; et ce que la miniature vient de lui suggérer c'est que l'ouverture de son oculaire, 0,14 pouce, «peut servir à toutes sortes d'yeux». Elle est, en effet, cette ouverture, à peine plus grande que la moyenne des pupilles humaines.
Dans le mémoire publié en 1766, Euler estimera les champs en supposant l'ouverture de l'oculaire limitée à la dimension de cette moyenne des pupilles, soit 0,10 pouce, et il semble bien que cette attention aux conditions réelles de l'utilisation de l'instrument remonte à l'époque ici considérée.
Ajoutons que le «bon perspectif d'opéra» dont parlait Euler quelques lignes plus haut, et qui correspond évidemment à l'ensemble grossissement 2 et champ 55°, reste malaisé à réaliser dans des dimensions convenables à partir de l'instrument miniature. Car toute multiplication des mesures, si elle est appliquée aussi bien à l'oculaire qu'à l'objectif, conserve sans doute le grossissement mais diminue le champ de manière sensible, en raison inverse de la multiplication.

[8] Dans le tableau du mémoire publié (O. III, 6, p. 269), la lunette de grossissement 200 est indiquée comme ayant 33,8 pouces de longueur, donc légèrement inférieure à 3 pieds. Mais cet exemple met bien en évidence combien il est impossible de juger de ce tableau, et de sa comparaison avec les données de la présente correspondance, sans tenir compte des modifications introduites par Euler dans son effort théorique. Comme il le dit ici un peu plus bas, il n'avait pas «encore déterminé la quantité de la confusion», tandis que le mémoire publié corrige précisément toutes les formules en tenant compte de la nécessité de réduire toutes les aberrations.

[9] Pour les recherches d'Euler concernant les télescopes à réflexion, voir les deux mémoires E. 377 et E. 378 publiés dans les *Mémoires de Berlin pour 1762,* 1769, p. 143–184, 185–194 – O. III, 8, p. 26–73.

[10] Nous rétablissons ici la lecture correcte, heureusement évidente. Le Sueur a imprimé «pleutoniens» et il est probable que sur le manuscrit original il y avait en tête un N majuscule quelque peu aplati par devant.

[11] Nouvelle correction que nous introduisons. Le Sueur a imprimé Lentulier, mais il est très clair que le personnage cité n'est autre que le général Lentulus qui se distingua particulièrement durant cette partie de la guerre.

126a
Euler à Maupertuis
Berlin, 21 avril 1759

O. IV A, 1, Anhang III, 13, [R 1620a].
Autogr. fr., 1 f°. – Fichier Charavay, Bibl. Nat., Paris.

Selon le catalogue de vente de la Maison Charavay, ce serait une «lettre très affectueuse présentant des détails scientifiques» (2 grandes pages, in-4°).

127
EULER À MAUPERTUIS
Berlin, 9 juin 1759*

Monsieur,

C'est avec la plus vive douleur que j'avois apris la facheuse nouvelle de la rude attaque de votre maladie, et cela dans un tems où nous nous flattions de la douce espérance de vous revoir bientôt ici de retour. Je suis témoin combien madame votre épouse est affligée de ce triste accident, et les asseurances de la crise salutaire que vous lui marqués vous-même ont été à peine suffisantes pour calmer tant soit peu son esprit. Elle est encore résolue d'entreprendre le voyage de Basle [1], et a prié M. Mérian de l'accompagner: mais Dieu veuille que cette crise mette fin à vos souffrances et que nous apprenions bientôt la consolante nouvelle que vous soyés parfaitement rétabli et en état de retourner chés nous.

L'Académie vient de célébrer le jour de l'avènement au trône de notre grand Roy, dont vous aurés déjà appris le détail [2], de même que M. Sprœgel [3] est mort. Cette vacance causera un peu d'embarras puisqu'il a tiré sa pension du Mont de piété, qui ne la veut plus continuer, et l'Académie fera sans doute aussi difficulté de s'en charger, il y a pourtant à ce qu'on dit nombre de compétens [4].

Notre ouvrier Rinck a assés bien réussi à faire des petites lunettes dont on peut se servir au lieu de lorgnettes, qui ne grossissent pas beaucoup, mais qui découvrent un grand champ et les objets fort distincts et lumineux [5]. Il travaille à présent à des plus grands, et j'espère qu'elles surpasseront encore ceux que j'ai eu l'honneur de vous envoyer. Il y a apparence que ces petites lunettes trouveront un assés bon débit et il en a déjà vendu plusieurs, ce que je lui ai permis puisqu'il n'y a dans leur construction aucun mystère n'étant composées que de deux verres, et que cela dispense la caisse de l'Académie d'entretenir l'homme tout à fait. Pour les plus grandes je prendrai plus de précaution, quoique cela ne me paroisse pas nécessaire, car ayant envoyé à mon insu à la foire de Leipzig de l'espèce dont je vous ai envoyé, Monsieur, elles lui ont été renvoyées sans qu'une seule en ait été vendue, bien qu'il n'ait mis le prix qu'à quelques écus, mais le public est déjà accoutumé d'avoir de telles pièces pour quelques gros.

Je me souviens que M. Lieber Kneh [6] a fort travaillé pour procurer au Roy de bonnes petites lunettes, ce qui m'a engagé de commander à Rinck de faire des miennes de chaque espèce, une avec tous les soins possibles que je voudrois prendre la liberté de présenter au Roy, à moins que vous ne jugiés à propos que je le fasse au nom de l'Académie.

Comme dès le commencement de la guerre j'avois rompu toute correspondance en Russie et en France, je n'avois rien appris du prix que l'Académie de Paris a donné depuis. J'avois fait travailler mon fils pour le prix de l'an 1757 et autant que je me souviens, ce prix ne fut pas donné [7]. Depuis je ne m'en suis plus soucié: or, dernièrement j'ai vu par le hasard les gazettes d'Amsterdam, où il est marqué que l'Académie de Paris venoit de partager son prix parmi deux pièces, et je fus bien surpris que l'une étoit marquée de la même devise que portoit celle de mon fils pour an 1757, et que la question étoit la même. J'ai trouvé enfin avec bien de la peine le recepissé que je reçus alors, que j'ai donné à M. Splittgerber pour le faire présenter à Paris. A moins que quelqu'autre n'ait travaillé sur cette question, et qu'il se soit servi de la même devise, j'espère de tirer la moitié de ce prix qui sera selon toute apparence double [8].

Pour les nouvelles politiques, toute la ville est toujours remplie de tant de mensonges que je n'en saurois rien marquer. Tantôt on dit que les Russes retournent, tantôt qu'ils avancent, et des marches que le Roy fait faire à ses troupes, il faudroit bien conclure le dernier. Cependant nous serons ici selon toute apparence, à l'abri de toutes les invasions, puisque quantité de régimens approchent de nos contrées: et j'espère que le Tout-Puissant continuera de bénir les justes armes de notre grand Roy, ce qui est l'objet principal de nos vœux les plus ardens. Ma femme et toute ma famille vous présentent, Monsieur, leurs complimens les plus respectueux et prient Dieu incessamment pour votre rétablissement et conservation.

J'ai l'honneur ...

L. Euler

Berlin, ce 9 Juin 1759

R 1621 Copie fr., 2 p. – BAB, Bl. 290–291R.
Edit.: Le Sueur, p. 177–179.

* La présente lettre est à replacer dans un contexte historique qu'il importe de situer brièvement. Le 10 juin 1759 l'armée française occupe Cassel et jusqu'à la fin juillet la guerre est active en Hessen, avec des alternatives. C'est le 1er août seulement que la défaité des français à Minden permet à Frédéric II de reporter toute son attention sur les autres fronts. Préparée depuis juin par Fermor, la jonction des armées russes et autrichiennes sur la Vistule a été retardée par la bataille très meurtrière, mais incertaine, de Paltzig-Kay le 23 juillet, mais le 13 août Frédéric essuiera un véritable désastre devant les armées ennemies réunies, à Kunersdorf. Il croira alors la situation désespérée.

[1] Madame de Maupertuis, décidée à rejoindre son mari à Bâle, a été retardée dans la mise à exécution de son projet par diverses circonstances et par les hésitations que Maupertuis lui-même manifestait, dans la conscience où il était des difficultés du voyage. Celui-ci commença dans les derniers jours de juin, mais le 20 juillet Madame de Maupertuis n'était encore qu'à Cassel et le 23 à Francfort sur le Main. Mérian, qui l'accompagnait, partit alors en prenant les devants et forçant les étapes, et put assister à l'agonie de Maupertuis, le 27 juillet, à Bâle. Madame de Maupertuis n'arriva que le lendemain (cf. Bibl. Bâle, L Ia 708, n° 270s – L Ia 708, nos 213, 215, 218 – et Eloge de M. de Maupertuis par Formey – *Mémoires de Berlin pour 1759,* 1766, p. 505).

[2] Euler suppose évidemment que Formey a informé Maupertuis de l'Assemblée publique de l'Académie tenue le 31 mai (*Registres* ..., p. 249) en raison des problèmes délicats posés par l'attribution des Prix. En ce qui concerne la célébration de l'avènement au trône de Frédéric II, le compte-rendu est singulièrement discret: «Le Secrétaire perpétuel fit l'ouverture de la séance par un discours de quelques lignes convenable aux circonstances.» Sans doute faut-il entendre que le moment n'est pas favorable, en raison de la situation militaire, à une grande cérémonie.

[3] Membre de la Classe de Philosophie expérimentale et médecin de la Cour, ce personnage n'émargeait pas, comme le révèle ici Euler, au budget propre de l'Académie.

[4] Comme le dit Le Sueur, il faut évidemment entendre: compétiteurs.

[5] Mais Euler le dit un peu plus loin, ces petites lunettes sont à deux verres. Il est clair que les petites lunettes à trois verres continuent à poser des problèmes techniques délicats et à causer des déceptions sur le chapitre de la clarté.

[6] Ce personnage a offert des difficultés à l'identification. Le Sueur a proposé Jean-Georges Liebknecht (mort en 1729), mais c'est inacceptable. Il s'agit très clairement ici de quelqu'un qui a travaillé pour Frédéric II, à une date qui est certes assez largement antérieure aux recherches d'Euler – puisqu'il fait appel

à des «souvenirs» –, mais qui ne peut pas être très lointaine. Il s'agit beaucoup plus surement de J.N. Lieberkühn (1711–1756).

[7] Le Prix de l'Académie de Paris pour 1757 fut attribué, contrairement à ce que pense Euler. Il s'agissait comme en 1755 de répondre aux problèmes posés par le tangage et le roulis des vaisseaux. Mais la même question restait en compétition pour 1759 et le Prix a été effectivement «partagé», Euler ayant la première place avec une pièce intitulée: *Examen des efforts qu'ont à soutenir toutes les parties d'un vaisseau dans le roulis et le tangage.* Cette pièce a été publiée dans le tome 8 du *Recueil des pièces qui ont remporté le Prix de l'Académie Royale des Sciences,* Paris 1771 (E.415; O.II,21). La devise latine, dont parle Euler ci-dessous, était: *Insequitur clamorque virum stridorque rudentum.* D'après la présente lettre, Euler rapporte la rédaction de la pièce à son fils Johann Albrecht, mais c'est cependant à lui-même que l'Académie de Paris attribua la récompense, probablement en raison du fait que c'est lui qui renvoya à Paris le récepissé comme il est dit plus loin.

[8] Le Prix n'était pas doublé, mais Euler en a eu la totalité puisque l'autre pièce retenue n'a eu qu'un accessit.

127a
Euler à Maupertuis
Berlin, 21 août 1759*

O. IV A, 1, Anhang III, 14, [R 1621a].
Autogr. fr., 1 f°. – Fichier Charavay, Bibl. Nat., Paris.

* Bien que Madame de Maupertuis ait écrit de Bâle à Frédéric II dès le 29 juillet pour annoncer la mort de son mari, il se peut que la nouvelle ait mis près d'un mois à parvenir à l'Académie. C'est le jeudi 30 août que celle-ci a enregistré la notification officielle (cf. *Registres* ..., p. 251). Il n'est donc pas impossible que dans l'absence d'une information adéquate Euler ait encore pris le 21 août l'initiative d'écrire au président. Il convient de ne pas oublier le contexte rappelé dans les prolégomènes des notes de la lettre précédente. Jamais la situation de la Prusse ne fut si mauvaise qu'en ce mois d'août 1759 et jamais les troubles de la guerre en Allemagne ne furent aussi grands. Madame de Maupertuis mit deux mois et demi pour regagner Berlin.

Documents annexes

ANNEXE I

EULER À MAUPERTUIS POUR FRÉDÉRIC II
[septembre 1749]

[AAS, f° 85v]

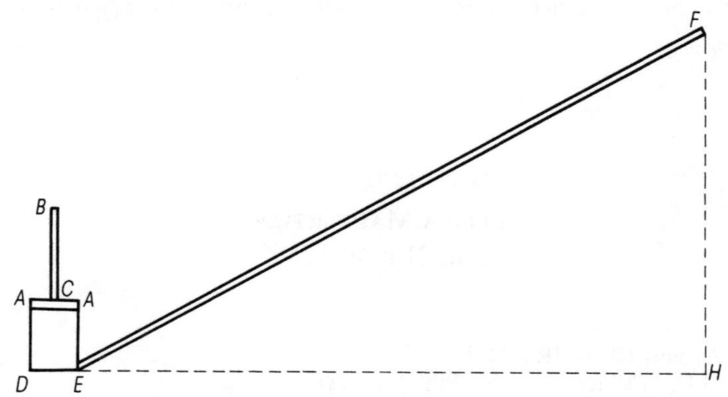

Prob[.]: Le Cylindre *AADE* etant plein d'eau, de meme que le tuyeau [sic] *EF*, et le piston *BCAA* pressé par une force donnée, trouver le tems pendant lequel toute l'eau du cylindre est poussée dans le tuyeau incliné *EF*, au bout duquel *F* l'eau se degorge dans le reservoir. Solution. Soit la hauteur du cylindre $AD = a$, sa base $= bb$, desorte que l'eau, qui y est contenue, est $= abb$. La force qui agit sur le piston vaille le poids d'un cylindre d'eau de la meme base $= bb$, et dont la hauteur soit $= p$. Soit de plus l'amplitude du tuyeau $EF = cc$, sa longueur $EF = s$, et sa hauteur perpendiculaire $FH = h$; cela posé je dis que le tems pendant lequel le piston vient en bas

$$= \frac{2b}{c}\sqrt{\frac{as}{p-h}} \text{ [1].}$$

Coroll. 1. Donc deux pistons qui agissent alternativement, degorgeront toujours dans le reservoir la quantité d'eau $= abb$, pendant le tems

$$\frac{2b}{c}\sqrt{\frac{as}{p-h}}$$

et partant dans un tems donné $= t$ la quantité d'eau degorgée dans le reservoir sera

$$= abb \cdot \frac{ct}{2b}\sqrt{\frac{p-h}{as}} \quad \text{ou comme} \quad bc\sqrt{\frac{a(p-h)}{s}}.$$

Coroll. 2. Il est clair que la force p doit etre plus grande que $h = HF$, et l'eau fournie est comme la racine quarrée de l'excès de p sur h.

Coroll. 3. On voit aussi que plus le cylindre AD est haut, plus sera grande la quantité d'eau elevée; et cette quantité d'eau sera comme la racine quarrée de la hauteur $AD = a$.

[AAS, f° 85r]

Coroll. 4. On voit aussi que plus le tuyeau EF sera long, moins d'eau sera fourni au reservoir, et cela en raison soudoublée, de sorte que si le chemin EF étoit quatre fois plus long, la meme machine ne fourniroit que la moitié d'eau.

Coroll. 5. La quantité d'eau fournie est encore comme c ou comme le diametre du tuyeau EF, donc plus on diminue ce diametre, l'eau fournie diminuera dans la meme raison.

Coroll. 6. L'eau dans le fond du tuyeau EF, à E presse le tuyeau avec une force plus grande que selon la hauteur $FH = h$, cette pression est exprimée par la hauteur p, qui représente la force mouvante.

Coroll. 7. Soit Q le poids egal à la force mouvante des pistons, et puisque $Q = bbp$, nous aurons $p = Q:bb$; donc la quantité d'eau fournie dans un tems donné sera comme

$$c \cdot \sqrt{\frac{a\,(Q - bbh)}{s}},$$

d'où l'on voit que plus le cylindre AD sera large, moins d'eau sera fournie par la meme force Q.

Coroll. 8. Donc pour que la meme force Q fournisse le plus d'eau qu'il soit possible dans le reservoir elevé à la hauteur $= h$, il faut augmenter autant qu'il est possible la hauteur $AD = a$, ou le jeu des pistons, et le diametre du canal EF. Ensuite il faut diminuer autant qu'il est possible le diametre du cylindre AE, et la longueur du canal EF, laquelle sera la plus petite si le canal EF est conduit verticalement, desorte que $EF = FH$.

[AAS, f° 86r]

Calcul de la force des tuyeaux [2]
la machine à 8 pistons
j'estime le jeu de chacun à 6 piés
et l'amplitude de chacun à 30 pouces quarrés.

Supposant que l'eau soit conduite dans le reservoir par des tuyeaux de plomb dont le diametre $= 3\frac{1}{2}$ pouces; la pression en bas vaudra la hauteur p, qui depend du tems pendant lequel chaque piston descend; or ma formule donne, posant le tems de la descente du piston $= t$

si $t = 2''$	il sera	$p =$	5530	pieds
si $t = 4''$	il sera	$p =$	1480	pieds
si $t = 6''$	il sera	$p =$	730	pieds
si $t = 8''$	il sera	$p =$	470	pieds
si $t = 10$	il sera	$p =$	346	pieds
si $t = 12$	il sera	$p =$	280	pieds
si $t = 20$	il sera	$p =$	184	pieds

R 1551 Copie fr. et fragmentaire effectuée pour Maupertuis, cf. lettre n° 54 et ses notes. AAS Paris, f° 85v. «Beilage S. 1», f° 85r. «S. 2», f° 86r. «S. 3»*.

* Les mentions portées en allemand, «Beilage S. 1, S. 2, S. 3», sur les manuscrits du fonds AAS Paris témoignent d'un classement qui fut probablement effectué entre l'enlèvement des documents au chateau de Ham, durant la première guerre mondiale, et leur restitution à Hambourg (cf. Introduction p. 6f.). Mais en ce qui concerne la place des documents dans la correspondance ce classement comportait une inexactitude que seule une critique interne permettait de corriger: les documents se rattachent en réalité à la lettre n° 54 et auraient dû être mentionnés dans (R 1549) et non dans (R 1551).
L'attribution à Euler du contenu de ces documents ne peut faire aucun doute. Voir les notes ci-dessous concernant la formule du temps de fonctionnement d'un piston et les applications du f° 86r.

[1] Euler a traité du cas général du refoulement de l'eau dans un tuyau de forme quelconque et de diamètre variable sous l'action d'une pompe dans un mémoire *Sur le mouvement de l'eau par des tuyaux de conduite* qui a été publié en 1754 dans le tome VIII des *Mémoires de Berlin pour 1752,* p. 111–148 – E. 206; O. II, 15, p. 219–250. Et dans ce mémoire, est donnée l'approximation qu'il convient de faire lorsque l'élévation du réservoir dans lequel se déverse l'eau (appelée ici h) est très grande par rapport aux dimensions du corps de pompe. Lorsque l'on tient compte dans la formule approchée ainsi obtenue (cf. O. II, 15, p. 236) de la simplification qui résulte de l'hypothèse particulière d'un tuyau rectiligne à section constante (hypothèse manifestement adoptée dans le document présent), on aboutit aisément à l'expression qui est ici donnée sans démonstration.
Comme on le verra plus loin, note 2 *infra*, il n'y a aucun doute sur l'authenticité eulérienne de notre document et on doit donc tenir pour vraisemblable que le cas particulier a servi de banc d'essai avant l'étude générale. Il est alors légitime, en s'inspirant du mémoire publié ci-dessus mentionné, de chercher comment Euler a pu procéder d'abord pour résoudre le cas particulier. Les deux éléments fondamentaux que le mémoire met en œuvre pour la solution générale sont en effet suffisamment simples et conformes à ce que l'on sait par ailleurs de la pensée d'Euler pour que l'on puisse les prendre pour base de la reconstitution.

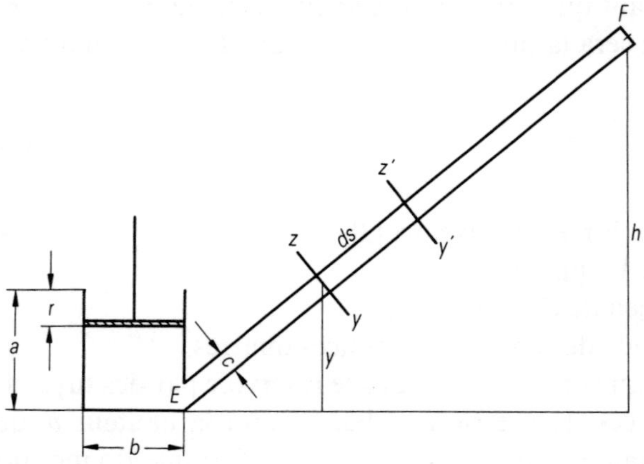

Le premier de ces éléments consiste à traduire l'incompressibilité de l'eau. Si l'on suit le liquide depuis la section YZ (de diamètre c) à l'instant t jusqu'à la section $Y'Z'$ à l'instant $t+dt$, l'incompressibilité exige que le volume chassé du corps de pompe dans le temps dt soit égal à celui qui a traversé YZ. C'est-à-dire que $c^2 \cdot ds = b^2 \cdot dr$ et la vitesse d'écoulement $\frac{ds}{dt}$ est donc proportionnelle à $\frac{dr}{dt}$, à savoir $v = \frac{b^2}{c^2} \cdot \frac{dr}{dt}$.

Le second élément consiste dans l'application du théorème des forces vives à une pellicule YZ depuis son état à l'instant t jusqu'à son état en $Y'Z'$ à l'instant $t + dt$. Euler écrit $2v \cdot dv = f \cdot ds$ où ds désigne le déplacement durant dt. C'est là, en réalité, une formule qui équivaut à la coordination de la force accélératrice f avec le double de l'accélération, et Euler s'est prononcé formellement en faveur de cette formulation dans un mémoire intitulé *Découverte d'un nouveau principe de mécanique* et inséré dans le tome VI des *Mémoires de Berlin pour 1750*, 1752, p. 185–217, E. 177; O. II, 5, p. 81–108.

Quelle est ici la force accélératrice que Euler évalue, la masse étant sous entendue, au double de l'accélération? On peut considérer que dès le début de ses recherches sur le sujet il a eu la pensée qu'il exprime dans le mémoire élaboré, à savoir que cette force résulte à la fois de la différence des pressions de part et d'autre de la pellicule liquide YZ et de la pesanteur de cette pellicule. Si l'on désigne par H la pression exercée sur YZ de la part du liquide situé au dessous, pression exprimée en hauteur d'une colonne d'eau, et si l'on admet avec Euler, selon ce qu'il dit dans le mémoire, que la montée de l'eau dans le tuyau suppose la fonction H de l'ordonnée y décroissante, il est aisé de traduire l'équation écrite plus haut. Il faut seulement prendre garde au fait que cette traduction fait intervenir des poids et que, d'après la convention adoptée par Euler, là où nous mettons g pour l'accélération de la pesanteur il y a lieu de mettre $2g$.

De sorte qu'en définitive, il vient simplement

$$v \cdot dv = g \cdot \left[-\frac{\partial H}{\partial y} - 1 \right] \cdot dy$$

où dy désigne la différence d'ordonnée entre $Y'Z'$ et YZ réalisée durant dt, différence qui est la même pour tous les couples YZ, $Y'Z'$ le long du tuyau.

La vitesse d'écoulement v étant à l'instant t la même dans toutes les sections, c'est-à-dire indépendante de y, l'équation précédente exige que $\frac{\partial H}{\partial y}$ soit aussi indépendante de y ou que H soit une fonction linéaire de y: $H = \lambda y + \mu$.

Il convient dès lors de préciser dans quelles conditions on s'intéresse au débit de l'instrument: on se place évidemment dans l'hypothèse où des coups de pompe préalables ont fait monter l'eau jusqu'à l'extrémité libre du tuyau et on veut savoir en combien de temps un coup de pompe successif fait déverser une quantité d'eau égale à celle contenue dans le corps de pompe.

Dans ces conditions, et à l'instant t, $\frac{\partial H}{\partial y}$ est égal au quotient par la hauteur h de la différence entre la pression atmosphérique (en haut du tuyau) et la pression à la base.

La longueur totale du tuyau et la hauteur h étant supposées très grandes par rapport aux dimensions du corps de pompe, il est possible de considérer celles-ci comme négligeables, et d'admettre en conséquence que la pression à la base du tuyau n'est autre que celle qui résulte de la pression sur le piston, laquelle est la somme de la pression atmosphérique et de la pression constante p (elle aussi exprimée en hauteur d'eau) que l'on exerce mécaniquement pour faire fonctionner la machine.

On a alors la formule approchée:

$$v \cdot dv = g \cdot \left[\frac{p}{h} - 1\right] \cdot dy = g \cdot \left[\frac{p-h}{h}\right] \cdot dy,$$

s étant la longueur totale du tuyau, $s \cdot dy = h \cdot ds$, et

$$v \cdot dv = g \cdot \frac{p-h}{s} ds = g \cdot \frac{p-h}{s} \cdot \frac{b^2}{c^2} dr.$$

Au début du coup de pompe que l'on étudie dans les conditions précisées ci-dessus, $v = 0$ et $r = 0$, et l'on a, au bout d'un temps t,

$$v^2 = 2g \cdot \frac{p-h}{s} \cdot \frac{b^2}{c^2} \cdot r$$

d'où en tenant compte de ce que

$$v = \frac{b^2}{c^2} \cdot \frac{dr}{dt}, \quad \left(\frac{dr}{dt}\right)^2 = 2g \cdot \frac{p-h}{s} \cdot \frac{c^2}{b^2} r, \quad dt = \frac{b}{c} \cdot \sqrt{\frac{s}{2g(p-h)r}} \cdot dr.$$

Le temps θ cherché est l'intégrale de $r = 0$ a $r = a$, ce qui donne:

$$\theta = 2 \cdot \frac{b}{c} \cdot \sqrt{\frac{a \cdot s}{2g(p-h)}}.$$

C'est la formule du présent document, que nous lisons en rétablissant ce qui est omis par Euler, à savoir la pesanteur.
Il n'était donc pas inutile de reconstituer le processus qui a permis à Euler d'aboutir. On juge par là comment sa manière d'appliquer le théorème des forces vives et de négliger l'expression de la masse et de la pesanteur se conjugue avec une approximation, comment il convient aussi de lire son résultat pour qu'il soit correct.
L'approximation – nous devons le noter – peut se justifier mieux que nous ne l'avons fait plus haut, mais cela entraîne dans un calcul qui n'a pas sa place ici et il nous paraît très vraisemblable que dans un premier temps Euler s'en est tenu à ce que nous avons exprimé concernant la pression à la base du tuyau.
Enfin ajoutons encore que pour les applications numériques, et d'après les données qui apparaissent dans le mémoire publié, la valeur de l'accélération de la pesanteur admise par Euler est 31,25 pieds de Rhin par sec^2.

[2] Il manque évidemment sur ce feuillet les données de s et de h, mais on peut les retrouver à l'aide des résultats numériques affichés.
Les deux couples que nous avons relevés fournissent en effet les deux équations $\frac{5530-h}{184-h} = 10^2$ et $\frac{1480-h}{280-h} = 3^2$ qui sont satisfaites en même temps par $h = 130$.
Quant à la valeur de s, elle se déduit de l'une quelconque des valeurs numériques de θ en utilisant la valeur de g signalée ci-dessus: $s = 22970$ pieds ou environ 7.350 km.
La valeur $h = 130$ est celle qu'Euler mentionne dans le document n° 19 de la 2ᵉ partie du présent ouvrage et se trouve ainsi confirmé le fait que le document qui constitue la présente Annexe appartient à un extrait du mémoire d'Euler destiné au Roi, passé entre les mains de Maupertuis le 21 septembre 1749.

ANNEXE II

Documents en provenance des papiers de Maupertuis
Affaire Grischow – novembre 1750

1. Maupertuis à Frédéric II – minute autographe – 9 novembre 1750
2. A. N. Grischow à Maupertuis – lettre autographe – Berlin, 13 novembre 1750
3. Maupertuis à Frédéric II – minute autographe – sans date [novembre 1750]
4. Maupertuis à Frédéric II – minute autographe – 26 novembre 1750

Fonds AAS Paris, II, Affaires de l'Académie de Berlin
a) Affaire Grischow (pas de classement archival)

1
Maupertuis à Frédéric II
9 novembre 1750

Au Roy du 9. Nov. 1750

Sire,
Selon la lettre que j'ay receue du profess[eur] Euler, il scavoit que le S^r Gr[ischow] Astronome de l'Académie a contracté quelqu'engagement en Russie où il a dessein de passer incessament avec ses effects qui sont déjà partis. J'ay l'h[onneu]r d'en donner avis à votre M[ajesté], quoy que je ne croye pas que ce soit un sujet fort regrettable. Et s'il m'est permis de dire ce que je pense, j'avoue qu'il seroit assez puni si votre Majesté le faisait conduire jusqu'à un vaisseau et l'envoyait là où il veut aller.

2
A. N. Grischow à Maupertuis
Berlin, 13 novembre 1750

Monsieur,
Il y a aujourd'hui 5 jours que je m'étois proposé d'aller en campagne avec un étranger de Strasbourg Vous trouver à Potsdam, comme Mrs Kies et Merian m'en rendront témoignage, pour avoir l'honneur de vous parler et consulter au sujet d'une vocation que j'avais reçue 8 jours auparavant de l'Académie de St. Petersbourg en qualité d'Astronome avec une pension de 800 roubles; 200 roubles pour le voyage, et 1665 écus de Hambourg pour mes instruments astronomiques; proposition que j'accepte aussi volontiers que cette place. Mais ayant appris que sa Majesté le Roy viendroit mardi passé à Berlin, je contois, Monsieur, que vous viendriez avec, et que j'aurois alors l'honneur de vous supplier instament de m'accorder votre secours et assistance dans cette affaire, dont j'étois déjà bien assuré d'avance, sachant fort bien qu'un homme équitable et juste comme vous, Monsieur, n'est jamais capable d'empecher la fortune d'un jeune homme qui a sacrifié comme vous savez, Monsieur, tout son bien pour se perfectionner dans les sciences et qui d'ailleurs est chargé d'une mère et d'un frère qui n'ont rien, et qu'il est obligé d'entretenir comme les devoirs d'un chrétien le demandent. Vous me direz peut-être, Monsieur, pourquoi je ne vous en ai pas donné avis plus tôt, mais permettez-moi de vous dire que je n'ai reçu la vocation formelle que le 31 octobre. Or depuis ce temps là vous avez toujours été à Potsdam. Il est vrai que j'ai espéré déjà depuis quelques temps que l'Académie de Petersbourg m'honoreroit de cette vocation, mais n'en étant pas encore assez seur je n'osois en parler à personne

avant l'arrivée de la vocation formelle; car ces sortes de choses là ne parviennent pas toujours à leur perfection, comme j'en ai un exemple tout récent à Mr. Kruger à Halle à qui on envoya de Petersbourg une vocation qui n'était pas encore en forme, mais au bout de quelque tems on lui marquait qu'on n'avait pas jugé à propos de confirmer la vocation sous forme.

De peur donc qu'il ne m'arrive la meme chose, j'ai cru absolument nécessaire d'agir plus prudemment en attendant le tems que j'en pourrois parler avec certitude. Au reste, Monsieur, il faut que je vous avoue, et s'il est nécessaire je puis le prouver par une lettre, que l'Académie de Petersbourg m'a défendu dès le commencement de cette affaire d'en parler à qui que ce soit avant l'arrivée de la vocation formelle et que si j'y manquois il n'en seroit rien de toute l'affaire. Il était d'autant plus nécessaire pour moi de garder silence, jusqu'à l'arrivée de la vocation formelle, que l'on disoit partout que le Président de l'Académie de Petersbourg renonceroit à cette dignité et qu'on en mettrait un autre à sa place. C'est ce qui aurait pû facilement anéantir tout ce qui avoit été traité là dessus. Enfin Monsieur, j'ai gardé le secret aussi quelques jours après l'arrivée de la vocation formelle, à cause qu'il n'auroit pas convenu si vous en aviez recu la nouvelle d'un autre plustot que de moi, ne me flattant pas d'ailleurs qu'on se soucieroit beaucoup de moi. C'est pourquoi j'attendois avec beaucoup d'impatience le mardi comme le jour que vous deviez Monsieur arriver à Berlin.

Mais ce jour qui m'était si fatal l'année passée par la mort de mon père, me l'était aussi cette année-cy par l'ordre que je recevais de sa Majesté le Roy d'être gardé dans ma chambre, chose à laquelle je m'attendais le moins de toutes celles qui auraient pû m'arriver.

Ne sachant pas la véritable cause de cet arrêt (quoique je crois que l'affaire de l'Académie de Petersbourg l'est) et ayant d'ailleurs la conscience pure de toute mauvaise action, je prends la liberté, Monsieur, de vous supplier de vouloir bien m'accorder dans cette rencontre vos bons offices auprès de sa Majesté, en vous informant de la véritable cause de ce facheux évènement, et en me faisant la grace de disposer, par votre pouvoir, le Roi à donner ordre de me remettre en liberté et de m'accorder la gracieuse permission d'accepter la place qu'on m'a offerte à Petersbourg.

C'est une grace, Monsieur, que je vous supplie très humblement de ne point refuser, d'autant mieux que cette intercession est la plus propre et la plus efficace que je pourrais avoir auprès de sa Majesté et que par conséquent je m'en promets d'avance un prompt et excellent succès.

L'impression de l'almanac astronomique, qui est bientot finie, est fort retardée par cet évènement qui me met dans l'état de ne rien faire, mais j'espère, Monsieur, que vous trouverez bientôt moyen de consoler celui qui se recommandant à la continuation de votre efficace protection et faveur sera toute sa vie avec un profond respect

Monsieur,
Votre très humble et très obéissant Serviteur
Grischow

à Berlin ce 13 Nov. 1750
J'avais déjà commencé cette lettre hier mais le temps m'était trop court pour la finir.

3
MAUPERTUIS À FRÉDÉRIC II
[novembre 1750]

Sire,
Le Sr Grischow m'a ecrit et convient:

qu'il est vray qu'il a vendu les instruments à luy apartenants à l'Academie de Russie pour la somme de 1665 Ecus de Hambourg.

qu'il a receu une vocation de cette Academie qui luy promet 800 Roubles d'appointement avec 200 R. pour le voyage.

Mais il asseure qu'il a toujours eu dessein de demander la permission avant que de partir.

Voilà Sire les poincts constatés. Mais le mesme zele pour le service de V[otre] M[ajesté], avec lequel je luy ay dénoncé les avis que j'avois receu me fait implorer sa clemence et sa justice, et luy representer que je croirai cet homme assez puni en l'envoyant la où il veut aller, avec ordre de s'y rendre au plutost; et de sortir de vos Etats dans un tems marqué.

Car, il n'y a point de crime consommé ny constaté.

Luy donner icy ce qu'on lui promet la bas: il ne le meritte ni nous ne le pouvons. L'exemple d'ailleurs auroit de bien dangereuses suittes.

Le retenir icy malgré luy: outre que la chose seroit difficile à moins de le garder à veue, elle ne serviroit de rien à l'Academie. Le sujet etant tres mediocre et le mecontentement achevant de le rendre inutile; l'Academie ayant deja un Astronome (Kies) qui veut mieux que celuy la.

Je suis avec le plus profond respect
Sire
de Votre Majeste
le tres humble et tres obeissant serviteur
Maupertuis

4
MAUPERTUIS À FRÉDÉRIC II
[Berlin,] 26 novembre 1750

Sire,
Votre Majesté a bien voulu faire relascher le Sr Grischow et l'envoyer en Russie où il a contracté un engagement et envoyé déjà ses effects. Cependant on m'informe qu'il s'arreste encor à Berlin sur differents pretextes ~~frivoles~~ [sic], et j'avoue à votre Majesté que j'ay quelques raisons de craindre les effects de ce delay, de la part d'un homme qu

appartient actuellement à une Académie qui fait tout son possible pour débaucher nos sujets.

Lorsque votre Majesté m'honora de sa Lettre en réponse du memoire que je luy avois présenté, je ne me crus point assez authorisé pour ecrire au Sr Grischow de partir dans un tems marqué, dont le plus court étoit je crois le meilleur, mais si ce que je dis maintenant à Votre Majesté mérite son attention, je la supplie de donner sur cela ses ordres, aussy bien que sur son exclusion de notre Académie, où je crois qu'il ne convient pas qu'on voy son nom désormais

Je suis avec le plus profond respect
Sire
de votre Majesté
Le très humble et très obeissant serviteur
Maupertuis

26 Nov. 1750

Documents supplémentaires

104c
[Ordre administratif de Maupertuis en faveur d'Euler]

M. Köhler payera à M. Euler une Gratification de *Deux Cents Ecus* en Reconnoissance des Soins qu'il s'est donnés pour l'administration de l'académie dans les années 1753 et 1754 [1].
Fait à Berlin ce 31 décemb. 1754.

Maupertuis [2]

Diese 200 Rthl. habe richtig erhalten
d. 31 Decemb. 1754

L. Euler [3]

Autogr., 1 f°. – A.d.W. der DDR, Archiv-Sign.: I–XVI, 226, Bl. 167.

[1] Ecriture étrangère (Köhler?).
[2] Signé par Maupertuis.
[3] Texte et signature de la main d'Euler.

116a [1]
MAUPERTUIS À EULER
Toulouse, 18 janvier 1758

Extrait d'une Lettre de M^{r} le President
dattée [sic] à Toulouse le 18 Janv. 1758
concernant M. Lehmann.

Vous n'aves aucun besoin de mon approbation dans tout ce que Vous faites pour cette compagnie: mais Vous pouves bien croire que je suis bien eloigné de desapprouver le petit secours, que Vous aves procuré à notre confrère M. Lehman. Je n'y trouverois à redire que la petitesse de la somme, et si vos fonds le permettoient, je Vous conseillerois de l'augmenter [.]

Autogr., 1 f°. – A.d.W. der DDR, Archiv-Sign.: I–III, 11, Bl. 9.

[1] Copie de la main de Léonard Euler.

II
CORRESPONDANCE D'EULER AVEC FRÉDÉRIC II

(4 septembre 1741 – 1er février 1777)

Frédéric II
Gravure contemporaine (Collection UBB).

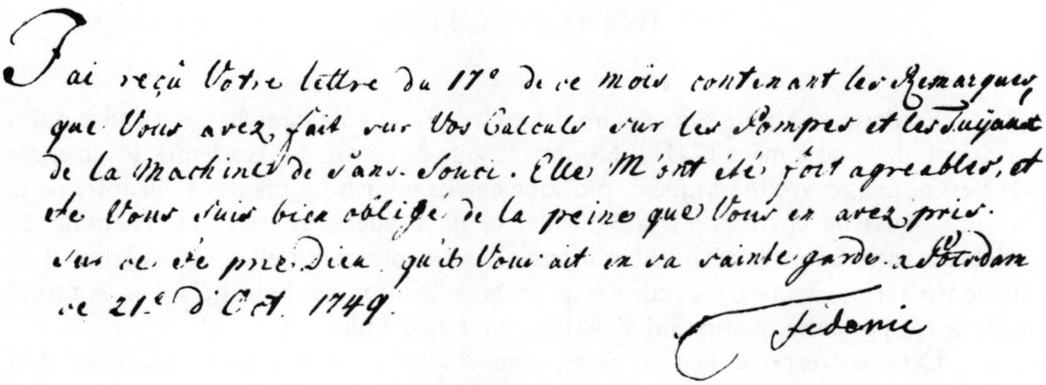
J'ai reçu Votre lettre du 17e de ce mois contenant les Remarques que Vous avez fait sur Vos Calculs sur les Pompes et les Tuyaux de la Machine de Sans-Souci. Elles M'ont été fort agreables, et je Vous suis bien obligé de la peine que Vous en avez pris. Sur ce, je prie Dieu qu'il Vous ait en sa sainte garde. a Potsdam ce 21e d'Oct. 1749.

Federic

Lettre autographe de Frédéric II à Euler du 21 octobre 1749
(n° 20, R 641).

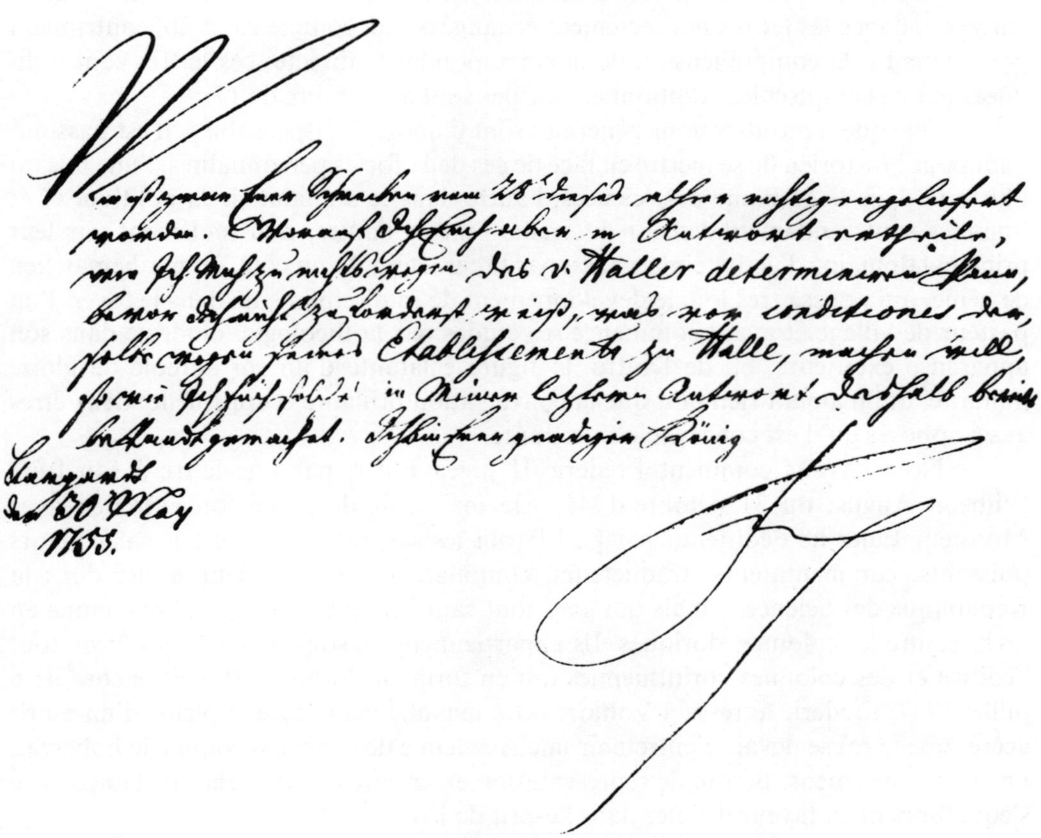

Lettre autographe de Frédéric II à Euler du 30 mai 1755
(n° 61, R 678).

INTRODUCTION

Frédéric II a joué sans aucun doute un grand rôle dans la vie d'Euler qui a accompli dans les années 1741–1765, sous l'égide de ce roi, à l'Académie des sciences de Berlin, une œuvre théorique et pratique entrée pour toujours dans l'histoire de la science. Aussi la correspondance d'Euler et de Frédéric II, reflétant l'activité du célèbre savant durant la période berlinoise de sa vie, présente-t-elle un grand intérêt, et lui consacrer une section spéciale s'impose dans l'édition des lettres d'Euler. Au total cette correspondance comprend 87 lettres, dont 28 d'Euler.

Cette correspondance est riche, mais – c'est assez étonnant – n'est pas à la mesure de l'importance des relations entre Euler et Frédéric II. Cela s'explique par le fait que le roi n'eut que peu de rapports directs avec Euler: leurs relations passaient par son administration, ou bien par des personnes de confiance chargées par lui des relations avec l'Académie des sciences – le lieu de travail d'Euler – comme Maupertuis, d'Alembert, d'Argens, de Catt, pour n'en citer que quelques-uns. Il ne pouvait donc être question d'éditer ce qui a été conservé de la correspondance directe entre Euler et Frédéric II sans une introduction d'ensemble, et il convenait aussi d'intégrer à cette correspondance les lettres indirectement échangées qui, comme 2a et 2b, contribuent grandement à la compréhension de la correspondance directe; ces lettres sont indiquées par des minuscules additionnelles. Elles sont au nombre de 17.

Quelques considérations générales sont d'abord indispensables. Il est passionnant pour l'historien de se mettre en face de ces deux fortes personnalités, l'une faisant l'histoire dans le domaine des sciences, l'autre dans le domaine de la politique. Ces hommes sont fondamentalement différents l'un de l'autre, non seulement par leur principal domaine d'activité mais aussi par le caractère. D'un côté, un mathématicien de génie, qui poussa très loin le développement de sa discipline, né dans le foyer d'un pasteur de village et ayant commencé ses études par la théologie, modeste dans son apparence extérieure, et, de l'autre, la figure éclatante d'un roi auréolé de gloire militaire, qui n'aimait rien tant que la conversation brillante et spirituelle: deux êtres aussi opposés qu'il est concevable sans doute.

Nous savons comment Frédéric II jugea Euler, par une lettre à son frère Wilhelm August du 31 octobre 1746: «Je me disais déjà que ton entretien avec Monsieur Euler ne t'édifierait pas [...] Parmi les savants, il y a de tels calculateurs puissants, commentateurs, traducteurs, compilateurs, qui ont leur utilité dans la République des Sciences, mais qui sont tout sauf brillants. On les utilise comme en architecture les colonnes doriques. Ils appartiennent au sous-œuvre, porteur de tout l'édifice et des colonnes corinthiennes qui en forment l'ornement[1].» Et encore, le 6 juillet 1737, Frédéric adressa à Voltaire cette maxime malicieuse et pleine d'un esprit acéré: que le roi se devait d'entretenir une Académie des sciences comme le hobereau une meute de chiens. Besoin de représentation extérieure et conscience de la nécessité s'équilibraient en faveur d'Euler dans l'esprit de Frédéric II.

1 Cf. la correspondance de Frédéric II avec son frère Auguste Guillaume, Leipzig, s. d., p. 95.

Euler, on le sait, se sentit honoré par l'invitation de Frédéric II en 1740 et sauvé d'une situation qu'il pensait devenue assez compliquée à Pétersbourg. Durant tout le temps de son séjour à Berlin, Euler resta cependant très lié à l'Académie de Pétersbourg – ce qui est attesté par sa correspondance régulière et sa collaboration scientifique avec cette institution. Et il s'acquitta toujours des engagements pris lors de son départ pour Berlin avec le titre de membre étranger de l'Académie de Pétersbourg doté d'une pension annuelle[2].

A Berlin, il fut fidèle à ses obligations au service du roi dans l'édification de l'Académie où son influence fut dominante et où il dispensa à propos de questions techniques importantes ses conseils scientifiques. Sa loyauté se manifesta en particulier dans les années 50. Mais lorsque, après la guerre de Sept Ans, Frédéric II voulut en 1763 diriger lui-même son Académie dans l'esprit d'une «Académie française[3]», le dévouement d'Euler prit fin. Il fit alors tous ses efforts pour quitter Berlin le plus vite possible.

En effet, si Euler, tant que Maupertuis vivait, et avec son appui et son aide, avait pu s'opposer à toutes les tentatives du roi pour faire triompher à l'Académie la tendance radicale de la philosophie des lumières – ainsi l'admission d'encyclopédistes français comme La Mettrie en 1748 –, cela n'était plus possible en 1763, d'Alembert étant devenu conseiller du roi. D'une manière générale, il y avait d'ailleurs entre les deux hommes une opposition due à une profonde différence de doctrine. Au contraire de son père, d'esprit religieux et proche du piétisme, Frédéric II était devenu, sous l'influence de son expérience de jeunesse, un libre penseur; pour Euler, les «esprits forts» – c'est ainsi qu'il nomme ironiquement les libres penseurs – étaient des «hommes misérables[4]». Euler fut un membre actif, puis dirigeant à partir de 1763 du Consistoire de l'Eglise réformée de Berlin[5].

Euler s'opposait même de manière critique aux tenants de l'Aufklärung modérée comme Leibniz et Ch. Wolff qui représentaient à ces yeux, par leurs conceptions philosophiques, un déterminisme et un optimisme trop contradictoires avec les doctrines traditionnelles comme celles du libre arbitre et du péché originel; c'était pour lui des conceptions qui, niant l'action de l'esprit sur le corps, se rapprochaient de l'athéisme. Sur ce dernier point Euler croyait pouvoir élever une protestation, précisément en tant que physicien, comme on le voit dans la dix-neuvième «Lettre à une Princesse d'Allemagne». Cependant, Frédéric II, qui se nommait volontiers «Philosophe de Sans-Souci[6]», allait plus loin que Leibniz et Wolff, revendiquant un déisme résolument écarté par Euler.

2 Cf. à ce sujet *Die Berliner und die Petersburger Akademie im Briefwechsel Leonhard Eulers,* t. I–III, et particulièrement les introductions de ces trois volumes de la main de A. P. Juškevič et de E. Winter.

3 Cf. *Briefwechsel Euler–Goldbach,* p. 399 (R 903). C'est ainsi qu'Euler s'exprime auprès de son vieil ami Goldbach le (1er octobre) 20 septembre 1763.

4 Cf. *Lettres à une princesse d'Allemagne sur divers sujets de physique et de philosophie,* t. II, Pétersbourg 1768. (E. 343–344/O. III, 11), conclusion de la lettre n° 18.

5 Cf. Jean de Pablo, *Hugenotten am Spreeufer,* Berlin 1972, p. 3.

6 Cf. L. Spranger, *Der Philosoph von Sanssouci,* Abhandl. der Preussischen Akademie der Wissenschaften, 1942, Philos. Histor. Klasse, n° 5.

On comprend aisément que du fait de cette opposition – sans parler des divergences de comportement, de goûts, etc. – les deux hommes ne se soient pas trouvés de lien réel; et qu'aucun véritable contact intellectuel (et même purement humain) n'ait été possible entre eux. Leur correspondance reflète clairement cela. Mais la volonté manifestée par Euler de contribuer scientifiquement au développement technique et économique de la Prusse constitua pour eux un terrain d'entente.

Après cette introduction générale, voici quelques remarques pour l'intelligence de la correspondance.

1.
La campagne de Frédéric II pour la venue d'Euler à Berlin; les débuts de celui-ci dans la capitale de Prusse

Comme nous le savons, à peine arrivé au pouvoir, Frédéric II a songé à une réédification de l'Académie des sciences et dès le 27 juin 1740 il exposait à Voltaire des plans concrets à ce sujet. Il pensait alors à une double présidence, assurée par Ch. Wolff et P.-L. M. Maupertuis. A la suite de ces noms il indiquait, comme membres: F. Algarotti, s'Gravesande, Vaucanson et, pour finir, Euler. Ch. Wolff rejeta l'idée d'aller à Berlin, estimant à juste titre qu'avec Maupertuis il n'aurait pas grand-chose à diriger. *Praeceptor Germaniae,* il préférait de beaucoup travailler comme professeur d'Université à Halle, plutôt que de servir d'ornement au trône et d'«élever des cadets», ainsi qu'il s'en expliquait à peu près à Reinbeck dès son arrivée à Halle, le 10 décembre 1740[7].

Frédéric II dut longtemps faire campagne pour acquérir Euler. Celui-ci raconte, dans un Journal (lettre n° 2b) envoyé au roi à titre de compte rendu immédiat, presque au jour le jour, les efforts qu'il dut déployer pour donner suite à l'appel du roi à Berlin. Il fallut toute la ténacité d'Euler pour recevoir congé de l'Académie de Pétersbourg et obtenir le succès de l'entreprise, notamment surmonter l'opposition du chef tout puissant de la Chancellerie académique de Pétersbourg, Schumacher. L'historien qui connaît l'influence de Schumacher et ses méthodes peut mesurer ce qui se cache derrière les simples actes d'enregistrement. Sans le puissant appui de l'envoyé prussien A. von Mardefeld, Euler aurait eu beaucoup de mal à gagner Berlin. Mais derrière l'envoyé il y avait Frédéric II, dont les ordres stricts contraignaient l'envoyé à l'action. Rien ne montre mieux la valeur que Frédéric II accordait à la présence d'Euler au sein de l'Académie berlinoise des sciences. On peut comprendre cependant qu'Euler ait jugé utile de porter son journal à la connaissance du roi. L'heureuse issue de l'affaire exigea en définitive de longues et patientes démarches de part et d'autre.

Entre-temps, Frédéric II était arrivé en Silésie et menait contre l'Autriche une lutte armée très dure. Aussi c'est du camp de Reichenbach que Frédéric salua Euler arrivé à Berlin le 25 juillet 1741 (lettre n° 1). Mais Euler voulait avant tout obtenir ses appointements (lettre n° 2) et ici intervient vraisemblablement Jariges comme intermédiaire avec le roi (lettre n° 2a). Pour gagner de l'argent, Euler donna les leçons de

7 Cf. Harnack, t. I, 1er fasc., p. 256.

mathématiques au domicile du duc de Wurtemberg, après autorisation de Frédéric II (lettre N° 3) envoyée du camp de Znaym le 1er mars 1742.

Les temps de guerre sont difficiles. Euler tombait de Charybde en Scylla. Il avait quitté Pétersbourg principalement par crainte des incertitudes politiques (voir l'introduction E–M *supra* p. 11), et il arrivait dans une Prusse engagée par le roi dans de pénibles complications guerrières. Aussi ce n'est que le 6 septembre 1742, lors d'une séance de la classe de mathématique, qu'Euler fut salué en ces termes: «Combien la société tout entière et particulièrement les membres présents se réjouissent de ce que ces messieurs [Euler et Lieberkühn] veuillent bien se reconnaître membres du département mathématique: on se promet de leur part conseil, assistance et amitié pour l'honneur et le bien de la société, ce dont celle-ci est assurée par la possibilité qu'il y a de travailler de la façon la plus valable[8].» On voit le sérieux avec lequel Euler envisageait sa tâche dans l'écrit du 7 septembre 1742 à Ph. J. von Jariges, secrétaire perpétuel de l'Académie de 1733 à 1748. Euler donnait dans ce texte des instructions détaillées sur la façon dont «on pouvait venir en aide à l'Astronomie, aujourd'hui tellement tombée en décadence[9]». A la séance du 6 septembre 1742, il s'agissait du septième volume des *Miscellanea Berolinensia* auquel Euler, lui seul, contribua par cinq mémoires, contribution qui rendit l'édition possible. Ce fut là le dernier sursaut de l'ancienne Académie.

Mais l'institution de la nouvelle se faisait attendre. En effet, la première guerre de Silésie terminée, la seconde menaçait. L'impatience croissante d'Euler est manifeste d'après ses lettres 19 janvier 1743 (lettre n° 4) et plus encore du 19 octobre 1743 (lettre n° 9).

Le 1er août 1743, sous la direction du favori du roi, le feldmaréchal comte Samuel de Schmettau, fut instituée une Société littéraire et Euler y donna plusieurs rapports scientifiques. Il saisissait n'importe quelle occasion de déployer une activité digne, d'une manière ou d'une autre, d'une Académie. Mais la Société littéraire ne satisfaisait pas à cela, et Euler ne voulait pas s'épuiser en efforts pour ses compatriotes suisses, tel le médailleur Hedlinger (lettres nos 4–8). L'enseignement des mathématiques aux princes (lettre n° 3) ne le satisfaisait pas non plus et il trouvait moyen, dans le même temps, de rendre compte au roi avec une satisfaction évidente de ces succès dans la recherche sur le magnétisme, travaux qu'il voulait envoyer pour le prix de l'Académie de Paris de 1744 (lettre n° 6).

Malgré la collaboration zélée d'Euler, la Société littéraire ne constituait pas, comme son nom l'indique, l'ébauche d'une nouvelle Académie des sciences[10]. En revenant sur son activité à la Société et sans doute avec quelques restrictions, il écrit à Goldbach, le 4 juillet 1744: «Pour ces motifs, j'ai cherché à éviter les pures spéculations et calculs mathématiques, et j'ai traité en plus grande part des questions physiques[11].»

8 AAB, Abschn. I, Abt. IV, Nr. 37, *Protokolle der mathematischen Klasse, 1711–1742.*
9 AAB I, III, 1, F. 271. Cf. O. IV A, 1, p. 473.
10 Cf. les textes officiels des 13 et 30 novembre 1743 dans Harnack, II, nos 152, 153 et 155.
11 Cf. *Briefwechsel Euler–Goldbach,* p. 199 (R 794).

C'est pourquoi il accepta avec joie, fin 1743, la mission du roi, qui le chargeait de proposer par l'intermédiaire du ministre Adam Otto von Viereck son plan relatif aux moyens de transformer la Société littéraire (lettres n°s 9, 9a). Ce plan, qui était jusqu'ici inconnu[12], est d'importance fondamentale pour comprendre l'édification et le développement de la future Académie berlinoise. On s'étonne de la brièveté et de la simplicité du plan soigneusement élaboré par Euler. Ce plan représente l'organisation de la science poussée à un haut degré. Le but d'une Académie des sciences, sa vocation à produire le meilleur doivent être atteints par une procédure simple mais efficace.

Parmi les seize propositions énoncées par Euler, quatorze sont consacrées à cette procédure. Elles illustrent la façon dont la science doit être encouragée de la manière la plus productive par l'Académie. Le recours aux membres d'honneur, les «hauts messieurs», intéresse cet encouragement, mais tout doit être fait pour éviter ce qui pourrait conduire l'Académie à devenir un lieu honorifique et de cérémonies. «Le point le plus important repose sur la désignation des membres ordinaires par chacune des classes», dit Euler à la douzième proposition. L'importance de l'Académie va donc dépendre uniquement de la valeur scientifique des membres ordinaires, qu'il convient ainsi de choisir avec la plus grande attention.

Euler s'occupe également de l'assise financière de l'Académie dans la onzième proposition; cela correspond tout à fait à son sens pratique de porter une attention spéciale au développement de la base économique qu'il considère comme une condition préalable pour étayer la recherche. On le remarque encore dans la dernière recommandation où il traite du financement de la publication des ouvrages scientifiques. Le tout forme donc un réel plan d'organisation qui mérite encore aujourd'hui l'attention.

Les statuts de la nouvelle Académie des sciences[13], établis par le roi le 24 janvier 1744, à l'occasion de son anniversaire, ne s'écartent du projet d'Euler que sur un point essentiel. Euler avait en vue une classe de médecine, c'est-à-dire de sciences naturelles, dans laquelle n'apparaît pas la physique, puisque, en tant que discipline fondamentale, elle appartient selon Euler à la classe de philosophie. Son affrontement avec la métaphysique de Wolff s'appuyait sur cette conception qui n'a pas été satisfaite dans les statuts de 1744 et ne le sera qu'avec le Règlement de 1746: l'accord du président Maupertuis lui permettra d'exercer une influence considérable sur la direction philosophique de l'Académie, et cela jusqu'en 1763.

En 1744, apres la ratification royale des statuts, acceptés à la première séance de la nouvelle Académie qui eut lieu au Palais de Berlin le 23 janvier, on ne se préoccupa qu'avec une extrême lenteur des progrès de la vie scientifique; en effet, Mars l'emportait à nouveau en 1744–1745, avec la seconde guerre de Silésie. Le zèle immense d'Euler pour la science se manifeste dans sa remarque au protocole de la séance académique du 29 janvier 1744, sur un nouvel observatoire pour l'Académie[14]. Mais le roi s'intéressait alors moins aux sciences qu'à une bon ouvrage sur l'artillerie et c'est pourquoi Euler lui indique (lettre n° 11), à la fin de 1744, l'œuvre de Benjamin

12 Je remercie la directrice des AAB, Mme le Dr Kirsten, pour son renseignement.
13 Harnack II, n° 158.
14 AAB I, XIV, 26, f. 194 et 198.

Robins, *New principles of gunnery*, qu'il traduit en allemand et publie avec ses propres commentaires très importants, en 1745, sous le titre *Neue Grundsätze der Artillerie* (E.77/O.II,14).

2. La reconstruction de l'Académie par Euler sous l'égide de Frédéric II

Ce n'est qu'une fois la seconde guerre de Silésie terminée, fin 1745, que Frédéric II put penser à l'organisation de l'Académie. Le 1er février 1746, Maupertuis, président antérieurement désigné, fut présenté en tant que tel, et Euler commença immédiatement à diriger la classe de mathématique. L'idéal qu'Euler s'était fixé lors de son appel – contribuer pour une part essentielle à l'édification d'une Académie – commençait à se réaliser, quoique incomplètement encore. L'entente intellectuelle de Maupertuis et d'Euler était excellente; ils avaient été tous deux élèves de Jean I Bernoulli à Bâle. Leurs conceptions scientifiques et philosophiques iront en général toujours de pair.

Pour apprécier la pénétration des idées d'Euler, avec l'appui de Maupertuis, il suffit de regarder le Règlement de l'Académie octroyé par le roi le 10 mai 1746[15], aux termes duquel la physique doit être traitée dans la classe de philosophie expérimentale ou de philosophie spéculative suivant qu'elle est conçue comme pratique ou comme théorique. En tout cas, celle appartient à la philosophie. Les idées d'Euler triomphent à l'occasion de la question posée en 1747 par l'Académie pour le concours de 1748, concernant la théorie des monades de Leibniz et de Wolff. Sous l'influence d'Euler, le prix fut attribué à l'avocat Justi, de Sangerhausen, qui s'opposait, dans son discours, à Leibniz et à Wolff, quoique différemment.

Celui qui donnait le ton à l'Académie était Euler, celui qui la représentait au dehors était Maupertuis. Ce dernier avait toute la confiance du roi, chose très importante du fait de la misanthropie royale et de la défiance qui en résultait. L'Académie, lieu principal de l'activité d'Euler, ne joue de ce fait qu'un très petit rôle dans la correspondance avec Frédéric II pendant cette décennie paisible de reconstruction. Mais, protégé par Maupertuis, Euler obtint à son tour la confiance du roi qui se fit volontiers conseiller par lui: ce qu'atteste, dans de nombreux domaines, la correspondance.

Euler sut renforcer la faveur royale à son égard pour la demande d'incorporation de ses neveux dans l'armée prussienne (lettres nos 13, 14). Plus tard se posèrent des problèmes techniques que l'administration prussienne ne savait pas résoudre et qui furent soumis par Frédéric II à Euler. Ainsi, le roi s'adressa au savant le 30 avril 1749 pour l'aider à surmonter les difficultés de navigation sur le canal de Finow qui relie l'Oder à la Havel (lettre no 15). Après une visite détaillée qu'il effectua avec le lieutenant-colonel du génie von Balby et Baumann, châtelain de Potsdam, Euler communiqua ses résultats dès le 14 mai 1749. Dans le rapport collectif, les indications portent principalement sur la régulation de la pression dans les nombreuses écluses

15 Harnack, I, 1, p. 299 sq.

nécessaires. Ces indications sont un modèle de physique appliquée. Comme il s'agit d'un rapport rédigé en commun et non dû au seul Euler, il est indiqué sous le numéro 15a. Le canal de Finow était pour Frédéric II particulièrement important: grâce à lui une voie fluviale traversait la Prusse intérieure et, reliant Magdebourg à Stettin, faisait de cette ville l'unique port maritime de la Prusse, à la place de Hamburg.

Peu après, le 15 septembre 1749, Frédéric II soumit à Euler le projet d'une loterie italienne (lettre n° 16), et l'avis fut donné dès le 17 septembre 1749 (lettre n° 17). Le 27 septembre 1749, le roi remerciait Euler pour ses calculs et souhaitait un rapport d'expertise pour une machine destinée à Sans-Souci (lettre n° 18). Il apparaît, sur le rapport d'Euler à Frédéric II du 17 octobre 1749[19], qu'il s'agit de pompes à eau entraînées par des moulins à vent. Euler se faisait fort de calculer et de réaliser les plus hautes performances pour de telles pompes (lettre n° 19a). Il y arriva après des difficultés initiales; les calculs se révélèrent concluants, ce dont Frédéric II le remercia le 21 octobre 1749 (lettre n° 20).

Dans le même ordre d'idées et à la même époque, Euler rédigea la «Démonstration d'une machine à eau qui pourrait élever avec un cheval en 12 secondes 36 tonneaux d'eau à une hauteur de cinq pieds» (lettre n° 19a). Les numéros 17, 19 et 19a constituent des contributions intéressantes pour l'histoire de la science et de la technique, avec des relations étroites entre science et technique qui ont encore aujourd'hui valeur d'exemple. Le calcul des probabilités y trouve une application pratique dans les calculs relatifs à une loterie avantageuse, et la mécanique y est mise en relation avec le mouvement des fluides. Euler voit toujours dans la science une force productive, et le passage de la théorie à la pratique se fait toujours chez lui de façon prompte et certaine. C'est dans cet esprit qu'il cherchait toujours à travailler à l'organisation et à la direction de l'Académie.

Nombreuses, et souvent méritoires, furent les interventions d'Euler pour promouvoir auprès du roi les candidatures d'hommes habiles et dignes de considération, même en dehors des postes relevant du domaine scientifique. Ainsi en fut-il avec le cas de J. M. Van Loen. Celui-ci, issu d'une respectable famille néerlandaise, était un parent de la femme d'Euler. Après quelques années de voyage il s'était installé à Francfort-sur-le-Main où il épousa celle qui fut la grand-tante de Goethe (Textor). En 1746 Frédéric II lui avait offert la place de président du Consistoire réformé de Berlin. Mais il avait décliné cette offre et il s'adressa à Euler en le priant d'intervenir auprès du roi pour lui procurer une autre place. Euler le fit sans succès, du moins provisoirement; ce qui ressort d'une lettre du roi à Euler du 20 juillet 1750 (n°s 21 et 24). Mais en 1752 Van Loen obtint un poste de président du gouvernement prussien du comté de Lingen et Tecklembourg. Et il connut alors des difficultés financières qui le conduisirent à demander à Euler une nouvelle intervention auprès du roi (voir la lettre du 18 mars 1755, n° 55). Euler, qui avait fait venir Van Loen en Prusse, s'en sentait responsable. Le cas est caractéristique de la ténacité avec laquelle Euler prenait fait et cause pour ses amis.

Euler tenta aussi de gagner les bonnes grâces du roi avec l'exécution d'une médaille due à son compatriote Hedlinger; il connaissait en effet l'ambition de Frédéric II et son amour pour l'art (lettres n°s 22 et 23). Euler alla même plus loin encore dans ses tentatives de *captatio benevolentiae* comme l'atteste l'envoi au roi de fruits du jardin de Maierhof, qu'Euler avait acquis à Schöneberg près de Berlin. Le roi apprécia cette attention, comme le montre son billet de remerciement du 26 mai 1753 (lettre n° 25). Peu de temps après il promit à Euler, sur sa demande, de prendre le parti de son neveu Vermeulen dans une affaire d'héritage (lettre n° 26).

Euler et Frédéric II s'accordaient avant tout dans leurs efforts pour assurer le financement de l'Académie, que ce soit par l'élevage du ver à soie, en collaboration avec le jardin botanique (lettre n° 25a), ou bien par le commerce des calendriers que l'Académie éditait avec privilège (lettres n°s 29–31, 36a). Quoique ces écrits expriment les positions des directeurs de l'Académie, ce sont en fait les brouillons préparés par Euler. Sa position dominante à l'Académie dans ses rapports avec le roi devient manifeste.

Dans les questions relatives au personnel de l'Académie, Frédéric II s'adresse aussi à Euler. Ainsi, le 19 juillet 1753 (lettre n° 27), le roi lui demande d'une manière confidentielle ce qu'il pense de la requête de l'académicien J. H. Pott, qui voudrait avoir «un certain Kurella» comme collaborateur au titre de second professeur de chimie. Le roi laisse à Euler le soin d'«examiner la conjoncture» et d'en faire ressortir «un rapport loyal». Ce rapport n'a pas été retrouvé, mais il devait être négatif, comme en témoigne la lettre de Frédéric à Euler du 23 juillet (n° 28). Pott voulait avoir en la personne de son gendre Kurella un disciple qui, selon Euler, n'était visiblement pas assez qualifié. La confiance du roi était si grande qu'il fit parvenir à Euler une copie de son refus.

Compte tenu de ses relations avec Frédéric II, il n'y a rien d'étonnant à ce qu'Euler ait obtenu une des rares dispenses de l'obligation de logement et d'entretien militaires (lettre n° 32). Le 15 août 1753, Frédéric voulait d'Euler un rapport sur la nomination d'un second professeur d'anatomie à l'Académie (lettre n° 33); ce rapport étant favorable, le roi confirma la nomination dès le 18 août (lettre n° 34). Après la nomination du second professeur d'anatomie, W. C. Brögger, une autre lui fit suite pour la botanique. Là aussi, la recommandation d'Euler fut adoptée par le roi.

Euler s'empressa de pourvoir à la nomination du second professeur de chimie, et proposa K. Ph. Brandes, après avoir écarté Kurella souhaité par Pott. La proposition écrite d'Euler manque, mais la nomination de Brandes au rang de professeur de chimie est chose faite par Frédéric II le 23 octobre 1753 (lettre n° 35). Pourtant Pott, membre de l'Académie depuis 1722, faisait beaucoup de bruit contre l'installation de Brandes à ses côtés. Euler dut compléter son propre projet avec des détails à fin de 1753 (lettre n° 36). Mais Brandes comprit qu'il n'aurait que des ennuis auprès de Pott et il accepta une invitation à Marbourg, invitation dont Euler faisait déjà mention dans sa lettre. La ténacité d'Euler se manifeste encore dans ce cas. Peu après le départ de Brandes il le fit élire comme membre étranger, en 1755, et en 1760, lors de la retraite de Pott, Brandes fut rappelé à Berlin comme membre ordinaire.

C'est le 14 avril 1754 que mourut à Halle Ch. Wolff qui était l'antipode idéologique d'Euler. Celui-ci doit avoir considéré comme un suprême triomphe philosophique le fait d'avoir à désigner le successeur de Wolff à l'Université de Halle. Euler en reçut en effet mission du roi le 8 août 1754 (lettre n° 37). Et il voulut jouir pleinement de son triomphe en proposant précisément le plus tranchant adversaire de Wolff, J. A. von Segner, de Göttingen[16]. Mais il eut l'intelligence de prendre d'abord contact avec Daniel Bernoulli, en demandant d'ailleurs à cet égard un plein pouvoir au roi (12 août, lettre n° 38). Il savait cependant fort bien que Daniel Bernoulli, qu'il avait fait élire membre étranger en juin 1746, dès sa propre entrée en fonction comme directeur de la classe de mathémathique, ne voudrait pas quitter Bâle.

Le renoncement de Bernoulli communiqué au roi le 8 septembre 1754 (lettre n° 39) laissait le voie libre pour l'invitation de Segner. Dans la même lettre, Euler présente celui-ci comme une sommité scientifique mais difficile à gagner. Euler connaissait la soif de gloire de son roi, mais aussi son avarice. Il devait aussi, il le savait très bien, obtenir pour Segner les meilleures conditions afin de rendre son transfert possible vers Halle. C'est de tout cela que témoigne la correspondance postérieure (lettres nos 40–45). Le 4 novembre 1754 (lettre n° 45) le roi exprime sa satisfaction pour l'appel de Segner, quoiqu'il se plaigne d'avoir à puiser beaucoup dans les caisses de l'Etat. L'histoire de l'appel de Segner est un chef-d'œuvre de manœuvres psychologiques; mais c'est aussi un fait saillant en ce qui concerne Euler parce que le wolffianisme , si haï par lui, paraissait vaincu en Prusse. Du moins Euler le croyait-il à ce moment-là.

En fait il s'agissait encore de doter la chaire de mathématique et de physique de Halle d'instruments et les tractations se poursuivirent jusqu'au début mars 1755 (lettres nos 48, 48a à 54). Tractations intéressantes pour l'histoire des sciences, parce qu'elles offrent de nombreux détails sur l'équipement de telles chaires. Mais ce n'est qu'avec la lettre de Frédéric II du 6 mars 1755 (n° 54) à Euler que l'affaire de l'appel de Segner fut effectivement conclue, de sorte que Segner put commencer ses cours au semestre d'été 1755.

Avec l'appel de Segner le piétisme de Halle à Salle marquait en réalité, sur le «dangereux libre penseur» Wolff[17], une seconde victoire, car un premier effort avait été tenté par Joachim Lange. Celui-ci, père de Johann Joachim Lange qui végétait auprès de Wolff, n'avait pas peu contribué à l'éloignement de Wolff de Halle afin d'y ouvrir à son fils la voie de la chaire de mathématique et de physique. Que le successeur de Wolff ait été en définitive, non pas le faible J. J. Lange, mais le vigoureux Segner, a permis que le wolffianisme soit combattu davantage sur le plan de la science que sur celui où se plaçait la philosophie piétiste.

Les recommandations d'Euler sur la répartition des cours de mathématique à l'Université de Halle entre Lange et Segner reçurent l'approbation du roi (23 nomvembre 1754, lettre n° 47). La communication des ordres royaux aux deux professeurs, faite par Euler, manque; mais on a conservé le consentement de Segner (18 décembre 1754, R 2464) et celui de Lange (4 janvier 1755, R 1425)[18]. Mais il ne s'agissait pas seulement de wolffianisme suspect d'athéisme, Segner mettait en doute le fondement mathématique et scientifique du wolffianisme. Cette confrontation fut aussi impor-

16 Stieda, p. 19sq.
17 *Lettres à une princesse d'Allemagne*..., O. III, 11, lettre n° 79.
18 Cf. A.P. Juškevič, *L. Euler und die Universität Halle,* Nova acta Leopoldina, n.s. t. 27 (1963), n° 67, p. 367–378.

tante pour l'avenir de la pensée en Allemagne, et Euler y contribua par ses efforts auprès de Frédéric II en faveur de Segner.

A la même époque, Euler fut sollicité directement ou indirectement par le roi pour des rapports d'expertise. Le 6 novembre 1754 (n° 45a), il fournit, sur ordre du cabinet de Frédéric II du 29 octobre 1754, un rapport sur l'établissement d'un plan de construction des moulins dû à l'architecte Buchten, rapport défavorable dans lequel il indique que l'invention proposée contredit les principes de la mécanique. Le 23 mai 1755 (lettre n° 57) le roi réclame à Euler un rapport d'ordre privé sur l'amélioration de l'évaluation de la teneur en sel «dans mes salines de Schönebeck». Euler a fait le rapport, comme il apparaît dans sa réponse, dès le 25 mai 1755 (lettre n° 58); malheureusement, le rapport lui-même n'a pas été conservé. Le roi remercie Euler le 27 mai 1755 (lettre n° 59) pour ses calculs.

Mais dans ses lettres, il est également question de la nomination de A. von Haller aux fonctions de curateur de l'Université de Halle. Le suisse Haller, bien connu pour son action à Göttingen dans l'établissement de l'Académie et de l'Université, était un excellent naturaliste et médecin, ancien élève de Boerhaave. Pour cette raison il se trouvait en contact avec les savants de l'Europe entière s'intéressant à la médecine et aux sciences naturelles. L'influence de l'école de Boerhaave s'étendait loin; elle était représentée à Pétersbourg par le premier président de l'Académie L. Blumentrost, à Vienne par le Hollandais Van Swieten, et à Paris par le Portugais Sanchès. Tous les trois étaient élèves de Boerhaave. Depuis le 4 septembre 1759 Haller était membre étranger de l'Académie de Berlin. L'intégrer comme membre ordinaire représentait une acquisition de premier ordre pour la Prusse. Euler connaissait son roi; celui-ci agréa tout de suite sa recommandation.

Dès le 25 avril 1755, dans une lettre à J. G. Sulzer[19], Haller avait exprimé son désir d'entrer au service de Frédéric II. Il songeait surtout à obtenir le poste de curateur de l'Académie, à condition que l'on mette à sa disposition les moyens nécessaires. Et il indiquait avoir déjà reçu du roi une invitation pour Berlin en 1749, invitation sans suite parce que Maupertuis craignait que sa gloire ne soit quelque peu éclipsée par celle d'un savant tellement célèbre. Le 27 mai 1755, Euler s'adressait à nouveau à Haller à Berne (cf. R 934a dans O. IVA,5,p. 606, et réponse de Haller, 23 juin 1755, R 935), et lui fit l'offre de venir à Halle pour y trouver la place vacante de chancelier de l'Université, ce qu'il écrit au roi le 28 mai (lettre n° 60). Il indiquait un salaire annuel de 2000 R. Thaler. Il s'agissait de faire en sorte que «l'Université de Halle puisse bientôt prétendre à l'avantage sur toutes les autres en Allemagne»; cet espoir, Euler le caressait avec Segner, mais visiblement pas avec Haller. Il n'était pas assez acharné pour gagner Haller à la Prusse à tout prix. Mais il voulait montrer par ses efforts son empressement pour le roi.

Celui-ci voulait surtout connaître les conditions de Haller (lettre n° 61). Mais entre-temps, Euler avait rendu le roi incertain dans sa volonté d'acquérir Haller. Frédéric finissait par penser, comme il l'écrit à Euler le 9 juin 1755 en réponse à une lettre non conservée, que Haller espérait seulement tirer au gouvernement de Hanovre

19 DZA Merseburg, Rep. 96r–v, Bl. 38.

des avantages supplémentaires à l'Université de Göttingen, et ne pensait pas sérieusement à se transporter à Halle (lettre n° 62). Euler renforça la défiance de Frédéric à l'égard de Haller, ce qui ressort clairement de sa lettre du 7 juillet au roi (lettre n° 63), à laquelle il joignit la lettre de Haller. En raison de l'intérêt qu'ont les lettres de Haller à Euler pour l'histoire des sciences, des extraits détaillés en sont présentés dans les notes aux lettres d'Euler au roi (n°s 63 et 65).

Le 13 août 1755 (R 936), Haller fixe ses prétentions. Elles dépassent les 2000 R. Thaler auxquels Euler pensait à l'origine. Par ailleurs, Haller ne veut s'engager que pour dix ans. Le 28 août 1755, Euler informe le roi, qui accuse réception de sa lettre le 30 (n° 65). Il trouve les 3000 R. Thl. et les conditions accessoires «exorbitantes», et laisse à Euler le soin d'organiser la suite des tractations. Nous connaissons la réponse de Haller du 28 octobre 1755 (R937) à la lettre d'Euler du 2 septembre 1755 (R 936a, O. IV. A, 5, p. 606). Il y parle de 2400 R. Thl., tout en mettant l'accent sur son besoin de loisir et de liberté.

Le 27 décembre 1755 (R 939), Haller indiquait à Euler qu'il avait communiqué directement au roi sa renonciation définitive à venir en Prusse. Il voulait passer le reste de ses jours à Berne, sa patrie, et il préférait «la liberté, le loisir et la santé» à l'éclat de l'organisation scientifique et aux revenus afférents. A Göttingen, Pfaff allait prendre le poste de curateur de l'Université. Mais Euler avait pu prouver au roi son désir de tout faire pour l'honneur de la Prusse. Peu après, il fut nommé membre étranger de l'Académie de Paris. C'était là une distinction importante, car il n'y avait que dix postes de cette sorte. Le roi reçut cette nouvelle avec joie (lettre n° 64). Les relations de Frédéric II avec Euler avaient atteint leur apogée. Les années 1746–1756 avaient été pour Euler une période dorée.

3.
Euler et Frédéric II durant la guerre de Sept Ans

En août 1756 la guerre de Sept Ans éclata. Bientôt Frédéric II se vit confronté à la plus grande coalition concevable du continent européen. Celle des trois grandes puissances, la Russie, l'Autriche et la France. Fait curieux: Euler un homme avisé et réfléchi, fit comme s'il était soulevé d'enthousiasme pour le roi de Prusse opposé à un monde d'ennemis. Ainsi s'employa-t-il même à traduire des lettres d'officiers russes que l'on avait pu intercepter. Pour l'année 1758, on conserve de nombreux travaux de ce genre[20]. Et prudemment, Euler s'empressa de dissimuler un certain temps son amour pour la Russie, encore qu'en octobre 1756 il organisa l'élection du professeur F. U. Äpinus de Rostock au rang de membre ordinaire de l'Académie de Pétersbourg, en qualité de physicien; celui-ci, d'ailleurs, en pleine guerre, partit pour la Russie et tint, le 23 (12) mai 1757, son discours inaugural à l'Académie russe.

Maupertuis présida, le 3 juin 1756, l'Académie de Berlin pour la dernière fois; il partit ensuite pour la France en raison de sa maladie et ne put pas revenir. Euler de son côté resta à Berlin dans une certaine sérénité par rapport aux événements. Il fit

20 DZA Merseburg, Rep. 63, n° 85.

pratiquement fonction de président durant l'absence de Maupertuis et le remplaça également de fait après sa mort survenue à Bâle le 27 juillet 1759. Maupertuis, dont l'état nerveux était devenu très fragile, supportait de plus en plus mal les décisions royales jouant leur va-tout. Euler lui écrivait encore, le 17 février 1759, pour combattre son pessimisme: «Dieu nous conserve notre grand Roy! Que Frédéric vive, qu'il règne, qu'il triomphe, c'est le vœu que nous faisons tous après M. Formey[21].»

Euler alla si loin dans cette voie opportuniste, qu'il offrit son fils Karl à la machine de guerre prussienne. Ainsi qu'il l'espérait, le roi vit dans ce geste un acte de patriotisme et le remercia sincèrement, avec effusion même, pour ses «marques de fidélité et d'attachement à son endroit» (lettre n° 66). Le 14 septembre 1759, juste après la mort de Maupertuis, Euler envoya à Frédéric II, avec un billet d'accompagnement, des lunettes et des longues-vues de la part du défunt président de l'Académie. Dans sa lettre du 14 septembre 1759 accompagnant les instruments optiques (lettre n° 67), Euler renseigne le roi sur ses activités propres et fructueuses en vue de perfectionner ces appareils. Il conclut la lettre en espérant que son fils Karl se montre particulièrement digne de l'honneur que le roi lui a fait en l'incorporant dans l'armée prussienne. Dans sa réponse du 15 septembre 1759 (lettre n° 68), Frédéric encourage Euler à continuer de travailler à l'amélioration des longues-vue. Mais il n'a pas le temps d'en discuter; la guerre absorbe toutes ses forces.

La guerre d'usure, ses lourds et nombreux revers devinrent cependant de plus en plus manifestes aux yeux d'Euler, en tout cas à partir de 1760. Et la grandeur de la Russie lui apparut en comparaison plus clairement. L'occupation de Berlin par les troupes russes à l'automne 1760 le rapprocha directement de la Russie et les dommages matériels qu'il subit au cours de ces événements lui furent largement indemnisés[22]. Ses relations avec la Russie, qui n'avaient jamais été interrompues complètement, furent rapidement rétablies. On le voit bien par l'accroissement de la correspondance qu'Euler échange avec G. F. Müller à Pétersbourg. Des deux lettres écrites durant la période 1758–1759, on passe à sept en 1760, à huit en 1761, à onze en 1762 et à treize en 1763[23].

Dans le même temps, sitôt la guerre finie, en 1763, il est clair qu'Euler a cherché à s'attirer, par tous les moyens, la reconnaissance de Frédéric II. Au nom du Directoire de l'Académie et représentant celui-ci, Euler se préoccupa de chercher en juin–juillet 1763 (documents n°s 68a, 68b, 68c) et en mars 1764 (lettre n° 73b) une solution satisfaisant tant aux exigences des sciences qu'aux finances ruinées par la guerre, pour la nécessaire remise en état du jardin botanique de l'Académie. Il conseilla ensuite le roi sur sa demande du 17 août 1763 concernant la loterie qui devait relever les revenus de l'Etat tombés très bas (lettres n°s 69, 70, 70a). A cette occasion, le roi se montra reconnaissant (lettre n° 71). Et pour mériter davantage cette reconnaissance, Euler adressa à Frédéric II le projet établi par un Courlais du nom de Denffer, sur la fabrication de la porcelaine, projet daté du 14 août 1763. Le roi le remercia de cette

21 Cf. lettre d'Euler à Maupertuis n° 124, *supra.*

22 Cf. lettre d'Euler à G.F. Müller du 18 octobre 1760 (R 1806), dans *Die Berliner und die Petersburger Akademie im Briefwechsel Leonhard Eulers,* t. I, p. 161.

23 *Ibid.*, p. 145–209 (R 1788 à 1867).

attention le 30 août (lettre n° 72). Si Euler espérait tant cette reconnaissance royale, c'est qu'il désirait parvenir enfin à la tête de l'Académie qu'il avait le sentiment de diriger depuis 1746, par son influence sur Maupertuis.

4. *Difficile départ d'Euler de Berlin*

Frédéric II, quant à lui, ne songeait pas à placer Euler à la tête de l'Académie. La guerre terminée, le roi devint encore plus avide de gloire, plus avare et surtout plus méfiant. Ces excès de caractère l'empêchèrent d'accorder à Euler une réelle confiance. Pour lui, Euler restait certes un grand savant, un «géomètre» dont il convenait d'exploiter les connaissances dans toute l'étendue de leurs applications, mais il n'était pas d'une belle prestance. Frédéric II ne pouvait entretenir de conversation «spirituelle» avec le «cyclope borgne», ce qui était pourtant une condition préalable à ce qu'un homme puisse devenir président de l'Académie. C'est la raison pour laquelle Frédéric II cherchait plutôt à gagner d'Alembert, auquel il avait pensé dès la première maladie sérieuse de Maupertuis en 1752.

Il faut ajouter à cela le fait qu'Euler se fit le soutien déclaré du responsable des finances de l'Académie, David Köhler, sur la probité duquel Frédéric II avait des soupçons depuis 1746[24]. Un tel soutien ne plut pas au roi. Après la guerre, les caisses de l'Etat se trouvaient vides, les ressources du pays épuisées, le roi tentait par tous les moyens de les remplir[25]. Aussi s'intéressa-t-il à ce qu'avait procuré la vente des calendriers dont il avait donné le privilège à l'Académie. Le caissier Köhler n'y avait-il pas trouvé l'occasion de s'enrichir énormément? Et pourquoi Euler prenait-il si décidément parti pour celui-ci? Köhler, sous prétexte d'une sage prévision de la dévaluation monétaire – et suivant, du reste, l'exemple de son roi –, avait retiré de la caisse académique la bonne monnaie métallique pour la remplacer par du papier-monnaie qui perdit les deux tiers de sa valeur dans les années qui suivirent. La défiance du roi devint évidente en 1763 et progressa, au mécontentement d'Euler. Les adversaires philosophiques d'Euler à l'Académie, comme le wolffien J. G. Sulzer, attisèrent par des avertissements anonymes les soupçons du roi, et, par là, le mécontentement d'Euler. Certes, dans ce temps-là, en 1764, Euler se rendit utile au roi par des rapports d'expertise sur le télémètre de Ximénès et de Brander (lettres n°s 73c, 74, 75). Dans les propositions du Directoire de l'Académie adressées au roi – celles du 22 décembre 1763 (n° 73a) qu'Euler écrivit lui-même, et celles du 5 juillet 1764 (n° 73d), qu'il avait conçues – sont traitées des questions importantes relatives aux finances et aux salaires dans l'Académie. Et il est par ailleurs à noter, dans les décisions du roi, l'importance accordée précisément à la Classe de mathématique que dirige Euler depuis 1744; en effet, les deux membres proposés pour cette classe devaient recevoir les seules pensions accordées de 400 R. Thl., et l'un d'eux était le fils aîné d'Euler, Jean Albert.

24 Cf. Harnack, I, 1, p. 274 sq.
25 Cf. [König] *Versuch*, t. 5, Berlin 1799.

Mais on voit combien se sont refroidies les relations entre les deux hommes au brusque refus du roi d'autoriser le mariage pour le futur gendre d'Euler, Cornette Van Dehlen, le 3 décembre 1763 (lettre n° 73). Pourtant Euler ne prit la décision de partir qu'après la lettre que Frédéric lui adressa le 16 juin 1765 (lettre n° 76), dans laquelle les soupçons du roi concernant la gestion financière de Köhler, jusqu'alors placée sous la seule surveillance d'Euler, devinrent manifestes. Une commission de cinq membres, dont Euler, certes, faisait partie, fut créée pour surveiller la gestion financière de l'Académie. Euler y vit une marque de défiance. Il lui fut particulièrement pénible de voir siéger dans cette commission son compatriote et adversaire le wolffien Sulzer, qui avait fait preuve à l'égard de Köhler d'une attitude fort pointilleuse[26].

C'est d'une façon définitive que la direction de l'Académie échappa à Euler. L'invitation de Frédéric II à prendre la charge de président de l'Académie ayant été repoussée par d'Alembert, elle ne fut pas reportée sur Euler, malgré la recommandation de d'Alembert. Le roi entreprit de prendre lui-même la direction de cette institution au début de 1764, en se faisant conseiller par d'Alembert. Etant donné, par ailleurs, que l'organisation par le roi de la Commission des finances avait mis fin à la collaboration d'Euler et de Köhler[27], rien ne retenait plus Euler à Berlin[28].

Frédéric II ne voulut pas cependant laisser partir Euler. Son départ constituait une atteinte grave au prestige pour la Prusse et la perte d'un conseiller scientifique et technique de premier ordre. Le 15 avril 1766 le Directoire général de la Prusse remerciait encore Euler d'un rapport sur la loterie nationale de Clevis, et exprimait son espoir de «le conserver longtemps encore ici[29]». Mais la ténacité helvétique d'Euler se manifesta à nouveau, et à sa quatrième requête (lettre n° 80) il parvint enfin à obtenir un congé sans remerciement de la part de Frédéric II, le 2 mai 1766 (lettre n° 81), ce qui lui permettait de partir en Russie. La demande instante du roi (lettre n° 79) de ne pas persévérer dans son intention de départ était restée lettre morte[30].

Dès le 1er octobre 1763, Euler avait écrit à son vieil ami Goldbach à Pétersbourg: «L'idée de voir l'Académie d'ici se transformer en une Académie française subsiste encore aujourd'hui. Autant je m'effraye d'un nouveau départ au loin, autant je devrais m'y résoudre si ce cas se présente[31].» On comprend ici l'hésitation d'Euler, mais aussi la conséquence ultime qu'il en tire, puisqu'il entendait par «Académie française» une Académie dans laquelle il n'aurait plus d'influence décisive. Et en effet, parmi les membres ordinaires nommés par le roi en 1764–1766 à l'Académie de Berlin, il y avait sept Français, à côté de deux Suisses, et les cinq membres étrangers nommés au même moment étaient également français – et notamment des «esprits forts»

26 Cf. K. G. Eickenjäger, *Pour aller en Russie,* Spektrum, Berlin 1971, cahier 6, p. 34–36.
27 Cf. R., p. 473–501. Il y a aussi dans AAB une lettre d'un destinataire inconnu à ce sujet.
28 Cf. Harnack, I, 1.
29 AAN, R. V, op. 1–3, Nr. 4 (R 2030).
30 R 696 Stieda décrit le départ d'Euler de Berlin; et *Die Berliner und die Petersburger Akademie im Briefwechsel Leonhard Eulers,* t. III, contient les correspondances importantes pour le transfert d'Euler, en particulier p. 39–42 la correspondance avec de Catt (R 373 à 382). Voir aussi K.-R. Biermann, *J.-H. Lambert und die Berliner Akademie der Wissenschaften,* dans: Colloque international et interdisciplinaire Jean-Henri Lambert, Editions Ophrys, Paris 1979, pp. 115–126.
31 Juškevič–Winter, *Briefwechsel Euler–Goldbach,* p. 399 (R 696).

comme Helvetius qu'Euler dédaignait tant. La tendance leibnizienne-wolffienne – provisoirement d'ailleurs – y devenait prépondérante. En été 1766, juste après le départ d'Euler, la question proposée pour le prix de l'Académie de 1768 fut un éloge de Leibniz. La défaite philosophique d'Euler à l'Académie berlinoise était dès lors consommée.

5.
La reprise de relations entre Euler et Frédéric II

Les deux hommes se séparèrent fâchés, mais une bienfaitrice commune et inattendue les réconcilia: Catherine II de Russie. Frédéric II se préoccupait beaucoup d'obtenir la faveur de l'impératrice, car il n'avait pu oublier la terrible défaite de Zorndorf qui lui avait été infligée par les Russes pendant la guerre de Sept Ans. Dès le 10 septembre 1767, il avait nommé Catherine II membre étranger de l'Académie de Berlin, après qu'elle eut décliné l'offre de devenir membre d'honneur. De son côté , à partir de 1763, Catherine II s'efforçait d'obtenir le retour d'Euler en Russie[32], sans d'ailleurs empirer ou interrompre les relations entre les Académies de Berlin et de Pétersbourg. Euler faisait figure de pont entre les deux institutions.

Il n'est donc pas étonnant de noter les nombreuses contributions d'Euler aux «Mémoires» de Berlin, dès 1766[33]. Le (25) 14 octobre 1768, Euler s'adressait à l'Académie de Berlin par ses termes: «Votre illustre Corps!», et rendait compte de ses travaux en proposant une étroite collaboration des deux Académies (R 87). Comme Frédéric II était alors le véritable président de l'Académie, la lettre était indirectement adressée au roi de Prusse[34].

Au début de 1776, Euler renoua des liens directs avec le roi. Entre-temps, celui-ci s'était écarté, du point de vue philosophique, du courant radical des lumières[35], courant venu de France, parce qu'il lui apparaissait clairement que l'absolutisme éclairé présentait une contradiction dans les termes. Il tenait cependant ferme à l'absolutisme, qui fut menacé d'être détruit inévitablement par le courant des lumières.

Ce changement de position par rapport au courant des lumières rapprochait ainsi spirituellement Euler du roi. C'est le vœu de Catherine II de nommer Frédéric II membre d'honneur de l'Académie de Pétersbourg qui donna, un définitive, une occasion à Euler de s'adresser personnellement au roi. Euler profita notamment de l'occasion que des calculs publiés dans les journaux berlinois au débuts de 1776 lui fournissaient. Ces calculs s'avéraient susceptibles, d'après le calcul des probabilités, d'entraîner l'échec d'une entreprise, par ailleurs intéressante en soi, et Euler avertit le roi des corrections nécessaires dans une lettre du début d'avril 1776 (lettre n° 82). Il s'était déjà occupé soigneusement de la question et avait présenté à l'Académie de Pétersbourg, le

32 Cf. P. Pekarskij, *Ekaterina II i Ejler,* Zapiski Imp. Adademii nauk, 6, Pétersbourg 1865.
33 Cf. E. 305sq.
34 La lettre R 87 est publiée dans le t. III du *Die Berliner und die Petersburger Akademie im Briefwechsel Leonhard Eulers,* p. 26.
35 Harnack, I, 1, p. 374sq.

14 (3) avril 1769, des calculs pour l'établissement d'une caisse en faveur des veuves[36]. Frédéric II remercia Euler pour son attention le 16 avril 1776 (lettre n° 94), bien persuadé, disait-il, de la pureté des motifs «qui l'avaient fait agir». Euler, encouragé par cet accueil, envoya en septembre 1776 (lettre n° 95) une brochure sur ce sujet (E. 473/O.I,7). Le roi, le 11 septembre 1776 (lettre n° 84), manifesta sa joie pour l'intérêt porté par Euler au bien-être de ses «anciens compatriotes».

Euler avait ainsi préparé les voies les meilleures pour que Frédéric II soit proposé comme membre d'honneur de l'Académie de Pétersbourg; et celui-ci fut élu 9 janvier 1777 (29 décembre 1776)[37]. En tant que doyen de l'Académie de Pétersbourg, Euler eut la charge d'écrire le 28 (17) janvier 1777 à Frédéric II pour le remercier d'avoir accepté l'élection et un titre qui était d'ailleurs le premier de ce genre à être décerné à Pétersbourg. Euler mentionne dans cette lettre que, sur les cinquante années de sa vie d'académicien, la moitié fut consacrée à l'Académie de Berlin, et il conclut par l'assurance que «tout notre corps est pénétré de la plus profonde vénération pour la personne sacrée de Sa Majesté» (lettre n° 86).

A son tour Frédéric II fit preuve de courtoisie, et le 1er février 1777 il félicitait l'Académie de Pétersbourg d'avoir un doyen tel qu'Euler (lettre n° 87). N'omettant pas d'insister sur l'étroitesse des liens entre la Prusse et la Russie au sein des puissances d'Europe, il concluait par un éloge de l'Académie de Pétersbourg qui avait atteint, disait-il, «sous la conduite et la direction de l'Impératrice, un lustre et une perfection dont peu d'Académies peuvent se glorifier», et il chargeait Euler d'être son interprète.

Ainsi se renouaient les liens qui unissaient l'un à l'autre ces deux hommes si différents, en dépit de toutes les oppositions qui les séparaient.

Eduard Winter

36 Cf. AAN, F. 136, op. 1, Nr. 152, l.1, 2–6; voir l'article E.403, publié en 1770, et l'ouvrage E.473, édité en 1776 par N. Fuss sous la direction d'Euler, O.I,7.

37 Cf. B.L. Modzalevskij, *Spisok Členov Imperat. Akademii Nauk 1725–1907* (Liste des membres de l'Académie Impériale des Sciences), Pétersbourg 1908, p. 118.

Liste des lettres et documents de la correspondance Euler-Frédéric II

1

FRÉDÉRIC II À EULER

Camp de Reichenbach, 4 septembre 1741

Monsieur Euler, J'ai été bien aise d'apprendre que vous êtes content de votre sort, et établissement présent. J'ai donné les ordres necessaires au Grand Directoire pour la pension de 1600 ecus, que Je vous ai accordée. S'il y a encore quelque chose dont vous aurez besoin, vous n'avez qu'à attendre Mon retour à Berlin. Je suis

votre bien affectionné Roy
Federic

R 622 Original fr., 1 f°. – AAN, f. 136, op. 2, n° 9, l. 2; copie et trad. russe *ibid.*, n° 10, l. 1–2.
Publ.: Œuvres de Frédéric II, XX, p. 199.

2

EULER À FRÉDÉRIC II

[Berlin, septembre 1741]

Allerdurchlauchtigster Großmächtigster König
Allergnädigster Herr!

Ew. K. M. hat es allergnädigst gefallen an Dero Ober-General-Finantz v. Jariges und Domainen-Directorium der mir ausgemachten jährlichen Besoldung wegen das Benötigte rescribiren und mir hiervon durch ein allergnädigstes Handschreiben Nachricht ertheilen zu laßen. Da nun in vermeldtem Rescript an das General-Directorium der terminus a quo, wann nämlich mit Zahlung der Besoldung der Anfang gemacht werden soll, nicht ausgedrücket ist; so muß Ew. Maj. ich allerunterthänigst vorstellen, daß ich schon vor einem Jahre die allergnädigste Vocation anhero durch Dero in Petersburg residirenden Minister, den Geh. Rath von Mardefeld, die Erlaubnis aber auszureisen von dem dortigen Hofe allererst den 1 ten Juni c. erhalten, und gleich darauf den 19. ejus mich auf den Wege gemacht, auch den 14. Julii zu Stettin und den 25. allhier angekommen. Bei welchem Umstand und da meine Besoldung von 1200 Rubel in Petersburg schon den 1. Juni aufgehört, ich die allerunterthänigste Hoffnung habe, es werden Ew. K. M. die allergnädigste Ordre zu stellen geruhen, daß mir das erste Quartal der Besoldung allhier auf currentes Quartal gezahlet werde, als worum allerunterthänigst bitte und in allertiefstem Respect verharre.
So erkühne mich Ew. K. M. allerunterthänigst zu bitten, daß der Anfang der mir allergnädigst accordirten Besoldung schon mit diesem zu Ende laufenden Quartal gemacht werden möchte, in welchem ich nicht nur schon über 2 Monate mich in Ew.

Königl. Majestät Landen befinde, sondern auch meine bey der K. A. zugemessene Gage schon allbereits den 1. Juni dieses Jahres zu Ende gelaufen.

[non signé]

R 623 Minute all., 1 f°. – AAN, f. 136, op. 2, n° 9, l. 59;
copie incomplète et trad. russe *ibid.*, n° 10, l. 3–4.

En marge, on lit d'une autre main une formule améliorée de conclusion.

2a

Euler à un inconnu [1]

[Berlin, 1741]

Je suis très sensible à la bonté que vous avez eu de m'annoncer la gracieuse declaration que le Roy vous a faite sur mon sujet. Pour vous donner, Monsieur, les informations que vous demandez, j'ai l'honneur de vous dire qu'il y a un an passé que feu M. de Suhm m'offrit de la part de Sa Majesté une pension de 1200 ecus, et s'engagea en même tems de son propre mouvement de me procurer l'équivalence de la pension de 1200 roubles, que j'avois à Petersbourg, ce qui feroit 1600 ecus monnoye d'ici, offre que j'acceptais sur le champ. Après la mort de M. de Suhm M. de Mardefeld me montra une lettre de cachet par laquelle Sa Majesté ratifie gracieusement l'offre qui m'a été faite par M. Suhm, et m'accorde outre cela les fraix de mon voyage que j'avois demandé en consideration de ma nombreuse famille composée de 10 personnes sans les domestiques.

La seule grâce que je demande donc à Sa Majesté, c'est de m'accorder 480 ecus pour mon voyage, et de faire expedier les ordres necessaires pour la pension qu'il lui a plu de determiner. Que je ne puis vous exprimer la vivacité de mes desirs qui tendent à me rendre digne de la protection du Roy; il n'y a point d'efforts que je ne fasse pour atteindre ce but et c'est dans ces sentimens sincères que je suis fermement resolu de vivre et de mourir sous le glorieux regne d'un souverain qui favorise autant les citoyens de la republique literaire que ceux qui ont le bonheur d'être ses sujets nés. M. le Feld-Marechal de Munich, qui m'a honoré d'une bienveillance particulière, pourroit, s'il étoit necessaire, rendre un temoignage authentique du zèle que j'ai pour le service du Roy.

Continuez moi, je vous en supplie, Monsieur, la bienveillance que vous me temoignez, et soyez persuadé que j'en conserverai une éternelle gratitude, étant très parfaitement.

[non signé]

Minute fr., 1 f°. – AAN, f. 136, op. 2, n° 9, l. 58r–v.

[1] Sans doute adressée à Jariges.

2b
Notes journalières d'Euler pour Frédéric II
1741

«Journal, betreffend die von Ihro Königl. Majestät von Preußen an mich ergangene Allergnädigste Vocation» [1]

Anno 1741
d. 15. Febr.
Erhielt S. Exc. der H. Baron von Mardefeld Ihro Königl. Majestät Eigenhändige Confirmation über die mir von dem Sel. H. Geheimen Rath von Suhm gemachte Propositionen, wobey mir die Reise-Kosten Allergnädigst accordiret worden.

d. 16. Febr.
Gab ich dem H. Praesidenten, des H. Geheimen Raths von Brevern Excellenz, Nachricht von dieser Vocation und überreichte demselben zugleich meine Supplique, darinn ich um meine Dimission gebührend Ansuchung gethan. Des H. Praesidenten Resolution bestund darinn, daß die Ertheilung meiner Dimission nicht in Seiner Gewalt stünde, sondern daß solche an Höherem Orte ausgewürkt werden müßte, worauf ich Denselben gehorsamst bat, meine Bitte an gehörigem Orte vorzutragen. Der H. Praesident aber sagte, daß Er sich zu einer anderen Zeit weiter expliciren werde.

d. 16. Febr.
Alles dieses trug ich hierauf dem H. Rath Schumacher in der Academischen Cantzley vor mit der angehängten Bitte, daß er dieses mein Begehren unterstützen, und mir zu einer Gnädigen Resolution verhelfen möchte. Ich konnte aber leicht merken, dass ihn diese meine Proposition über die Maßen verdroß, doch ließ er seinen Zorn nicht so deutlich merken.

d. 18. Febr.
fragte ich den H. Schumacher wiederum auf der Cantzley wegen meiner Supplique, und bekam zur Antwort, daß er die selbe noch nicht gesehen; weilen er aber bey dem H. Praesidenten zu Mittag speisen werde, so könnte Er dieselbe zu sehen bekommen, und alsdann auf der Cantzley registrieren zu lassen.

d. 19. Febr.
Vernahm ich von dem H. Schumacher, daß meine Supplique dem H. Justitz Rath Goldbach zugeschickt worden, um darüber Seine Meinung dem H. Praesidenten zu eröffnen. Dabey sagte mir der H. Schumacher, daß ich keine andere Resolution erwarten sollte, dass ich noch ein Jahr hier bleiben und alsdann erst meine Dimission bekommen würde. Das Interesse der Academie lasse es nicht anders zu und ich müsse mir nicht schmeicheln zum Nachtheil der Academie eine Resolution zu bekommen.

d. 21. Febr.
Als ich den H. Schumacher auf der Cantzley gantz freundlich ersuchte, daß meine Supplique in das Kaiserl. Cabinett möchte promovirt werden, so fuhr er mich gleich in den heftigsten Terminis an, was ich für eine Resolution verlange, ich könne meine Dimission vor Verfließung eines Jahres nicht haben. Denn ob ich gleich solches Kraft meines Contracts nicht schuldig sey, so erfordere es doch das Interesse der Academie. Als ich nun hieraus zur Genüge sah, daß durch meine Vorstellungen der H. Schumacher je länger je mehr zum Zorn gereitzet würde, und dass sein fester Vorsatz ist, mir nichts anders als Schwierigkeiten und Chikannen zu machen, so habe ich diese Beschaffenheit dem H. Bar. von Mardefeld Excell. hinterbracht, mit der gehorsamsten Bitte mir zu rathen, wie ich diese Sache ferner angreifen soll. Worauf mir der H. Gesandte allen möglichen Beystand versprochen.

d. 22. Febr.
Weilen ich in diesen Umständen befürchten mußte, daß der H. Praesident, wann Er auch nicht mit dem H. Schumacher einerley Sinnes seyn sollte, dennoch von demselben leicht zum Zorn und zur Ungnade gegen mich gereitzet werden könnte, so habe ich für nöthig befunden, Demselben ausführlich die Beschaffenheit meines Zustandes zu beschreiben, und die mir von dem H. Schumacher gemachten Difficultäten zu heben. Der Brief ist Litt. B [2].

d. 23. Febr.
Habe ich, weilen ich gezwungen worden, Medicin einzunehmen, an des H. Praesidenten Excell. das gedachte Schreiben zugeschickt.

d. 27. Febr.
Auf Gutachten des H. Baron von Mardefeld habe eine Supplique um meine Dimission an den H. Grafen von Ostermann aufgesetzet und dieselbe dem H. Prof. Groß übergeben, welcher versprochen, solche dem H. Grafen zu praesentiren, und dabey meine Angelegenheit bestens vorzutragen.

d. 2. Mart.
Weilen alle meine bisher angewandte Mühe um meine Dimission zu erhalten, nicht die geringste Würkung gehabt, so habe den H. Baron von Mardefeld schriftlich gehorsamst ersucht, diese meine Affaire mit Nachdruck zu poussiren, und mir zu meiner Dimission zu verhelfen.

d. 5. Mart.
Nachmittag habe an des H. Praesidenten Excell. wiederum eine Schrift abgegeben, worinnen ich meine Bitte wiederholet, und zugleich offeriret, mir die im neuen Contract accordirte Zulage abziehen zu lassen.

d. 6. Mart.
Des Morgens habe selbst dem H. Praesidenten meine Aufwartung gemacht, welcher mich sehr freundlich empfangen und versprochen mir meine Dimission zu beschaffen, so bald Er von höherm Orte dazu werde Erlaubniß erhalten haben; da ich Ihn dann gehorsamst gebeten, meinetwegen an höherm Orte Ansuchung zu thun, um mir sobald möglich zu meiner Abfertigung zu verhelfen. Im übrigen hat der H. Praesident keine ferneren Difficultäten gemacht, um mich zu obligiren, noch ein Jahr, oder so lang, bis meine Stelle ersetzet worden, allhier zu bleiben, sondern Sich erkläret, dass weil die Conservation meiner Gesundheit eine solche Veränderung erfordere, mir mein Abschied nicht geweigert werden könne.

d. 7.
War ich des Morgens wiederum bey dem Praesidenten fürnehmlich wegen des H. Hedlingers [3] Angelegenheiten; und habe dabey nochmals meine Bitte wiederholet. Darauf aber gar keine Antwort erhalten.

d. 10.
Ging ich des Morgens zu dem H. Praesidenten, stellte mein Anliegen nochmals vor, und bat gehorsamst mir bald zu einer gnädigen Resolution zu verhelfen; worauf mir Derselbe zur Antwort gab, daß Er meinetwegen im Cabinett einen Doclad [4] eingegeben, und mir nach Erhaltung einer Resolution Antwort ertheilen werde. Ich bat dabey die Vorstellungen meinetwegen dergestalt einzurichten, daß die Resolution zu meiner Satisfaction ausfallen möchte.

Original all., 3 f°. – DZA Merseburg, Rep. 96r–v, Bl. 3–5.
Publ.: Stieda, Übersiedlung Eulers, p. 8–10.

[1] Les pièces du dossier «Des P. Euler Immediat-Berichte» couvrent les années 1743–1755. Aux pages 3–5, on trouve le «Journal» dont l'auteur est Euler, d'après l'écriture.

[2] Cette lettre manque.

[3] Il avait gravé pour l'académie une médaille, dont l'avers présente le buste du roi et l'inscription «Fridericus Rex Academiae Protector MDCCXLVII». Sur le revers, on lit ces mots «Scientiarum et litterarum incremento». Ils sont entourés d'une couronne de lauriers.

[4] C'est-à-dire un rapport.

3
FRÉDÉRIC II À EULER
Znaym, 1er mars 1742

Ayant vu par votre lettre du 20 du mois passé [1] que la duchesse de Würtemberg [2] vous demande des leçons de mathématiques pour les princes de sa maison, je vous en accorde la permission avec bien du plaisir, étant au reste

Votre bien affectionné Roy
Federic

R 624 Original fr., 1 f°. – AAN, f. 136, op. 2, n° 9, l. 2a; copie et trad. russe *ibid.*, n° 10, l. 5–6. Publ.: Œuvres de Frédéric II, XX, p. 199.

[1] La lettre d'Euler manque.
[2] Cf. *Registres*, p. 22.

4
EULER À FRÉDÉRIC II
Berlin, 19 janvier 1743

Sire!

Mon devoir et zèle pour l'intérêt et la gloire de Votre Majesté m'obligent d'exposer que, depuis qu'il a plu à Votre Majesté d'ajouter aux revenus de la Société royale ceux des Almanachs en Silesie, ce fonds seroit déjà presque suffisant d'entretenir une Academie des sciences, sur le même pied que celle de Pétersbourg ou de Paris. Car le département litteraire à Petersbourg ne coute, qu'environ douze mille Roubles par an, et quoique les revenus de la Societé ne me soient pas assez connus, on m'a pourtant assuré, qu'ils n'importent guère moins que vingt milles écus par an [1].

C'est pourquoi s'il plaisait à Votre Majesté de destiner à l'avenir cette somme à l'établissement d'une Academie des Sciences, il y auroit à présent la meilleure occasion d'engager un suffisant nombre d'habiles personnes, et de présenter à Votre Majesté en peu de tems une Academie des Sciences aussi parfaite que celle de Paris.

Il y a près de six mois, que Mr. Hedlinger, medailleur du Roy de Suède attend ici les ordres de Votre Majesté [2], c'étoit aux instances de Mr. Knobelsdorf, que je l'ai persuadé d'entreprendre ce voyage, mais n'ayant rien entendu depuis si longtems, il se prepare à son depart, sensible d'avoir fait cette course sans avoir pu temoigner son zèle à Votre Majesté.

Je suis avec le plus profond respect
Sire
de Votre Majesté
le très humble et très obeissant et très soumis Leonhard Euler

R 625 Texte fr., 1 p. – [König], Versuch, 5. Bd., 2. Teil, S. 181.
Publ.: Œuvres de Frédéric II, XX, p. 199–200.

[1] Note marginale de Frédéric II: «Ist schlecht Kalkuliert.»
[2] Note marginale de Frédéric II: «wenn er sich ein Jahr oder drei engagiren wollte».

5
Frédéric II à Euler
Charlottenbourg, 21 janvier 1743

Votre lettre du 19 de ce mois M'a fait connoitre vos idées sur le fond pretendu d'une academie des sciences. Mais Je crois, qu'étant accoutumé aux abstractions des grandeurs de l'algebre, vous avez peché contre les règles ordinaires du calcul. Sans cela vous n'auriez pas pu vous imaginer un si grand revenu du debit des almanacs en Silesie. Quant au medailleur Hedlinger, Je souhaiterais de l'engager pour mon service, le connaissant pour un habile homme. En tout cas, Je seroit satisfait, s'il vouloit s'engager seulement pour trois ou quatre ans. Vous lui en parlerez, et vous lui demanderez quels gages il pretendra par an, s'il lui plait de rester quelques années ici, en travaillant pour moi. Je suis
votre bien affectionné Roy
Federic

R 626 Original fr., 1 f°. – AAN; f. 136, op. 2, n° 9, l. 3;
copie et trad. russe *ibid.*, n° 10, l. 7–8v.
Publ.: Œuvres de Frédéric II, XX, p. 200–201.

6
Euler à Frédéric II
Berlin, 24 janvier 1743

Sire!

Ayant fait à Mr. Hedlinger les propositions, dont il a plu à Votre Majesté de me charger, il m'a remis la reponse ci-jointe [1]. A l'égard du projet d'une Academie des sciences je supplie Votre Majesté, de le regarder comme un effet de mon désir infini, de me voir dans un état, où je pourrais en quelque manière me rendre digne des grâces, dont il plaît à Votre Majesté de me combler. Au reste j'ai voulu prouver, que le fond entier de la Société seroit presque suffisant, pour établir une Academie des sciences, et Mr. le Docteur Lieberkühn prouvera mieux que moi la solidité de ce projet.

Je viens de découvrir la cause physique des effets de l'aimant, qui satisfait parfaitement à tous les phénomènes, comme c'est la question que l'Academie des Sciences de Paris a proposé pour l'année qui vient, je ne voudrois pas y envoyer ma théorie sans la permission de Votre Majesté [2].

Oserois-je aussi, Sire, supplier Votre Majesté d'employer mon frère, qui est peintre, à quelqu'ouvrage, et de lui faire la grâce, qu'il puisse subsister ici [3].

Je suis avec le plus parfait zèle, et avec le plus profond respect
Sire
de Votre Majesté
le très humble et très obeissant
et très soumis sujet
Leonhard Euler

R 627 Texte fr., 1 f°. – [König], Versuch, 5. Bd. 2. Teil, S. 182
Publ.: Œuvres de Frédéric II, XX, p. 201.

[1] Note marginale de Frédéric II: «Weil er nicht hier bleiben wollte, so wollte ich ihn damit nicht aufhalten.»

[2] Note marginale de Frédéric II: «Compliment, kann es nur hinschicken.» *Dissertatio de magnete,* Recueil de pièces qui ont remporté le prix de l'Académie Royale des Sciences pour les années 1743 et 1744, Paris 1748 (E. 109; O. III, 10, en préparation).

[3] Note marginale de Frédéric II: «Werde sehen wie ihm zu helfen. Ich wüßte noch nicht was er könnte.» Il s'agit de Johann Heinrich Euler.

7
Frédéric II à Euler
Berlin, 29 janvier 1743

Voyant par votre lettre que le sieur Hedlinger ne trouve pas son compte, de s'engager ici pour quelques années, Je ne veux lui causer de l'embarras ni empêcher son voyage. Je vous felicite d'ailleurs d'avoir decouvert la cause physique des effets de l'aimant et il vous sera libre d'envoyer votre solution à l'Academie des sciences de Paris.

Quant à votre frère, Je chercherai à lui fournir de l'ouvrage; mais ne le connoissant pas, Je ne saurois juger de sa capacité, si vous ne m'envoyerez point quelques pièces de sa façon. Je suis
votre bien affectionné Roy
Federic

R 628 Original fr., 1 f°. – AAN; f. 136, op. 2, n° 9, l. 4;
copie et trad. russe *ibid.,* n° 10, l. 9–10.
Publ.: Œuvres de Frédéric II, XX, p. 202.

8

FRÉDÉRIC II À EULER

Berlin, 3 avril 1743

J'ai bien reçu la votre du 26ᵉ mars [1], et celle que le magistrat de Bâle M'a ecrite en demandant la démission du bas-officier Beckel. Je ne manquerai pas de M'informer de toutes les circonstances et de repondre ensuite convenablement à la lettre surmentionée. Je suis

votre bien affectionné Roy
Federic

R 630 Original fr., 1 fº. – AAN; f. 136, op. 2, nº 9, l. 5; copie et trad. russe *ibid.*, nº 10, l. 11–12.

[1] La lettre d'Euler manque.

9

EULER À FRÉDÉRIC II

Berlin, 19 octobre 1743

Sire,

Votre Majesté m'a fait la grâce, en me rappellant de Pétersbourg, de m'accorder les frais du voyage. Mais comme je me suis trouvé jusqu'ici hors d'état de servir la nouvelle Academie, à laquelle j'ai été appellé, je n'ai pas osé demander l'accomplissement de cette gracieuse promesse.

Or maintenant me voyant dans l'état de faire valoir mon peu de savoir auprès de la Nouvelle Societé litteraire, je prends la liberté de supplier Votre Majesté de m'accorder gracieusement 300 ecus pour mon voyage, qui m'a couté près de 500 ecus. Mais ayant joui de ma pension ici dès mon depart de Pétersbourg, j'en dois rabattre 200, que j'ai déjà reçus pour le tems, pendant lequel j'ai été en voyage. La necessité, où je me trouve de payer ma maison, m'oblige de faire cette très humble demande à Votre Majesté, et pour mériter cette grâce, je tâcherai de tout mon pouvoir de rendre à la Nouvelle Société tous les services, dont je suis capable.

Cette Société se trouve à mon avis déjà sur un si bon pied, qu'il ne manque plus qu'un bon mathematicien avec un habile astronome pour la rendre aussi et peutêtre plus parfaite que celle de Paris. Mr. Daniel Bernoulli, à qui Votre Majesté a déjà fait offrir un engagement, seroit le plus habile homme pour la première place, et en cas, que sa présence ne soit pas jugée nécessaire, il s'offre de travailler à Bâle pour la Société autant qu'il a fait jusqu'ici pour l'Académie de Pétersbourg, moyennant une petite pension par an.

Pour un astronome je ne crois.qu'on en sauroit trouver un qui fut plus habile que Mr. Heinsius, professeur en astronomie à Pétersbourg, qui est déjà sur le point de retourner en Allemagne.

Le magistrat de ma patrie m'a chargé de présenter à Votre Majesté la lettre cy-jointe.

Je suis avec le plus profond respect
Sire
de Votre Majesté
le très humble, très obeissant
et très soumis sujet
Leonhard Euler

R 631 Original fr., 1 f°. – DZA Merseburg, Rep. 96r–v, Bl. 7r–v.
[König], Versuch, 5. Bd, 2 Teil, S. 182–183.
Publ.: Œuvres de Frédéric II, XX, p. 202–203.

9a

Projet de réunion de la Nouvelle Société Littéraire avec la Société des Sciences, par Léonard Euler [1]

[Fin 1743]

I. Vor allen Dingen müssen die Wissenschaften, welche tractirt werden sollen, unter gewissen Classen gebracht werden. Da nun bey der Alten Societät immer 4 Classen behabet worden, so könnte diese Zahl beybehalten werden, jedoch mit dem Unterschied, daß die zwey Philologischen Classen in eine gebracht, und dagegen eine neue unter dem Titul der Philosophie errichtet würde. Zu welcher nebst denen übrigen Theilen der Philosophie auch die Physica gezählet werden könnte. Die bisherige Classis Physica aber, weil alle Theile außer der Physic, eigentlich zur Medicin gehören, könnte hinführ die Classis Medica genannt werden. Daher würde man folgende 4 Classen haben: I. die Mathematica, II. die Medica, III. die Philosophica und IV. die Philologica [2].

II. Die Membra Ordinaria können hierauf nach diesen Classen gesetzet werden. Um aber hierinn allem Unfug vorzubeugen, so wird unumgänglich nöthig seyn, daß die Anzahl der Membrorum von einer jeglichen Classe festgesetzet werde. Diese Zahl könnte nach Beschaffenheit der Umstände entweder auf 5 oder 6 gestellet werden, so daß man bey allen 4 Classen insgesamt entweder 20 oder 24 Membra Ordinaria haben würde.

III. Alle diese Membra versammeln sich nebst den Honoriis alle Wochen einmal, nämlich des Donnerstags nachmittag, auf dem Königl. Schloß; allwo immer eine Dissertation vorgelesen wird dergestalt, daß die Materien nach den 4 Classen abwechseln. Ungeacht aber alle Membra allen Versammlungen beywohnen können, so müssen dieselben doch insonderheit verpflichtet seyn alsdann unfehlbar zu erscheinen, wenn eine zu derselben Classe gehörige Piece vorgelesen wird [3].

IV. Damit es aber nimmer an Materien fehle, so kann jederzeit einige Wochen vorher bestimmet werden, wer auf einen jeden Donnerstag eine Dissertation vorlesen wird. Über dieses wird aber auch nöthig seyn, daß ein jeder seine Piece vorher den übrigen Mitgliedern von seiner Classe communicire, damit dieselben Zeit haben die Materie zu untersuchen, und ihre Meinung darüber desto gründlicher vorzubringen.

V. Außer dergleichen Dissertationen, und wenn es etwa gar daran fehlen sollte, wird nicht wenig zu Aufnahme der Wissenschaften beygetragen werden, wenn ein jeder entweder von seiner Correspondenz, oder von anderen merkwürdigen Sachen, welche er angemerket, Nachricht ertheilet. Zu solchem Ende können also auch in dem Archiv Auszüge von Briefen, oder auch andere Anmerkungen aufbehalten werden.

VI. Damit aber die Correspondenz erleichtert werde, so wäre zu wünschen, daß die Postfreyheit der Societät dergestalt ertheilet würde, daß die über gelehrte Sachen geschriebenen Briefe, nachdem dieselben copirt und mit dem Societäts Petschaft versiegelt worden, postfrey fortgeschickt werden, ingleichen auch daß die ankommenden Briefe, wenn solche an die Societät adressirt worden, ohne Postgeld empfangen werden könnten; dergleichen Freyheit die Kayserl. Academie in St. Petersburg geniesset.

VII. Daß Große Herren sich gefallen lassen der Societät als Membra honoraria beyzuwohnen, gereichet derselben nicht nur auswärts zu besonderer Gloire, sondern die Membra Ordinaria werden auch dadurch angefrischet und encouragirt ein jeder in seiner Wissenschaft alle Kräfte anzuwenden. Es wäre aber zu wünschen, daß einige von diesen Membris honorariis die Direction der Einnahmen und der Ausgaben unter dem Titul als Curatores auf sich nähmen, weilen durch Derselben Auctorität alle Hindernüsse aus dem Weg geräumet und dadurch die Revenus um ein merkliches vermehret werden könnten.

VIII. Wenn vier Große Herren die Administration der Societät als Curatores auf sich nehmen wollten, so könnten Dieselben sich in die 4 Classen vertheilen, und bey einer jeglichen Versammlung derjenige das Praesidium führen, welcher sich zu der Classe, daraus vorgelesen wird, bekennet. Auf diese Art würde die Mühe dieser Herren erleichtert, und auch zugleich der Societäten Statuten so viel als möglich beybehalten werden [4].

IX. Anstatt des Vice Directoris, welcher bey der neuen Societät beliebet worden, könnten nach den Statutis der Alten Societät bey allen 4 Classen aus den Membris Ordinariis Directores constituiert werden, welche die in eine jegliche Classe lauffende Angelegenheiten besorgten, und zugleich mit den Herren Curatoribus die Administration der Oeconomie führten.

X. Ferner würde auch dienlich seyn, bey einer jeglichen Classe einen besonderen Secretarium zu bestellen, weilen die Arbeit für eine Person zu schwer fallen würde.

XI. Die Administration der Oeconomie und übrigen Angelegenheiten der Societät könnte also von der Herren Curatoribus mit Zuziehung der Directorum und Secretariorum von den Classen geführet werden. Zu welchem Ende dieselben monathlich einmal nach Endigung der Ordinairen Assemblée beysammen bleiben. Wenn aber Sachen von größerer Wichtigkeit vorfallen, dieselben hierauf der sämmtlichen Versammlung vortragen könnten. Diese monathliche Versammlung würde also mit dem Concilio der alten Societät übereinkommen.

XII. Der fürnehmste Punkt wird aber auf die Benennung der Membrorum ordinariorum von einer jeglichen Classe ankommen. Zu welchem Ende man aus allen bisherigen Mitgliedern, sowohl der alten als neuen Societät die habilsten auslesen, und mit denselben alle Classen besetzen müßte. Solches aber müßte nothwendig unmittelbar von Ihro Königl. Majestät auf die Vorstellung der Herren Curatorum geschehen.

XIII. Bey künftighin entstehenden Vacanzen aber muß sich eine jegliche Classe nach einigen tüchtigen Subjectis umsehen, und solche den Herren Curatoribus als Candidatos vorstellen, welche hierauf aus denselben unter Ihro Königl. Majestät Auctorität die vacanten Stellen besetzen.

XIV. Damit in Ansehung der Auswärtigen Mitglieder die Ehre der Societät beständig erhalten werde, so ist unumgänglich nöthig, eine gewisse Anzahl derselben fest zu setzen, und dieselbe nimmer zu überschreiten. Eine jegliche Classe könnte also 6 auswärtige Membra aus den berühmtesten Leuten haben und mit denselben in Correspondenz stehen. Wenn aber einer von denselben mit Tod abgehet, so muß die Classe zu Besetzung dieser erledigten Stelle entweder 2 oder 3 berühmte Männer dem Concilio vorstellen, aus welchen hierauf immediate von Ihro Königl. Majestät (wie in Paris zu geschehen pflegt) neue ernennet werden müssen.

XV. Aus den Piecen, welche von den Membris sowohl honorariis als ordinariis proponirt und auch von den Auswärtigen Mitgliedern eingeschickt werden, können jährlich die besten ausgelesen und daraus ein Volumen publicirt werden. Wobey vor allen Dingen festgesetzt werden muß, 1. welcher gestalt die Wahl der Piecen angestellt, 2. wie groß ein solcher Tomus und 3. in welcher Sprache die Piecen seyn müssen.

XVI. Zu Verlegung dieser jährlichen Werke wird ein Fond erfordert, es ist aber zu vermuthen, daß die darauf gewandten Verluste mit der Zeit nicht nur geringer sondern auch einiger Profit daraus erbracht werde.

Texte all., 3 f° – AAB I: 1, 5, F. 76–78v.

[1] Euler a transmis l'avant projet au Protecteur de la Société Royale des Sciences, le Ministre A. O. v. Viereck, pour Frédéric II. Cf. le brouillon-projet de la lettre d'Euler à Viereck de la fin 1743, dans AAN, f. 136, op. 2, n° 9, l. 59v.

[2] Ajout, d'une main différente: «unter welch letzterer 2. die belles lettres mitbegriffen werden».

[3] Rajouté par une autre main: «Monatlich einmal extraordinarie.»

[4] D'une autre écriture: «sonderlich der alten Societät statute begriffen».

10
Frédéric II à Euler
Berlin, 14 décembre 1743

J'ai bien reçu votre lettre du 12 de ce mois [1], par laquelle vous me faites vos plaintes, contre le regiment d'Anhalt qui a jugé de son intérêt d'enroller votre neveu [2], destiné pour devenir commerçant. Comme Je sais qu'il est d'une bonne taille, ce qui marque un temperament flegmatique, qui ne me paroit pas propre pour l'activité et la souplesse si necessaire à un habile marchand, Je crois que la nature l'a destiné, pour embrasser le métier des armes, ainsi J'espère que vous n'envierez pas au susdit regiment cet homme, dont J'aurai soin de faire la fortune en votre considération. Sur ce, je prie Dieu, de vous avoir en sa sainte garde.

Federic

R 632 Original fr., 1 f°. – AAN, f. 136, op. 2, n° 9, l. 6;
copie et trad. russe *ibid.*, n° 10, l. 13–14v.
Publ.: Œuvres de Frédéric II, XX, p. 203.

[1] La lettre d'Euler manque.
[2] Ch. L. Vermeulen.

11
Euler à Frédéric II
[1744]

Le desir infini de servir Votre Majesté m'a déterminé à appliquer mes forces à une science, qui pourroit avoir quelque utilité importante pour le service de Votre Majesté. Or comme ces recherches qui regardent la pratique demandent beaucoup d'experiences, et que je ne me trouve pas en état d'entreprendre un tel ouvrage, je crois que je ne pourrois mieux satisfaire à mon desir, qu'en travaillant sur un livre anglois sur l'artillerie, qui vient de paroitre, il y a quelque tems. L'auteur, qui se nomme Robins [1], après avoir fait un très grand nombre d'experiences, en a deduit très heureusement à l'aide de l'analyse des infinis, tant la force de la poudre à canon, que la veritable vitesse, avec laquelle les boules sont tirées, aussi bien que leur mouvement en tant qu'il est alteré par la resistance de l'air. Comme ces recherches peuvent beaucoup contribuer à la perfection de l'artillerie, surtout si on se donnoit la peine de les mieux developper, et de les mettre dans leur entier jour, je juge, que le public pouvoit tirer un profit assez considerable, si j'entreprennois de traduire cet ouvrage, qui a trouvé une approbation generale, et d'y ajouter tant des eclaircissemens necessaires, pour le rendre plus à la portée de ceux, qui sont du metier, que des remarques propres à perfectionner cette matière d'avantage. Quoique j'aye déjà commencé cette ouvrage, je ne le voudroit pas achever, si je ne savois, qu'il seroit agréable à Votre Majesté [2].

R 629 Minute fr., 1 f° – AAN, f. 136, op. 2, n° 9, l. 61.

[1] Benjamin Robins, *New Principles of gunnery*, Londres 1742. Euler traduisit l'ouvrage en allemand, qui parut à Berlin en 1745 sous le titre *Neue Grundsätze der Artillerie enthaltend die Bestimmung der Gewalt des Pulvers nebst einer Untersuchung über den Unterscheid des Widerstands der Luft in schnellen und langsamen Bewegungen aus dem Englischen des Herrn Benjamin Robins übersetzt und mit den nötigen Erläuterungen und vielen Anmerkungen versehen* (E. 77; O. II, 14). Une édition anglaise de E. 77 parut en 1777 à Londres, et en 1783 une édition française parut à Paris.

[2] La réponse de Frédéric II à Euler manque.

12
FRÉDÉRIC II À EULER
Berlin, 20 janvier 1745

Lieber Getreuer. Ich communicire Euch hierbey abschriftlich was Ich an den chef Praesident v. Osten [1] ergehen lassen. Ihr sollet nun, wenn Er an Euch einige Subjecta, so sich zum Bauwesen widmen, abschicken wird, selbigen von denen, bey den Wasserbauten vorkommenden Umständen und Vortheilen, auch von der besten Arth zu nivelliren, und anderen dahinein schlagenden Puncten eine gründliche idée, so sich in der praxi legitimiret, beyzubringen suchen. Ich bin

Euer wohlaffectionirter König
Friedrich

R 633 Original all., 2 f°. – AAN, f. 136, op. 2, n° 9, l. 7 (pièce annexe l. 79); copie et trad. russe *ibid.*, n° 10, l. 15–18.

[1] La lettre de Frédéric II à v. Osten est du 20 janvier 1745, cf.: AAN, f. 136, op. 2, n° 9, l. 79.

13
FRÉDÉRIC II À EULER
Berlin, 21 février 1746

J'ai été bien aise d'apprendre par votre lettre du 17e de ce mois [1], l'envie que les deux frères de votre neveu Vermeulen marquent, d'entrer dans mon service. J'attens celui qui jusqu'ici a servi en Russie, et vous me le ferez présenter par le major-general de Borcke. Quant à l'autre, qui est auprès de vous, vous n'avez qu'à l'adresser au colonel de Hafner auquel J'ai ordonné de le placer dans l'escadron de Warnery. S'ils font leur devoir comme il faut, vous pouvez compter sur leurs avancement. Sur ce je prie Dieu qu'il vous ait en sa sainte garde.

Federic

R 634 Original fr., 1 f°. – AAN, f. 136, op. 2, n° 9, l. 8; copie et trad. russe *ibid.*, n° 10, l. 19–20v. Publ.: Œuvres de Frédéric II, XX, p. 204.

[1] La lettre d'Euler manque.

14
Frédéric II à Euler
Postdam, 24 décembre 1747

Pour repondre à votre lettre du 22 de ce mois [1], Je vous dirai, que s'il y a une place d'enseigne à remplir au régiment de Nassau, et que votre neveu Vermeulen, qui y est porte-étendard, mérite de la remplacer, son chef, le lieutenant-général comte de Nassau, ne manquera pas de m'en faire la proposition; c'est ce qu'il faut donc attendre. Sur quoi Je prie Dieu qu'il vous ait en sa sainte garde.

Federic

R 635 Original fr., 1 f°. – AAN, f. 136, op. 2, n° 9, l. 9;
copie et trad. russe *ibid.*, n° 10, l. 21–22.
Publ.: Œuvres de Frédéric II, XX, p. 204.

[1] La lettre d'Euler manque.

15
Frédéric II à Euler
Breslau, 30 avril 1749

Seine Königliche Majestät in Preußen, Unser allergnädigster Herr, haben Dero Professor Euler zu Berlin hierdurch in Gnaden zu erkennen geben wollen, welchergestalt Höchstdieselbe zwar vor einiger Zeit bereits den sogenannten Fino-Canal mit considerablen Kosten ausfertigen laßen, um dadurch eine Connexion zwischen der Oder und der Hawel zu haben. Nachdem aber Deroselben viele considerable Mängel bey diesem Canal angezeiget worden seynd, welche bey Anlegung dessen vorgegangen seyn und behindern sollen, daß derselbe nicht ohne viele Beschwerlichkeiten und große Hinderungen beschiffet werden kann: So haben Höchstdieselbe resolviren müßen, den Obristlieutenant von Dero Ingenieurs v. Balby, aufzutragen, mit Zuziehung des Castellan Baumann zu Potsdam gedachten Canal zu bereisen, dessen Beschaffenheit sowohl, als welchergestalt denen dabey vorgegangenen Inconvenientzien abzuhelfen sey, zu untersuchen und letztere zu remediren.

Wann aber hierbey gantz ohnumgänglich nothwendig ist, daß das Niveau von sothanen Canal nochmahlen recht genau nachgesehen und derselbe gantz zuverläßig nivelliret werde, so haben Sie Dero Professor Euler hierdurch in Gnaden auftragen wollen, mit vorgedachten Obristlieutenant v. Balby und Castellan Baumann nach mehrermeldeten Canal zu reisen und alsdann die Situation desselben und seinen Fall von neuem zu nivelliren, damit alsdann der Obristlieutenant von Balby und Castellan Baumann die bey dem Canal sich ereignenden Fehler redressiren und solchen in gehörigen Stande bringen können.

Es haben Höchstgedachte Sr. Königl. Majt. das allergnädigste Vertrauen gegen Dero Professor Euler, es werde derselbe sich sothaner Commission gantz gerne unterziehen und solche, nachdem er sich mit dem Obristlieutenant v. Balby wegen der Zeit der Abreise concertiret haben wird, bey der jetzigen dazu bequemen Saison auf das allerfordersamste unternehmen, welches Sie gegen ihn auf das gnädigste zu erkennen wißen werden.

Friedrich

R 636 Original all., 2 f°. – AAN, f. 136, op. 2, n° 9, l. 10r–v (pièce annexe l. 80r–v); copie et trad. russe *ibid.*, n° 10, l. 23–26.

15a

Mémoire d'Euler sur le canal de Finow

Neustadt Eberswalde, 14 mai 1749

Ew. Königliche Majestät allergnädigsten ordre de dato Breslau, den 30sten April, zu alleruntertbänigst gehorsamsten Folge, habe ich nebst dem Professor Euler und Castellan Baumann den Fino-Canal bereyset, nivelliret, die wahre Beschaffenheit gedachten Canals, und Ursach der bey bisheriger Schiffahrt vorgefallenen Hindernüssen, untersuchet, auch alles, was zu dessen Reparation und neuen Anbau höchst nöthig, mit der allermenschmöglichsten Application auf Pflicht und Gewissen in Augenschein genommen; wie dann Ew. Königl. Majestät aus gegenwärtigen Rapport und beygefügten Plan des mehreren zu ersehen allergnädigst geruhen wollen:

Es ist gedachter Canal, bey dessen erster Anfertigung, lediglich auf Breslauer Kähne und zum Holzflöttern eingerichtet worden; man hat aber nach der Zeit mit größeren Fahrzeugen solchen zu passiren tentiret, womit auch diese Stunde noch kontinuiret wird, und dieses ist, was die meiste Schwierigkeit und alle Hindernüß verursachet: dann

1. Wann größere Fahrzeuge als Breslauer Kähne den Canal passiren wollen, so seind solche wegen der Schmäle des Canals nicht im Stand sich einander auszuweichen, angesehen schon großen Fahrzeugen, wegen der hin und wieder vorfallenden vielen Krümmen, auch solchen einfach zu passiren beschwerlich fällt, zu geschweige, daß diese sich einander ausweichen könnten, dem also hindern die großen Fahrzeuge nicht allein sich selbst, sondern seind auch denen kleinen, zu deren Endzweck der Canal verfertiget, im Wege. Da überdem, wann die Flößer in den Graben liegen, die Breslauer Kähne sich nicht einmal einander weichen können; weshalb man schon anfangs durch Hülfe der an verschiedenen Stellen gemachten Ausweichungen, diesen Fehler hat abzuhelfen gesuchet. Wann nun diese Ausweichungen, besonders zwischen der Rühlsdorffer und Lesenbruckschen Schleuse, nicht wissens aus was für raison, durch eine Einfassung von dem Graben wieder coupiret worden; so ist höchst nöthig,

daß, weilen solche wieder auszureißen viele Unkosten verursachen, daß alle 200 Ruten neue Ausweichungen zu Facilitirung der Fahrt gegraben werden.

2. Wann man mit größeren Fahrzeugen den Canal zu passiren continuiret, so kann dieses den Graben bey seiner itzigen Beschaffenheit nicht anders als schädlich, und denen kleinen Fahrzeugen hinderlich sein, weilen die Größe dergleichen Fahrzeuge, welche an einigen Orten fast die gantze Breite des Canals einnehmen, und in der Tiefe über die Breite des Canals Bette gehen, das Wasser mit der größten force vor sich hertreiben, und folglich den Graben, welcher ohnedem von einem sandigen und schlechten Ufer, dadurch noch mehr und mehr versanden, daß in Kurzem Breslauer Kähne denselben zu passiren nicht mehr im Stande sein werden.

3. Wann mit größeren Fahrzeugen den Canal zu passiren fortgefahren wird, so seind die Trödel-Dämme, welche zum Trödeln der Breslauer Kähne verfertiget und worauf Menschen trödeln, nicht hinlänglich breit und stark genug, weilen die größeren Fahrzeuge mit Pferden getrödelt werden, sondern man müßte auch noch mehrere Trödel-Dämme an unterschiedene morastige Örter anfertigen. Wie nun die Moräste an denen meisten Orten sehr tief, und die Trödel-Dämme, wann solche bey hoch ansteigendem Wasser nicht überschwemmt werden sollen, hoch aufgeführet werden müssen, die Erde darzu bey der Hand nicht zu finden; so seind dieselben, wann solche durable und stable zu machen, nicht ohne große Unkosten zu verfertigen. Überdem müßten die Trödel-Dämme, so anitzo schon befindlich, und worauf nur Menschen trödeln können, um ein merkliches verbessert, hin und wieder Bäume weggehauen und an einigen Orten Zäune eingerücket werden. Und endlich

4. Wenn größere Fahrzeuge den Canal zu passiren fortfahren, so seind die entfernsten Joche der Brücken, worauf der Aufzug ruhet, und wodurch Breslauer Kähne commode gehen können, nicht weit genug entfernet, daß erstere durchgelassen werden können; daher wird denn gefunden, daß diese Joche, auf denen Seiten, von den Schiffers ausgehauen worden, und kaum 2 Zoll Holz gelassen, damit sie solcher gestalt ihre Fahrzeuge durchgepresset: wie nun zu bewundern ist, daß diese Joche noch halten können; so ist höchst nöthig, daß solche in Zeiten wieder in gutem Stande gesetzet werden.

Wann nun exclusive der großen Fahrzeuge die Schiffahrt des Fino-Canals seinen ordentlichen und ohngehinderten Fortgang haben soll, und Ew. Königlichen Majestät allergnädigsten Intention zur allergehorsamsten Folge wir sowohl die Schleusen als Schleusen-Archen und Trödel-Dämme, nicht minder die Beschaffenheit des Wasserfalls des gantzen Canals auf das allergenaueste examiniret, dieser aber an allen Schleusen höher, als wie es in dem nivellement Plan, so von dem Directorio erhalten, angedeutet worden, folglich das Wasser gleich an dem Hinter-Haupt einiger Schleusen fällt, so haben wir ferner für nöthig gefunden, daß da

a) Bey der Liebenwaldischen Brücke vor der Mündung der Fluth, wo die Stau-Arche befindlich, und welche zu Durchlassung der Holzflötters verfertiget, wann solche durchgelassen werden und die Frey-Arche geschützet wird, sich das Wasser des Canals von der Zerpen-Schleuse an, gänzlich dahin zurückziehet; ingleichen so schießet das Wasser aus der neuen Havel durch die daselbst befindliche alte Havel so stark zu, daß oberwärts in der neuen Havel die Schiffer zuweilen auf dem Trockenen liegen und sich eine geraume Zeit daselbst aufhalten müssen bis die Flößer gänzlich durchpassiret, und ihnen nach einer langen Weile das Wasser etwas zugewachsen ist, welche Inconvenientz sich sehr oft ereignet, weilen die Floßfahrt den ganzen Sommer von Tag zu Tag ohne Anstand gehet. Diesem nun abzuhelfen, muß eine neue Schleuse neben der Stau-Arche geleget werden, und gedachte Stau-Arche kann alsdann zu einem ohnbeweglichen Überfall dienen.

b) Unten an dem alten Havel-Fluß ist bereits ein neuer Schleusen-Kopf mit zwey kleinen Thoren angeleget. Da nun das Wasser in der alten Havel an einigen Orten sehr niedrig, so muß noch hinter diesen Schleusen-Kopf auf eine Distance von einigen Ruten noch ein dergleichen Unter-Haupt angeleget werden; so kann dieses als eine Schleuse zugleich mit dienen, wodurch das Wasser dergestalt menagiret wird, daß von beyden Seiten die Fahrt ohne Wasser-Mangel kann fortgesetzet werden.

c) Die Zerpen-Schleuse hat am Hinter-Haupt eine etwas zu kurtze und nicht genug erweiterte Schalung, wann nun das Wasser aus dem Schleusen-Kasten abgelassen wird, und mit einem gewaltigen Schuß auf beyden Seiten des Dammes, so nur aus schlechtem Sande bestehet, führte, so wird dadurch der Sand abgespület und der Canal versandet; muß also das Hinter-Haupt zu beyden Seiten mit 50 Fuß verlängert und etwas erweitert werden, auch ist nöthig, daß der Damm am Vorder-Haupt auf eine Distance von 200 Schritt erhöhet wird.

d) Die Ruhlsdorffer Schleuse hat eben diese Beschaffenheit, wie vorhergehende, und dazumalen an dem Ort der Canal sehr schmal, folglich die Versandung viel stärker geschiehet, so wird itzo daselbst beständig gebaggert, welches doch von keinem Nutzen ist, indem der Sand, so herausgebaggert, von der Spielung des Wassers noch stärker als vorher in den Canal geführet wird; diesem abzuhelfen, muß die Schalung am Hinter-Haupt wie bey vorhergehender verlängert werden.

e) Die Lesenbrucksche Schleuse hat eine ganz verkehrt angelegte Verschalung, indem solche, anstatt, daß sie sich ausbreiten sollte, so ist selbige in der Mitten eingeschränkt; solches verursachet, daß hinter der Schalung alle Erde weggespület wird; diesem abzuhelfen muß die Schalung erweitert und auch etwas verlängert werden.

f) Bei der Gräfenbruckschen Schleuse haben wir gefunden, daß der Schleusen-Kasten hin und wieder anfängt überzuhängen; müssen also lange Ankers im Damm angebracht werden, auch seind in der Frey-Arche neue Schutzen nöthig, weil selbige in sehr schlechtem Stande. Über diesem hat das Wasser von der Gräfenbruckschen bis zur Steinfurthschen Schleuse auf eine Distance von 700 Ruten solch Gefälle, daß wann die Schleusen zugemacht, so fällt das Wasser an der Gräfenbruckschen Schleuse ganz weg, welches verhindert, daß weder Flötters noch Schiffers fortkönnen; vor jetzo werden solche durch Hülfe des Frey-Wassers assistiret, welches jedoch bey sehr kleinem Wasser nicht geschehen kann, damit sie bis an die Schleusen kommen können, wodurch viel Wasser verloren gehet, und also oberhalb der Schleuse auch bey hohem Wasser fehlet. Diesem abzuhelfen, so muß in der Distance von etwa 700 Ruten, in den so genannten krummen Wall eine legere Schleuse zu Haltung 3 Fuß Wasser angeleget werden, um den obersten Graben damit aufzufüllen, welches durch Hülfe der Frey-Arche geschiehet, daß nicht mehr Wasser als eben zu denen beyden Schleusen erfordert wird, kann abgelassen werden.

g) Die Steinfurthsche Schleuse ist in gutem Stande, außer die Frey-Arche muß ausgebessert und ein guter Wall dafür geleget werden. Diese Reparation ist der dortige Müller zu thun verbunden; überdem ereignet sich zwischen der Steinfurthschen und Hagermühlschen Schleuse eben vorhergehender Umstand, und wird eine ebenmäßig legere Schleuse an den sogenannten alten Hammer-Teich anzulegen sein, und ist diese Schleuse um so viel notwendiger, weilen der Grund darsiger Gegend so häufig mit Steinen angefüllet, daß der Graben ohnmöglich ohne die allergrößten Kosten kann vertiefet werden, welches geschehen müßte, wann man das nöthige Wasser erlangen wollte, welches durch Hülfe der neu anzulegenden Schleusen geschiehet.

h) Die Hagermühlsche Schleuse ist in recht gutem Stande und gebrauchet voritzo keine Reparation.

i) Bei der Woll-Winkel-Schleuse muß der Damm erhöhet und verstärket werden, sonst ist selbige in gutem Stande.

k) Bey der Draht- oder Eysenspalt-Schleuse ist alles in recht gutem Stande befunden worden, und hat solche anitzo auch keine Reparation nöthig.

l) Die Kupfer-Hammer-Schleuse liegt etwas zu tief. Wann nun daselbst die Schleusen-Türen 8 Zoll erhöhet werden, so ist um so viel mehr Wasser in dem Canal zu halten; ingleichen müssen die Wälle auf beyden Seiten erhöhet und die Brücken nebst Frey-Archen von Kupfer-Hammer repariret, und am Hinter-Haupt der Canal vertiefet werden.

m) Bei Neustadt Eberswalde müssen die Schleusen-Türen mit 15 Zoll erhöhet, und ein neuer Überfall, so 3 Zoll niedriger als die Schleuse, angeleget werden, damit bey starker Ergießung das Wasser die Schleuse nicht belästiget, sondern der Zug nach dem Überfall sich wenden muß; so ist auch nöthig, daß die Verwallung considerabel erhöhet wird.

n) Die Bassin-Schleuse unterhalb Neustadt ober dem Rogäser Fließ, ist an sich selbst sehr gut, nur daß das Bassin noch auf beyden Seiten mit einer Schälung müßte versehen werden; auch die Wälle vor und neben der Schleuse zu verhöhen, sonsten man nicht Wasser genug halten kann.

o) Betreffend der Stecherschen Bassin-Schleuse oberhalb Nieder-Fino, so ist solche in einem dermaßen schlechten Zustand, daß man alle Augenblick gewärtig sein muß, daß selbige bey dem ersten Platzregen in einen vollkommen unbrauchbaren Stand gesetzet wird; soll nun der Schiffahrt nicht gehindert werden, so ist nöthig, daß eine gantz neue Schleuse an einen andern Ort in Zeiten gebauet wird. So liegt auch der Schleusen-Meister daselbst unter freyem Himmel und müßte demselben zugleich ein Wohnhaus gebauet werden.

p) Die bey Nieder-Fino neu angefertige Bassin-Schleuse ist bis auf die Ober-Thore fertig, die Verschalung des Bassins und Belegung des Flut-Bettes, als worauf bis dato nicht reflectiret, ist noch dabey nöthig; solches müßte aber in Zeiten geschehen, weilen anitzo das Bassin noch trocken, folglich am füglichsten und mit weniger Unkosten geschehen kann.

q) Bey dem Ausfluß des Fino-Canals in die Oder wird endlich noch ein starker Buhnen-Kopf zu legen nöthig sein um die Versandung in dem Eingang der Fino zu verhüten.

Schlüßlich ist durchgehends befunden worden, daß die Verdammung auf beyden Seiten des Canals so schlecht beschaffen, daß die nächstliegenden niedrigen Örter durch Durchsipung des Wassers dergestalt inondiret, daß die Beamten, Pächter und Unterthanen hierüber die größte Beschwerde führen, wie denn das Vorwerk Zerpen-Schleuse, so dem Amt Liebenwalde gehöret, hauptsächlich darunter sehr vielen Schaden leidet; um auch diesem abzuhelfen, müßten an verschiedene Örter Grabens gezogen werden, und das Wasser durch verdeckte Canäle unter den Unter-Haupt der Schleusen solchergestalt in den Graben zu leiten. Die Erde, so aus denen Grabens gezogen wird, könnte zu Verwallung des Canals dienen, folglich dadurch ein doppelter Nutzen gewonnen werden, indem dadurch die inondirten Örter ausgetrocknet sein, und der Canal, welcher ohnedem nicht wasserreich, in etwas Zufluß gewinnet.

Wann nun diese Reparation angenommen werden sollte, so ist höchst nöthig, daß solche in Zeiten geschiehet, wann nicht durch längeren Anstand eine weit größere Reparation sich ereignen soll.

De Balby
Leonh. Euler
Johan Baumann

Texte all., 4 f°. – DZA Merseburg aus Gen. Dir. Kurmark, Tit. CCLXXIX, lit. f, Nr 2, Bd. 8, Bl. 3–6.

16
Frédéric à Euler
Potsdam, 15 septembre 1749

Sa Majesté le Roi de Prusse, Notre très gratieux Souverain fait envoyer cy-joint au professeur Euler le projet d'une loterie établie dans la plupart des villes considerables d'Italie et qui a été présenté à Sa Majesté par un certain Roccolini pour examiner avec exactitude les calculs algebriques qui entrent dans tout les pièces de ce projet; mais surtout de bien appronfondir par l'algèbre toutes les hasards que l'entrepreneur d'une pareille loterie peut courir et de même les profits qu'il pourroit faire par là et d'en faire aussitôt que faire se pourra son très humble rapport à Sa Majesté.

Federic

P.S. En cas que le dit professeur Euler ait encore besoin de quelques lumières touchant ce projet, il pourra s'adresser pour cet effet au Lieutenant-général Comte de Mottembourg.

R 637 Original fr., 1 f°. – AAN; f. 136, op. 2, n° 9, l. 11;
copie et trad. russe *ibid.*, n° 10, l. 27–28v. et copie *ibid.*, n° 38, l. 1.
Publ.: Opera postuma I, p. 550, Note.

17
EULER À FRÉDÉRIC II
Berlin, 17 septembre 1749

Sire,

Mes recherches sur la Machine Hydraulique m'occupant encore pour quelques jours, je prend la liberté de rendre compte de l'*examen de la Loterie Italienne,* dont il a plu à Votre Majesté de ma charger si gracieusement. D'abord j'ai déterminé par le calcul des probabilités, combien chaque joueur devroit payer pour que l'avantage fut égal tant pour lui que pour la banque. De là il est ensuite aisé de conclure, combien la banque doit gagner probablement, si le joueur est obligé de payer plus que l'égalité du jeu demande.

Suivant le projet, on fait 90 billets marqués des nombres 1, 2, 3 etc. jusqu'à 90, dont on fait tirer 5 billets au hazard, lorsqu'un assez grand nombre de joueurs se sera engagé. Or on peut prendre part à ce jeu en plusieurs manières differentes, et chacun est le maître d'en choisir celle qui lui convient le mieux, et d'en determiner même la quantité du prix auquel il aspire.

La 1re manière est: Le joueur choisit à volonté un nombre des 90 proposés, et il fixe lui même le gain, qu'il doit recevoir en cas que son nombre se trouve dans un des 5 billets, qui seront extraits lorsque la loterie se tire. Comme il n'y a que 5 cas en 90, que son nombre se trouve dans les extraits, la probabilité de gagner pour lui sera $\frac{5}{90}$ ou $\frac{1}{18}$: donc si la partie devoit être egale de part et d'autre, pour gagner par exemple 100 ecus, il ne devroit payer que la 18me partie pour obtenir cette condition, il ne payeroit donc que 5 ecus, 13 gr. 4 d. Or selon le projet, il faut qu'il paye 8 ecus; donc la banque se doit attendre d'un profit de 44 pour cent. Il en sera de même de tous les autres prix, que les joueurs demandent par cette manière de jouer: comme si quelqu'un vouloit gagner 1000 ecus, il devroit payer 80 ecus, et si son nombre choisi se trouvoit dans les 5 billets extraits, il recevroit la somme de 1000 ecus, au lieu qu'il perd sa mise, si son nombre ne s'y trouve pas.

La 2de manière de jouer se fait par les ambes en sorte: Le joueur choisit deux nombres à la fois et determine aussi lui même le prix que la banque lui doit payer, en cas que tous les deux nombres se trouvent parmi les cinq numéros extraits. Or la probabilité que cela arrive n'étant que $\frac{5\cdot 4}{90\cdot 89}$ ou $\frac{2}{801}$; si l'avantage doit être egal, pour gagner par exemple 100 ecus, il ne paye que $\frac{2}{801}$ parties de 100 ecus, ce qui fait 6 gros à peu près. Or, celon le projet, pour gagner en cette façon 100 ecus, la mise est de 14 gros et partant la banque gagneroit $133\frac{5}{8}$ pour cent. Mais comme ce profit seroit trop considerable, pour mieux encourager les joueurs, le projet leur accorde une augmentation de 20 pour cent sur chaque prix, qu'ils gagneront par un ambo, et par là le profit de la banque sera reduit à $94\frac{11}{16}$ pour cent.

La 3me manière de participer à cette loterie se fait par *ternes;* où le joueur se choisit 3 nombres à la fois, sous condition de gagner le prix, qu'il fixe lui même en cas que tous ces trois nombres se trouvent parmi les 5 extraits: Dans ce cas la probabilité de gagner pour le joueur étant $\frac{5\cdot4\cdot3}{90\cdot89\cdot88}$ ou $\frac{1}{11748}$; pour gagner un prix par exemple de 100 ecus, il ne devroit payer selon la loi d'egalité que la 11748me partie de 100 ecus, ce qui fait $2\frac{1}{2}$ deniers. Or le projet exige pour cette condition un payement de 15 deniers, et partant la banque gagnera $511\frac{7}{8}$ pour cent. Mais pour un plus grand encouragement la banque s'engage de bonifier 80 pour cent sur chaque prix gagné par des ternes; par là le profit de la banque se réduit à 240 pour cent.

Ce sont les trois principales manières de jouer, mais il y en a encore d'autres melées de celles-cy. Comme par exemple un joueur choisit trois nombres à ces conditions que, si tous les trois se trouvent parmi les 5 nombres extraits, il pretend un prix de 50 ecus, mais s'il ne s'y rencontre que deux de ses nombres, ou un ambo, il tire de la banque 5 ecus. Pour determiner la mise selon la loi d'egalité on trouve par les règles des combinaisons que pour le terne il faut payer $\frac{1}{11748}$ du prix, et pour l'ambo $\frac{85}{11748}$ du prix. Donc celui-là étant supposé 50 ecus et celui-cy 5 ecus, le joueur sera obligé de payer en tout un peu moins qu'un gros. Je ne trouve pas combien il faut payer dans ce cas selon le projet; mais il est à présent très facile de le determiner en sorte, que la banque gagne autant pour cent qu'on veut. Comme si la banque vouloit gagner 100 pour cent, on feroit payer au joueur deux gros au lieu d'un.

Il sera egalement facile de determiner, tant pour ces manières de jouer que pour toutes les autres, qu'on peut imaginer, combien le joueur doit payer pour les conditions qu'il demande, afin que la banque en tire en tel profit qu'on veut.

Selon le projet le profit de la banque sera donc assez considerable, vu que sur les simples extraits elle gagneroit 44 pour cent, sur les ambes 94 pour cent et sur les ternes 240 pour cent. Il semble aussi raisonnable que la banque se contente d'un moindre profit sur les nombres simples, que sur les ambes et ternes. Car ce n'est que dans ces derniers cas que la banque risque de perdre de grandes sommes à proportion des mises fort modiques. Encore un tel gain un peu enorme ne décourage pas sensiblement le joueur, lequel pour gagner 100 ecus ne fera pas grande difficulté de payer 15 deniers au lieu de $2\frac{1}{2}$ par un terne.

Mais pour ce profit, que le calcul vient de montrer, il faut remarquer, qu'il n'est que probable et qu'il n'est rien moins qu'assuré. Il pourroit arriver des coups si heureux pour les joueurs, que la banque seroit obligée de debourser bien au delà de la probabilité. Cependant on peut assurer en général, que plus le nombre des joueurs est grand, plus aussi le profit réel approchera du calculé. Cette lotterie est donc d'une telle nature qu'il ne seroit pas à propos de s'en meler, à moins qu'on ne fut assuré, qu'un très grand nombre de joueurs se trouveroit. Car si le nombre de joueurs étoit petit et partant la somme d'argent, qui en est venue à la banque, peu considerable, on pourroit risquer de perdre considerablement, sur tout, si quelques joueurs mettoient leur argent pour des grandes sommes sur des ternes. Il semble donc que la banque ne se doive pas preter à des prix trop gros, ni permettre que plusieurs personnes choisissent les mêmes numeros: puisqu'en cas, qu'ils gagnassent, la caisse souffriroit à la fois une trop grande perte.

Au reste on ne seroit pas même attaché ni au nombre de 90 billets, ni à celui de 5, qu'on en tire. On y peut varier à l'infini, et par la règle des combinaisons il est facile de faire toujours la disposition en sorte, que la banque en gagne probablement autant pour 100, qu'on souhaite. Pour en faire voir un echantillon, j'ai imaginé un projet semblable à celui, que je viens d'examiner. Je fixe le nombre des billets à 100 de sorte que tous les nombres depuis 1 jusqu'à 100 s'y trouve, je ferois ensuite en tirer 10, au lieu de 5 selon le projet italien; et pour que l'avantage soit egal du coté de la banque et des joueurs, les conditions du jeu seront les suivantes:

I. Le joueur ne prenant qu'un nombre, pour qu'il gagne 1000 ecus en cas que son nombre se trouve parmi les 10 extraits, il doit payer à la banque 100 ecus

II. Si le joueur choisit 2 nombres, on pourra faire deux cas:
1) pour gagner 1000 ecus en cas que tous ses deux nombres soient extraits, il payera 9 ecus, 2 gros
2) pour gagner 1000 ecus lorsqu'un seulement de ses nombres est extrait, il payera 181 ecus, 20 gros

III. Si le joueur se choisit 3 nombres à la fois, on aura ces trois cas à considerer:
1) pour gagner 1000 ecus, en cas que tous ses 3 nombres soient parmi les extraits, il payera 18 gros
2) pour gagner 1000 ecus, lorsqu'il n'y a que 2 de ses nombres extraits, il payera 25 ecus, 1 gros
3) pour gagner 1000 ecus, pourvu qu'un seul de ses nombres soit parmi les extraits, il paye 247 ecus, 1 gros

IV. Si le joueur choisit 4 nombres, on aura ces 4 cas:
1) pour gagner 1000 ecus, lorsque tous ses 4 nombres seront extraits, il payera 1 gr, 4 d.
2) pour gagner 1000 ecus, lorsque trois de ses nombres seront dans les extraits, il paye 2 ecus, 21 gr.
3) pour gagner 1000 ecus, lorsqu'il ne se trouve que 2 de ses nombres extraits, il paye 47 ecus, 10 gr.
4) pour gagner 1000 ecus, lorqu'il n'y aura qu'un seul de ses nombres, il payera 312 ecus, 17 gr.

J'ai supposé ici par tout le même gain de 1000 ecus, mais ces mêmes resultats seront applicable à tous les autres gains, que les joueurs pourront prescrire, car tant que le prix, qu'on demande, sera plus grand ou petit que 1000 ecus, on augmentera ou diminuera à proportion le payement, qu'il faut faire à la banque.

Ensuite les mises sont ici marquées selon l'egalité de l'avantage de part et d'autre, mais on n'aura qu'à determiner combien pour cent la banque doit gagner sur chaque manière de jouer, pour en regler et hausser convenablement les mises. Comme si l'on vouloit gagner 100 pour cent, on n'auroit qu'à doubler les mises marquées.

Ce sont les calculs et les remarques, auxquelles l'examen du projet italien m'a conduit, et dont je souhaite, qu'elles satisfassent à la haute intention, que Votre Majesté a eu en vue en me chargeant de cette Commission.

Enfin tout pénétré du gracieux accueil, dont il a plu à Votre Majesté de me daigner, je demande, Sire, la permission d'en oser présenter mes très humbles et très respectueux remercimens, étant avec le plus profond respect

Sire
de Votre Majesté
le très humble, très obéissant et
très soumis sujet
L. Euler

R 638 Original fr., 2 fº. – DZA Merseburg, Rep. 96r–v, Bl. 8–9v; Minute fr., 2 fº. – AAN, f. 136, op. 2, nº 9, l. 77–78v;
Publ.: Opera postuma, I, 1862, p. 550–552 (d'après la minute).

[1] C'est la minute qui a été reproduite dans les *Opera postuma* I, 1862, p. 550–552 (E 821), tandis qu'ici nous lisons le texte original. – Le 10 mars 1763 Euler a fait la lecture à l'Académie de Berlin de ses *Réflexions sur une espèce singulière de loterie, nommée loterie génoise*, cf. *Opera postuma* I, 1862, p. 319–335 (E. 812; O. I, 7).

18
Frédéric II à Euler
Potsdam, 27 septembre 1749

Comme Sa Majesté le Roy de Prusse, Notre très gracieux Souverain, a recu les calculs que le professeur Euler Lui a adressé au sujet de la Machine de Sans-Souci et qu'Elle en est fort contente, Sa Majesté veut bien lui temoigner tout le gré qu'Elle lui en sait et le remercier de toutes les peines, qu'il s'est bien voulu donner pour cette affaire.

Federic

R 639 Original fr., 1 fº. – AAN, f. 136, op. 2, nº 9, l. 12; copie et trad. russe *ibid.*, nº 10, l. 45–46.

19
Euler à Frédéric II
Berlin, 17 octobre 1749

Sire,

Depuis que j'eus l'honneur de présenter à Votre Majesté mes calculs sur les pompes et les tuyaux de la Machine de Sans-Soucy je me suis appliqué à determiner tant la force du *moulin à vent* [1], que l'effet, qu'elle est capable d'exercer sur les pompes. Cette recherche, quelque difficile, qu'elle m'ait paru au commencement, m'a tellement réussi, que je me vois en état de definir fort aisement le plus haut degré de perfection, dont chaque machine destinée à élever de l'eau est susceptible, et de determiner les moyens de les porter à ce degré, autant qu'il est possible. Les règles, que je viens de deterrer, m'ont donné à connoitre entr'autres, que la machine, qui se trouve à Paris au pont Notre Dame pourroit être mise aisement dans un tel état, qu'elle élevat plus de trois fois plus d'eau, qu'elle n'élève actuellement. Je crois donc que mon devoir exige, de présenter à Votre Majesté le resultat de mes calculs, en tant qu'ils regardent la Machine de Sans-Soucy [2].

I. Les ailes du moulin à vent ayant 40 pieds de longueur sur 8 de largeur, la force du moulin sera la plus grande, si les ailes achèvent chaque tour en $16\frac{1}{2}$ secondes, supposé que la vitesse du vent est de 20 pieds par seconde. Or si le vent est plus ou moins fort, il faut augmenter ou diminuer dans la même raison la vitesse des ailes.

II. Je supposerai donc la vitesse du vent de 20 pieds par seconde, parce que cette vitesse est déjà assez considerable et presque la plus grande à laquelle on puisse exposer en plein les ailes du moulin sans danger. Je suppose de plus, qu'à ce vent de 20 pieds on veuille mettre en action toutes les 10 pompes, dont la machine est garnie, et qu'à mesure que le vent devient plus faible, on diminue à proportion le nombre des pompes, qu'on fera jouer. Aussi si la machine sera bien reglée pour ce degré du vent, que j'ai en vue, elle le sera à plus forte raison aussi pour les vents plus faibles.

III. Quand le vent aura donc une vitesse de 20 pieds par seconde, ce sera la première règle de disposer toute la machine en sorte, que les ailes du moulin achèvent leurs tours en $16\frac{1}{2}$ secondes, ou qu'elles en fassent 218 par heure. Car si elles tournoient ou plus vite ou plus lentement, leur action deviendroit dans l'un et l'autre cas plus petite, ce qui causeroit d'abord une diminution dans la quantité d'eau, qui en seroit élevée.

IV. Dans ce cas la plus grande quantité d'eau, que cette machine est capable de fournir dans le reservoir, ne sera que de 330 pieds cubiques par heure, et c'est même dans le dernier degré de perfection de la machine, qu'on ne sauroit jamais atteindre dans la pratique. Et partant le reservoir contenant 19500 pieds cubiques on ne sauroit le voir rempli qu'au bout de 25 jours, quand même on eut toujours un vent de 20 pieds par seconde, or si le vent n'étoit que de 10 pieds par seconde, il faudroit 200 jours pour remplir le reservoir; et cela même suppose, que la machine ait le plus haut degré de perfection, dont elle est susceptible.

V. Plus donc que la disposition de la machine s'eloignera de l'état de perfection et moindre sera aussi la quantité d'eau élevée pendant une heure, que 330 pieds cubes, supposé que la vitesse du vent soit de 20 pieds par seconde. Cependant il est possible d'arranger toutes les parties de la machine en sorte, qu'on approche tant du plus haut degré de perfection, que le déchet dans la quantité d'eau élevée devient presque imperceptible. Mais il est aussi impossible d'arriver à ce but, à moins qu'on n'observe fort soigneusement les règles, que la théorie prescrit: car pour peu qu'on s'en ecarte on risque, que la machine ne réussisse point du tout.

VI. Il est aussi fort remarquable, que plus on approche de ce degré de perfection plus aussi la pression, que les tuyaux de conduite ont à soutenir, devient petite; et que dans l'état de perfection même la pression ne surpasseroit pas la hauteur de la colonne d'eau, qui est audessus; qu'on a trouvé de 130 pieds. Et réciproquement plus on s'ecarte de ce degré de perfection, plus deviendra aussi grande la pression de l'eau dans les tuyaux. Aussi dans ce cas on a non seulement le désavantage qu'on gagne considerablement moins d'eau, mais les tuyaux ayant à soutenir de beaucoup plus grands efforts, il seront d'autant plus sujets de crever, de sorte que les défauts de la machine tendent en même tems à sa destruction.

VII. Ayant fait le calcul sur les premiers essais de cette machine, où les tuyaux de bois sont crevés, dès que l'eau fut élevée à la hauteur de 70 pieds, je trouve que les tuyaux ont alors effectivement souffert la pression d'une colonne d'eau de plus de 300 pieds de hauteur: ce qui est une marque certaine, que la disposition de la machine étoit encore fort eloignée de son état de perfection. D'où il paroit assez vraisemblable, que si la machine avoit éte delivrée de ses défauts, l'eau auroit été non seulement élevée jusqu'au reservoir, mais aussi que les tuyaux de bois auroient été assez forts pour soutenir la pression, vu qu'elle eut été de la moitié plus petite.

VIII. Or on peut en plusieurs manières différentes approcher du plus haut degré de perfection, dont la machine est susceptible, et dont je rapporterai quelques unes, qui semblent s'accorder le mieux avec les mesures, qui y sont déjà etablies, afin qu'on ne soit pas obligé de changer trop dans sa construction. Mais je trouve qu'il faut absolument rendre plus larges les tuyaux de conduite qui n'ont que 5 pouces de diamètre, ce qui fait pour les deux rangs un tuyau de 7 pouces. Car si l'on ne vouloit rien changer de ce coté, il seroit presque impossible d'élever plus de 160 pied cubes par heure; pour cet effet il faudroit même faire des changemens considerables dans les dimensions des pompes. Car sur le pied qu'elles se trouvent actuellement, il est bien certain, qu'on n'éleveroit jamais une goutte d'eau jusqu'au reservoir, et toute la force ne seroit employée qu'à la destruction de la machine et des tuyaux.

Première manière de rendre la machine plus parfaite.

1. Que les tuyaux de conduite aient 12 pouces de diamètre, ou si l'on en veut faire deux rangs, le diamètre de chacun sera de $8\frac{1}{2}$ pouces.

2. Que chaque piston ne joue qu'une seule fois, pendant un tour entier du moulin.

3. Que l'etendue du jeu des pistons ne soit que d'un pied.

4. Et le diamètre de chaque pompe doit être de 5 pouces. Alors la machine étant agitée d'un vent de 20 pieds par seconde, achevera ses revolutions en $16\frac{1}{2}$ secondes, comme il faut; et elle fournira 263 pieds cubiques d'eau dans le reservoir par heure. Or la pression que les tuyaux auront à soutenir en bas, egalera le poid d'une colonne d'eau de 162 pieds de hauteur.

Remarque: Si l'on ne vouloit donner que 6 pouces au jeu des pistons, le diamètre de chaque pompe devroit être de 7 pouces, et l'effet seroit le même. Mais si l'on vouloit donner 2 pieds au jeu des pistons, on devroit mettre le diamètre des pompes de $3\frac{1}{2}$ pouces, et l'effet seroit encore le même.

Seconde manière.

1. Que les tuyaux de conduite aient comme auparavant 1 pied de diamètre,
2. Mais que chaque piston ne joue qu'une fois pendant deux tours du moulin.
3. Que l'étendue du jeu des pistons soit aussi comme auparavant d'un pied.
4. Et le diamètre des pompes pourra être plus de 7 pouces.

Alors la machine étant mise en mouvement par un vent de 20 pieds par seconde, fournira par heure dans le reservoir 288 pieds cubiques d'eau, et le tuyau montant soutiendra la pression d'une colonne d'eau de 149 pieds de hauteur.

Remarque: Si l'on vouloit donner 2 pieds d'étendue au jeu des pistons, le diamètre de chaque pompe devroit être de 5 pouces. Mais si le jeu des pistons n'étoit que de 6 pouces, le diamètre des pompes deviendroit de 10 pouces, or l'effet dans l'un et l'autre cas seroit le même qu'auparavant.

Troisième manière.

1. Que les tuyaux de conduite ayent à présent 2 pieds de diamètre, ou si l'on veut employer deux rangs, que le diamètre de chacun soit de 17 pouces.
2. Que chaque piston ne joue qu'une fois, pendant une revolution du moulin.
3. Que l'étendue du jeu des pistons soit d'un pied.
4. Et le diamètre de chaque pompe fera de $5\frac{1}{9}$ pouces. Alors la machine étant poussée par un vent de 20 pieds par seconde, fournira 308 pieds cubiques d'eau par heure dans le reservoir, et le tuyau montant ne soutiendra que la pression d'une colonne d'eau de 139 pieds de hauteur.

Remarque: Si l'on ne donnoit que 6 pouces au jeu des pistons, le diamètre de chaque pompe deviendroit $7\frac{1}{6}$ pouces, et l'effet seroit le même. Dans ce cas, qui approche le plus de l'état de perfection, il faudroit 27 jours pour remplir tout le reservoir.

Pour finir ces remarques, je trouve qu'au defaut du vent, on pourroit obtenir le même effet en appliquant à la machine ou 20 hommes ou 3 chevaux, mais alors la disposition de la machine devroit être changée convenablement à la nature de ces forces; dont je pourrois proposer plusieurs manières, si Votre Majesté l'ordonnoit.

Je suis avec le plus profond respect
Sire
De Votre Majesté
le très humble, très obéissant et
très soumis sujet
L. Euler

R 640 Original fr., 2 f°. – DZA Merseburg, Rep. 96r–v, Bl. 10–11v.

[1] Cette expression est soulignée par Euler.

[2] Voir à ce sujet les deux ouvrages d'Euler E. 229 et E. 233 dans le volume O.II,16, aussi bien que l'introduction des éditeurs Ch. Blanc et P. de Haller.

19a

Exposé du fonctionnement d'une machine hydraulique [d'Euler]
[s.d.]

Erweis einer Wasser-Machine dadurch in einer Zeit von 12 Secunden 36 Tonnen Wasser mit einem Pferde bis 5 Fuss hoch übergemahlen werden können [1].

Es wird zuerst untersuchet die Höhe des niedrigsten Vor-Wassers. Ist es dem Erdreich gleich, woraus gemahlen wird, so daß es doch zuweilen höher steiget, wenn das Wasser abgeführet werden soll, so wird eine Grube 24 Fuß weit ins gevierte 8 Fuß tief gegraben. Ist das niedrigste Vor-Wasser ein Schuh höher, so werden 7 Fuß tief gegraben, und so weiter, daß alle Zeit die Tiefe der Grube der Unterschied der Höhe des niedrigsten Vor-Wassers von 8 Fuß ist.

Wenn gute Feld-Steine geleget worden sind zum Grunde, so werden eichene Schwellen *A* 1 Fuß dick und 15 Zoll breit geleget, die 24 Fuß ins gevierte von außen halten. Auf diese werden an jeder Seite 6 Ständer *O* gesetzet, die 1 Fuß stark und so hoch sind, als der Kamm. Oben werden sie durch Oberschwellen *C* verbunden. Die untern Schwellen werden in der Mitte noch durch eine Quer-Schwelle vereiniget, die mit den andern gleich dick ist und auf Feld-Steinen ruhet. Von außen werden die Ständer mit 3 zolligen Bohlen dicht bekleidet und diese mit Töpfer-Leim und Erde ringsum verwahret. Der Boden wird auch zwischen denen Schwellen mit Töpfer-Leim gefüllet und über demselben 3 zollige Bohlen in die Schwellen eingefaltzet. Von innen werden über den Schwellen an die Ständer noch 3 zollige Bohlen *d* 3 Fuß hoch angenagelt und mit 9 Zolle starken Pfählen gegen die großen Ständer angedrungen, die auch nur 3 Fuß über den Grund-Schwellen den Bohlen gleich aus der Erden hervorgehen. Zwischen denen Bohlen wird wieder Töpfer-Leim gefüllet.

Über diese Pfähle und Bohlen werden Balken *f* ein Fuß stark rings herum verbunden in ein Viereck geleget, welches von außen 22 und von innen 20 Fuß hält. Innerhalb dieses Vierecks wird ein Balken *G* 6 Fuß weit von der Schwelle 15 Zoll breit, 1 Fuß stark und 20 Fuß lang in das Viereck eingelassen. Es bleibet demnach von dem inneren Viereck noch ein länglich Viereck übrig, das 20 Fuß lang, $12\frac{3}{4}$ breit ist *h*. Solches wird auch durch einen Querbalken *i*, der 14 Zoll breit und 12 stark ist, in der Mitte getheilet. Daher entstehen 2 längliche Vierecke *K*, deren jedes $12\frac{3}{4}$ Fuß lang aber 9 Fuß und 5 Zoll breit ist. In allen 3 länglichen Vierecken, deren jedes 120 Quadrat-Fuß hält und 1 Fuß tief ist, werden Boden *l* gemachet von 3 zolligen Bohlen, die in $1\frac{1}{2}$ zollige Leisten *M* eingefaltzet sind und darauf ruhen, auch mit andern Leisten *N* bedecket sind, daß sie nicht weichen können. In der Mitten eines jeden Boden wird ein Gegitter *Q* eingeleget. Solches bestehet auf einem Rahmen, der $2\frac{1}{2}$ Zoll dick, 3 Zoll hoch ist. Im Lichten ist er 17 Zoll breit und 55 lang, außen 22 Zoll breit und 16 Zoll lang. In diesem Rahmen werden auch kleine Bretter, die 3 Zoll hoch, $\frac{1}{2}$ Zoll dick sind, 80 kleine Viereck von 3 Zollen, die zusammen gerade 5 Quadrat-Schuh halten, gemacht. Zu beyden Seiten dieses Gegitters werden $5\frac{1}{2}$ Schuh von einander nach der

Länge und 2 Schuh nach der Breite Knaggen so fest angenagelt, unter welche 2 Riegel *q*, 2 Zoll dick, 3 Zoll breit und 32 Zoll lang, geschoben werden können. An ein starkes Leder *r*, das 5 Schuh 10 Zoll lang und 2 Schuh breit ist, werden die 2 Riegel an beyden Enden dergestalt angenagelt, daß die Nägel nicht unten, sondern an der Rücken-Seite derselben sind. Wenn diese Riegel mit dem Leder unter die Knaggen getrieben werden und das Leder scharf angezogen wird, auch vor den Knaggen höltzerne Nägel eingeschlagen werden, so kann es nicht weichen und doch nebst dem Gegitter ausgenommen werden, daß man in den Boden steigen kann. Zu dem Ende werden die Rahmen, auch die Öffnungen darinn sie passen, unten etwas enger als oben gemacht. Über diesen länglich viereckigten Einfassungen, die 9 Zoll tief sind, werden Decken *t* gemacht, die an den Seiten ihrer äußeren Längen *U* mit Angeln versehen, worinnen sie sich bewegen können. Sie werden nach der hypotenusa etwas breiter aber nicht länger als die bedeckten Eröffnungen. Demnach wird die Decke über dem Viereck *w* breit 6 Fuß $8\frac{2}{5}$ Zoll und eine jede Decke über den beyden übrigen 9 Fuß $10\frac{3}{5}$ Zoll. Diese Decken werden wie ein Rost von 3 Zoll starken gevierten Leisten dergestalt verbunden, daß in der Mitten das Gegitter gerade herein passet. Das übrige wird mit Brettern dicht vertäfelt. Rings herum werden sie durch Leder *X* mit den Balken verbunden, daß sie sich 3 Fuß vorne erheben können. Die Nahten des Leders müssen mit starker Seide genähet werden, die nicht verfaulet. Unter der Mitte dieser Wasser-Balgen kommet ein starker Ständer *Y*. Die Ober-Schwellen werden mit 2 Quer-Schwellen *Z* und ihren Armen gleich weit von einander verbunden. Darüber werden Balken α 2 Fuß weit von einander und 1 Fuß stark geleget. Zwo Eröffnungen β werden in diesem Wasser-Behälter gemachet an einem bequemen Ort, beyde $1\frac{1}{2}$ Schuh weit mit ihren ausgebohlten Riemen, eine gegen das Nach-Wasser landwärts unter den Balgen, so das Wasser herauslässet.

Die Machine, welche diese Balgen durch ein einziges Pferd treibet, ist [in] Fig. 1 zu sehen. Sie bestehet aus einem Kamm-Rad γ, dessen Theilungs-Circul einen Durch-Messer von 9 Fuß und 72 Kammen hat. Es ist mit einem Lauf-Rad δ von gleicher Größe durch eine 2 Zoll starke, runde, eiserne Achse ε verbunden. Sie bewegen sich zugleich und ihre Achse ruhet auf 4 Ständern ζ, die mit Quer-Balken η drey Fuß lang und 2 Fuß stark verbunden sind, über welche noch ein Balken ϑ 5 Fuß lang ruhet, an dessen beyden Enden die Pfannen sind, in welchen die Achse läuft. Alles dieses ist $3\frac{1}{2}$ Fuß hoch, und die Räder gehen noch zwischen den Haupt-Balken *K*. Ein Klotz λ , 1 Fuß im Würffel, begreift die eiserne Achse und ruhet auf dem letzten Balken, darin er eingelassen ist. Auf selbigem steht die Spindel μ mit ihrem Zapfen und ist oben an dem Balken mit dem andern Zapfen ν beweglich. Das Getriebe ξ, dessen Theilungs-Circul 3 Fuß im Durch-Messer ist und 24 Stöcke hat, wird durch 2 Winkel-rechte in die Spindel eingelassene Arme 6 Zoll stark beweget. Unten sind sie 12 Fuß vom Mittel-Puncte der Machine entfernet. Eine doppelte Curbel 1 Zoll stark, die $2\frac{1}{2}$ Fuß von ihrem Mittel-Punct beyderseits ausgeschweiffet und deren einer Arm σ in das Creutz-Holtz des Kamm-Rads eingelassen ist, ruhet in ihrer Mitte auf einer Stütze φ. Die Arme dieser doppelten Curbel machen einen Winkel χ von 120 Grad. In dem Lauff-Rad gegenüber ist ein Stift Ψ 1 Zoll stark und 1 Fuß lang, $1\frac{1}{2}$ Fuß vom Mittel-Punct dergestalt eingelassen, daß er mit den Armen der doppelten Curbel beyderseits auch

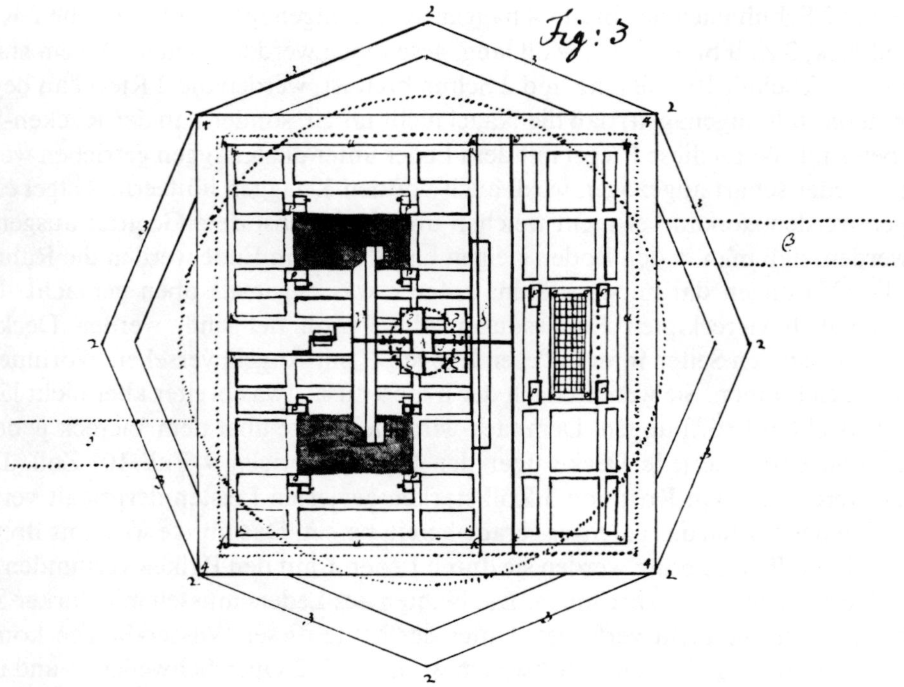
Fig: 3

Fig: 1

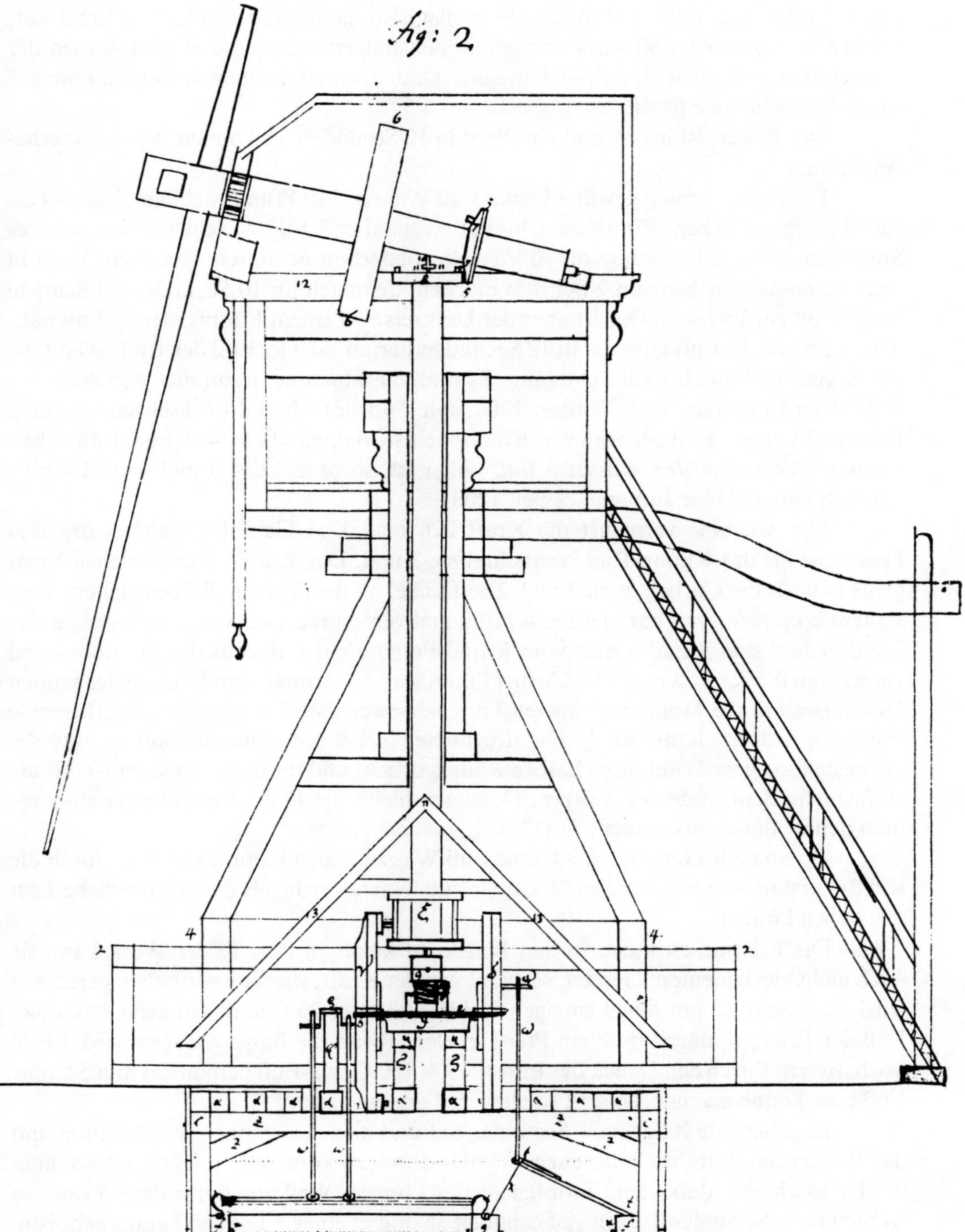

Fig: 2

einen Winkel von 120 Grad macht. Es stellet also dieses eine dreyfache Curbel vor. Eiserne Stangen ω 1 Zoll stark werden an den Balgen unten und an den Armen der Curbel oben festgemacht, daß sie beweglich sind, auch abgenommen werden können; so ist diese Machine fertig.

Der Beweis ist leicht, daß ein Pferd in 12 Secunden 36 Tonnen Wasser überheben kann.

Ein Pferd vermag gewiß 3 Cubic-Fuß Wasser, 210 Pfund, siebenmal so viel als ein Mensch, zu heben. Ein Pferd schreitet etwas über 3 Fuß, welches in den Schnee-Spuren eines Mittel-Pferdes von 10 Vierteln wiederholt gemessen. Ein Pferd kann in einer Secunde sehr bequem 2 Schritte machen, demnach jin 10 Secunden 20 Schritte bis 62 Fuß zurücklegen. Das ist aber der Umkreis von einem Radius, der 10 Fuß hält. An einem von 12 Fuß kommts in 12 Secunden herum. So viel Fuß der Radius hält, so viel Secunden brauchts zum Umgang. Es muß die Machine, wenn das Vor-Wasser 1 Fuß höher ist als das Nach-Wasser, 120 Cubic Fuß einfach und wechselweise, wenn 2 Balgen mit einem Mal gezogen werden doppelt so viel, nämlich 240 Cubic Fuß heben können. Wenn das Vor-Wasser 5 Fuß höher ist, so braucht es 5 mal so viel Kraft, nämlich von 600 ubic Fuß und oppelt 1200.

Die Machine vermehrt die Kraft 226 mal. Das Getriebe, welches dreymal kleiner ist als das Kamm-Rad, vermehret sie 3 mal. Das Kamm-Rad, welches 3 mal größer ist als die Curbel, auch 3 mal. Die Deckel an den Wasser-Balgen stellen einen vectem homodromum vor, der die Kraft 2 mal vermehret. Die Arme, an welchen das Pferd ziehet, sind 8 mal weiter vom Mittel-Punct als der Radius des Getriebes und vermehren die Kraft 8 mal. Die Curbel führet ihre Last durch den Umweg des halben Umkreises auf die Höhe des gantzen Durch-Messers, stellet also eine schiefliegende Fläche vor, deren Kraft ist $\frac{157}{100}$. Die dreyfache Curbel hat dieses besondere, daß die doppelte Last gerade auf ihren halben Radius drückt und ihr nicht schwerer ist, als die einfache an dem Ende des gantzen. Demnach bleibt die Kraft-Vermehrung einerley, man nehme dieses zusammen: $3 \cdot 3 \cdot 2 \cdot 8 \cdot \frac{157}{100}$ machet $226\frac{8}{100}$.

Da nun ein Pferd allein 3 Cubic Fuß Wasser heben kann, so wird es durch die Kraft-Verstärkung 678 folglich 78 Cubic Fuß Wasser mehr als die erforderliche Last 600 heben können.

Die Friction ist klein. In den Balgen ist keine, in dem Räder-Werk kann sie auch nicht viel bedeuten. Gesetzt, sie wär $\frac{1}{3}$ von der Kraft, wie sie gewöhnlich gerechnet wird; so macht sie nur einen einzigen Cubic-Fuß oder 70 Pfund. Ich gebe 78 Cubic-Fuß der Friction, damit muß ein Pferd spielen. Wenn die Balge gezogen wird 3 Fuß hoch, so tritt durch den Druck der Luft $\frac{120}{2} \cdot 3 = 180$ Cubic-Fuß herein. Da nun 5 Cubic Fuß eine Tonne machen, so sind solches 36 Tonnen.

Es gehet jede Balge in 36 Secunden auf und nieder, demnach sehr langsam und das Wasser hat Zeit durch das enge Gegitter durch zu kommen, welches sich so dicht wieder zuschließt, daß wenig Tropfen zurück können. Weil nun der Balgen 3 sind, so werden in 36 Secunden 108, in 12 Secunden 36 und in einer 3 Tonnen heraus gehoben. Das Wasser kann nicht zurück und muß in den wilden Bach, also das Land, so es beschweret, verlassen. Das Leder kann nicht verderben, weil es immer im Wasser ist. Doch wird es andern überlassen, wie es gestärket werden soll der Fäulnis zu widerstehen. Wenn der Canal des Vor-Wassers und des Nach-Wassers mit einem Schutz-Brett und Erde geschlossen wird, so kann bey legem Wasser im Sommer das Wasser ausgepumpt werden, daß man nach den Balgen sehen und das Leder einschmieren kann. Der Frost im Winter kann auch nicht schaden, weil die Hebe-Stangen an der Curbel losgemachet und die Deckel bis $2\frac{1}{2}$ Fuß unter das Wasser gesenket werden können.

Es kann die Machine auch durch eine Wind-Mühle getrieben werden, die zugleich eine Roß-Mühle ist. Solches stellet Figura 2 vor. Die Roß-Mühle ist eben die vorige. Um den viereckigten Wasser-Halter ist ein achteckigter Umgang vor das Pferd (Fig. 3), der 7 Fuß hoch von starken Schwellen und Ständern wohl gezimmert ist; dessen äußere polygon 3 [2] ist 12 Schuh, der gantze Durch-Messer aber 3. Über diesem untersten Stock-Werk werden Schwellen 4 zum Viereck geleget, die 22 Schuh 2 Zoll lang sind. Auf diese wird die Wind-Mühle gebauet. Ich lasse sie gewöhnlich (Fig. 2), nur das Kamm-Rad 5, welches sonst 10 Fuß hat, bringe ich auf 3 Fuß, und gebe eine besondere Presse an 6. Das Kamm-Rad wird besonders gemacht. Die Brust-Felgen 7 desselben sind gegen die Welle dicker und gegen die Kammern dünner, machen mit dem Perpendicul einen Winkel so groß, als die Welle mit der Horyzontal-Linie, nämlich 14 Grad. Es hat 24 Kammen; diese greifen in ein Kamm-Rad der Spindel *8*, auch von 3 Fuß. Diese Spindel kann durch eine Schraube *9* erhöhet und erniedriget werden. Im letzten Fall greift sie nicht ins Kamm-Rad der Welle und kann durch 1 Pferd getrieben werden. Denn der oberste Zapfen *10* steckt in einer eisernen Stange *11*, die auf den Ober-Schwellen *12* der Mühle ruhet. Die Arme *13* an der Spindel können ausgenommen und wiederum herein gesetzet werden.

Ich habe in einer großen Wind-Mühle das oberste Kamm-Rad gefunden zu seine Trillinge wie 5 zu 2, das unterste zu seinem Getrieb wie 7 zu 2. Demnach ist die Kraft-Verstärkung $\frac{7}{5}$. Die Breite der Schaufeln im Schöpf-Rad waren 15 Zoll und die Höhe des Schöpf-Rads war 17 Fuß. Wenn das Vor-Wasser 3 Fuß höher ist, als das Nach-Wasser von 3 Fuß, so hebt es eine Menge Wasser, die 66 Zoll lang, 36 Zoll hoch und 15 Zoll breit ist, solches macht 20 Cubic Fuß Wasser. Wenn wir diese durch $\frac{7}{5}$ dividieren, so bleibet $\frac{100}{7}$, welches der Wind durch die Flügel-Ruten ohne die Machine vermag. Die Ruten in der Mühle waren 90 Fuß. Setzen wir den Mittel-Punct des Wind-Stosses (45–5): $2 + 5 = 25$ Schuh, so wird in gedachter Mühle der Wind dadurch 5 mal verstärket. Denn das halbe Kamm-Rad ist 5 Fuß. Nehmen wir dem Winde diese Verstärkung, so bleibet $\frac{100}{35}$, was der Wind allein vermag durch die Segel-Tücher. Ich gebe meinen Mühlen-Ruten 70 Fuß. So wäre der Mittel-Punct des Wind-Stosses (35–5): $2 + 5 = 20$. Weil die Hälfte des Kamm-Rades ist $\frac{3}{2}$, so ist die Kraft-Verstärkung $\frac{40}{3}$. Es ist aber das Segel-Tuch folglich die Kraft des Windes nur $\frac{7}{9}$ von der großen Mühle, demnach $\frac{100}{35} \cdot \frac{7}{9} = \frac{700}{315}$. Wird dieses in $\frac{40}{3}$ multiplicirt, so kommt heraus, was meine kleinen Wind-Ruten vermögen, nämlich $\frac{28000}{945}$ beynahe 30 Cubic Schuh Wasser.

Das Roß in der Roß-Mühle vermochte mit seiner eigenen Stärke 3 Cubic-Fuß, und mit der Kraft-Verstärkung der Deichsel *8*, nur 24 Cubic-Fuß: so kann der Wind noch viel mehr in eben der Machine alles leisten.

Man kann durch eine kleine Wind-Mühle schon seinen Zweck erreichen, aber zuweilen fehlt der Wind, wenn er am nötigsten ist. Da thut eine solche Roß-Mühle gute Dienste, doch nur den dritten Theil so viel als eine Wind-Mühle. Denn diese bringt in 4 Secunden 36 Tonnen heraus und in einer 9 Tonnen. Hierinnen thut sie es der größten gewöhnlichen Wind-Mühle zuvor. Denn gesetzt, daß bey dem Vor-Wasser von 3 Fuß sie 32 Tonnen mit einem Umgang des Rades ausschöpfen könne: so muß sie doch still stehen, wenn das Vor-Wasser höher ist und bringt viel weniger heraus, wenn das Nach-Wasser niedriger ist. Überdas wird das Schöpf-Rad 5 mal nur gedrehet, wenn die Wind-Flügel 7 mal herumlaufen. Es giebet also in 4 Secunden nur (32) $\frac{5}{7}$ oder $22\frac{6}{7}$, welches auch die Erfahrung bestätiget.

Die Wind- sowohl als die Roß-Mühle heben immer gleich 36 Tonnen, es mag das Wasser hoch oder niedrig seyn. Über das können sie es bis 5 Fuß hoch heben, wo es nöthig ist, welches keine ordentliche Mühle vermag.

Gott segne diese Erfindung zum besten der Erd-Bürger!

Original all., 8 f°. – DZA Merseburg, Rep. 96r–v, Bl. 45–52.

[1] Cf. la lettre d'Euler à Frédéric II du 17 octobre 1749, n° 19.

[2] Ce chiffre, c.à.d.3, et beaucoup de ceux qui suivent se rapportent à la numérotation des figures ou de leurs parties.

20
Frédéric II à Euler
Potsdam, 21 octobre 1749

J'ai reçu votre lettre du 17ᵉ de ce mois, contenant les remarques, que vous avez fait sur vos calculs sur les pompes et les tuyaux de la Machine de Sans-Souci. Elles M'ont été fort agréables, et Je vous suis bien obligé de la peine que vous en avez pris. Sur ce Je prie Dieu, qu'il vous ait en sa sainte garde.

Federic

R 641 Original fr., 1 fol. – AAN, f. 136, op. 2, n° 9, l. 13;
copie et trad. russe *ibid.*, n° 10, l. 47–48.

21
Frédéric II à Euler
Potsdam, 20 juillet 1750

Pour repondre à votre lettre du 17ᵉ du mois courant [1], touchant l'envie, que le sieur de Loen [2] vous a temoignée pendant votre séjour à Francfort sur le Main, de venir s'établir à Berlin avec sa famille, s'il pouvoit obtenir un emploi convenable; Je vous dirai, que vous pouvez lui ecrire, qu'il n'avoit qu'à s'y rendre, qu'il y seroit bien reçu, et ne resteroit pas longtems sans être pourvu d'une charge convenable, quoique ce ne puisse être de celle, qu'eut feu le president de Reichenbach, vu que J'en ai déjà disposé ailleurs. Sur ce Je prie Dieu qu'il vous ait en sa sainte garde.

Federic

R 642 Original fr., 1 f°. – AAN, f. 136, op. 2, n° 9, l. 14;
copie et trad. russe *ibid.,* n° 10, l. 49–50.
Publ.: Œuvres de Frédéric II, XX, p. 204–205.

[1] La lettre d'Euler manque.
[2] van Loen, Johann Michael. Cf. Stieda, p. 19–20. Voir aussi plus loin la lettre n° 55.

22
Frédéric II à Euler
Potsdam, 28 octobre 1750

Les medaillons que vous m'avez envoyés et que vous retrouverez cy-clos, meritent tout Mon approbation, et on peut fort bien connoitre par leur perfection le célèbre et habile Hedlinger. Aussi souhaiterois-Je bien d'en avoir les coins mêmes, si Je savois seulement, combien le sieur Hedlinger en voudroit avoir ou combien Je pourrois lui en offrir. Vous Me feriez donc plaisir de vous en informer, et de vous en expliquer alors à Moi.

Federic

R 643 Original fr., 1 f°. – AAN, f. 136, op. 2, n° 9, l. 15;
copie et trad. russe *ibid.,* n° 10, l. 51–52.
Publ.: Œuvres de Frédéric, II, XX, p. 205.

23
Frédéric II à Euler
Potsdam, 5 novembre 1750

J'ai bien reçu votre lettre du 31e du mois dernier [1], et Je vous remercie du soin que vous vous étes donné d'écrire au sieur Hedlinger. Mais il Me semble que Je ne vous avois point parlé de faire venir les coins du medaillon dont il m'a envoyé l'empreinte. Mon intention n'a jamais été de le priver de ce bel ouvrage. Je sens trop combien ce grand artiste peut être occupé de posséder un coin qui lui a tant coûté de travail et dont la réussite interesse si fort sa réputation. C'est un monument qui ne doit point sortir de ses mains, et se seroit trop exiger de sa complaisance que de l'en ôter. J'ai voulu simplement savoir le prix, qu'il mettoit à de pareils morceaux, afin de faire usage de son talent superieur dans les occasions où Je pourrais en avoir besoin. Il convient, que vous en écriviez en conséquence.

Federic

R 644 Original fr., 1 f°. – AAN, f. 136, op. 2, n° 9, l. 16;
copie et trad. russe *ibid.*, n° 10, l. 53–54v.
Publ.: Œuvres de Frédéric II, XX, p. 205–206.

[1] La lettre d'Euler manque.

24
Frédéric II à Euler
Berlin, 30 décembre 1750

Malgré l'envie que J'ai de voir le sieur de Loen établi à Berlin, il faut cependant, que pour éviter tout malentendu, je vous déclare, que les cironstances présentes ne me permettent pas de donner au dit sieur de Loen la pension de 2000 ecus, dont il paroît se flatter. D'ailleurs il n'y a pas moyen de l'accommoder d'aucune charge dans quelqu'un des dicastères, toutes les places étant actuellement pourvues. Il faut donc, que le sieur de Loen prenne ses mesures là-dessus, et examine, s'il lui conviendroit de venir s'établir à Berlin sans autre condition que d'y vivre sous ma protection et sans en demander, qui me fussent onéreuses. Vous lui ferez donc réponse en consequence.

Federic

R 645 Original fr., 1 f°. – AAN, f. 136, op. 2, n° 9, l. 17;
copie et trad. russe *ibid.*, n° 10, l. 55–56v.
Publ.: Œuvres de Frédéric II, XX, p. 206.

25
Frédéric II à Euler
Potsdam, 26 mai 1753

J'ai bien reçu votre lettre du 24e de ce mois [1] avec le présent qui l'accompagnoit. Quelque plaisir que la beauté et la bonté des fruits que vous m'avez envoyés, m'ait causé, j'en ai encore ressenti davantage de l'attention que vous avez bien voulu me témoigner par là. Je vous en remercie et Je verrai avec satisfaction les occasions pour vous en marquer ma reconnoissance.

Federic

R 646 Original fr., 1 f°. – AAN, f, 136, op. 2, n° 9, l. 18;
copie et trad. russe *ibid*, n° 10, l. 57–58.
Publ.: Œuvres de Frédéric II, XX, p. 206–207.

[1] La lettre d'Euler manque.

25a

LES DIRECTEURS DE L'ACADÉMIE À FRÉDÉRIC II

Berlin, 6 juillet 1753

Allerdurchlauchtigster Großmächtigster König
Allergnädigster König und Herr

Die Maulbeer Plantage der Academie zu Köppenik ist nunmehro nach vielen darauf verwandten Kosten in einen solchen Stand gesetzt worden, dass darauf jährlich eine beträchtliche Menge Seyde, bey 100 Pfund, gewonnen werden kann.

Weil aber zu Verpflegung so vieler Würmer ein geräumiges Gebäude erfordert wird, so wollten wir mit Ew. Königl. Majestät allerhöchsten Genehmhaltung noch dieses Jahr ein solches Gebäude, wovon der Riss und Anschlag hirbeygeleget ist, aufführen lassen, und bitten deswegen Ew. Königl. Majestät allerunterthänigst die dazu erforderten Bau Materialien an Holz und Kalksteinen nach beygehender Specification Zoll und Transport frey allergnädigst zu accordiren, die wir in aller unterthänigster devotion ersterben

Euer Königlichen Majestät
allerunterthänigst, getreuest und
gehorsamste Directores der Königl.
Academie der Wissenschaften

Min. lat. d'Euler, 1 f°. – AAB, I: X, 8, F. 84.

26

FRÉDÉRIC II À EULER

Potsdam, 18 juillet 1753

Sur votre lettre du 15e de ce mois [1] Je veux bien accorder à votre neveu, le lieutenant Vermeulen, Mon assistance au sujet d'un heritage, qui lui est échu dans le Pays-bas autrichien, et Je vous fais communiquer ci-joint en copie, ce que Je viens d'ordonner à cette fin à mes ministres des affaires étrangères [2]. Ainsi votre neveu n'a qu'à s'adresser à les dits ministres, et leurs donner un mémoire circonstancié de ses prétentions, pour les mettre par là à même de pouvoir faire les instructions necessaires. Sur ce-je prie Dieu, qu'il vous ait en sa sainte garde.

Federic

R 647 Original fr., 2 f°. – AAN, f. 136, op. 2, n° 9, l. 19 (pièce annexe l. 81); copie et trad. russe *ibid.*, n° 10, l. 59–60v.

[1] La lettre d'Euler manque.

[2] Il s'agit du comte H. Podewils et du comte K. W. Finck v. Finckenstein, auxquels le roi confie la charge, le 18 juillet 1759 d'aider le lieutenant Vermeulen dans son affaire d'héritage. V. la correspondance d'Euler avec Schumacher (R 2253, 2255–2258, 2264).

27
Frédéric II à Euler
Potsdam, 19 juillet 1753

Die abschriftliche Anlage wird Euch zeigen, was bey Mir der Professor Doctor Pott [1], wegen seiner habenden Absichten mit einen gewißen Doctor Kurella, bey Mir vorgestellet, auch daß letzterer zugleich als zweyter Professor Chymiae bestellet werden möge, gebethen hat.

Da Ich von gedachten Kurella und dessen Geschicklichkeit nichts weiß noch urtheilen kann, ob die Bestellung dessen zum zweyten Professore Chymiae nöthig und von guten Nutzen seyn könne; so überlaße Ich Euch die Umstände davon zu examiniren und will demnächst Euren pflichtmässigen Bericht darüber gewärtigen. Ich bin Euer gnädiger König

Fr[iedri]ch

R 648 Original all., 2 f° – AAN, f. 136, op. 2, n° 9, l. 20 (pièce annexe l. 82); copie et trad. russe *ibid.*, n° 10, l. 61–62.

[1] Pott sollicite de la part de Frédéric II la nomination de son gendre le Dr. Kurella au poste de second professeur de chimie, puisque celui-ci l'a déjà secondé avec succès lors de certaines expériences (AAN, f. 136, op. 2, n° 9, l. 82). Kurella prit part le 24 mai et le 6 septembre 1753 aux séances de l'Académie. Le 29 août 1754, l'assemblée de l'Académie décida de transmettre le manuscrit de Kurella *De Nitro flammante* à la classe de physique. Voir *Registres*, pp. 192, 195, 204 et la lettre n° 28.

28
FRÉDÉRIC II À EULER
Potsdam, 23 juillet 1753

Nachdem Ich aus Eurem Bericht [1] vom 21. dieses ersehen, was Ihr bey Gelegenheit des von dem Professor Dr. Pott bey Mir getahnen Ansuchens ihm den Dr. Kurella zur Seite als zweyten Professorem Chymiae zu setzen, vorstellen wollen, so habe Ich dasjenige, was Ihr deshalb anzeiget, vor gantz gegründet gefunden, auch gedachten Dr. Pott darauf dergestalt bescheiden laßen, wie Ihr aus der abschriftlichen Anlage [2] ersehen werdet. Ich bin Euer gnädiger König

Fr[iedri]ch

R 649 Original all., 2 f°. – AAN, f. 136, op. 2, n° 9, l. 21 (pièce annexe l. 83); copie et trad. russe *ibid.*, n° 10, l. 63–66v.

[1] Le rapport d'Euler manque.
[2] Frédéric II répond le 23 juillet 1753 à Pott à propos de la nomination de son gendre. Il se fonde sur un rapport d'Euler du 21 juillet 1753 – lequel fait défaut – pour dire qu'il ne peut donner suite à la requête, parce que Kurella n'a pas encore pu donné des preuves suffisantes de son savoir en chimie, et que le membre de l'Académie, A. S. Marggraf a la possibilité d'assister Pott (AAM, f. 136, op 2, n° 9, l. 83).

29
FRÉDÉRIC II À EULER
Potsdam, 24 juillet 1753

Die original Anlage wird Euch zeigen, was bey Mir der Buchführer Etienne Bourdeaux zu Berlin, wegen eines ihn zu accordirenden Privilegii, zum Druck und Debit eines besonderen jährlichen kleinen Calenders vorstellen und bitten wollen. Und verlange Ich durch dieses von Euch zu wissen, ob es der Königl. Academie der Wissenschaften zu Berlin in ihren von den Calenderwesen ziehenden revenues einigen tort und Nachtheil verursachen könne oder nicht, wenn Ich gedachten Buchführer solches Privilegium auf die von ihm gebethene Art accordirete. Letzterenfals und wenn der Academie dadurch kein Schaden geschähe, bin Ich nicht abgeneigt des Supplicanten Gesuch zu deferiren. Wo hergegen und wenn die Academie dadurch einiges praejuditz hätte, Ich selbigen mit seinem Gesuch schlechterdinges abweisen werde. Ich will also Euren Bericht und Sentiment darüber nächstens gewärtigen welchen Ihr alsdann auch sowohl die original Vorstellung des Bourdeaux, als auch das beygelegte Exemplar des kleinen Calenders wiederum mit zuzufügen habet. Ich bin Euer gnädiger König

Friedrich

Minute all., 1 f°. – AAB, I: VIII, 247, F. 50.

30

EULER À FRÉDÉRIC II

Berlin, 25 juillet 1753

Allerdurchlauchtigster Großmächtigster König
Allergnädigster König und Herr

Die Einkünfte der Academie beruhen einzig und allein auf dem von Ew. Königl. Majestät derselben allergnädigst accordirten Calender Privilegio und desselben genauer Beobachtung: Kraft dieses Privilegii ist dem Buchhändler de Bourdeaux, dessen seit einigen Jahren getriebenes Calender Negotium der Academie zu nicht geringen Schaden gereichet, erst neulich angedeutet worden sich dieses Handels gäntzlich begeben, mit Anweisung der in Ew. Königl. Majestät Privilegio ausdrücklichen und in beyliegenden Exemplar unterstrichenen Stellen.

Da nun gedachter Mr. de Bourdeaux anstatt sich nach dieser ihm gethaner Erinnerung zu richten, so gar bey Ew. Königl. Majestät um ein besonders Calender Privilegium Ansuchung thut, wodurch der Academie der Wissenschaften je länger je mehr Schaden zuwachsen würde, so finde mich pflichtschuldigst verbunden im Nahmen der Academie Ew. Königl. Majestät allerunterthänigst anzuflehen, demselben sein Ansuchen in Gnaden abzuschlagen und dabey zu befehlen, daß derselbe hinführo das Calender negotii in Ew. Königl. Majestät Landen sich gäntzlich enthalten möge. Kann er mit solchen Calendern, als er hier vorschlägt, außerhalb einigen Profit schaffen, so bleibt es ihm derselbe unterwehrt. Dergleichen Calender aber, welche mit nichts als mit solchen Kleinigkeiten angefüllet sind, in hiesigen Landen einzuführen, hat die Academie bisher Bedenken getragen, da außerdem der Debit der Genealogischen Calender dadurch keinen geringen Abbruch leiden würde.

Ich ersterbe mit dem allertiefsten Respect
Allerdurchlauchtigster Großmächtigster König
Allergnädigster König und Herr

Ew. Königl. Majestät
allerunterthänigst, getreuest und
gehorsamster
L. Euler

Minute all., 1 f°. – AAB, I: VIII, F. 51.

31
FRÉDÉRIC II À EULER
Potsdam, 27 juillet 1753

Die Ursachen so Ihr in Euren an Mich unter den 25. dieses erstatteten Bericht gegen das Gesuch des Buchhändlers zu Berlin, Bourdeaux, ihm zu Verlegung eines besondern kleinem Calenders zu authorisiren, anführet, finde Ich dergestalt solide und gegründet, daß Ich demselben darauf sofort zur resolution ertheilen laßen, wie solches sein Gesuch gar nicht statthabe, sondern er sich auch künftighin des Negotii in allen Meinen Provintzien mit auswärtigen und von der Academie der Wissenschaften nicht approbirten Calenders, schlechterdings und indistinctement enthalten müsse. Welches Ich Euch dann hierdurch in Antwort bekandtmachen wollen. Ich bin Eurer gnädiger König

F[riedri]ch

Minute all., 1 f°. – AAB, I: VIII, 247, F. 49.

32
FRÉDÉRIC II À EULER
Potsdam, 14 août 1753

Sr. Königl. Majestät in Preußen, Unser Allergnädigster Herr laßen dem Professori Euler auf seine alleruntherthänigste Vorstellung vom 11ten dieses [1] hierdurch zur allergnädigsten Resolution ertheilen, daß Sie ihm die gesuchte Freyheit von der Natural-Einquartierung in Ansehung des in Lietzow acquirirten Langnerschen Guthes gegen Erlegung eines proportionirlichen Services in Gnaden accordiret, und dem General-Directorio laut des copeylichen Einschlußes dato befohlen haben [2], deshalb das Nöthige weiter auszufertigen.

F[riedri]ch

R 650 Original all., 2 f°. – AAN f. 136, op. 2, n° 9, l. 22 (pièce annexe l. 84); copie et trad. russe *ibid.*, n° 10, l. 67–70.

[1] La requête d'Euler manque.
[2] Ordre donné au Directoire général le 14 août 1753.

33
FRÉDÉRIC II À EULER
Potsdam, 15 août 1753

Der Professor der Anatomie Meckel beym Collegio Medico Chirurgico hat in der Anlage bey Mir angesuchet, daß angezeigter Ursachen halber einer nahmens Sprögel zum Prosector bey der Anatomie bestellet, und ihm zugleich das Praedicat als zweyter Professor bey der Anatomie beygeleget werden möge. Ich verlange darauf Euren pflichtmäßigen Bericht, ob es nöthig sey, bey der Anatomie dergleichen zu bestellen oder nicht? Ich bin Euer gnädiger König

F[riedri]ch

R 651 Original all., 1 f°. – AAN, f. 136, op. 2, n° 9, l. 23.

34
FRÉDÉRIC II À EULER
Potsdam, 18 août 1753

Auf dasjenige, so Ihr in Eurem Bericht [1] vom 16. dieses, sowohl von der Nothwendigkeit eines bey der Anatomie zu bestellenden Prosectoris und zweyten Professor der Anatomie, als auch von der dazu habenden Geschicklichkeit des Dr. Johann Theodor Sprögel, angezeiget, habe Ich resolviret gedachten Sprögel zu agreiren, auch zugleich die Ordre an den Etats-Ministre v. Viereck ergehen laßen, das deshalb Erforderliche zu verfügen.

Und da Ich zugleich dasjenige, was Ihr wegen Bestellung des Dr. Gleditsch zum zweyten ordentlichen Professore der Botanique auf dem Theatro Anatomico und denen damit verknüpften Emolumenten, so von denen examinibus fließen, in Vorschlag gebracht, approbiret habe; so ist auch desfalls von Mir gedachten Ministre v. Viereck aufgegeben worden, das Erforderliche ausfertigen zu laßen. Ich bin Euer gnädiger König

F[riedri]ch

R 652 Original all., 1 f°. – AAN; f. 136, op. 2, n° 9, l. 24.

[1] Cette missive d'Euler manque.

35
FRÉDÉRIC II À EULER
Berlin, 23 octobre 1753

Sr. Königl. Majestät in Preußen, Unser Allergnädigster Herr ertheilen dem Professori Euler auf seinen allerunterthänigsten Bericht [1] vom 21. dieses, die Bestelllung eines zweyten Professoris Chymiae bey dem Collegio Medico Chirurgico betreffendt, hierdurch zur allergnädigsten Resolution, wie Sie in Betracht derer von ihm angeführten Umstände in Gnaden agreiren, daß der von gedachten Collegio in Vorschlag gebrachte Doctor Medicinae Brandes dazu angenommen und gehörig bestellet werden möge; zu dem Ende denn auch an den Etats-Ministre von Viereck dato laut hier beygefügter Abschrift die Ordre [2] ergehet, daß er dieserhalb das Nöthige weiter verfügen soll.

Friedrich

R 653 Original all., 2 f°. – AAN, f. 136, op. 2, n° 9, l. 25 (pièce annexe l. 85).

[1] Cette missive d'Euler manque.
[2] Ordre donné à Viereck le 23 octobre 1753.

36
EULER À FRÉDÉRIC II
[Berlin, fin 1753]

Sire,

Conformement aux ordres de Votre Majesté [1] je me suis informé sur les plaintes de M. Pott par lesquelles il traite le Dr. Brandes comme un valet de Mr. Eller et grand ignorant dans la chymie. Il est vray que Mr. Eller l'a entretenu chez lui depuis cinq ans, mais pas du tout en qualité de valet, mais plutôt pour diriger son laboratoire, ce qui donne déjà quelque presomption de sa capacité dans la chymie. Mais il y a si notoirement bien réussi, que Mr. Pott l'a autrefois lui même honoré de ses eloges, lorsqu'il communique à l'Academie un fort bel memoire sur l'ambre [2], dont il a demonstré la constitution par un très grand nombre d'experiences. Il s'est aussi acquis une bonne reputation dans cette science, qui lui a attiré une vocation pour Marbourg, et il donne depuis quelque tems actuellement des leçons dans la chymie avec beaucoup d'applaudissement. Une certaine composition, qu'il a decouverte par ses soins, et dont on se sert avec avantage dans la raffinerie de sucre, contribue aussi à établir ses mérites, de sorte qu'il n'y a nul doute, qu'il ne soit un très habile chymiste, et fort capable de donner des instructions aux jeunes gens. Il semble, qu'une aigreur ait bien de la part aux plaintes de Mr. Pott, après qu'il n'a point obtenu la même place pour le Dr. Kurella, son gendre, qui ne s'est jamais appliqué à la chymie, et comme il a alors déclaré lui même, qu'un second professeur en chymie seroit fort necessaire, il semble hors de saison de soutenir à présent, que cette place est superflue. Quant à la conduite de Dr. Brandes, que Mr. Pott denie comme fort vicieuse, Mr. Eller, chez qui il a demeuré depuis 5 ans, lui rend les meilleurs temoignages, et l'accusateur seroit bien en peine s'il étoit obligé de prouver ce reproche. Toutes les plaintes de Mr. Pott se reduisent donc à cette seule, qu'il ne voudroit pas, que ce fut le Dr. Brandes, qui eut son apointement après sa mort. Je suis avec le plus profond respect

R 654 Brouillon fr., 1 f°. – AAN, f. 136, op. 2, n° 9, l. 65; copie et trad. russe *ibid.*, n° 10, l. 71–74.

[1] L'ordre de Frédéric II à Euler manque.
[2] Eller a présenté le 24 juin 1751 un mémoire de Brandes intitulé *De Succino brevis Commentatio*, cf. *Registres*, p. 164.

36a
Les Directeurs de l'Académie à Frédéric II
Berlin, 25 février 1754

Allerdurchlauchtigster Großmächtigster König
Allergnädigster König und Herr

Ew. Königl. Majestät sind wir gedrungen allerunterthänigst vorzustellen, daß in Schlesien von den dahin geschickten Calendern der Akademie der Wissenschaften, von welchen bisher ein mäßiger Zoll nach dem innerlichen Werth derselben entrichtet worden, der Zoll nunmehr nach dem Preis, wie solche würklich verkaufet werden, verlangt und so gar auch für die vergangenen Jahre auf diesen Fuß gefordert werde.

Wir haben deswegen schon bey des Herrn von Massow Exc. gebührend Vorstellung gethan, allein darauf nach der Beylage zur Antwort erhalten, daß ohne ausdrückliche Ordres von Ew. Königl. Majestät unser Ansuchen nicht stattfinden könne.

Da nun die Calender der Academie in allen Dero übrigen Statten Zoll und Accise frey passiren, so ersuchen wir Ew. Königl. Majestät allerunterthänigst der Academie sowohl für die Calender als Landkarten und Sammlungen der Edicten, worüber Ew. Königl. Majestät dieselben zu privilegieren geruhet, auch in Schlesien die Zoll und Accisefreiheit allergnädigst zu accordiren.

Die wir mit dem allertiefsten Respect ersterben Allerdurchlauchtigster Großmächtigster König
Allergnädigster König und Herr
Ew. Königlichen Majestät
Allerunterthänigst, getreueste
und gehorsamste Directores der
Königl. Academie der Wissenschaften
L. Euler

Minute all. d'Euler, 1 f°. – AAB, I:VIII, 136, F. 129.

37
Frédéric II à Euler
Potsdam, 8 août 1754

Ich habe Euch hierdurch bekannt machen wollen, wie Ich sehr verlange, einen recht soliden und geschickten Professor der Physique und Mathematique zur Universität in Halle zu haben, der solche Sciences allda mit Nutzen dociren und treiben könne und welchen Ich auch deshalb mit einen besondern jährlichen Salario versehen will. Da Mir nun nicht ohnbekannt ist, daß sich in der Schweitz verschiedene dergleichen Männer finden [1], so in solchen Wissenschaften was besonders gethan und es weit darin gebracht haben, so wird es Mir zu besonders gnädigsten Gefallen gegen Euch gereichen, wenn Ihr Euch bestens bemühen werdet, einen dergleichen in der Mathematique und Physique recht geschickten und habilen Mann, zu erwähnten Posten bekommen zu können. Woran und welchergestalt Ihr darunter reussiret habt, Ich Euren bericht demnächst erwarten werde. Ich bin Euer gnädiger König

F[riedri]ch

R 655 Original all., 1 f°. – AAN, f. 136, op. 2, n° 9, l. 26.

[1] Il songeait surtout aux Bernoulli de Bâle que lui avait indiqués Euler.

38
Frédéric II à Euler
Potsdam, 12 août 1754

Sr. Königl. Majestät in Preußen, Unser Allergnädigster Herr haben aus dem Schreiben [1] des Professoris Euler vom 9. dieses ersehen, daß er sich bemühen werde, den Professorem Daniel Bernoulli [2] zu Basel dahin zu disponiren, daß er das Professorat der Physic und Mathematic auf der Universitaet Halle annehmen möge.

Wie nun Höchst Denenselben solches zu gnädigsten Gefallen gereichet, also wünschen Sie daß er hierunter reussiren möge, und wollen Sie zu seiner Zeit hiervon dessen nähern Bericht erwarten.

F[riedri]ch

R 656 Original all., 1 f°. – AAN, F. 136, op. 2, n° 9, l. 27.

[1] La lettre d'Euler manque.

[2] Un des premiers actes d'Euler dans ses fonctions de Directeur de la classe mathématique fut de le proposer comme membre étranger de l'Académie de Berlin. Il fut élu à ce titre le 30 juin 1756 en même temps que d'Alembert et Voltaire, proposés par Frédéric II. – Cf. *Registres*, p. 100.

39

EULER À FRÉDÉRIC II

Berlin, 8 septembre 1754

Allerdurchlauchtigster Großmächtigster König
Allergnädigster König und Herr!

Ew. Königliche Majestät Allergnädigsten Befehl zu folge nehme die Freyheit die von dem Prof. Daniel Bernoulli in Basel erhaltene Antwort allerunterthänigst zu berichten. Welche also lautet: Je suis tout étonné et je n'ai pas l'esprit assez tranquille pour répondre convenablement à l'offre gracieuse que vous me faites de la part de Sa Majesté: mon age et ma santé m'empèchent de l'accepter; le moindre travail m'épuise, je ne suis plus qu'un depontain [1], je n'apporterois en Prusse qu'un faible et inutile reste d'une vie presque consumée [2].

In der Schweitz befindet sich sonst meines Wissens Niemand, welcher im Stande wäre den hohen Absichten Ew. Königl. Majestät ein Genügen zu leisten, und in Teutschland werden die Mathematischen und Physischen Wissenschaften so sparsam getrieben, daß da mir schon seit vielen Jahren aufgetragen worden, in diesen Wissenschaften geschickte Männer für die Petersburgische Academie aufzusuchen, ich nicht mehr als den Prof. Segner in Göttingen und den Prof. Bärmann in Wittenberg habe ausfindig machen können, welche aber an ihre Stellen so fest gebunden sind, daß sie keinen Vorschlägen haben Gehör geben wollen.

Zu einer solchen außerordentlichen Stelle aber, als Ew. Königliche Majestät zu besetzen Allergnädigst geruhen wollen, unterstehe ich mich nicht Männer von mittelmäßigen Verdiensten oder junge Leute von guter Hoffnung vorzuschlagen. Der ich mich der Höchsten Protection Ew. Königl. Majestät auf das allerdemüthigste empfehle und mit dem allertiefsten Respect ersterbe

Allerdurchlauchtigster Großmächtigster König
Allergnädigster König und Herr
Ew. Königlichen Majestät
allerunterthänigst-getreuest
und gehorsamster Diener
Leonh. Euler

R 657 Original all., 1 f°. – DZA Merseburg, Rep. 96r–v, Bl. 12. Publ.: Stieda, p. 52.

[1] Ce mot, étant encore employé au XIXe siècle, est de l'origine latine: *depontanus* signifait à Rome le vieillard incapable de franchir le *pont* pour aller voter de l'autre coté du Tibre.

[2] Cf. Fuss, *Correspondance* II, p. 653 (R 182).

40
Euler à Frédéric II
Berlin, 9 septembre 1754

Allerdurchlauchtigster Großmächtigster König
Allergnädigster König und Herr

Da ich einige Ursach zu vermuthen hatte, daß der Hr. Bernoulli sich nicht entschließen möchte, sein Vaterland zu verlassen, so habe ich mich unter der Hand bey dem Prof. Segner in Göttingen erkundiget, ob er gesinnet wäre eine Stelle in Halle anzunehmen. Worauf ich heute von ihm die Antwort erhalten, daß ungeacht er die an ihn ergangene Vocation nach Petersburg ausgeschlagen, er doch mit den größten Freuden eine für ihn vortheilhafte Stelle in Halle annehmen würde.

Hiervon habe nun meine schuldigste Pflicht erachtet Ew. Königlichen Majestät allerunterthänigsten Bericht abzustatten, weil der Prof. Segner beynahe der einzige ist, welcher sich in Teutschland in der Physic und Mathematic vorzüglich hervorgethan, und dabey nicht nur diese Wissenschaften in Halle in Aufnahme zu bringen im Stande wäre, sondern auch viel Studiosos dahin von Göttingen nach sich ziehen würde; insonderheit da die Göttingische Universität nun auch den geschickten Prof. Mayer, welchen ich der hiesigen Academie als Astronomum zu verschaffen Gelegenheit gefunden [1], verliert. Solchergestalt scheinet gedachter Prof. Segner den Hohen Absichten Ew. Königl. Majestät vollkommen gemäß zu seyn.

Derselbe befindet sich zwar in Göttingen in ziemlich guten Umständen, wo sich seine jährliche Einnahme über 1000 Rthl. beläuft, allein besondere Vorzüge und Ehren Titul würden vermögend seyn der Sache den Ausschlag zu geben, und ihn dabey in Stand setzen die Mathematischen und Physischen Wissenschaften mit so viel besserem Nachdruck und Nutzen [zu] treiben.

Ich ersterbe mit dem allertiefsten Respect
Ew. Königlichen Majestät
allerunterthänigst, getreuest
und gehorsamster Knecht
Leonh. Euler

R 658 Original all., 1 f°. – DZA Merseburg, Rep. 96r–v, Bl. 13. Publ.: Stieda, p. 52–53.

[1] Mayer n'est pas venu à Berlin, et son nom ne figure dans les procès-verbaux de l'Académie de Berlin qu'une seule fois: à la séance du 9 mai 1754 Euler communiqua une lettre de Mayer, probablement celle du 7 mai (R 1640). – Cf. *Registres,* p. 201.

41
Frédéric II à Euler
Neisse, 15 septembre 1754

Es seynd Mir Eure beyde unter dem 8. und 9. dieses erlaßene Schreiben allhier richtig eingeliefert worden und habe Ich daraus Eure bisher gehabte Bemühung um einen recht geschickten Professorem von der Mathematic und der Physic von auswärts zur Universitaet nach Halle zu bringen, mit aller Zufriedenheit und gnädigen Erkenntlichkeit gegen Euch ersehen.

Da Ich solches der angeführten Umstände halber mit dem Professor Bernoulli in Basel nicht reussiren mögen, so wird es Mir zu besonders gnädigen Gefallen gegen Euch gereichen, wenn Ihr Euch anderweitig bemühen werdet, einen dergleichen habilen und geschickten Mann, er sey auch, woher er wolle, nach Halle zu bekommen; in welcher Intention dann Ich auch Euren Bemühungen, um den Professor Segner zu disponiren, sich nach Halle zu begeben, gern die Hand nach Möglichkeit biethen werde, als deshalb Ihr mit denselben tractiren und Mir von dessen Entschluß und denen Conditionen, so er deshalb fordern dürfte, weitere Meldung thun könnet. Ich bin Euer gnädiger König.

F[riedri]ch

R 659 Original all., 1 f°. – ANN, f. 136, op. 2, n° 9, l. 28.

42
Euler à Frédéric II
Berlin, 7 octobre 1754

Allerdurchlauchtigster Großmächtigster König
Allergnädigster König und Herr

Auf Ew. Königl. Majestät Allergnädigsten Befehl habe wegen der Physischen und Mathematischen Profession zu Halle an den Professor Segner in Göttingen geschrieben, und von demselben beyliegende Antwort erhalten, worinn er sich erkläret, daß er fest entschlossen ist, diese Stelle unter folgenden Bedingungen anzunehmen [1].

I. Da er in Göttingen jährlich auf 1000 Rthl. dienet, und wegen eines sich daselbst angeschafften Land Guths bey dem Abzug keinen geringen Schaden leiden würde, so verlangt er eine jährliche Besoldung von 1500 Rthl.

II. Um seine Famille und Effecten nach Halle zu überbringen bittet er allerunterthänigst um ein Reise Geld von 500 Rthl. nebst der Freyheit seine Sachen ohne Accis hereinzubringen.

III. würde er mit dem alleruntertbänigsten Dank erkennen, wenn Ew. Königl. Majestät Allergnädigst geruhen wollten ihm den Charakter eines Geheimen Raths gratis zu ertheilen, und bey der Universität einen besonderen Rang zu bestätigen, wodurch doch keinem anderen Tort geschehen möchte.

IV. Ist er von Geburth ein Ungar, wo seine Familie schon vor 200 Jahren geadelt worden. Da er aber bisher diesen Vorzug hintangesetzet, so hoffet er Ew. Königl. Majestät werden Allergnädigst geruhen seinen Adel zu erneuern, und ihm darüber das Patent gratis ausfertigen zu lassen.

V. Dagegen verbindet er sich sowohl die Mathematic als Physic mit allem ersinnlichen Fleiß und Eifer zu lehren. Da aber in Göttingen die zur Experimental Physic erforderten Instrumenten auf Kosten der Universität angeschafft worden, so heget er das Vertrauen, Ew. Königl. Majestät werden derwegen in Halle gleiche Ordre zu stellen geruhen.

VI. Da er seinen halbjährigen Cursum in Göttingen würklich angefangen, so kann er sich nicht anheischig machen vor künftigen Ostern nach Halle zu ziehen, und weil ihn auf künftiges Jahr die Ordnung des Prorectorats trifft, so müßte er, um solches von sich abzulehnen, noch vor Anfang des Decembers eine positive Resolution bekommen.

VII. Hierbey erkühnet er sich Ew. Königl. Majestät Allergnädigsten Vorsorge seinen Sohn, falls er sich dazu würdig macht, alleruntertbänigst zu empfehlen.

Ich ersterbe mit dem allertiefsten Respect
Allerdurchlauchtigster Großmächtigster König
Allergnädigster König und Herr
Ew. Königlichen Majestät
alleruntertbänigst, getreuest,
und gehorsamster Knecht
L. Euler

R 660 Original all., 1 f°. – DZA Merseburg, Rep. 96r–v, Bl. 14r–v;
Brouillon all., 1 f°. – AAN, f. 136, op. 2, n° 9, l. 64r–v
Publ.: Stieda, p. 53–54.

[1] Voir la lettre de Segner à Euler du 27 octobre 1754 (R 2460). Le problème de la nomination de Segner à la place vacante à l'Université de Halle est traité dans plusieurs lettres suivantes de la correspondance entre Euler et Frédéric II, de même que dans de nombreuses lettres de Segner à Euler (R 2459–2473). Cf. Stieda, p. 17–18.

43

Frédéric II à Euler
Potsdam, 21 octobre 1754

Da Meine bisherigen Beschäftigungen zeither nicht zulaßen wollen, Euch auf dasjenige, so Ihr Mir unter den 7. dieses Monathes von der an Euch gekommenen Antwort des Professor Segner zu Göttingen gemeldet habt, zu antworten, so habe Ich Euch hierdurch nunmehro zuförderst bekannt machen wollen, wie Ich nicht abgeneigt bin, gedachten Segner die in Eurem Schreiben erwähnten ersteren 4 Conditiones zu accordiren, wiewohl dennoch glaube, daß er sich mit einen jährlichen Gehalt von 1000 Rthl. noch wird befriedigen laßen. Was aber den 5. Articul anbetrifft, so kann Ich Mich darüber nur deshalb noch nicht decidiren, weil Ich zuförderst zu wißen nöthig habe, wieviel die Anschaffung derer zur Experimental Physique erforderlichen Instrumente, es sey nun ein vor allemal oder aber jährlich, kosten wird. Dahero es Mir dann zu gnädigsten Gefallen gegen Euch gereichen wird, wann Ihr einen Überschlag solcher Kosten machen und Mir solchen nebst Euren Bericht einsenden werdet. Ich bin Euer gnädiger König

F[riedri]ch

R 661 Original all., 1 f°. – AAN, f. 136, op. 2, n° 9, l. 29.

44

Euler à Frédéric II
Berlin, 2 novembre 1754

Allerdurchlauchtigster Großmächtigster König
Allergnädigster König und Herr

Ew. Königl. Majestät Allergnädigsten Befehl zu folge habe dem Prof. Segner in Göttingen gemeldet, daß die von ihm vorgeschlagenen Bedingungen Allergnädigst würden zugestanden werden; nur was die verlangte jährliche Besoldung beträfe, so möchte er sich mit 1000 Rthl. begnügen lassen, wozu ich alle mir möglichen Bewegungsgründe angeführet.

Hierauf habe ich nun beyliegende Antwort erhalten, worinn er sich erkläret, daß wofern nur die Pension mit den Accidentien zusammen jährlich 1500 Rthl. betragen sollte, so wollte er sich mit der angebotenen Besoldung von 1000 Rthl. befriedigen. Weil aber die Accidentien ungewiß und sich schwerlich auf 500 Rthl. des Jahres belaufen möchten, so untersteht er sich alleruntherthänigst um eine Zulage von

200 Rthl. zu den gedachten 1000 Rthl. anzuhalten. Doch aber unterwirft er sich hierinn gäntzlich Ew. Königl. Majestät Allergnädigsten Entschließung [1].

Und wie er die Bestätigung der übrigen Articul mit dem allerunterthänigsten Dank erkennet, so acceptirt er diese ihm Allergnädigst angetragene Stelle auf das feyerlichste, und gibt darüber die theuersten Versicherungen, daß man sich auf seine Zusage fest verlassen kann. Dahero er nur darüber die Allergnädigste Confirmation und Vocation erwartet, um seine Dimission zu suchen.

Wenn man die zu den physicalischen Experimenten erforderten Instrumente von neuem stückweise wollte machen lassen, so würden sich dieselben ziemlich hoch belaufen. Da aber der sel. Baron von Wolff [2] in Halle einen vollständigen Vorrath solcher Instrumente verlassen, so habe ich mich unter der Hand erkundiget, ob dieselben nicht zu bekommen wären, und wie theuer? Worauf ich täglich eine zuverlässige Antwort erwarte, und alsdann darüber sogleich Ew. Königl. Majestät meinen allerunterthänigsten Bericht abstatten werde. Der ich mit dem allertiefsten Respect ersterbe

Allerdurchlauchtigster Großmächtigster König
Allergnädigster König und Herr
Ew. Königlichen Majestät
Allerunterthänigst, gehorsamst
und getreuester Knecht
L. Euler

R 662 Original all., 1 f°. – DZA Merseburg, Rep. 96r–v, Bl. 15r–v;
brouillon all., 1 f°. – AAN, f. 136, op. 2, n° 9, l. 62.
Publ.: Stieda, p. 54

[1] Segner écrit également à Euler le 27 octobre 1754 (R 2460) qu'il enverra sa lettre de noblesse hongroise de 1596 sitôt qu'il en aura copie. Segner accepte la convocation à Halle. Il demande que l'on accélère la procédure de son appel, afin de pouvoir réclamer son congé. Il craint les difficultés et recommande le mécanicien Canpe pour Berlin ou Halle. G.M. Lowitz lui a écrit qu'il allait à Göttingen et y emmenait sa fabrique de globes. (DZA Merseburg, Rep. 96/96 R, Bl. 16–17 R). Lowitz alla en 1767 à Pétersbourg.

[2] Wolff devint professeur à Halle 1707; chassé de Prusse par le roi Frédéric-Guillaume I, il obtint la chaire à l'Université de Marbourg, mais après la mort de Frédéric-Guillaume I il fut rappelé à Halle par Frédéric II en 1740.

45
Frédéric II à Euler
Potsdam, 4 novembre 1754

Nachdem Ich aus Eurem Schreiben vom 2. dieses ersehen habe, wie daß der Professor Segner zu Göttingen sich nunmehro fest und ohnveränderlich entschloßen hat, die ihm von Mir offerirte Professur von der Mathematique und Physique zu Halle, auf die von Mir ihm accordirten Conditiones anzunehmen, und deshalb die Dimission aus seinen jetzigen Diensten zu suchen um sich alsdann zu Halle zu etabliren; so bin Ich davon gantz wohl zufrieden gewesen und habe dannenhero in der Ordre [1], von welcher Ihr zu Eurer Nachricht die Abschrift hierbey empfanget, befohlen die Vocation für gedachten Segner auszufertigen und Euch solche demnächst zustellen zu laßen, damit Ihr den weiteren Gebrauch davon machen könnet. Wobey Euch zu Eurer Direction dienet, daß sobald der Segner seine Dimission aus seinen jetzigen Diensten erhalten haben wird, Ihr Mir solches melden und Mich erinnern sollet, damit Ich die erforderlichen Ordres zu Auszahlung der ihm accordirten Reise Kosten und des geordneten Gehaltes, auch wegen Erneuerung des Adels seiner Famille auf ihn und seine Descendenten, ertheilen laße.

Was die von Euch noch angezeigten Instrumente zu denen Physicalischen Experimenten, so der verstorbene Geheime Rath Wolff zu Halle hinterlaßen haben soll, anlanget, da muß ich zuforderst die Nachricht von Euch erwarten, was solche eigentlich kosten werden, bevor Ich Mich deshalb finalement decidiren kann. Ich bin Euer gnädiger König

F[riedri]ch

R 663 Original all., 2 f°. – AAN, f. 136, op. 2, n° 9, l. 30r–v (pièce annexe l. 86r–v).

[1] Le 4 novembre 1754, Frédéric II communique au Ministre Freiherrn von Danckelmann qu'il a nommé comme successeur à Ch. Wolff le professeur Segner à la chaire de Mathématique et de Physique. Le salaire annuel est de 1200 thaler. Pour son déménagement il obtient 500 thaler et la gratuité des taxes d'entrée. Outre le titre de conseiller privé, il obtient un «rang particulier dans l'université», et son titre de noblesse hongrois est «renouvelé», tout cela sans impôts (AAN, f. 136, op. 2, Nr. 9, Bl. 86–86R, copie).

45a

Réflexions d'Euler sur le projet de l'architecte Buchten relatif à l'amélioration des moulins [1]

Berlin, 6 novembre 1754

Was der Architect Buchten von der Einrichtung seines Mühlen-Werks überhaupt und denen dazu erforderten weit geringern Kosten insbesondere anführet, ist keineswegs meine Absicht zu berühren, indem solches blos in die praxin läuft, und die Königl. Kriegs- und Domänen-Cammer mit geschickten Leuten versehen ist, welche diese Puncte genüglich zu beurtheilen im Stande sind. Was aber die Vortheile betrifft, welche sich der Herr Buchten von seiner Erfindung verspricht, insofern er dieselbige auf eine vorgegebene Theorie und daraus fließende Berechnung gründet, darüber halte ich mich verbunden, meine Gedanken ausführlich zu eröffnen, weil die wahren Grund-Sätze, aus welchen die Kräfte und Würkungen der Mühlen bestimmet werden müßen, den meisten Practicis gäntzlich unbekannt sind, und der Herr Buchten selbst davon eine sehr unvollkommene Kenntnis zu haben scheinet. Hierauf wird sich also insbesondere meine Untersuchung erstrecken und solchergestalt gedenke demjenigen, was von mir verlanget worden, ein Genügen zu leisten.

Ich fange also von denen sub Lit. J. gegebenen Erläuterungen an und bemerke zuerst, daß der Herr Buchten die zu bewegende Last bey einem Mahl-Gange dergestalt auf 2 Centner setzet, daß an der Peripherie des Läuffers 2 Centner oder 220 Pfund angebracht werden müßen, um denselben seine gehörige Bewegung zu geben. Es ist aber nicht unbekannt, daß die Last bey einer Mühle blos allein in der Friction, welche das zu zermalmende Korn dem Läuffer verursachet, bestehet, sondern auch daß diese Friction durch ein Gewicht bestimmet werden müße, welches vermögend ist dieselbe zu überwinden. Man hat aber durch vielmal wiederholte Versuche befunden, daß um einen Läuffer von ohngefähr 4 Fuß im Diameter, der 1 Fuß hoch ist, in Bewegung zu setzen, oder seine Friction, so sich beym Mahlen äußert, zu verhindern, ein Gewicht von 20 Pfund so an dessen Peripherie appliciret wird, hinlänglich ist, welches 10 mal kleiner ist als nach dem Herrn Buchten.

Er mag aber wohl hierbey mit auf die Geschwindigkeit des Läuffers gesehen haben, allein es ist nach denen Grund-Sätzen der Mechanic ausgemachet, daß man in Bewegung solcher Machine blos allein auf die Kraft, welche die Friction zu überwinden vermögend ist, zu sehen hat und daß die Geschwindigkeit aus gantz andern Umständen beurtheilet werden muß.

Man muß also annehmen daß ein solcher Läuffer keine andere Kraft als von 20 Pfund, welche das Gewicht von $\frac{2}{7}$ Cubic-Fuß Wasser betragen, erfordere, nämlich an seiner Peripherie. Wann anstatt dieser Kraft 200 oder gar mehr Pfund erfordert werden sollten, so würde schwerlich jemals eine Mühle in Gang gebracht werden können.

Wo der Herr Buchten sub Lit. J. setzet, daß der Läuffer 32 mal herumlauffe ehe das Wasser-Rad einmal herumgetrieben wird, da irret er sich augenscheinlich in seiner Rechnung. Denn da das Stirn-Rad 20, das Getriebe aber 80 Zähne hat, so muß das Wasser-Rad mit dem Stirn-Rad 4 mal herumlauffen ehe das Getriebe einmal, und folglich der Läuffer 8 mal herum kommen. Dahero während jeder Herumdrehung des Wasser-Rades der Läuffer nur 2 mal und nicht 32 mal herumlaufen kann, worinnen ein sehr wesentlicher Fehler der von ihm vorgeschlagenen Machine zu stecken scheinet, welcher aber, wenn das übrige seine Richtigkeit hätte, leicht gehoben werden könnte.

Die Haupt-Sache aber kommt darauf an, wie man die Kraft des treibenden Wassers schätzen und daraus die Geschwindigkeit der Läuffer bestimmen soll, welche Untersuchung insonderheit dem Herrn Buchten mißlungen, so daß man auf die von ihm daraus gezogenen Schlüße über die Vortheile seiner Erfindung nicht den rgeringsten Staat machen kann.

Bey dem Wasser hat man nicht auf eine gewisse Anzahl Cubischer Füße, wie der Buchten sein estimo anstellet, sondern auf folgende zwey Stücke zu sehen.

1. Man muß wissen, wie viel Wasser aus dem Wasser-Behältnis in einer gewißen Zeit auf das Wasser-Rad abgeleitet werden kann. Hierbey muß also hauptsächlich die Zeit in Betracht gezogen werden; indem eine arme Quelle nach langer Zeit endlich mehr Wasser geben kann als eine reiche in kurtzer Zeit. Wir werden also den deutlich-

sten Begriff von der Menge eines gegebenen Wasser-Schatzes machen, wann wir bestimmen können, wie viel Cubische Schuh Wasser daher alle Secunden auf die Mühle abgeleitet werden kann.

2. Kommt hier das Gefälle oder die Höhe des Ober-Wassers über dem Unter-Wasser vornehmlich in Betrachtung, und von diesen zwey Stücken hänget die Kraft des Wassers dergestalt ab, daß je mehr entweder Wasser der Wasser-Schatz alle Secunden liefert, oder je höher das Gefälle ist, die Kraft eben so vielmal größer wird; also hat ein alle Secunden gelieferter Cubic-Fuß Wasser bey einem Gefälle von 12 Schuh eben so viel Kraft als 2 alle Secunden gelieferte Cubic – Schuh Wasser bey einem Gefälle von 6 Fuß oder als 3 alle Secunden gelieferte Cubic-Schuh bey einem Gefälle von 4 Schuh und so fort.

Das gantze Vermögen eines treibenden Wassers, insofern solches auf eine Mühle würket, wird also am füglichsten bestimmet, wenn man die Anzahl der Cubic-Schuh Wasser, welche der Wasser-Schatz alle Secunden zu liefern vermögend ist, mit der Höhe des Gefälles, so gleichfalls in Schuh ausgedrücket werden muß, multipliciret, denn da wird das Product die wahre Größe des Vermögens anzeigen. Wenn also ein Wasser-Behältnis alle Secunden 4 Cubic-Fuß Wasser darreichet, und das Gefälle desselben 6 Fuß beträget, so wird das Vermögen desselben durch 4 mal 6, das ist 24 angezeiget.

Gleichergestalt ist es nicht genug, um die Würkung zu bestimmen, daß man wisse, wie eine große Kraft, um den Widerstand des Läuffers zu überwinden, erfordert werde, sondern es ist auch nöthig zu wissen, wie geschwind der Läuffer herumlauffe. Um nun solches auf das deutlichste vorzustellen, so betrachte man erstlich die Kraft, welche an die Peripherie des Läufers appliciret, vermögend ist seinen Widerstand zu überwinden; da diese Kraft durch ein Gewicht ausgedrücket wird, so kann man solches in Cubic-Schuh Wassers leicht angeben, indem 70 Pfund auf einen Cubic-Schuh Wasser gerechnet werden. Diese Kraft ist der oberwähnten Versuche von 20 Pfund und also in $\frac{2}{7}$ Cubic-Fuß Wasser befunden, und in einem jeglichen andern Fall wird man angeben können, wie viel Cubic-Fuß Wasser die zum Läuffer erforderte Kraft betrage. Hernach ziehe man auch den Weg in Betrachtung, den ein jeglicher Punct der Peripherie des Läuffers in einer Secunde durchläuft. Diesen Weg drücke man ebenfalls in Schuh aus, und multiplicire mit dieser Zahl die obige Zahl der Cubischen Schuhe, welche die zu Bewegung des Läuffers erforderte Kraft anzeiget, so wird das Product die Größe der Würkung der Mühle deutlich anzeigen: denn je größer entweder diese Kraft, oder je größer jene Geschwindigkeit ist, um so viel mehr Korn ist die Mühle vermögend zu zermalmen, und um so viel größer ist folglich die Würkung derselben.

Wenn auf die beschriebene Art sowohl das Vermögen der bewegenden Kraft als die Würkung der Mühle ausgedrücket wird, so weiset die Theorie für eine jede Art Mühlen ein gewisses Verhältnis zwischen dem Vermögen und dem Verhältnis, aus welchen hernach, wann das Vermögen gegeben ist, die Würkung leicht bestimmet werden kann.

Die Rechnungen, welche der Herr Buchten zu eben diesem Ende anstellet, sind nun, wie von selbsten erhellet, von diesem festgesetzten Begriff weit entfernet, und haben also in der Theorie nicht den geringsten Grund. Hingegen können vermittelst dieser Begriffe alle Mühlen Machinen von was Art dieselben auch immer seyn mögen, gründlich und der Wahrheit gemäß gantz leicht beurtheilet werden, woraus zugleich erhellen wird, welchergestalt ein jedes Mühlen-Werk in seiner Art zum höchsten Grad der Vollkommenheit gebracht werden kann.

Bey einem unterschlächtigen Wasser-Rade ist es nicht möglich, eine größere Würkung hervorzubringen, als welche ohngefähr den 6. Theil des Vermögens gleich ist; wann nämlich das Vermögen und die Würkung nach der oben ausgedrückten Art festgesetzet werden. Man mag also die Dreylinge, Kamm-Räder, Getriebe und Stern-Räder nebst Wasser-Rad einrichten wie man will, so wird man nimmer eine Würkung erhalten, welche mehr als den 6. Theil des Vermögens betragen solle. Es müßen aber hierbey solche Umstände in Acht genommen werden, daß wann man sich in der Anlage einer Mühle darin versiehet, die Würkung leicht noch weit kleiner herauskommen kann, daher es nöthig ist, diese Umstände wohl in Erwägung zu ziehen.

Der erste Umstand bestehet darin, daß die Geschwindigkeit der Schaufel am Wasser-Rade dem 3. Theil der Geschwindigkeit des Wassers selbst, so darauf stößet, gleich sey. Diese Geschwindigkeit des Wassers aber verhält sich wie die Quadrat Wurtzel aus der Höhe des Gefälles, und man weiß, daß wann die Höhe des Gefälles 15 Fuß ist, das Wasser daher eine Geschwindigkeit erhält, mit der es alle Secunden 30 Fuß durchzulaufen vermögend ist; wenn demnach das Gefälle 15 Fuß wäre, so muß die Schaufel am Wasser-Rade alle Secunden einen Weg von 10 Fuss durchlaufen. Hieraus ist nun leicht die Vollkommenheit einer Mühle zu beurtheilen; man darf nur auf die Bewegung des Wasser-Rades sehen, und wenn man findet, daß die Geschwindigkeit der Schaufel größer oder kleiner ist, als der dritte Theil der Geschwindigkeit des durchstoßenden Wassers, so kann man sicher schließen, daß die Einrichtung der Mühle unvollkommen und die daher erhaltene Würkung nicht so groß ist, als zu erhalten möglich wäre. In solchem Fall also würde durch einige geschickte Veränderung an Rädern und Getrieben alles zu gewinnen seyn. Sollte nämlich das Wasser-Rad zu langsam laufen, so müßte man die Zähne seiner Räder gegen die dadurch in Bewegung gesetzten Getriebe vermehren, im gegengesetzten Fall aber, wann das Wasser-Rad zu geschwinde liefe, solche vermindern.

Der zweyte Umstand ist, daß das Wasser auf die untersten Schaufeln des Rades perpendiculair geleitet werde, hiernächst aber die Schaufeln groß genug seyn alles Wasser zu faßen, daß kein Theil desselben ohne aufzustoßen vorbey fließen könne. Die Nothwendigkeit dieser Bedingung fällt so gleich in die Augen, weil an dem tiefsten möglichen Ort die Geschwindigkeit des Wassers am größesten, und der Stoß, dessen Direction auf die Schlaufen perpendicular ist, am stärksten ist. Der erste Umstand erfordert aber eine tiefere Einsicht in die Hydraulic und Algebre, dessen Beweis demnach hier nicht angeführet werden kann.

Drittens verstehet sich von selbst, daß man trachten muß, die Friction an den Axen und Zähnen so viel möglich zu verringern, zu welchem Ende man verschiedene Erfindungen hat, welche denen Practicis nicht unbekannt seyn.

Um demnach die Mühlen nach ihrer Würkung in einen vollkommenen Stand zu bringen, so kommt es keineswegs auf besondere Räder und Getriebe an, wie der

Herr Buchten sich vorstellet, sondern die Einrichtung und Anzahl derer Räder mag beschaffen seyn wie sie will, wann die 3 obigen Umstände wohl beobachtet werden, so kann man versichert seyn, daß die Mühle die größeste mögliche Würkung hervorbringet, und durch keine Veränderung die geringste Vermehrung zu erwarten sey; woferne man nämlich weder eine größere Menge Wasser noch ein höheres Gefälle zu verschaffen im Stande ist. Daher des Herrn Buchten Versprechen, durch seine Mühlen einen zweymal stärkern Vortheil zu schaffen als durch die gewöhnliche, von selbsten vernichtet wird; es wäre denn, daß in denen gewöhnlichen die obgemeldeten 3 Umstände gar nicht beobachtet wären, welche Fehler aber denselben nicht besonders zugeschrieben werden können.

Und da dem Herrn Buchten der erste Umstand unbekannt zu seyn scheinet, so wäre sehr zu befürchten, daß seine Mühlen noch weniger leisten mögten.

Die vermeinte Demonstration, und das wenige Algebre, so er anführet, sind aus sehr unächten Quellen geschöpfet, und bey solchen Umständen hat man völlig recht, mehr auf einen eintzigen würklichen Versuch zu bauen, als auf 100 dergleichen Demonstrationes.

Um die obige Regul durch ein Exempel zu erläutern, so wollen wir einen Läuffer annehmen, zu dessen Bewegung eine Kraft von 20 Pfund oder $\frac{2}{7}$ Cubic Fuß Wasser an seiner Peripherie erfordert würde. Dieser Läuffer soll ferner alle Minuten 20 mal oder in 3 Secunden einmal herumlaufen. Da nun der Durchmesser des Läuffers 4 Fuß und also sein Umfang $12\frac{1}{2}$ Fuß beträget, so durchläuft seine Peripherie alle Secunden $4\frac{1}{6}$ Fuß, welche mit $\frac{2}{7}$ Cubischen Fuß Wasser multipliciret, die Würkung geben $\frac{25}{21}$.

Nun muß bey einem unterschlächtigen Wasser-Rade das Vermögen 6 mal größer, also $\frac{50}{7}$ seyn, und so viel muß heraus kommen, wenn man die alle Minuten zufließende Menge Wasser mit der Höhe des Falles multipliciret.

Hätte man einen Fall von 5 Schuhen, so würde alle Secunden $\frac{10}{7}$ oder $1\frac{3}{4}$ Cubic-Fuß Wasser erfordert, hätte man 4 mal so viel Wasser bey eben diesem Gefälle, so könnte man 4 Läuffer mit der verlangten Geschwindigkeit in Bewegung setzen. Es sey das Gefälle von 5 Fuß, so muß die Geschwindigkeit des Wassers alle Secunden $17\frac{2}{3}$ Fuß betragen, und also muß die Schaufel des Wasser-Rades alle Secunden beynahe 6 Fuß durchlaufen. Die Größe des Wasser-Rades ist willkührlich. Man setze einen Durchmesser von 12 Fuß, demnach müßen die Läufer 2 mal herumlaufen, indem das Wasser-Rad einmal herumkommt, aus welchem Verhältnis nun die Vergleichung der Räder und Getriebe leicht zu bestimmen. Kann man aber ein oberschlächtiges Wasser-Rad anbringen, so kann daher eine weit größere Würkung hervorgebracht werden, indem die Größe der Würkung dem Vermögen beynahe gleichkommet, und also beynahe 6 mal größer werden kann, als bey unterschlächtigen Rädern; dahero wären bey dem Mühlen-Bau die größesten Vortheile darin zu suchen, daß man auch bey kleinem Gefälle Mittel ausfindig machte, oberschlächtige Wasser-Räder anzubringen. Hierzu wird aber nicht unumgänglich erfordert, daß der Durchmesser des Rades kleiner sey als das Gefälle, es käme nur darauf an, auch bey einem größeren Rade solche Wasser-Kasten statt der Schaufel anzubringen, welche alles darin fallende Wasser behalten könnten. Hernach bestehet bey solchen Rädern ein Haupt-Umstand darinn, daß man dieselben so langsam laufen laße, als möglich ist. Weil aber hier nicht die Rede ist von oberschlächtigen Rädern, so will ich mich auch bey denselben nicht länger aufhalten, obgleich sonsten einem Practico noch sehr vortheilhafte Vorschläge eröffnet werden könnten, einer gantz neuen Erfindung zu geschweigen, durch welche die Kraft des Wassers, auch bey einem niedrigen Gefälle dergestalt genutzet werden kann, daß man daher eine noch größere Würkung, als von oberschlächtigen Rädern erhalten kann.

Euler

Original all., 4 f°. – DZA Merseburg, Rep. 96r–v, Bl. 41–44.

[1] Frédéric II demandait, par un ordre du cabinet du 29 octobre 1754, un rapport d'expertise sur l'invention de l'architecte Buchten relative à la fabrication des moulins. Euler le fournit le 6 novembre 1754.

46

Euler à Frédéric II

Berlin, 20 novembre 1754

Allerdurchlauchtigster Großmächtigster König
Allergnädigster König und Herr

Ew. Königl. Majestät habe die Ehre die Antwort des Prof. Lange [1] zu Halle wegen der Wolffischen Instrumente zur Experimental-Physic hierbey allerunterthänigst vorzulegen.

Diese Instrumente sollen zwar vollständig, doch aber weil sie seit 14 Jahren nicht gebraucht worden, vom Rost ziemlich angegriffen seyn; und der junge Baron von Wolff sey auch nicht gesinnet dieselben zu verkaufen, wofern sie ihm nicht wohl bezahlet würden. Dennoch wolle er davon eine Specification machen, und die Preise aus seines sel. Vaters Rechnungen aufsuchen. Der Prof. Lange meldet auch, wie bisher die Experimental-Physic getrieben worden. Dieser ungeacht er anno 1723 dem Hrn. Wolff nur in der Mathesi succedirte, und die Physic mit dem dazu bestimmten Salario von 100 Rthl. dem Prof. Medicinae Alberti aufgetragen worden, hat doch bisher alle halbe Jahre einen Cursum Physicum experimentalem gehalten, und sich die dazu erforderten Instrumente nach und nach angeschaffet; welche er auch bereit wäre der Universität für einen billigen Preis zu überlassen, doch mit dem Bedinge, daß er sich derselben fernerhin in seinen Lectionen bedienen könnte.

Hierbey würde es also auf eine besondere Verordnung Ew. Königl. Majestät ankommen, ob nach Ankunft des Prof. Segners der Prof. Lange seine Collegia über die Experimental-Physic, wie über die Mathematic fortsetzen soll; in welchem Fall in beyden Wissenschaften eine solche Abteilung gemacht werden könnte, daß dem einen die leichteren, dem andern aber die schwereren Sachen zu dociren aufgetragen würden.

Denn da der bisherigen Einrichtung gemäß ein jeder Cursus alle halbe Jahre zu Ende gebracht werden muß, so kann darinn unmöglich alles nötige in einer Wissenschaft vorgetragen werden und man bleibt immer bey den ersten Anfangs Gründen stehen. Sollten aber in beyden Wissenschaften doppelte Cursus angestellet werden, in deren einem die ersten Anfangs Gründe, in dem andern aber die höheren und schwereren Theile erkläret würden, so könnten diejenigen, welche in dem ersten schon einen guten Grund gelegt hatten, in dem anderen ihre Studia merklich weiter fortsetzen. Dergleichen Einrichtung den hohen Absichten Ew. Königl. Majestät am meisten gemäß scheinet.

In dem Falle nun, wenn der Prof. Lange sowohl in der Physic als Mathematic nur die ersten Anfangs Gründe dociren sollte, welche sodann um so viel gründlicher und ausführlicher abgehandelt werden könnten, so blieben dem Prof. Segner in beyden Wissenschaften nur die hohen Hauptstücke vorzutragen übrig, wozu nicht mehr alle Instrumente, weil deren viele zu den ersten Anfangs Gründen gehörig, zu den Experimenten erfordert werden, welche demnach mit weit geringeren Kosten angeschafft werden könnten. Das fürnehmste Stück würde eine aufrecht stehende Luftpumpe mit einem indice mercuriali seyn, dergleichen eine sehr gute hier zum Verkauf fertig steht, und was zu den electrischen, optischen und hydraulischen Experimenten gehöret, findet sich schon würklich in Halle und könnte daselbst stückweise mit wenig Kosten angeschafft werden. Zuvorderst aber würde nöthig seyn die Abtheilung der Physic selbst, nach welcher die verschiedenen Theile dieser Wissenschaft in den beyden Collegiis abgehandelt werden sollen, fest zu setzen, welches ohne Zuziehung der beyden Docenten, und Erwägung der Umstände bey der Universität nicht füglich geschehen kann, um alles zum Nutzen der studierenden Jugend einzurichten.

Wollten aber Ew. Königl. Majestät einen vollständigen Apparatum von allen zur Experimental-Physic gehörigen Instrumenten von neuem verfertigen zu lassen geruhen, so habe dem hiesigen Mechanico Elkner, welcher dazu alle Geschicklichkeit hätte, aufgegeben, ein Verzeichnüß der Preise davon aufzusetzen, welches Ew. Königl. Majestät vorzulegen nächstens im Stande seyn würde.

Auch habe den Prof. Segner selbst, welcher Ew. Königl. Majestät Allergnädigste Vocation schon würklich erhalten und albereit um seine Dimission Ansuchung gethan, gebeten wegen Anschaffung der Instrumenten, die er nöthig haben wird, Vorschläge zu thun, worauf ich nächstens seine Antwort erhalten werde. Doch aber bliebe die Vertheilung der zu docirenden Wissenschaften unter die beyden Professores eine Sache von der größten Nothwendigkeit, indem wenn beyde ihre Lectionen von den ersten Grundsätzen anfangen und alle halbe Jahre endigen wollten, die studirende Jugend nicht weiter als bisher gelangen würde.

Ich ersterbe mit dem allertiefsten Respect
Allerdurchlauchtigster Großmächtigster König
Allergnädigster König und Herr
Euer Königlichen Majestät
allerunterthänigst, getreuest
und gehorsamster Knecht
L. Euler

R 664 Original all., 2 f°. – DZA Merseburg, Rep. 96r–v, Bl. 18–19;
brouillon all., 1 f°. – AAN, f. 136, op. 2, n° 9, l. 67r–v.
Publ.: Stieda, p. 55–56.

[1] J. M. Lange écrit à Euler le 16 novembre 1754 (R 1422) à propos d'instruments d'expérimentation physique se trouvant en sa possession qu'il est prêt à céder à l'université. La seule difficulté est d'y trouver un espace suffisant pour l'installation et le fonctionnement de ces appareils. Il faisait ses conférences et ses expériences à domicile (DZA Merseburg, Rep. 96/96 R, Bl. 20–23 X, original). A propos du Prof. Joh. Joachim Lange, cf. A. P. Juškevič, *Euler und die Universität Halle*. Nova Acta Leopoldina, N. F. Bd. 27, Nr. 167, 1963.

47
Frédéric II à Euler
Potsdam, 23 novembre 1754

Ich habe zwar Euer Schreiben vom 20. dieses erhalten, daraus aber dasjenige nicht ersehen können, was Ich wegen Anschaffung der nöthigen Instrumente zur Experimental-Physique in Halle zu wißen verlanget habe, indem einestheils der junge v. Wolff vor die seinigen noch nicht fordern wollen, anderntheils Ich wegen derer von den Professor Langen nicht wißen kann ob dessen Instrumente nöthig und hinreichend seyen. Auf daß Ich nun zuverläßig wißig, was eigentlich an dergleichen Instrumenten bey der Universitaet ohnumgänglich erfordert wird, so habt Ihr eine ordentliche Designation davon zu fertigen, auch die Preise an Gelde, wovor solche geschaffet werden können, dabey zu setzen, auf daß Ich Mich so dann darüber weiter decidiren könne. Im übrigen wird es mit der von Euch vorgeschlagenen Einrichtung gar keine Schwierigkeit haben, daß nämlich der Prof. Lange zu Halle die ersten Gründe der mathematischen Wissenschaften vor die Anfänger, hergegen der Prof. Segner die höheren Wissenschaften von solchen dociren. Ich bin Euer gnädiger König.

F[riedri]ch

R 665 Original all., 1 f°. – AAN, f. 136, op. 2, n° 9, l. 31.

48
Euler à Frédéric II
Berlin, 26 novembre 1754

Allerdurchlauchtigster Großmächtigster König
Allergnädigster König und Herr

Ew. Königl. Majestät Allergnädigsten Befehl zu folge finde ich mich im Stande beygehendes Verzeichnis aller zur Experimental-Physic gehörigen Instrumenten, wie solche in Leyden bey Musschenbroeck [1] zum Verkauf schon fertig gefunden werden, nebst den Preisen derselben allerunterthänigst vorzulegen. Alle diese Instrumenten insgesammt würden nach dieser Rechnung etwas weniges über 3425 fl. Holl. zu stehen kommen, weil von einigen Kleinigkeiten als Nr. 36, 37 und 90 der Preis nicht angesetzt worden.

Es kommen aber in diesem Verzeichnis einige Instrumenten zwey oder dreymal vor, nachdem solche größer oder kleiner verfertiget werden. Da nun eines derselben von jeder Sorte zu den physicalischen Experimenten hinreichend seyn kann, so kann die gemeldte Summe merklich verringert werden.

Wollte man von jeder Sorte das kostbarste Instrument allein nehmen, so gingen von obiger Summe 743 fl. ab und käme der Vorrath auf 2682 fl. zu stehen.

Wollte man aber von jeder Sorte nur das wohlfeilste beybehalten, so wären 1535 fl. zu ersparen, da sich dann die Unkosten nur auf 1890 fl. belaufen würden. Zu diesen Preisen würden aber noch die Transport Kosten kommen, welche sich nicht wohl vorher bestimmen lassen.

In der Zuversicht, daß dieses Verzeichnis der Allerhöchsten Absicht Ew. Königl. Majestät gemäß seyn werde, ersterbe mit dem allertiefsten Respect

Allerdurchlauchtigster Großmächtigster König
Allergnädigster König und Herr
Ew. Königlichen Majestät
allerunterthänigst, getreuest und gehorsamster
Knecht L. Euler

R 666 Original all., 1 f°. – DZA Merseburg, Rep. 39r–v, Bl. 24.

[1] Un parent du célèbre physicien Pieter van Musschenbroek, qui fabriquait et vendait les instruments de celui-ci.

48a
Mémoire Inventaire de machines de physique

Liste de diverses Machines de Physique qui se trouvent chez Mr. Musschenbroeck à Leyden avec les prix marqués en florins et sous d'Hollande

		Flor.	Sous
I.	Une machine pneumatique double avec le train ou les pièces qui y appartiennent	420,	—
II.	Une autre machine pneumatique simple plus petite que la precedente et d'un usage fort commode, avec les pièces necessaires	210,	—

	à ces machines on peut joindre les instrumens suivans pour des experiences particulières		
III.	Un verre pour connoitre la force elastique de l'air	5,	5
IV.	Pour faire un jet d'eau dans le vuide	10,	—
V.	Une petite balance fort juste avec ce qui en depend, pour faire voir, comment deux corps, qui sont en équilibre en plein air, perdent leur équilibre dans le vuide	12,	—
VI.	Une verre avec tout ce qui en depend pour y allumer de la poudre à canon, après en avoir pompé l'air afin de pouvoir remarquer les phénomènes que cela produira	12,	12
VII.	Une machine pour tirer un fusil dans une cloche de verre dont on a pompé l'air	5,	10
VIII.	Deux verres pour faire une pluye de mercure luisante	12,	—
IX.	Pour faire un jet de mercure luisant dans le vuide	15,	—
X.	Un verre avec tout ce qui en depend, pour laisser tomber dans le vuide une plume et une pièce d'or en même tems, afin de faire voir qu'elles tombent à terre aussi vite l'une que l'autre	10,	—
XI.	On peut aussi mettre deux verres l'un sur l'autre dans l'experience precedente, lorsqu'on veut faire tomber la plume et la pièce d'or de plus haut ce qui monte alors à	15,	—
XII.	On peut aussi mettre dans la même experience quatre verres les uns sur les autres, et les disposer d'une telle manière, qu'on peut laisser tomber la plume et l'or six fois de suite sans qu'il soit besoin de repomper l'air. Le tout revient alors à	70,	—
XIII.	Diverses pièces disposées sur un verre, pour faire voir, que les animaux meurent dans un air infecté par les exhalaisons des charbons ardens	5,	10
XIV.	Une seringue pour condenser l'air	13,	—
XV.	Une fontaine de cuivre, de laquelle on peut faire jaillir l'eau à une hauteur considerable par le moyen de l'air condensé, avec divers tuyaux	16,	—
XVI.	Une autre fontaine plus grande	25,	—
XVII.	Un verre épais pour faire des experiences, lorsqu'on y a condensé l'air	35,	—
XVIII.	Lorsqu'on veut y suspendre les deux demiglobes	50,	—
XIX.	Un cylindre de cuivre, garni de verres de chaque coté, pour pouvoir regarder dedans et voir ce qui s'y passe, après qu'on y a fortement condensé l'air	63,	—

XX.	Lorsqu'on veut aussi y suspendre les deux demiglobes Toutes ces pièces servent à faire les experiences sur les propriétés de l'air, en le rendant tant plus rare que plus dense qu'à l'ordinaire.	82,	—
	Instrumens qui servent aux experiences sur l'Electricité [:]		
XXI.	Une boule de verre, qui étant tournée avec rapidité par une roue, repand une grande lumière, lorsqu'on la touche avec la main, et si on la manie d'une autre manière, elle fait voir sa vertu electrique sur les corps placés ou dedans ou dehors	36,	—
XXII.	Lorsqu'on se sert de deux boules, placées à coté l'une de l'autre, et d'une plus grande roue pour decouvrir encore d'autres phénomènes remarquables	75,	—
XXIII.	Une roue avec ce qu'en depend, pour faire tourner avec beaucoup de rapidité un corps dans le vuide, tandis qu'il frotte contre un autre corps, ce qui en fait sortir de la lumière	60,	—
XXIV.	Un tuyau de verre, qui fait voir d'une manière surprenante sa vertu electrique, lorsqu'on vient à le frotter	1,	10
XXV.	Une pompe de verre à l'aide de laquelle on peut voir le jeu des autres pompes	4,	10
XXVI.	Une machine de nouvelle invention pour trouver plus facilement la nature des chocs	100,	—
XXVII.	La même machine plus perfectionnée	200,	—
XXVIII.	Une machine, dont l'usage est de faire voir les loix des chocs obliques	26,	—
XXIX.	Un cône double, qui roule sur deux plans inclinés, où son propre poids paroit l'emporter enhaut	6,	—
XXX.	Le même mais plus grand	10,	—
XXXI.	Une boîte de buis, qui monte enhaut lorsqu'on la met sur un plan incliné	3,	—
XXXII.	La même un peu plus grande	4,	—
XXXIII.	Une machine pour faire voir la nature des balances, et à l'aide de laquelle on peut expliquer, pourquoi deux ou plusieurs corps suspendus de chaque coté, se trouvent en equilibre	12,	—
XXXIV.	La même mais plus grande divisée en cent parties, et par le moyen de laquelle on peut resoudre d'une manière tout à fait singulière et curieuse les 4 règle de l'arithmetique	50,	—
XXXV.	Une balance romaine	7,	—

XXXVI.	Diverses pièces pour faire voir, quelle est la force et la nature des machines simples dans la mecanique	les prix de ces deux articles ne sont pas marqués, mais ce sera une bagatelle.	
XXXVII.	Les trois sortes de leviers		
XXXVIII.	Le levier composé	9,	—
XXXIX.	Le levier recourbé	9,	—
XL.	Des poulies ou moufles de differents sortes, ensemble	33,	10
XLI.	Le vindas	10,	—
XLII.	Les pièces, qui appartiennent au coin	20,	—
XLIII.	La vis et la vis sans fin. Cet instrument sert aussi à faire voir la nature des roues	22,	—
XLIV.	Une machine pour faire voir les propriétés du plan incliné	9,	—
XLV.	La même, mais changée et d'une autre manière	16,	—
XLVI.	Une petite vis faite sur le modèle de celle d'Archimede pour elever l'eau	9,	10
XLVII.	Un instrument par le moyen duquel on fait voir, qu'un corps mû par deux forces, qui agissent dans des directions differentes, decrit la diagonale d'un parallélogramme	12,	—
XLVIII.	Quelques poulies, pour faire voir la direction dans laquelle plusieurs corps tirent, lorsqu'ils agissent ensemble	20,	—
XLIX.	Machine, à l'aide de laquelle on fait voir, sous quel angle un poids tire une corde, aux deux bouts de laquelle on a suspendu un autre poids	9,	—
L.	Une très belle machine, avec tout ce qui y appartient, pour faire voir avec toute la justesse et la precision possible les forces centrales	180,	—
LI.	Une machine pour faire voir la nature et les propriétés du pendule	12,	—
LII.	Une machine, par le moyen de laquelle on peut connoitre, quelle est la vitesse que recoivent deux corps, qui tombent de diverses hauteurs	13,	—
LIII.	Une machine qui sert à faire voir, que la ligne de la plus vite descente est une cycloide renversée	13,	—

LIV.	Une machine dont l'usage est de faire voir, qu'un corps jeté dans une direction oblique, decrit une ligne courbe, qu'on nomme parabole	13,	—
LV.	Une machine avec laquelle on fait voir, qu'un corps posé sur le bras d'une balance recourbée, ou auquel il est suspendu, a differens degrés de pesanteur	12,	—
	Pour les experiences hydrostatiques [:]		
LVI.	Une boîte de cuivre, avec tout ce qui en depend, qui sert à faire voir diverses proprietés des fluides dans l'hydrostatique, et surtout que le fluide du fond d'un vase ne pèse pas à proportion de sa quantité, mais à proportion de son elevation au dessus du fond	56,	—
LVII.	Une machine, qui étant ajustée à la boîte precedente, fait voir, avec quelle force les cotés d'un vase rempli d'eau en sont poussés en dehors	16,	—
LVIII.	Une sorte de soufflet, auquel on ajuste un long tuyau, pour faire voir, qu'une très petite quantité d'eau renfermée dans un long tuyau, peut lever un poids fort pesant	17,	—
LIX.	Une espèce d'areomètre ou pèse liqueur	6,	—
LX.	Un cylindre de cuivre ou un petit seau dans lequel s'ajuste le cylindre, avec tout ce qui y appartient, pour faire plusieurs experiences, qui concernent l'hydrostatique	7,	10
LXI.	Un cube de cuivre pour peser la pesanteur specifique de l'eau	9,	—
LXII.	Une petite balance fort juste avec un petit seau de verre et quelques autres vases aussi de verre, et des poids de cuivre, pour peser exactement le poids de toutes sortes de corps tant solides que fluides	16,	—
LXIII.	Une machine pour faire flotter sur l'eau un corps d'une pesanteur considerable	10,	—
LXIV.	Deux miroirs plans, pour voir leur force attractive, et comment l'eau, qu'on met entre deux monte en haut et forme une ligne courbe	3,	10
LXV.	Une machine, laquelle fait voir comment les fluides, qui jaillissent obliquement, decrivent une ligne courbe	30,	—
LXVI.	Une grande citerne avec des robinets de cuivre, des tuyaux et tout ce qui en depend, pour examiner la nature des jets d'eau	60,	—

LXVII.	Un siphon fait en manière de jet-d'eau	7,	10
LXVIII.	Une pareille machine faite d'une autre manière	12,	—
LXIX.	Un siphon, dont les bras sont de chaque côté de même longueur, de l'invention de Reisselius	3,	—
LXX.	Une petite fontaine magique	1,	16
LXXI.	La même un peu plus grande et perfectionnée	3,	—
LXXII.	La même encore plus grande et de cuivre	12,	—
LXXIII.	Un verre avec de petits plongeons, que l'on peut faire enfoncer dans l'eau et remonter ensuite	5,	10
LXXIV.	Une boule, appellée Eolipile pour changer l'eau en vent	4,	—
LXXV.	Une Eolipile attachée sur un petit chariot, que la vapeur de l'eau bouillande, qui y est renfermée fait rouler avec beaucoup de vitesse	9,	9
	Pour les experiences meteorologiques [:]		
LXXVI.	des thermomètres fort justes, faites sur le modèle de ceux de Fahrenheit, chargés de mercure et de diverses longueurs pour être placés dans les series	12,	—
LXXVII.	Un thermomètre portatif, ajusté dans un tuyau de verre	10,	10
LXXVIII.	Un baromètre d'Amontons ou de Mer	13,	—
LXXIX.	Un baromètre et un thermomètre, qui sont tous deux ensemble sur une même planche, et ornés fort proprement de sculpture	29,	—
	Pour d'autres experiences curieuses [:]		
LXXX.	Une fontaine de Hero de cuivre, dont l'eau jaillit une fois plus haut qu'à l'ordinaire	30,	—
LXXXI.	Une trompette parlante longue de 6 pieds en forme d'un conoide parabolique	10,	—
LXXXII.	Une sorte machine de Papin, pour cuire et amollir les os et autres choses en peu de tems	56,	—
LXXXIII.	Une grande lanterne magique fort artistique travaillée, garnie de diverses grandes loupes, d'un miroir ardent et de figures fort proprement faites	100,	—
LXXXIV.	Un pied de bois pour cette lanterne	15,	—
LXXXV.	Une autre lanterne magique semblable à la precedente, mais plus petite, garnie de 50 petites figg.	45,	—

LXXXVI.	Diverses figures mobiles pour les lanternes precedentes comme un moulin, une demoiselle qui fait sa reverence etc. La pièce coute $3\frac{1}{2}$ flor. et deux	7,	—
LXXXVII.	Un miroir ardent à 18 pouces de diamètre et qui est posé sur un beau pied mobile	80,	—
	Pour les experiences d'optique [:]		
LXXXVIII.	Quelques prismes de verre blancs pour faire les experiences sur les couleurs avec les piédesteaux	20,	—
LXXXIX.	Un grand verre posé sur un pied de bois, qui sert aussi à faire les experiences sur les couleurs	10,	—
XC.	Une caisse dont les côtés sont faits d'un verre plat pour demontrer certains problèmes d'optique touchant la refraction de la lumière, qui passe à travers diverses liqueurs. *Le prix n'est pas marqué.*		
XCI.	Un miroir cylindrique concave, qui represent les objets d'une manière tout à fait monstreuse	11,	—
XCII.	Des miroirs cylindriques et coniques de metal avec six figures pour chacun	20,	—
XCIII.	Un livre composé de trois miroirs plans, qui multiplie du moins 100 fois le même objet avec des figures	14,	—
XCIV.	Un petit coffre garni de deux miroirs, à l'aide desquels on voit ce, que se passe d'un côté d'une muraille, tandis qu'on jette les yeux sur l'autre côté	5,	10
XCV.	Un verre pour une chambre obscure	2,	10
XCVI.	Un petit coffre garni de miroirs et de verres, pour une chambre obscure portative	18,	—
XCVII.	Le même fait autrement et en manière de livre pour pouvoir y dessiner	55,	—
XCVIII.	Un grand coffre pour le même dessein, fait comme une chaise à porteur	160,	—
XCIX.	Un assortiment de microscopes, pour voir en même tems à travers un ou deux verres, avec tout ce qui en depend pour toutes sortes d'objets	72,	—
C.	Un autre assortiment de même nature, mais un peu plus simple n'ayant que six verres	37,	—
CI.	Un autre encore plus simple, qui n'a que 3 verres	15,	—
CII.	Une nouvelle sorte d'assortiment double, qui est un peu haut et garni en bas d'un miroir, par le moyen duquel on peut voir en même tems à travers trois		

	verres. Les objets, fort propre tant pour l'anatomie que la botanique, étant garni de cinq loupes et de tout ce qui en depend	46,	—
CIII.	Le même garni de 6 verres et d'un plus grand nombre de pièces	52,	—
CIV.	Un fort beau telescope gregorien de nouvelle invention, de 16 pouces, posé sur un beau pied. Il fait le même effet qu'un telescope ordinaire garnie de verres et qui seroit de 10 pieds	70,	—
CV.	De petites gouttes de verre et des petites boules, la pièce pour un demisous, et 40 pour un florin.		
CVI.	Une machine qui sert à imiter la grêle	18,	—

R 666 Original fr., 4 f°. – DZA Merseburg, Rep. 96r–v, Bl. 25–28v.

49
Frédéric II à Euler
Potsdam, 3 décembre 1754

Auf dasjenige, so Ihr Mir in dem von Euch zu seiner Zeit erhaltenen Schreiben vom 26. voriges gemeldet habet, gebe Ich Euch hierdurch in Antwort, daß wann es bey Anschaffung der Musschenbroeckschen Instrumenten zur Experimental-Physique zur Universität in Halle, auf eine Summa von ohngefähr 8 à 900 Rthl, hiesigen Geldes ankommen wird, Ich dazu nachwohl Rath schaffen und solche desfalls verwenden will. Wornach Ihr dann die diensame mesures weiter nehmen könnet. Ich bin Euer gnädiger König

F[riedri]ch

R 667 Original all., 1 f°. – AAN, f. 136, op. 2, n° 9, l. 32.

50
Euler à Frédéric II
Berlin, 8 décembre 1754

Allerdurchlauchtigster Großmächtigster König
Allergnädigster König und Herr

Da Ew. Königl. Majestät allergnädigst geruhet zu Anschaffung der zur Experimental Physic erforderten Instrumenten eine Summe von 800 bis 900 Rthl. zu accordiren, so thut der Prof. Segner in der Beylage [1] den allerunterthänigsten Vorschlag, wie diese Summe zum größten Vortheil der Universität angewandt werden könnte, welcher in folgenden Punkten besteht.

I. Weil in der Physic immer neue Entdeckungen gemachet würden, welche auch neue Instrumenten erforderten, so würde es rathsamer seyn, das Geld nicht auf einmal darauf zu verwenden, sondern dergestalt zu vertheilen, daß daraus auch die nach und nach benöthigten Instrumenten angeschafft werden könnten.

II. Zu diesem Ende wollte er sich für den Anfang mit 400 Rthl. begnügen, als welche Summe hinlänglich seyn würde die zu seinem anzustellenden Cursu unumgänglich erforderten Stücke anzuschaffen. Die übrigen 400 bis 500 Rthl. könnten hernach jährlich zu 100 Rthl. nachgeschossen werden, um damit nach und nach das rückständige mit desto größerer Überlegung verfertigen zu lassen.

III. Solcher gestalt gedachte er nach Verlauf von 4 bis 5 Jahren den gantzen Vorrath so vollständig zu liefern, daß wenn hernach Ew. Königl. Majestät jährlich nur eine geringe Summe Allergnädigst anzuweisen geruhen wollten, damit nicht nur die vorhandenen Instrumenten unterhalten, sondern auch jederzeit neue nach Maßgebung neuer Entdeckungen angeschafft werden könnten.

IV. Hernach thut er auch den Vorschlag, wie diese Gelder jederzeit berechnet und der daraus angeschaffte Vorrath an Instrumenten zum immerwährenden Nutzen der Universität erhalten werden könnte.

V. Er erkühnet sich auch einen sehr geschickten Künstler und Mechanicum nahmens Canpe, einen Unterthan Ew. Königl. Majestät, der gegenwärtig in Göttingen etablirt ist, allerunterthänigst vorzuschlagen, welcher wann er in Halle etablirt wäre, nicht nur die benöthigten Instrumenten verfertigen, sondern auch von draußen hinlängliche Arbeit bekommen könnte: wenn demselben nur durch ein geringes Gehalt seine Subsistenz versichert würde.

Gegen Weihnachten hoffet der Prof. Segner seine Dimission zu erhalten, und alsdann gedenket er eine Tour nach Halle vorzunehmen, um daselbst die nöthigen Anstalten zu seinem künftigen Etablissement vorzukehren.

Diese seine Vorschläge betreffend die Anschaffung der Instrumenten, weil diese Sache ihn hauptsächlich angehet, und dieselben der letzten Erklärung Ew. Königl. Majestät gemäß sind, habe ich meine Schuldigkeit erachtet allerunterthänigst vorzutragen, der ich mit dem allertiefsten Respect ersterbe

Allerdurchlauchtigster Großmächtigster König
Allergnädigster König und Herr
Ew. Königlichen Majestät
Allerunterthänigst, getreuest und gehorsamster Knecht
L. Euler

R 668 Original all. 1 f°. – DZA Merseburg, Rep. 96r–v, Bl. 29r–v;
pièce annexe *ibid.*, Bl. 30–33; brouillon AAN; f. 136, op. 2, n° 9, l. 63.

[1] Dans le mémoire *Die physikalischen und mathematischen Instrumente betreffend* Segner indique de manière très détaillée comment doivent être réalisés les instruments afin de rendre les meilleurs services et de ne pas revenir trop cher. Il propose une estimation complète du coût annuel des instruments (DZA Merseburg, Rep. 96/96R, Bl. 30–33, Original).

51
EULER À FRÉDÉRIC II
[26 décembre 1754] [1]

Auf dasjenige, was Ew. K. M. wegen der zur Experimental Physic erforderten Instrumenten allergnädigst zu befehlen geruhet, habe ich sowohl aus Leyden wegen der Musschenbroeckschen als aus Halle wegen der Wolffschen Instrumenten zuverlässige Nachricht erhalten. Daher nebst demjenigen, was der Prof. Segner neulich hierüber vorgestellt, Ew. K. M. einen dreyfachen Vorschlag allerunterthänigst vorzulegen im Stande bin.

I. Könnten die höchstnöthigen Instrumenten in Leyden für ungefähr 800 Rthl. nach der Beylage litt. A [2] gekauft werden. Weil aber der Mechanicus Musschenbroeck, bey welchen solche immer fertig gefunden worden, verstorben, so müßten dieselben bey seinem Nachfolger Rinssen erst bestellet, und würden wohl schwerlich vor künftigen Herbst geliefert werden können.

II. Hat sich der junge Baron von Wolff nach der Beylage litt. B [3] auch erkläret, daß er alle von seinem Vater hinterlassenen und specificirten Instrumenten, welche in einem brauchbaren Stande und so gut als neu seyn sollen, für 800 Rthl. der Universität zu überlassen bereit sey. Bei welchen also, außer dem daß sie um mehr als noch so viel kosten würden, noch der Transport zu erstehen wäre.

III. Weil aber verschiedene von diesen Instrumenten seit kurzem zu einer größeren Vollkommenheit gebracht, und zu neuen Experimenten auch neue Instrumenten erfunden worden, bey welchen man viel von den gewöhnlichen entbehren kann, so hat der Professor Segner, um diese vollkommeneren nach und nach anzuschaffen, den Vorschlag gethan, daß dazu für den Anfang nur 400 Rthl. ausgesetzt, hernach aber eine Zeit lang jährlich 100 Rthl. nachgezahlt werden möchten [4].

Die gantze Sache beruhet also darauf, welcher von diesen drey Vorschlägen E. K. M. allerhöchster Approbation gewürdiget werden möchte.

Endlich soll E. K. M. allerunterthänigst berichten, daß nunmehr die Dimission für den Prof. Segner aus London eingelaufen, deren Ausfertigung er aus Hannover nächstens erwartet.

Ich ersterbe mit dem allertiefsten Respect

R 668a[*]Brouillon all., 1 f°. – AAN, f. 136, op. 2, n° 9, l. 66r–v.

[1] Cf. lettre n° 52, pour le rapport de Frédéric II à cette lettre.
[2] Cette annexe manque.
[3] Cette annexe manque.
[4] Cf. lettre de Frédéric II à Euler du 25 avril 1755 (n° 56), où il est indiqué 500 Rthl. La lettre d'Euler à Frédéric II du 22 avril, où il communique cette somme au roi, fit défaut.

[*] Cf. O. IV A, 5, p. 605, note 1, et 606: lire n° 668a en place de n° 688a.

52
Frédéric II à Euler
Berlin, 1er janvier 1755

Sr. Königl. Majestät in Preußen, Unser Allergnädigster Herr ertheilen dem Professori Euler auf seinen wegen Anschaffung derer zur Experimental Physic erforderlichen Instrumenten auf der Universitaet Halle unterm 26. Dec. anderweit abgestatteten Bericht hierdurch zur gnädigsten Resolution, daß Sie dazu die nöthigen 800 Thaler in Gnaden accordiren, dabey aber seinem Gutbefinden überlaßen wollen, dafür entweder die von dem verstorbenen Geheimen Rath Baron von Wolff hinterlaßenen Instrumente von dessen Sohn unter eins zu acquiriren, oder solche bey denen angeführten Umständen nach dem Vorschlage des Professoris Segner succesive anzuschaffen, und haben Höchstdieselben übrigens gerne vernommen, daß gedachter Segner nunmehro seine Dimission erhalten hat.

F[riedri]ch

R 669 Original all., 1 f°. – AAN; f. 136, op. 2, n° 9, l. 33.

53
Frédéric II à Euler
Potsdam, 1er mars 1755

Eure beyde Schreiben vom 18. und 23. Voriges [1] seynd Mir wohl eingeliefert worden und da nach solchen der Professor Segner seine völlige Dimission von seiner vorigen Station zu Göttingen erhalten hat und seine ihm conferirte Function zu Halle, nächst kommende Ostern antreten wird; so ist unter dem heutigen Dato die Ordre an den Etats Ministre Freiherrn v. Danckelmann ergangen, ihm die gehörige Bestallung, nebst dem Praedicat vom Geheimen Rath gratis ausfertigen zu laßen. Wegen dessen Gehalts ist zu gleicher Zeit die Ordre an das General Directorium ergangen, aus welchen Fonds er die ihm accordirte jährliche 1200 Rthl. zu erheben haben soll. Die ihm sonst mit accordirte Erneuerung des ungarischen Adels, welchen seine famille ehemals gehabt hat, ist von Mir dem Etats Ministre Graf v. Podewils committiret worden. Beyden nur erwähnten Ministres aber die Auflage geschehen, Euch, wenn alles ausgefertiget seyn wird, solches nebst den original Abschied des Segner und den original Document seines vormaligen Adels zuzustellen, auf daß Ihr solches mehrgedachten Segner zustellen könnet. Anlangend sonsten die ihm an Reise Kosten accordirten 500 Rthl. da werde Ich ihm solche bey seiner Überkunft nach Halle allda besonders auszahlen laßen, wegen der freyen Entree seiner Meubles und Sachen aber und daß solche zu Halle ohneröffnet und Accise und Zollfrey einpassiren sollen, deshalb ist die erforderliche Ordre bereits an den Magdeburgischen Cammer Präsidenten Schlabbrendorff ergangen, nur allein habt Ihr gedachten Segner zu avertiren, daß er unter solchen seinen Sachen nichts von ausländischen Zitzen und fremden Sammet [2] oder dergleichen im Lande contrebande Waren mit einbringen müße. Ich bin Euer gnädiger König

F[riedri]ch

R 670 Original all., 1 f°. – AAN, f. 136, op. 2, n° 9, l. 34r–v.

[1] Ces deux lettres d'Euler manquent.

[2] Le 13 octobre 1752, Frédéric II publia un édit élargi et précisé, contre l'introduction et l'usage des velours et indiennes étrangères (cf. [König], *Versuch*, t. 5, 2e partie, p. 243).

54

FRÉDÉRIC II À EULER

Potsdam, 6 mars 1755

Ich laße Euch hierdurch zu Eurer Nachricht bekannt machen, wie Ich unter den heutigen Dato der Magdeburgschen Krieges und Domaenen Cammer aufgegeben habe, daß dem nunmehro zur Universitaet zu Halle bestelleten Professore der Mathematique und Physique, dem Prof. Segner, die ihm zu seinen Transport- und Reise Kosten von Göttingen nach Halle accordirten 500 Rthl. aus einem gewissen Fond bey der Hallischen Stadt Cämmerey ausgezahlet werden sollen. Wodurch also und durch dasjenige so Ich bekanntermaßen schon vorhin seinetwegen veranlaßet habe, allen denjenigen Conditionen, so Ich ihm bewilliget, ein völliges Genüge geschehen ist. Ich bin Euer gnädiger König

F[riedri]ch

R 671 Original. 1 f°. – AAN, f. 136, op. 2, n° 9, l. 35.

55

EULER À FRÉDÉRIC II

Berlin, 18 mars 1755

Sire,

Ayant été employé par S. E. Mr. le Grand Chancelier dans l'engagement de Mr. de Loen à la place de président de Lingen, celui-cy vient de m'adresser la rêquete cy'jointe, où il prend la liberté d'exposer à Votre Majesté le triste état, où il se trouve.

L'expedition de ses patentes lui a couté au delà de 300 ecus, et sans conter les fraix du voyage il a été obligé de payer à l'accise de Lingen plus que 800 ecus pour l'entrée de ses effets; or ce qui est inoui dans les services de Votre Majesté, il n'a pas encore reçu la pension de 800 ecus, qui lui a été accordée, de sorte qu'il seroit sur le point d'être ruiné sans la puissante protection de Votre Majesté. Comme j'ai tant de part à la resolution, qu'il a prise d'accepter cette charge, je me sens obligé de supplier Votre Majesté en sa faveur avec le plus profond respect, avec lequel j'ai l'honneur d'être

Sire
de Votre Majesté
le très humble, très obeissant
et très soumis sujet
L. Euler

R 672 Original fr., 1 f°. – DZA Merseburg, Rep. 96r–v, Bl. 34. Publ.: Stieda, p. 56.

56

Frédéric II à Euler

Potsdam, 25 avril 1755

Da Ihr in Euren Schreiben vom 22. dieses [1] meldet, wie der junge Baron v. Wolff sich gegen den Geheimen Rath v. Segner declariret hat, daß er die Instrumente zur Experimental-Physique, so dessen verstorbener Vater hinterlaßen, der Universitaet zu Halle vor 500 Rthl. überlassen wolle; so ist solches zwar gantz gut, Ihr müßet Mir aber die erforderliche Zeit dazu laßen, daß Ich die deshalb benöthigten Gelder, aus einem gewissen Fond, ohne Meine anderen Ausgaben zu derangiren, anweisen kann. Ich bin Euer gnädiger König

F[riedri]ch

R 676 Original all., 1 f°. – AAN, f. 136, op. 2, n° 9, l. 36.

[1] La lettre d'Euler manque.

57

Frédéric II à Euler

Berlin, 23 mai 1755

Es ist bey Mir ohnlängst in Vorschlag gebracht worden, daß bey Meinen Schönebeckschen Saltz-Werken, die Gradirung der Sole auf gleichen Fuß eingeführet werden möchte, als solches bereits bey Meinen Saltz-Werken in Westphalen zu Minden und zu Unna geschiehet. Nachdem aber diejenigen, so Mir deshalb Vorschläge gethan, sich untereinander wegen der von ihnen deshalb gefertigten Ausrechnungen nicht untereinander vergleichen können, und Mir inzwischen zum höchsten daran gelegen ist, daß wenn dergleichen Gradirung zu Schönebeck eingeführet werden soll, solches mit vollkommener Zuverläßigkeit von der realité des Werkes geschehen müße, so habe Ich darunter Mein gnädiges Vertrauen auf Euch gerichtet, ersuche Euch auch desfalls, daß Ihr beykommende Mir eingesandte Ausrechnungen nachsehet und revidiret, und Mir alsdann Euer gründliches Sentiment darüber erstattet, wie weit solche gegründet und zuverläßig seynd oder nicht. Wobey es Mir dennoch lieb seyn wird, wann Ihr gegen andere von dieser Sache nichts eclattiren laßen, sondern Mir Euren Bericht immediate einsenden werdet. Ich bin Euer gnädiger König

F[riedri]ch

R 674 Original all., 1 f°. – AAN, f. 136, op. 2, n° 9, l. 37.

58

Euler à Frédéric II

Berlin, 25 mai 1755

Allerdurchlauchtigster Großmächtigster König
Allergnädigster König und Herr

Ew. Königl. Majestät Allergnädigsten Befehl zu folge habe die über das zu Schönebeck zu errichtende Gradirungs Werk eingegebenen Rechnungen mit der möglichsten Aufmerksamkeit untersuchet und bald befunden, daß des Hrn. Kriegs Raths Rappard Rechnung nach einigen dabey angebrachten Correctionen, so unumgänglich nöthig sind, indem derselbe einige Haupt Umstände aus der Acht gelassen, mit der Rechnung des Hr. Baron von Torck gar schön übereinstimmen, und also nach beyden die Gradirung zu Schönebeck 6000 Fuß lang gemacht werden müsse, wie ich in der Beylage [1] gantz deutlich erwiesen.

Ungeacht in der Naturlehre diejenigen Versuche, welche zu dieser Bestimmung nöthig wären, noch nicht sind angestellt worden, so habe doch einen Versuch beygefügt, um diese Sache auf eine allgemeine Art zu bestimmen, welche Rechnung mich wiederum auf eine Länge von 6000 Fuß gebracht, an welcher also nach den vielfältigen Übereinstimmungen um so viel weniger zu zweifeln. Doch muß ich bedauern, daß ich aus Mangel der hiezu nöthigen Versuche nicht im Stande bin, diese Materie gründlicher abzuhandeln.

Hierbey kann nicht umhin Ew. Königl. Majestät allerunterthänigst zu berichten, daß des Hrn. Grafen von Gotter Exc. mir gesagt, wie Ew. Königl. Majestät wünschten den Hrn. von Haller nach Halle zu vociren. Ich habe nun auf Desselben

Befehl unter der Hand den Hrn. von Haller sondiren lassen, welcher sich erkläret, daß er mit Freuden wieder eine Stelle auf einer Universität annehmen möchte [2]. Wegen Abwesenheit des Hrn. Grafen von Gotter habe ich diese Erklärung des Hrn. Barons von Danckelmann Exc. zugestellt.

Ich ersterbe mit dem allertiefsten Respect
Allerdurchlauchtigster Großmächtigster König
Allergnädigster König und Herr
Ew. Königlichen Majestät
Allerunterthänigst, getreuest,
und gehorsamster Knecht
L. Euler

R 675 Original all., 1 f°. – DZA Merseburg, Rep. 96r–v, Bl. 35. Publ.: Stieda, p. 57.

[1] Ce supplément manque.
[2] Cf. note précédente.

59

FRÉDÉRIC II À EULER

Potsdam, 27 mai 1755

Ich habe mit Euren Schreiben vom 25. dieses, Euer Sentiment über die differenten Ausrechnungen, welche bisher wegen der vorgeschlagenen Gradirung bei den Schönebeckschen Saltz-Werken gemachet worden, erhalten; und bezeuge Euch dahero alle Meine gnädigste Erkenntlichkeit vor die Bemühung so Ihr Euch darunter geben wollen; werde auch nicht ermangeln, Meinen guten Gebrauch davon zu machen.

Im übrigen und da Ihr Mich benachrichtiget, wie der von Haller sich gegen Euch heraus gelaßen habe, wie er mit Freuden wiederum eine Stelle auf einer Universitaet annehmen und deshalb einen convenablen Posten zu Halle nicht depreciren würde; als wird es Mir angenehm seyn, wenn Ihr ihn weiterhin sondiren werdet, was vor Conditiones eigentlich er verlange, um eine Vocation nach der Universitaet Halle anzunehmen. Ich werde Eure weitere Nachricht von seinen desfalls genommenen Entschluß erwarten und bin übrigens Euer gnädiger König

F[riedri]ch

R 676 Original all., 1 f°. – AAN, f. 136, op. 2, n° 9, l. 38;
copie (sauf un paragraphe), DZA Merseburg, Rep. 96r–v, Bl. 36.

60
EULER À FRÉDÉRIC II
Berlin, 28 mai 1755

Allerdurchlauchtigster Großmächtigster König
Allergnädigster König und Herr

Ew. Königl. Majestät allergnädigsten Befehl zu folge habe noch mit der gestrigen Post an den Hrn. von Haller [1] nach Bern geschrieben, und ihn ersuchet mir zu melden, unter was für Bedingungen er sich entschließen wollte, eine Stelle auf der Universität Halle anzunehmen. Die Beylage ist eine Copie seiner schon desfalls gegebenen Erklärung, woraus erhellet, daß er insonderheit nach der Stelle eines Curators der Universitäten trachtet. Er scheint Bedenken zu tragen, eine Forderung in Ansehung der Besoldung zu thun. Vormals sagte er, daß er es in Göttingen jährlich auf 2000 Rthl. brächte; jetzt hat er in Bern bey weitem nicht so viel, und ungeacht er sagt, daß ihm nun auch von Göttingen aus vortheilhafte Vorschläge gethan werden, so seyen ihm doch gewisse Umstände zuwider. Dahero ich vermuthe, daß weil ihm der Aufenthalt in seinem Vaterland gantz ekelhaft worden, er sich mit leidlichen Conditionen begnügen werde; etwas mehr als Hr. von Segner wird er aber doch praetendiren. Die noch erledigte Cantzler Stelle möchte vielleicht vieles zu seiner Entschließung beytragen.

Der Hr. von Segner rühmet den guten Fortgang in seinen Collegiis gantz ungemein, und hoffet daß die Hallische Universität bald den Vorzug vor allen anderen in Teutschland behaupten könne. In seinem Antritts Programma [2], welches ich mich unterstehe beyzulegen, hat er eine sehr schwere und wichtige Materie, die seinen Ruhm nicht wenig vermehren wird, abgehandelt.

Ich ersterbe mit dem allertiefsten Respect
Allerdurchlauchtigster Großmächtigster König
Allergnädigster König und Herr
Ew. Königl. Majestät
Allerunterthänigst, getreuest,
und gehorsamster Knecht
L. Euler

R 677 Original all., 1 f°. – DZA Merseburg, Rep. 96r–v, Bl. 37. Publ.: Stieda, p. 58.

[1] R 934a (cf. O. IV A, 5, p. 606).
[2] Il s'agit probablement de l'ouvrage: J. A. Segner, *Programma sistens specimen theoriae turbinum*, Halae 1755.

61

FRÉDÉRIC II À EULER

Stargardt, 30 mai 1755

Mir ist zwar Euer Schreiben vom 28. dieses allhier richtig eingeliefert worden. Worauf Ich Euch aber die Antwort ertheile, wie Ich Mich zu nichts wegen des v. Haller determiniren kann, bevor Ich nicht zuforderst weiss, was vor Conditiones derselbe wegen seines Etablissements zu Halle machen will, so wie Ich Euch solches in Meiner letzten Antwort deshalb bereits bekannt gemachet. Ich bin Eurer gnädiger König

F[riedri]ch

R 678 Original all., 1 f°. – AAN, f. 136, op. 2, n° 9, l. 39.

62

FRÉDÉRIC II À EULER

Potsdam, 9 juin 1755

Da Ich aus Euren unter den 7. dieses an Mich erlassenen Schreiben [1] ersehen habe, wie der v. Haller in seiner Resolution wegen der ihm von Euch gethanenen Ouverture, wiederum zu biaesiren anfanget und allem Vermuthen nach dadurch sich nur zu Hannover um so viel favorablere Conditiones wird machen wollen; also approbire Ich allerdings, dass Ihr Euch aller möglichen Vorsichtigkeiten mit diesem Mann gebrauchet und dessen positive Erklärungen von Eurentwegen fordert und abwartet, um zu sehen, was er wird haben wollen; in welcher Absicht Ich denn auch dessen Schreiben an Euch wiederum mit beyfügen lasse. Ich bin Eurer gnädiger König

F[riedri]ch

R 679 Original all., 1 f°. – AAN, f. 136, op. 2, n° 9, l. 40.

[1] La lettre d'Euler manque.

63
Euler à Frédéric II
Berlin, 7 juillet 1755

Allerdurchlauchtigster Grossmächtigster König
Allergnädigster König und Herr

Auf dasjenige, was ich dem Allergnädigsten Befehl Ew. Königl. Majestät zu folge dem Hrn. von Haller nach Bern geschrieben, dass er alle Bedingungen, unter welchen er sich entschliessen würde nach Halle zu kommen, deutlich und ohne Zweydeutigkeit melden möchte: Darauf habe ich heute beyliegende Antwort [1] erhalten, deren Inhalt darin bestehet, dass er seit einiger Zeit mit der Regierung zu Hannover in Tractaten stehe, wovon er aber die Erbschaft mit nächstem erwarte, und alsdann erst eine zuverlässige Antwort zu ertheilen im Stande seyn werde. Er begehret aber inzwischen von mir einige Erläuterungen über die Cantzler und Curator Stelle, worauf seine Absicht gleich anfänglich gerichtet war, die ich ihm aber weder zu geben vermögend bin, noch für rathsam halte, indem gegen diesen Mann alle mögliche Vorsichtigkeit gebraucht werden muss. Ich werde ihm also Ew. Königl. Majestät Höchstem Befehl gemäss nochmal melden, dass alles auf der von ihm erwarteten positiven Erklärung beruhe, damit er sich nicht rühmen könne, dass ihm von hieraus würklich alles sey angetragen worden.

Ich ersterbe mit dem allertiefsten Respect
Allerdurchlauchtigster Grossmächtigster König
Allergnädigster König und Herr
Ew. Königl. Majestät
Allerunterthänigst, getreuest
und gehorsamster Knecht
L. Euler

R 680 Original all., 1 f°. – DZA Merseburg, Rep. 96r–v, Bl. 39.

[1] Dans sa lettre du 23 juin 1755 (R 935), Albrecht von Haller accuse réception de deux lettres d'Euler des 27 et 31 mai; il rend compte des tractations avec Hannovre concernant son retour à Göttingen. Si Euler fait attendre trop longtemps la décision, la correspondance peut être interrompue. Haller désirait cependant savoir diverses choses, afin de ne pas perdre de temps. 1) A Halle, il serait professeur extraordinaire, par contre à Göttingen, il serait chancelier, avec les évoluements de chaque promotion. Puisque Danckelmann était curateur en chef de toutes les académies royales, quelle fonction aurait alors le nouveau curateur? Quelle place aurait Haller à la faculté de médecine, et recevrait-il le prix de sa promotion, ou bien celui-ci devrait-il être partagé? Si la réponse lui parvient, Haller indiquera ses conditions. La fonction de chancelier nécessite des dépenses qu'un père de famille ne peut effectuer sans revenus conséquents (AAN, f. 136, op. 2, Nr. 9, Bl. 68–68R; Original). – Cf. plus loin la lettre n° 65, note 1.

64
Frédéric II à Euler
Potsdam, 13 juillet 1755

Bien content de l'honneur que l'on vous a fait de vous conférer une place d'Associé Etranger à l'Academie de Paris, Je vous donne avec plaisir l'agrement que vous Me demandez [1] pour pouvoir l'accepter, et Je vous renvoie cy-joint la lettre que vous avez reçu du comte d'Argenson à ce sujet [2].

Federic

R 681 Original fr., 1 f°. – AAN, f. 136, op. 2, n° 9, l. 41; copie et trad. russe *ibid.*, Nr. 10, l. 75–76.

[1] La demande d'un agrément de la part d'Euler manque.

[2] La lettre du Marquis d'Argenson à Euler (R 62), datée de Versaille du 15 juin 1755, est contenue dans l'*Eloge de Monsieur Léonard Euler* de N. Fuss, Pétersbourg 1783 (Traduction allemande, Bâle 1786, réimprimée dans O. I, 1). Secrétaire d'état aux affaires étrangères, Argenson a donné son opinion à Maupertuis de 1744 à 1747. En témoignage de reconnaissance, son fils, Marc Antoine René d'Argenson, fut reçu à l'Académie berlinoise le 2 février 1747.

65
Frédéric II à Euler
Potsdam, 30 août 1755

Nachdem Ich aus Euren an Mich unterm 28. dieses erlassenen Schreiben [1] mit mehrern ersehen habe, was vor Conditiones der Professor Haller verlangen wollen, um sich in Halle auf eine von ihm determinirte Zeit von gewissen Jahren zu etabliren; so kann Ich Euch darauf in Antwort nicht verhalten, wie Ich das von ihm geforderte Gehalt der jährlichen 3000 Rthl. zu hoch und zu exorbitant finde, als dass Ich darauf und auf einige von ihm annoch verlangte Neben Conditiones entriren könnte. Wornach Ihr also ihm das Convenable auf sein Schreibeh [2], welches Ich Euch zu dem Ende hierbey remittiren laße, antworten könnet. Ich bin Euler gnädiger König

F[riedri]ch

R 682 Original all., 1 f°. – AAN, f. 136, op. 2, n° 9, l. 42.

[1] L'écrit d'Euler manque.

[2] A.v. Haller écrit le 13 août 1755 (R 936) qu'il doit prendre en considération sa famille et qu'il a des projets dans différents domaines de la physiologie qu'il voudrait mener à terme. Son désir serait de redonner à Halle son lustre passé. Il devrait sacrifier à cette tâche le reste de ses jours et abandonner son pays, où il jouissait d'une activité lucrative et d'un calme convenant si bien à son âge. Ses conditions: 1) 3000 Thl. de pension, 2) 100 Thl. pour les frais de voyage, 3) Engagement pour 10 ans seulement. Après cela, il pourrait rentrer chez lui sans avoir à redemander une autorisation. Si des intérêts familiaux exigent son retour anticipé, on devra le lui permettre; dans cette hypothèse, les 1000 Thl. seront rendus. 4) En raison de sa

famille il veut pouvoir partir en Suisse tous les ans quand il lui plait, et sans avoir à demander l'autorisation. 5) Parce qu'il doit devenir professeur en médecine, il estime nécessaire à la dignité d'un chancelier d'être le premier, et d'avoir un privilège sur les revenus des doctorats. 6) Il souhaite que le roi définisse avec exactitude son activité de curateur, et particulièrement ses frontières par rapport à Danckelmann. 7) Le roi doit établir et expédier franco toutes les patentes, et tous les effets emportés par Haller seront exempt de retenues. 8) Tous les avantages que le roi voudra lui accorder seront donnés sous son sceau et de la manière la plus authentique. 9) Si les tractations échouent, Euler doit garder le plus grand silence afin de ne pas créer à Haller de difficultés à Hanovre. Même si les conditions sont acceptés, il ne doit rien dire jusqu'à Pâques, sinon il pourrait perdre son appartement de fonction à Göttingen (AAN, f. 136, op. 2, n° 9, Bl. 69–71 R, Original).

Et le 28 octobre 1755 (R 937) A.v. Haller écrit à Euler qu'il souhaitait que le roi indiquât bientôt ses conditions, parce que les négociations duraient quelque peu. En ce qui concerne ses voyages, en 17 ans passés à Göttingen il n'était allé que deux fois en Suisse; étant âgé, il n'avait plus envie de voyager. Concernant la pension, Maupertuis lui avait indiqué en 1749, on lui offrait à Göttingen 2000 Rthl., ce qui lui faisait 3000 thaler environ, compte-tenu d'autres recettes. C'est pourquoi il ne trouvait pas présomptueux d'exiger cette somme. Il a besoin de 2400 thaler pour son entretien, et il faut compter de plus ce dont il a besoin de surcroît et ce qu'il doit abandonner à la science, son loisir et sa liberté.

Enfin, A.v. Haller écrit le 21 décembre 1755 (R 939) à L. Euler qu'il s'est adressé directement au roi pour lui communiquer les raisons de son désistement. Ainsi, il considérait l'affaire comme terminée. Il voulait passer le reste de ses jours dans sa patrie. Il n'y a aucune négociation avec Hanovre. Pfaff allait y prendre la place de chancelier. Les négociations avaient été menées de manière très élargie en l'espace de quelques années. Haller préfère la liberté, le loisir et la santé à l'éclat, aux sciences et aux rentes; il croit conforme à son âge de ne plus redoubler ses efforts à la fin de sa carrière. Par ailleurs, la démarche que le Sénat de Berne avait fait auprès de lui le 19 décembre afin qu'il veuille bien réserver ses services à la patrie, rendait impossible son départ (AAN, f. 136, op. 2, n° 9, l. 73–75; Original).

66
Frédéric II à Euler
Breslau, 14 mars 1759

Besonders Lieber und Getreuer. Ihr könnet versichert seyn, dass Ich die marquen Eurer Treue und attachement gegen Mich, so Ihr Mir in Eurem Schreiben vom 6. dieses [1] sowohl, als durch Übergebung Eures jüngsten Sohnen [2] zu Meinem Feld Regiment Artillerie declariren wollen, gantz gnädigst aufgenommen habe. Ich werde Mich auch Eures Gesuches wegen erwähnten Eures Sohnes in Gnaden erinnern, dabey Ihr aber in Betrachtung nehmen müsset, dass wenn solches nicht sogleich geschehen kann, es die Verfassung Unseres Dienstes mit sich bringet, da ein jeder darin sich durch eine gute, vernünftige conduite und durch rechtschaffene application auf sein metier, zum weiteren avancement qualificiren muss. Ich bin übrigens Eurer gnädiger König

F[riedri]ch

R 683 Original all., 1 f°. – AAN, f. 136, op. 2, n° 9, l. 43;
copie et trad. russe *ibid.*, n° 10, l. 77–78v.

[1] La lettre d'Euler manque.
[2] Christoph Euler.

67
Euler à Frédéric II
Berlin, 14 septembre 1759

Sire,

C'est encore par ordre de feu notre digne président [1] que j'ai l'honneur de présenter à Votre Majesté les lorgnettes et lunettes cy-jointes. Une nouvelle theorie m'en a fourni l'idée, et j'ai eu bien de la peine à mettre ici un mécanicien en état de l'executer, après que les plus habiles de Londres et de Paris n'y ont pu réussir [2]. Les lorgnettes aussi bien que les lunettes se peuvent ajuster à tout les yeux par le moyen d'une vis qui approche ou eloigne le verre objectiv: tous ces instruments étant composé de trois verres, je me flatte que ces instruments surpassent tout ce qu'on a eu jusqu'ici dans ce genre, et j'éspère de pousser cette même idée à des lunettes plus longues à l'aide de cet habil mecanicien Rinck, qui s'est etabli ici.

Je m'estimerois infiniment heureux, si ces échantillons meritoient l'approbation de Votre Majesté. Mes vœux n'aboutissent qu'à me rendre de plus en plus digne des grâces dont Votre Majesté daigne de me combler, et je souhaite que mon fils tache de son coté aussi de les mériter par son application au service militaire auquel Votre Majesté l'a bien voulu employer.

Je suis avec le plus profond respect
Sire
de Votre Majesté
le très humble, très obeissant
et très soumis sujet
L. Euler

R 684 Original fr., 1 f°. – AAN, f. 136, op. 2, n° 9, l. 87r–v;
copie et trad. russe *ibid.*, n° 10, l. 79–81.

[1] Maupertuis mourut à Bâle le 25 juillet 1759.

[2] Il s'agit du problème de l'achromatisme. – Cf. E. A. Fellmann, *Leonhard Eulers Stellung in der Geschichte der Optik,* O.III,9, en particulier p. 303–315.

68
FRÉDÉRIC II EULER
Waldow, 15 septembre 1759

Je vous remercie des petites lunettes d'approche qui me sont arrivées à la suite de votre lettre du 14 de ce mois, et je loue le soin que vous prenez, de rendre utile aux hommes la Théorie, que vous fournit votre étude, et votre application aux sciences. Comme mes occupations présentes ne me permettent pas de les examiner, avec l'attention que merite tout ce qui me vient de votre part, je me reserve à le faire, quand j'en aurai plus de loisir. Sur ce je prie Dieu qu'il vous ait en sa sainte et digne garde.

Federic

R 685 Original fr. autographe, 1 f°. – AAN, f. 136, op. 2, n° 9, l. 44;
copie et trad. russe *ibid.*, n° 10, l. 82–83.
Publ.: *Éloge de Monsieur Léonard Euler*, par N. Fuss, Pétersburg 1783, p. 42;
Œuvres de Frédéric II, XX, p. 207.

68a
LES DIRECTEURS DE L'ACADÉMIE À FRÉDÉRIC II
Berlin, 23 juin 1763

Allerdurchlauchtigster

Auf die Allergnädigste Resolution, so Ew. Königl. Majestät auf unsere allerunterthänigste Vorstellung betreffend den Academischen Garten zu ertheilen geruhet, werden wir nicht ermangeln unverzüglich alle nöthigen Anstalten zu Wiederherstellung dieses Gartens zu machen. Weil aber die Aufführungen einer steinernen Mauer den vorhandenen Fond der Academie weit übersteigen würde, so sind wir genöthiget uns mit einer hölzernen Wand zu begnügen, wozu die Kriegs und Domänen Cammer das nöthige Holz anzuweisen versprochen.

Da aber Ew. Königl. Majestät Allergnädigste Entschliessung dahin gerichtet ist, den vorhandenen Fond auf Gebäude zu verwenden, so halten wir uns verpflichtet Ew. Königl. Majestät allerunterthänigst vorzustellen, dass das zur Academie gehörige Gebäude, wo vormals die Astronomi gewohnet, nun aber der Chymicus seine Wohnung hat, dergestalt baufällig ist, dass keine Ausbesserung weiter stattfindet. Wenn es dennoch Ew. Königl. Majestät allergnädigst gefallen sollte, so könnte daselbst zum grössten Nutzen der Academie ein massives und properes Gebäude aufgeführet werden, worin nicht nur der Chymicus sondern auch die Astronomi, wenn Ew. Königl. Majestät diese erledigten Stellen wiederum zu besetzen geruhen sollten, mit aller Bequemlichkeit wohnen könnten; in welchem Fall Ew. Königl. Majestät die allerhöchste Gnade haben würden, der Academie die dazu nöthigen Baumaterialien allergnädigst zu ertheilen.

Zum künftigen Anbau des Gartens haben wir auch Ew. Königl. Majestät allerunterthänigst vorzustellen, dass der nöthige Dünger, so vormals von undenklichen Zeiten her aus dem Gens d'armes Stall dahin geführet worden, vor einigen Jahren der Academie zum grössten Nachtheil des Gartens entzogen worden, daher wir uns verpflichtet erachteten um die Wiederherstellung dieses Privilegii allerunterthänigst anzuhalten.

Wir ersterben mit dem tiefsten Respect
Allerdurchlauchtigster
Ew. Königl. Majestät
allerunterthänigst, gehorsamste
und getreueste Directores
der Königl. Academie der Wissenschaften

Minute all. d'Euler, 1 f°. – AAB, I: XIV, 50, F. 2r–v

68b
LES DIRECTEURS DE L'ACADÉMIE À FRÉDÉRIC II
Berlin, 11 juillet 1763

Allerdurchlauchtigster[1]

Ew. Königl. Majestät allergnädigsten Befehl zu Folge haben wir einen Anschlag von einer um den Academischen Garten aufzuführenden steinernen Mauer verfertigen lassen, welcher sich die Ruthe zu 74 Rthl. gerechnet auf 17536 Rthl. beläuft, und die Gewächs-Häuser würden unter 10000 Rthl. nicht massiv von Stein aufgebaut werden können. Nun aber erstrecket sich der Fond, so bey der Academischen Cassa seit dem Anfang des Krieges wegen vielen eingegangenen und nicht wieder besetzten Besoldungen erspahret worden, auf 20000 Rthl. [2] an Neuen Fridrichs d'or, wovon die Interessen bisher zu den bey jeder Academischen Versammlung ausgetheilten Jettons verwendet worden: die also inskünftig aufhören müßten [3]. Außerdem aber daß dieser Fond zu gedachter Mauer und den Gewächshäusern nicht hinreichend ist, so müssen wir auch Ew. Königl. Majestät allerunterhänigst vorstellen, daß das hinter dem Observatorio zur Academie gehörige Gebäude, wo vormals die Astronomi gewohnt, nun aber auch dem Chymico wegen der im Garten gebauten Laboratorii seine Wohnung angewiesen worden, sich in einem so baufälligen Zustand befindet, daß keine Ausbesserung mehr helfen will. Dahero es höchst nöthig wäre, daß daselbst ein gantz neues und geräumiges Wohnhaus erbauet würde, wo außer dem Chymico auch ein oder zwey Astronomi im Fall Ew. Königl. Majestät diese Stellen wieder zu besetzen geruhen sollten, bequem wohnen könnten. Diese Gebäude möchte nach einem schon vor einigen Jahren gemachten Anschlag etwa auf 5 bis 6 tausend Rthl. zu stehen kommen. Da nun von diesen beyden Seiten die Nothwendigkeit gleich dringend ist und der vorhandene Fond zu allem zugleich nicht hinreichend ist, wann im Garten sowohl der Verschluß als die Gewächs-Häuser von Stein aufgeführet werden sollten, so halten wir uns verpflichtet Ew. Königl. Majestät allerunterthänigst anzufragen wozu der vorhandene Fond zu allererst vorzüglich angewandt werden soll: Ob Allerhöchst Dieselben nicht für rathsam befinden, daß der garten nur mit einer Wand von Holz, wie bisher, umgeben und die Gewächshäuser so gut als möglich ausgebesser werden, damit der Fond möchte auch das hier in der Stadt benüthigte Gebäude zu Stand zu bringen [4].

Wir ersterben mit dem tiefsten Respect
Allerdurchlauchtigster Grossmächtigster König
Allergnädigster König und Herr
Ew. Königl. Majestät
allerunterthängiste, gehorsamte
und getreueste Directores
der Königl. Academie der Wissenschaften

Min. all., d'Euler, 1 f°. – AAB, I: XIV, 50, F. 11r–v.

[1] En marge (sans doute de la main du directeur de la Classe de Physique, Marggraf): «Man erkennt des Herrn Directoris und professoris Euler Hoch-Wohlgeboren Aufsatz an den König mit allem Dank.»

[2] En marge: «Wo ich nicht irre, so hat die Academie ausser den 20000 Rthl. noch andere Capitalien. Hier ist nur die Rede von dem was seit dem Herrn Präsidenten Maupertuis erspahret worden. Von den übrigen älteren Capitalien sind die Interessen schon zum Etat gerechnet.»

[3] En marge: «Ich finde es bedenklich den König bei dieser Gelegenheit an die jettons zu erinnern. Da der König die Jettons einmal und solche von diesem Capital bezahlt werden, so müssten dieselben hinführo entweder aufhören oder aus den ordentlichen Revenues bezahlt werden; weder das eine noch das andere lässt sich nicht wohl ohne Königl. Genehmhaltung thun, also scheint dieser Punkt nicht umsonst zu seyn.»

[4] En marge: «Da der König zu einer massiven Mauer und nicht zu einer hölzernen stimmt, des Königs Rath aber einem Befehl gleich ist, so möchte es meines wenigen Ermessens genug seyn, nur die Schwierigkeit der Ausführung klarzustellen, vielleicht ändert er so dann seine Meinung.
Wäre es doch nöthig, den Plan des Gartens mit zu übersenden, damit der König sehe, dass die Mauer so viel kostet, obgleich nicht alle 4 Seiten Steine erfordern?
Ich halte es nicht vor undienlich, diesen Aufsatz des Herrn Gross-Cantzlers Excellentz Ph. H. de Jariges zu communiciren.»

68c
Les Directeurs de l'Académie à Frédéric II
Berlin, 20 juillet 1763

Allerdurchlauchtigster

Anbey legen wir Ew. Königl. Majestät den von dem Bau Director Baumann vorgelegten Anschlag über die Mauer um den Academischen Garten mit der allertiefsten Ehrfurcht vor: welcher nicht einmal den dritten Theil von demjenigen beträgt, so uns der Maurermeister Naumann verfertiget, weil ausser den allergnädigst accordirten

Kalksteinen die gantze Breite des Gartens gegen den Busch durch einen Graben und anzulegenden lebendigen Zaun hinlänglich verwahret ist. Wann Ew. Königl. Majestät diesen Anschlag zu approbiren und die beyliegenden Assignationen zu unterschreiben allergnädigst geruhen wollen, so verspricht Herr Baumann die Mauer noch im October fertig zu liefern und wird auch die nöthigen Ausbesserungen an den Gewächs Häusern übernehmen.

Wir ersterben mit dem allertiefsten Respect

Project [1], so nach geschehener Aprobation oder Correction an Herrn Köhler zur Ausfertigung durch Herrn Blume kann geschickt werden. Herr Marggraf hat es schon aprobirt.

L. Euler. Heinsius.

Minute all. d'Euler, 1 f°. – AAB, I: XIV, 50 F. 15.

[1] Manque.

69
Frédéric II à Euler
Potsdam, 17 août 1763

Le nommé Griethousen en Hollande venant de m'envoyer un plan de loterie, qu'il pense d'établir dans le pays de Clèves, pour aider cette province à se débarasser des dettes qu'elle s'est vue obligée de contracter pendant les troubles de la dernière guerre. J'ay bien voulu vous communiquer ci-joint ce plan, afin que vous l'examiniez dans tout son détail, et me marquiez ensuite votre sentiment, si vous le trouvez solide et equitable, pour être agréable au public, et pour que la susdite province en trouve le soulagement que l'auteur en fait esperer. J'attends le rapport que vous m'en ferez, auquel vous voudrez bien me faire le plaisir de joindre le plan susdit avec vos remarques. Je voudrois d'ailleurs que vous n'en fissiez point d'éclat encore, ni qu'il en transpirât quelque chose hors de saison dans le public, tant sur ce qui regarde ce plan, que sur son auteur. Sur ce je prie Dieu, qu'il vous ait en sa sainte garde.

Federic

R 686 Original fr., 1 f°. – AAN, f. 136, op. 2, n° 9, l. 45;
copie et trad. russe *ibid.*, n° 10, l. 84–85v.
Publ.: *Opera postuma* I, 1862, p. 553, Anmerkung.

70
Euler à Frédéric II
[Berlin], 19 août 1763

Sire,

Après avoir examiné par ordre de Votre Majesté le plan de loterie de Mr. de Griethausen, je trouve que les avantages que l'Etat en peut esperer, pourroient être encore plus considerables que l'auteur n'assûre, et même monter à 8 millions de florins, comme je crois avoir prouvé dans les reflexions ci-jointes [1]. Tout revient à savoir si l'on pourroit bien s'attendre à ce que cette loterie fut remplie, la somme de 100 fl. pour chaque billet [par an], et de 1000 fl. que la continuation pendant 10 ans exige, sera toujours un objet très considerable pour bien du monde, de sorte que la distribution de 50000 billets sembleroit presque impossible si l'on ne savoit par experience, que de telles loteries réussissent assez bien en Hollande où le credit affermit la confiance du public. Personne n'apprendra jamais rien de moi sur ce projet.

J'ose profiter de cette occasion pour présenter à Votre Majesté mes très humbles et très respectueux remercîmens des assurances grâcieuses que Votre Majesté a bien voulu donner à mon fils [2]. J'en suis le plus vivement penetré et je meurs avec le plus profond respect

Sire

R 687 Minute fr., 1 f°. – AAN, f. 136, op. 2, n° 9, l. 90v;
Publ.: *Opera postuma,* I, p. 553–554.

[1] Le petit mémoire E. 821 est publié ici à la suite de la lettre n° 70.

[2] Son fis ainé, Johann Albrecht, qui depuis le 6-12-1756 était membre ordinaire à l'Académie de Berlin, reçut à partir de 1763 une rente annuelle.

70a
Plan d'une loterie de 5 classes, par Euler
[s. d.]

Plan d'une lotterie de 5 classes chacune de 50 000 billets, qui toutes doivent être tirées dans un an et reiterées pendant 10 ans consecutifs.

	mise d'un lot	recette	nombre des lots	somme des prix	reste en depot
I. Classe	10 fl.	500 000 fl.	8 000	292 880	207 120 fl.
II. Classe	15 fl.	750 000	8 000	508 967	241 033
III. Classe	20 fl.	1 000 000	8 000	771 480	228 520
IV. Classe	25 fl.	1 250 000	8 000	1 047 208	202 792
V. Classe	30 fl.	1 500 000	8 000	1 524 465	–24 465
		5 000 000	40 000	4 145 000	855 000

Après le tirage de ces 5 classes, le depot de 855 000 fl. est employé pour une 6me classe à faire de prix de 28 ½ fl. chacun pour 30 000 billets, s'il y en a autant qui n'ont rien gagné dans les 5 classes. C'est ici une incertitude, sur laquelle je fais les reflexions suivantes:

1. Si tous les prix dans les 5 classes tomboient sur des billets differents, de sorte qu'aucun n'en gagnât deux, il n'y auroit que 10 000 qui entreroient dans la 6me classe, dont chacun retireroit 28 ½ fl. ce qui faisant 28 500 laisseroit un profit de 570 000 fl. pour les entrepreneurs ou pour la caisse.

2. Si tous les prix dans chaque classe tomboient sur les mêmes 8000 billets, il y auroit 42 000 sans gain, dont 30 000 profiteroient du benefice de la 6me classe, et 12 000 n'auroient absolument rien aussi le profit de l'entrepreneur s'evanouiroit.

3. Or ne l'un ni l'autre de ces deux cas n'existera probablemens jamais, et l'on peut supposer à peu près qu'il y aura ordinairemens le milieu c'est à dire 26 000 billets sans gains, de sorte que la 6me classe ne contiendra qu'autant de billets au lieu de 30 000 et par consequent le profit de l'entrepreneur peut être censé de 114 000 fl.

4. Ce profit deviendra encore plus considerable par le § 19 N.B. où la dixieme partie de chaque grand lot de 1000 fl. et au-dessus doit être partagé parmi les 9 compagnons de la même parcelle et qui, par consequent, seront exclus de la 6me classe. Comme il y'a dans les 5 classes 328 tels lots ou primes, il pourroit y avoir 9 fois autant c. a. d. 2957 qui ne concourroient point dans la 6me classe. Mais comme plusieurs en seront exclus d'eux même, en comptant la moitié 1500 le nombre des participants à la 6me classe en sera diminué, et partant le profit de la Caisse devra être estimé à 156 750 fl.

5. Les années suivantes ce profit deviendra plus considerable parce que ceux qui ont gagné 1000 fl. et au-delà dans les années precedentes seront à l'avenir pour toujours exclus de la resource de la 6me classe, quoique leurs lots ne gagneant plus rien.

6. L'auteur met ce profit de la caisse par an à 250000 fl. laquelle somme pourroit bien être trop grande, mais comme c'est le hasard, dont depend cette somme, qui pourroit egalement devenir tant beaucoup plus grande que plus petite, on n'y sauroit compter pour sûr. Cependant on le doit regarder toujours comme un objet très considerable.

7. Cet argent mis dans la caisse, peut être employé pendant les 10 ans, et fournir des interets à 5 p. cent comme l'auteur suppose: mais au bout de ce tems il ne dit pas ce qui doit devenir ce capital lui même, qui doit monter pourtant à 2500000 fl. Cette somme qui semble devoir être un profit réel pour la caisse n'est pas comprise dans les 7 millions, qu'il suppose rester au profit de l'Etat.

8. Il y a encore un autre benefice resultant de l'association proposée où ceux qui en veulent profiter, payant pour leurs lots 10 p. cent au-delà de la mise ordinaire, ce qui fait 10 fl. par an sur chaque lot, et ce surplus doit être partagé au bout des 10 ans parmi ceux des associés qui auront perdu pro rata de leur perte. Pendant ce temps cette somme peut être placée à intérêts, qui tomberont au profit de la caisse.

9. Outre cela, on deduit de chaque gain 10 p. cent ce qui fait 500000 fl. par an, laquelle somme, avec celles des articles précédents sera mise à intérêt à 5 p. cent et l'auteur suppose que tout cela pourroit bien monter à 1 million par an dont il rassemble les intérêts, qui en écheoient tous les ans. Or il ne dit pas à quoi ces intérêts sont employés tous les ans, si c'est d'abord au profit de pays pour payer les dettes, ou s'ils doivent rester dans la caisse, auquel cas ils pourroient bien être employés à produire de nouveaux intérêts.

R 687 Copie fr., 2 f°. – AAN, f. 136, op. 2, n° 9, l. 89–90.
Copie et trad. russe *ibid.*, n° 10, l. 86–95 et seconde copie n° 38, l. 4–5.
Publ.: *Opera postuma* I, p. 553–554 (E. 821).

71
FRÉDÉRIC II À EULER
Potsdam, 20 août 1763

Je vous remercie de la communication des remarques que vous avez bien voulu faire sur le plan d'une loterie à etablir à Clèves, que Je vous avois fait adresser, et que vous m'avez renvoyé à la suite de votre lettre du 19 de ce mois. Ce sera avec plaisir que j'embrasserai les occasions, où Je pourrai vous donner des preuves de mon contentement par rapport aux peines que vous vous êtes donné à ce sujet. Sur ce je prie Dieu, qu'il vous ait en sa sainte garde.

Federic

R 688 Original fr., 1 f°. – AAN, f. 136, op. 2., n° 9, l. 46;
copie et trad. russe *ibid.*, n° 10, l. 96–97.

72
FRÉDÉRIC II À EULER
Potsdam, 30 août 1763

Je reconnais comme Je dois votre attention pour tout ce qui peut m'intéresser et m'être agréable. J'ai vu les propositions que vous m'avez communiquées à la suite de votre dernière lettre [1], qu'un nommé Denffer vous a faites, touchant la porcelaine de Saxe. Ce n'est point le secret de la composition que nous desirons d'apprendre, nous en somme parfaitement instruits. Ce qui nous a manqué jusqu'à présent pour faire travailler à cette procelaine, c'est le fourneau, auquel cependant l'on travaille actuellement, et qui sera bientôt achevé, et nous mettra à même de mettre le reste en perfection. Sur ce Je prie Dieu, qu'il vous ait en sa sainte garde.
Federic

R 689 Original fr., 1 f°. – AAN, f. 136, op. 2, n° 9, l. 47.
Publ.: Œuvres de Frédéric II, XX, p. 208.

[1] La lettre d'Euler manque. D. P. Denffer (Jannsen) offre dans une lettre à Euler datée de Mitau, 14 août 1763 (R 1070), un ouvrage sur la fabrication de la porcelaine. Denffer fut pendant 23 ans peintre officiel chez Ernst Johann, duc de Courlande, qui vient de le congédier. Aussi, Denffer voudrait vendre le manuscrit de son livre à Frédéric II, et Euler doit le lui transmettre. Denffer offre 100 ducats à Euler pour cette tâche.

73
FRÉDÉRIC II À EULER
Potsdam, 3 décembre 1763

Ayant vu la demande que vous Me faites par votre lettre du 2 de ce mois [1], de donner Mon agrément au mariage du cornette van Dehlen avec votre fille, Je veux bien vous faire remarquer en réponse, qu'il est d'un usage reçu chez nous, qu'ordinairement les enseignes et cornettes n'osent se marier dans ce pays-ci, et qu'ils sont obligés de s'abstenir du mariage jusqu'à ce qu'ils soient plus avancés dans les grades militaires. Sur ce je prie Dieu qu'il vous ait en sa sainte garde.
Federic

R 690 Original fr., 1 f°. – AAN, f. 136, op. 2, n° 9, l. 48;
copie et trad. russe *ibid.*, n° 10, l. 98–99.
Publ.: Œuvres de Frédéric II, XX, p. 208.

[1] La demande d'Euler manque.

73a

Les Directeurs de l'Académie à Frédéric II

Berlin, 22 décembre 1763

Sire,

Les Directeurs de l'Academie des Sciences et belles lettres de Votre Majesté ont l'honneur de Lui exposer par Son ordre [1] que

I. le fond des pensions vacantes monte selon la liste cy-joint [2] à 1900 ecus.

II. l'Academie a epargné pendant la dernière guerre par la vacance des pensions et par les soins des Directeurs qui ont cessé de payer les apointemens des Academiciens en vieux argent et les ont aquitté en argent courant la somme de 25000 ecus [3] environ, dont Votre Majesté a déjà destiné une partie pour la muraille du Jardin et pour rebatir la maison du Chimiste et Astronome qui menace de tomber en ruine à tout moment.

III. Votre Majesté verra par cet exposé, que les directeurs de l'Academie ont l'honneur de Lui remettre, que les fonds de l'Academie loin de diminuer s'augmentent, et que ce qui y contribue est le grand debit des Almanacs auquel le trésorier s'occupe avec zêle.

IV. Les dits directeurs ont l'honneur de presenter à Votre Majesté selon Ses ordres les membres qui ont travaillé depuis long tems, et qui travaillent actuellement dans chaque Classe, qui n'ont point de pensions ou qui n'en ont que de si mediocres qu'elles ne peuvent être comptées pour rien.

Classe de Physique:	Classe de Mathem:	Classe de Philosophie:	Classe de Belles lettres:
le Prof. Meckel	Euler le fils	Beguelin	Süssmilch
le Dr. Roloff	Bernoulli, qui sera reçu selon la volonté de V.M.	Prevontval [4]	Beausobre
		Sulzer	De Catt

Nous sommes avec le plus profond respect
Sire
De Votre Majesté
les très humbles, très obeissans et très soumis
directeurs de l'Academie des Sciences
Heinsius, L. Euler, A. S. Marggraf,
le marquis d'Argens

La décision de Friedrich II [5].

400 ecus à Euler fils
400 au jeune Bernoulli [6]
200 à Meckel
200 à Sulzer
Total: 1200 ecus
Federic

R 237 Anhang II, Original fr. autographe d'Euler, 1 f°. – AAB, I: III, 11, F. 15.

[1] L'ordre manque.
[2] La liste manque.
[3] Au n° 74, 20000 Rthl. seulement d'économies sont indiqués.
[4] Il s'agit de A. P. Prémontval.
[5] Sur l'original écrit et signé par Euler, suit en marge (à la marge inférieure), la décision manuscrite de Frédéric II.
[6] Il s'agit de Jean III Bernoulli.

73b
Les Directeurs de l'Académie à Frédéric II
Berlin, 13 mars 1764

Allerdurchlauchtigster
Die Directores der Academie sind genöthiget Ew. Königl. Majestät allerunterthänigst vorzustellen, dass nun in dem Academischen Garten auch ein Theil der zur Wohnung des Gärtners bestimmten Gebäude eingefallen, und die übrigen so baufällig sind, dass keine Ausbesserung weiter stattfinden kann.

Da nun auf Ew. Königl. Majestät allergnädigsten Befehl die Gewächs-Häuser sind reparirt, und dem Bau Director Baumann dafür schon eine Rechnung von ungefähr 500 Rthl. bezahlt worden, und die um den gantzen Garten zu errichtende Mauer gegen 6000 Rthl. zu stehen kommen wird, so ist der Fond der Academie keineswegs hinreichend noch alle übrigen Gebäude von neuem aufzuführen.

Hiernächst da schon bisher ein beträchtlicher Theil der Einkünfte der Academie auf die Unterhaltung des Gartens hat verwendet werden müssen: so würden sich inskünftig die Kosten noch weit höher belaufen, da die Hofdienste, wozu bisher die Schöneberger Bauern verpflichtet gewesen, hinführo gäntzlich aufhören. Weil nun dieser Garten einzig und allein zum Nutzen der Botanic ist, worin doch nur ein kleiner Theil der Academie besteht, so halten wir uns verpflichtet Ew. Königl. Majestät allerunterthänigst vorzustellen, dass der gantze Endzweck der Botanic mit weit geringeren Unkosten erhalten werden könnte und dazu ein mässiger Garten hier in der Stadt hinreichend wäre, denn sogar bisher die ordentlichen Lectiones hier in der Stadt gehalten, und die Kräuter aus dem Garten eingeschickt worden.

Die Academie könnte also diesen Garten gäntzlich entbehren, und die Menge der ausländischen Gewächsen, würde wie anderwärts in Paris, in Ew. Königl. Majestät Gärten zu Potsdam oder Charlottenburg zu nicht geringer Auszierung versetzet werden können, wodurch nicht nur die Academie von einer unerträglichen Last befreyet, sondern auch der Garten selbst mit grossem Vortheil zum Amt Schöneberg geschlagen werden könnte.

Sollte es Schwierigkeiten finden der Academie dagegen sogleich einen anderen und mässigen Garten in der Stadt anzuweisen, so würde dabey doch die Botanic nichts verlieren, indem der hiesige Gärtner Krause alle Botanische Kräuter anbaut, und gegen eine mässige douane den Gebrauch derselben zu den Botanischen Lectiones verstatten würde. Weil nun in diesem Fall auch die Mauer um den Garten wegfiele, so würde die Academie dabey eine sehr beträchtliche Summe gewinnen, worüber Ew. Königl. Majestät zu weit grösserem Vortheil für die Wissenschaften disponiren könnten.

Wir ersterben mit der allertiefsten Ehrfurcht
Allerdurchlauchtigster, Grossmächtigster König
Allergnädigster König und Herr
Ew. Königl. Majestät
allerunterthänigst, gehorsamste und getreueste
Directores der Königl. Academie der Wissenschaften

Minute autographe all. d'Euler. – ABB, I: XIV, 50, F. 22r–v, 29.

73c

Rapport d'Euler, directeur de la classe de mathématique et de physique, à Frédéric II

Berlin, 20 juin 1764

Allerdurchlauchtigster, Grossmächtigster König
Allergnädigster König und Herr

Was Ew. Königl. Majestät den 19. dieses an Höchstdero Academie der Wissenschaften über ein neu erfundenes Instrument Allergnädigst zu verfügen geruhet, darauf haben wir die Ehre allerunterthänigst zu berichten, dass an der Möglichkeit eines solchen Instruments um so viel weniger zu zweifeln, da schon im vorigen Jahr ein dergleichen Instrument allhier von einem Spanier [1] verfertiget worden, welches er hernach mit sich nach Russland genommen. Die Weite zwischen den beyden Perspectiven dienet darinn anstatt der Standlinie, und da dieselbe nur etliche Fuss beträgt, so muss diese Kürze durch die Accuratesse dergestalt ersetzet werden, dass auch ein Unterschied von einer Secunde in den Winkeln merklich wird. Mit einem solchen Instrument können demnach nicht allzugrosse Entfernungen, bis 6000 Fuss und auch mehr, ziemlich genau ausgemessen werden, so dass sich der Fehler nur auf etliche wenige Fuss erstrecket und also ein solches Instrument in dem Feld bey vielen Gelegenheiten mit grossem Vortheil gebraucht werden kann. Alles beruhet dabey auf der Accuratesse der Ausführung, dergleichen man von dem Hrn. Brander, dessen Geschicklichkeit schon bekannt ist, wohl erwarten kann, und es lässt sich sogar vermuthen, dass es dieser Künstler dem obererwähnten Spanier in diesem Stück noch zuvor thun werde, weil er seine beyde Perspectiva in einer Weite von 4 Fuss von einander setzt, welche in des Spaniers Instrument etwas kleiner gewesen. Inzwischen halten wir uns verpflichtet Ew. Königl. Majestät Allerunterthänigst anzuzeigen, dass ein solches Instrument nur in solchen Fällen nützliche Dienste leistet, wo man sich so eingeschränkt befindet, dass man keine Standlinie von einer hinlänglichen Grösse gebrauchen kann, und wo dieser Umstand nicht stattfinde, da verdienen allerdings die bekannten Arten die Distanzen auszumessen einen grossen Vorzug.

Wir ersterben mit der allerhöchsten Ehrfurcht
Allerdurchlauchtigster, Grossmächtigster König
Allergnädigster König und Herr
Ew. Königl. Majestät
Allerunterthänigste, gehorsamte und getreueste
Directores der Academie der Wissenschaften

Texte all., 1 f°. – AAB, I: V, 34, F. 2r–v.

[1] Sans doute L. Ximénès, qui fut élu le (16) 5 mars 1764 membre étranger de l'Académie des Sciences de Pétersbourg.

73d
Les Directeurs de l'Académie à Frédéric II
Berlin, 5 juillet 1764

Allerdurchlauchtigster Grossmächtigster König
Allergnädigster König und Herr

Auf die Ew. Königl. Majestät von dem Adjuncto Astronomiae Naude [1] überreichte allerunterthänigste Bittschrift haben wir die Ehre Ew. Königl. [Majestät] pflichtmässig vorzustellen, dass derselbe seit vielen Jahren alle Calender ausser den Schlesischen berechnet und die Academie mit seinem Fleiss vollkommen zufrieden zu seyn die Ehre hat, und dass demselben für diese weitläufige und sauere Arbeit eine jährliche Besoldung von 350 Rhtl. aus der Academischen Casse angewiesen worden.

Von der ihm von dem sel. Herrn Präsidenten von Maupertuis mündlich versprochenen Vermehrung ist zwar niemand von uns etwas bekannt, wenn aber Ew. Königl. Majestät allergnädigst geruhen wollten ihm einige Zulage zu seiner Besoldung zu accordiren, so würde diese... [2] Gnade nicht nur zur Belohnung der bisher gehabten beschwerlichen Arbeit sondern auch für das künftige zu einer kräftigen Aufmunterung gereichen.

Wir haben die Ehre mit dem allertiefsten Respect zu seyn
Allerdurchlauchtigster Grossmächtigster König

Allergnädigster König und Herr
Ew. Königl. Majestät allerunterthänigst gehorsamste und getreueste
Directores der Academie der Wissenschaften

Minute all. autographe d'Euler, 1 f°. – AAB, I: III, 11, F. 29.

[1] Depuis le 16 février 1744 au service de l'Observatoire.
[2] Illisible.

74
Frédéric II à Euler
Berlin, 17 janvier 1765

Nachdem an Seine Königliche Majestät nunmehro von dem Augspurgschen Mathematico und Mechanico Brander diejenige Distantz und Mess Machine eingesandt worden, wovon Höchstdieselbe vorhin bereits vorläufig etwas Dero Academie der Wissenschaften allhier bekannt gemachet haben, als haben Höchstdieselbe vor gut gefunden, selbige in denen Kisten, wie solche allhier mit der Post angekommen, an Dero Direktor der Mathematischen Classe, den Professor Euler adressiren und abgeben zu lassen, verlangen auch deshalb von ihm, dass er gedachte Machine gründlich examiniren und wie weit davon ein guter Gebrauch zu machen sey oder nicht, urtheile, demnächst aber sein Sentiment darüber an Sr. Königl. Majestät melde.

In welcher Absicht denn Sie ihm auch die von oberachteten Brander solcher Machine halber eingesandte pièces hierbey zu fertigen lassen.

Friedrich

R 691 Original all., 1 f°. – AAN, F. 136, op. 3, N° 9, l. 49 (pièce annexe *ibid.*, l. 94).

75
Frédéric II à Euler
Berlin, 24 janvier 1765

Seine Königliche Majestät haben den von Dero Direktor und Professor Euler unter den 23. dieses erstatteten allerunterthänigsten Bericht [1] über das von Augspurg eingesandte Branderische Pantometre erhalten, und erkennen es mit gnädigen Dank gegen ihn, dass derselbe alle Umstände von erwähnten Pantometre und dessen Gebrauch mit aller Attention examiniret hat. Und wollen übrigens, dass derselbe dieses

Instrument nebst der beygefügten Beschreibung und Zubehör an Dero Adjudanten, den Obrist Lieutenant v. Anhalt, abliefern soll

F[riedri]ch

R 692 Original all., 1 f°. – AAN, f. 136, op. 2, n° 9, l. 50.

[1] Ce rapport manque.

76
Frédéric II à Euler
Potsdam, 16 juin 1765

Je vous sais gré des détails dont vous m'avez informé par votre lettre du 13 de ce mois [1], relativement aux revenus et dépenses de l'Academie. Et au sujet desquels Je veux bien vous faire observer, que comme les Almanachs sont un des principaux articles des revenus de l'Academie, il ne faut point de Koehler, mais plustôt mettre les Almanachs en ferme pour seize mille ecus. Cela est beaucoup plus sensé que votre avis; et moi qui ne sait point calculer des courbes, Je sais pourtant que seize mille écus de recette en valent mieux que treize mille.

Sur ce qui regarde le point de fumier pour le service du jardin de l'Academie que mes écuries ont refusé; Je viens de donner Mes ordres au grand ecuyer Comte de Schaffgotsch d'y remédier, et de faire en sorte, que Mes écuries fournissent, tout comme auparavant, le fumier pour l'engrais dudit jardin.

Le bénéfice de huit et un tiers pour cent, que selon votre lettre l'Academie a accordé jusqu'ici à ses commissionnaires est exorbitant, et trois pour cent est déjà beaucoup pour ces gens là. Et quant aux réparation des édifices à faire de l'Académie, Je viens d'ordonner, qu'on M'envoye l'état de l'Académie, et l'argent qu'il y a en caisse, après quoi il sera facile de voir, ce qu'on pourra employer aux differentes réparations.

Comme d'ailleurs l'Académie ne sait plus se servir du copiste françois, le nommé Castagne, par les circonstances que vous en alléguez, mon intention est, qu'il doit être mis à doté.

Au reste comme l'Academie n'a pu parvenir jusqu'ici à bout avec les juifs de Silésie sur l'article des Almanachs, Je viens d'écrire à mon ministre de Schlabrendorff, pour s'employer dans cette affaire et la finir promptement à l'avantage de l'Académie. C'est en conséquence de tout ce que dessus, que J'écris à la commission ordonnée pour examiner les revenus et les depenses de l'Académie, afin de s'y conformer. Sur ce Je prie Dieu qu'il vous ait en sa sainte garde.

Federic.

R 693 Original fr., 1 f°. – AAN, f. 136, op. 2, n° 9, l. 51r–v.
Publ.: Œuvres de Frédéric II, XX, p. 208–209.

[1] La lettre d'Euler manque.

77
FRÉDÉRIC II À EULER
Potsdam, 25 novembre [1765]

Besonders Lieber und Getreuer. Den Erhalt Eures unter den 24. dieses an Mich erlassenen Schreibens [1] habe Ich zwar mit mehreren ersehen; gebe Euch aber darauf in Antwort, wie dass, nachdem Ich einmal die Sachen wegen der Einnahmen und Ausgaben bey der Casse von der Academie der Wissenschaft selbst reguliret habe, es Mir zu gnädigsten Gefallen gereichen wird, wenn Ihr Euch darunter beruhigen und Euch dasjenige gefallen lassen werdet, was Ich wegen der Verpachtung des Calender Wesens und übrigen Sachen, bey der Academie einmal arrangiret und ausgemachet habe. Ich bin übrigens Euer gnädiger König

F[riedri]ch

R 694 Original all., 1 f°. – AAN, f. 136, op. 2, n° 9, l. 52.

[1] La lettre d'Euler manque.

78
EULER À FRÉDÉRIC II
[15 mars 1766]

Sire,

Dans la crainte qu'on ne tache de déguiser à Votre Majesté la véritable situation où je me trouve, je prend la liberté de Lui présenter là dessus les eclaircissemens suivans:

I. Lorsque la commission, par un abus des ordres de Votre Majesté, a renversé le Reglement de l'Academie et que mes efforts pour le maintenir ont été inutiles et peut-être même rapportés à Votre Majesté d'une manière odieuse, j'ai été forcé de résigner ma charge et d'offrir mes services à la cour de Russie.

II. Maintenant, après que cette cour m'a accordé les plus grands avantages, je n'aurois retracter ma parole sans me rendre coupable de la plus noire ingratitude.

III. Ainsi j'ose encore supplier Votre Majesté de me permettre en grâce que je réitère ma très humble demande.

J'ai l'honneur d'être avec le plus profond respect

R 695 Brouillon fr., 1 f°. – AAN, f. 136, op. 2, n° 9, l. 97.

79
Frédéric II à Euler
Potsdam, 17 mars 1766

Ayant reçu votre lettre du 15 de ce mois, par laquelle vous sollicitez, comme vous l'aviez fait par deux lettres précedentes, votre congé, je veux bien vous dire par la présent, que vous Me ferez plaisir, de vous desister de cette demande, et de ne plus M'écrire sur ce sujet.

Federic

R 696 Original fr. autographe de Frédéric II, 1 f°. – AAN, f. 136, op. 2, n° 9, l. 53; copie et trad. russe *ibid.*, n° 10, l. 102–103.
Publ.: Œuvres de Frédéric II, XX, p. 210.

80
Euler à Frédéric II
[30 avril 1766]

Sire,

Quelque zèle que j'aye toujours été pour le service de Votre Majesté ne saurois être insensible à la belle fortune que la cour de Russie vient de m'offrir pour toute ma famille, qui en a d'autant plus besoin que par ma mort elle seroit reduite à la plus grande misère.

C'est ce puissant motif, qui m'oblige à supplier Votre Majesté avec la plus profonde soumission de me permettre de profiter de cette occasion tout extraordinaire et de m'accorder mon congé, de même qu'a mon fils ainé qui est dans l'Académie, et aussi au second, qui est médecin des pauvres françois.

Quant au troisième, qui est dans l'artillerie je sais très bien, qu'une telle demande seroit trop hardie, et je me soumit à son egard entièrement à la gracieuse décision de Votre Majesté bien qu'une telle separation doive causer les plus vives douleurs de part et d'autre.

J'ai l'honneur d'être avec le plus profond respect
Sire
de Votre Majesté

R 697 Brouillon fr., 1 f°. – AAN, f. 136, op. 2, n° 9, l. 98; copie et trad. russe *ibid.*, n° 10, l. 104–105v; seconde copie *ibid.*, Nr. 37, l. 1.

81
FRÉDÉRIC II À EULER
Potsdam, 2 mai 1766

Je vous permets, sur votre lettre du 30 d'avril dernier, de quitter, pour aller en Russie.
Federic

R 698 Original fr. autographe de Frédéric II, 1 f°. – AAN, f. 136, op. 2, n° 9, l. 54;
copie et trad. russe *ibid.*, n° 10, l. 106–107.
Publ.: Œuvres de Frédéric II, XX, p. 210.

82
EULER À FRÉDÉRIC II
[Début avril 1776]

Sire,

Le souvenir de tant de grâces, dont Votre Majesté a daigné me combler, et mon zèle pour Son service, qui m'a toujours animé, m'imposent le devoir de mettre aux pieds de Votre Majesté avec le plus profond respect mes remarques sur l'établissement des rentes pour les veuves, qui vient d'être annoncé dans les gazettes de Berlin, et dont le plan s'écarte si énormement des vrais principes de la probabilité, qu'il ne sauroit subsister sans ruiner les corps qui ne ont pris la garantie, vu que les prix des rentes sont généralement de beaucoup trop petits surtout pour les moindres âges. En sorte que quand même on voudroit doupler ou tripler les prix, qui y sont marqués, la caisse perdroit toujours très considerablement. Pour mettre cela dans tout son jour, je prens la liberté de joindre ici deux tables [1], que j'ai fait calculer pour un semblable dessein qui devoit être exécuté ici. D'où on verra d'abord que mes prix surpassent de beaucoup ceux du plan de Berlin dont le défaut deviendra encore plus considerable en remarquant que j'ai supposé dans mon calcul que l'établissement puisse faire valoir ses fonds à six pour cent ce qui ne sauroit guère avoir lieu à Berlin. En second lieu je suppose qu'on ne rembourse rien aux maris qui survivent à leurs femmes pendant que le plan de Berlin leurs rembourse une bonne partie. Cette seule circonstance doit evidement hausser les prix des pensions. En troisième lieu j'ai marqué les prix exactement selon les principes de la probabilité sans tenir compte des fraix qu'un tel établissement éxige, d'où il s'ensuit que si mon plan devoit être executé on seroit obligé d'augmenter encore les prix qui y sont marqués de quelques pour cent. Or quoique le plan de Berlin exclut de la jouissance des pensions toutes les veuves qui passent au second mariage pendant que je leur laisse leurs pensions jusqu'à leur mort, c'est une très faible ressource pour la caisse et comme c'est une cironstance purement arbitraire on n'en sauroit tenir compte dans un tel établissement.

Pour la solidité de mon plan, j'ose provoquer au jugement tant de l'Academie de Berlin que de celle de Paris et ainsi je me flatte que Votre Majesté voudra bien recevoir favorablement les très humbles représentations auxquelles je me suis senté obligé par mon attachement inviolable et le plus profond respect avec lequel je demeurerai jusqu'à dernier soupir

Sire
de Votre Majesté
le très humble, très obeissant et très soumis serviteur
L. Euler

R 699 Brouillon fr., 1 f°. – AAN, f. 136, op. 2, n° 9, l. 99r–v;
Copie et trad. russe *ibid.*, n° 10, l. 108–112.

[1] Les tables manquent.

83
Frédéric II à Euler
Potsdam, 16 avril 1776

Je ne puis que recevoir très favorablement les observations, que vous me présentez sur l'établissement des rentes pour les veuves, entrepris à Berlin, bien persuadé de la pureté des motifs, qui vous les dictent. On ne sauroit prendre assez de précautions, pour donner un fondement solide à des établissements de cette nature, et sur ce Je prie Dieu qu'il vous ait en sa sainte et digne garde

Federic

R 700 Original fr., 1 f°. – AAN, f. 136, op. 2, n° 9, l. 55;
copie et trad. russe *ibid.*, n° 10, l. 113–114.
Publ.: Œuvres de Frédéric II, XX, p. 210.

84
Euler à Frédéric II
[septembre 1776]

Sire,

La gracieuse reception, dont Votre Majesté a bien voulu honorer mes observations sur l'établissement d'une caisse pour les veuves, m'encouragent de mettre aux pieds de Votre Majesté le petit ouvrage [1] ci-joint, qui mettra dans tout son jour les principes, sur lesquels un tel établissement doit être fondé; de sorte qu'il ne sauroit rester le moindre doute sur cette épineuse matière. Et je crois que la tontine qui y est proposée, pourroit fournir le moyen le plus propre, pour réparer la grande perte, que l'établissement de Berlin doit entrainer après lui necessairement. J'ai l'honneur d'être avec le plus profond respect

Sire

de Votre Majesté

R 701 Brouillon fr., 1 f°. – AAN, f. 136, op. 2, n° 9, l. 100;
Copie et trad. russe *ibid.* n° 10, l. 115–116.

[1] *Eclaircissemens sur les établissemens publics en faveur tant des veuves que des morts*..., 1776 (E. 473 et 473 A; O. I, 7).

85
Frédéric II à Euler
Potsdam, 11 octobre 1776

Vos éclaircissements, sur les établissements publics, tant en faveur des veuves que des morts, porteront sans doute l'empreinte de la solidité ordinaire de vos ouvrages; et ce n'est qu'avec plaisir, que Je reconnais à l'exemplaire, que vous m'en avez adressé, à la suite de votre lettre du mois de septembre dernier, l'intérêt que vous ne discontinuez point de prendre au bonheur de vos anciens compatriotes. Je vous remercie de cette attention, et sur ce Je prie Dieu, qu'il vous ait en sa sainte garde.

Federic

R 702 Original fr., 1 f°. – AAN, f. 136, op. 2, n° 9, l. 56;
copie et trad. russe, *ibid.*, n° 10, l. 117–118.
Publ.: Œuvres de Frédéric II, XX, p. 211.

86
Euler à Frédéric II
Pétersbourg, 17 janvier 1777

Sire,

C'est en qualité de doyen de l'Académie Impériale des Sciences de Russie à laquelle je suis attaché depuis cinquante ans, dont j'ai même eu le bonheur de passer la moitié sous la haute protection de Votre Majesté, que je prend la liberté de témoigner les plus vifs sentimens de réjouissance sur le gracieux accueil dont Votre Majesté a bien voulu honorer les hommages de cette Académie.

Cette brillante prérogative nous engage à redoubler tous nos efforts pour l'avancement des sciences et pour mériter de plus en plus la haute approbation de Votre Majesté.

Tout notre corps est pénétré de la plus profonde vénération pour la personne sacrée de Votre Majesté et se met à Ses pieds avec les mêmes sentimens du plus profond respect, avec lesquels je sui pendant toute ma vie

Sire
de Votre Majesté
le très humble, très obeissant
et très dévoué serviteur
L. Euler

R 703 Brouillon fr., 1 f°. – AAN, f. 136, op. 2, n° 9, l. 101r–v;
copie et trad. russe *ibid.*, n° 10, l. 119-120; seconde copie *ibid.*,
f. 1, op. 3, n° 55, l. 83.

87
Frédéric II à Euler
Potsdam, 1er février 1777

Je félicite l'Académie Impériale des Sciences, de pouvoir se glorifier d'une doyen de vos talents et de votre mérite; et il m'a été infiniment agréable, d'apprendre, par votre plume, les sentiments, qu'elle a manifestés à mon aggrégation. Ma lettre à votre digne directeur [1] vous aura déjà fait connaitre, combien J'ai été sensible au choix, qu'elle a fait, de mettre Mon nom à coté de Son Auguste Protectrice [2], et il M'est extrêmement doux, de Me voir encore allié à cette Grande Princesse, dans une Societé des savants, en même tems, que Je le suis, par des liens tout aussi solennels, dans celle des puissances de l'Europe. Les uns et les autre feront toujours Ma gloire et Ma consolation; et l'intérêt, que Je prendrai toujours au bonheur et à la prosperité de Sa Majesté Imperiale et de Son Auguste Maison, animera également les sentiments, que Je conserverai toute Ma vie, pour une Académie, qui, sous sa conduite et direction, est parvenue à ce degré de lustre et de perfection, dont peu d'Académies ont à se glorifier. Vous Me rendrez un service bien agréable, de Me servir d'interprète de ces sentiments dans vos assemblées; et sur ce Je prie Dieu, qu'il vous ait en sa sainte garde.

Federic

R 704 Original fr., 1 f°. – AAN, f. 136, op. 2, n° 9, l. 57;
copie et trad. russe *ibid.*, n° 10, l. 121–122v; autre copie f. 1,
op. 3, n° 65, l. 11, et *ibid.*, n° 63, l. 14–15.
Publ.: Œuvres de Frédéric II, XX, p. 211–212.

[1] Le directeur de l'Académie de Pétersbourg, de juillet 1775 à janvier 1783, fut Sergej Gerasimovič Domašnev.

[2] Catherine II.

III

ANNEXES DOCUMENTAIRES

Index des publications d'Euler mentionnées

classées d'après leurs numéros dans l'inventaire d'Eneström (E...)[1]

1 Les numéros d'Eneström sont imprimés en caractères gras; les numéros en italiques renvoient à des références de pages dans le texte des lettres et dans leurs traductions éventuelles, les autres numéros renvoient aux pages de l'introduction ou des notes où ces publications sont mentionnées. On trouvera à la fin de cette liste les numéros correspondants aux œuvres de J. A. Euler (E. A. ...).

Index des manuscrits d'Euler mentionnés

Tableau de concordance des écrits de L. Euler dans les *Opera omnia*

Le tableau suivant permet de déterminer le volume des *Opera omnia* où se trouve republié un ouvrage d'Euler lorsque l'on connaît le numéro de ce dernier (E. xx) dans l'inventaire d'Eneström (cf. liste des abréviations).

Remarque préliminaire

Ce tableau à double entrée est établi sur la base des volumes publiés jusqu'ici: I. 1–29; II. 1–15, 18–23, 25, 28–30; III. 1–9, 11, 12. Le contenu des autres volumes a été donné par l'inventaire de A. Speiser (paru dans les *Commentarii Mathematici Helvetici, 20,* 1947).

Mode d'utilisation du tableau

La première colonne correspond aux numéros d'Eneström, E. 1–99, la deuxième aux numéros E. 100–199, etc. En choisissant la ligne et la colonne voulues, on trouve à la place correspondant au numéro d'Eneström considéré le numéro du volume des *Opera omnia* qui contient l'ouvrage en question. Exemples:

1. Recherche du volume qui contient l'*Introductio* (E. 101):

	0	1	2	3	
00					
01		I.8			colonne 1..
02					ligne.01
03					donc vol. I.8

2. Recherche du volume qui contient le compte-rendu préliminaire de N. Fuss sur le mémoire *De formulis speciei* $m\,x\,x + n\,y\,y \ldots$ (E. 708a):

	5	6	7	8	
06					
07					
08			I.4		colonne 7..
			a:I.3		ligne .08a
09					donc vol. I.3

	0	1	2	3	4	5	6	7	8
00		I.2	II.5	I.27	II.26	I.18	I.7	I.23	**
01	II.6	I.8	I.7	II.6	II.24	I.25	I.26	I.19	**
02	III.1	I.9	II.15	II.10	II.26	III.5	I.28	I.4	**
03	I.27	II.31	II.15	II.10	I.7	II.7	II.9	I.16.1	**
04	II.20	III.5	II.24	II.25	III.4	II.24	I.29	I.16.1	**
05	I.27	II.28	III.2	III.1	I.3	I.26	I.21	I.16.2	**
06	II.6	I.27	II.15	III.1	I.6	I.21	I.18	I.16.2	***
07	II.31	III.2	II.15	III.1	I.6	I.15	II.9	I.19	I.19
08	II.10	III.10	II.15	II.29	I.28	II.17	II.11.1	I.4	I.6
								a: I.3	
09	I.25	III.10	III.5	I.7	II.13	II.17	I.29	I.16.2	I.16.2
10	I.22	II.18	III.6	I.6	II.11.1	II.17	I.4	I.16.2	I.16.2
11	I.22	II.19	I.20	III.6	II.14	II.27	I.29	I.6	I.7
12	II.6	II.25	I.10	III.6	I.7	II.27	II.9	I.29	I.7
13	II.6	II.30	II.10	I.7	II.20	I.28	I.16.1	I.4	I.7
14	II.30	II.30	I.27	III.1	II.26	I.26	II.7	I.21	I.29
15	II.1	II.30	I.27	III.1	II.21	I.3	II.7	I.4	I.29
16	II.2	II.20	III.5	III.6	II.27	II.7	I.16.1	I.4	I.19
17	III.2	II.30	II.14	II.10	III.11	II.7	I.16.1	II.7	I.21
18	II.30	III.6.	II.31	II.10	II.22	II.7	II.11.1	I.4	I.21
19	I.14	II.10	III.5	I.23	I.28	II.29	II.31	I.4	*
20	I.14	II.25	I.27	III.6	I.25	II.21	I.18	I.23	**
21	II.6	***	III.5	I.17	I.17	I.18	I.18	I.19	**
22	II.8	I.14	II.15	I.23	I.28	I.15	I.23	I.16.2	**
23	I.27	I.14	II.29	I.3	I.28	I.3	I.29	III.2	II.4
24	II.6	III.10	I.27	I.26	II.13	I.26	I.21	I.23	II.5
25	I.14	I.14	II.12	I.26	II.26	II.9	II.7	I.4	II.9
26	I.2	II.10	II.12	I.15	II.21	II.11.1	II.27	I.16.2	II.7
27	I.25	III.5	II.12	II.25	I.3	II.31	II.9	I.25	II.7
28	I.20	I.14	I.2	II.6	I.3	III.9	I.7	I.6	II.7
29	I.2	I.27	II.16	III.5	I.23	II.30	I.18	I.26	II.7
30	I.6	I.14	I.26	II.17	I.23	I.7	I.18	I.26	II.11.1
31	I.22	II.29	I.26	II.12	I.23	***	I.6	I.25	II.11.1
32	III.2	II.30	II.25	II.12	I.15	I.6	I.6	I.4	II.17
33	III.1	I.27	II.16	I.28	I.28	II.7	I.21	I.26	II.15
34	III.10	I.2	III.5	I.7	II.8	II.7	II.9	I.23	II.27
35	III.2	I.26	II.17	I.7	II.8	II.11.1	I.18	I.25	II.27
36	I.2	II.10	I.22	II.8	II.7	II.9	I.16.1	I.16.2	II.24
									a: II.24
37	II.28	II.20	III.10	II.6	II.7	II.11.1	I.16.1	I.23	II.24
38	II.28	II.23	II.17	I.7	II.7	II.29	I.21	I.7	II.24
39	II.28	II.23	III.6	II.10	II.11.1	I.18	I.21	I.4	II.31
40	II.10	II.10	III.6	III.1	II.11.1	I.6	I.18	I.25	II.29
				III.2					
41	I.14	II.30	I.2	a: III.2	II.11.1	I.3	II.9	I.23	II.27
42	I.25	II.31	I.2	I.11	II.11.1	I.3	I.16.1	I.16.2	III.1
43	I.14	II.8	I.2	III.11	II.11.1	I.26	I.6	I.16.2	II.16
44	I.22	II.8	I.2	III.11	I.25	II.7	I.6	I.4	III.9
									a: III.9

	0	1	2	3	4	5	6	7	8
45	I.22	II.5	I.26	I.20	I.3	II.21	I.21	I.16.2	III.9
46	I.14	II.5	I.14	I.28	III.7	II.31	I.29	I.16.2	III.9
47	I.14	I.26	I.14	I.20	I.15	II.29	I.29	I.16.2	III.9
48	I.22	I.26	II.16	II.25	I.20	II.27	I.26	I.5	III.9
49	II.10	III.2	II.17	III.5	I.3	II.27	II.9	I.26	III.10
50	II.30	II.20	I.25	III.6	I.6	I.15	I.23	I.16.2	II.31
51	I.22	III.5	I.20	III.6	I.3	I.15	I.18	I.23	II.31
52	I.20	I.2	I.20	I.15	I.3	I.3	I.16.1	I.19	III.1
53	I.7	I.6	I.2	III.7	I.15	I.15	I.18	I.5	II.14
54	I.2	I.20	I.17	III.7	I.3	I.3	I.29	I.5	III.2
55	I.14	II.30	I.2	III.7	II.11.1	I.15	I.16.1	I.5	II.16
56	I.25	***	I.2	III.7	II.9	I.4	I.19	II.7	I.23
57	II.31	I.6	II.8	III.7	III.1	I.4	I.19	I.29	
58	II.28	I.2	II.12	III.7	II.29	I.4	II.9	I.5	
59	I.17	II.10	II.15	III.7	III.8	I.4	II.9	I.25	
60	I.17	II.8	II.12	III.7	III.8	I.4	***	I.25	
61	I.14	II.8	I.20	III.7	I.3	I.15	I.16.1	I.25	
62	I.22	I.17	I.2	III.10	I.17	I.15	I.19	**	
63	I.14	I.17	I.20	III.7	I.17	I.28	I.16.1	I.5	
64	II.12	I.2	I.20	III.7	I.17	I.4	I.16.1	I.5	
65	I.24	II.10	I.22	II.11.1	I.15	I.15	I.29	II.7	
66	II.28	I.27	III.6	I.12	I.3	I.4	I.29	II.7	
67	II.31	I.2	III.6		I.3	II.11.1	I.29	I.29	
68	II.31	I.17	II.10	I.28	II.9	II.9	I.19	I.16.2	
69	II.8	I.27	I.22	I.3	II.9	II.9	I.19	I.5	
70	I.22	I.6	I.2	I.6	II.9	II.30	I.19	II.7	
71	I.14	II.29	I.2	II.24	II.11.1	II.30	I.19	I.29	
72	I.14	II.30	I.2	II.26	II.29	I.18	I.19	I.5	
73	I.26	I.27	I.20	II.26	I.7	I.26	I.19	I.5	
74	I.14	II.10	I.22	II.11.1	I.3	I.28	I.19	I.5	
75	I.27	I.2	I.15	II.13	I.18	I.15	I.19	I.5	
76	***	II.5	II.12	III.8	I.7	II.11.1	I.21	I.5	
77	II.14	II.5	II.17	III.8	I.15	II.11.1	I.23	I.5	
78	II.20	III.5	II.17	III.8	II.9	II.27	I.23	I.5	
79	I.27	II.15	I.2	III.8	II.9	II.16	I.23	I.23	
80	***	II.29	I.15	III.8	II.17	***	I.23	I.21	
81	III.2	II.5	I.15	III.8	II.11.1	I.21	I.23	I.21	
82	II.8	II.5	I.6	II.8	II.11.1	I.21	II.9	I.21	
83	I.27	II.31	I.3	III.8	II.30	I.15	I.4	I.21	
84	I.25	II.31	I.22	II.26	II.30	I.15	I.16.1	I.23	
85	I.27	II.30	I.23	I.13	II.24	II.9	I.16.1	I.23	
86	II.6	II.5	II.10	III.3 III.4	II.24	I.4	I.16.1	***	
87	II.23	II.23	II.10	I.1	III.5	I.18	I.23	**	
88	III.5	I.22	II.17	I.1	I.7	I.18	I.19	**	
89	II.31	I.14	II.3 11.4	II.28	I.15	I.18	I.19	**	
90	III.2	I.14	†	I.28	I.28	I.21	I.19	III.2 a, c: III.2	

	0	1	2	3	4	5	6	7	8
91	III.1	I.2	II.8	I.17	I.28	I.4	I.29	***	
92	III.12	I.26	II.8	I.28	I.28	I.15	I.29	I.5	
93	II.17	II.25	II.29	I.15	III.5	I.15	I.26	I.5	
94	II.20	II.17	III.6	I.3	II.13	I.18	I.19	I.6	
95	I.22	II.8	I.20	I.6	II.30	I.23	I.19	I.7	
96	II.17	III.6	I.25	II.13	II.30	I.4	I.4	I.5	
97	II.6	II.5	I.25	II.30		I.15	I.29	I.5	
98	I.2	II.5	I.27	II.26	I.3	I.4	I.29	I.5	
99	I.25	II.5	II.6	II.24	I.18	I.7	I.4	I.5	

Ecrits d'Albert Euler

A1	III.10	A11	II.8	A21	III.10
A2	II.16	A12	II.16	A22	II.29
A3	III.10	A13	III.6	A23	I.26
A4	II.16	A14	II.25	A24	II.30
A5	III.10	A15	II.20	A25	II.30
A6	II.29	A16	II.6	A26	II.30
A7	II.25	A17	II.8	A27	II.21
A8	II.31	A18	II.25	A28	III.5
A9	I.3	A19	II.24	A29	II.30
A10	I.25	A20	III.6	A30	**
				A31	I.3

* 819: I.21, I.19, I.6, I.16.2, I.26, I.29

** Ces numéros concernent des lettres qui ne se trouvent pas dans les trois premières Séries des *Opera omnia.*

*** Cf. Eneström. En règle générale, il s'agit ici de mémoires qui apparaissent aussi sous un autre numéro.

† Le n° 290 ne se trouve pas dans l'édition complète.

Index des publications d'autres auteurs[1]

1 Les numéros de pages en italiques correspondent à des mentions dans les pièces de correspondances publiées, les numéros en caractères romains aux mentions faites dans les introductions ou dans les notes.

P. Brunet
Maupertuis. Etude biographique. Paris 1929.
4, 68

E. Carnoy
Dictionnaire biographique des écrivains. Paris (s.d.).
7

G.E. du Châtelet
Dissertation sur la nature et la propagation du feu. Pièces qui ont remporté le prix de l'Académie royale des sciences de Paris pour l'année 1738. Paris 1739.
43

A.C. Clairaut
Remarques sur la méthode de M. Fontaine pour résoudre le problème où il s'agit de trouver une courbe qui touche les côtés d'un angle constant dont le sommet glisse dans une courbe donnée. Mém. Paris (1734), 1736, p. 531–537.
63

A.C. Clairaut
Recherches générales sur le calcul intégral. Mém. Paris (1739), 1741, p. 425–436.
63

A.C. Clairaut
Théorie de la Lune déduite du seul principe de l'attraction réciproquement proportionnelle aux quarrés des distances. Pièce qui a remporté le prix de l'Académie impériale des sciences de Saint-Pétersbourg proposé en 1750, SPb 1752; 2e éd., Paris 1765.
183, 184, *185*, 186

J.-B. Clairaut
Methodus generalis inveniendi catenarias. Misc. Berol. VII, 1743, p. 270–272.
106

A. C. Clairaut
Avertissement de M. Clairaut au sujet des mémoires qu'il a donnés en 1747 et 1748, sur le système du monde, dans les principes de l'Attraction. Mém. Ac. sc. Paris, (1747) 1749, p. 577–578.
131

S. von Cocceji
Code Frédéric, ou corps de droit pour les Etats de S.M. Le Roi de Prusse... avec l'exposition abrégée du plan du Roi pour la réformation de la justice par M. Formey. 2 tomes (s.l.), 1751–1752.
217, 223

Commentarii Academiae Scientiarum imperialis Petropolitanae. SPb. 1728–1751
24, *50*, 55, 58, *62*, 63, 69, *73*, 74, *82*, 83, *93*, 93, *133*, 134, *157*, 161, *171*, 172, 199

P. Costabel
L'affaire Maupertuis–Koenig et les «questions de fait» dans: Arithmos-Arrythmos. Skizzen aus der Wissenschaftsgeschichte. Festschrift für J.O. Fleckenstein ..., München 1979, p. 29–48.
24, 202

P. Costabel
Le paradoxe de Mariotte. Archives Internationales d'Histoire des Sciences, n° 8, 1949, p. 864–886.
19

S. Formey
Histoire de l'Académie... depuis son origine jusqu'à présent, avec les pièces originales. Berlin 1750; puis Berlin 1752.
61, 109, 119

S. Formey
Exposition abrégée du plan du Roi ..., cf. von Cocceji.

S. Formey
Eloge de M. de Maupertuis. Mém. Berlin (1759), 1766, p. 464–512.
33, 262

S. Formey (éd.)
L'Abeille du Parnasse. Berlin 1750–1754.
163

Frédéric II
Correspondance de Frédéric II avec son frère Auguste-Guillaume. Leipzig (s. d.).
278

Frédéric II
Œuvres de Frédéric Le Grand, éd. par J. D. E. Preuss. 33 tomes en 31 volumes. Berlin 1846–1857.
passim

P. H. Fuss
Correspondance mathématique et physique de quelques célèbres géomètres du XVIIIe siècle. 2 tomes, SPb 1843.
14, 342

P. H. Fuss
Eloge de Monsieur Léonard Euler. SPb 1783. (Version allemande dans O. I, 1).
374

G. Galilée
Discorsi. Leyde 1638. Le opere di Galileo Galilei, éd. par A. Favaro, 20 vols., Florence 1890–1909; réimpr. avec additions, Florence 1929–1939, 1965.
142

Gallon
Machines et inventions approuvées par l'Académie Royale des Sciences depuis son établissement jusqu'à présent, avec leurs descriptions dessinées et publiées du consentement de l'Académie.
133, 134

G. S. Gerdil
Sur la cause physique de la cohésion des hémisphères de Magdebourg, Journal des Scavans, mai 1752, p. 273–284.
179, 180

G. G. Glume
Dissertatio inauguralis de gravitate universali quae ex aliquo corporis essentiali deducitur, unde pendentes naturae leges demonstrantur et ad systema mundi applicantur. Halle 1750.
171, 172

W. J. Gravesande [s'Gravesande]
Essai d'une nouvelle théorie sur le choc des corps. La Haye 1722.
211

O. DE SERRES
La cueillette de la soie par la nourriture des vers qui la font. Paris 1599.
165

L. SPRANGER
Der Philosoph von Sans Souci, Abhandl. der Preussischen Akademie der Wissenschaften, Philos. Histor. Klasse Nr. 5, 1942.
279

W. STIEDA
Die Übersiedlung Leonhard Eulers von Berlin nach St. Petersburg. Berichte über die Verhandlungen der Sächsischen Akademie der Wissenschaften zu Leipzig, Phil.-Hist. Kl., Bd. 83, Ht. 3, 1931, p. 1–62.
286, 291, 292, 345

R. TATON
Cf. JUŠKEVIČ.

D. THIEBAULT
Frédéric Le Grand, sa famille, sa cour, etc. ... ou mes souvenirs de vingt ans de séjour à Berlin. 5 vol., Paris 1804–1826.
5

Transactions philosophiques de la Société Royale de Londres, trad. en français par F. de Brémond (puis par P. Demours), 1731–1746, 16 t., Paris 1738–1740.
186

C. TRUESDELL
The rational mechanics of flexible or elastic bodies 1638–1788. 0.II, 11_2.
106

J. F. UNGER
Entwurf einer Maschine (traduction allemande de: Delineatio machinae ad sonos et conceptus quoscumque ope clavicordii productos ...). Braunschweig 1774.
72

F. VIÈTE
In artem analyticem Isagoge. Tours 1591; Opera mathematica (éd. Fr. v. Schooten), Leyde 1646, Hildesheim 1970 (réimpr.); Traduction française de F. Ritter (1868) dans le Bulletino di bibliografia e di storia delle scienze matematiche e fisiche, t. I, p. 223–276; Traduction allemande et commentaires: K. Reich et H. Gericke, François Viète, Einführung in die Neue Algebra. München 1973, p. 21–61; Traduction anglaise de J. Winfree Smith (1955), supplément du livre de J. Klein, Greek Mathematical Thought and the Origin of Algebra. Cambridge (Mass.) 1966.
58

VOLTAIRE
Correspondance, texte établi et annoté par Théodore Besterman, 2 tomes (col. La Pléiade), Paris 1965.
58

VOLTAIRE
Essai sur la nature du feu et sur sa propagation. Pièces qui ont remporté le prix de l'Académie Royale des Sciences en 1738. Paris 1739.
43

R. WADDINGTON
La guerre de sept ans. 5 vol., Paris 1899–1914.
224

Index des manuscrits d'autres auteurs

Index des noms des personnes citées

Les numéros de pages en italiques correspondent à des mentions dans les pièces de correspondances publiées, les numéros en caractères romains aux mentions faites dans les introductions ou dans les notes.

Index des matières traitées

L'indexation des noms propres et des œuvres ne suffit pas à constituer un guide pour la consultation de l'ouvrage. Conçu comme un complément, le présent index matières ne vise pas à l'exhaustivité, mais s'efforce de faire apparaître par grandes rubriques les questions évoquées dans les lettres et dans leurs notes. Les références sont données aux numéros des lettres dans chacune des parties I et II.

P. Costabel, A. P. Juškevič

Institutions

Evénements personnels (Euler)

Guerre de Sept ans

Législation et administration prussiennes

Questions scientifiques:

Liste des abréviations

AAB
Archiv der Akademie der Wissenschaften der DDR in Berlin.

AAN
Ленинградское отделение Архива Академии наук СССР.
Département des Archives de l'Académie des sciences de l'URSS, Leningrad.

AAS
Archives de l'Académie des Sciences de Paris: fonds manuscrit.

Ac. Sc. Bln
Académie des Sciences de Berlin.

Ac. Sc. Paris
Académie des Sciences de Paris.

Ac. Sc. SPb
Académie des Sciences de Saint-Pétersbourg.

all.
allemand

angl.
anglais

Arch. Ac. Paris
Archives de l'Académie des Sciences à Paris: Institution.

Arch. int. hist. sc.
Archives internationales d'histoire des sciences, Paris, 1947 et suiv.

As.
Associé

As. Etr.
Associé Etranger

autogr.
autographe

Bâle, Bibl. univ.
Bibliothèque universitaire de Bâle.

Bibl. Nat. Paris
Bibliothèque Nationale, Paris.

Bln
Berlin

Briefwechsel Euler–Goldbach
Leonhard Euler und Christian Goldbach. Briefwechsel 1729–1764, Berlin, 1965, hrsg. von A. P. Juškevič und E. Winter.

Brunet
Etude historique sur le principe de la moindre action. Paris, 1938.

c.
contemporain

chap.
chapitre

Comm. Ac. Petrop.
Commentarii Academiae scientiarum Imperialis Petropolitanae (1726–1746). Pétersbourg, 1728–1751.

DSB
Dictionary of Scientific Biography, ed. Ch. C. Gillispie. 16 vol., New York, 1970–1980.

DZA Merseburg
Deutsches Zentralarchiv, Abt. II Merseburg, (aujourd'hui ZStA: Zentrales Staatsarchiv der DDR, Dienststelle Merseburg).

Eneström
G. Eneström, Verzeichnis der Schriften Eulers, Jahresbericht der deutschen Mathematiker-Vereinigung, Ergänzungsbände IV, 1. und 2. Lieferung, 1910–1913, 388 p.

f°
folio

FRS
Fellow of the Royal Society.

fr.
français

Fuss I et II
Correspondance mathématique et physique de quelques célèbres géomètres du XVIIIe siècle, publ. par P. H. Fuss, t. I–II, St.-Pétersbourg, 1843.

Harnack
A. Harnack, Geschichte der Königlich-preussischen Akademie der Wissenschaften zu Berlin, 3 (4) Bde., Berlin, 1900.

IAI
Историко-астрономические исследования, Москва, 1955 д.
Recherches historico-astronomiques, Moscou, 1955 et suiv.

IMI
Историко-математические исследования, Москва, 1948 и т. д.
Recherches historico-mathématiques, Moscou, 1948 et suiv.

Juškevič-Winter I
Die Berliner und die Petersburger Akademie der Wissenschaften im Briefwechsel Leonhard Eulers. Teil I: Der Briefwechsel L. Eulers mit G. F. Müller 1735–1767. Hg. und eingeleitet von A. P. Juškevič und E. Winter unter Mitwirkung von P. Hoffmann, Berlin, 1959.

Juškevič-Winter II
Die Berliner und die Petersburger Akademie der Wissenschaften im Briefwechsel Leonhard Eulers. Teil II: Der Briefwechsel L. Eulers mit Nartov, Razumovskij, Schumacher, Teplov und der Petersburger Akademie, 1730–1763, Hg. und eingeleitet von A. P. Juškevič und E. Winter unter Mitwirkung von P. Hoffmann und Ju. Ch. Kopelevič, Berlin, 1961.

Juškevič-Winter III
Die Berliner und die Petersburger Akademie der Wissenschaften im Briefwechsel Leonhard Eulers. Teil III: Wissenschaftliche und wissenschaftsorganisatorische Korrespondenzen, 1726–1774. Hg. und eingeleitet von A.P. Juškevič und E. Winter. Zum Druck vorbereitet von P. Hoffmann, T.N. Klado (†), Ju. Ch. Kopelevič, Berlin, 1976.

[König] Versuch
[König] Versuch einer historischen Schilderung der Hauptveränderungen der Religion, Sitten, Gewohnheiten, Künste, Wissenschaften usw. der Residenzstadt Berlin seit den ältesten Zeiten bis zum Jahre 1786, 5. Bd., 2 Teile, Berlin, 1798 und 1799 (1740–1786).

R. Koser
ed. Correspondance de Frédéric le Grand avec Grumblow et Maupertuis (1731–1759). Publikationen aus den K. Preussischen Staatsarchiven, Bd. 72. Leipzig, 1898.

lat.
latin

Le Sueur
Maupertuis et ses correspondants. Montreuil-sur-Mer, 1896.

m.
mort en...

M.
Membre

M. Abs.
Membre absent

M. Adj.
Membre adjoint

M.C.
Membre correspondant ou Correspondant

M.E.
Membre étranger ou externe

Mém. Ac. Pét.
Mémoires de l'Académie impériale des sciences de Saint-Pétersbourg (1803–1824), Pétersbourg, 1809–1830.

Mém. Berlin
Histoire de l'Académie Royale des sciences et des belles lettres avec des Mémoires, tirés des Registres de cette Académie (1745–1769), Berlin, 1746–1771.

Mém. Paris (Hist., Mém.)
Histoire et Mémoires de l'Académie Royale des sciences (1699–1790), Paris, 1702–1797 (partie Histoire et partie Mémoires).

M.H.
Membre d'honneur

Misc. Berol.
Miscellanea Berolinensia ad incrementum scientiarum ex scriptis Societatis edita (1710–1743), 7 vol., Berlin, 1710–1744.

Misc. Taurin.
Miscellanea philosophico-mathematica societatis privatae Taurinensis, Turin, 1759.

M.O.
Membre ordinaire

Ms.
Manuscrit

n.
né en....

n°
numéro

n^os^
numéros

N. Acta Ac. Petrop.
Nova Acta Academiae scientiarum Imperialis Petropolitanae (1783–1802), Pétersbourg, 1787–1806.

N. Acta erud.
Nova Acta Eruditorum, Leipzig, 1732–1770.

N. Comm. Ac. Petrop.
Novi Commentarii Academiae scientiarum Imperialis Petropolitanae (1747–1775), Pétersbourg, 1750–1776.

Œuvres de Frédéric II
Œuvres de Frédéric Le Grand, 33 t. en 31 vol., Berlin, 1846–1857.

O.
Leonhardi Euleri Opera omnia, Series I–IV, premier volume paru en 1911.

Opera postuma
L. Euleri opera postuma mathematica et physica..., edit. P.H.F. [P.H. Fuss] et N.F. [N. Fuss d. J.], 2 t., Petropoli, 1862.

p.
page(s)

Prof.
Professeur

Protokoly
Протоколы заседаний конференции имп. Академии наук с 1725 по 1803 год.
(Procès-verbaux des séances de l'Académie impériale des sciences, de 1725 à 1803). T. I (1725–1743) СПб., 1897; T. II (1744–1770). СПб., 1899; T. III (1771–1785). СПб., 1900.

PV
Procès-verbaux de l'Académie royale des sciences de Paris, 1666–1793, registres manuscrits (Arch. Ac. Paris).

r.
recto

R. xx
n° xx dans l'inventaire général de la correspondance Euler, in O. IV A, 1.

Registres
Die Registres der Berliner Akademie der Wissenschaften 1746–1766, hg. in Verbindung mit Maria Winter und eingeleitet von Eduard Winter, Berlin, 1957.

Roy. Soc.
Royal Society of London.

SPb
Saint-Pétersbourg

trad.
traduction

univ.
université

v.
verso

vol.
volume

ZAAW
Zentrales Archiv der Akademie der Wissenschaften der DDR, Berlin, Manuskriptenbestand.

Corrections pour le volume O. IV A, 5

page	à lire	au lieu de
77_7	Nicolas *I* Bernoulli	Nicolas *II* Bernoulli
94_{18}	*de* L. Euler	*von* L. Euler
253^{10}	*dans* d'Alembert	*in* d'Alembert
407^7	[il faut éliminer la barre dans la formule]	
532^{13}	... *des* arts et *des* métiers	
544_{15}	*dans*	*in*
601_{16}	... Societatis *regiae scientiarum* edita	
605_1	(Nr. 668 a)	(Nr. 688 a)
606^1	668 a	688 a

Dans le «Tableau de concordance des écrits de L. Euler dans les *Opera omnia*», p. 526–527, il faut corriger comme suit:

13/2	à lire	II. 20	au lieu de	II. 21
35/2	à lire	II. 17	au lieu de	II. 16
38/2	à lire	II. 17	au lieu de	II. 16
43/8	à lire	II. 16	au lieu de	II. 17
48/2	à lire	II. 16	au lieu de	II. 17
55/8	à lire	II. 16	au lieu de	II. 17
79/5	à lire	II. 16	au lieu de	II. 17
93/0	à lire	II. 17	au lieu de	II. 16
94/1	à lire	II. 17	au lieu de	II. 16
96/0	à lire	II. 17	au lieu de	II. 16
A 1/2	à lire	II. 16	au lieu de	II. 17

Liste des portraits et des autographes